国外计算机科学经典教材

C++数据结构与算法
（第4版）

[美] Adam Drozdek 著

徐 丹 吴伟敏 译

清华大学出版社

北 京

ISBN: 978-7-302-37668-2

北京市版权局著作权合同登记号　图字：01-2014-2799

Cengage Learning Asia Pte. Ltd.

5 Shenton Way, # 01-01 UIC Building, Singapore 068808

图书在版编目(CIP)数据

C++数据结构与算法(第 4 版) / (美) 乔兹德克(Drozdek, A.)　著；徐丹　吴伟敏　译.
—北京：清华大学出版社，2014 (2025.1 重印)

书名原文：Data Structures and Algorithms in C++, 4th Edition

(国外计算机科学经典教材)

ISBN 978-7-302-37668-2

Ⅰ. ①C… Ⅱ. ①乔… ②徐… ③吴… Ⅲ. ①C语言—程序设计—教材 ②数据结构—教材 ③算法分析—教材 Ⅳ. ①TP312 ②TP311.12

中国版本图书馆 CIP 数据核字(2014)第 194284 号

责任编辑：王　军　刘伟琴
封面设计：牛艳敏
版式设计：思创景点
责任校对：邱晓玉
责任印制：刘海龙

出版发行：清华大学出版社
　　　　　网　　　址：https://www.tup.com.cn, https://www.wqxuetang.com
　　　　　地　　　址：北京清华大学学研大厦 A 座　　　　　邮　　编：100084
　　　　　社 总 机：010-83470000　　　　　　　　　　　邮　　购：010-62786544
　　　　　投稿与读者服务：010-62776969, c-service@tup.tsinghua.edu.cn
　　　　　质 量 反 馈：010-62772015, zhiliang@tup.tsinghua.edu.cn
印 装 者：三河市龙大印装有限公司
经　　销：全国新华书店
开　　本：185mm×260mm　　　印　　张：38.75　　　字　　数：1066 千字
版　　次：2014 年 10 月第 1 版　　　印　　次：2025 年 1 月第 10 次印刷
定　　价：128.00元

产品编号：057250-03

译 者 序

数据结构及算法是计算机科学的核心课程，是软件开发人员必须深入理解的基础课程。本教材的作者 Adam Drozdek 博士是广受尊敬的计算机科学教学专家，他教授操作系统、计算机体系结构、高级数据结构以及其他高级计算机科学课程。本教材被全球多所大学采用，广受好评。

教材重点描述表、栈、队列、树和图等数据结构的应用，对每一个结论都给出了详细的数学证明。书中采用当前最为流行的面向对象语言 C++来描述数据结构及算法，并提供了相应的代码或伪代码。与大多数同类书籍相比，本书的论述更为深入，更加注重讨论算法设计技巧以及算法的性能效率，并介绍了许多高级数据结构。具有数据结构基础知识的读者可以将其作为进阶教材使用。深入学习本书可以让读者具备算法分析能力，在不同的场合下有针对性地开发高效的应用程序。

本教材强调数据结构及其算法之间的根本联系，既注重数据结构的具体实现，也注重算法及其效率的理论分析。在该版本中新增了非常重要的随机二叉树、k-d 树、k-d B 树、分代垃圾回收以及其他高级主题(如方法和一种新的散列技术)。

本教材提供了数量众多的、精心挑选的 C++代码示例、图解和表格，以帮助说明数据结构实践的重要性。书中的案例研究取自计算机科学的不同领域，包括解释器、符号计算和文件处理等，从而为广泛的数据结构实现领域提供了宝贵的经验。本教材实现了理论和实践方面的完美平衡，为学生将来能够编写各种现代的面向对象应用提供了支持。

受译者的水平所限，本书翻译中的疏漏或不当之处在所难免，敬请广大读者批评指正。

本书全部章节由徐丹和吴伟敏翻译，参与翻译工作的还有洪妍、陈跃华、杜思明、熊晓磊、曹汉鸣、陶晓云、王通、方峻、李小凤、曹晓松、蒋晓冬、邱培强、孔祥亮、李亮辉、高娟妮、曹小震和陈笑。

译者
2014 年 8 月

前　言

　　数据结构是计算机科学教育的基本组成部分之一，计算机科学的许多其他领域都是在此基础上建立的。对于希望从事软件系统的设计、实现、测试或者维护的读者而言，数据结构的知识是必不可少的。本书向读者提供了从事这类工作所必须具备的知识。

　　本书主要讲述数据结构的三个重要特性。首先，着重强调了数据结构与其算法之间的联系，包括算法的复杂度分析。其次，数据结构是以面向对象的方式呈现的，以与当前的设计以及实现范式一致。为了加强封装以及分解，特别强调了信息隐藏原则。最后，本书的重要组成部分之一是数据结构的实现，在此选择 C++ 作为编程语言。

　　C++ 语言是由 C 语言演化而来的面向对象语言，是一种广泛应用于产业界以及学术界的优秀编程语言。用该语言来介绍数据结构非常有效，并且很自然。由于 C++ 在编程中的广泛应用以及语言本身的面向对象特性，使用该语言讲述数据结构以及算法课程是非常合适的，即使是入门级课程也是如此。

　　本书可作为入门级数据结构课程以及高级数据结构和算法课程的教材。同时还符合 2008 计算机科学课程中指定的以下单元的要求：DS/GraphsAndTrees、PF/DataStructures、PF/Recursion、PF/ObjectOriented、AL/BasicAnalysis、AL/AlgorithmicStrategies、AL/FundamentalAlgorithms、AL/PversusNP、PL/DeclarationsAndTypes、PL/AbstractionMechanisms、PL/ObjectOrientedProgramming。

　　多数章节都包含了案例分析，演示可以应用某些算法以及数据结构的情况。这些案例分析选自不同的计算机科学领域(例如解释程序、符号计算以及文件处理)，以说明正在讨论的话题可以应用的范围。

　　简要的 C++ 代码示例贯穿本书，以说明数据结构的实际重要性。当然，理论分析同样重要，因此也提供了算法以及效率分析。

　　在介绍递归时费了很多笔墨，因为即使是高年级学生对此也存在疑问。经验表明，考虑运行时栈可以更好地解释递归。不仅在递归章节跟踪递归函数的时候显示栈中的变化，在其他章节也是如此。例如，如果在解释树遍历函数的时候不显示系统在运行时栈中所做的工作，这个短小的函数就会显得很神秘。当讨论数据结构和算法的时候，如果只是单纯地从理论上描述而脱离系统，这种做法就没有太大用处。

　　本书的核心是数据结构，其他话题的引入只是为了更好地理解数据结构。算法是从数据结构的观点来讨论的，因此读者不会看到各种算法的全面讨论，也没有列出介绍一个算法所需要的全部内容。当然，如前所述，本书将深入讨论递归。此外还会深入探讨算法的复杂度分析。

　　第 1 章以及第 3～第 8 章介绍一些不同的数据结构以及相应的算法。分析了所有算法的效率，并给出了算法的改进建议。

- 第 1 章介绍面向对象编程的基本原则，介绍动态内存分配以及指针的应用，并初步讲述标准模版库(STL)。

- 第 2 章讲述一些评估算法效率的方法。
- 第 3 章介绍不同类型的链表,并强调使用指针实现链表。
- 第 4 章介绍栈和队列及其应用。
- 第 5 章详细讨论递归,在此讨论不同类型的递归,并剖析了递归调用。
- 第 6 章讨论二叉树,包括二叉树的实现、遍历以及查找。该章还讲述平衡二叉树。
- 第 7 章讲述更为一般的树,例如 trie 树、2-4 树以及 B 树。
- 第 8 章介绍图。

第 9~第 13 章讲述前面章节中数据结构的不同应用。在此强调这些应用的数据结构特性。

- 第 9 章详细分析排序,介绍了一些基本方法以及一些高级方法。
- 第 10 章讨论查找领域中非常重要的一种算法——散列算法,在此给出了多种技术,以强调数据结构的应用。
- 第 11 章讨论数据压缩算法和数据结构。
- 第 12 章介绍内存管理的各种技术以及数据结构。
- 第 13 章介绍字符串准确匹配和近似匹配的很多算法。
- 附录 A 详细介绍大 O 表示法,该内容在第 2 章提到过。
- 附录 B 介绍标准模版库中的标准算法。
- 附录 C 证明了 Cook 定理,并给出了大量示例进行演示。

每一章都包含了演示材料的讨论,并配以恰当的图表。除第 2 章外,每一章都包含了案例分析,这是适用相应章节讨论特性的扩展示例。所有的案例分析都在 PC 上用 Visual C++编译器测试通过,并且在 Unix 下用 g++编译器测试通过,von Koch snowflake 是个例外,它只在 PC 上用 Visual C++测试过。每一章的最后都有一组不同难度的练习题。除第 2 章外,所有章节都安排了编程练习,以及与之相关的参考书目。

第 1~第 6 章(不包括 2.9 节、2.10 节、3.4 节、6.4.3 小节、6.7 节、6.8 节、6.10 节和 6.11 节)包含的核心材料是任何数据结构课程的基础。这几章应该按顺序阅读,其余几章可以按任何顺序阅读。一学期的课程可以包括第 1~第 6 章、第 9 章、10.1 节和 10.2 节。整本书也可以作为两学期课程的一部分。

学习资料

可以从 http://www.tupwk.com.cn/downpage 下载示例程序源代码。

第 4 版的改动

新版本主要包含一些旧版本中没有讲述的内容,包括:
- 讲述 treap(6.10 节)以及 k-d 树(6.11 节)的章节
- 讲述 k-d B 树(7.1.5 小节)的章节
- 关于另外两种排序方法的讨论(9.1.4 小节和 9.3.6 小节)
- 新的散列技术(10.5.1 小节)
- 关于通用垃圾回收的章节(12.3.4 小节)

整本书中还有一些小的改动以及添加。

目 录

C++面向对象程序设计

1.1　抽象数据类型

在编写程序之前，必须清楚地了解如何通过程序实现所要完成的任务。因此，在编写代码之前，应列出程序的提纲，包括其需求。项目越大、越复杂，这个提纲就应该越详细。实现的细节应该在项目的后期完成。实现阶段要用到的详细数据结构更不应该在一开始就指定。

在刚开始的时候，最重要的是每一项任务的输入输出。在开始阶段，应该关心程序需要做什么，而不是如何去做。程序的行为比实现程序的机制更为重要。例如，如果某个项需要完成一些任务，那么应该指定在这个项上进行的操作，而不是指定这个项的内部结构。这些操作是基于这个项的，例如修改项、查找项中的一些细节或者对项中的一些内容进行排序。当明确指定这些操作之后，就可以开始实现这个程序了。实现决定应该使用哪种数据结构，从而达到更好的时间以及空间执行效率。指定了操作的项被称为抽象数据类型(ADT)。抽象数据类型不是程序的一部分，因为用编程语言编写的程序需要定义数据结构，而不只是数据结构上执行的操作。然而，诸如C++之类的面向对象语言(OOL)与抽象数据类型有着直接的联系，这种语言将OOL作为一个类来实现。

1.2　封装

面向对象程序设计(OOP)以对象为中心，而对象是用类来定义的。类是一个模板，对象根据类来创建。类是软件的一部分，包括数据的说明以及对数据执行的操作，还可能包含对其他类数据的操作。类中定义的函数称为方法、成员函数或者函数成员，类中使用的变量称为数据成员(data member，更确切地说，应该叫做datum member)。数据及其相关操作的结合称为数据封装。对象是类的实例，是用类定义创建的实体。

与非面向对象语言中的函数相比，对象使数据和成员函数之间的结合更加紧密，更加有意义。在非面向对象的语言中，数据的声明和函数的定义分散在整个程序中，只有程序文档才说明它们之间存在联系。在OOL中，联系在一开始就建立起来了；事实上，这种联系是程序的基础。对象是由相互关联的数据和操作定义的，在同一个程序中可能会有很多对象，对象通过传递消息来相互通信，为了更为充分的通信，需要泄漏对象的一些内部细节。基于对象的结构化编程可以完成多个目标。

首先，数据与操作之间的强耦合关系在实际的建模过程中非常有用，软件工程尤其强调这一点。毫无疑问，OOP源于仿真，也就是说它是用来模拟现实事件的。第一种OOL叫做Simula，开发于20世纪60年代的挪威。

其次，对象更便于查找错误，因为操作都只局限于它们的对象。即使有副作用，也容易跟踪。

第三，对象可以对其他对象隐藏某些操作细节，从而使得这些操作不会受到其他对象的影响，这就是所谓的信息隐藏原则。在非面向对象语言中，这一原则在一定程度上得到了体现，例如局部变量，或者Pascal中的局部函数或者过程(只能由定义它们的函数访问)。但是这会导致两种极端：要么将信息隐藏得非常严密，要么根本不隐藏信息。有时候，我们需要在函数 *f1* 的外部使用在 *f1* 中定义的函数 *f2*(还是在Pascal中)，但是无法完成这一操作。有时候还需要在不知道数据结构的情况下访问 *f1* 的一些本地数据，这一操作同样无法完成。因此有必要实施一些改进，OOL已经做到了这一点。

OOL中的对象就像是一块手表。作为用户，我们感兴趣的是表的外观而不是内部的运行。我们都知道手表中有齿轮和弹簧，但通常对这些零件的组合原理知之甚少，所以，为了避免有意或者无意地损坏它，就不应该接触机械装置。这种机械装置对我们来说是隐藏的，我们也不可能随意接触到它，并且手表在受到保护的情况下比在它的内部机械装置全部暴露的情况下运行得更好。

对象就像是一个黑盒子，其行为有明确的定义，我们使用对象是因为知道其功能，而不是因为我们了解其内部运行机制。对象的这种不透明性对于保持其独立性是非常有用的。如果恰当地定义了对象之间的通信管道，那么只有当对象中的改变影响到通信管道时，才会影响其他对象。在了解了对象发出和收到的信息之后，可以很方便地用某个在特殊情况下更为合适的对象取代当前对象；例如新对象可能在特定的硬件环境下以不同的方式完成同样的任务，但是效率更高。对象应该只向用户透露必要的信息，对象存在一个公有部分，当用户发送一个与对象的任意成员函数名称相匹配的信息时，就可以访问该公有部分。在此公有部分，对象为用户提供按钮，用户可以通过按钮调用对象的操作。用户只知道操作的名称以及预期的行为。

信息隐藏往往容易模糊数据和操作的界限。在类似于Pascal的语言中，数据和函数或者过程的区别是清晰而严格的。它们的定义不同，作用也截然不同。OOL将数据和方法放在一起，对于对象的用户来说，这个区别并不是显而易见的。在一定程度上，这还结合了函数式语言的特性。LISP是最早的编程语言之一，允许用户以相同的方式处理数据与函数，因为它们的结构是相同的。

我们已经对具体对象和对象类型或者类进行了区分。我们编写的函数可以使用不同的变量，与此类似，我们编写的对象声明并不一定要与程序要求的对象数量相同。某些对象具有相同的类型，只需要使用通用对象规范的引用。对于单个变量，需要区分类型声明和变量声明。对于对象，需要声明类并实例化对象。例如，下面的类声明中，C是一个类，object1到object3是对象。

```
class C {
public:
    C(char *s = "", int i = 0, double d = 1) {
        strcpy(dataMember1,s);
        dataMember2 = i;
        dataMember3 = d;
    }

    void memberFunction1() {
```

```
        cout << dataMember1 << ' ' << dataMember2 << ' '
            << dataMember3 << endl;
    }
    void memberFunction2(int i, char *s = "unknown") {
        dataMember2 = i;
        cout << i << " received from " << s << endl;
    }
protected:
    char dataMember1[20];
    int dataMember2;
    double dataMember3;
};
```

```
C object1("object1",100,2000), object2("object2"), object3;
```

消息传递相当于传统语言中的函数调用。为了强调 OOL 中成员函数与对象的关联性，在此使用了消息传递这个术语。例如，在对象 object1 中调用公有函数 memberFuction1()：

```
object1.memberFunction1();
```

可以理解为将消息 memberFunction1()传递给对象 object1。对象收到这条消息后，就会调用它的成员函数，并显示出所有的相关信息。消息可以包含参数，因此

```
object1.memberFunction2(123);
```

表示带有参数 123 的消息 memberFunction2()由对象 object1 接收。

包含这些消息的代码行可以放在主程序、函数或者另一个对象的成员函数里。因此，消息的接收者是可识别的，而数据的发送者不一定是可识别的。当 object1 接收到消息 memberFunction1()时，它并不知道消息的来源。而只是通过显示 memberFunction1()封装的信息来进行回应，memberFunction2()也是这样。因此，发送者更愿意发送包含标识的消息，如下所示：

```
object1.memberFunction2(123, "object1");
```

C++的强大特性之一是能够在类声明中使用类型参数来声明通用类。例如，如果需要声明一个使用数组存储数据的类，可以将该类声明为：

```
class intClass {
    int storage[50];
    . . . . . . . . . .
};
```

然而这种方式使得这个类仅适用于整数。如果一个类需要执行与 intClass 相同的操作，但操作的是浮点数，就需要声明一个新类，如下所示：

```
class floatClass {
    float storage[50];
    . . . . . . . . . .
};
```

如果 storage 用于保存结构，或者保存指向字符的指针，还需要再声明两个类。更好的方法是声明一个通用类，只有在定义对象时才会确定对象引用什么类型的数据。幸运的是，C++允许以这种

方式声明类，下面是这种类声明的示例：

```
template<class genType>
class genClass {
    genType storage[50];
    . . . . . . . . . . .
};
```

在此之后才会决定如何初始化 genType：

```
genClass<int> intObject;
genClass<float> floatObject;
```

这个通用类是生成两个新类(int 类型的 genClass 和 float 类型的 genClass)的基础，然后使用这两个类创建了两个对象 intObject 和 floatObject。通过这种方式，通用类可以根据特定的声明以各种不同的形式出现，一个通用声明就足以使类具有不同的形式。

我们可以更进一步，可以不将 storage 数组的大小确定为 50 个单元，而是将这个决定推迟到对象的定义阶段。但是为了防止意外也可以使用一个默认值，所以可以将类声明为：

```
template<class genType, int size = 50>
class genClass {
    genType storage[size];
    . . . . . . . . . . . . . . .
};
```

下面是对象的定义：

```
genClass<int> intObject1; //use the default size;
genClass<int,100> intObject2;
genClass<float,123> floatObject;
```

这种使用通用类型的方法并不仅限于类；在函数声明时同样适用。例如，交换两个数值的标准操作可以由下面的函数定义：

```
template<class genType>
void swap(genType& ell, genType& el2) {
    genType tmp = el1; el1 = el2; el2 = tmp;
}
```

这个示例还说明内置的运算符只能应用于特定的场合。如果 genType 是一个数值、一个字符或者是一个结构，那么"="号会正常地执行其功能。但是如果 genType 是一个数组，swap()就会调到问题。为了解决这个问题，可以重载赋值运算符，在该运算符中加入特定数据类型所需的功能。

在声明了通用函数之后，在编译期间，编译器会生成一个适当的函数。例如，如果编译器遇到两个调用：

```
swap(n,m); // swap two integers;
swap(x,y); // swap two floats;
```

在程序的执行阶段会生成两个 swap 函数。

1.3　继承

OOL 允许创建类的层次关系，所以对象不一定是单一类的实例。在讨论继承的问题之前，考虑下面的类定义：

```
class BaseClass {
public:
    BaseClass() { }
    void f(char *s = "unknown") {
        cout << "Function f() in BaseClass called from " << s << endl;
        h();
    }
protected:
    void g(char *s = "unknown") {
        cout << "Function g() in BaseClass called from " << s << endl;
    }
private:
    void h() {
        cout << "Function h() in BaseClass\n";
    }
};
class Derived1Level1 : public virtual BaseClass {
public:
    void f(char *s = "unknown") {
        cout << "Function f() in Derived1Level1 called from " << s << endl;
        g("Derived1Level1");
        h("Derived1Level1");
    }
    void h(char *s = "unknown") {
        cout << "Function h() in Derived1Level1 called from " << s << endl;
    }
};
class Derived2Level1 : public virtual BaseClass {
public:
    void f(char *s = "unknown") {
        cout << "Function f() in Derived2Level1 called from " << s << endl;
        g("Derived2Level1");
//      h(); // error: BaseClass::h() is not accessible
    }
};
class DerivedLevel2 : public Derived1Level1, public Derived2Level1 {
public:
    void f(char *s = "unknown") {
        cout << "Function f() in DerivedLevel2 called from " << s << endl;
        g("DerivedLevel2");
        Derived1Level1::h("DerivedLevel2");
        BaseClass::f("DerivedLevel2");
    }
};
```

下面是一个示例程序:

```
int main() {
    BaseClass bc;
    Derived1Level1 d1l1;
    Derived2Level1 d2l1;
    DerivedLevel2 dl2;
    bc.f("main(1)");
//  bc.g(); // error: BaseClass::g() is not accessible
//  bc.h(); // error: BaseClass::h() is not accessible
    d1l1.f("main(2)");
//  d1l1.g(); // error: BaseClass::g() is not accessible
    d1l1.h("main(3)");
    d2l1.f("main(4)");
//  d2l1.g(); // error: BaseClass::g() is not accessible
//  d2l1.h(); // error: BaseClass::h() is not accessible
    dl2.f("main(5)");
//  dl2.g(); // error: BaseClass::g() is not accessible
    dl2.h();
    return 0;
}
```

该程序的输出如下所示:

```
Function f() in BaseClass called from main(1)
Function h() in BaseClass
Function f() in Derived1Level1 called from main(2)
Function g() in BaseClass called from Derived1Level1
Function h() in Derived1Level1 called from Derived1Level1
Function h() in Derived1Level1 called from main(3)
Function f() in Derived2Level1 called from main(4)
Function g() in BaseClass called from Derived2Level1
Function f() in DerivedLevel2 called from main(5)
Function g() in BaseClass called from DerivedLevel2
Function h() in Derived1Level1 called from DerivedLevel2
Function f() in BaseClass called from DerivedLevel2
Function h() in BaseClass
Function h() in Derived1Level1 called from unknown
```

类 BaseClass 称为基类或超类,其他类都称为子类或派生类,因为它们都是从超类派生而来的,派生类可以使用 BaseClass 中指定为 protected 或 public 的数据成员和成员函数。派生类继承了基类的所有成员,所以不需要重复相同的定义。然而,派生类可以通过引入自己的定义来重写成员函数的定义。通过这种方法,基类和派生类可以对其成员函数进行一定的控制。

基类可以判断哪些成员函数和数据成员可以暴露给派生类,因此,信息隐藏原则不论对于基类的用户还是对于派生类的用户来说都是成立的。此外,派生类还能够决定保留或者修改哪些公有的和受保护的成员函数和数据成员。例如,Derived1Level1 和 Derived2Level1 都定义了它们自己的 f() 函数。当然,为了访问层次结构中高层类的同名成员函数,可以在函数名前加上类名以及作用域限定符,例如在 DerivedLevel2 的 f() 中调用 BaseClass::f()。

派生类可以加入自己的新成员,这样该类就可以变成其他类的基类,其他类可以从它派生,使继承层次进一步扩展。例如，类 Derived1Level1 从 BaseClass 派生，与此同时，它还是 DerivedLevel2 的基类。

本例在派生类定义开头的冒号后加入关键字 public，从而将继承指定为公有继承。公有继承意味着基类的公有成员和受保护成员，在派生类中依然分别是公有成员和受保护成员。在受保护的继承(在定义的开头加 protected 关键字)中，基类的公有成员和受保护成员在派生类中都变成了受保护成员。对于私有继承，基类的公有成员和受保护成员在派生类中都变成了私有成员。在所有的继承类型中，基类的私有成员都不能在派生类中访问。例如，在 Derived2Level1 中从 f()调用 h()将会引起一个编译错误，"BaseClass::h() is not accessible."。然而，在 Derived1Level1 中从 f()调用 h()不会引起任何错误，因为它是调用 Derived1Level1 中定义的 h()。

基类的受保护成员只能在派生类中访问，而不能在非派生类中访问。所以，Derived1Level1 和 Derived2Level1 都可以调用 BaseClass 的受保护成员函数 g()，但在 main()中对这个函数进行调用却是非法的。

派生类不一定只有一个基类。它可以从多个基类派生得来。例如 DerivedLevel2 定义为从 Derived1Level1 和 Derived2Level1 派生，以这种方式继承了 Derived1Level1 和 Derived2 Level1 的所有成员函数。然而，DerivedLevel2 两次从 BaseClass 继承了同样的成员函数，因为在 DerivedLevel2 定义中使用的类都是从 BaseClass 派生来的。这是一种冗余，在最糟糕的情况下会产生编译错误 "member is ambiguous BaseClass::g() and BaseClass::g()."。为了防止发生这样的错误，这两个类的定义包含修饰符 virtual，这意味着 DerivedLevel2 仅包含 BaseClass 里成员函数的一个副本。DerivedLevel2 中的 f()调用 h()时如果不加前置的作用域限定符和类名，即 Derived1Level1::h()，也会发生类似的问题。函数 h()在 BaseClass 中是私有的，不能在 DerivedLevel2 中访问。显示的一条错误是："member is ambiguous Derived1Level1::h() and BaseClass::h()."。

1.4　指针

可以将程序中用到的变量看成是永远不为空的盒子；它们由程序员填充了一些内容，如果没有被初始化，就由操作系统填上一些内容。这样的变量至少有两种属性：内容(即值)和位置(即计算机内存中的变量)。其内容可以是数值、字符或复杂的数据项，例如结构体或联合。其内容也可以是另一个变量的位置，具有这种内容的变量称为指针。指针通常是一种间接访问其他变量值的辅助变量。可以把指针类比为路标，它指引我们到达某个位置；也可以把指针类比为写有地址的纸条。指针是指向变量的变量，辅助我们找到所关心的变量。

例如在下面的声明中：

```
int i = 15, j, *p ,*q;
```

i 和 j 都是数值型变量，p 和 q 都是指向数字的指针，前面的星号表明了其功能。假设变量 i、j、p 和 q 的地址分别是 1080、1082、1084 和 1086，那么该声明给 i 赋值 15 之后，计算机内存中变量的位置和值如图 1-1(a)所示。

现在，可以赋值 p = i(编译器不接受的话，可以使用 p = (int *) i)，但是变量 p 是用来存放整型数据的地址而不是存放其值的。因此，正确的赋值是 p = &i，i 前面的符号&意味着这是 i 的地址，而不是 i 的内容，如图 1-1(b)所示。在图 1-1(c)中，从 p 到 i 的箭头表明 p 是保存变量 i 地址的指针。

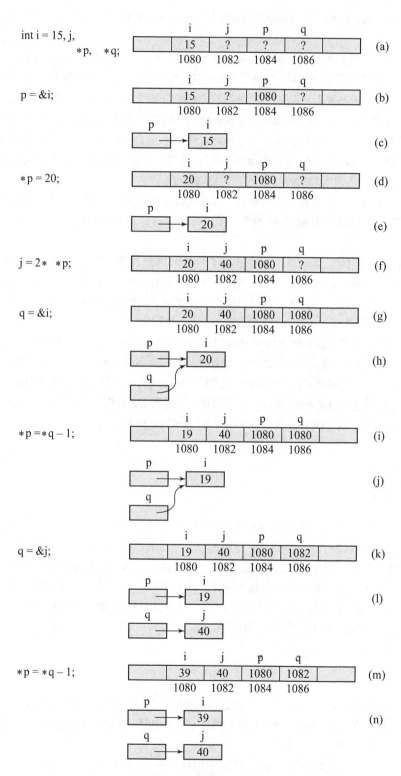

图 1-1　使用指针变量赋值以后变量值的变化。注意(b)和(c)、(d)和(e)、
　　　　(g)和(h)、(i)和(j)、(k)和(l)、(m)和(n)分别给出了同样的情况

p 的值是一个地址，必须把它和从这个指针所指地址保存的值区分开来。比如，将 20 赋值给指针 p 指向的变量，赋值语句为：

```
*p = 20;
```

这里的星号(*)是一个间接寻址运算符，该运算符强制系统首先找到 p 的内容，然后根据从 p 中得到的地址来访问 p 指向的内存位置，之后将 20 赋给这个位置(图 1-1(d))。图 1-1(e)到图 1-1(n)给出了赋值语句的另外一些例子，以及值在计算机内存中的存储方式。

与所有的变量一样，指针实际上也有两个属性：内容和位置。这个位置可以存储在另一个变量中，这样便成为指向指针的指针。

在图 1-1 中，变量的地址赋给了指针。然而，指针也可以指向匿名位置，这些匿名位置只能通过地址访问，而不能像变量一样通过名字访问。这些位置必须由内存管理器隔离开，这是在程序运行时动态地执行的，而变量则不同，其位置是在编译期分配的。

为了动态地分配和回收内存空间，需要用到两个函数。一个是 new，从内存中获得存储对象所需的内存空间，这个对象的类型放在 new 关键字的后面。例如下面的语句

```
p = new int;
```

指示程序向内存管理器请求足够的空间来存储一个整数，这部分内存的地址存储在 p 中。现在可以间接地通过指针对 p 指向的内存块赋值，也可以使用赋值语句 q = p 将存储在 p 中的地址赋给另一个指针。

如果 p 可以访问的整型空间不再需要了，就可以使用下面的语句将此空间返回给操作系统管理的自由内存区：

```
delete p;
```

然而，执行了这条语句后，所释放的内存空间块的地址依然在 p 中，但是对于程序而言，这个内存块已经不存在了。这就如同将一座已经销毁的房子的地址当成一个仍然存在的场所的地址。如果用这个地址去找房子，其结果可想而知。同样，如果在执行 delete 指令之后，不将地址从已删除的指针变量中清除，结果是很危险的。当试图访问不存在的区域时，可能会使程序崩溃，对于比数值更复杂的对象而言更是如此。这就是悬挂引用问题(dangling reference problem)。为了避免这个问题，必须将一个特定地址赋给指针；如果指针不再指向任何一个位置，就必须是一个空地址，该地址用 0 表示。在执行了下面的赋值后：

```
p = 0;
```

不能说 p 引用空或者指向空，而只能说 p 变为空或者 p 是空的。

与 delete 相关的另一个问题是内存泄漏。考虑下面的代码：

```
P = new int;
P = new int;
```

当为 p 分配了一个整型单元之后，对同一个变量 p 又分配了一个单元。在第二个赋值语句之后，第一个单元变得不可访问，在该程序运行的时候也无法再分配这个单元。因为在第二个赋值语句之前没有使用 delete 释放内存，从而导致了这个问题。正确的代码应该是：

```
P = new int;
delete p;
p = new int;
```

如果程序使用了越来越多的内存而不将其释放，内存泄漏就会导致严重的问题，最终会耗尽所有内存并导致程序异常终止。对于需要长时间运行的程序(例如服务器上的程序)而言，这个问题尤其重要。

1.4.1　指针与数组

在前面的示例中，指针 p 指向保存一个整数的内存块。当指针指向一个动态创建和修改的数据结构时，情况更为有趣，此时需要克服由数组带来的限制。C++以及大多数编程语言中的数组必须提前声明，从而在程序运行前就知道数组的大小。这意味着程序员必须对需要解决的问题相当了解，才能为数组选择适当的大小。如果太大，数组就可能会占用不必要的内存空间。如果太小，数组就可能会溢出，程序将会中止。有时数组的大小是难以预测的，因此，到底选择多大的数组，只有到了运行时才会知道，才能给数组分配足够的内存。

这个问题可以通过指针来解决。在图 1-1(b)中，指针 p 指向位置 1080，它还允许访问位置 1082、1084 和其他的位置，因为位置是均匀分布的。例如，由于变量 j 在变量 i 的旁边，为了访问变量 j 的值，可以给指针 p 中存储的变量 i 的地址加上一个整数变量的字节数，这样就得到了一个新的 p，然后通过 p 就可以访问变量 j，这就是 C++处理数组的基本方法。

考虑下面的声明：

```
int a[5], *p;
```

这个声明表示 a 是一个指针，指向能够保存 5 个整数的内存块。这个指针是固定的，也就是说，必须将 a 看成是一个常量，如果试图对 a 赋值：

```
a = p;
```

或者

```
a++;
```

就会发生编译错误。因为 a 是一个指针，指针符号能够用来访问数组 a 的元素。例如，在下面的循环中，将 a 中的所有元素相加：

```
for (sum = a[0], i = 1; i < 5; i++)
        sum += a[i];
```

其中的数组符号可以用指针符号取代：

```
for (sum = *a, i = 1; i < 5; i++)
        sum += *(a+i);
```

或者

```
for (sum = *a, p = a+1; p < a+5; p++)
        sum += *p;
```

注意，a+1 是数组 a 中下一个元素的位置，所以 a+1 等同于&a[1]。因此，如果 a 等于 1020，那么 a+1 不是 1021，而是 1022，因为指针的算术运算依赖于它指向的实体的类型。比如，声明

```
char b[5];
long c[5];
```

之后，假定 b 等于 1050，c 等于 1055，b+1 就等于 1051，因为一个字符占一个字节；c+1 等于 1059，因为一个长整型占 4 个字节。指针的算术运算之所以有这样的结果，是因为表达式 c+i 意味着内存地址 c+i*sizeof(long)。

在上面的示例中，数组 a 在声明时通过静态方式声明为包含 5 个元素。程序运行阶段数组的大小是固定的。但是数组也可以动态地声明，为此要用到指针变量。例如赋值语句：

```
p = new int[n];
```

分配了足够的空间来存储 n 个整数。指针 p 也可以看成一个数组型变量，这样就可以使用数组符号。例如，使用数组符号对数组 p 中的元素求和：

```
for (sum = p[0],i = 1;i < n;i++)
        sum += p[i];
```

可以使用指针符号修改上面的循环：

```
for (sum = *p,i= 1;i < n;i++)
        sum += *(p+i);
```

或者使用两个指针的指针符号：

```
for (sum = *p,q = p+1;q < p+n;q++)
        sum += *q;
```

因为 p 是一个变量，所以可以将它分配给一个新的数组。如果 p 指向的数组现在不再需要了，就必须使用如下语句将其释放：

```
delete [] p;
```

注意语句中使用了空的方括号，这个括号表明 p 指向一个数组。此外，delete 只应该用于使用 new 赋值的指针。因此，下面两个 delete 的使用很容易导致程序崩溃：

```
int a[10], *p = a;
delete [] p;
int n=10, *q = &n;
delete q;
```

字符串(或者称为字符数组)是非常重要的数组类型。有许多预定义的函数可以操作字符串，这些函数的名称都是以 str 开头的，例如 strlen(s)函数可以确定字符串 s 的长度，strcpy(s1, s2)函数将字符串 s2 复制到 s1。要记住这些函数都假定字符串是以空字符'\0'结尾的。例如，函数 strcpy(s1,s2)不断地执行复制操作，直到在 s2 中找到空字符。如果程序员没有在 s2 中包含空字符，只有在 s2 之后的某个计算机内存区域遇到了空字符，复制才会停止。这意味着复制在 s1 之外的区域执行，最终将导致程序崩溃。

1.4.2　指针与复制构造函数

在将数据从一个对象复制到另一个对象时，如果指针数据成员没有被正确地处理，就会产生一些问题。考虑下面的定义：

```
struct Node {
    char *name;
    int age;
    Node(char *n=" ",int a=0) {
      name = strdup(n);
      age = a;
  }
};
```

下面的声明：

```
Node node1("Roger",20), node2(node1); // or node2 = node1;
```

创建了对象 node1，给 node1 中的两个数据成员赋值，然后创建对象 node2，根据 node1 中的值初始化 node2 中的数据成员。这些对象都是相互独立的实例，所以，对其中一个对象赋值不会影响另一个对象的值。然而，经过下面的赋值后，

```
strcpy(node2.name, "Wendy");
node2.age = 30;
```

输出语句

```
cout << node1.name << ' '<< node1.age << ' '<< node2.name << ' ' << node2.age;
```

的结果为：

```
Wendy 30 Wendy 20
```

两个对象的年龄不同，但名称是一样的，这是为什么呢？这是因为 Node 的定义没有提供复制构造函数：

```
Node(const Node&);
```

当执行用 node1 初始化 node2 的语句 node2(node1)时，复制构造函数是必不可少的。如果用户没有提供复制构造函数，编译器就会自动生成一个。但是编译器生成的复制构造函数只是逐个对成员进行复制。因为 name 是一个指针，所以复制构造函数将 node1.name 的字符串地址复制给 node2.name，而不是复制字符串的内容，所以声明执行后的情况如图 1-2(a)所示。

如果执行下面的赋值语句：

```
strcpy(node2.name, "Wendy");
node2.age = 30;
```

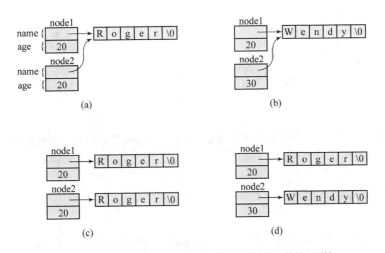

图 1-2　演示对具有指针成员的对象使用复制构造函数的必要性

node2.age 会正确地更新,但是这两个对象的 name 成员指向的字符串"Roger"被改写为"Wendy",现在有两个指针指向"Wendy"这个字符串(图 1-2(b))。为了防止这种情况发生,用户必须定义一个合适的复制构造函数,如下所示:

```cpp
struct Node {
    char *name;
    int age;
    Node(char *n = 0, int a = 0) {
        name = strdup(n);
        age = a;
    }
    Node(const Node& n) { //copy constructor;
        name = strdup(n.name);
        age = n.age;
    }
};
```

使用新的构造函数,声明 node2(node1)生成了"Roger"的另一个副本(图 1-2(c)),node2.name 指向该副本,给一个对象的数据成员赋值并不会影响另一个对象的数据成员。当执行赋值:

```cpp
strcpy(node2.name, "Wendy");
node2.age = 30;
```

之后,对象 node1 保持不变,如图 1-2(d)所示。

注意赋值运算符也会引起同样的问题。如果用户没有提供赋值运算符的定义,下面的赋值操作

```cpp
node1 = node2;
```

就会逐个对成员进行复制,引起如图 1-2(a)和图 1-2(b)所述的问题。为了避免这个问题,用户必须重载赋值运算符。对于 Node 而言,下面的代码可以完成这一任务:

```cpp
Node& operator=(const Node& n) {
    if (this!=&n) { //no assignment to itself;
```

```
    if(name != 0)
        free(name);
    name = strdup(n.name);
    age = n.age;
}
    return *this;
}
```

在这段代码里，使用了一个特殊的指针 this。每个对象都可以通过指针 this 来访问自己的地址，所以*this 就是对象本身。

1.4.3 指针与析构函数

Node 类型的局部对象会发生什么？与所有的局部项一样，该对象在定义它们的区域之外是无效的，会被销毁，所占用的内存也将释放。然而，虽然类型为 Node 的对象占用的内存被释放，但是并不是与这个对象相关联的所有内存都可用。这个对象的一个数据成员是指向字符串的指针，因此，指针数据成员占用的内存被释放，而字符串占用的内存却没有释放。在对象销毁之后，以前可以通过数据成员 name 访问的字符串现在不能访问了(如果没有把 name 赋给其他对象或字符串变量)，字符串所占的内存也无法再释放，从而导致内存泄漏。只要对象具有指向动态分配空间的数据成员，就都存在这个问题。为了避免这个问题，类定义中应该包含析构函数的定义。当销毁对象、程序从定义对象的块中退出或调用 delete 时，析构函数都会自动调用。析构函数不带参数，也没有返回值，所以每个类只有一个析构函数。对于类 Node，析构函数可以定义如下：

```
~Node() {
    if (name != 0)
        free(name);
}
```

1.4.4 指针和引用变量

考虑下面的声明：

```
int n = 5, *p = &n, &r = n;
```

在这个声明中，变量 p 声明为 int*类型，这是一个指向整数的指针；r 的类型为 int&，即整型引用变量。引用变量必须在声明中初始化为一个特定变量的引用，而且这个引用不能改变，这也意味着引用变量不能为空。引用变量 r 可以看成是变量 n 的别名，如果 n 改变了，r 也跟着改变。这是出于引用变量是作为指向变量的常量指针而实现的。

在三个声明后，下面的输出语句

```
cout << n << ' '<< *p << ' '<< r << endl;
```

输出 5 5 5。通过下面的赋值后，

```
n = 7;
```

输出结果是 7 7 7。同样，经过赋值

```
*p = 9;
```

之后的输出为 9 9 9，赋值

```
r = 10;
```

的输出结果是 10 10 10。这些语句表明：使用这个符号，不需要解除引用变量的引用，就可以完成需要解除引用的指针变量完成的任务。这并不意外，因为前面说过引用变量是通过常量指针实现的。除了下面的声明之外

```
int& r = n;
```

还可以使用这样的声明

```
int *const r = &n;
```

其中，r 是一个指向整数的常量指针，这意味着下面的赋值

```
r = q;
```

是错误的，其中 q 是另一个指针，因为 r 的值不能改变。然而，如果 n 不是整型常量，则赋值

```
*r = 1;
```

是可以接受的。

注意类型 int *const 与类型 const int *的区别。后者是一个指向整型常量的指针：

```
const int *s = &m;
```

执行该赋值语句后，下面的语句

```
s = &m;
```

是允许的，其中 m 是一个整数(可以是常量，也可以不是)，但是即使 m 不是一个常量，赋值

```
*s = 2;
```

也是错误的。

引用变量在通过引用向函数调用传递实参时使用。如果在函数的执行过程中，实参需要永久性地改变，就需要通过引用来传递参数。这可以使用指针(在 C 中，这是按引用传递的唯一方式)或引用变量来实现。例如下面的函数声明，

```
void f1(int i,int* j,int& k) {
    i = 1;
    *j = 2;
    k = 3;
}
```

变量的值为：

```
int n1 = 4, n2 = 5, n3 = 6;
```

执行了调用

```
f1(n1,&n2,n3);
```

之后，变量的值为 n1 = 4, n2 = 2, n3 = 3。

引用类型还可以用来指明函数的返回类型。例如声明了函数：

```
int& f2(int a[],int i){
    return a[i];
}
```

并且声明数组

```
int a[] = {1,2,3,4,5};
```

之后，就可以在赋值运算符的任何一边使用 f2()。比如，在右边使用 f2()：

```
n = f2(a,3);
```

或者在左边使用：

```
f2(a,3) = 6;
```

上面将 6 赋给了 a[3]，所以 a = [1 2 3 6 5]。注意，使用指针可以得到同样的结果，但是必须显式地使用解除引用语句：

```
int* f3(int a[], int i){
    return &a[i];
}
```

然后执行：

```
*f3(a,3) = 6;
```

使用引用变量和引用返回类型时必须小心，因为如果不正确使用它们，就有可能破坏信息隐藏原则。考虑类 C：

```
class C {
public:
    int& getRefN() {
        return n;
    }
    int getN() {
        return n;
    }
private:
    int n;
} c;
```

和下面的赋值语句：

```
int& k = c.getRefN();
k = 7;
cout << c.getN();
```

尽管 n 声明为私有，但执行第一个赋值语句后，就可以在外界通过 k 随意访问该变量，并可以赋予任意值，还可以通过 getRefN()来赋值：

```
c.getRefN() = 9;
```

1.4.5　函数指针

如 1.4.1 节所述，变量的一个属性就是其地址指明了它在计算机内存中的位置。这同样适用于函数：函数的一个属性就是其地址指明了函数体在内存中的位置。在调用函数时，系统就将控制权交给这个位置来执行函数。所以，可以使用指向函数的指针。这些指针在实现诸如积分之类的函数(也就是把函数用作参数的函数)时很有用。

考虑一个简单的函数：

```
double f(double x){
    return 2*x;
}
```

对于这个定义，f 是指向函数 f()的指针，*f()是函数本身，(*f)(7)是对函数的调用。

现在考虑编写一个 C++函数进行求和：

$$\sum_{i=n}^{i=m} f(i)$$

为了求和，不但需要提供上下限 n 和 m，还要提供函数 f。因此，这个实现不仅要把数值作为参数，还要将函数作为参数。在 C++中可以按如下方式进行：

```
double sum(double (*f)(double), int n, int m) {
   double result = 0;
   for(int i = n; i <= m; i++)
      result += f(i);
   return result;
}
```

在函数 sum()的定义中，第一个形参的声明

```
double (*f)(double)
```

意味着 f 是一个指向函数的指针，该函数带有一个 double 参数，返回一个 double 值。注意需要给*f 加圆括号。因为圆括号的优先级比解除引用运算符的优先级高，所以下面的表达式声明的函数返回一个指向 double 值的指针。

```
double *f(double)
```

在调用函数 sum()时，需要提供一个具有 double 参数并返回 double 值的函数，该函数可以是内置的，也可以是用户自定义的。如下所示：

```
cout << sum(f,1,5) << endl;
cout << sum(sin,3,7) << endl;
```

下面是另一个示例，这是一个在某个区间中寻找连续函数的"根"的函数。要找到这个根，可

以反复二分这个区间，找到当前区间的中点。如果函数在中点的值是 0，或者多次二分的区间小于某个小值，就返回该中点。如果函数在当前区间的左端的值与它的中点值符号相反，就继续在当前区间的左半部分搜索；否则，在右半部分继续搜索。下面是这个算法的实现代码：

```
double root(double (*f)(double), double a, double b, double epsilon) {
    double middle = (a + b) / 2;
    while (f(middle) != 0 && fabs(b - a) > epsilon) {
        if(f(a) * f(middle) < 0)     // if f(a) and f(middle) have
            b = middle;              // opposite signs;
        else a = middle;
        middle = (a + b) / 2;
    }
    return middle;
}
```

1.5 多态性

多态性指的是获得多种形态的能力。在 OOP 中，多态性指的是用同样的函数名称表示多个函数，而这些函数是不同对象的成员。考虑下面的示例：

```
class Class1 {
public:
    virtual void f() {
        cout << "Function f() in Class1\n";
    }
    void g() {
        cout << "Function g() in Class1\n";
    }
};
class Class2 {
public:
    virtual void f() {
        cout << "Function f() in Class2\n";
    }
    void g() {
        cout << "Function g() in Class2\n";
    }
};
class Class3 {
public:
    virtual void h() {
        cout << "Function h() in Class3\n";
    }
};

int main() {
    Class1 object1, *p;
    Class2 object2;
```

```
    Class3 object3;
    p = &object1;
    p->f();
    p->g();
    p = (Class1*) &object2;
    p->f();
    p->g();
    p = (Class1*) &object3;
    p->f(); // possibly abnormal program termination;
    p->g();
//p->h(); // h() is not a member of Class1;
    return 0;
}
```

该程序的输出如下所示:

```
Function f() in Class1
Function g() in Class1
Function f() in Class2
Function g() in Class1
Function g() in Class1
```

　　将 p 声明为指向类 Class1 的对象 object1 的指针，接着调用在 Class1 中定义的两个函数，这种情况很常见。但是，当 p 指向类 Class2 的对象 object2 后，p->f()调用了在 Class2 中定义的函数，而 p->g()调用了 Class1 中定义的函数。这是怎么回事？产生这种区别的原因是判断函数调用的时间不同。

　　对于所谓的静态绑定来说，调用哪个函数是在编译阶段确定的。而对于动态绑定，则要推迟到运行阶段才能确定。在 C++中，动态绑定是通过将成员函数声明为 virtual 来实现的。在这种方式中，如果对虚函数成员进行调用，那么选择执行哪个函数并不依赖于声明的指针类型，而是依赖于指针当前指向的类型。在上面的例子中，指针 p 声明为 Class1*类型。因此，如果 p 指向非虚函数 g()，那么不管在程序的什么地方执行命令 p->g()，都会调用在 Class1 中定义的函数 g()。这是因为，编译器根据 p 的类型声明做出决定，并且 g()不是虚函数。对于虚函数成员来说，情况完全不同。这种情况下决定是在运行时做出的：如果一个函数成员为 virtual 类型，系统就检查当前指针的类型，调用正确的函数成员。最初将 p 声明为类型 Class1*，那么就会调用属于 Class1 的虚函数 f()，而当将类型为 Class2 的对象 Object2 的地址赋给 p 后，就会调用属于 Class2 的 f()。

　　注意在将 object3 的地址赋给 p 后，仍然调用 Class1 中定义的 g()。这是因为 g()没有在 Class3 中重新定义，所以调用的是 Class1 中的 g()。但是，试图调用 p->f()会导致程序崩溃，因为 f()在 Class1 中声明为虚函数，所以系统不会在 Class3 中成功地查找到 f()的定义。同样，虽然 p 指向 object3，但是指令 p->h()会导致编译错误，因为编译器在 Class1 中找不到 h()，这里指针 p 的类型仍然是 Class1*。对于编译器来说，是否在 Class3 中定义了 h()并不重要(不管是否为虚函数)。

　　多态性是 OOP 的一项强大功能。可以利用这个特性将一个标准消息发送给许多不同的对象，而不需要指定如何处理消息，也不需要知道对象是什么类型。接收者负责解释和处理消息。发送者不需要根据接收者的类型来修改消息，也不需要使用 switch 或 if-else 语句。此外还可以在复杂的程序中加入新的单元而不需要重新编译整个程序。

1.6　C++和面向对象程序设计

前面的讨论假定C++是一种面向对象语言(OOL)，前面讨论过的所有OOL特性都用C++代码进行了举例说明。然而，C++并不是一种纯粹的OOL。C++比C和Pascal更能体现面向对象的思想，后两者根本没有面向对象的特性。同时，C++也比Ada更面向对象化，尽管Ada也支持类(包)和实例。但C++的面向对象性比纯粹的OOL(例如Smalltalk或者Eiffel)要弱一些。

C++并没有强制使用面向对象的方法。用C++编程时，不必知道面向对象是它的一个特性，其原因是C语言的盛行。C++是C语言的超集，所以C程序员很容易转而使用C++，他只需要适应C++中一些更友好的特性，比如I/O、引用调用机制、函数参数的默认值、运算符重载、内联函数等。使用C++等面向对象语言，并不能保证进行面向对象的程序设计。此外，并不总是需要使用类和成员函数机制，在一些小程序中尤其如此，所以有时候并不一定需要进行面向对象编程。同样，C++比其他的OOL更容易与现有C代码结合在一起。

C++具有很优秀的封装功能，可以对信息隐藏进行良好的控制，然而友元函数是一个例外。问题在于类的私有信息不能被任何用户访问，而公共信息可以让每个用户访问，但是有时希望让某些用户访问信息的私有部分。为此，可以将用户函数声明为类的友元。例如下面的定义：

```
class C {
    int n;
    friend int f();
} ob;
```

函数f()能直接访问属于类C的变量n，如下所示：

```
int f ()
{   return 10 * ob.n;}
```

这违背了信息隐藏原则。但是类C本身可以将权限赋给一些用户，允许他们访问本来不可访问的私有成员，对于其他用户而言，这些成员仍然是不可访问的。由于类能够控制将哪些函数作为友元函数，所以友元函数机制也就成为信息隐藏原则的扩展。这种机制便于编程，加快了执行速度，因为重写不使用友员函数的代码将非常麻烦。某些规则的例外情况在计算机科学中并不少见，例如函数语言(如LISP)中存在循环，在dBaseIII+中，在数据文件的开端保存信息也违反了关系数据库模型的规则。

1.7　标准模板库

C++是一种面向对象的语言，而最近对这种语言的扩展将C++带入了一个更高的层次。对这种语言最重要的增强是加入了标准模板库(Standard Template Library, STL)，该库主要是由Alexander Stepanov和Meng Lee开发的。这个库包括3种类型的通用项：容器、迭代器和算法。算法是可以应用于不同数据结构的常用函数，其应用是通过迭代器来协调的，迭代器决定了算法能够应用于哪些类型的对象。有了STL，程序员就不必编写自己的类和函数，而能够利用预先打好包的通用工具，来解决现有的问题。

1.7.1　容器

容器是一种数据结构，存储具有相同类型的对象。不同类型的容器在其内部以不同的方式组织对象。虽然组织方式的数量在理论上来说是无限的，但只有一小部分组织方式具有实用价值，STL 中包含了最常用的组织方式。STL 包括的容器有：deque、list、map、multimap、set、multiset、stack、queue、priority_queue 和 vector。

STL 容器是用模板类实现的，其中包括成员函数，这些成员函数指定了可以对(由容器指定的)数据结构中的元素或数据结构本身执行什么样的操作。有些操作在所有的容器中都会出现，尽管其实现各不相同。对所有容器都适用的成员函数包括默认构造函数、复制构造函数、析构函数、empty()、max_size()、size()、swap()、operator=，以及 6 个重载的关系运算符函数(operator<等)(这 6 个重载运算符不适用于 priority_queue 容器)。此外，begin()、end()、rbegin()、rend()、erase()以及 clear()也是通用成员函数，但是 stack、queue 和 priority_queue 容器是例外。

存储在容器中的元素可以是任何类型，此外，至少要为元素提供默认构造函数、析构函数和赋值运算符，这对于用户定义的类型来说尤为重要。有些编译器还需要重载一些关系运算符(至少需要重载= =和<，还可能需要重载!=和>)，即使程序并不需要用到它们。另外，如果数据成员是指针，还必须提供复制构造函数和函数 operator =，因为插入操作使用的是被插入元素的副本而不是元素本身。

1.7.2　迭代器

迭代器是一个对象，用于引用存储在容器中的元素。因此，它是一个通用指针。迭代器允许访问包含在容器中的信息，所以可以通过迭代器在这些元素上执行所需要的操作。

作为通用指针，迭代器保留了解除引用符号。比如说，*i 是由迭代器 i 引用的元素。此外，迭代器运算和指针运算类似，尽管在所有的容器中都不允许在迭代器上执行操作。

stack、queue 和 priority_queue 容器不支持迭代器。类 list、map、multimap、set 和 multiset 的迭代器操作如下(其中 i1 和 i2 是迭代器，n 是一个数值)：

```
i1++, ++i1, i1--, --i1
i1 = i2
i1 = = i2, i1 != i2
*i1
```

除了这些操作之外，类 deque 和 vector 的迭代器还具有如下操作：

```
i1 < i2, i1 <= i2, i1> i2, i1 >= i2
i1 + n, i1 - n
i1 += n, i1 -= n
i1[n]
```

1.7.3　算法

STL 提供了大约 70 个通用函数，称为算法，这些算法能够应用于 STL 容器和数组。附录 B 列出了所有的算法。这些算法实现了大多数程序频繁使用的操作，例如在容器中定位元素、将元素插入元素序列、从序列中删除元素、修改元素、比较元素、在元素序列中查找一个值、对元素序列中的元素排序等。几乎所有的 STL 算法都使用迭代器来指示操作元素的范围。第一个迭代器指示操作范围中的第一个元素，而第二个迭代器指示操作范围中最后一个元素的下一个元素。因此，递增第一个迭代器，总是可以到达第二个迭代器指示的位置。下面是一些示例。

下面的代码

```
random_shuffle (c.begin(), c.end ());
```

会对容器 c 中的所有元素随机排序。而下面的代码

```
i3 = find(i1, i2, e1);
```

返回一个迭代器，表示 e1 元素的位置在 i1 到 i2(不包括 i2)之间。下面的语句

```
n = count_if(i1, i2, oddNum);
```

使用算法 count_if() 计算迭代器 i1、i2 指示的范围内特定元素的个数，这些元素使得具有一个参数的用户自定义函数 oddNum() 的返回值为 true。

算法是容器提供的成员函数之外的函数，然而，为了得到更好的性能，也有一些算法定义为成员函数。

1.7.4　函数对象

在 C++中，可以像对待其他运算符一样对待函数调用运算符()；这个运算符也可以重载。()运算符能够返回任何类型，可以使用任何数量的参数，但和赋值运算符一样，该运算符只能重载为成员函数。包含函数调用运算符定义的对象称为函数对象。函数对象也是对象，只是它的行为表现得像函数而已。当调用函数对象时，其参数是函数调用运算符的参数。

考虑下面的示例程序，该程序对函数 f 在区间[n,m]求和。1.4.5 小节的 sum() 实现代码把函数指针作为函数 sum() 的一个参数。定义一个重载函数调用运算符的类也可以完成相同的任务。

```
class classf {
public:
    classf() {
    }
    double operator() (double x ) {
        return 2*x;
    }
};
```

然后定义：

```
double sum2(classf f,int n,int m) {
    double result = 0;
    for (int i = n; i <= m; i++)
        result += f(i);
    return result;
}
```

这里定义的 sum2()与前面的 sum()的第一个参数不同，该参数是函数对象而不是函数，其他参数则完全相同。下面的代码调用了新函数：

```
classf cf;
cout << sum2(cf, 2, 5) << endl;
```

或者更简单地写做：

```
cout << sum2(classf(), 2, 5 ) << endl;
```

后一种调用方法需要定义 classf()构造函数(即使没有任何代码体)，以便在调用 sum2()时创建一个 classf()类型的对象。

即使不重载函数调用运算符，也能够完成这一任务。例如下面的两个定义：

```
class classf2{
public:
    classf2(){
    }
    double run (double x ) {
        return 2*x;
    }
};
double sum3 (classf2 f, int n, int m) {
    double result = 0;
    for(int i = n; i <= m; i++)
        result += f.run(i);
    return result;
}
```

调用方法如下：

```
cout << sum3(classf2(),2,5) << endl ;
```

STL 特别依赖于函数对象。函数指针机制对于内置的运算符是不够的。例如，如何将负号赋给 sum()？ sum(-, 2, 5)的语法是非法的。为了解决这个问题，STL 在<functional>中为常见的 C++运算符定义了函数对象。例如，负号定义为：

```
template<class T>
struct negate:public unary_function<T,T> {
  T operator()(const T& x) const {
    return -x;
  }
};
```

现在，如下面这样重新定义函数 sum()使之成为一个通用函数之后：

```
template<class F>
double sum(F f, int n, int m) {
    double result = 0;
    for (int i = n; i <= m; i++)
        result += f(i);
```

```
    return result;
}
```

也可以使用 negate 函数对象调用这个函数：

```
sum(negate<double>(),2,5)
```

1.8 标准模板库中的向量

向量是最简单的 STL 容器，其数据结构与数组相似，占据着一个连续的内存块。由于内存位置是连续的，所以向量中的元素可以随机访问，访问向量中任何一个元素的时间也是固定的。存储空间的管理是自动的，当要将一个元素插入到已满的向量中时，会为向量分配一个更大的内存块，将向量中的元素复制进新的内存块中，然后释放旧的内存块。所以，向量是一个灵活的数组，是能够动态改变自身大小的数组。

表 1-1 以字母顺序列出了向量的所有成员函数。程序清单 1-1 说明了这些函数的用法。在调用成员函数时，向量中受到影响的内容作为注释显示在后面。向量的内容通过通用函数 printVector() 输出，但程序清单 1-1 只显示了一次调用。

表 1-1 按字母顺序列出类 vector 中的成员函数

成 员 函 数	操 作
void assign(iterator first, iterator last)	删除向量中的所有元素，然后将迭代器 first 和 last 指示范围中的元素插入该向量中
void assign(size_type n, const T& el = T())	删除向量中的所有元素，然后将 el 的 n 个副本插入该向量中
T& at(size_type n)	返回向量中位置为 n 的元素
const T& at(size_type n) const	返回向量中位置为 n 的元素
T& back()	返回向量的最后一个元素
const T& back() const	返回向量的最后一个元素
iterator begin()	返回一个迭代器，该迭代器引用向量的第一个元素
const_iterator begin() const	返回一个迭代器，该迭代器引用向量的第一个元素
size_type capacity() const	返回可以存储在向量中的元素数目
void clear()	清除向量中的所有元素
bool empty() const	如果向量不包括元素，则返回 true，否则返回 false
iterator end()	返回一个迭代器，该迭代器位于向量的最后一个元素之后
const_iterator end() const	返回一个 const 迭代器，该迭代器位于向量的最后一个元素之后
iterator erase(iterator i)	删除由迭代器 i 引用的元素，返回一个迭代器，引用被删除元素之后的元素
iterator erase(iterator first, iterator last)	删除迭代器 first 和 last 指示范围中的元素，返回一个迭代器，引用被删除的最后一个元素之后的元素
T& front()	返回向量的第一个元素
const T& front() const	返回向量的第一个元素
iterator insert(iterator i, const T& el=T())	在由迭代器 i 引用的元素之前插入 el，并返回引用新插入元素的迭代器
void insert(iterator i, size_type n, const T& el)	在迭代器 i 引用的元素之前插入 el 的 n 个副本
void insert (iterator i, iterator first, iterator last)	在迭代器 i 引用的元素之前插入迭代器 first 和 last 指示范围中的元素

(续表)

成员函数	操 作
size_type max_size() const	返回向量的最大元素数
T& operator[]	下标运算符
const T& operator[] const	下标运算符
void pop_back()	删除向量的最后一个元素
void push_back(const T& el)	在向量的末尾插入 el
reverse_iterator rbegin()	返回引用向量中最后一个元素的迭代器
const_reverse_iterator rbegin() const	返回引用向量中最后一个元素的迭代器
reverse_iterator rend()	返回位于向量中第一个元素之前的迭代器
const_reverse_iterator rend() const	返回位于向量中第一个元素之前的迭代器
void reserve(size_type n)	如果向量的容量小于 n，该函数就为向量预留保存 n 项的足够空间
void resize(size_type n, const T& el = T())	使向量保存 n 个元素，方法是：通过元素 el 再添加 n – size() 个位置，或者丢弃向量末尾溢出的 size() – n 个位置
size_type size() const	返回向量中的元素数量
void swap(vector<T>& v)	与另一个向量 v 交换内容
vector()	创建空向量
vector(size_type n, const T& el= T())	用类型 T 的 n 个 el 副本创建一个向量(如果没有提供 el，则使用默认的构造函数 T())
vector(iterator first, iterator last)	用迭代器 first 和 last 指示范围中的元素构造一个向量
vector(const vector<T>& v)	复制构造函数

程序清单 1-1 演示向量成员函数操作的示例程序

```cpp
#include <iostream>
#include <vector>
#include <algorithm>
#include <functional> // greater<T>

using namespace std;

template<class T>
void printVector(char *s, const vector<T>& v) {
    cout << s << " = (";
    if (v.size() == 0) {
        cout << ")\n";
        return;
    }
    typename vector<T>::const_iterator i = v.begin();
    for( ; i != v.end()-1; i++)
        cout << *i << ' ';
    cout << *i << ")\n";
}

bool f1(int n) {
    return n < 4;
}
```

```
int main() {
    int a[] = {1,2,3,4,5};
    vector<int> v1;                          // v1 is empty, size = 0, capacity = 0
    printVector("v1",v1);
    for (int j = 1; j <= 5; j++)
        v1.push_back(j);                     // v1 = (1 2 3 4 5), size = 5, capacity = 8
    vector<int> v2(3,7);                      // v2 = (7 7 7)
    vector<int> ::iterator i1 = v1.begin()+1;
    vector<int> v3(i1,i1+2);                  // v3 = (2 3), size = 2, capacity = 2
    vector<int> v4(v1);                       // v4 = (1 2 3 4 5), size = 5, capacity = 5
    vector<int> v5(5);                        // v5 = (0 0 0 0 0)
    v5[1] = v5.at(3) = 9;                     // v5 = (0 9 0 9 0)
    v3.reserve(6);                            // v3 = (2 3), size = 2, capacity = 6
    v4.resize(7);                             // v4 = (1 2 3 4 5 0 0), size = 7, capacity = 10
    v4.resize(3);                             // v4 = (1 2 3), size = 3, capacity = 10
    v4.clear();                               // v4 is empty, size = 0, capacity = 10 (!)
    v4.insert(v4.end(),v3[1]);               // v4 = (3)
    v4.insert(v4.end(),v3.at(1));            // v4 = (3 3)
    v4.insert(v4.end(),2,4);                 // v4 = (3 3 4 4)
    v4.insert(v4.end(),v1.begin()+1,v1.end()-1); // v4 = (3 3 4 4 2 3 4)
    v4.erase(v4.end()-2);                    // v4 = (3 3 4 4 2 4)
    v4.erase(v4.begin(), v4.begin()+4);      // v4 = (2 4)
    v4.assign(3,8);                          // v4 = (8 8 8)
    v4.assign(a,a+3);                        // v4 = (1 2 3)
    vector<int>::reverse_iterator i3 = v4.rbegin();
    for ( ; i3 != v4.rend(); i3++)
        cout << *i3 << ' ';                  // print: 3 2 1
    cout << endl;

// algorithms

    v5[0] = 3;                               // v5 = (3 9 0 9 0)
    replace_if(v5.begin(),v5.end(),f1,7);    // v5 = (7 9 7 9 7)
    v5[0] = 3; v5[2] = v5[4] = 0;            // v5 = (3 9 0 9 0)
    replace(v5.begin(),v5.end(),0,7);        // v5 = (3 9 7 9 7)
    sort(v5.begin(),v5.end());               // v5 = (3 7 7 9 9)
    sort(v5.begin(),v5.end(),greater<int> ()); // v5 = (9 9 7 7 3)
    v5.front() = 2;                          // v5 = (2 9 7 7 3)
    return 0;
}
```

为了使用向量类，程序必须包括如下 include 指令．

```
# include < vector >
```

vector 类有 4 个构造函数，声明

```
vector<int> v5(5);
```

与声明

```
vector<int> v2(3,7);
```

使用的构造函数相同，但对于向量 v5，其元素值为默认值，也就是 0。

向量 v1 定义为空向量，然后通过函数 push_back() 插入新元素。为向量添加新元素通常非常快，除非向量已满，这时必须把所有元素复制到新的内存块中。当向量的大小与其容量相同时，这种情况就会发生。只要向量有未使用单元，就能够以固定的时间为新元素快速分配空间。这两个参数的当前值可以通过函数 size() 和函数 capacity() 检验得出，函数 size() 返回向量当前的元素数目(即向量的大小)，而函数 capacity() 返回向量能够拥有的元素数目(即向量的容量)。如果需要的话，向量的容量可以通过函数 reserve() 来改变。例如，在执行如下代码后：

```
v3.reserve(6);
```

向量 v3=(2 3) 中的元素不变，其大小也不变(等于 2)，但向量的容量从 2 改变成 6。函数 reserve() 仅影响向量的容量，不影响其内容。而函数 resize() 不仅影响向量的内容，还有可能影响其容量。例如，向量 v4=(1 2 3 4 5) 的大小和容量都是 5，在执行下面的代码后发生了改变：

```
v4.resize(7);
```

向量变成 v4=(1 2 3 4 5 0 0)，大小=7，容量=10，而再次调用 resize() 后：

```
v4.resize(3) ;
```

向量变成 v4= (1 2 3)，大小=3，容量=10。这些例子说明给向量分配了新的空间，但这些空间并没有立即回收。

注意，向量没有 push_front() 成员函数。这说明在向量的前面加入新元素是一个复杂的操作，因为这需要将所有的元素都向后移动一个位置，给新元素腾出空间。这是一件相当耗时的操作，可以通过函数 insert() 来完成。这个函数在必要时还会给向量自动分配更多的内存空间，此外构造函数、reserve() 函数和 operator= 也可以完成这一任务。

向量中的元素也可以像数组一样通过下标来访问，如：

```
v4[0] = n ;
```

或者可以对迭代器使用解除引用运算符，就如同指针那样：

```
vector<int>:: iterator i4 = v4.begin() ;
*i4 = n ;
```

注意，有些成员函数返回的是 T& 类型(即引用类型)。例如对于整型向量，成员函数 front() 的原型为：

```
int& front() ;
```

这意味着 front() 可以放在赋值运算符的左边和右边：

```
v5.front() = 2 ;
v4[1] = v5.front() ;
```

所有的 STL 算法都能够应用于向量。例如，调用

```
replace(v5.begin(),v5.end(),0,7) ;
```

将把向量 v5 中所有为 0 的元素都替换成 7，例如 v5=(3 9 0 9 0) 会变成 v5 = (3 9 7 9 7)，而调用

```
sort(v5.begin(),v5.end());
```

将以升序对向量 v5 排序。某些算法允许使用函数作为参数，例如，如果程序中具有函数定义：

```
bool f1(int n) {
    return n < 4;
}
```

则调用如下代码

```
replace_if(v5.begin(),v5.end(),f1,7);
```

会对向量 v5 的每个元素都调用一次 f1()函数，并将 v5 中所有值小于 4 的元素都替换成 7。例如 v5 = (39090) 将变成 v5 = (79797)。有一种更好的方法可以得到相同的输出，但不需要明确给出 f1 的定义：

```
replace_if(v5.begin(),v5.end(),bind2nd(less<int>(),4),7);
```

在这个表达式中，bind2nd(op, a)是一个通用函数，它通过提供(绑定)第二个参数，将一个含有两个参数的函数对象转化成只含一个参数的函数对象。为此，它创建包含两个参数的函数对象，其中，二元运算符 op 将 a 作为第二个参数。

排序算法具有同样的灵活性，在对向量 v5 排序的例子中，v5 是以升序来排序的。那么 v5 如何按降序排序呢？方法之一先对向量进行升序排序，然后用 reverse()算法来反转向量。另一种方法是强制 sort()算法在得出结果时使用>运算符。为此，可以直接把函数对象作为参数：

```
sort(v5.begin(),v5.end(),greater<int>());
```

或者间接使用

```
sort(v5.begin(),v5.end(),f2);
```

其中 f2 的定义为

```
bool f2(int m, int n) {
    return m > n ;
}
```

第一种方法更好，但是这种方法之所以可行，是因为函数对象 greater 已经在 STL 中进行了定义。这个函数对象定义为模板结构，实际上该函数重载了运算符>。因此，greater<int>()意味着该运算符应用于整数。

这个版本的 sort()算法带有一个函数参数，当需要排序比整数更复杂的对象，或者需要使用不同的标准时，该算法尤其有用。考虑下面的类定义：

```
class Person {
public:
    Person(char *n = "", int a = 0) {
        name = strdup(n);
        age = a;
    }
    ~Person(){
     free(name);
```

```
    }
    bool operator==(const Person& p) const {
        return strcmp(name,p.name) == 0 && age == p.age;
    }
    bool operator<(const Person& p) const {
        return strcmp(name,p.name) < 0;
    }
    bool operator>(const Person& p) const {
        return !(*this == p) && !(*this < p);
    }
private:
    char *name;
    int age;
    friend bool lesserAge(const Person&, const Person&);
};
```

现在进行如下声明：

```
vector<Person> v6(1,Person("Gregg",25));
```

在 v6 中增加两个对象

```
v6.push_back(Person("Ann",30));
v6.push_back(Person("Bill",20));
```

然后执行

```
sort(v6.begin(),v6.end());
```

v6 从 v6=(("Gregg", 25)("Ann", 30)("Bill", 20))变为 v6=(("Ann", 30)("Bill", 20)("Gregg", 25))，按升序排列，因为带有两个迭代器参数的 sort()方法使用在类 Person 中重载的运算符<。下面的语句

```
sort(v6.begin(),v6.end(),greater<Person>());
```

将 v6 从 v6 = (("Ann", 30) ("Bill", 20) ("Gregg", 25))变成 v6 = (("Gregg", 25) ("Bill", 20) ("Ann", 30))，按降序排序，因为这个版本的 sort()依赖于该类重载的运算符＞。如果以年龄来排序，又该怎么做呢？在此情况下需要定义一个函数：

```
bool lesserAge(const Person& p1, const Person & p2 ) {
    return p1.age < p2.age;
}
```

然后，将其用作 sort()调用中的一个参数

```
sort(v6.begin(),v6.end(),lesserAge);
```

将 v6 = (("Gregg", 25) ("Bill", 20) ("Ann", 30))变为 v6 = (("Bill", 20) ("Gregg", 25) ("Ann", 30))。

1.9　数据结构与面向对象编程

尽管计算机操作的是位，但我们通常并不以这种方式思考问题。事实上，我们不愿意这么做。

尽管整数是一个 16 位的序列，但我们更愿意把整数视为一个具有自身特性的实体。其特性反映在可以对整数执行的操作上，这些操作无法应用于其他类型的变量。由于整数把位用作其基本构成块，因此其他对象可以将整数作为基本元素。某些特定的语言已经内建了一些数据类型，但是另一些数据类型需要用户自行定义。新的数据类型具有特定的结构，也就是一种新的元素组成方式，这种结构决定了该类型对象的行为。数据结构领域的任务就是探索这种新结构，并从时间以及空间需求的角度研究新结构的行为。面向对象的方法从类型对象的行为出发，找出最合适的数据类型从而高效地完成所希望的操作。而现在我们从数据结构的数据类型规范入手，观察它能够做什么、如何做以及效率如何。数据结构领域的主要任务是设计组合到应用程序中并且被应用程序使用的构造工具，找出能够快速处理某些操作、又不消耗太多计算机内存的数据结构。在创建类时，数据结构研究的重点是类的机制，或者说是内部运行方式，而在大多数情况下，这些机制对类的用户是不可见的。数据结构领域研究这些类的可操作性，通过修改类中的数据结构提高类的性能，因为类可以直接访问数据结构。数据结构增强类的性能，并建议用户如何使用这些类。用户可以通过继承为这些类增加更多的操作，更好地发挥类的功能；但由于数据结构对于用户来说是隐藏的，所以这些新的操作只能通过运行来测试，而不能通过访问类的内部来测试，除非用户能够访问源代码。

通过面向对象方式，数据结构可以实现更好的功能。使用这种方式能够安全地构造工具，并且这些工具不会由于粗心而被误用。把数据结构封装到类中，仅公开正确使用类所需的部分，此时用数据结构知识就可以开发出功能不受干扰的工具。

1.10　案例分析：随机访问文件

本案例分析主要用于演示通用类的用法及继承。后面章节中的案例分析将使用 STL。

从操作系统的角度来看，无论什么内容的文件都是字节的集合。从用户的角度来看，文件是单词、数字、数据序列以及记录等的集合。如果用户希望访问文本文件中的第 5 个单词，就要启动一个查找过程，从文件的起始位置 0 开始，依次检查所有的字节。它将对序列中的所有空格计数，在跳过 4 个这样的序列后(如果文件以空格序列开始，则为 5)就停下来，因为它到达第 5 个非空格序列或文件中的第 5 个单词。这个单词可以起始于文件的任何位置。我们不能到达文本文件的某个特定位置，然后肯定地说这就是该文件第 5 个单词的起始处。理想情况下，我们希望直接到达文件的某个特定位置，并确保文件的第 5 个单词就是从这里开始的。问题在于前面单词的长度和空格序列。如果每个单词占据相同数量的空间，就可以直接到位置 4*length(word) 上访问第 5 个单词。但是由于单词的长度各不相同，所以必须给每个单词赋以相同数量的字节；如果单词较短，就增加一些占位符来填充留下的空间；如果单词太长，就截断这个单词。这样，文件就形成了一种新的组织方式。现在这个文件不只是字节的集合，同时也是记录的集合。在此示例中，每条记录保存了一个单词。如果请求访问第 5 个单词，就可以直接访问这个单词，不必考虑前面的单词。通过这种新的组织方式，可以创建随机访问文件。

随机访问文件允许直接访问每条记录，这些记录通常包括多个单词项。前面的示例提出了创建随机访问文件的一种方法，即使用固定长度的记录。在下面这个案例分析中，我们的任务是写一个通用程序，为任何类型的记录生成随机访问文件。该程序运行后生成了一个包含个人记录的文件，每条记录由 5 个数据成员(社会安全号码、姓名、所在城市、出生年份以及薪水)组成，该程序还生成了一个存储学生记录的学生文件，学生记录的数据成员与个人记录相同，另外还增加了学院专业，在此使用了继承。

在此案例分析中，通用的随机访问文件程序能够将新记录插入文件，在文件中查找记录，还可以修改记录。文件名由用户提供，如果没有找到该文件，就新建一个；否则，打开该文件进行读写。具体如程序清单 1-2 所示。

程序清单 1-2　管理随机访问文件的程序

```cpp
//********************* personal.h *********************

#ifndef PERSONAL
#define PERSONAL

#include <fstream>
#include <cstring>
using namespace std;

class Personal {
public:
    Personal();
    Personal(char*,char*,char*,int,long);
    void writeToFile(fstream&) const;
    void readFromFile(fstream&);
    void readKey();
    int size() const {
        return 9 + nameLen + cityLen + sizeof(year) + sizeof(salary);
    }
    bool operator==(const Personal& pr) const {
        return strncmp(pr.SSN,SSN,9) == 0;
    }
protected:
    const int nameLen, cityLen;
    char SSN[10], *name, *city;
    int year;
    long salary;
    ostream& writeLegibly(ostream&);
    friend ostream& operator<<(ostream& out, Personal& pr) {
        return pr.writeLegibly(out);
    }
    istream& readFromConsole(istream&);
    friend istream& operator>>(istream& in, Personal& pr) {
        return pr.readFromConsole(in);
    }
};

#endif

//********************* personal.cpp *********************

#include "personal.h"
Personal::Personal() : nameLen(10), cityLen(10) {
    name = new char[nameLen+1];
    city = new char[cityLen+1];
}
```

```cpp
Personal::Personal(char *ssn, char *n, char *c, int y, long s) :
        nameLen(10), cityLen(10) {
    name = new char[nameLen+1];
    city = new char[cityLen+1];
    strcpy(SSN,ssn);
    strcpy(name,n);
    strcpy(city,c);
    year = y;
    salary = s;
}

void Personal::writeToFile(fstream& out) const {
    out.write(SSN,9);
    out.write(name,nameLen);
    out.write(city,cityLen);
    out.write(reinterpret_cast<const char*>(&year),sizeof(int));
    out.write(reinterpret_cast<const char*>(&salary),sizeof(int));
}

void Personal::readFromFile(fstream& in) {
    in.read(SSN,9);
    in.read(name,nameLen);
    in.read(city,cityLen);
    in.read(reinterpret_cast<char*>(&year),sizeof(int));
    in.read(reinterpret_cast<char*>(&salary),sizeof(int));
}

void Personal::readKey() {
    char s[80];
    cout << "Enter SSN: ";
    cin.getline(s,80);
    strncpy(SSN,s,9);
}

ostream& Personal::writeLegibly(ostream& out) {
    SSN[9] = name[nameLen] = city[cityLen] = '\0';
    out << "SSN = " << SSN << ", name = " << name
        << ", city = " << city << ", year = " << year
        << ", salary = " << salary;
    return out;
}

istream& Personal::readFromConsole(istream& in) {
    SSN[9] = name[nameLen] = city[cityLen] = '\0';
    char s[80];
    cout << "SSN: ";
    in.getline(s,80);
    strncpy(SSN,s,9);
    cout << "Name: ";
    in.getline(s,80);
    strncpy(name,s,nameLen);
    cout << "City: ";
    in.getline(s,80);
```

```
        strncpy(city,s,cityLen);
        cout << "Birthyear: ";
        in >> year;
        cout << "Salary: ";
        in >> salary;
        in.ignore();
        return in;
}
//********************* student.h **********************
#ifndef STUDENT
#define STUDENT
#include "personal.h"

class Student : public Personal {
public:
    Student();
    Student(char*,char*,char*,int,long,char*);
    void writeToFile(fstream&) const;
    void readFromFile(fstream&);
    int size() const {
        return Personal::size() + majorLen;
    }
protected:
    char *major;
    const int majorLen;
    ostream& writeLegibly(ostream&);
    friend ostream& operator<<(ostream& out, Student& sr) {
        return sr.writeLegibly(out);
    }
    istream& readFromConsole(istream&);
    friend istream& operator>>(istream& in, Student& sr) {
        return sr.readFromConsole(in);
    }
};
#endif

//********************* student.cpp *********************

#include "student.h"

Student::Student() : majorLen(10) {
    Personal();
    major = new char[majorLen+1];
}

Student::Student(char *ssn, char *n, char *c, int y, long s, char *m) :
        majorLen(11) {
    Personal(ssn,n,c,y,s);
    major = new char[majorLen+1];
    strcpy(major,m);
}

void Student::writeToFile(fstream& out) const {
```

```
        Personal::writeToFile(out);
        out.write(major,majorLen);
    }

    void Student::readFromFile(fstream& in) {
        Personal::readFromFile(in);
        in.read(major,majorLen);
    }

    ostream& Student::writeLegibly(ostream& out) {
        Personal::writeLegibly(out);
        major[majorLen] = '\0';
        out << ", major = " << major;
        return out;
    }

    istream& Student::readFromConsole(istream& in) {
        Personal::readFromConsole(in);
        char s[80];
        cout << "Major: ";
        in.getline(s,80);
        strncpy(major,s,9);
        return in;
    }

//********************* database.h *********************

#ifndef DATABASE
#define DATABASE

template<class T>
class Database {
public:
    Database();
    void run();
private:
    fstream database;
    char fName[20];
    ostream& print(ostream&);
    void add(T&);
    bool find(const T&);
    void modify(const T&);
    friend ostream& operator<<(ostream& out, Database& db) {
        return db.print(out);
    }
};
#endif

//********************* database.cpp *********************

#include <iostream>
#include "student.h"
#include "personal.h"
#include "database.h"
```

```cpp
template<class T>
Database<T>::Database() {
}

template<class T>
void Database<T>::add(T& d) {
    database.open(fName,ios::in|ios::out|ios::binary);
    database.seekp(0,ios::end);
    d.writeToFile(database);
    database.close();
}
template<class T>
void Database<T>::modify(const T& d) {
    T tmp;
    database.open(fName,ios::in|ios::out|ios::binary);
    while (!database.eof()) {
        tmp.readFromFile(database);
        if (tmp == d) { // overloaded ==
            cin >> tmp; // overloaded >>
            database.seekp(-d.size(),ios::cur);
            tmp.writeToFile(database);
            database.close();
            return;
        }
    }
    database.close();
    cout << "The record to be modified is not in the database\n";
}

template<class T>
bool Database<T>::find(const T& d) {
    T tmp;
    database.open(fName,ios::in|ios::binary);
    while (!database.eof()) {
        tmp.readFromFile(database);
        if (tmp == d) { // overloaded ==
            database.close();
            return true;
        }
    }
    database.close();
    return false;
}

template<class T>
ostream& Database<T>::print(ostream& out) {
    T tmp;
    database.open(fName,ios::in|ios::binary);
    while (true) {
        tmp.readFromFile(database);
        if (database.eof())
            break;
    }
}
```

```
            out << tmp << endl; // overloaded <<
        }
        database.close();
        return out;
    }

    template<class T>
    void Database<T>::run() {
        cout << "File name: ";
        cin >> fName;
        char option[5];
        T rec;
        cout << "1. Add 2. Find 3. Modify a record; 4. Exit\n";
        cout << "Enter an option: ";
        cin.getline(option,4); // get '\n'
        while (cin.getline(option,4)) {
            if (*option == '1') {
                cin >> rec; // overloaded >>
                add(rec);
            }
            else if (*option == '2') {
                rec.readKey();
                cout << "The record is ";
                if (find(rec) == false)
                    cout << "not ";
                cout << "in the database\n";
            }
            else if (*option == '3') {
                rec.readKey();
                modify(rec);
            }
            else if (*option != '4')
                cout << "Wrong option\n";
            else return;
            cout << *this; // overloaded <<
            cout << "Enter an option: ";
        }
    }

    int main() {
        Database<Personal>().run();
    // Database<Student>().run();
        return 0;
    }
```

函数 find() 确定记录是否在文件中。该函数按顺序执行查找，并将每条检索出来的记录 tmp 与要查询的记录 d 用重载运算符==进行比较。该函数在一定程度上利用了文件是随机的这一事实，逐条检查记录而不是逐字节检查。当然，记录是在字节的基础上建立的，并且必须读入属于某条记录的所有字节，但只有等号运算符要求的字节会参与比较。

函数 modify() 更新存储在特定记录中的信息。首先使用顺序查找从文件中取出记录，而新的信息通过重载输入运算符>>从用户处读取。为了在文件中存储已更新的记录 tmp，modify() 强制文件指针 database 回到刚才读取的 tmp 记录的起始位置；否则，就会改写文件中 tmp 记录之后的那条记录。因为每条记录占据相同数量的字节，所以能够立即确定 tmp 的起始位置，只要回跳一条记录所占的字节数就可以了。调用 database.seekp(-d.size(),ios::cur)可以完成这一任务，其中 size()必须在类 T 中定义，T 是对象 d 的类型。

通用类 Database 还包括另外两个函数，add()函数在文件尾添加一条记录，print()函数则输出文件的内容。

为了观察类 Database 的行为，必须定义一个具体的类，该类指定随机访问文件中记录的格式。在此定义了 Personal 类，该类包含 5 个数据成员 SSN、name、city、year 以及 salary。前 3 个数据成员是字符串，但只有 SSN 的大小不变，因此，在其声明 char SSN[10]中包含了该成员的大小。为了增加其他两个字符串的灵活性，使用了两个常量 nameLen 和 cityLen，其值在构造函数中确定。例如：

```
Personal :: Personal() : nameLen ( 10 ), cityLen(10) {
    name = new char[nameLen+1];
    city = new char[cityLen+1];
}
```

注意，不能通过赋值方式来初始化常量，如：

```
Personal :: Personal () {
    NameLen = cityLen = 10;
    char name[nameLen+1];
    char city[cityLen+1];
}
```

但是在 C++中，这种在类中初始化常量的语法可用来初始化变量。

从对象中存储数据需要特别小心，函数 writeToFile()可以完成这个任务。SSN 数据成员的处理最简单，社会安全号码总是包括 9 位数字，因此，这里可以使用<<运算符。然而，姓名和城市的长度以及数据文件中对应这两个数据成员的记录部分应该有相同的长度。为了保证这一点，可以使用 write()函数把这两个字符串输出到文件中，如 out.write(name, nameLen)，因为该函数能够将字符串输出为包括空字符'\0'在内的特定数量的字符，而运算符<<不能输出空字符'\0'。

另一个问题是由数值型数据成员 year 和 salary 引起的，特别是 salary 数据成员。如果薪水通过运算符<<写到文件中，那么薪水 50 000 将输出为 5 个字节长的字符串'50000'，而薪水 100 000 将输出为 6 个字节长的字符串'100000'，这违反了随机访问文件中每条记录的长度都相同这个条件。为了避免这个问题，数字以二进制形式存储。例如，数据成员 salary 中的 50 000 表示为一个 32 位的串 00000000000000001100001101010000(假设 long 类型变量存储成 4 个字节)。这个位序列不表示一个很长的数字，而表示包含 4 个字符的串：00000000、00000000、11000011、01010000，也就是说，这些字符的 ASCII 码是十进制数字 0、0、195 和 80。这样，不管 salary 的值是多少，其值总存储在 4 个字节里。下面的语句可以完成这个任务：

```
out.write(reinterpret_cast<const char*>(&salary),sizeof(long));
```

这里将地址&salary 转换成 const char *，并指定类型 long 的长度，强制函数 write()将 salary 视为 4 字节长的字符串。

从数据文件中读取数据也使用了类似的方法，readFromFile()函数完成了这一任务。此外，应存

储成数值数据成员的字符串必须转换成数字。对于 salary 成员,可以使用下面的语句完成这一任务:

```
in.read(reinterpret_cast<char*>(&salary),sizeof(long));
```

该语句使用运算符 reinterpret_cast 将&salary 的类型强制转换成 char*,并指定应把 4 个字节(sizeof(long))读入 long 数据成员 salary。

这种在数据文件中存储记录的方法存在可读性问题,在数据是数值的情况下,问题尤其严重。例如,50 000 存储成 4 个字节:两个空字符、一个特殊字符以及一个大写字母 P。对于人来说,很难理解这些字符代表 50 000。因此,需要一个特定的例程以可读形式输出记录。这可以通过重载运算符<<来完成,此处用到了一个辅助函数 writeLegibly()。database 类也重载了运算符<<,这个类使用了自身的辅助函数 print()。该函数重复使用 readFromFile()函数从数据文件中将记录读入对象 tmp,然后通过运算符<<将 tmp 以可读的形式输出。这就可以解释为什么这个程序要用两个读取函数和两个写入函数:一个用于在随机文件中维护数据,另一个以可读的形式读写数据。

为测试 Database 类的灵活性,定义了另一个用户类 Student。这个类同时也演示了继承的用法。

Student 类定义为 Personal 类的派生类,拥有与 Personal 类相同的数据成员,另外增加了一个字符串成员 major。Student 类型对象的输入输出处理非常类似于 Personal 类,但必须考虑新增的成员;为此需要重新定义并重用基类的函数。考虑 writeToFile()函数,该函数以固定长度的格式将学生记录写入数据文件。

```
void Student :: writeToFile(fstream& out) const {
    Personal :: writeToFile(out);
    out.write(major,majorLen);
}
```

函数使用基类的 writeToFile()来初始化 5 个数据成员 SSN、name、city、year 和 salary,同时初始化成员 major。注意必须使用作用域解析运算符::,以清楚地显示为 Student 类定义的 writeToFile()调用在基类 Personal 中已经定义的 writeToFile()。但是,Student 类继承时没有修改 readKey()函数和重载的运算符==,因为在 Personal 和 Student 对象中都使用相同的键 SSN 来唯一地标识记录。

1.11　习题

1. 如果 i 是一个整数,而 p 和 q 是整数指针,下面哪些赋值语句将导致编译错误?

 a. `p = &i;` **e.** `i = *&p;` **i.** `q = **&p;`

 b. `p = *&i;` **f.** `i = &*p;` **j.** `q = *&p;`

 c. `p = &*i;` **g.** `p = &*&i;` **k.** `q = &*p;`

 d. `I = *&*p;` **h.** `q = &*&p;`

2. 找出下面程序的错误所在,假定在(b)和(c)中已声明了 s2,并用字符串对其赋值:

```
a. char* f(char * s) {
    char ch = 'A';
    return &ch;
   }
b. char *s1;
   strcpy(s1, s2);
```

```
c. char *s1;
   s1 = new char[strlen(s2)];
   strcpy(s1, s2);
```

3. 给定如下声明

```
int intArray[] = {1, 2, 3}, *p = intArray ;
```

在执行下面的操作后，intArray 和 p 中的内容是什么？

    a.　* p++;

    b.　(* p)++;

    c.　* p ++; (* p)++;

4. 只用指针(不使用数组下标)编写下面的函数

    a. 将所有的数字添加到一个整数数组中。

    b. 从一个有序数组中删除所有的奇数，且数组仍然保持有序。如果不要求删除操作后的数组保持有序，该函数是否容易编写一些？

5. 只使用指针，实现如下的字符串函数：

    a. strlen()

    b. strcmp()

    c. strcat()

    d. strchr()

6. if (p == q) { ... }与 if (*p == *q) { ... }的区别是什么？

7. 早期版本的 C++并不支持模板，但通用类仍能通过带参数的宏来实现。模板在哪些方面优于宏？

8. 类中 private、protected 和 public 限定符的含义分别是什么？

9. 构造函数和析构函数在类中应该定义成什么类型？

10. 假定存在下面的类声明：

```
template < class T >
class genClass {
   ...
   char aFunction(...);
   ... };
```

下面函数的定义错在哪里？

```
char genClass :: aFunction(...) {...};
```

11. 重载是 C++中强有力的工具，但也有例外。哪些运算符不能重载？

12. 如果 classA 包含一个私有变量 n、一个受保护变量 m 和一个公有变量 k，而 classB 是 classA 的派生类，那么在 classB 中哪些变量可用？n 是 classB 的 private 成员、protected 成员还是 public 成员？变量 m 和变量 k 的情况如何？classB 的派生属性是 private、protected 或 public 会带来什么区别？

13. 转换下面的声明

```
template <class T, int size = 50>
class genClass {
```

```
    T storage[size];
    ........................
    void memberFun() {
        ...........
        if (someVar < size) { .......... }
        ...........
    }
};
```

在声明 genClass 时，整型变量 size 用作 template 的参数，也可以不将 size 作为 template 的参数而同时保持 size 的灵活性。考虑 genClass 构造函数的声明。这个版本的类与其他版本的类相比，有何优点?

14. 虚函数成员与非虚函数成员有何区别?

15. 如果以如下方式声明 genClass 类:

```
class genClass {
    ..................
    virtual void process1(char);
    virtual void process2(char);
};
```

随后声明此类的派生类:

```
class derivedClass : public genClass {
    ..................
    void process1(int);
    int  process2(char);
};
```

会发生什么情况?

如果在下面两个指针的声明

```
genClass *objectPrt1 = &derivedClass ,
        *objectPtr2 = &derivedClass;
```

后执行如下语句，会调用哪个成员函数?

```
objectPtr1 -> process1(1000);
objectPtr2 -> process2('A');
```

1.12 编程练习

1. 编写一个类 Fraction，定义分数的加法、减法、乘法和除法运算，要求在编写该类时重载这些操作的标准运算符。为减法操作编写一个函数成员，并重载 I/O 运算符以输入输出分数。

2. 编写一个 Quaternion 类，定义四元数的 4 项基本操作和两个 I/O 操作。四元数是一种复数的扩展，由 William Hamilton 在 1843 年定义，1853 年在其 *Lectures on Quaternions* 中公布。四元数由 4 组实数组成，$(a, b, c, d) = a + bi + cj + dk$，其中 $1 = (1, 0, 0, 0)$, $i = (0, 1, 0, 0)$, $j = (0, 0, 1, 0)$, $k = (0,$

0, 0, 1)，且有如下等式成立：

$$i^2 = j^2 = k^2 = -1$$
$$ij = k, jk = i, ki = j, ji = -k, kj = -i, ik = -j$$
$$(a+bi+cj+dk) + (p+qi+rj+sk)$$
$$= (a+p) + (b+q)i + (c+r)j + (d+s)k$$
$$(a+bi+cj+dk)(p+qi+rj+sk)$$
$$= (ap-bq-cr-ds) + (aq+bp+cs-dr)i$$
$$+ (ar+cp+dq-bs)j + (as+dp+br-cq)k$$

使用这些等式实现四元数类。

3. 编写一个通过单词的索引重建文本的程序。利用索引重建《死海古卷》(*Dead Sea Scrolls*)中的某些秘密文本是一个现实问题。例如，下面是 William Wordsworth 的一首诗 Nature and the Poet，以及诗歌中对应的单词索引。

```
So pure the sky, so quiet was the air!
So like, so very like,was day to day!
Whene'er I look'd,thy image still was there;
It trembled, but it never pass'd away.
```

下面是 33 个词的索引：

```
1:1 so quiet was the *air!
1:4 but it never pass'd *away.
1:4 It trembled, *but it never
1:2 was *day to day!
1:2 was day to *day!
1:3 thy *image still was there;
..............................
1:2 so very like,*was day
1:3 thy image still *was there;
1:3 *Whene'er I look'd,
```

在这个索引中，每个单词至多和上下文的 5 个单词一起显示，而且每行的每个索引词之前有一个星号。对于较大的索引，将包括两个数字，一个数字对应诗，而另一个数字对应单词在诗中的行号。例如，假定 1 是 Nature and the Poet 的对应数字，"1:4 but it never pass'd * away."表示，单词"away"出现在这首诗的第 4 行。注意，标点符号必须包括在上下文中。

编写一个程序，从文件中读取索引，并创建一个向量，使向量的每个单元与索引中的一行关联。然后通过二分法查找重构原来的文本。

4. 修改案例分析中的程序，在将新记录插入数据文件后使记录保持某种顺序。这需要在 Personal 和 Student 中重载运算符<，供 Database 中增强的 add()函数使用。该函数为记录 d 查找适当的位置，移动文件中所有的记录以留出空间，然后将 d 写入文件。由于数据文件有了新的组织方式，因此还需要修改 find()和 modify()。例如，在遇到的记录大于要查找的记录(或者到达文件尾)时，find()会停止顺序查找过程。更有效的策略是采用二分法查找，详见 2.7 节。

5. 编写一个程序，在数据文件中间接地维持某种顺序，使用文件位置指针向量(通过 tellg()和 tellp()得到)使向量有序，且不改变文件中记录的顺序。

6. 修改案例分析中的程序, 从数据文件中删除记录。在 Personal 和 Student 类中定义函数 isNull() 以判断记录是否为空。在这两个类中定义函数 writeNullToFile(), 用空记录覆盖要删除的记录。空记录可以定义为: SSN 成员的第一个位置是一个非数值字符(一个标志)。然后在 Database 中定义函数 remove()(与 modify()非常相似), 该函数定位要删除的记录, 并用空记录覆盖该记录。在会话结束后应该调用 Database 的析构函数, 将非空记录复制到一个新数据文件中, 删除旧的数据文件, 并用旧数据文件名给新数据文件命名。

参考书目

Breymann, Ulrich, *Designing Components with the C++ STL,* Harlow, England: Addison-Wesley, 2000.

Budd, Timothy, *Data Structures in C++ Using the Standard Template Library,* Reading, MA: Addison-Wesley, 1998.

Cardelli, Luca, and Wegner, Peter, "On Understanding Types, Data Abstraction, and Polymorphism," *Computing Surveys* 17 (1985), 471-522.

Deitel, Harvey M., Deitel, Paul J., and Sengupta, Piyali, *C++: How to Program,* Upper Saddle River, NJ: Pearson Education, 2011.

Ege, Raimund K., *Programming in an Object-Oriented Environment,* San Diego: Academic Press, 1992.

Flaming, Bryan, *Practical Data Structures in C++,* New York: Wiley, 1993.

Franek, Frantisek, *Memory as a Programming Concept in C and C++.* Cambridge: Cambridge University Press, 2004.

Johnsonbaugh, Richard, and Kalin, Martin, *Object-Oriented Programming in C++,* Upper Saddle River, NJ: Prentice Hall, 2000.

Khoshafian, Setrag, and Razmik, Abnous, *Object Orientation: Concepts, Languages, Databases,User Interfaces,* New York: Wiley, 1995.

Lippman, Stanley B., Lajoie, Josée, and Moo, Barbara E. *C++ Primer,* Upper Saddle River, NJ:Addison Wesley, 2005.

Meyer, Bertrand, *Object-Oriented Software Construction,* Upper Saddle River, NJ: Prentice Hall, 1997.

Schildt, Herbert, *C++: The Complete Reference,* New York: McGraw-Hill, 2003.

Stroustrup, Bjarne, *The C++ Programming Language,* Boston, MA: Addison-Wesley, 2003.

Wang, Paul S., *Standard C++ with Object-Oriented Programming,* Pacific Grove, CA: Brooks/Cole, 2001.

第 2 章

复杂度分析

2.1 计算复杂度以及渐近复杂度

同一个问题往往可以用效率不同的算法来解决。当处理的数据项较少的时候，算法之间的差异也许微不足道，但是当数据量增长时，这种差异就会比较明显。为了比较算法的效率，Juris Hartmanis 和 Richard E. Stearns 引入了一种称为"计算复杂度"的标准来衡量算法。

计算复杂度表示应用一种算法需要付出多大的努力或者成本是多少。这种成本可以用很多标准来衡量，不同的应用场合决定了成本的不同含义。本书介绍两种衡量效率的标准：时间和空间。时间因素通常较空间因素更为重要，所以考虑效率时一般关注处理数据所花费的时间。然而，即使是效率最低的算法，当运行在 Cray 计算机上时，也会比效率最高的算法在 PC 机上运行速度要快，所以运行时间通常依赖于系统。举个例子，为了比较 100 个算法，就必须在同一台机器上运行这些算法。此外，即使在同一台机器上运行，运行时间的测试结果还受编写算法所采用语言的影响。编译程序执行起来比解释程序要快得多。同一个程序，用 C 或 Ada 编写就比用 BASIC 或 LISP 编写快约 20 倍。

在评估算法的效率时，不能使用微秒或纳秒这样的实际时间单位，而应该采用某种逻辑单位，来描述文件或数组的尺度 n 同处理数据所需的时间 t 之间的关系。如果尺度 n 和时间 t 之间是线性关系，即 $t_1 = cn_1$，那么数据量增长 5 倍，处理时间就会增长相同的倍数，即如果 $n_2 = 5n_1$，则 $t_2 = 5t_1$。同样，如果 $t_1 = \log_2 n$，那么 n 翻倍只会让 t 增长一个时间单位。因此，如果 $t_2 = \log_2(2n)$，那么 $t_2 = t_1 + 1$。

通常，表示 n 与 t 之间关系的函数比上面的函数复杂得多，只有当数据量非常巨大时，计算这样的函数才比较重要；不会从实质上改变函数数量级的项应当从函数中剔除。经过处理的函数给出的是原函数的近似效率值。但这个近似值与原函数已经足够接近，当函数处理的数据量很大时尤其如此。这种效率的估量就称为渐近复杂度。当需要忽略某些项来表示算法的效率，或者当函数很难计算甚至无法计算而只能采用其近似值时，都会用到这种复杂度。为了说明第一种情况，考虑下面的示例：

$$f(n) = n^2 + 100n + \log_{10} n + 1000 \tag{2.1}$$

如果 n 比较小，最后一项 1000 就显得相当大。当 n 等于 10 时，第二项(100n)和最后一项(1000)相同，而其余项在函数值中所占的比重很小。当 n 达到 100 时，第一项和第二项在结果中所占的比重是一样的。但当 n 超过 100 时，第二项所占的比重开始减小。对于较大的 n 而言，由于第一项(n^2)以平方速度增长，因此函数 f 的值主要由第一项决定，如表 2-1 所示。其余项都可以忽略不计。

表 2-1 函数 $f(n) = n^2 + 100n + \log_{10}n + 1000$ 中各项的增长速度

N	f(n)	n^2		100n		$\log_{10}n$		1000	
	值	值	%	值	%	值	%	值	%
1	1 101	1	0.1	100	9.1	0	0.0	1 000	90.83
10	2 101	100	4.76	1 000	47.6	1	0.05	1 000	47.60
100	21 002	10 000	47.6	10 000	47.6	2	0.001	1 000	4.76
1 000	1 101 003	1 000 000	90.8	100 000	9.1	3	0.0003	1 000	0.09
10 000	101 001 004	1 000 000 000	99.0	1 000 000	0.99	4	0.0	1 000	0.001
100 000	10 010 001 005	10 000 000 000	99.9	10 000 000	0.099	5	0.0	1 000	0.00

2.2 大 O 表示法

最常用来描述渐近复杂度(也就是评估函数增长率)的表示法是由 Paul Bachmann[*]于 1894 年引入的大 O 表示法。给定两个正值函数 f 和 g，考虑以下定义：

定义 1：
如果存在正数 c 和 N，对于所有的 $n \geq N$，有 $f(n) \leq cg(n)$，则 $f(n) = O(g(n))$。

上述定义表明，如果对于足够大的 n(或大于某自然数 N 的 n)，存在正数 c 使 f 不大于 cg，则 f 是 g 的大 O 表示法。f 和 g 的关系既可以理解为 $g(n)$ 是 $f(n)$ 的一个上界，也可以理解为 f 至多增长得与 g 一样快。

这个定义的问题在于：首先，该定义只声明一定存在某个 c 和 N，但没有说明如何求出这两个常数。其次，它没有给这些值添加任何限制，也没有说明当有多个可选值时如何进行选择。实际上，对于同一对 f 和 g，通常可以指定无数对 c 和 N。例如

$$f(n) = 2n^2 + 3n + 1 = O(n^2) \tag{2.2}$$

在这里，$g(n) = n^2$，c 和 N 的可选值如表 2-2 所示。

表 2-2 对于函数 $f(n) = 2n^2 + 3n + 1 = O(n^2)$，根据大 O 表示法的定义计算得到的 c 和 N 的不同值

c	≥ 6	$\geq 3\frac{3}{4}$	$\geq 3\frac{1}{9}$	$\geq 2\frac{13}{16}$	$\geq 2\frac{16}{25}$	...	$\rightarrow$	2
N	1	2	3	4	5	...	$\rightarrow$	∞

---

[*] Bachmann 是在讨论函数的近似时引入这种表示法的，对该方法的定义也相当简单："使用记号 O(n)表示阶数与 n 相关但是没有超过 n 的量级" (Bachmann 1894, p.401)。

对于不同的 n，计算下面的不等式，就可以得到表 2-2 中的值：

$$2n^2 + 3n + 1 \leqslant cn^2$$

该式等价于

$$2 + \frac{3}{n} + \frac{1}{n^2} \leqslant c$$

将大 O 表示法定义中的 $f(n)$ 用等式(2.2)中的二次函数替换，将 $g(n)$ 用 n^2 替换，就可以得到第一个不等式。这个不等式有两个未知数，对于同一函数 g（即 n^2）就会存在不同的常数对 c 和 N。为了选择最好的 c 和 N，规定对于某个 N 值，f 中的某项应该是最大项，且始终是最大项。在等式(2.2)中，只有 $2n^2$ 和 $3n$ 可能是最大项；当 $n>1.5$ 时，$2n^2 > 3n$。从而得到 $N=2$，$c \geqslant 3\frac{3}{4}$，如表 2-2 所示。

刚才列出的常数对有什么实际意义呢？它们都与同一函数对 $g(n) = n^2$ 和 $f(n)$ 有关。对于固定的 g，可以得出无穷多常数对 c 和 N。关键在于 f 和 g 以相同的速率增长。而定义表明，g 乘以常数 c 后，几乎总是大于或等于 f。"几乎总是"是对于所有不小于常数 N 的 n 而言的。这说明，c 的值取决于所选取的 N，反之亦然。例如，如果 N 取 1，则为了在 g 乘以 c 后 $cg(n)$ 不小于 f，c 就必须大于等于 6。如果从 $n=2$ 开始并且使得 $cg(n)$ 大于等于 $f(n)$，那么 c 只要等于 3.75 就足够了。如果从 $n=3$ 开始并使得 $cg(n)$ 不小于 $f(n)$，则常数 c 只需要大于等于 $3\frac{1}{9}$。图 2-1 是函数 f 和 g 的图表。其中函数 g 使用不同的系数 c，而 N 总是函数 $cg(n)$ 和 f 的交点。

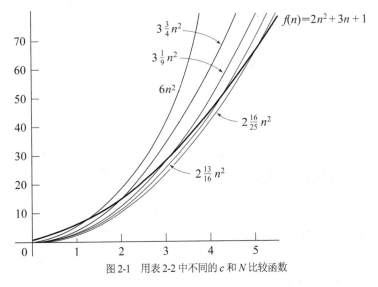

图 2-1　用表 2-2 中不同的 c 和 N 比较函数

大 O 表示法固有的不精确性还会导致其他问题，因为对于给定的函数 f，有无限多的 g 函数。例如等式(2.2)的 f，它不仅是 n^2 的大 O 表示，它还是 n^3，n^4，…，n^k，…(其中 $k \geqslant 2$)的大 O 表示。为了避免这种情况，我们取最小的 g 函数，在此为 n^2。

函数 f 的近似表示可以采用大 O 表示法细化，只取剔除了不重要信息的部分。比如，在等式(2.1)中，第三项和最后一项在函数中所占的比重可以忽略不计，参见等式(2.3)。

$$f(n) = n^2 + 100n + O(\log_{10} n) \tag{2.3}$$

与此相似，等式(2.2)中的函数 f 可以近似表示为

$$f(n) = 2n^2 + O(n) \tag{2.4}$$

2.3 大 O 表示法的性质

在评估算法的效率时，可以利用大 O 表示法的一些性质。

性质 1：
(传递性)如果 $f(n) = O(g(n))$，$g(n) = O(h(n))$，那么 $f(n) = O(h(n))$(也可表述为 $O(O(g(n))) = O(g(n))$)。

证明：
根据定义，若存在正数 c_1 和 N_1，对于所有 $n \geq N_1$，有 $f(n) \leq c_1 g(n)$，则 $f(n) = O(g(n))$；同样，若存在正数 c_2 和 N_2，对于所有 $n \geq N_2$，有 $g(n) \leq c_2 h(n)$，则 $g(n) = O(h(n))$。因此，对于所有 $n \geq N$，其中 N 为 N_1 与 N_2 中的较大者，有 $c_1 g(n) \leq c_1 c_2 h(n)$。只要取 $c = c_1 c_2$，则对于所有的 $n \geq N$ 有 $f(n) \leq ch(n)$，即 $f = O(h(n))$。

性质 2：
如果 $f(n) = O(h(n))$，$g(n) = O(h(n))$，则 $f(n) + g(n) = O(h(n))$。

证明：
令 $c = c_1 + c_2$，则有 $f(n) + g(n) \leq ch(n)$。

性质 3：
$an^k = O(n^k)$。

证明：
令 $c \geq a$，不等式 $an^k \leq cn^k$ 恒成立。

性质 4：
对于任何正数 j，$n^k = O(n^{k+j})$。

证明：
令 $c = N = 1$，该性质就成立。

从以上这些性质可以推出，任何多项式都是该多项式中次数最高的项的大 O 表示，即

$$f(n) = a_k n^k + a_{k-1} n^{k-1} + \cdots + a_1 n + a_0 = O(n^k)$$

很显然，在多项式中，对于任何正数 j，$f(n) = O(n^{k+j})$。

对数函数是算法效率评估中的一个非常重要的函数。实际上，如果算法的复杂度是一个对数函数，那么该算法非常好。虽然很多函数看起来比对数函数好，但其中仅有少数几个(如 $O(\lg \lg n)$ 或 $O(1)$)有实际意义。在给出对数函数的一条重要性质之前，先给出下面的性质，但不予证明：

性质 5：
如果 $f(n) = cg(n)$，则 $f(n) = O(g(n))$。

性质 6：
对于任意正数 a 和 $b(b \neq 1)$，$\log_a n = O(\log_b n)$。

该性质表明对数函数间存在着对应关系。性质 6 表明，无论底数为何，对数函数互为大 O 表示。也就是说所有的对数函数都有同样的增长速度。

证明：
令 $\log_a n = x$，$\log_b n = y$，根据对数定义，有 $a^x = n$，$b^y = n$。

可得

$$x \ln a = \ln n$$
$$y \ln b = \ln n$$

故

$$x \ln a = y \ln b,$$
$$\ln a \log_a n = \ln b \log_b n,$$
$$\log_a n = \frac{\ln b}{\ln a} \log_b n = c \log_b n$$

从而证明 $\log_a n$ 和 $\log_b n$ 互为倍数。根据性质 5，$\log_a n = O(\log_b n)$。

由于在大 O 符号中对数的底数没有影响，所以可以只用一种底数，性质 6 就可以写成：

性质 7：
对于任何正数 $a \neq 1$，$\log_a n = O(\lg n)$，其中 $\lg n = \log_2 n$。

2.4　Ω 表示法与 Θ 表示法

大 O 表示法表示函数的上界。对应于大 O 表示法，存在下界的定义：

定义 2：
若存在正数 c 和 N，对于所有的 $n \geq N$，有 $f(n) \geq cg(n)$，则 $f(n) = \Omega(g(n))$。

上述定义表明，如果有一正数 c，对于几乎所有的 n，使 f 不小于 cg，则 f 是 g 的大 Ω 表示，换句话说，$cg(n)$ 是 $f(n)$ 的下界，f 至少以 g 的速率增长。

该定义与大 O 表示法定义的唯一不同是不等式的方向。将"$\geq$"换成"$\leq$"，从而将一个定义变成另一个定义。可以用一个等式来表示两符号之间的联系

$$\text{当且仅当 } g(n) = O(f(n)) \text{时，} \quad f(n) = \Omega(g(n))$$

Ω 符号与大 O 符号一样都有冗余问题：常数 c 和 N 有无限多种选择。对于等式(2.2)，要找到一个 c，使 $2n^2+3n+1 \geq cn^2$ 成立。如果 $c \leq 2$，那么对于任意的 $n \geq 0$，该不等式都成立，其中 2 是表 2-2 中 c 的极限。另外，如果 $f = \Omega(g)$，且 $h \leq g$，那么 $f = \Omega(h)$；也就是说，只要能找到一个 g 使 $f = \Omega(g)$ 成立，就能找到无限多个 g。例如，公式(2.2)中的函数是 n^2 的 Ω 表示，也是 $n, n^{1/2}, n^{1/3}$, $n^{1/4}, \ldots,$ $\lg n$，$\lg \lg n$，…以及其他许多函数的 Ω 表示。出于实际需要，我们只对最接近的 Ω(即最大的下界)感兴趣。每次选择函数 f 的 Ω 时都只考虑最接近的 Ω。

函数 f 有无限多个可能的下界，也就是说，与 f 有无限多个上界一样，f 也有无限多个 g，使 $f(n) = \Omega(g(n))$ 成立。为了避免混乱，只考虑最小的上界和最大的下界。注意两个符号定义中的等号，它指出了大 O 表示和 Ω 表示的公共部分：在大 O 定义中使用的是 "≤"，在 Ω 定义中使用的是 "≥"，在两个不等式中均包含 "="。这意味着有一种方式可以约束上界和下界的集合。以下定义可以描述这种约束：

定义 3：
若存在正数 c_1、c_2 及 N，对于所有 $n \geq N$，有 $c_1 g(n) \leq f(n) \leq c_2 g(n)$，则 $f(n) = \Theta(g(n))$。

上述定义表明：f 与 g 有着相同的量级，f 与 g 同阶，或两函数最终以相同的速率增长。若 $f(n) = O(g(n))$，且 $f(n) = \Omega(g(n))$，则 $f(n) = \Theta(g(n))$。

刚才列出的函数中，既是公式(2.2)中函数的大 O 表示又是公式(2.2)中函数的 Ω 表示的函数是 n^2。但这并非唯一，而是有着无限多种选择。像 $2n^2$，$3n^2$，$4n^2$，……也都是公式(2.2)中函数的 Θ。但显然会选择最简单的，即 n^2。

在应用任何一种表示法(大 O、Ω、Θ)时，要记住这些都是近似表示，忽略了一些在许多情况下也许很重要的细节。

2.5 可能存在的问题

所有这些表示法都是用于比较解决同一问题的不同算法的效率。但是，如果仅用大 O 来表示算法的效率，一些算法就可能会遭到永久的淘汰。问题是在大 O 符号的定义中，如果对于所有的自然数(只有极少数情况例外)，不等式 $f(n) \leq cg(n)$ 都成立，则 $f(n) = O(g(n))$。违反不等式的 n 的数目总是有限的，这足以满足定义的条件。如表 2-2 所示，选择足够大的 c，就可以减少这种例外的数目。然而如果 $f(n) \leq cg(n)$ 中的常数 c 非常大(例如 10^8)，即使函数 g 看起来很有建设性，也没什么实际意义。

假设解决某个问题有两个算法，它们所需的操作次数为 $10^8 n$ 和 $10n^2$。第一个函数是 $O(n)$，第二个函数是 $O(n^2)$。仅根据大 O 表示法的信息，第二个算法就会因为操作次数增长太快被淘汰。但对于 $n \leq 10^7$，即 1 千万，第二种算法所需的总操作数要少于第一种。尽管算法要操作 1 千万个元素的情况并不是没有，但是大多数情况下要处理的元素数比这少得多，故在这种情况下第二种算法更好。

这样看来，或许需要另外一种包含常量的表示法，该常量根据实际需要可以非常大。Udi Manber 建议的双 O(OO)符号可表示这类函数：如果 $f(n) = O(g(n))$，且常数 c 太大，没有实际意义，则 $f = OO(g(n))$。所以 $10^8 n$ 就是 $OO(n)$。但是，"太大"的定义取决于具体的情况。

2.6　复杂度示例

　　算法可以根据时间或空间的复杂度来划分，由此可以将算法分为若干类，如表 2-3 所示，图 2-2 显示了这些算法的增长率。例如，如果对于任意数量的元素，算法的执行时间都相同，该算法就是常量算法；如果执行时间是 $O(n^2)$，该算法就是二次算法。表 2-3 列出了这些算法所需的操作次数，此外还给出了在每秒可以执行百万次操作(也就是 1 微秒执行一次操作)的计算机上执行这些算法所需的实际时间。表 2-3 说明，错误的算法或一些复杂度不能改进的算法，在现有的计算机上没有实际用途。用二次算法处理一百万个项耗时超过 11 天，而使用三次算法则要上千年的时间。即使计算机能一纳秒执行一个操作(十亿次每秒)，二次算法也需要 16.7 秒才能完成，而三次算法需要超过 31 年的时间。甚至计算机的运算速度提高 1000 倍，对这个算法来讲也没有什么实际意义。分析算法的复杂度非常重要，不能因为目前的台式机能以相对较低的代价，每秒运行上百万次而放弃对算法复杂度的分析。这种分析在各个方面都有很重要的意义，在数据结构方面尤其如此，如何强调都不为过。如果程序使用效率低下的算法，再快的计算机也只能发挥有限的作用。

表 2-3　算法分类及其在每秒运行 1 百万次的计算机上的执行时间(1 秒=10^6 微秒=10^3 毫秒)

类　别	复 杂 度	操作次数和执行时间(1 条指令/微秒)					
n		10		10^2		10^3	
常数	$O(1)$	1	1 微秒	1	1 微秒	1	1 微秒
对数	$O(\lg n)$	3.32	3 微秒	6.64	7 微秒	9.97	10 微秒
线性	$O(n)$	10	10 微秒	10^2	100 微秒	10^3	1 毫秒
$O(n \lg n)$	$O(n \lg n)$	33.2	33 微秒	664	664 微秒	9970	10 毫秒
二次	$O(n^2)$	10^2	100 微秒	10^4	10 毫秒	10^6	1 秒
三次	$O(n^3)$	10^3	1 毫秒	10^6	1 秒	10^9	16.7 分钟
指数	$O(2^n)$	1024	10 毫秒	10^{30}	$3.17*10^7$ 年	10^{301}	
n		10^4		10^5		10^6	
常数	$O(1)$	1	1 微秒	1	1 微秒	1	1 微秒
对数	$O(\lg n)$	13.3	13 微秒	16.6	7 微秒	19.93	20 微秒
线性	$O(n)$	10^4	10 毫秒	10^5	0.1 秒	10^6	1 秒
$O(n \lg n)$	$O(n \lg n)$	$133*10^3$	133 毫秒	$166*10^4$	1.6 秒	$199.3*10^5$	20 秒
二次	$O(n^2)$	10^8	1.7 分钟	10^{10}	16.7 分钟	10^{12}	11.6 天
三次	$O(n^3)$	10^{12}	11.6 天	10^{15}	31.7 年	10^{18}	31 709 年
指数	$O(2^2)$	10^{3010}		10^{30103}		10^{301030}	

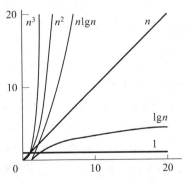

图 2-2　大 O 表示法中使用的典型函数

2.7 确定渐近复杂度示例

渐近界限通过估算算法完成任务所需的时间和内存，来评估算法的效率。本节主要讨论如何确定这种复杂度。

在大多数情况下，我们只对时间复杂度感兴趣，它通常计算程序执行过程中赋值和比较操作的次数。第 9 章会详细讨论排序算法，将涉及这两种操作。本章只考虑赋值语句。

下面以对数组元素求和的简单循环作为开始：

```
for (i = sum = 0; i < n; i++)
    sum += a[i];
```

上面的语句首先初始化两个变量，然后执行 for 循环 n 次，在每次迭代中，都进行两次赋值，一个更新 sum，一个更新 i。因此，循环结束时共进行了 $2+2n$ 次赋值，这个算法的渐近复杂度就是 $O(n)$。

如果使用嵌套循环，算法的复杂度通常会增加，下面的代码输出从位置 0 开始的所有子数组之和。

```
for (i = 0; i < n; i++) {
    for (j = 1, sum = a[0]; j <= i; j++)
        sum += a[j];
    cout<<"sum for subarray 0 through "<< i << "is" <<sum<<endl;
}
```

在循环开始之前，先初始化 i。外层循环执行了 n 次，在外层循环的每次迭代中都执行内层的 for 循环，给 i、j 和 sum 赋值并输出结果。对于每一个 $i \in \{1,2,\ldots,n-1\}$，内层循环都执行了 i 次，在每次迭代中，都进行了两个赋值，一个是对 sum 赋值，一个是对 j 赋值。因此这个程序总共进行了

$$1+3n+\sum_{i=1}^{n-1}2i=1+3n+2(1+2+3+\cdots+n-1)=1+3n+n(n-1)=O(n)+O(n^2)=O(n^2)$$

次赋值。

包含嵌套循环的算法，其复杂度通常比只包含一个循环的算法高，但这并非必然。例如，如果要求输出从 0 位置开始的子数组的最后 5 个单元的数字之和，可以将上面的代码改写为：

```
for (i = 4; i < n;i++) {
    for (j = i - 3, sum = a[i - 4]; j <= i; j++)
        sum += a[j];
    cout << "sum for subarray "<<i-4<<" through "<< i <<"is " <<sum<<endl;
}
```

外层循环执行了 $n-4$ 次，对于每个 i，内层循环只执行 4 次，对外层循环的每一次迭代来说，内层循环进行了 8 次赋值，这个数值并不依赖数组的大小。此外，i 初始化一次，自动增加 $n-4$ 次，j 和 sum 初始化 $n-4$ 次，所以程序执行了 $1+8(n-4)+3(n-4) = O(n)$ 次赋值。

这两个示例的分析并不复杂，因为循环的执行次数不依赖于数组元素的顺序。如果迭代次数并不总是相同，就要计算渐近复杂度。可以用一个循环来说明这个问题，该循环用于判断按照升序排列的子数组的最大长度。例如在数组[1 8 1 2 5 0 11 12]中，它的子数组[1 2 5]最长，长度是 3。代码如下：

```
for (i = 0, length = 1; i < n-1; i++) {
    for (i1 = i2 = k = i; k < n-1 && a[k] < a[k+1]; k++, i2++);
    if (length < i2 - i1 + 1)
        length = i2 - i1 + 1;
}
```

注意，如果数组中所有的数值都按降序排列，外层循环会执行 $n-1$ 次，但是在每一次迭代中，内层循环只执行 1 次，因此算法的复杂度是 $O(n)$。如果数值按升序排列，算法的效率将是最低的。在此情况下，外层 for 循环执行 $n-1$ 次，对于每一个 $i \in \{0,...,n-2\}$，内层循环都执行 $n-1-i$ 次。因此算法的复杂度是 $O(n^2)$。在大多数情况下，数据的排列是无序的，此时评估算法的效率非常重要。然而，评估平均情况下算法的效率并没有什么价值。

第 5 个用来判断计算复杂度的例子是二分查找算法，该算法用于在有序数组中查找一个元素。如果要在数字数组中查找数字 k，该算法就会先找到数组的中间元素。如果此中间元素就是 k，算法就返回它的位置，如果不是 k，算法就继续。在第二次试探中，只考虑原数组的一半，如果 k 小于中间元素，那么只考虑第一部分，否则只考虑第二部分。现在，提取所选子数组的中间元素，并和 k 比较。如果相同，算法就成功，否则，就把子数组分为两半，如果 k 大于这个中间元素，就舍弃第一部分，否则，就留下第一部分。这个划分和比较的过程一直进行下去，直到找到数字 k 或者数组再也不能分成两个子数组为止。这种算法相对而言比较简单，其代码如下所示：

```
template<class T>      //overloaded operator < is used;
int binarySearch(const T arr[], int arrSize, const T& key) {
    int lo = 0, mid, hi = arrSize-1;
    while (lo <= hi) {
        mid = (lo + hi) / 2;
        if(key < arr[mid];
            hi = mid - 1;
        else if (arr[mid] < key)
            lo = mid + 1;
        else return mid;           // success:return the index of
    }                              //  the cell occupied by key;
    return -1;                     // failure:key is not in the array;
}
```

如果 key 正好位于数组的中间，循环就只执行一次。如果 key 不在数组中，循环会执行多少次呢？首先，算法把整个数组的长度视为 n，数组的一半就是 $n/2$，一半的一半就是 $n/2^2$，依此类推，直到数组的长度为 1。于是得到数列 $n, n/2, n/2^2, n/2^3, ..., n/2^m$，我们想知道 m 的值。由于这个数列的最后一项 $n/2^m$ 等于 1，因此得到 $m = \lg n$。所以经过 $\lg n$ 次循环之后，才能够判断 k 不在数组中。

2.8 最好、平均和最坏情况

2.7 节的最后两个例子说明，确定算法的效率至少要区分 3 种情况。算法需要的步骤最多就是最坏情况，步骤最少就是最好情况，平均情况介于二者之间。情况比较简单的时候，平均复杂度的计算过程如下：首先考虑算法的可能输入，确定算法为每个输入执行的步骤数目，将每个输入所需的步骤数相加，然后除以输入的个数。然而，这个定义假设每个输入出现的概率都是一样的，实际情况并非如此。为了明确考虑输入的概率，平均复杂度的定义为：将处理每个输入所执行的步骤数与该输入出现的概率相乘，然后对结果求和，如下所示：

$$C_{avg} = \sum_i p(input_i)steps(input_i)$$

这是期望值的定义，在此假设所有的概率都可以确定，概率的分布是已知的，以此确定每个输入出现的概率 $p(input_i)$。概率函数 p 满足两个条件：它永远不是负数，$p(input_i) \geqslant 0$；所有概率的总和是 1，即 $\sum_i p(input_i) = 1$。

例如，在无序数组中按顺序查找某个数，最好情况是要查找的数在数组的第一个单元中；最坏情况是要查找的数在数组的最后一个单元中，或者根本不在这个数组中，此时必须检查所有的单元。那么平均情况呢？假设要查找的数在数组任一个单元中的概率是一样的，即概率的分布是一致的。此时要查找的数在第一个单元中的概率是 $1/n$，在第二个单元中的概率也是 $1/n$，在最后一个单元中的概率也是 $1/n$。也就是说一次查找，找到这个数的概率等于 $1/n$，两次查找，找到这个数的概率等于 $1/n$，n 次查找，找到这个数的概率也等于 $1/n$。所以把所有的尝试次数相加，再除以找到这个数的可能次数，就得到了找到某数的平均步骤数：

$$\frac{1 + 2 + ... + n}{n} = \frac{n+1}{2}$$

但是如果概率是不相同的，平均情况的结果也随之不同。例如，如果在第一个单元中找到这个数的概率是 1/2，在第二个单元中找到它的概率是 1/4，在其他单元中的概率是相同的，并且等于

$$\frac{1 - \dfrac{1}{2} - \dfrac{1}{4}}{n-2} = \frac{1}{4(n-2)}$$

找到一个数平均需要的步骤数就是

$$\frac{1}{2} + \frac{2}{4} + \frac{3 + ... + n}{4(n-2)} = 1 + \frac{n(n+1) - 6}{8(n-2)} = 1 + \frac{n+3}{8}$$

这个数字大约是前面概率相同情况下 $(n+1)/2$ 的 4 倍。注意，在最好和最坏情况中，访问特定单元的概率没有什么影响。

在顺序查找中，这三种情况的复杂度较容易确定，但一般情况下不会这么直接。此外，平均情况的复杂度可能存在计算问题。如果计算非常复杂，可以使用近似值，通常大 O、Ω 和 Θ 表示法非常有效。

以二分查找的平均情况为例。假设数组的长度是 2 的幂，要查找的数字在数组元素中出现的概率相等。二分查找法在执行时，可能在第一次查找中在数组的中部定位该数字，也可能在第二次查找中，将该数字定位在数组前半部分的中间或者数组后半部分的中间；或者经过三次查找后，将该数字定位在数组的前 1/4 中间，或者第 4 个 1/4 中间；或者经过 4 次查找后，将该数字定位在第一个 1/8 中间或者第 8 个 1/8 的中间；或者经过 lg n 之后发现在第一个单元、第三个单元或者最后一个单元。也就是说，所有可能的尝试次数为：

$$1 \cdot 1 + 2 \cdot 2 + 4 \cdot 3 + 8 \cdot 4 + \ldots + \frac{n}{2} \lg n = \sum_{i=0}^{\lg n-1} 2^i (i+1)$$

必须将这个结果除以 n 来确定平均情况复杂度。那么这个总和等于多少呢？根据第 2.7 节，可以判断这个数字一定在 1(最好情况)和 $\lg n$(最坏情况)之间。但它是接近最好情况(例如 $\lg \lg n$)还是最坏情况(例如 $\lg n/2$ 或 $\lg(n/2)$)呢？这个总和不能简单地转换为某种固定的形式，因此只能估算。结果是该总和不会小于指定范围中的 2 的幂之和与 $\lg n / 2$ 的乘积，也就是

$$s_1 = \sum_{i=0}^{\lg n-1} 2^i (i+1) \geqslant \frac{\lg n}{2} \sum_{i=0}^{\lg n-1} 2^i = s_2$$

其原因是 s_2 是与常数因子相乘的幂系列，因此 s_2 很容易表示为

$$s_2 = \frac{\lg n}{2} \sum_{i=0}^{\lg n-1} 2^i = \frac{\lg n}{2} \left(1 + 2 \frac{2^{\lg n-1} - 1}{2-1} \right) = \frac{\lg n}{2} (n-1)$$

也就是 $\Omega(n \lg n)$。因为 s_2 是总和 s_1 估计值的下界，即 $s_1 = \Omega(s_2)$，s_1/n 是平均情况复杂度的下界 s_2/n，也就是 $s_1/n = \Omega(s_2/n)$。因为 $s_2/n = \Omega(\lg n)$，所以一定等于 s_1/n。$\lg n$ 是最坏情况复杂度的估计值，所以平均情况的复杂度就是 $\Theta(\lg n)$。

还有一个问题没有解决：$s_1 \geqslant s_2$ 成立吗？要解决这个问题，把 s_1 中相对于 s_1 中心点对称的两项加在一起，其和不小于 s_2 中的对应项之和：

$$2^0 \cdot 1 + 2^{\lg n-1} \lg n \geqslant 2^0 \frac{\lg n}{2} + 2^{\lg n-1} \frac{\lg n}{2}$$

$$2^1 \cdot 2 + 2^{\lg n-2} (\lg n - 1) \geqslant 2^1 \frac{\lg n}{2} + 2^{\lg n-2} \frac{\lg n}{2}$$

$$\cdots$$

$$2^j (j+1) + 2^{\lg n-1-j} (\lg n - j) \geqslant 2^j \frac{\lg n}{2} + 2^{\lg n-1-j} \frac{\lg n}{2}$$

$$\cdots$$

其中 $j \leqslant \dfrac{\lg n}{2} - 1$。最后一个不等式可变换为：

$$2^{\lg n-1-j} \left(\frac{\lg n}{2} - j \right) \geqslant 2^j \left(\frac{\lg n}{2} - j - 1 \right)$$

再变换为：

$$2^{\lg n-1-2j} \geqslant \frac{\frac{\lg n}{2} - j - 1}{\frac{\lg n}{2} - j} = 1 - \frac{1}{\frac{\lg n}{2} - j} \tag{2.5}$$

所有这些变换都是允许的，因为从不等式的一边移到另一边的所有项都是非负的，从而不会改

变不等式的方向。这个不等式是否成立？因为 $j \leqslant \lg n/2-1$，$2^{\lg n-1-2j} \geqslant 2$，并且不等式(2.5)的右边总是小于 1，所以这个不等式是成立的。

这就是对二分查找法的平均情况的分析。这个算法相对简单，但是即使在概率分布相同的情况下，确定平均情况复杂度的过程还是比较复杂。对于更加复杂的算法而言，其计算难度会大大增加。

2.9　摊销复杂度(amortized complexity)

在多数情况下，数据结构涉及的是操作序列而不是单个操作。在这个系列中，某个操作执行的修改可能会影响下一个操作的运行时间。在评估整个系列最坏情况下的运行时间时，方法之一是把每个操作在最坏情况下的运行时间相加。但是，其结果可能会远大于实际执行时间，因而得出不实用的界限。为了使结果更有实际意义，可以用摊销复杂度来计算操作序列在最坏情况下的平均复杂度。摊销复杂度分析的是操作序列，而不是单个操作，摊销分析法考虑到了操作及其结果间的相互依赖关系。例如对于有序数组，将很少的几个新元素添加进去，重新对该数组排序就应该比对数组第一次排序快得多。因为在加入新元素后，数组是接近有序的，使所有的元素有序比对完全无序的数组排序要快得多。若不考虑数据的这种相互关系，两个排序操作的执行时间可以认为是最坏情况的两倍。另一方面，摊销分析认为第二个排序操作几乎不会出现最坏情况，因此两个排序操作的总复杂度远远小于最坏情况下复杂度的两倍。因此，最坏情况下的排序、插入少数元素、再排序这一系列操作的平均复杂度，按照摊销分析法计算出来的结果，要小于按照最坏情况分析法计算出的结果，因为最坏情况分析法没有考虑第二个排序操作是在前面已排序的数组上进行这一事实。

应该强调的是，摊销分析法分析的是操作序列，或者说，当分析单个操作时，它将该操作看成序列的一部分。在操作序列中，各个操作的成本可能大不相同，关键在于特定操作出现的频率。例如，对操作序列 $op_1, op_2, op_3, \ldots$，最坏情况分析法认为整个序列的计算复杂度等于

$$C(op_1, op_2, op_3, \ldots) = C_{worst}(op_1) + C_{worst}(op_2) + C_{worst}(op_3) + \ldots$$

而平均复杂度认为：

$$C(op_1, op_2, op_3, \ldots) = C_{avg}(op_1) + C_{avg}(op_2) + C_{avg}(op_3) + \ldots$$

尽管这里指的都是这个操作序列的复杂度，但不论是最坏情况分析法还是平均情况分析法都没有考虑特定操作在操作序列中的位置。这两种分析法都认为操作是独立执行的，序列是孤立的、互相独立的操作集合。摊销复杂度有别于以上观点，它会先考察特定操作前发生了什么，再决定该操作的复杂度，

$$C(op_1, op_2, op_3, \ldots) = C(op_1) + C(op_2) + C(op_3) + \ldots$$

其中 C 可能是最坏、平均或最好情况的复杂度，但更有可能是这三种情况之外的、基于以前所发生的事件的复杂度。但用这种方式来确定摊销复杂度可能非常复杂，所以我们采用另一种方式。在决定应用到每个操作上的函数 C 时，要认识到特定过程的本质以及它对数据结构可能的改变。以这种方式选择函数，可以将较快的操作看成比它实际执行的速度慢，将耗时的操作看成比它实际执行的速度快。似乎便宜(较快)的操作要多花一些时间，来弥补计算耗时操作的成本时少算的时间。

这很像政府在征收所得税时要比所需的多收一点，用来在财政年度末弥补财政超支或其他开销。摊销分析法的奥妙就在于找到一个合适的函数 C，使对较快操作多算的时间足以弥补对耗时操作少算的时间。最后必须是一个非负的结果，如果发生欠债，后面就一定要有补偿。

考虑将一个新元素加入向量的操作，该向量实现为可变数组。最好的情况是向量的大小小于它的容量，这样加入一个新元素就是将其放置在向量的第一个可用单元。因此加入一个新元素的成本就是 $O(1)$。最坏情况是向量的大小等于容量，此时没有空间容纳新的元素，必须分配新的空间、将原有元素复制到新的空间，然后才能将新的元素加入向量。其成本是 $O(size(vector))$。很明显，后一种情况没有前一种情况常见，不过这取决于另一个因素——容量增量，即发生溢出时向量应该增大多少。最极端的情况是仅增加一个单元，对于 m 次连续插入操作，每次操作都会引起溢出，需要 $O(size(vector))$ 的时间来完成。显然应该避免这种情况的出现。解决方案之一是为向量分配比如 1 百万个单元，这样在大多数情况下都不会发生溢出，但耗费的空间太大，实际上只有小部分空间会被用到。另一种解决方案是当溢出发生时将向量的空间加倍。这样插入操作的最坏情况 $O(size(vector))$ 出现的次数就不会很多。根据以上分析可以认为，最好情况下插入 m 个元素的成本为 $O(m)$，但不能认为最坏情况下的成本是 $O(m*size(vector))$。因此，为了更好地考察这个操作序列的性能，应该使用摊销复杂度。

在进行摊销分析时的一个问题是：插入序列的预期效率是多少？我们知道最好情况是 $O(1)$，最坏情况是 $O(size(vector))$，后者仅偶尔出现，并会导致向量的空间翻倍。在这种情况下，在插入序列中，单个插入操作的预期效率是多少呢？注意，我们只关心插入序列的最坏情况，不包括删除和修改操作。摊销分析的结果依赖于单个插入操作的摊销估计成本。很明显，如果

$$amCost(push(x)) = 1$$

其中 1 代表一个插入操作的成本，这个分析没有什么价值，因为简单插入操作的消耗就是这个值，插入操作导致的溢出和复制操作无法获得补偿。那么

$$amCost(push(x)) = 2$$

是一个合理的选择吗？考虑表 2-4(a)，其中给出了当向量的大小从 0 增长到 18 时其容量的变化及插入操作的成本。也就是说，这个表显示了对空向量执行 18 次插入操作时向量的变化。例如，如果向量已有 4 个元素(size=4)，在插入第 5 个元素前，这 4 个元素要花费 4 个时间单位来复制，然后把第 5 个元素插入到向量新分配的空间里。因此，第 5 次插入操作的成本是 4+1。要执行这个插入操作，可以使用为第 5 次插入操作分配的两个单位和前 4 次插入操作剩下的一个单位。这意味着本次操作还缺两个单位，所以在"剩余"列中输入–2，表示欠两个单位。该表显示出欠债减少并变为零，因为在下一次耗时操作前还有较快操作。这表示这些操作的执行总是出现赤字，更重要的是，如果在还清欠债前这个操作序列结束了，摊销分析所得的结果就是负数，这在摊销分析中是不允许出现的。因此，更好的解决方案是假定

$$amCost(push(x)) = 3$$

表 2-4　估算摊销成本

(a)					(b)				
大 小	容 量	摊销成本	成 本	剩余单位	大 小	容 量	摊销成本	成 本	剩余单位
0	0				0	0			
1	1	2	0+1	1	1	1	3	0+1	2

(续表)

(a)						(b)				
大 小	容量	摊销成本	成 本	剩余单位		大 小	容量	摊销成本	成 本	剩余单位
2	2	2	1+1	1		2	2	3	1+1	3
3	4	2	2+1	0		3	4	3	2+1	3
4	4	2	1	1		4	4	3	1	5
5	8	2	4+1	−2		5	8	3	4+1	3
6	8	2	1	−1		6	8	3	1	5
7	8	2	1	0		7	8	3	1	7
8	8	2	1	1		8	8	3	1	9
9	16	2	8+1	−6		9	16	3	8+1	3
10	16	2	1	−5		10	16	3	1	5
⋮	⋮	⋮	⋮	⋮		⋮	⋮	⋮	⋮	⋮
16	16	2	1	1		16	16	3	1	17
17	32	2	16+1	−14		17	32	3	16+1	3
18	32	2	1	−13		18	32	3	1	5
⋮	⋮	⋮	⋮	⋮		⋮	⋮	⋮	⋮	⋮

从表 2-4(b)中可以看出不存在欠债,并且给摊销成本选择 3 也不是很大,因为每次费时操作后,原来积累的单位几乎都用完了。

在此示例中,为摊销成本选择一个常数函数就够了,但通常这是不够的。可以定义函数 $potential$,为数据结构 ds 的某个特定状态分配一个值,而操作则在数据结构 ds 上执行。摊销成本定义为这样一个函数

$$amCost(op_i) = cost(op_i) + potential(ds_i) - potential(ds_{i-1})$$

即执行操作 op_i 的实际成本加上执行操作 op_i 导致数据结构 ds 的潜在变化值。该定义适用于 m 次连续操作中的单个操作。若将所有操作的摊销成本相加,则整个操作序列的摊销成本是

$$amCost(op_1,...,op_m) = \sum_{i=1}^{m}(cost(op_i) + potential(ds_i) - potential(ds_{i-1}))$$

$$= \sum_{i=1}^{m}(cost(op_i) + potential(ds_m) - potential(ds_0))$$

在大多数情况下,函数 $potential$ 开始为零,且总为非负,所以摊销时间是实际时间的上界。这种形式的摊销成本会在本书的后面用到。

这样,可以用函数 $potential$ 描述在向量中加入新元素的摊销成本:

$$potential(vector_i) = \begin{cases} 0 & \text{若 } size_i = capacity_i \text{(向量是满的)} \\ 2size_i - capacity_i & \text{其他情况} \end{cases}$$

为了确定该函数是否有效,需要考虑三种情况。第一种情况是连续的快速插入(向量在本次插入的前后都没有增大),此时

$$amCost(push_i()) = 1 + 2size_{i-1} + 2 - capacity_{i-1} - 2size_{i-1} + capacity_i = 3$$

因为容量没有变化，$size_i=size_{i-1}+1$，实际成本等于 1。对于快速插入后的费时插入：

$$amCost(push_i()) = size_{i-1} + 2 + 0 - 2size_{i-1} + capacity_{i-1} = 3$$

因为 $size_{i-1}+1=capacity_{i-1}$，实际成本等于 $size_i+1=size_{i-1}+2$，即复制向量元素的成本加上加入新元素的成本。对于费时插入后的快速插入，

$$amCost(push_i())=1+2size_i-capacity_i-0=3$$

因为 $2(size_i-1)=capacity_i$，实际成本等于1。注意第 4 种情况是费时插入后的费时操作，仅出现两次，即容量从 0 变到 1 和从 1 变到 0 时出现。这两种情况的摊销成本都为 3。

2.10　NP 完整性

决定性算法(deterministic algorithm)是针对特定输入的唯一定义步骤序列，也就是说，对于给定的输入和算法执行过程中的步骤，只有一种方式确定算法可以采取的下一步骤。非决定性算法则可以使用特定的操作在做出决策时进行猜测。下面考虑二分查找法的非决定性版本。

如果在未排序的数字数组中查找一个数 k，该算法首先访问数组的中间元素 m。如果 $m=k$，那么就返回 m 的位置。否则，算法就猜测下一步要查找的区间：m 的左边或右边。在每个阶段都要进行类似的猜测：如果没有找到 k，就在当前子数组的一半中继续查找。容易看出，这种非常简单的猜测可能使我们误入歧途，所以应该让机器能够正确地猜测。但是，在最坏情况下，这个非决定性算法必须尝试所有的可能性。方式之一是要求每次迭代的决策都是：如果 m 不等于 k，就查找 m 的左半部分和右半部分。采用这种方法时，可以创建一棵树，表示算法做出的决策。如果每一分支都允许在包含 k 的数组中定位 k，而且当 k 不在数组中时，所有的分支都不会给出定位，那么该算法就解决了这个问题。

决策问题有两个答案，即"是"和"否"。决策问题由所有问题的实例集和答案为"是"的问题集合给定，许多优化问题都不属于这一类(在…区间中查找最小值)，但在大多数情况下，它们都可以转换为决策问题(对于…情形，x 小于 k 吗？)。

一般情况下，如果非决定性算法给决策问题做出肯定回答，而且树中有一条通往答案"是"的路径，那么非决定性算法就解决了这个决策问题。如果没有这样的路径，非决定性算法就给决策问题做出否定回答。如果在决策树中，得到肯定回答需要的步骤是 $O(n^k)$，其中 n 是问题的规模，非决定性算法就是一个多项式。

本书分析的大多数算法都是多项式时间算法，也就是说，对于某个 k，这些算法在最坏情况下的运行时间是 $O(n^k)$。可以用这种算法解决的问题称为易处理问题，而算法被认为是有效算法。

如果问题可以用决定性算法在多项式的时间内解决，该问题就属于 P 类问题。如果问题可以用非决定性算法在多项式的时间内解决，该问题就属于 NP 类问题。显然 P 类问题是易处理问题，NP问题只有使用非决定性算法才是易处理问题。

显然 P⊆NP，因为决定性算法是不使用非决定性决策的非决定性算法。此外 P≠NP，也就是说有些问题可以用非决定性多项式算法解决，但不能用决定性多项式算法解决。也就是说，在决定性的图灵机上，这些问题将执行非多项式的时间，因此是不易处理的。在这方面，最大的挑战是存在 NP完整性问题。但首先需要提出算法还原能力这一概念。

如果有一种方式,可以使用还原函数 r(该函数用还原算法执行),将 P_1 的实例 x 编码为 P_2 的实例 $y=r(x)$,问题 P_1 就可以还原为另一个问题 P_2。即对于每个 x,如果 $y=r(x)$ 是 P_2 的一个实例,x 就是问题 P_1 的实例。注意还原能力不是对称的:P_1 可以还原为 P_2,反之则未必成立,即 P_1 的每个实例 x 应有一个对应的 P_2 实例 y,但 P_2 的实例 y 不一定能通过函数 r 映射为 P_1 的实例 x。因此,P_2 可以看做是比 P_1 更困难的问题。

还原的原因是,如果对于任一 x,值 $r(x)$ 都可以高效地找到(在多项式的时间内),则 y 的高效解决方案就可以有效地转换为 x 的高效解决方案。此外,如果 x 没有有效的算法,则 y 就没有有效的解决方案。

如果一个问题是 NP(可以用非决定性多项式算法有效地解决),而且每个 NP 问题都可以通过多项式还原为这个问题,该问题就称为 NP 完整性。还原能力可以传递,也就是说,如果 NP 完整性问题 P_2 可以通过多项式还原为 P_1,则 NP 问题 P_1 就具有 NP 完整性。这样,所有 NP 完整性问题的计算都是相同的,如果一个 NP 完整性问题可以用决定性多项式算法解决,则所有的 NP 完整性问题都可以解决,因此 P=NP。此外,如果 NP 中的任一问题不易处理,则所有的 NP 完整性问题都不易处理。

还原过程使用 NP 完整性问题说明另一个问题也具有 NP 完整性。但是至少要有一个问题可以直接通过其他方式而不是通过还原证明具有 NP 完整性,这样才能使得还原过程成为可能。Stephen Cook 提出的满意问题就是这一类问题。

满意问题涉及以合取范式(CNF)表示的布尔表达式。如果表达式连接了几个选项,每个选项都涉及布尔变量及其"非"元件,且每个变量要么是 true,要么是 false,该表达式就是合取范式。例如:

$$(x \vee y \vee z) \wedge (w \vee x \vee \neg y \vee z) \wedge (\neg w \vee \neg y)$$

就是一个 CNF。如果有一个选项的值是 true,其他选项为 false,则整个表达式就是 true,而这个布尔表达式就是令人满意的。上面的表达式如果 x=false,y=false,z=true,就是令人满意的。满意问题就是确定布尔表达式是否令人满意(不一定给出赋值)。该问题是 NP 问题,因为赋值是可以猜测的,所以可以在多项式的时间内测试表达式是否令人满意。

Cook 使用图灵机的理论概念,证明满意问题是具有 NP 完整性的。图灵机可以进行非决定性决策(做出好的猜测),其操作可以用布尔表达式来描述,如果图灵机因某个输入而终止,就证明表达式是令人满意的(证明过程详见附录 C)。

为了演示还原过程,考虑三满意问题。当布尔表达式中的每一选项只包含三个不同的变量时,就称为三满意问题。这个问题具有 NP 完整性。首先这个问题是 NP,因为给布尔表达式中的值赋予 true 的猜测,可以在多项式的时间内验证。而三满意问题具有 NP 完整性,是因为可以将它还原为满意问题。还原过程要证明包含任意多个布尔变量的选项可以转换为连接在一起的多个选项,这些选项都只包含三个布尔变量。为此需要引入新变量。对于 $k \geq 4$,考虑下面的选项:

$$A = (p_1 \vee p_2 \vee \ldots \vee p_k)$$

其中 $p_i \in \{x_i, \neg x_i\}$。对于新变量 $y_1, \ldots y_{k-3}$,把 A 转换为:

$$A' = (p_1 \vee p_2 \vee y_1) \wedge (p_3 \vee \neg y_1 \vee y_2) \wedge (p_4 \vee \neg y_2 \vee y_3) \wedge \ldots \wedge$$
$$(p_{k-2} \vee \neg y_{k-4} \vee y_{k-3}) \wedge (p_{k-1} \vee p_k \vee \neg y_{k-3})$$

如果选项 A 是令人满意的，则至少有一项 p_i 是 true，因此可以选择 y_j 的值，使 A' 为 true。如果 p_i 是 true，就把 $y_1, \ldots, y_{i-2}$ 设置为 true，$y_{i-1}, \ldots, y_{k-3}$ 设置为 false。最后，如果 A' 是令人满意的，则至少有一个 p_i 是 true，因为如果所有的 p_i 都是 false，则下面两个表达式的值都是 true：

$$A' = (\text{false} \vee \text{false} \vee y_1) \wedge (\text{false} \vee \neg y_1 \vee y_2) \wedge (\text{false} \vee \neg y_2 \vee y_3) \wedge \ldots$$
$$\wedge (\text{false} \vee \text{false} \vee \neg y_{k-3})$$
$$(y_1) \wedge (\neg y_1 \vee y_2) \wedge (y_2 \vee y_3) \wedge \ldots \wedge (\neg y_{k-3})$$

但无论 y_j 选择什么值，第二个表达式都不是 true，所以不是令人满意的。

2.11　习题

1. 解释下列表达式的含义：

 a. $f(n) = O(1)$

 b. $f(n) = \Theta(1)$

 c. $f(n) = n^{O(1)}$

2. 假设 $f_1(n) = O(g_1(n))$，$f_2(n) = O(g_2(n))$，证明：

 a. $f_1(n) + f_2(n) = O(\max(g_1(n), g_2(n)))$

 b. 如果存在数 k，对所有的 $n > k$，都有 $g_1(n) \leqslant g_2(n)$，则 $O(g_1(n) + g_2(n)) = O(g_2(n))$

 c. $f_1(n) * f_2(n) = (O(g_1(n) * g_2(n)))$ (乘法规则)

 d. $O(cg(n)) = O(g(n))$

 e. $c = O(1)$

3. 证明下列语句：

 a. $\sum_{i=1}^{n} i^2 = O(n^3)$，其推广式，$\sum_{i=1}^{n} i^k = O(n^{k+1})$

 b. $an^k / \lg n = O(n^k)$，而 $an^k / \lg n \neq \Theta(n^k)$

 c. $n^{1.1} + n \lg n = \Theta(n^{1.1})$

 d. $2^n = O(n!)$，而 $n! \neq O(2^n)$

 e. $2^{n+a} = O(2^n)$

 f. $2^{2n+a} \neq O(2^n)$

 g. $2^{\sqrt{\lg n}} = O(n^a)$

4. 与习题 2 有相同的假设条件，找出反例来反驳下列语句：

 a. $f_1(n) - f_2(n) = O(g_1(n) - g_2(n))$

 b. $f_1(n) / f_2(n) = O(g_1(n) / g_2(n))$

5. 给出复杂度均为 $O(g(n))$，但 $f_1(n) \neq O(f_2)$ 的函数 f_1 和 f_2。

6. 判断下列语句是否正确。

 a. 如果 $f(n) = \Theta(g(n))$，那么 $2^{f(n)} = \Theta(2^{g(n)})$

 b. $f(n) + g(n) = \Theta(\min(f(n), g(n)))$

 c. $2^{na} = O(2^n)$

7. 本章给出了一个算法，它可以确定按照升序排列的最长子数组的长度，这是一个低效算法，因为如果已找到的子数组长度大于要分析的子数组长度，就不必继续分析这个子数组。因此，如果整个数组是有序的，就可以立刻终止查找，从而把最坏情况转化为最好情况。为此，需要在外部循环中多加一条测试语句：

```
for (i = 0, length = 1; i < n-1 && length < n == i; i++)
```

现在，什么情况是最坏情况？最坏情况下的效率是否仍然是 $O(n^2)$？

8. 下面的函数在无序的整数数组中查找第 k 个最小整数，计算其复杂度。

```
int selectkth(int a[],int k,int n) {
    int i,j,mini,tmp;
    for (i = 0; i< k; i++) {
      mini = i;
      for (j = i + 1; j < n; j++)
          if (a[j]<a[mini])
              mini = j;
      tmp = a[i];
      a[i] = a[mini];
      a[mini] = tmp;
    }
    return a[k-1];
}
```

9. 下面的算法计算执行 $n \times n$ 矩阵的加法、乘法以及置换，求这些算法的复杂度：

```
for (i = 0; i < n; i++)
    for (j = 0; j < n; j++)
        a[i][j] = b[i][j] + c[i][j];

for (i = 0; i < n; i++)
    for (j = 0; j < n; j++)
        for(k = a[i][j] = 0; k < n; k++)
            a[i][j] += b[i][k] * c[k][j];

for (i = 0; i < n - 1; i++)
    for (j = i + 1; j < n; j++) {
        tmp = a[i][j];
        a[i][j] = a[j][i];
        a[j][i] = tmp;
    }
```

10. 给出下列 4 个循环的计算复杂度：

```
a. for (cnt1 = 0, i = 1; i <= n; i++)
        for (j = 1; j <= n; j++)
            cnt1++;
b. for (cnt2 = 0, i = 1; i <= n; i++)
        for (j = 1; j <= i; j++)
            cnt2++;
```

```
c.  for (cnt3 = 0, i = 1; i <=n; i *= 2)
        for (j = 1; j <= n; j++)
            cnt3++;
d.  for (cnt4 = 0, i = 1; i <= n; i *=2)
        for (j = 1; j <= i; j++)
            cnt4++;
```

11. 计算在数组中进行顺序查找的平均情况复杂度，假设访问最后一个单元的概率是 1/2，访问倒数第二个单元的概率是 1/4，访问数组中其他元素的概率都是 $\frac{1}{4(n-2)}$。

12. 思考 n 位二进制计数器的加法过程。一次加法会导致某些二进制位发生转换：从 0 变为 1，或者从 1 变为 0。在最好情况下，计数过程只有一个二进制位发生变化，例如从 000 变为 001。有时所有的二进制位都会发生变化，例如从 011 变为 100，如表 2-5 所示。

表 2-5　二进制数字的转换位

数　　字	转　换　位
000	
001	1
010	2
011	1
100	3
101	1
110	2
111	1

用最坏情况估计法，可以得出执行 $m=2^n-1$ 次加法的复杂度是 $O(mn)$，使用摊销分析法证明执行 m 次加法的复杂度是 $O(m)$。

13. 当布尔表达式中的选项包含两个变量时，如何把满意问题转换为三满意问题？若包含一个变量呢？

参考书目

计算复杂度

Arora, Sanjeev, and Barak, Boaz, *Computational Complexity: A Modern Approach,* Cambridge: Cambridge University Press, 2009.

Fortnow, Lance, "The Status of the P versus NP Problem," *Communications of the ACM* 52(2009), No. 9, 78-86.

Hartmanis, Juris, and Hopcroft, John E., "An Overview of the Theory of Computational Complexity," *Journal of the ACM* 18 (1971), 444-475.

Hartmanis, Juris, and Stearns, Richard E., "On the Computational Complexity of Algorithms," *Transactions of the American Mathematical Society* 117 (1965), 284-306.

Preparata, Franco P., "Computational Complexity," in Pollack, S. V. (ed.), *Studies in Computer Science,* Washington, DC: The Mathematical Association of America, 1982, 196-228.

大 O、Ω 和 ⊖ 表示法

Bachmann, Paul G.H., *Zahlentheorie,* vol. 2: *Die analytische Zahlentheorie,* Leipzig: Teubner, 1894.

Brassard, Gilles, "Crusade for a Better Notation," *SIGACT News* 17 (1985), No. 1, 60-64.

Gurevich, Yuri, "What does O(n) mean?" *SIGACT News* 17 (1986), No. 4, 61-63.

Knuth, Donald, *The Art of Computer Programming, Vol. 2: Seminumerical Algorithms,* Reading, MA: Addison-Wesley, 1998.

Knuth, Donald, "Big Omicron and Big Omega and Big Theta," *SIGACT News,* 8 (1976), No. 2, 18-24.

Vitanyi, Paul M. B., and Meertens, Lambert, "Big Omega versus the Wild Functions," *SIGACT News* 16 (1985), No. 4, 56-59.

OO 表示法

Manber, Udi, *Introduction to Algorithms: A Creative Approach,* Reading, MA: Addison-Wesley, 1989.

摊销分析

Heileman, Gregory L., *Discrete Structures, Algorithms, and Object-Oriented Programming,* New York: McGraw-Hill, 1996, chs. 10-11.

Tarjan, Robert E., "Amortized Computational Complexity," *SIAM Journal on Algebraic and Discrete Methods* 6 (1985), 306-318.

NP 完整性

Cook, Stephen A., "The Complexity of Theorem-Proving Procedures," *Proceedings of the Third Annual ACM Symposium on Theory of Computing,* 1971, 151-158.

Garey, Michael R., and Johnson, David S., *Computers and Intractability: A Guide to the Theory of NP-Completeness,* San Francisco: Freeman, 1979.

Johnson, David S., and Papadimitriou, Christos H., Computational Complexity, in Lawler, E. L., Lenstra, J. K., Rinnoy, Kan A. H. G., and Shmoys, D. B. (eds.), *The Traveling SalesmanProblem,* New York: Wiley, 1985, 37-85.

Karp, Richard M., "Reducibility Among Combinatorial Problems," in R. E. Miller and J. W. Thatcher (eds.), *Complexity of Computer Computations,* New York: Plenum Press, 1972, 85-103.

第 3 章

链　表

数组是程序设计语言所提供的一种非常有用的数据结构，但是，数组至少有两个局限：(1)编译期就要知道大小；(2)数组中的数据在计算机内存中是以相同距离间隔开的，这意味着要在数组中插入一个数据，需要移动该数组中的其他数据。链表就不存在这些问题，链表是节点的集合，节点中存储着数据并链接到其他的节点。通过这种方式，节点可以位于内存中的任何位置，每个节点都存储着链表中其他节点的地址，因此数据很容易从一个节点到达另一个节点。链表的实现方式有很多种，但最灵活的实现方法是使用指针。

3.1　单向链表

如果一个节点将指向另一个节点的指针作为数据成员，那么多个这样的节点可以连接起来，只用一个变量就能够访问整个节点序列。这样的节点序列就是最常用的链表实现方法。链表是一种由节点组成的数据结构，每个节点都包含某些信息以及指向链表中另一个节点的指针。如果序列中的节点只包含指向后继节点的链接，该链表就称为单向链表。图 3-1 给出了一个示例，注意只用一个变量 P 就可以访问链表中的所有节点。链表中的最后一个节点可通过空指针来识别。

图 3-1 所示的链表中的每个节点都是下面类定义的一个实例：

```
class IntSLLNode {
public:
    IntSLLNode() {
        next = 0;
    }
    IntSLLNode(int i,IntSLLNode *in = 0) {
        info = i; next = in;
    }

    int info;
    IntSLLNode *next;
};
```

节点包含两个数据成员：info 和 next。info 成员用于存储信息，这个成员对于用户而言很重要；next 成员用于将节点链接起来，组成链表。next 是用于维持链表的辅助数据成员，对于链表的实现而言，这个成员是必不可少的，但是从用户的角度来看，却不是那么重要。注意，IntSLLNode 的定义中用到了自身，因为数据成员 next 指向刚刚定义的、同样类型的节点。包含这种数据成员的对象称为自我引用对象。

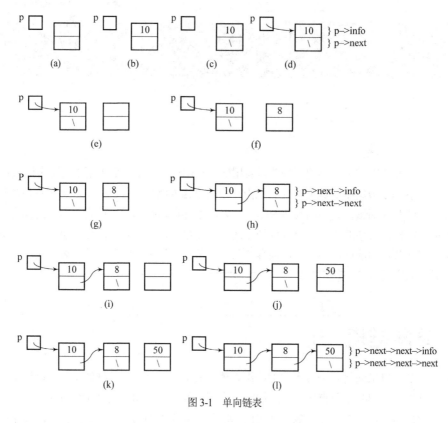

图 3-1 单向链表

节点的定义还包括两个构造函数。第一个构造函数将 next 指针初始化为 null，并且没有指定 info 的值；第二个构造函数带有两个参数，一个用于初始化 info 成员，另一个用于初始化 next 成员。第二个构造函数还考虑了用户只提供一个数字参数的情况，出现这种情况时，info 使用该参数进行初始化，next 则初始化为 null。

下面创建图 3-1(l)中的链表。创建这种具有 3 个节点链表的方法之一是，首先生成包含数字 10 的节点，然后是包含数字 8 的节点，最后是包含数字 50 的节点。必须正确初始化每个节点，并将其插入链表。为了说明这个过程，每一步都在图 3-1 中显示出来。

首先进行声明并赋值：

```
IntSLLNode *p = new IntSLLNode(10);
```

这个语句创建了链表中的第 1 个节点，并将变量 p 设为指向这个节点的指针。这个过程共有 4 个步骤。第 1 步创建新的 IntSLLNode(图 3-1(a))；第 2 步将这个节点的 info 成员设置为 10(图 3-1(b))；第 3 步将节点的 next 成员设置为 null(图 3-1(c))。null 指针在指针数据成员中用斜线标记，注意 next 成员中的斜线并不是斜线字符。第 2 步和第 3 步——新 IntSLLNode 中数据成员的初始化——是通过调用构造函数 IntSLLNode(10)来执行的，构造函数在这里变成了 IntSLLNode(10,0)。第 4 步使指针 p 指向新创建的节点(图 3-1(d))。这个指针就是该节点的地址，用变量 p 指向新节点的箭头来表示。

第二个节点用下面的赋值语句创建：

```
p->next = new IntSLLNode(8);
```

其中，p->next 是 p 所指节点的 next 成员(图 3-1(d))。与前面类似，在此共有 4 个步骤：

(1) 创建一个新的节点(图 3-1(e))；

(2) 构造函数将这个节点的 info 成员赋值为 8(图 3-1(f))；

(3) 构造函数将 next 成员赋值为 null(图 3-1(g))；

(4) 最后，使第一个节点的 next 成员指向新节点，从而将新节点插入链表(图 3-1(h))。

注意，p 所指节点的数据成员是用箭头符号来访问的，这比用句点符号来访问(例如使用(*p).next)更清晰。

之后使用下面的赋值语句，在链表中插入第 3 个节点：

```
p->next->next = new IntSLLNode(50);
```

其中 p->next->next 是第 2 个节点的 next 成员。由于只能通过变量 p 访问链表，所以必须使用这种麻烦的符号。

处理第 3 个节点同样有 4 个步骤：创建节点(图 3-1(i))、初始化它的两个数据成员(图 3-1(j)和图 3-1(k))，然后将节点插入链表(图 3-1(l))。

这个链表示例说明使用指针有些不方便：链表越长，访问链表尾节点的 next 串就越长。在这个示例中，可以用 p->next->next->next 来访问表中第 3 个节点的 next 成员。但是，如果要访问第 103 个节点，或者要访问第 1003 个节点，该怎么办？像 p->next->···->next 这样键入 1003 个 next 是令人望而生畏的。如果在这个串中漏掉了一个 next，就会造成错误的赋值。此外使用链表的灵活性也不复存在。所以，需要以其他方式访问链表中的节点。方法之一是在链表中保存两个指针：一个指向第一个节点，另一个指向最后一个节点，如程序清单 3-1 所示。

程序清单 3-1　保存整数的单向链表实现

```
//************************ intSLLList.h ************************
//          singly-linked list class to store integers

#ifndef INT_LINKED_LIST
#DEFINE INT_LINKED_LIST

class IntSLLNode {
public:
    IntSLLNode() {
        next = 0;
    }
    IntSLLNode(int el, IntSLLNode *ptr = 0) {
        info = el; next = ptr;
    }
    int info;
    IntSLLNode *next;
};

class IntSLList {
public:
```

```cpp
IntSLList() {
    head = tail = 0;
}
~IntSLList();
int isEmpty() {
    return head == 0;
}
void addToHead(int);
void addToTail(int);
int deleteFromHead(); // delete the head and return its info;
int deleteFromTail(); // delete the tail and return its info;
void deleteNode(int);
bool isInList(int) const;
private:
    IntSLLNode *head, *tail;
};

#endif

//********************** intSLList.cpp **************************

#include <iostream.h>
#include "intSLList.h"

IntSLList::~IntSLList() {
    for (IntSLLNode *p; !isEmpty(); ) {
        p = head->next;
        delete head;
        head = p;
    }
}
void IntSLList::addToHead(int el) {
    head = new IntSLLNode(el,head);
    if (tail == 0)
        tail = head;
}
void IntSLList::addToTail(int el) {
    if (tail != 0) { // if list not empty;
        tail->next = new IntSLLNode(el);
        tail = tail->next;
    }
    else head = tail = new IntSLLNode(el);
}
int IntSLList::deleteFromHead() {
    int el = head->info;
    IntSLLNode *tmp = head;
    if (head == tail) // if only one node in the list;
        head = tail = 0;
    else head = head->next;
    delete tmp;
    return el;
}
int IntSLList::deleteFromTail() {
    int el = tail->info;
```

```
        if (head == tail) { // if only one node in the list;
            delete head;
            head = tail = 0;
        }
    else {                    // if more than one node in the list,
        IntSLLNode *tmp; // find the predecessor of tail;
        for (tmp = head; tmp->next != tail; tmp = tmp->next);
        delete tail;
        tail = tmp; // the predecessor of tail becomes tail;
        tail->next = 0;
    }
    return el;
}
void IntSLLList::deleteNode(int el) {
    if (head != 0)                        // if nonempty list;
        if (head == tail && el == head->info) { // if only one
            delete head;                         // node in the list;
            head = tail = 0;
        }
        else if (el == head->info) {// if more than one node in the list
            IntSLLNode *tmp = head;
            head = head->next;
            delete tmp;             // and old head is deleted;
        }
        else {                      // if more than one node in the list
            IntSLLNode *pred, *tmp;
            for (pred = head, tmp = head->next; // and a nonhead node
                 tmp != 0 && !(tmp->info == el);// is deleted;
                 pred = pred->next, tmp = tmp->next);
            if (tmp != 0) {
                pred->next = tmp->next;
                if (tmp == tail)
                    tail = pred;
                delete tmp;
            }
        }
}
bool IntSLLList::isInList(int el) const {
    IntSLLNode *tmp;
    for (tmp = head; tmp != 0 && !(tmp->info == el); tmp = tmp->next);
    return tmp != 0;
}
```

　　程序清单 3-1 中的单向链表实现用到了两个类：一个类 IntSLLNode 是表中的节点；另一个类 IntSLLList 用于访问链表。类 IntSLLList 定义了两个数据成员 head 以及 tail，这是两个指针，分别指向链表中第一个和最后一个节点。这也解释了为什么将 IntSLLNode 的所有成员都声明为公有，因为可以通过指针来访问链表中的特定节点，而对于外面的对象而言，如果将 head 和 tail 声明为私有，就不能访问节点，从而并没有真正遵守信息隐藏的原则。如果 IntSLLNode 中的某些成员声明为非公有的，从 IntSLLList 派生的类就不能访问这些成员。

图 3-2 显示了一个示例链表。链表用下面的语句声明：

```
IntSLList list;
```

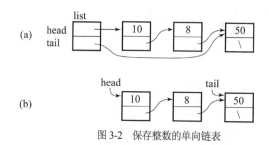

图 3-2　保存整数的单向链表

图 3-2(a)中的第一个对象并不是链表的一部分，这个对象只是为了访问链表而存在。为简单起见，在后面的图中只给出了属于链表的节点而省略了访问节点，head 和 tail 成员都作了标记，如图 3-2(b)所示。

除了 head 和 tail 成员以外，类 IntSLList 还定义了操作链表的成员函数。下面进一步研究程序清单 3-1 中给出的链表的一些基本操作。

3.1.1　插入

在链表的前面添加一个节点有 4 个步骤。

(1) 创建一个空节点。空节点意味着执行插入的程序不为该节点的数据成员赋值(图 3-3(a))。

(2) 将该节点的 info 成员初始化为特定的整数(图 3-3(b))。

(3) 因为要将该节点添加到链表的前面，因此其 next 成员就是指向链表中第一个节点的指针，这也就是 head 的当前值(图 3-3(c))。

(4) 新的节点放在表中的所有节点之前，但这一点必须反映在 head 的值上，否则，就无法访问新的节点。因此，将 head 更新为指向新节点的指针(图 3-3(d))。

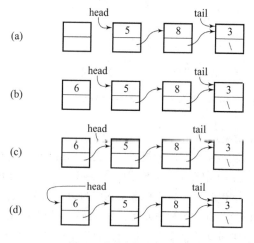

图 3-3　在单向链表的开头插入新节点

这 4 个步骤由成员函数 addToHead()执行(程序清单3-1)，该函数通过调用构造函数 IntSLLNode

(el,head)间接地执行前 3 步，最后一步是在该函数中直接执行的，将新建节点的地址赋给 head。

　　成员函数 addToHead()包含一种特殊情况，就是向空链表插入一个新节点。在空链表中，head 和 tail 都是 null，因此，它们都指向新链表中唯一的节点。在非空的链表中插入节点时，只有 head 需要更新。

　　向链表的末尾添加一个节点的过程分为 5 步。

　　(1) 创建一个空节点(图 3-4(a))。

　　(2) 将该节点的 info 成员初始化为整数 el(图 3-4(b))。

　　(3) 因为该节点要添加到链表的末尾，所以将它的 next 成员设置为 null(图 3-4(c))。

　　(4) 让链表最后一个节点的 next 成员指向新建的节点，就将新节点添加到了链表中(图 3-4(d))。

　　(5) 新的节点放在链表中的所有节点之后，但这一点必须反映在 tail 的值上，所以让 tail 指向新建的节点(图 3-4(e))。

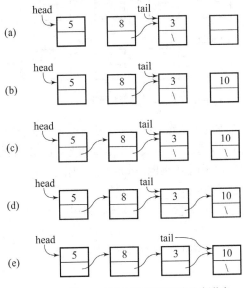

图 3-4　在单向链表的末尾插入新节点

　　这些步骤都在 addToTail()的 if 语句中执行(程序清单 3-1)。这个函数的 else 语句只有在链表为空时才执行。如果不包含这种情况，程序就有可能崩溃，因为在 if 语句中给 tail 引用节点的 next 成员进行了赋值。如果链表为空，就会使指针指向不存在的节点中不存在的数据成员。

　　在链表前面插入节点的过程和在链表末尾插入节点的过程相似，因为 IntSLList 的实现用到了两个指针成员：head 和 tail。所以，addToHead()和 addToTail()都能在固定时间 $O(1)$ 内完成。也就是说，无论链表中有多少个节点，这两个成员函数所执行操作的数目都不会超过某个常数 c。注意，由于 head 指针可以访问链表，所以 tail 指针并非必不可少；tail 指针唯一的作用是可以立即访问链表的最后一个节点。通过这种访问方式，很容易将新节点添加到链表的末尾。如果不使用 tail 指针，向链表的末尾添加节点会变得比较复杂，因为必须先到达最后一个节点才能添加新节点。这需要遍历链表，需要 $O(n)$ 步来完成。也就是说，这一操作的复杂度与链表的长度成正比。链表的遍历过程会在讨论删除最后一个节点时说明。

3.1.2 删除

删除操作包括删除链表开头的节点以及返回其中存储的值，这个操作是由成员函数 deleteFromHead()实现的。在此操作中，将第 1 个节点的信息临时存储到本地变量 el 中，然后重置 head，这样第 2 个节点就变成了第 1 个节点。在这种方法中，前面第 1 个节点的删除可以在常数时间 $O(1)$ 内完成(图 3-5)。

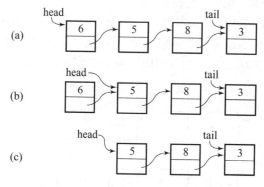

图 3-5　从单向链表的开头删除节点

与前面不同的是，这里需要考虑两种特殊情况。一种情况是试图从空链表上删除一个节点。如果试图这样做，程序就很可能会崩溃，我们不希望发生这种情况。调用程序还应该知道进行这种尝试是为了执行某个操作，如果调用程序期望 deleteFromHead()返回一个数字，但是却没有数字可返回，调用程序就无法完成某些其他操作。

有几种方法可以解决这个问题，方法之一是使用 assert 语句：

```
int IntSLList::deleteFromHead() {
    assert(! isEmpty());   // terminate the program if false;
    int el=head->info;
    . . . . . . . . . . .
    return el;
}
```

assert 语句检测条件!isEmpty()，如果条件是 false，程序就终止。这是一种粗放的解决方法，因为即使 deleteFromHead()没有返回数值，调用程序也希望继续执行。

另一种解决方法是抛出异常，并由用户捕获该异常，如下所示：

```
int IntSLList::deleteFromHead() {
    if (isEmpty())
        throw("Empty");
    int el = head->info;
    . . . . . . . . . . .
    return el;
}
```

在调用程序(或者调用程序的调用程序)中，带字符串参数的 throw 语句应该有对应的 try-catch 语句，并且有用于捕获异常的字符串参数，如下所示：

```
void f() {
    . . . . . . . . . .
    try {
        n = list.deleteFromHead();
        // do something with n;
    }catch(char *s) {
        cerr << "Error: " << s << endl;
    }
    . . . . . . . . . .
}
```

这种解决方法使调用程序可以控制异常的情况，不会像使用 assert 语句那样使程序崩溃。用户负责以 try-catch 语句的形式提供异常处理程序，对特殊情况进行适当的处理。如果没有提供这样的语句，那么当抛出异常时程序会崩溃。当试图从空链表上删除数字时，函数 f() 会输出一条链表为空的信息，另一个函数 g() 可以在这种情况下将某个值赋给 n，而函数 h() 则可能发现这种情况对程序有害并终止程序。

程序清单 3-1 给出的实现代码还假定，在出现异常时用户会提供相应的操作。成员函数假定链表是非空的。为了防止程序崩溃，IntSLList 中加入了成员函数 isEmpty()，用户可以这样使用这个函数：

```
if (!list.isEmpty())
    n = list.deleteFromHead();
else 不删除
```

注意，在 deleteFromHead() 中加入类似的 if 语句并不能解决问题。考虑下面的代码：

```
int IntSLList::deleteFromHead() {
    if (!isEmpty()) {            // if nonempty list;
        int el=head->info;
        . . . . . . . . . . .
        return el;
    }
    else return 0;
}
```

如果添加了 if 语句，就必须加上 else 语句；否则，程序就会因为"并非所有的控制路径都具有返回值"而无法编译。但是此时如果返回一个 0，则调用程序无法知道返回的 0 是表示出错，还是从链表中获得的数字 0。为了避免混淆，调用程序在调用 deleteFromHead() 之前必须用 if 语句检测链表是否为空。此方法中有一个 if 语句是多余的。

为了保持对返回值含义的一致性，可以修改上面的解决方法，让函数返回一个指向整数的指针而不是返回一个整数：

```
int* IntSLList::deleteFromHead() {
    if (!isEmpty()) {            // if nonempty list;
        int *el = new int(head->info);
        . . . . . . . . . .
        return el;
    }
    else return 0;
}
```

其中 else 语句中的 0 是个空指针，而不是数字 0。在这种情况下，如果 deleteFromHead()返回一个空指针，下面的函数调用将导致程序崩溃：

```
n = *list.deleteFromHead();
```

因此，在调用 deleteFromHead()之前，调用程序必须检测链表是否为空，是否使用了指针变量。

```
int *p = list.deleteFromHead();
```

在调用之后再检测 p 是否为空。在这两种情况下，deleteFromHead()中的 if 语句都是多余的。

第二种特殊情况是待删除节点的链表只有一个节点。在这种情况下，链表会变成空的，这就要求将 tail 和 head 设置为 null。

另外一种删除操作从链表的末尾删除节点，由成员函数 deleteFromTail()实现。问题在于删除了节点之后，tail 应当指向链表的新末尾节点。也就是说，tail 必须反方向移动一个节点。但是因为从最后一个节点到它的前驱节点没有直接的链接，所以无法进行反方向移动。因此必须从链表的开头查找这个前驱节点，并且恰好在 tail 前面停止。这个任务是通过在 for 循环中用一个临时变量 tmp 遍历链表完成的。变量 tmp 初始化为链表的开头，在循环的每次迭代中前进到下一个节点。如果链表如图 3-6(a)所示，tmp 首先指向包含数字 6 的头节点；在执行了赋值语句 tmp = tmp -> next 之后，tmp 指向第 2个节点(图 3-6(b))。第二次迭代并执行了同样的赋值语句之后，tmp 指向第 3 个节点(图 3-6(c))。因为这个节点是最后一个节点的前驱节点，所以退出循环，然后删除最后一个节点(图 3-6(d))。由于 tail 现在指向一个不存在的节点，因此令其指向最后一个节点的前驱节点，也就是 tem 所指的节点(图 3-6(e))。由于事实上这个节点已经是链表的最后一个节点，所以将其 next 成员设为 null(图 3-6(f))。

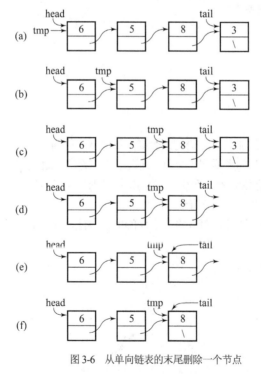

图 3-6　从单向链表的末尾删除一个节点

注意，在 for 循环中用临时变量遍历链表。如果将循环简化为

```
for ( ; head->next != tail; head = head->next );
```

　　链表就只能遍历一次，且无法访问链表的开头，因为 head 永久地指向最后一个节点的前驱节点，并且这个节点将变成最后一个节点。很明显在这样的情况下，临时变量的使用非常重要，使得程序可以像原来一样访问链表的开头。

　　与 deleteFromHead()类似，在删除最后一个节点时存在两种特殊情况。如果链表为空，就不能删除任何节点，在这种情况下由用户程序来决定应该如何处理，就像 deleteFromHead()一样。第二种情况是将单节点链表中的唯一节点删除之后，链表就变为空，这同样要求将 head 和 tail 设置为 null。

　　在 deleteFromTail()中，最耗时的部分就是 for 循环所执行的查找最后一个节点的前驱节点。很明显，在有 n 个节点的链表里，循环要执行 $n-1$ 次迭代，这就是该成员函数要耗费 $O(n)$ 的时间来删除最后一个节点的主要原因。

　　前面讨论的这两种删除操作是从开头或者末尾(也就是说，总是在同一个位置)删除一个节点，并返回所删除节点中的整数。如果要删除一个包含特定整数的节点，而不关心这个节点在链表中的位置，就需要使用不同的方法。这个节点也许正好在链表的开头、末尾，或者在链表中的任何位置。简单地说，必须先找到这个节点，然后将其前驱节点与后继节点连接，从而将其从链表中删除。因为不知道该节点会在什么位置，查找并删除含有某个整数的节点比前面讨论的删除操作复杂得多。成员函数 deleteNode()(程序清单 3-1)实现了这一过程。

　　将节点的前驱节点以及后继节点连接起来就可以从链表的内部删除这个节点。但是因为链表只有向后的链接，因此无法从某个节点获得其前驱。完成这个任务的方法之一是先扫描链表，找到要删除的节点，然后再次扫描链表找到它的前驱。另一种方法在 deleteNode()中给出，如图 3-7 所示。假设要删除包含数字 8 的节点，该函数使用了两个指针变量 pred 和 tmp，这两个变量在 for 循环中初始化，分别指向链表的第一个和第二个节点(图 3-7(a))。因为 tmp 所指的节点包含数字 5，所以执行第一次迭代时，pred 和 tmp 都前进到下一个节点(图 3-7(b))。现在 for 循环的条件为真(tmp 指向包含 8 的节点)，所以退出循环，并执行赋值语句 pred -> next = tmp -> next(图 3-7(c))，这条赋值语句将含有 8 的节点排除到链表之外。该节点仍然可以通过变量 tmp 来访问，目的是执行 delete 从而将这个节点占用的空间返回到自由内存区域(图 3-7(d))。

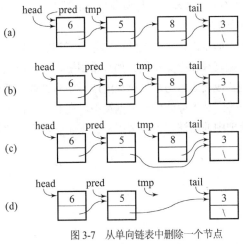

图 3-7　从单向链表中删除一个节点

　　前面的图只讨论了一种情况，还有下面几种情况：

　　(1) 试图从空链表中删除节点，此时函数立即退出。

(2) 从单节点链表中删除唯一的节点：head 和 tail 都设置成 null。

(3) 从至少有两个节点的链表中删除第一个节点，此时需要更新 head。

(4) 从至少有两个节点的链表中删除最后一个节点，此时需要更新 tail。

(5) 链表中不存在包含某个数字的节点：不进行任何操作。

很明显，deleteNode()的最好情况是要删除的节点是头节点，只需要 $O(1)$ 的时间就能完成。最坏的情况是要删除的节点是最后一个节点，此时 deleteNode()的性能就下降到与 deleteFromTail()相当，要花费 $O(n)$ 的时间。平均情况怎么样呢？这依赖于 for 循环的迭代次数。假定链表中所有的节点被删除的概率是相同的，如果要删除的是第一个节点，循环就不需要执行迭代操作；如果是第二个节点，循环就要进行一次迭代；以此类推，如果是最后一个节点，循环就要进行 $n-1$ 次迭代。对于长链表的删除操作来说，一次删除平均需要的时间为：

$$\frac{0+1+\cdots+(n-1)}{n}=\frac{\dfrac{(n-1)n}{2}}{n}=\frac{n-1}{2}$$

这就是说，deleteNode()平均需要执行 $O(n)$ 步来完成，与最坏的情况相同。

3.1.3 查找

插入和删除操作都对链表进行了修改。查找操作扫描已有的链表，以确定其中是否包含某个数字。在此用布尔成员函数 isInList()实现这个操作，该函数从头节点开始，用一个临时变量 tmp 扫描整个链表。存储在每个节点中的数字都要和所要寻找的数字进行比较，如果两个数字相等就退出循环，否则 tmp 就更新为 tmp->next，以查看下一个节点。在到达了最后一个节点并执行了赋值语句 tmp = tmp->next 之后，tmp 就变为空，表示数字 el 不在链表中。也就是说，如果 tmp 不为空，查找过程就停止在链表的某处，因为已经找到了 el。这就是 isInList()返回比较的结果 tmp!= 0 的原因：如果 tmp 不为空，就表示找到了 el 并返回 true；如果 tmp 为空，表示查找失败，因此返回 false。

与计算 deleteNode()的效率时所用的推理过程相似，isInList()在最好的情况下要花费 $O(1)$ 的时间，在最坏和平均情况下则需要 $O(n)$ 的时间。

前面着重讲述了节点的操作。但是，建立链表的目的是为了存储和处理信息，而不是为了链表本身，本节所用方法的局限性是链表只能存储整数。如果希望链表存储浮点数或者数组，就必须声明具有新成员函数的新类，这些新成员函数与这里讨论的成员函数类似。然而，更好的做法是只对这样的类声明一次，并且不提前确定其中存储什么数据类型。在 C++中，用模板就能很方便地做到这一点。为了说明模板在链表处理中的用法，下一节用模版来定义链表，但链表操作的示例仍然采用存储整数的链表。

3.2 双向链表

成员函数 deleteFromTail()表明在单向链表中存在一个固有的问题。这种链表中的节点只包含指向后继节点的指针，从而无法快速访问前驱节点。因此要用循环找到 tail 前面的节点来实现 deleteFromTail()。尽管前面这个节点就在眼前，可是却无法到达。必须扫描整个链表并恰好停在 tail 的前面，才能删除节点。对于较长的链表和频繁执行 deleteFromTail()的情况来说，这是加快链表处理速度的一个障碍。为了避免这个问题，可以重新定义链表，使链表中的每个节点有两个指针，一个指向前驱，一个指向后继。这种链表称为双向链表，如图3-8所示。程序清单 3-2 包含了通用 DoublyLinkedList 类实现代码的片段。

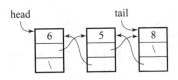

图3-8　双向链表

程序清单 3-2　双向链表的实现

```
//**************************** genDLList.h ****************************
#ifndef DOUBLY_LINKED_LIST
#define DOUBLY_LINKED_LIST

template<class T>
class DLLNode {
public:
    DLLNode() {
        next = prev = 0;
    }
    DLLNode(const T& el, DLLNode *n = 0, DLLNode *p = 0) {
        info = el; next = n; prev = p;
    }
    T info;
    DLLNode *next, *prev;
};

template<class T>
class DoublyLinkedList {
public:
    DoublyLinkedList() {
        head = tail = 0;
    }
    void addToDLLTail(const T&);
    T deleteFromDLLTail();
    . . . . . . . . . . . . . . .
protected:
    DLLNode<T> *head, *tail;
};
template<class T>
void DoublyLinkedList<T>::addToDLLTail(const T& el) {
    if (tail != 0) {
        tail = new DLLNode<T>(el,0,tail);
        tail->prev->next = tail;
    }
    else head = tail = new DLLNode<T>(el);
```

```
}
template<class T>
T DoublyLinkedList<T>::deleteFromDLLTail() {
    T el = tail->info;
    if (head == tail) { // if only one node in the list;
        delete head;
        head = tail = 0;
    }
    else {                  // if more than one node in the list;
        tail = tail->prev;
        delete tail->next;
        tail->next = 0;
    }
    return el;
}
. . . . . . . . . . . . .
#endif
```

由于多了一个要维护的指针,和单向链表中的成员函数相比,双链表中对应的成员函数要复杂一点。这里只讨论两个成员函数:在双向链表的末尾插入一个节点的函数和从末尾删除一个节点的函数(程序清单 3-2)。

为了向链表中添加一个节点,必须创建该节点并正确初始化其数据成员,再将节点插入链表。在双向链表的末尾插入一个节点由 addToDLLTail()执行,如图 3-9 所示,这个过程包括 6 个步骤:

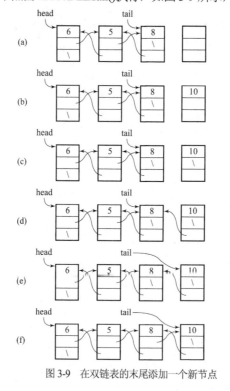

图 3-9 在双链表的末尾添加一个新节点

(1) 创建一个新节点(图 3-9(a)),然后初始化 3 个数据成员。

(2) 将 el 赋值给 info 成员(图 3-9(b))。

(3) 将 next 成员置为 null(图 3-9(c))。

(4) 将 prev 成员赋值为 tail，使这个成员指向链表中的最后一个节点(图 3-9(d))。现在新节点应该是最后一个节点。

(5) 令 tail 指向新节点(图 3-9(e))。但是还不能从新节点的前驱节点访问新节点，要做到这一点，必须执行步骤(6)。

(6) 令前驱节点的 next 成员指向新节点(图 3-9(f))。

最后一步涉及一种特殊情况。在这一步中假设新创建的节点前面还有节点，因此访问它的 prev 成员。很明显，对于空链表而言，新节点就是链表中唯一的节点，前面没有任何前驱节点。在这种情况下，head 和 tail 都指向这个节点，而第(6)步现在就是将 head 设置为指向这个节点。注意第(4)步——将 prev 成员赋值为 tail——已经完成了这一任务，这是因为对于初始为空的链表而言，tail 是空的。所以，新节点的 prev 成员的值为 null。

从双向链表上删除最后一个节点非常简单，因为从最后一个节点可以直接访问它的前驱节点，不需要用循环来删除最后一个节点。从图 3-10(a)的链表中删除最后一个节点时，将临时变量 el 设置为该节点中保存的值，然后令 tail 指向其前驱节点(图 3-10(b))，再删除最后一个节点(图 3-10(c))。在这种方法中，倒数第 2 个节点变成了最后一个节点。尾节点的 next 成员是悬挂引用，因此将其设置为 null(图 3-10(d))。最后返回被删除节点中所存储对象的副本。

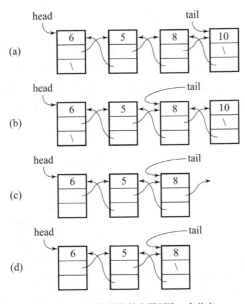

图 3-10　从双向链表的末尾删除一个节点

从空链表中删除节点可能会导致程序崩溃。因此，用户在试图从链表中删除最后一个节点之前，必须检查链表是否为空。与单向链表的 deleteFromHead()函数类似，调用程序应该使用 if 语句：

```
if (!list.isEmpty())
     n = list.deleteFromDLLTail();
else  不删除
```

另一种特殊情况是从单节点的链表中删除节点。在此情况下，head 和 tail 都要设置为 null。因为可以立即访问最后一个节点，所以 addToDLLTail()和 deleteFromDLLTail()都可以在恒定时

间 $O(1)$ 内执行。

　　根据刚才讨论的两个函数，很容易得到操作双向链表头节点的函数，只需要将 head 与 tail 互换，再将 next 与 prev 互换，然后在执行 new 时交换参数的顺序。

3.3　循环链表

　　在某些情况下会用到循环链表，其中的节点组成了一个环：链表的长度是有限的，每个节点都有后继节点。下面的情况就是一个示例：几个进程要对同一个资源使用同样长的时间，必须确保每个进程都能共享该资源。可以将所有的进程——假设其编号分别为 6、5、8 和 10，如图 3-11 所示——放入一个可通过指针 current 来访问的循环链表中。当访问了链表中的一个节点之后，获取其中的进程号，并激活此进程，current 再移动到下一个节点，这样下次就能够激活下一个进程。

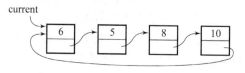

图 3-11　循环单向链表

　　在循环单向链表的实现中，即使对链表的操作需要访问尾节点及其前驱节点——头节点，也可以只用一个固定指针 tail。而 3.1 节讨论的线性单向链表使用了 head 和 tail 两个固定指针。

　　图 3-12(a)显示在循环链表前端进行的一系列插入，图 3-12(b)显示了在链表末尾的插入。这里给出一个在这种链表上进行操作的成员函数示例，该函数可以在 $O(1)$ 时间内在循环单向链表的末尾插入节点：

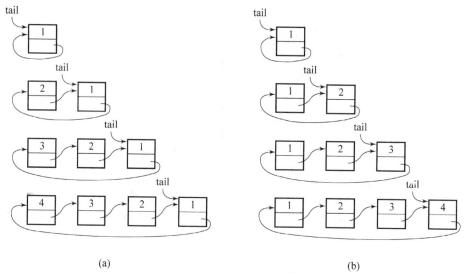

(a)　　　　　　　　　　　　　　　　　(b)

图 3-12　(a) 在循环单向链表的前端插入节点；(b) 在循环单向链表的末尾插入节点

```
void addToTail(int el) {
    if (isEmpty()) {
        tail = new IntSLLNode(el);
```

```
        tail->next = tail;
    }
    else {
        tail->next = new IntSLLNode(el,tail->next);
        tail = tail->next;
    }
}
```

　　刚才给出的实现不是没有问题，删除尾节点的成员函数要进行一次循环，以便在删除之后令 tail 指向其前驱。这样，此函数删除尾节点所需要的时间就是 $O(n)$；而且，以颠倒的顺序处理数据(打印、搜索等)时效率也不高。要避免这些问题，并且在不用循环的情况下在链表的前后端插入和删除节点，就要用到循环双链表。这种表形成两个环：一个通过 next 成员向前连接，一个通过 prev 成员向后连接。图 3-13 给出了这样一个链表，该链表能通过最后一个节点进行访问。从该链表的末尾删除节点是很容易的，因为在进行这种删除时，可以直接访问需要更新的倒数第二个节点。在此链表中，插入和删除尾节点都能够在 $O(1)$ 时间内完成。

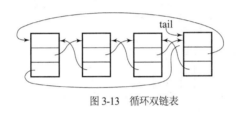

图 3-13　循环双链表

3.4　跳跃链表(skip list)

　　链表存在一个严重缺陷：需要顺序扫描才能找到所需要的元素。查找从链表的开头开始，只有找到了所需要的元素，或者直到链表的末尾都没有找到这个元素时才会停下来。将链表中的元素排序可以加速查找过程，但仍需要顺序查找。因此，链表最好允许跳过某些节点，以避免顺序处理。跳跃链表是有序链表的一个有趣的变种，可以进行非顺序查找(Pugh 1990)。

　　在有 n 个节点的跳跃链表中，对于每个满足 $1 \leqslant k \leqslant \lfloor \lg n \rfloor$ 和 $1 \leqslant i \leqslant \lfloor n/2^{k-1} \rfloor -1$ 的 k 和 i，位于 $2^{k-1} \cdot i$ 的节点指向位于 $2^{k-1} \cdot (i+1)$ 的节点。这意味着第 2 个节点指向前面距离 2 个单位的节点，第 4 个节点指向前面距离 4 个单位的节点，以此类推，如图 3-14(a)所示。为此，要在链表的节点中包含不同数目的指针：半数节点只有一个指针，1/4 的节点有两个指针，1/8 的节点有 3 个指针，以此类推。指针数表明了每个节点的级，而级的数量为 $maxLevel = \lfloor \lg n \rfloor + 1$。

　　为了查找元素 e1，应该从最高层上的指针开始，找到该元素就成功地结束查找。如果到达该链表的末尾，或者遇到大于元素 e1 的某个元素 key，就从包含 key 的那个节点的前一个节点重新开始查找，但是这次查找是从比前面低一级的指针开始。直到找到 e1，或者沿着第一级的指针到达了链表的末尾，或者找到一个大于 e1 的元素，查找才会停止。下面是这个算法的伪代码：

```
search(元素 el)
    p = 最高层 i 上的非空链表;
    while 没有找到 el 且 i ≥ 0
        if p->key < el
            p = 从--i 级上 p 的前驱开始的子链表;
```

```
        else if p->key > el
            if p 是 i 级上的最后一个节点
                p = 在<i 的最高级上从 p 开始的非空子链表;
                i = 新的级数;
            else p = p->next;
```

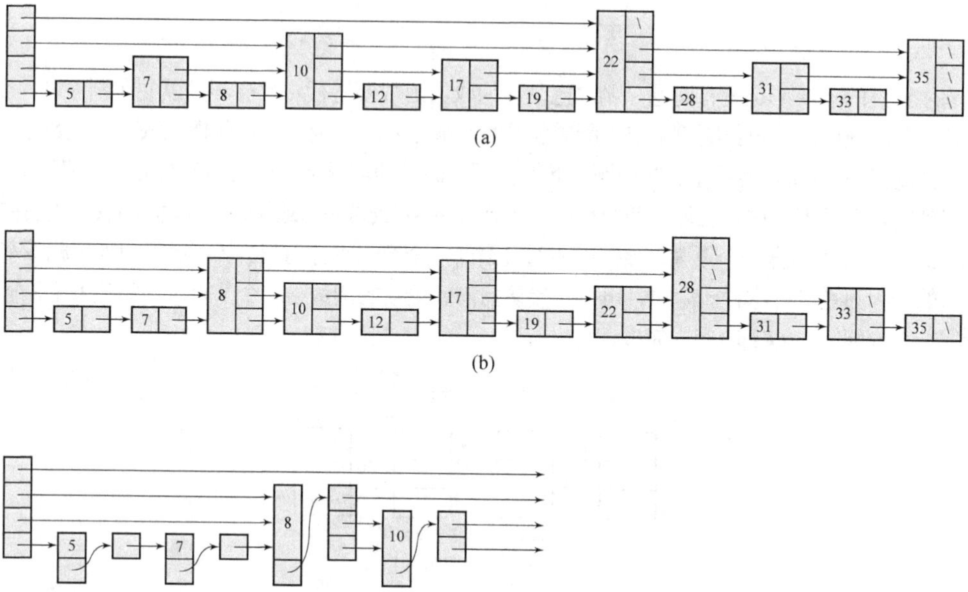

(a)

(b)

(c)

图 3-14　跳跃链表: (a) 平滑地隔开不同级上的节点; (b) 不平滑地隔开不同级上的节点; (c) 具有明显指示的跳跃链表

例如，如果在图 3-14(b)的链表中查找数字 16，那么首先尝试的是第 4 级，这一级的第一个节点是 28，所以查找不成功。接着，从根节点开始尝试查找第 3 级的子链表：这个子链表首先指向 8，然后指向 17。因此，再尝试查找第 2 级子链表，该子链表从拥有 8 的节点开始：指向 10，然后再次指向 17。最后一次尝试从第一级的子链表开始，这个子链表从节点 10 开始，这个子链表的第一个节点包含 12，接下来的数字是 17。由于没有更低级的子链表了，所以查找失败了。程序清单 3-3 给出了查找过程的代码。

程序清单 3-3　跳跃链表的实现

```cpp
//*********************** genSkipL.h ***********************
//                 generic skip list class

const int maxLevel = 4;

template<class T>
class SkipListNode {
public:
    SkipListNode() {
    }
    T key;
    SkipListNode **next;
};

template<class T>
```

```
class SkipList {
public:
    SkipList();
    bool isEmpty() const;
    void choosePowers();
    int chooseLevel();
    T* skipListSearch(const T&);
    void skipListInsert(const T&);
private:
    typedef SkipListNode<T> *nodePtr;
    nodePtr root[maxLevel];
    int powers[maxLevel];
};

template<class T>
SkipList<T>::SkipList() {
    for (int i = 0; i < maxLevel; i++)
        root[i] = 0;
}
template<class T>
bool SkipList<T>::isEmpty() const {
        return root[0] == 0;
}
template<class T>
void SkipList<T>::choosePowers() {
    powers[maxLevel-1] = (2 << (maxLevel-1)) - 1;  // 2^maxLevel - 1
    for (int i = maxLevel - 2, j = 0; i >= 0; i--, j++)
        powers[i] = powers[i+1] - (2 << j); // 2^(j+1)
}
template<class T>
int SkipList<T>::chooseLevel() {
    int i, r = rand() % powers[maxLevel-1] + 1;
    for (i = 1; i < maxLevel; i++)
        if (r < powers[i])
            return i-1; // return a level < the highest level;
    return i-1;          // return the highest level;
}
template<class T>
T* SkipList<T>::skipListSearch(const T& key) {
    if (isEmpty()) return 0;
    nodePtr prev, curr;
    int lvl;                          // find the highest non-null
    for (lvl = maxLevel-1; lvl >= 0 && !root[lvl]; lvl--); // level;
    prev = curr = root[lvl];
    while (true) {
        if (key == curr->key)                 // success if equal;
            return &curr->key;
        else if (key < curr->key) {       // if smaller, go down
            if (lvl == 0)                 // if possible,
                return 0;
            else if (curr == root[lvl])   // by one level
                curr = root[--lvl];       // starting from the
            else curr = *(prev->next + --lvl); // predecessor which
```

```
            }                                           // can be the root;
        else {                                          // if greater,
            prev = curr; // go to the next
            if (*(curr->next + lvl) != 0)       // non-null node
                curr = *(curr->next + lvl);     // on the same level
            else {                              // or to a list on a
                                                // lower level;
                for (lvl--; lvl >= 0 && *(curr->next + lvl)==0; lvl--);
                if (lvl >= 0)
                    curr = *(curr->next + lvl);
                else return 0;
            }
        }
    }
}

template<class T>
void SkipList<T>::skipListInsert(const T& key) {
    nodePtr curr[maxLevel], prev[maxLevel], newNode;
    int lvl, i;
    curr[maxLevel-1] = root[maxLevel-1];
    prev[maxLevel-1] = 0;
    for (lvl = maxLevel - 1; lvl >= 0; lvl--) {
        while (curr[lvl] && curr[lvl]->key < key) { // go to the next
            prev[lvl] = curr[lvl];                  // if smaller;
            curr[lvl] = *(curr[lvl]->next + lvl);
        }
        if (curr[lvl] && curr[lvl]->key == key) // don't include
            return;                             // duplicates;
        if (lvl > 0)                            // go one level down
            if (prev[lvl] == 0) {               // if not the lowest
                curr[lvl-1] = root[lvl-1]; // level, using a link
                prev[lvl-1] = 0;                // either from the root
            }
            else {                              // or from the predecessor;
                curr[lvl-1] = *(prev[lvl]->next + lvl-1);
                prev[lvl-1] = prev[lvl];
            }
    }
    lvl = chooseLevel();           // generate randomly level for newNode;
    newNode = new SkipListNode<T>;
    newNode->next = new nodePtr[sizeof(nodePtr) * (lvl+1)];
    newNode->key = key;
    for (i = 0; i <= lvl; i++) {            // initialize next fields of
        *(newNode->next + i) = curr[i]; // newNode and reset to newNode
        if (prev[i] == 0)                  // either fields of the root
            root[i] = newNode;             // or next fields of newNode's
        else *(prev[i]->next + i) = newNode;   // predecessors;
    }
}
```

    跳跃链表的查找看起来是高效的, 但是该链表的设计使得插入和删除过程效率很低。为了插入一个新的元素, 必须重新构造新节点之后的所有节点, 必须修改指针的数目和指针的值。为了保持跳跃链表在查找方面的某些优点，同时避免在插入和删除节点时重新构造链表，可以放弃对不同级上节点的位置要求，仅保留对不同级上节点的数目要求。例如，图 3-14(a)所示的链表变为图 3-14(b)所示的链表：两个链表都包含 6 个单指针节点，3 个双指针节点，2 个三指针节点和 1 个四指针节点。新链表的查找方法与原链表完全一样。插入并不要求重新构造链表，并且能够生成节点，使不同级上的节点保持适当分布。如何做到这一点呢？

假设 *maxLevel* = 4，有 15 个元素，需要 8 个含有 1 个指针的节点，4 个含有 2 个指针的节点，2 个含有 3 个指针的节点，1 个含有 4 个指针的节点。每插入一个节点，就产生一个 1 至 15 之间的随机数 r，如果 $r<9$，所插入的就是一个一级节点；如果 $r<13$，所插入的就是一个二级节点；如果 $r<15$，所插入的就是一个 3 级节点；如果 $r=15$，所插入的就是一个 4 级节点。如果 *maxLevel* = 5，有 31 个元素，则 r 的值和节点级之间的对应关系如表 3-1 所示：

表 3-1　r 的值与节点级之间的对应关系

r	被插入的节点的级
31	5
29～30	4
25～28	3
17～24	2
1～16	1

对于任意的 *maxLevel*，为了确定 r 和节点级之间的对应关系，函数 choosePowers()将数组 powers[ ]初始化，向其中放入每个范围的下限。例如，若 *maxLevel*=4，则该数组为[1 9 13 15]，若 *maxLevel*=5，数组则为[1 17 25 29 31]。chooseLevel()利用 powers[ ]来确定要插入的节点的级。程序清单 3-3 包含了 choosePowers()和 chooseLevel()的代码。注意，级的范围在 0 到 *maxLevel* − 1 之间(而不是 1 到 *maxLevel* 之间)，因此可以将数组的索引用作级，例如，第一个等级为 0 级。

还必须解决节点的实现问题。最简单的方法是使每个节点都有 *maxLevel* 个指针，但是这样太浪费。每个节点的指针数只需要与节点的级数相同。为此，每个节点的 next 成员并不是指向下一个节点的指针，而是指向下一个节点的指针数组，数组的大小取决于节点的级。程序清单 3-3 声明了类 SkipListNode 以及 SkipList。这样，图 3-14(b)中的链表的前 4 个节点实际上如图 3-14(c)所示。此时才能执行插入过程，如程序清单 3-3 所示。

跳跃链表的效率如何？以图 3-14(a)中的链表为例，理想情况下，查找时间为 $O(\lg n)$。在最坏的情况下，所有的节点都在同一级上，跳跃链表就变成了单向链表，查找时间为 $O(n)$。然而，最坏的情况不太可能出现。在一个随机跳跃链表中，查找时间与最好的情况下一样，也就是 $O(\lg n)$，从而改进了链表的查找效率。与更为高级的数据结构相比，例如自适应(self-adjusting)树或者 AVL 树(参见 6.7.2 小节和 6.8 节)，跳跃链表的效率相当不错，因此，用跳跃链表来替代这些数据结构是可行的(参见表 3-3)。

3.5　自组织链表

引入跳跃链表的目的是为了加速查找过程。单向链表和双向链表需要进行顺序查找以定位某个元素或者查明该元素不在链表中，还可以用某种方法动态地组织链表，从而提高查找效率。这种组织依赖于数据的配置，因此，数据流需要重新组织链表中已有的节点。有许多不同的方法可用于组织链表，本节阐述其中的 4 种。

(1) 前移法(*Move-to-front method*)。在找到需要的元素之后，把它放到链表的开头(图 3-15(a))。

(2) 换位法(*Transpose method*)。在找到需要的元素之后，只要它不在链表的开头，就与其前驱交换位置(图 3-15(b))。

(3) 计数法(*Count method*)。根据元素被访问的次数，对链表进行排序(图 3-15(c))。

(4) 排序法(*Ordering method*)。根据被考察信息自身的属性，对链表排序(图 3-15(d))。

在前三种方法中，新信息存储到链表末尾新增的节点中(图 3-15(e))；在第 4 种方法中，储存信息的新节点放在链表的某个位置，以保持链表的顺序(图 3-15(f))。表 3-2 给出了在链表中查找元素时，不同的方法对链表的组织方式。链表以简化形式给出。例如，将图 3-15(a)所示的转化简化为将链表 A B C D 转化为链表 D A B C。

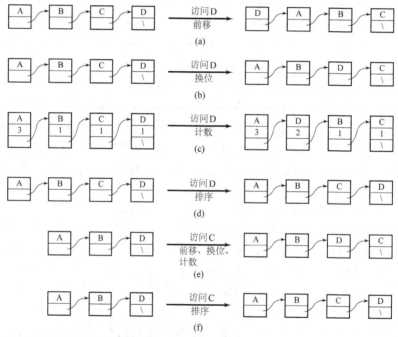

图 3-15　访问链表中的元素，并根据所采用的自组织技术改变链表：(a) 前移法；(b) 换位法；(c) 计数法；(d) 排序法，按照字母顺序排列时链表不会发生变化。当所查找的元素不在表中时；(e) 前 3 种方法在表的末尾添加一个含有这个元素的新节点；(f) 排序法维持链表的顺序

表 3-2　用组织链表的不同方法处理数据流 A C B C D A D A C A C C E E

被查找的元素	普　　通	前　　移	换　　位	计　　数	排　　序
A:	A	A	A	A	A
C:	A C	A C	A C	A C	A C
B:	A C B	A C B	A C B	A C B	A C B
C:	A C B	C A B	C A B	C A B	A B C
D:	A C B D	C A B D	C A B D	C A B D	A B C D

(续表)

被查找的元素	普　　通	前　移	换　位	计　数	排　序
A:	A C B D	A C B D	A C B D	C A B D	A B C D
D:	A C B D	D A C B	A C D B	D C A B	A B C D
A:	A C B D	A D C B	A C D B	A D C B	A B C D
C:	A C B D	C A D B	C A D B	C A D B	A B C D
A:	A C B D	A C D B	A C D B	A C D B	A B C D
C:	A C B D	C A D B	C A D B	C A D B	A B C D
C:	A C B D	C A D B	C A D B	C A D B	A B C D
E:	A C B D E	C A D B E	C A D B E	C A D B E	A B C D E
E:	A C B D E	E C A D B	C A D E B	C A E D B	A B C D E

　　用前 3 种方法最有可能在链表头附近找到元素，使用前移法最明确，而使用换位法要特别谨慎。排序法用到了链表中信息的一些固有属性。例如，如果存储和人有关的节点，就可以依据人名或城市名以字母顺序组织链表，或者用其生日或薪水以递增或递减的顺序组织链表。当所查找的信息不在此链表中时，这种方式特别有效，因为不必扫描完整个链表就可以结束查找。而在使用其他 3 种方法时需要查找链表的所有节点。如果访问次数是信息的一部分，计数法就可以归入排序法的范围。但是在大多数情况下，访问次数只是用于维护链表的附加信息，因此不是信息的"固有"属性。

　　对这些方法效率的分析通常是将其效率与最佳静态排序(optimal static ordering)的效率进行比较。在最佳静态排序中，所有数据都根据在数据体中出现的频率排序，因此，这种链表仅仅适用于查找，而不能用来插入新项。因此该方法需要扫描数据体两次，一次是建立链表，另一次是用链表进行查找。

　　为了通过实验测量这些方法的效率，可以将实际比较次数与可能的最大比较次数相对比。可能的最大比较次数是将链表在处理每个元素时的长度相加而得。例如，在表 3-2 中，数据体包含 14 个字母，其中有 5 个不同的字母，这就意味着有 14 个字母要处理。在处理每个字母前，将链表的长度记录下来，其结果是 0+1+2+3+3+4+4+4+4+4+4+4+4+5=46，这个总长度用来与所做的比较次数相对比。通过这种方法就可以知道扫描链表在总的过程中所占的百分比。对于除了最佳排序外的所有链表组织方法而言，这个总长度是相同的，会改变的只是比较次数。例如，对表 3-2 中的数据使用前移法时，做了 33 次比较，与 46 次相比是 71.7%。46 次是最坏情况下的可能比较次数，每次查找都会检查中间链表的全部节点，而 46 这个数字就是所有中间链表的总长度。简单查找并没有重新组织链表，仅需要 30 次比较，与 46 次相比是 65.2%。

　　这些例子与理论分析是一致的，分析表明计数法和前移法的开销最多可达最佳静态排序法的两倍；而换位法的开销接近前移法的开销。此外，根据摊销分析，用前移法访问链表元素的开销最多是用最佳静态排序的链表中访问此元素开销的两倍。

　　该陈述的证明用到了逆序的概念。对于包含相同元素的两个链表，逆序定义为一个元素对(x, y)，在一个链表中，x 在 y 之前；而在另一个链表中，y 在 x 之前。例如，相对于链表(A, B, C, D)而言，链表(C, B, D, A)有 4 个逆序：分别是(C, A)、(B, A)、(D, A)和(C, B)。摊销成本(amortized cost)定义为实际成本与访问某元素前后的逆序数目之差的和：

$$amCost(x) = cost(x) + (inversionsBeforeAccess(x) - inversionsAfterAccess(x))$$

为了得到这个数字，考虑最佳链表 OL=(A, B, C, D) 和前移链表 MTF=(C, B, D, A)。对元素的访问通常会打破逆序的平衡。假设 $displaced(x)$ 是 MTF 中在 x 之前但是在 OL 中是 x 之后元素的数目。例如，$displaced(A) = 3$、$displaced(B) = 1$、$displaced(C) = 0$ 和 $displaced(D) = 0$。如果 $pos_{MTF}(x)$ 是 x 在 MTF 中的当前位置，那么 $pos_{MTF}(x)-1-displaced(x)$ 就是两个链表中都在 x 之前元素的数目。容易看出，对于 D 这个数为 2，而对于其他元素则为 0。现在访问元素 x 并将其移到 MTF 的前面，就会产生 $pos_{MTF}(x)-1-displaced(x)$ 个新逆序，同时消除了 $displaced(x)$ 个其他的逆序，所以访问 x 的摊销时间为：

$$amCost(x)=pos_{MTF}(x) + pos_{MTF}(x)-1-displaced(x)-displaced(x)$$
$$=2(pos_{MTF}(x)-displaced(x))-1$$

其中，$cost(x) = pos_{MTF}(x)$。对 A 的访问将 MTF=(C,B,D,A) 转换为 (A,C,B,D)，且 $amCost(A) = 2(4-3)-1=1$。对于 B，新链表为 (B,C,D,A)，且 $amCost(B) = 2(2-1)-1 = 1$。对于 C，链表没有改变，且 $amCost(C) = 2(1-0)-1 = 1$。最后对于 D，新链表为 (D,C,B,A)，且 $amCost(D) = 2(3-0) -1 = 5$。然而，这两个链表中在 x 之前的相同元素数不能超过 OL 中 x 之前的元素总数；因此，$pos_{MTF}(x)-1-displaced(x) \leq pos_{OL}(x)-1$，所以

$$amCost(x) \leq 2pos_{OL}(x)-1$$

访问 MTF 中元素 x 的摊销成本比在 OL 上访问的实际开销超出了 $pos_{OL}(x)-1$ 个单位。对于 $pos_{MTF}(x) > pos_{OL}(x)$ 的 MTF 而言，这种超出用于抵消访问 MTF 中元素的额外开销，也就是说，MTF 上的元素比 OL 上的元素需要更多的访问。

需要强调的是，单个操作的摊销成本在操作序列中是有意义的。单独操作的开销很少等于它的摊销成本。然而，在足够长的访问序列中，平均每次访问最多花费的时间为 $2pos_{OL}(x)-1$。

表 3-3 给出的运行示例将自组织链表应用于包含英语文本的文件。其中对三种方法采用了两个版本：在链表前端插入节点，在链表尾部插入节点。当文件大小增加时，所有方法的效率都有所增加。此外，在尾部插入节点总是比在前端插入节点更高效。前移法以及计数法的效率几乎相同，且两种方法都比换位法、普通法和排序法好。小文件性能较差的原因是所有的方法都要向链表中添加新词，这要求查找整个链表。在此之后这些方法开始组织链表，以减少查找的次数。表 3-3 中还包括了跳跃链表的数据，跳跃链表的效率和其他方法的效率相比有显著的差异。但要注意，在表 3-3 中只包含数据的比较，没有包含执行分析方法所需要的其他操作。特别是没有指明使用和重新链接了多少个指针，如果包含这些信息，这些方法之间的差异可能就不会那么显著。

表 3-3 用公式(数据比较次数/总长)分析不同方法的效率(单位是%)

不同单词/所有单词	189/362	1448/7349	3049/12948	6835/93087
优化法	29.7	15.3	15.5	7.6
普通法(前端)	78.5	76.3	81.0	86.6
普通法(尾部)	66.1	48.8	43.3	19.3
前移法(前端)	61.8	29.2	35.8	15.0
前移法(尾部)	58.2	29.7	35.7	14.3
换位法(前端)	65.1	72.4	77.8	75.4
换位法(尾部)	78.6	39.6	43.0	18.2

(续表)

不同单词/所有单词	189/362	1448/7349	3049/12948	6835/93087
计数法	57.1	30.2	35.9	13.4
字母顺序	55.3	50.2	53.8	54.9
跳跃链表	11.1	4.8	4.3	3.6

这些例子说明，对于中等大小的表，使用链表就足够了。随着数据量的增长和访问频率的提高，需要使用更复杂的方法和数据结构。

3.6　稀疏表

在许多应用程序中，表似乎是最自然的一种选择，但有时出于对空间的考虑，就有可能放弃这种选择。当只用表的一小部分时尤其如此，这种类型的表称为稀疏表(*sparse table*)，因为表中只是稀疏地放置了一些数据，它的大部分单元都是空的。此时可以用链表代替表。

例如，考虑一所大学中，需要储存某个学期所有学生的成绩。假设有 8 000 名学生和 300 门课，一个自然的实现方法是用二维数组 grades，其中学号是列索引，课程编号是行索引(图 3-16)。学生姓名和学号的关系用一维数组 students 来表示，课程名称和编号的关系用数组 classes 来表示。名称不一定要排序，如果需要排序，可以使用另一个数组，该数组的每个元素都由一条包含名称以及编号的字段占据 [1]，或者在每次需要排序时对原先的数组排序。然而，这将导致 grades 经常重组，不推荐这样做。

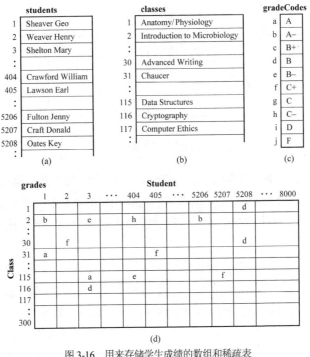

图 3-16　用来存储学生成绩的数组和稀疏表

---

1 这就是所谓的倒排索引表。

数组 grades 的每个单元存储着每个学生在完成一门课之后所获得的成绩。如果成绩用 A－、B+ 或 C+这样的字符来表示,那么存储每个成绩需要两个字节。为了将表的大小减少到原来的一半,图 3-16(c)中的数组 gradeCodes 将每个成绩和一个字母相关联,而字母只需要一个字节来存储。

整个表(图 3-16(d))占用的空间为 8000 学生×300 课程×1 字节=2.4 兆字节。这个表非常大,但成绩的分布很稀疏。假设一般情况下,学生一个学期学习 4 门课,表的每一列仅有 4 个单元存储了成绩,其余 296 个单元也就是 98.7%的单元都空着。

较好的解决方案之一是使用两个二维数组。数组 classesTaken 表示每个学生所修的全部课程,studentsInClasses 表示参与每门课程学习的全部学生(图 3-17)。表中的每个单元是具有两个数据成员的对象:学生或课程编号,以及成绩。假定一个学生最多能修 8 门课程,每门课程最多有 250 个学生学习。在此需要两个数组,因为只用一个数组产生列表是非常耗时的。例如,如果只使用 classesTaken,那么输出学习某一课程所有学生的列表就需要查找全部的 classesTaken。

classesTaken

	1	2	3	···	404	405	···	5206	5207	5208	···	8000
1	2 b	30 f	2 e		2 h	31 f		2 b	115 f	1 d		
2	31 a		115 a		115 e	64 f		33 b	121 a	30 d		
3	124 g		116 d		218 b	120 a		86 c	146 b	208 a		
4	136 g				221 b			121 d	156 b	211 b		
5					285 h			203 a		234 d		
6					292 h							
7												
8												

(a)

studentsInClasses

	1	2	···	30	31	···	115	116	···	300
1	5208 d	1 b		2 f	1 a		3 a	3 d		
2		3 e		5208 d	405 f		404 e			
3		404 h					5207 f			
4		5206 b								
250										

(b)

图 3-17 用来存储学生成绩的二维数组

假定实现这个程序的计算机需要两个字节来存储一个整数。这个新结构的每个单元需要 3 个字节,数组 classesTaken 占用 8 000 学生×8 课程×3 字节=192 000 字节,数组 studentsInClasses 占用 300 课程×250 学生×3 字节=225 000 字节,两个表总共需要 417 000 字节,比图 3-16 中的稀疏表所需字节数的 1/5 还少。

尽管这个方法比前面的实现要好,但仍然浪费了很多空间。因为大多数课程并没有 250 个学生选修,而且大多数学生修的课程也不到 8 门,所以这两个数组也很少能够填满。这个结构也不够灵活:如果某个课程有超过 250 个学生选修,就必须用人工手段避免发生问题。方法之一是创建一个不存在的课程,以容纳该课程多出来的学生。另一种方法是用调整了大小的新表重新编译这个程序,在将来的某个时间可能这个大小又会变得不实用。在此需要用更为灵活的方法来更有效地使用空间。

图 3-18 使用了两个一维链表数组。数组 class 的每个单元都是一个指针,指向选修某课程学生

的链表，而数组 student 的每个单元则指向某学生所选课程的链表。链表的节点有 5 个数据成员：学号、课程编号、成绩、指向下一个学生的指针和指向下一门课程的指针。假定每个指针只需要两个字节，一个节点占有 9 个字节，整个结构就需要 8000 学生×4 课程(平均)×9 字节=288 000 字节，这大约是第一种实现方法所需空间的 10%，是第二种实现方法所需空间的 70%。没有一点空间浪费，没有限制每门课程的学生数目，并且能够立刻输出选修某门课程的学生列表。

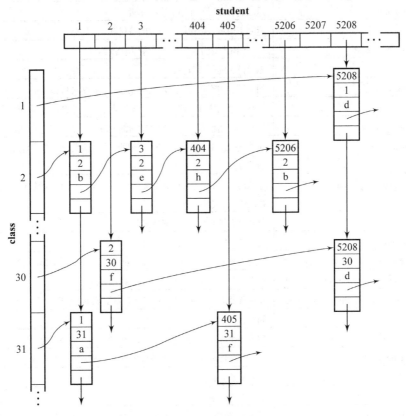

图 3-18 学生成绩的链表实现

3.7 标准模板库中的链表

链表序列容器是在链表节点上的各种操作的实现。STL 将链表实现为普通的双向链表，此链表具有指向头部以及尾部的指针。图 3-8 给出了一个用于储存整数的链表。

为了使用类 list，必须使用下面的指令：

```
#include <list>
```

表 3-4 给出了链表容器所包含的成员函数。

表 3-4　类 list 的成员函数(按字母顺序)

成 员 函 数	行为以及返回值
void assign(iterator first, iterator last)	删除链表中的所有节点，并在迭代器 first 和 last 所指出的范围内插入元素
void assign(size_type n, el const T& el=T( ))	删除链表中的所有节点，并向其中插入 el 的 n 个副本(如果没有提供 el，就使用默认构造函数 T( ))
T& back()	返回链表最后一个节点中的元素
const T& back() const	返回链表最后一个节点中的元素
iterator begin()	返回引用链表中第一个节点的迭代器
const_iterator begin() const	返回引用链表中第一个节点的迭代器
void clear()	删除链表的所有节点
bool empty() const	如果链表中不包含节点，返回 true，否则返回 false
iterator end()	返回一个迭代器，该迭代器指向链表最后一个节点之后的位置
const_iterator end() const	返回一个迭代器，该迭代器指向链表最后一个节点之后的位置
iterator erase(iterator i)	删除迭代器 i 所引用的节点，返回一个迭代器，该迭代器指向被删除节点之后的元素
iterator erase(iterator first, iterator last)	删除迭代器 first 和 last 所指范围内的节点并返回一个迭代器，该迭代器引用被删除节点之后的元素
T& front()	返回链表第一个节点中的元素
const T& front() const	返回链表第一个节点中的元素
iterator insert(iterator i, const T& el=T())	在迭代器 i 引用的节点之前插入 el，并返回引用新节点的迭代器
void insert(iterator i, size_type n, const T& el)	在迭代器 i 引用的节点前插入 el 的 n 个副本
void insert(iterator i, iterator first, iterator last)	在迭代器 i 引用的节点前，插入从 first 到 last 位置中的元素
list( )	创建一个空链表
list(size_type n, const T& el=T())	创建一个链表，其中包含 el 的 n 个副本，el 的类型为 T
list(iterator first, iterator last)	创建一个链表，其中包含迭代器 first 以及 last 所指范围内的元素
list(const list<T>& lst)	复制构造函数
size_type max_size() const	返回链表的最大节点数
void merge(list<T>& lst)	对于有序链表和 lst，从 lst 中删除全部节点，并将其有序地插入到当前链表中
void merge(list<T>& lst, Com pf)	对于有序链表和 lst，从 lst 中删除全部节点，并以函数 f()指定的顺序将其插入到当前链表中，其中布尔函数 f()具有两个参数
void pop_back()	删除链表的最后一个节点
void pop_front()	删除链表的第一个节点
void push_back(const T& el)	在链表尾插入 el
void push_front(const T& el)	在链表头插入 el
void remove(const T& el)	从链表中删除包含 el 的全部节点
void remove_if(Pred f)	删除使 Boolean 函数 f( )返回 true 的节点，f()具有一个参数。
void resize(size_type n, const T& el=T())	添加 n - size()个包含元素 el 的节点，或者从链表尾部删除多余的 size() - n 个节点，使链表具有 n 个节点
void reverse()	反转链表
reverse_iterator rbegin()	返回引用链表中最后一个节点的迭代器
const_reverse_iterator rbegin() const	返回引用链表中最后一个节点的迭代器
reverse_iterator rend()	返回位于链表第一个节点之前的迭代器

成 员 函 数	行为以及返回值
const_reverse_iterator rend() const	返回位于链表第一个节点之前的迭代器
size_type size() const	返回链表中节点的数目
void sort()	将链表中的元素按照升序排列
void sort(Comp f)	按照单参数 Boolean 函数 f()指定的顺序对链表的元素进行排序
Void splice(iterator i, list<T> & lst)	删除链表 lst 的节点,并将其插入到迭代器 i 所引用的位置之前
void splice(iterator i, list<T>& lst, iterator j)	从链表 lst 中删除迭代器 j 所引用的节点,并将其插入到迭代器 i 所引用的位置之前
void splice(iterator i, list<T>& lst, iterator first, iterator last)	从链表 lst 中删除迭代器 first 和 last 所指范围内的节点,并将其插入到迭代器 i 所引用的位置之前
void swap(list<T>& lst)	将链表的内容与另一个链表 lst 的内容交换
void unique()	从有序链表中删除重复的元素
void unique(Comp f)	从有序链表中删除由 Boolean 函数 f()指定的重复元素,f()具有两个参数

用下面的语句可以生成一个新链表:

```
list<T> lst;
```

其中 T 可以是任何数据类型。如果 T 是用户定义的类型,该类型还必须包含一个默认构造函数以初始化新节点,否则,编译器就不能编译其参数由默认构造函数初始化的成员函数。这些成员函数包括构造函数、函数 resize()、assign(),以及 insert()。注意,在创建一个指向用户定义类型的指针链表时,这个问题并不会出现,如下所示:

```
list<T*> ptrLst;
```

向量容器的示例中已经演示了大部分成员函数的功能(参见程序清单 1-1 以及在 1.8 节中对这些函数的讨论)。向量容器只有 3 个成员函数没有出现在链表容器中,分别为是 at()、capacity()和reserve(),但是有许多链表成员函数没有在向量容器中出现,程序清单 3-4 给出了这些操作的示例。

程序清单 3-4　演示 list 成员函数操作的程序

```
#include <iostream>
#include <list>
#include <algorithm>
#include <functional>

using namespace std;

int main() {
    list<int> lst1;            // lst1 is empty
    list<int> lst2(3,7);       // lst2 = (7 7 7)
    for (int j = 1; j <= 5; j++) // lst1 = (1 2 3 4 5)
        lst1.push_back(j);
    list<int>::iterator i1 = lst1.begin(), i2 = i1, i3;
    i2++; i2++; i2++;
    list<int> lst3(++i1,i2);   // lst3 = (2 3)
```

```
        list<int> lst4(lst1);      // lst4 = (1 2 3 4 5)

        i1 = lst4.begin();
        lst4.splice(++i1,lst2);    // lst2 is empty,
                                   // lst4 = (1 7 7 2 3 4 5)
        lst2 = lst1;               // lst2 = (1 2 3 4 5)
        i2 = lst2.begin();

        lst4.splice(i1,lst2,++i2); // lst2 = (1 3 4 5),
                                   // lst4 = (1 7 7 2 2 3 4 5)
        i2 = lst2.begin();
        i3 = i2;
        lst4.splice(i1,lst2,i2,++i3); // lst2 = (3 4 5),
                                   // lst4 = (1 7 7 2 1 2 3 4 5)
        lst4.remove(1);            // lst4 = (7 7 2 2 3 4 5)
        lst4.sort();               // lst4 = (2 2 3 4 5 7 7 7)
        lst4.unique();             // lst4 = (2 3 4 5 7)
        lst1.merge(lst2);          // lst1 = (1 2 3 3 4 4 5 5),
                                   // lst2 is empty
        lst3.reverse();            // lst3 = (3 2)
        lst4.reverse();            // lst4 = (7 5 4 3 2)
        lst3.merge(lst4,greater<int>());    // lst3 = (7 5 4 3 3 2 2),
                                            // lst4 is empty
        lst3.remove_if(bind2nd(not_equal_to<int>(),3));// lst3 = (3 3)
        lst3.unique(not_equal_to<int>());   // lst3 = (3 3)
        return 0;
    }
```

3.8　小结

为了克服数组的局限性，引入了可以动态分配所需内存的链表。此外，链表可以方便地插入或者删除元素，因为这些操作只影响链表的局部。为了在数组的开头插入一个新元素，数组中的所有元素都必须移动，以便为新元素留出空间；因此，插入对于数组的影响是全局的，删除也是如此。那么是否应该总是使用链表而不是数组呢？

相对于链表而言数组也有自身的优点，数组允许随机访问。为了访问链表中的第 10 个元素，必须经过前面 9 个节点。在数组中，可以直接访问第 10 个节点。因此，如果需要直接访问元素，数组是一个较好的选择。二分法查找就是这种情况，大多数排序算法也是这种情况(参见第 9 章)。但是如果只是固定地访问某些元素(第一个元素、第二个元素或最后一个元素等等)，并且结构的改变才是算法的核心，那么应该使用链表。队列就是一个很好的示例，下一章将讨论这个问题。

使用数组的另一个优点是空间。为了在数组中保存项，单元的大小等于项的大小。在链表中，每个节点除了保存项之外，还至少包含一个指针；在双向链表中包含两个指针。对于较大的链表而言，如果某个问题并不需要频繁地移动数据，那么相对于存储同样数据的链表所需的空间而言，具有剩余空间的数组并不算浪费空间。

3.9 案例分析：图书馆

本案例分析是一个可以在小型图书馆使用的程序，功能包括向图书馆添加新书，以及读者借书和还书等。

由于本程序是为了练习链表，因此几乎所有的实现都与链表有关。但为了使程序更加有趣，使用了链表的链表，其中还包含交叉引用(见图 3-19)。

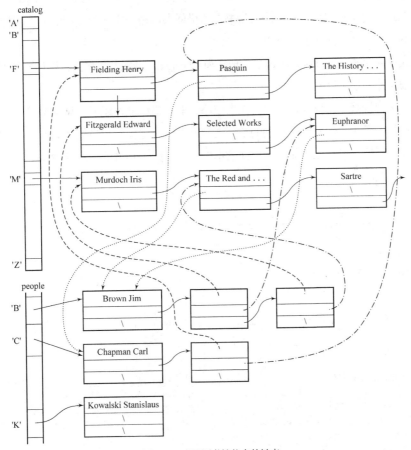

图 3-19 表示图书馆状态的链表

首先，有一个包含图书馆中全部书籍作者的链表。可是，查找这样的一个链表会非常耗时，所以从下面的两种策略中选择一个，以加速查找过程：

- 链表可以按照字母顺序排序，并且如果找到了所需的名字，或者找到的名字大于要找的名字，或者到达了链表的末尾，都可以停止查找。
- 可以令一个指针数组指向作者结构，该结构用字母作为索引；数组中的每个单元都指向作者链表，作者的名字以及数组单元以同样的字母开头。

最好的策略是将两种方法结合起来。但是在这个案例分析中，只使用了第二种方法，建议读者将第一种方法添加到程序中，增强程序的功能。注意，在排序操作中忽略了标题开始处的冠词 a、an 和 the。

程序为图书馆中书籍的作者建立了数组 catalog，为至少用过一次图书馆的人建立了数组 people。这两个数组都以字母为索引，因此，位置 catalog['F']就指向名字以 F 开始的作者链表。

因为同一个作者可以有好几本书，所以作者节点的数据成员之一就是一个指针，指向图书馆中这个作者的全部书籍组成的链表。与此类似，每个读者都可以借阅好几本书，所以与此读者对应的节点就包含一个引用，指向他目前所借书的链表。还应将被借出书的 patron 成员设置为借阅该书的读者对应的节点。

书可以归还，为了反映这一点，应从还书人所借阅书的链表中删除相应的节点。与所还书相关的节点中的 patron 成员必须重置为 null。

程序定义了 4 个类：Author、Book、Patron 和 CheckedOutBook。为了定义不同类型的链表，使用了 STL 资源，特别是库<list>。

程序允许用户选择 5 个操作之一：向图书馆添加书、借出书、还书、显示图书馆的当前状态和退出程序。在显示菜单，输入一个正确的数字之后就可以选定操作。当选择退出选项之后，就会结束显示菜单和执行所选操作这一循环。下面的示例给出了图 3-19 中所显示的状态。

图书馆中有下列书籍：

```
Fielding Henry
    * Pasquin — checked out to Chapman Carl
    * The History of Tom Jones
Fitzgerald Edward
    * Selected Works
    * Euphranor — checked out to Brown Jim
Murdoch Iris
    * The Red and the Green — checked out to Brown Jim
    * Sartre
    * The Bell
```

下列人员正在使用本图书馆

```
Brown Jim has the following books
    * Fitzgerald Edward, Euphranor
    * Murdoch Iris, The Red and the Green
Chapman Carl has the following books
    * Fielding Henry, Pasquin
Kowalski Stanislaus has no books
```

注意，图 3-19 中的图进行了一定程度的简化，因为结构中存储的是指向字符串的指针而不是字符串本身。因此，每个人名和书名都应该显示在结构之外，结构具有指向它们的链接。图 3-20 所示为图 3-19 的一部分，更加清楚地显示了实现细节。程序清单 3-5 给出了图书馆程序的代码。

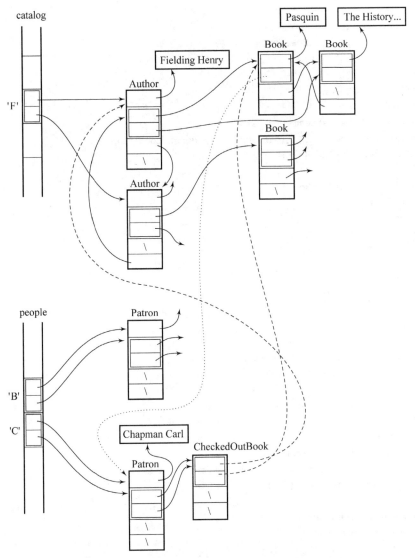

图 3-20　图 3-19 中的结构片段，包括实现中所使用的全部对象

程序清单 3-5　图书馆程序

```
#include <iostream>
#include <string>
#include <list>
#include <algorithm>

using namespace std;

class Patron;        // forward declaration;

class Book {
```

```
public:
    Book() {
        patron = 0;
    }
    bool operator== (const Book& bk) const {
        return strcmp(title,bk.title) == 0;
    }
private:
    char *title;
    Patron *patron;
    ostream& printBook(ostream&) const;
    friend ostream& operator<< (ostream& out, const Book& bk) {
        return bk.printBook(out);
    }
    friend class CheckedOutBook;
    friend Patron;
    friend void includeBook();
    friend void checkOutBook();
    friend void returnBook();
};

class Author {
public:
    Author() {
    }
    bool operator== (const Author& ar) const {
        return strcmp(name,ar.name) == 0;
    }
private:
    char *name;
    list<Book> books;
    ostream& printAuthor(ostream&) const;
    friend ostream& operator<< (ostream& out,const Author& ar) {
        return ar.printAuthor(out);
    }
    friend void includeBook();
    friend void checkOutBook();
    friend void returnBook();
    friend class CheckedOutBook;
    friend Patron;
};

class CheckedOutBook {
public:
    CheckedOutBook(list<Author>::iterator ar = 0,
                   list<Book>::iterator bk = 0) {
        author = ar;
        book = bk;
    }
    bool operator== (const CheckedOutBook& bk) const {
        return strcmp(author->name,bk.author->name) == 0 &&
```

```
                strcmp(book->title,bk.book->title) == 0;
    }
private:
    list<Author>::iterator author;
    list<Book>::iterator book;
    friend void checkOutBook();
    friend void returnBook();
    friend Patron;
};

class Patron {
public:
    Patron() {
    }
    bool operator== (const Patron& pn) const {
        return strcmp(name,pn.name) == 0;
    }
private:
    char *name;
    list<CheckedOutBook> books;
    ostream& printPatron(ostream&) const;
    friend ostream& operator<< (ostream& out, const Patron& pn) {
        return pn.printPatron(out);
    }
    friend void checkOutBook();
    friend void returnBook();
            friend Book;
};

list<Author> catalog['Z'+1];
list<Patron> people['Z'+1];

ostream& Author::printAuthor(ostream& out) const {
    out << name << endl;
    list<Book>::const_iterator ref = books.begin();
    for ( ; ref != books.end(); ref++)
        out << *ref; // overloaded <<
    return out;
}

ostream& Book::printBook(ostream& out) const {
    out << " * " << title;
    if (patron != 0)
        out << " - checked out to " << patron->name; // overloaded <<
    out << endl;
    return out;
}

ostream& Patron::printPatron(ostream& out) const {
    out << name;
    if (!books.empty()) {
```

```
            out << " has the following books:\n";
            list<CheckedOutBook>::const_iterator bk = books.begin();
            for ( ; bk != books.end(); bk++)
                out << " * " << bk->author->name << ", "
                    << bk->book->title << endl;
        }
        else out << " has no books\n";
        return out;
    }


template<class T>
ostream& operator<< (ostream& out, const list<T>& lst) {
    for (list<T>::const_iterator ref = lst.begin(); ref != lst.end();
         ref++)
        out << *ref; // overloaded <<
    return out;
}

char* getString(char *msg) {
    char s[82], i, *destin;
    cout << msg;
    cin.get(s,80);
    while (cin.get(s[81]) && s[81] != '\n'); // discard overflowing
    destin = new char[strlen(s)+1];          // characters;
    for (i = 0; destin[i] = toupper(s[i]); i++);
    return destin;
}

void status() {
    register int i;
    cout << "Library has the following books:\n\n";
    for (i = 'A'; i <= 'Z'; i++)
        if (!catalog[i].empty())
            cout << catalog[i];
    cout << "\nThe following people are using the library:\n\n";
    for (i = 'A'; i <= 'Z'; i++)
        if (!people[i].empty())
            cout << people[i];
}

void includeBook() {
    Author newAuthor;
    Book newBook;
    newAuthor.name = getString("Enter author's name: ");
    newBook.title = getString("Enter the title of the book: ");
    list<Author>::iterator oldAuthor =
                    find(catalog[newAuthor.name[0]].begin(),
                        catalog[newAuthor.name[0]].end(),newAuthor);
    if (oldAuthor == catalog[newAuthor.name[0]].end()) {
        newAuthor.books.push_front(newBook);
        catalog[newAuthor.name[0]].push_front(newAuthor);
```

```
    }
    else (*oldAuthor).books.push_front(newBook);
}

void checkOutBook() {
    Patron patron;
    Author author;
    Book book;
    list<Author>::iterator authorRef;
    list<Book>::iterator bookRef;
    patron.name = getString("Enter patron's name: ");
    while (true) {
        author.name = getString("Enter author's name: ");
        authorRef = find(catalog[author.name[0]].begin(),
                         catalog[author.name[0]].end(),author);
        if (authorRef == catalog[author.name[0]].end())
            cout << "Misspelled author's name\n";
        else break;
    }
    while (true) {
        book.title = getString("Enter the title of the book: ");
        bookRef = find((*authorRef).books.begin(),
                        (*authorRef).books.end(),book);
        if (bookRef == (*authorRef).books.end())
            cout << "Misspelled title\n";
        else break;
    }
    list<Patron>::iterator patronRef;
    patronRef = find(people[patron.name[0]].begin(),
                     people[patron.name[0]].end(),patron);
    CheckedOutBook checkedOutBook(authorRef,bookRef);
    if (patronRef == people[patron.name[0]].end()) { // a new patron
        patron.books.push_front(checkedOutBook);    // in the library;
        people[patron.name[0]].push_front(patron);
        (*bookRef).patron = &*people[patron.name[0]].begin();
    }
    else {
        (*patronRef).books.push_front(checkedOutBook);
        (*bookRef).patron = &*patronRef;
    }
}

void returnBook() {
    Patron patron;
    Book book;
    Author author;
    list<Patron>::iterator patronRef;
    list<Book>::iterator bookRef;
    list<Author>::iterator authorRef;
    while (true) {
```

```
                patron.name = getString("Enter patron's name: ");
                patronRef = find(people[patron.name[0]].begin(),
                              people[patron.name[0]].end(),patron);
                if (patronRef == people[patron.name[0]].end())
                    cout << "Patron's name misspelled\n";
                else break;
        }
        while (true) {
            author.name = getString("Enter author's name: ");
            authorRef = find(catalog[author.name[0]].begin(),
                          catalog[author.name[0]].end(),author);
            if (authorRef == catalog[author.name[0]].end())
                cout << "Misspelled author's name\n";
            else break;
        }
        while (true) {
            book.title = getString("Enter the title of the book: ");
            bookRef = find((*authorRef).books.begin(),
                          (*authorRef).books.end(),book);
            if (bookRef == (*authorRef).books.end())
                cout << "Misspelled title\n";
            else break;
        }
        CheckedOutBook checkedOutBook(authorRef,bookRef);
        (*bookRef).patron = 0;
        (*patronRef).books.remove(checkedOutBook);
    }

int menu() {
    int option;
    cout << "\nEnter one of the following options:\n"
         << "1. Include a book in the catalog\n2. Check out a book\n"
         << "3. Return a book\n4. Status\n5. Exit\n"
         << "Your option? ";
    cin >> option;
    cin.get();                  // discard '\n';
    return option;
}

void main() {
    while (true)
        switch (menu()) {
            case 1: includeBook();  break;
            case 2: checkOutBook(); break;
            case 3: returnBook();   break;
            case 4: status();       break;
            case 5: return 0;
            default: cout << "Wrong option, try again: ";
        }
}
```

3.10 习题

1. 假设创建了一个循环双向链表,如图 3-21 所示。在下面的每次赋值之后,给出被修改的链接,说明表中所做的改动。第二次赋值应该在第一次赋值的基础上进行改动,以此类推。

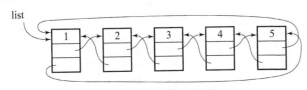

图 3-21 循环双向链表

```
list->next->next->next = list->prev;
list->prev->prev->prev = list->next->next->next->prev;
list->next->next->next-prev = list->prev->prev->prev;
list->next = list->next->next;
list->next->prev->next = list->next->next->next;
```

2. 最短的链表有多少个节点?最长的呢?

3. 在 3.2 节用 3 个赋值语句创建了图 3-1(l)所示的链表。只用一个赋值语句创建这个链表。

4. 将两个有序的、存储整数的单向链表合并为一个有序链表。

5. 从链表上删除第 i 个节点。确保存在这样一个节点。

6. 从链表 L_1 中删除一些节点,其位置在有序链表 L_2 中给出。例如,如果 L_1=(A B C D E),而 L_2=(2 4 8),就从 L_1 中删除第 2 和第 4 个节点(第 8 个节点不存在),删除之后,L_1=(A C E)。

7. 从链表 L_1 中删除有序链表 L_2 和 L_3 所给位置上的节点。例如,如果 L_1=(A B C D E),而 L_2=(2 4 8),L_3=(2 5),那么删除之后,L_1=(A C)。

8. 从有序链表 L 中删除链表 L 本身所给位置上的节点。例如,如果 L=(1 3 5 7 8),那么删除之后,L=(3 7)。

9. 链表不一定用指针来实现。给出链表的其他实现方法。

10. 编写一个成员函数,检查两个单链表的内容是否相同。

11. 编写一个成员函数,只扫描一次就能将单链表反转。

12. 在单向链表中 p 所指的节点(有可能是第一个或最后一个节点) (a)之前以及(b)之后插入一个新节点。在两个操作中都不要使用循环。

13. 将一个单向链表连接到另一个单向链表的末尾。

14. 将单向链表中的数字按照升序排列。使用这个操作找到数字链表的中间值。

15. 实现一个单向链表,该链表在插入时不要求测试 head 是否为空。

16. 在双向链表的正中间插入一个节点。

17. 为循环单向链表类 IntCircularSLList 编写代码,代码应该包含程序清单 3-1 中给出的成员函数。

18. 为循环双向链表类 IntCircularDLList 编写代码,代码应该包含程序清单 3-1 中给出的成员函数。

19. 查找跳跃链表时,最坏情况出现的可能性有多大?

20. 考虑前移、换位、计数和排序这 4 种方法。

(1) 在什么情况下这些方法维护的链表不会改变?

(2) 在什么情况下这些方法每次查找时都要查找整个链表?假设只查找该链表中的元素。

21. 普通方法以及换位法的效率存在巨大差别，这取决于新单词是在链表的开头插入还是结尾插入。由于新单词正在被使用，并且在链表中查找到的单词也在向着链表的前端移动，因此好像应该将其放在链表的开头。解释这一矛盾现象。

22. 在讨论自组织链表时，只使用比较次数来衡量不同方法的效率。但是这种度量方式可能会受到链表的特定实现方法的显著影响。当链表以下面的方法实现时，对前移、换位、计数和排序法的效率有什么影响：

(1) 数组

(2) 单向链表

(3) 双向链表

23. 对于双向链表而言，前移法和换位法有两个变种(Matthews，Rotem 和 Bretholz 1980)。后移法(*move-to-end*)将要访问的节点移动到查找开始的那一端。例如，如果双向链表中的内容为 *A B C D*，从右端开始查找节点 *C*，那么重组后的表为 *A B D C*。如果从左端开始查找 *C*，结果就是 *C A B D*。

交换(*swapping*)技术将节点与其前驱节点换位，此处同样涉及从哪一端开始查找的问题(Ng 和 Oommen 1989)。假设数据中只有链表的元素，当从左端和右端分别开始搜索双链表时，后移法的最坏情况是什么？对于交换链表而言呢？

24. 查找表 3-2 所示的 14 个字母时，最佳查找法的最大比较次数为多少？

25. 对链表采用二分查找算法。这种查找的效率如何？

3.11 编程练习

1. 一级 Farey 分数的定义为序列(0/1, 1/1)。此序列的二级形式是(0/1, 1/2, 1/1)、三级序列是(0/1, 1/3, 1/2, 2/3, 1/1)，四级序列是(0/1, 1/4, 1/3, 1/2, 2/3, 3/4, 1/1)。对于每一级 *n*，只要 $c + d \leqslant n$，就要在两个相邻的分数 a/c 和 b/d 中间插入一个新的分数(a+b)/(c+d)。编写程序，根据用户输入的 *n*(以相同的方式进行扩展)创建一个 *n* 级的 Farey 分数链表，并显示其内容。

2. 编写一个简单的机票预定程序。该程序显示一个带有下列选项的菜单：预定机票、取消预定、查看某人是否预定了机票，以及显示乘客。这些信息保存在一个按照字母顺序排列的名字链表中。在程序的简化版中，假设只为一趟航班预定机票。在完全版中不再限制航班的数目。创建一个航班链表，其中每个节点都包含指向乘客链表的指针。

3. 阅读 12.1 节关于顺序分配法的部分。用链表实现已经讨论过的方法，并比较其效率。

4. 编写程序模拟磁盘文件的管理。将磁盘定义为一维数组 disk，大小为 numOfSectors*sizeOfSector，其中 sizeOfSector 表示一个扇区可存储的字符数(为了便于调试，用一个很小的数)。可用扇区池保存在链表 sectors 中，该链表具有 3 个字段：两个字段表示可用扇区的范围，另一个字段为 next。文件保存在链表 files 中，该链表具有 4 个字段：文件名、文件中的字符数、指向扇区链表的指针，在该扇区中可以找到文件的内容，最后是 next 字段。

(1) 第一部分实现保存以及删除文件的函数。保存文件要求从可用扇区池中申请足够数量的扇区(如果存在这么多扇区)。由于扇区也许并不相邻，所以分配给该文件的链表就可能包含好几个节点。然后必须将文件的内容写入分配给该文件的扇区中。删除文件只要求删除此文件相应的节点(一个从 files 中删除，其余的从它自己的扇区链表中删除)，并将分配给此文件的扇区传回可用扇区池。在 disk 中不作改动。

(2) 文件碎片降低了文件检索的速度。在理想情况下，分配给文件的是一组扇区。但是，在对文件进行了很多操作之后，这是不可能做到的。在程序中增加函数together()将文件转移到连续的扇区上，也就是说，要实现图 3-22 的情况。在 together()完成之后，已成碎片的文件 file1 和 file2 只占有一组扇区。然而要特别小心，不要重写被其他文件占用的扇区。例如，file1 需要 8 个扇区；在可用扇区池的开头有 5 个空闲的扇区，但扇区 5 和 6 被 file2 占用了。因此，必须先扫描 files，找到占用这些扇区的文件 f。这些扇区的内容必须转移到没有被占用的地方去，这就要求改动链表中属于 f 的扇区；然后才能利用已释放的扇区。完成这一任务的方法之一是将文件的扇区组从一个区域复制到另一个磁盘区域中，该区域必须足够大，能够装得下这些扇区组。在图 3-22 的示例中，首先将 file1 的内容复制到扇区 0 到 4，然后由于扇区 5 被占用，复制过程暂时停止。接着将扇区 5 和 6 的内容转移到扇区 12 和 14，再继续复制 file1。

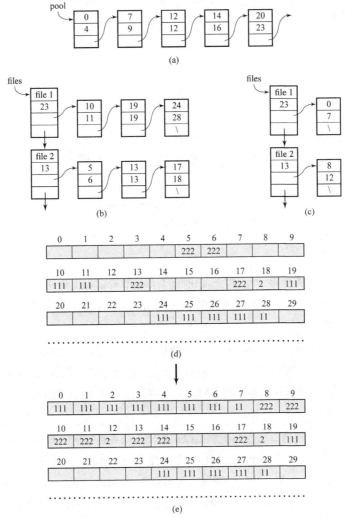

图 3-22　用于为文件分配磁盘扇区的链表：(a) 可用扇区池；(b) 将两个文件放到相邻扇区之前的情形；(c) 将两个文件放到相邻扇区之后的情形；(d) 执行操作之前磁盘扇区的情况；(e) 执行操作之后磁盘扇区的情况

5. 编写一个简单的行编辑器。将整个文本保存在一个链表中，每个节点保存一行文本。当输入 *EDIT 文件名* 时程序开始，然后显示行数和提示符。如果输入字母 I，后面跟着一个数字 *n*，就在第 *n* 行之前插入后续文本。如果 I 后面没有数字，就在当前行之前插入文本。如果输入 D，后面跟着数字 *n* 和 *m*、一个数字 *n* 或者没有数字，就删除 *n* 到 *m* 行、第 *n* 行或者当前行。命令 L 表示显示行。如果输入 A，就将文本添加到已有的行。输入 E 表示退出，并将文本存储到文件中。下面给出了示例：

```
EDIT testfile
1> The first line
2>
3> And another line
4> I 3
3> The second line
4> One more line
5> L
1> The first line
2>
3> The second line
4> One more line
5> And another line   // This is now line 5, not 3;
5> D 2                 // line 5, since L was issued from line
4> L                   // line 4, since one line was deleted;
1> The first line
2> The second line     // this and the following lines
3> One more line       // now have new numbers;
4> And another line
4> E
```

6. 扩充本章的案例分析程序，使其在退出时把全部信息存储在文件 Library 中，并在调用该程序时用此信息初始化所有的链表。另外添加更多的错误检测，例如不允许在同一时间将同一本书借给多个人，或者图书馆在多个位置包含同一个人。

7. 测试跳跃链表的效率。除了本章中所给的函数以外，还应该实现 skipListDelete()，然后比较在查找、删除和插入大量元素的过程中所访问的节点数。将该效率与链表以及有序链表的效率相比较。测试时在元素上所执行操作的顺序是随机的，这些元素也应该按照随机顺序来处理。然后用非随机的样本测试一下程序。

8. 编写一个程序，检查是否所有的变量已经初始化，是否存在同名的局部变量以及全局变量。创建一个全局变量的链表，再为每个函数创建一个局部变量的链表。在这两种链表中，存储每个变量第一次初始化的信息，并在第一次使用变量之前检查是否将其初始化。此外，还要比较两个链表，以找出可能出现的重名，如果发现重名，就给出警告信息。处理完一个函数之后，就删除其局部变量链表；当遇到新的函数时，再创建一个新的链表。考虑一下，是否可以在两种链表中维持字母顺序。

参考书目

Bentley, Jon L., and McGeoch, Catharine C.,"Amortized Analyses of Self-Organizing Sequential Search Heuristics," *Communications of the ACM* 28 (1985), 404-411.

Foster, John M., *List Processing,* London: McDonald, 1967.

Hansen, Wilfred J., "A Predecessor Algorithm for Ordered Lists," *Information Processing Letters* 7(1978),137-138.

Hester, James H. and Hirschberg, Daniel S., "Self-Organizing Linear Search," *Computing SurVeys* 17 (1985), 295-311.

Matthews, D., Rotem, D., and Bretholz, E., "Self-Organizing Doubly Linked Lists," *International Journal of Computer Mathematics 8* (1980), 99-106.

Ng, David T. H., and Oommen, B. John, "Generalizing Singly-Linked List Reorganizing Heuristics for Doubly-Linked Lists," in Kreczmar, A. and Mirkowska, G. (eds.), *Mathematical Foundations of Computer Science* 1989, Berlin: Springer, 1989, 380-389.

Pugh, William, "Skip Lists: a Probabilistic Alternative to Balanced Trees," *Communications of the ACM* 33 (1990), 668-676.

Rivest, Ronald, "On Self-Organizing Sequential Search Heuristics," *Communications of the ACM* 19(1976), No. 2,63-67.

Sleator, Daniel D., and Tarjan, Robert E., "Amortized Efficiency of List Update and Paging Rules," *Communications of the ACM* 28 (1985), 202-208.

Wilkes, Maurice V., "Lists and Why They Are Useful," *Computer Journal 7* (1965), 278-281.

第 4 章

栈 与 队 列

如第 1 章所述，使用抽象数据类型可以帮助我们更好地理解数据所需的操作，之后再进行具体的数据类型实现。实际上，这些操作决定了在特定的情况下数据类型的哪一种实现形式是最有效的。这种情形可以用两种数据类型来说明：栈和队列，这两种数据类型都是通过操作序列来描述的。只有决定了一系列必需的操作之后，才能提供可能的实现形式并进行比较。

4.1 栈

栈是一种线性数据结构，存储以及查找数据时只能访问栈的一端。栈类似于自助餐厅中的一叠盘子，新盘子放到这一叠盘子的最上面，取的时候也从最上面取。最后放上去的盘子是最先被取走的盘子。因此，栈称为后进先出(LIFO，last in/first out)结构。

栈中至少有一个盘子的时候才可以取出一个盘子，只有空间还足够(也就是这一叠盘子不是太高)的时候，才能够再加上一个盘子。因此可以根据改变栈状态以及检测栈状态的操作来定义栈。这些操作包括：

- clear()——清空栈。
- isEmpty()——判断栈是否为空。
- push(el)——将元素 el 放到栈的顶部。
- pop()——弹出栈顶部的元素。
- topEl()——获取栈顶部的元素，但不删除该元素。

图 4-1 给出了一系列入栈(push)和出栈(pop)操作。将数字 10 放入空栈之后，栈只包含这个数字。再将 5 放进栈，5 将位于 10 的上方。当执行出栈操作时，5 从栈中删除，而 10 留在栈中，这是因为 5 是在 10 之后放进栈中的。当放进 15 以及 7 之后，栈顶元素为 7。当执行出栈操作时，7 将被删除，此后栈中含有 10 和 15，10 在栈底，15 在 10 的上面。

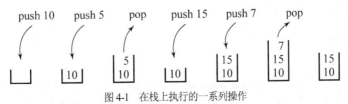

图 4-1　在栈上执行的一系列操作

一般来说，栈适用于数据存储后以相反的顺序来检索的情况。栈的一个应用是在程序中匹配分隔符。这个示例非常重要，因为分隔符匹配是编译器的一部分，如果分隔符不匹配，编译器就认为该程序不正确。

在 C++ 程序中存在下列分隔符：圆括号 "(" 和 ")"、方括号 "[" 和 "]"、花括号 "{" 和 "}"、注释分隔符 "/*" 和 "*/"。下面是正确使用分隔符的 C++ 语句示例：

```
a = b + (c - d) *( e - f);
g[10] = h[i[9]] + (j + k) * l;
while (m < (n[8] + o)) { p = 7; /* initialize p */ r = 6;}
```

下面是存在分隔符匹配错误的语句示例：

```
a = b + (c - d) *( e - f));
g[10] = h[i[9]] + j + k) * l;
while (m < (n[8] + o)) { p = 7; /* initialize p */ r = 6;}
```

分隔符及其匹配的分隔符之间可以被其他分隔符隔开，也就是说，分隔符可以嵌套使用。只有一个分隔符以及与其匹配的分隔符之间的所有分隔符已经匹配，这个分隔符才匹配。例如，循环条件 while (m < (n[8] + o)) 的第一个左圆括号必须和最后一个右圆括号相匹配，但是只有当第二个左圆括号和倒数第二个右圆括号匹配之后，第一个左圆括号和最后一个右圆括号才完成了匹配。同理，只有当左方括号和右方括号相匹配之后，第二个左圆括号和倒数第二个右圆括号才完成了匹配。

分隔符匹配算法从 C++ 程序中读取一个字符，如果该字符为左分隔符(opening delimiter)，则将其存放在栈中。如果发现了一个右分隔符(closing delimiter)，则与栈中弹出的分隔符相比较。如果二者相互匹配，则继续进行处理。如果不匹配，则中断处理，并提示出错。到达 C++ 程序末尾并且栈为空时，就成功完成了对程序的处理。下面是分隔符匹配算法：

```
delimiterMatching(file)
  从 file 中读取字符 ch；
  while  file 未结束
    if  ch  是 '(','['或者'{'
        将 ch 压入栈；
    else  if ch 是')',']'或者'}'
        if ch 和弹出的分隔符不匹配
          出错；
    else  if  ch  是 '/'
        读下一个字符；
        if  这个字符是'*'
            跳过'*/'之前的所有字符，如果直到到达文件的末尾仍没有遇到'*/'，就报告错误
      else  ch = 读入的字符，
            continue；       // 回到循环的开始
  // else 忽略其他的字符
      从 file 中读入下一个字符 ch；
    if 栈为空
        匹配成功；
    else 出错；
```

表 4-1 显示了使用算法 delimiterMatching() 处理语句 s=t[5]+u/(v*(w+y));的过程。

表 4-1 的第一列显示了从程序文件中读入下一个字符之前在循环结束时栈中的内容。第一行显

示了文件和栈的初始状态。变量 ch 初始化为文件的第一个字母 s，在循环的第一次迭代中，只是简单地忽略了这个字符，表 4-1 的第二行显示了这种情况。接着读入第二个字符，即等于号("=")，该字符同样被忽略。字母 t 同样如此。读入左方括号后，该字符被压入栈，现在栈中存在一个元素——左方括号。数字 5 的读取不会改变栈，当 ch 的值为右方括号时，栈顶元素从栈中弹出，并与 ch 相比较。因为弹出的元素(左方括号)与 ch(右方括号)匹配，输入过程继续。读出字母 u 并忽略之后，读入一个斜杠("/")，算法将读下一个字符，检查它是否是注释分隔符的一部分。因为下一个字符是左圆括号，而不是星号，斜杠不是注释的开头，所以 ch 的值被设置为左圆括号。在下一轮迭代中，这个左圆括号被压入栈中，程序继续运行，如表 4-1 所示。读到最后一个字符——分号——后，退出循环并检查栈。因为栈此时为空(没有不匹配的分隔符)，说明匹配成功。

表 4-1　使用算法 delimiterMatching()处理语句 s=t[5]+u/(v*(w+y))

栈 的 内 容	读入的非空格字符	余下的输入语句
空		s = t[5] + u/(v * (w + y));
空	s	= t[5] + u/(v * (w + y));
空	=	t[5] + u/(v * (w + y));
空	t	[5] + u/(v * (w + y));
[	[	5] + u/(v * (w + y));
[	5	] + u/(v * (w + y));
空	]	+ u/(v * (w + y));
空	+	u/(v * (w + y));
空	u	/(v * (w + y));
空	/	(v * (w + y));
(	(	v * (w + y));
(	v	* (w + y));
(	*	(w + y));
((	(	w + y));
((	w	+y));
((	+	y));
((	y	));
(	)	);
空	)	;
空	;	

　　应用栈的另一个例子是非常大的数相加。整数的最大值有限制，无法将 18 274 364 583 929 273 748 459 595 684 373 与 8 129 498 165 026 350 236 相加，因为整型变量不能存放这么大的值，更不用说它们相加的结果了。为了解决这个问题，可以将这种非常大的数看成一串数字，将这些数字对应的数分别存放在两个栈中，然后从栈中弹出数，进行加法操作，这个问题就可以得到解决。该算法的伪

代码如下所示：

```
addingLargeNumbers()
    读第一个数的数字，并将这些数字对应的数存放到一个栈中；
    读第二个数的数字，并将这些数字对应的数存放到另一个栈中；
    Carry = 0;
    while (至少一个栈不为空)
        从每个非空的栈中弹出一个数，将这两个数字与 carry 相加；
        将个位数放进结果栈中；
        将进位存放在 carry 中；
    如果进位不为 0，将其放进结果栈中；
    从结果栈中弹出结果并显示；
```

图 4-2 给出了应用这种算法的一个示例。该示例将数 592 与数 3784 相加。

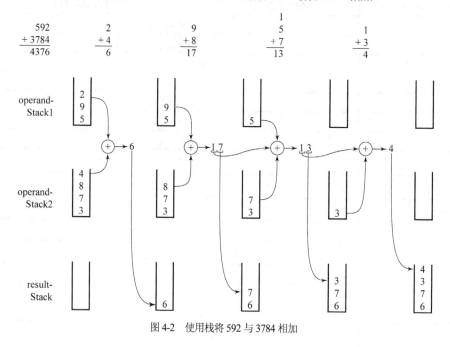

图 4-2　使用栈将 592 与 3784 相加

(1) 将第一个数的各位数字放到栈 operandStack1 中，将第二个数的各位数字放到栈 operandStack2 中，注意栈中数字的次序。

(2) 数 2 和数 4 从栈中弹出，相加后的结果 6 压入栈 resultStack 中。

(3) 数 9 和数 8 从栈中弹出，其和的个位数 7 压入栈 resultStack 中；十位数 1 作为进位，存放到变量 carry 中，参与后续的加法运算。

(4) 数 5 和数 7 从栈中弹出，并与进位相加，其结果的个位数 3 压入栈 resultStack 中，而进位 1 作为变量 carry 的值。

(5) 一个栈已经空了，所以从非空的栈中弹出一个数，与进位相加，结果存放到栈 resultStack 中。

(6) 两个操作数栈都为空，所以从栈 resultStack 中弹出数字，并作为最终结果显示。

现在考虑栈数据结构的实现问题。压入和弹出操作好像非常简单，实际上这两个操作也必须作为栈的操作实现。

栈的直接实现方式是使用可变数组，实际上就是向量。程序清单 4-1 给出了通用栈的类定义，可以用来存放任意类型的对象。此外也可以使用链表实现栈，如程序清单 4-2 所示。

程序清单 4-1　栈的向量实现

```
//********************  genStack.h ********************************
//          generic class for vector implementation of stack

#ifndef STACK
#define STACK

#include <vector>

template<class T, int capacity = 30>
class Stack {
public:
    Stack() {
        pool.reserve(capacity);
    }
    void clear()  {
        pool.clear();
    }
    bool isEmpty() const {
        return pool.empty();
    }
    T& topEL() {
        return pool.back();
    }
    T pop() {
        T el = pool.back();
        pool.pop_back();
        return el;
    }
    void push(const T& el )  {
        pool.push_back(el);
    }
private:
    vector<T> pool;
};

#endif
```

程序清单 4-2　栈的链表实现

```
//******************************* genListStack.h ******************
//      generic stack defined as a doubly linked list

#ifndef LL_STACK
#define LL_STACK

#include <list>

template<class T>
class LLStack{
public:
    LLStack() {
```

```
    }
    void clear(){
        lst.clear();
    }
    bool isEmpty() const {
        return lst.empty();
    }
    T& topEl() {
        return lst.back();
    }
    T pop() {
        T el = lst.back();
        lst.pop_back();
        return el;
    }
    void push(const T& el) {
        lst.push_back(el);
    }
private:
    list<T> lst;
};

#endif
```

图 4-3 显示了与图 4-1 相同顺序的出栈和入栈操作,并显示了栈的向量实现(图 4-3(b))与链表实现(图 4-3(c))之间的不同之处。

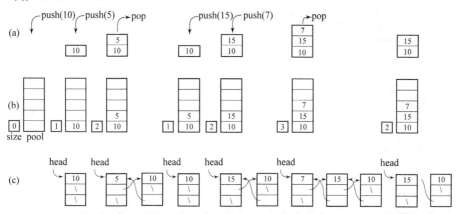

图 4-3 (a) 在抽象栈上执行的操作;(b) 在使用数组实现的栈上执行的操作;(c) 在使用链表实现的栈上执行的操作

链表实现形式与抽象栈更匹配,因为链表只包括栈中的元素,链表的节点数和栈中元素的数目相同。而在向量实现形式中,栈的容量常常超过其大小。

向量实现形式和链表实现形式一样,不要求程序员在程序的一开始就考虑栈的大小。如果可以提前合理地估计大小,就可以将预估的值作为栈构造函数的参数,提前创建一个指定容量的向量。这样就避免了向已满的栈中压入新的元素时需要将栈元素复制到更大的新位置所带来的额外开销。

容易看出,在向量和链表实现形式中出栈和入栈操作的运行时间为常数 $O(1)$。但是,在向量实现形式中,将一个元素压入已满的栈需要分配更多的存储空间,并且需要将现有向量中的所有元素复制到一个新的向量中。因此,最坏的情况下完成入栈操作需要花费 $O(n)$ 时间。

4.2　队列

队列是一个简单的等待序列，在尾部加入元素时队列加长，在前端删除数据时队列缩短。与栈不同，队列是一种使用两端的结构：一端用来加入新元素，另一端用来删除元素。因此，最后一个元素必须等到排在它之前的所有元素都删除之后才能操作。队列是先进先出(first in/first out，FIFO)的结构。

队列操作与栈操作相似。正确管理队列需要进行以下操作：

- clear()——清空队列
- isEmpty()——判断队列是否为空
- enqueue(el)——在队列的尾部加入元素 el
- dequeue()——取出队列的第一个元素
- firstEl()——返回队列的第一个元素，但不删除

图 4-4 给出了入队列(enqueue)以及出队列(dequeue)操作序列。与栈不同，在此需要同时在队列的头部和尾部监测队列的变化。元素从一端加入，从另一端删除。例如，在队列中加入 10，再加入 5 之后，出队列操作将 10 从队列中删除(图 4-4)。

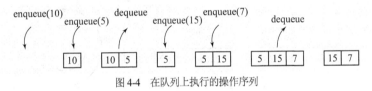

图 4-4　在队列上执行的操作序列

在此给出一个应用队列的示例，下面是 Lewis Carroll 的一首诗：

Round the wondrous globe I wander wild,

Up and down-hill—Age succeeds to youth—

Toiling all in vain to find a child

Half so loving, half so dear as Ruth.

这首诗是献给 Ruth Dymes 的，因为该诗的最后一个词是 Ruth，每行的第一个字母也组成了 Ruth。这类诗称为藏头诗(acrostic)，其特点是每行的首字母会组成一个单词或短语。为了判断一首诗是否为藏头诗，在此设计了一个简单的算法读取诗，取出每一行的第一个字母并保存在队列中，处理完成整首诗后，将存放的所有首字母依次输入。算法如下所示：

```
acrosticIndicator()
    while 未完成
        读取诗的一行；
        将该行的第一个字母放入队列中；
        输出该行；
    while 队列非空
        执行出队操作，并输出字符；
```

这是一个非常典型的例子，下面首先考虑实现问题。

队列的一种可能实现形式是使用数组，但这并非最佳选择。元素从队尾加入而从队首删除，这

会释放数组中的某些单元，这些单元不应该浪费。因此，应该利用这些单元存放新的元素，这样队列的尾部可能会出现在数组的开头。这种情况可以用图 4-5 所示的循环数组来表示。如果在逆时针方向上最后一个元素紧接着第一个元素，则队列已满。但是，由于循环数组是用"普通"的数组实现的，若第一个元素在第一个单元中，而最后一个元素在最后一个单元中(图 4-5(a))，或者第一个元素与最后一个元素相邻并且在其右面(图 4-5(b))，都说明队列已满。当添加或者删除元素时，enqueue() 以及 dequeue() 必须考虑元素在数组中移动的可能性。例如，enqueue() 可以看成循环数组上的操作(图 4-5(c))，但实际上这是在一维数组上进行的操作。因此，如果最后一个元素在最后一个单元中，而数组的开始单元为空，则将新的元素放在开始单元(图 4-5(d))。如果最后一个元素在其他位置，且空间允许的话，新的元素就放在它的后面(图 4-5(e))。以循环数组实现队列时，必须将上述两种情况区分清楚(图 4-5(f))。

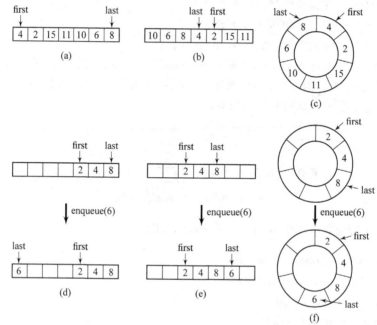

图 4-5 (a)~(b) 当队列已满时，数组实现的队列可能出现的两种情况；(c) 队列的循环数组实现形式；
(d) 将队列看成一维数组，最后一个元素在数组的末端；(e) 将队列看成一维数组，最后一个元素在数组的中间；(f) 在存放有 2、4、8 的队列中加入 6

程序清单 4-3 给出了操作队列的成员函数的实现。

使用第 3 章讲述的双向链表可以更自然地实现队列，STL 的 list 中也包含双向链表(程序清单 4-4)。

程序清单 4-3 队列的数组实现

```
//******************* genArrayQueue.h ********************
//           generic queue implemented as an array

#ifndef ARRAY_QUEUE
#define ARRAY_QUEUE

template<class T, int size = 100>
class ArrayQueue {
public:
    ArrayQueue() {
```

```
            first = last = -1;
        }
        void enqueue(T);
        T dequeue();
        bool isFull() {
            return first == 0 && last == size-1 || first == last + 1;
        }
        bool isEmpty() {
            return first == -1;
        }
private:
    int first, last;
    T storage[size];
};

template<class T, int size>
void ArrayQueue<T,size>::enqueue(T el) {
    if (!isFull())
        if (last == size-1 || last == -1) {
            storage[0] = el;
            last = 0;
            if (first == -1)
                first = 0;
        }
        else storage[++last] = el;
    else cout << "Full queue.\n";
}

template<class T, int size>
T ArrayQueue<T,size>::dequeue() {
    T tmp;
    tmp = storage[first];
    if (first == last)
        last = first = -1;
    else if (first == size-1)
        first = 0;
    else first++;
    return tmp;
}

#endif
```

程序清单 4-4　队列的链表实现

```
//********************* genQueue.h *********************
//    generic queue implemented with doubly linked list

#ifndef DLL_QUEUE
#define DLL_QUEUE

#include <list>

template<class T>
class Queue {
public:
    Queue() {
    }
```

```
    void clear() {
        lst.clear();
    }
    bool isEmpty() const {
        return lst.empty();
    }
    T& front() {
        return lst.front();
    }
    T dequeue() {
        T el = lst.front();
        lst.pop_front();
        return el;
    }
    void enqueue(const T& el) {
        lst.push_back(el);
    }
private:
    list<T> lst;
};

#endif
```

如果在队列的链表实现中使用双链表，这两种实现(数组和双向链表)执行入队列和出队列操作都需要常数时间 $O(1)$。在单向链表结构中，出队列需要 $O(n)$ 次基本操作扫描链表，并在倒数第二个节点处停止(参阅 3.1.2 节关于 deleteFromTail() 的讨论)。

图 4-6 给出了与图 4-4 中顺序相同的入队列和出队列操作，并指出了数组实现形式(图 4-6(b))和链表实现形式(图 4-6(c))中队列发生的变化。链表只保存图 4-6(a)中队列操作需要的数字。数组则包含了所有的数字，直至填满，此后新的数字将从数组的开端加入。

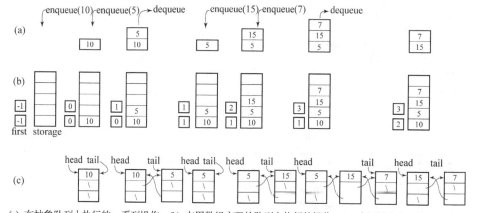

图 4-6　(a) 在抽象队列上执行的一系列操作；(b) 在用数组实现的队列上执行的操作；(c) 在用链表实现的队列上执行的操作

队列常用于模拟，队列的数学理论已经发展得很完善了，这就是所谓的排队论(queuing theory)，该理论分析多种情况并用队列建立模型。在排队过程中，有许多顾客接受服务员的服务，而服务员的处理能力有限，这样，顾客在接受服务前就需要排队等候，而且他们接受服务也需要花费一定的时间。此处的"顾客"，不只是指实际的人，也可以指各种对象。例如在生产流水线上用于组装机器的零件，在州际称重站排队的卡车，排队等待闸门打开以通过通道的驳船等。最熟悉的例子是在商店、邮局和银行里排队的情形。在模拟中涉及的问题类型包括：需要多少服务员才能避免排队？等候的空间需要多大才能容纳所有排队的顾客？增大空间与增加服务员那个花费更小？

以第一银行(Bank One)为例，我们记录了 3 个月内来到银行的顾客数目和对其提供服务所需的时间。表 4-2(a)以分钟为单位，给出了在一天中到达银行的顾客数目。这一天 15%的时间中没有顾客到达，20%的时间中有一个顾客到达，以此类推。现在雇用了 6 个职员，没有顾客排队的情况发生，银行管理方面想知道 6 个职员是不是太多了？5 个或者 4 个，甚至 3 个职员是不是就够了？是不是任何时候都会出现排队的情况？为了回答这些问题，可以编写一个模拟程序应用记录的数据并分析不同的情况。

表 4-2　第一银行示例：(a) 每分钟到达银行的顾客数目；(b) 每个顾客交易所用的时间(以秒为单位)

每分钟顾客数	一分钟间隔的百分比	范　　围	提供服务所需要的时间(单位是秒)	顾客百分比	范　　围
0	15	1～15	0	0	—
1	20	16～35	10	0	—
2	25	36～60	20	0	—
3	10	61～70	30	10	1～10
4	30	71～100	40	5	11～15
			50	10	16～25
			60	10	26～35
			70	0	—
			80	15	36～50
			90	25	51～75
			100	10	76～85
			110	15	86～100

|(a)|(b)|

顾客数由 1 至 100 之间的随机数决定。表 4-2(a)将 1 到 100 的数字分为 5 个部分，划分的根据是一分钟内到达 0、1、2、3、4 个顾客的百分比。如果随机数为 21，则顾客数目为 1；如果随机数为 90，则顾客数目为 4。这种方法模拟了第一银行顾客到达的频率。

此外，对记录的分析表明，需要 10 秒或 20 秒交易时间的顾客为 0，需要 30 秒交易时间的顾客数目为 10%，以此类推，如表 4-2(b)所示。该表还包含生成交易时间(单位是秒)的随机数范围。

程序清单 4-5 给出的程序模拟了第一银行的顾客到达和交易时间。这个程序使用了三个数组，arrivals[]根据到达顾客数目记录了每分钟到达顾客数的百分比。数组 service[]用来存放服务所需时间的分布。将给定数组单元的下标乘以 10 就可以得到时间值。例如，service[3]等于 10，这就意味着在 10%的时间内，顾客需要 3×10 秒的服务时间。clerks[]以秒为单位记录了交易时间。

程序清单 4-5　第一银行示例的实现代码

```cpp
#include <iostream>
#include <cstdlib>

using namespace std;

#include "genQueue.h"
int option(int percents[]) {
    register int i = 0, choice = rand()%100+1, perc;
```

```
        for (perc = percents[0]; perc < choice; perc += percents[i+1], i++);
        return i;
    }

    int main() {
        int arrivals[] = {15,20,25,10,30};
        int service[] = {0,0,0,10,5,10,10,0,15,25,10,15};
        int clerks[] = {0,0,0,0}, numOfClerks = sizeof(clerks)/sizeof(int);
        int customers, t, i, numOfMinutes = 100, x;
        double maxWait = 0.0, currWait = 0.0, thereIsLine = 0.0;
        Queue<int> simulQ;
        cout.precision(2);
        for (t = 1; t <= numOfMinutes; t++) {
        cout << " t = " << t;
        for (i = 0; i < numOfClerks; i++)  // after each minute subtract
            if (clerks[i] < 60)            // at most 60 seconds from time
                clerks[i] = 0;             // left to service the current
            else clerks[i] -= 60;          // customer by clerk i;
        customers = option(arrivals);
        for (i = 0; i < customers; i++) {// enqueue all new customers
            x = option(service)*10;        // (or rather service time
            simulQ.enqueue(x);             // they require);
            currWait += x;
        }
        // dequeue customers when clerks are available:
        for (i = 0; i < numOfClerks && !simulQ.isEmpty(); )
           if (clerks[i] < 60) {
                x = simulQ.dequeue();      // assign more than one customer
                clerks[i] += x;            // to a clerk if service time
                currWait -= x;             // is still below 60 sec;
           }
           else i++;
        if (!simulQ.isEmpty()) {
            thereIsLine++;
            cout << " wait = " << currWait/60.0;
            if (maxWait < currWait)
                maxWait = currWait;
        }
        else cout << " wait = 0;";
        }
        cout << "\nFor " << numOfClerks << " clerks, there was a line "
            << thereIsLine/numOfMinutes*100.0 << "% of the time;\n"
            << "maximum wait time was " << maxWait/60.0 << " min.";
        return 0;
    }
```

每一分钟(以变量 t 表示)到达的顾客数目是随机选择的,对每个顾客而言,交易时间也是随机选择的。函数 option()产生一个随机数,找出其所在的范围,然后输出这个范围所在的位置,该位置或者是顾客的数目,或者是秒数的 1/10。

这个程序的运行结果表明 6 个或者 5 个职员太多了。4 个职员就可以很好地工作了,25%的时间里有较短的排队。但是如果只有 3 个职员，他们将非常忙碌，而且一直有较长的队列在等候。银行管理者当然会决定雇佣 4 个职员。

4.3　优先队列

在许多情况下，简单的队列结构是不够的，先入先出机制需要使用某些优先规则来完善。在邮局中，残疾人应该比其他人享有一定的优先权。因此，当一个职员有空时，应该马上为这位残疾人服务而不是排在队列最前面的人。公路上的收费亭应该允许某些车辆(警车、救护车、消防车等等)即使没有付费，也可以立即通过。在进程队列中，由于系统的功能要求，即使在等待队列中进程 P_1排在进程 P_2 之前，P_2 也需要在 P_1 之前执行。在此类情况下，需要一种修正的队列，这就是所谓的优先队列(Priority Queue)。在优先队列中，根据元素的优先级以及在队列中的当前位置决定出队列的顺序。

优先队列的关键在于如何找到一种有效的实现方法，使入队列和出队列操作更快地实现。因为元素会随机到达队列，所以不能保证排在最前面的元素最先出队列，队尾的元素最后一个出队列。不同的情况可以使用不同的优先级标准，包括使用频率、出生日期、薪水、位置、状态及其他因素，因此问题有些复杂。在进程队列中还可以使用预计执行时间作为判据，这也是人们在讨论优先队列时习惯于用小的优先级数表示高优先级的原因。

优先队列可以用两种链表的变种实现。一种链表是所有的元素都按进入顺序排序，另一种链表是根据元素的优先级决定新增元素的位置。在这两种情况下，总的执行时间都是 $O(n)$，因为对于无序链表，可以立即添加元素，不过取出元素时需要 $O(n)$的时间进行搜索，而对于有序链表，可以立即取出元素，但加入新元素需要时间 $O(n)$。

另一种队列表示方式使用一个短的有序链表和一个无序链表，这种方法需要决定阈值优先级(BlackStone et al. 1981)。有序链表中的元素数目取决于阈值优先级。这意味着某些情况下有序链表为空，为了在链表中加入元素，阈值优先级可以动态变化。另一种方法是使有序链表中的元素数目保持不变，$\sqrt{n}$ 是一个比较好的选择。入队列操作平均需要时间 $O(\sqrt{n})$，出队列操作立即执行。

J. O. Hendriksen(1977, 1983)提出了另一种队列实现方法。该实现使用一个简单的链表，附带一个指向该链表的指针数组，用于确定新加入的元素应该在链表的哪个范围中。

Douglas W. Jones(1986)的实验表明，链表实现形式的效率为 $O(n)$，最适合于 10 个或 10 个以下元素的队列。双链表结构的效率很大程度上依赖于优先级的分布，对元素数目众多的队列来说，其效率和简单链表结构差不多。Hendriksen 实现形式的复杂度是 $O(\sqrt{n})$，适合于任意尺寸的队列。

4.4　标准模板库中的栈

STL 中的通用栈类实现为容器适配器：使用以指定方式运行的容器。栈容器不是重新创建的，它只是对已有容器做适当的调整。默认情况下，*deque* 是底层容器，但是用户可以用下面的声明选择链表或向量：

```
stack<int> stack1;                        // 默认为双端队列
stack<int,vector<int>> stack2;            // 向量
stack<int,list<int>> stack3;              // 链表
```

表 4-3 给出了容器 stack 的成员函数。注意函数 pop()的返回类型为 void,也就是说,pop()不返回从栈中弹出的元素。为了访问栈顶元素,可以使用成员函数 top()。因此,本章讨论的出栈操作需要先调用 top()函数,再调用 pop()函数。因为用户程序中的出栈操作大都是得到从栈中弹出的元素,而不只是删除元素,所以理想的出栈操作实际上是按顺序执行 stack 容器中的两个成员函数。为了将这两个函数结合在一个操作中,可以创建一个新的类,该类继承了 stack 的所有操作,并对 pop()重新定义。本章最后的案例分析就运用了这种方法。

表 4-3 stack 成员函数列表

成 员 函 数	操 作
bool empty() const	如果栈为空,则返回 true,否则返回 false
void pop()	删除栈的栈顶元素
void push(const T& el)	将 el 插入栈的顶端
size_type size() const	返回栈中元素的数目
stack()	创建一个空栈
T& top()	返回栈顶元素
const T& top() const	返回栈顶元素

4.5 标准模板库中的队列

队列容器默认由 deque 实现,用户也可以选择 list 容器来实现。如果用 vector 容器实现会导致编译错误,因为 pop()是通过调用 pop_front()来实现的,假定 pop_front()是底层容器的成员函数,但是向量容器不包括这样的成员函数。表 4-4 给出了队列的成员函数,程序清单 4-6 说明了这些成员函数的用法。注意本章讨论的出队列操作是先调用 front(),再调用 pop()来实现的,入队列操作由函数 push()来实现。

表 4-4 queue 成员函数列表

成 员 函 数	操 作
T& back()	返回队列的最后一个元素
const T& back() const	返回队列的最后一个元素
bool empty() const	如果队列为空,返回 true,否则返回 false
T& front()	返回队列的第一个元素
const T& front() const	返回队列的第一个元素
void pop()	删除队列中的第一个元素
void push(const T& el)	在队列尾部插入元素 el
queue()	创建一个空队列
size_type size() const	返回队列中元素的数目

程序清单 4-6 队列成员函数的应用示例

```cpp
#include <iostream>
#include <queue>
#include <list>

using namespace std;

int main() {
    queue<int> q1;
    queue<int,list<int> > q2; //leave space between angle brackets > >
    q1.push(1); q1.push(2); q1.push(3);
    q2.push(4); q2.push(5); q2.push(6);
    q1.push(q2.back());
    while (!q1.empty()) {
        cout << q1.front() << ' ';    // 1 2 3 6
        q1.pop();
    }
    while (!q2.empty()) {
        cout << q2.front() << ' ';    // 4 5 6
        q2.pop();
    }
    return 0;
}
```

4.6 标准模板库中的优先队列

如表 4-5 所示，priority_queue 容器默认用 vector 容器实现，用户也可以使用 deque 容器。priority_queue 容器总是把优先级最高的元素放在队列的最前方以维持队列的顺序。为此，插入操作 push()使用一个双参数的布尔函数，将队列中的元素重新排序以满足这个要求。该函数可以由用户提供，此外也可以使用<运算符，元素的值越大，优先级越高。如果元素值越小优先级越高，则需要使用函数对象 greater，表明在决定向优先队列中插入新元素时 push()应该应用运算符>而不是<。程序清单 4-7 给出了一个示例。优先队列 pq1 定义为基于向量的队列，使用运算符<来决定队列中整数的优先级；第二个优先级队列 pq2 在插入时使用运算符>；第三个队列 pq3与 pq1 的类型相同，但是用数组 a 中的数对其初始化。三个 while 循环显示了三个队列中的元素出队列的顺序。

表 4-5 priority_queue 成员函数列表

成员函数	操作
bool empty() const	如果队列为空，则返回 true，否则返回 false
void pop()	删除队列中优先级最高的元素
void push(const T& el)	将元素 el 插入优先队列中的合适位置
priority_queue(comp f())	创建一个空的优先队列，使用一个双变量的布尔函数 f 对队列中的元素排序
prioity_queue(iterator first, iterator last, comp f())	创建一个优先队列，使用一个双变量的布尔函数 f 对队列中的元素排序；队列初始化为迭代器 first 和 last 之间的元素

(续表)

成 员 函 数	操　　作
size_type size() const	返回优先队列中元素的数目
T& top()	返回优先队列中优先级最高的元素
const T& top() const	返回优先队列中优先级最高的元素

程序清单 4-7　使用 priority_queue 成员函数的示例

```cpp
#include <iostream>
#include <queue>
#include <functional>

using namespace std;

void main() {
    priority_queue<int> pq1; //plus vector<int> and less<int>
    priority_queue<int,vector<int>,greater<int>> pq2;
    pq1.push(3); pq1.push(1); pq1.push(2);
    pq2.push(3); pq2.push(1); pq2.push(2);
    int a[] = {4,6,5};
    priority_queue<int> pq3(a,a+3);
    while (!pq1.empty()) {
        cout << pq1.top() << ' ';      // 3 2 1
        pq1.pop();
    }
    while (!pq2.empty()) {
        cout << pq2.top() << ' ';      // 1 2 3
        pq2.pop();
    }
    while (!pq3.empty()) {
        cout << pq3.top() << ' ';      // 6 5 4
        pq3.pop();
    }
    return 0;
}
```

应用用户自定义对象更为有趣。考虑 1.8 节定义的 Person 类:

```cpp
class Person {
public:
    . . . . .
    bool operator<(const Person& p) const {
        return strcmp(name, p.name) < 0;
    }
    bool operator>(const Person& p) const {
        return !(*this == p) && ! (*this <p);
    }
private:
    cshar *name;
    int age;
};
```

现在的目标是创建三个优先队列。两个队列优先级按照字母表顺序排列，但是在队列 pqNamel 中使用降序，在队列 pqName2 中使用升序。为此，队列 pqNamel 使用重载运算符<，队列 pqName2 使用重载运算符>，这两个运算符都在函数对象 greater<Person>中定义。

```
Person p[] = {Person("Gregg", 25), Person("Ann", 30), Person("Bill", 20)};
priority_queue<Person> pqNamel(p, p+3);
priority_queue<Person, vector<Person>, greater<Person> > pqName2(p, p+3);
```

在这两个声明中，两个优先队列由数组 p 的对象初始化。

在 1.8 节中，还使用了一个布尔函数 lesserAge，该函数根据年龄而不是姓名来决定 Person 对象的次序。如何创建根据年龄决定优先级的优先队列呢？方法之一是定义如下的函数对象：

```
class lesserAge {
public:
    bool operator()(const Person& p1, const Person& p2) const {
        return p1.age < p2.age;
    }
};
```

然后声明一个新的优先队列

```
priority_queue<Person, vector<Person>, lesserAge> pqAge(p, p+3);
```

初始化这个队列的对象与 pqNamel 和 pqName2 相同。将三个队列中的元素输出，就可以看出各个队列中的对象的不同优先级。

```
pqNamel: (Gregg,25) (Bill,20) (Ann,30)
pqName2: (Ann,30) (Bill,20) (Gregg,25)
pqAge:   (Ann,30) (Gregg,25) (Bill,20)
```

4.7　标准模版库中的双端队列

双端队列(double-ended queue)是允许在两端访问的线性表。因此，双端队列可以用双向链表实现，该链表具有指针数据成员 head 以及 tail，如 3.2 节所述。此外，在 3.7 节指出，容器 list 已经使用了双向链表。而 STL 在双端队列中添加了其他功能，也就是随机访问双端队列任意位置的功能，就如同数组以及向量一样。1.8 节曾讨论过，在向量的前端插入或者删除元素，性能并不高，但是双向链表的这种操作却非常迅速。这意味着 STL 的双端队列应该结合向量以及链表的功能。

表 4-6 列出了 STL 容器 deque 的成员函数。这些函数与链表的函数基本相似，只有少许不同。deque 没有包含函数 splice()(该函数只适用于链表)、merge()、remove()、sort()以及 unique()(这些函数实现算法，list 只是简单地将其作为成员函数)。最大的不同在于 at()(及其等价物 operator[])，list 中没有这个函数。vector 中包含了 at()函数，如果将 vector(表 1-1)与 deque 中的成员函数相比较，就会发现二者差别不大。vector 中没有 pop_front()和 push_front()，而 deque 中有；deque 中没有包含 capacity()和 reserve()，但是 vector 中有。程序清单 4-8 中演示了一些操作的用法，注意对于链表，迭代器只能使用自增以及自减，但是双端队列的迭代器可以增加任何数字。例如，dq1.begin()+1 对于双端队列是合法的，但是对于链表是不合法的。

表 4-6　deque 类的成员函数列表

成 员 函 数	操　作
void assign(iterator first, iterator last)	删除双端队列中的所有元素,然后将迭代器 first 和 last 指示范围中的元素插入该队列中
void assign(size_type n, const T& el = T())	删除双端队列中的所有元素,然后插入 el 的 n 个副本
T& at(size_type n)	返回双端队列中位置 n 的元素
const T& at(size_type n) const	返回双端队列中位置 n 的元素
T& back()	返回双端队列中的最后一个元素
const T& back() const	返回双端队列中的最后一个元素
iterator begin()	返回一个迭代器,该迭代器引用双端队列的第一个元素
const_iterator begin() const	返回一个迭代器,该迭代器引用双端队列的第一个元素
void clear()	清除双端队列中的所有元素
deque()	创建空双端队列
deque(size_type n, const T& el=T())	用 T 类型 el 的 n 个副本创建双端队列(如果没有提供 el,会使用默认构造函数 T())
deque(const deque <T>& dq)	复制构造函数
deque(iterator first, iterator last)	创建双端队列,并用迭代器 first 和 last 所指示范围的值初始化
bool empty() const	如果双端队列不包括元素,则返回 true,否则返回 false
iterator end()	返回一个迭代器,该迭代器位于双端队列的最后一个元素之后
const_iterator end() const	返回一个迭代器,该迭代器位于双端队列的最后一个元素之后
iterator erase(iterator i)	删除由迭代器 i 引用的元素,返回一个迭代器,引用被删除元素之后的元素
iterator erase(iterator first, iterator last)	删除迭代器 first 和 last 指示范围中的元素,返回一个迭代器,引用最后一个被删除元素之后的元素
T& front()	返回双端队列中的第一个元素
const T& front() const	返回双端队列中的第一个元素
iterator insert(iterator i, const T& el=T())	在由迭代器 i 引用的元素之前插入 el,并返回引用新插入元素的迭代器
void insert(iterator i, size_type n, const T& el)	在迭代器 i 引用的元素之前插入 el 的 n 个副本
void insert (iterator i, iterator first, iterator last)	在迭代器 i 引用的元素之前插入迭代器 first 和 last 指示范围中的元素
size_type max_size() const	返回双端队列的最大元素数
T& operator[]	下标运算符
void pop_back()	删除双端队列的最后一个元素
void pop_front()	删除双端队列的第一个元素
void push_back(const T& el)	在双端队列的末尾插入 el
void push_front(const T& el)	在双端队列的开头插入 el
reverse_iterator rbegin()	返回引用双端队列中最后一个元素的迭代器
const_reverse_iterator rbegin() const	返回引用双端队列中最后一个元素的迭代器
reverse_iterator rend()	返回位于双端队列中第一个元素之前的迭代器
const_reverse_iterator rend() const	返回位于双端队列中第一个元素之前的迭代器
void resize(size_type n, const T& el = T())	使双端队列保存 n 个元素,方法是:通过元素 el 再添加 n − size()个位置,或者丢弃双端队列末尾溢出的 size() −n 个位置
size_type size() const	返回双端队列中元素的数目
void swap(deque<T>& dq)	与另一个双端队列 dq 交换内容

程序清单 4-8 演示 deque 成员函数操作的示例

```cpp
#include <iostream>
#include <algorithm>
#include <deque>

using namespace std;

int main() {
    deque<int> dq1;
    dq1.push_front(1);                          // dq1 = (1)
    dq1.push_front(2);                          // dq1 = (2 1)
    dq1.push_back(3);                           // dq1 = (2 1 3)
    dq1.push_back(4);                           // dq1 = (2 1 3 4)
    deque<int> dq2(dq1.begin()+1,dq1.end()-1);  // dq2 = (1 3)
    dq1[1] = 5;                                 // dq1 = (2 5 3 4)
    dq1.erase(dq1.begin());                     // dq1 = (5 3 4)
    dq1.insert(dq1.end()-1,2,6);                // dq1 = (5 3 6 6 4)
    sort(dq1.begin(),dq1.end());                // dq1 = (3 4 5 6 6)
    deque<int> dq3;
    dq3.resize(dq1.size()+dq2.size());          // dq3 = (0 0 0 0 0 0 0)
    merge(dq1.begin(),dq1.end(),dq2.begin(),dq2.end(),dq3.begin());
    // dq1 = (3 4 5 6 6) and dq2 = (1 3) ==> dq3 = (1 3 3 4 5 6 6)
    return 0;
}
```

STL 双端队列的实现非常有趣。双向链表可以进行随机访问，其中定义了 operator []($int n$)，该函数包括一个循环，按顺序扫描链表并在第 n 个节点停止。STL 实现的解决方案与此不同，STL 的双端队列没有实现为链表，而是实现为指针数组，指向块或者数据数组。块的数量根据存储需求而动态变化，指针数组的大小也随之变化(在 10.5.1 小节的散列方法中用到了类似的方法)。

为了讨论可能的一种实现，假定指针数组具有 4 个单元，数据数组具有 3 个单元，也就是说，blockSize=3。某个 deque 对象包含字段 head、tail、headBlock、tailBlock 以及 blocks。当对初始化为空的双端队列执行 push_front(e1) 以及 push_front(e2) 之后，情况如图 4-7(a)所示。首先创建数组 blocks，之后 blocks 中的某个单元格可以被访问。随后 e1 被插入到数据数组中间，后续的调用将元素连续地保存在数据数组的前半部分。第三次调用 push_front()无法成功地将 e3 放在数据数组的最后一个位置，因此创建了新的数据数组并将 e3 放在最后一个单元(图 4-7(b))。现在执行 4 次 push_back()。元素 e4 被放置在已有的数据数组中，可以通过 tailBlock 从 deque 中访问。元素 e5、e6 以及 e7 被放在新的数据数组中，也可以通过 tailBlock 访问(图 4-7(c))。下一次调用 push_back()会影响指针数组 blocks，因为最后的数据块被填满，并且 blocks 的最后一个单元可以访问这个数据块。在此情况下，会创建新的指针数组，单元数目(在这个实现中)为数据数组单元数目的两倍。之后，旧数组 blocks 的指针被复制到新数组，并创建新的数据数组以容纳被插入的 e8(图4-7(d))。这是一个最坏情况的示例，必须将 n/blockSize 和 n/blockSize+2 之间的单元从旧数组复制到新数组，压入操作需要 $O(n)$ 时间。但是如果假定 blockSize 是一个很大的数，那么最坏情况很少会发生。在大多数时候，压入操作需要的时间为常数。

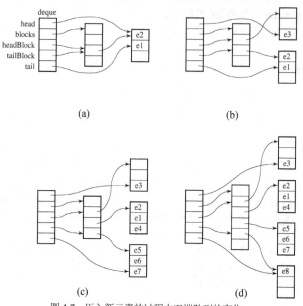

图 4-7　压入新元素的过程中双端队列的变化

　　向双端队列插入元素在概念上非常简单。为了在双端队列的前半部分插入元素，前端元素被压入双端队列，所有应该在新元素之前的元素被复制到前面的单元，然后将新元素放置到所需的位置。为了在双端队列的后半部分插入元素，可以将后端元素压入双端队列，在新元素之后的元素被复制到之后的单元。

　　以上讨论的实现可以在常数时间内执行随机访问。对于图 4-7 所示的情形，也就是说根据下列声明：

```
T **blocks;
T **headBlock;
T *head;
```

可以这样重载下标运算符：

```
T& operator[] (int n) {
if (n < blockSize - (head - *headBlock))    // if n is
    return *(head + n);                     // in the first
else {                                      // block;
    n = n - (blockSize - (head - *headBlock));
    int q = n / blockSize + 1;
    int r = n % blockSize;
    return *(*(headBlock + q) + r);
}
}
```

　　尽管访问特定位置需要数次计算、解除引用以及赋值操作，但是对于任何大小的双端队列所需的操作数都是常数。

4.8 案例分析：迷宫问题

下面考虑一个陷入迷宫的老鼠如何找到出口的问题(图 4-8(a))。老鼠希望系统性地尝试所有的路径之后走出迷宫。如果到达死胡同，将原路返回至上一个位置并尝试新的路径。在每个位置，老鼠可以向 4 个方向运动：右、左、下、上。无论它离出口处有多近，它总是按照这样的顺序尝试，这样就可能会产生不必要的迂回。当到达一个死胡同之后，允许将重新搜索的信息保存起来，老鼠使用一种称为"回溯"的方法，这个方法在第 5 章中有更深入的讨论。

迷宫是用一个二维字符数组实现的，通路以 0 表示，墙以 1 表示，出口位置以 e 表示，老鼠的初始位置以 m 表示(图 4-8(b))。在这个程序中，迷宫问题被一般化为允许出口在迷宫的任何位置(如果用图表示，就好像有一部电梯可以带着老鼠离开)，允许通道在边界线上。为了避免老鼠到达边界线上的一个空单元而继续搜索路径时脱离整个数组，需要不断地判断老鼠是否在边界线上。为此，程序自动地在用户输入的迷宫周围加上一层以 1 表示的框架。

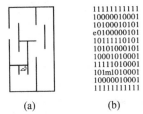

```
11111111111
10000010001
10100010101
e010000101
10111110101
10101000101
10001010001
1111010001
101m1010001
10000010001
11111111111
```

(a)   (b)

图 4-8　(a) 迷宫中的老鼠；(b) 用来表示情况的二维数组

程序使用了两个栈，一个栈用来初始化迷宫，另一个用来实现回溯。

在用户输入迷宫时，一次输入一行。用户输入的迷宫可以包含任意个行和任意个列。程序仅有的假设是所有行的长度相同，并且只能由任意个 1、任意个 0、一个 e、一个 m 组成。按照用户输入的顺序将行数据放进栈 mazeRows 中，并在开始和结尾处各加上一个 1。等到所有的行都输入完毕后，数组的大小就确定了，然后将栈中的各行数据转移到数组中。

第二个栈 mazeStack 在走出迷宫的过程中使用。为了记住没有尝试过的路径，以供后继的尝试，需要将当前位置未尝试过的邻近位置(如果存在的话)存放到栈中，并按相同的顺序存储：先上边，再下边，其次左边，最后右边。将进口放入栈中之后，老鼠位于栈顶元素位置，测试第一个保存的未测试的邻近单元，然后测试最上面的位置，以此类推，直至到达出口，或者尝试过了所有的路径发现没有出口。为了避免因为尝试已走过的路径所带来的无限循环，每个访问过的单元都以句号作为标记。

下面是走出迷宫算法的伪代码：

```
exitMaze()
    初始化栈  exitCell, entryCell, currentCell = entryCell;
    while currentCell 不是 exitCell
        标记 currentCell 为已访问过;
        将 currentCell 未访问过的邻近位置放进栈;
        if 栈为空
            失败;
        else  从栈中弹出一个单元, 作为 currentCell;
    完成;
```

栈中存放的是单元位置的坐标。可以使用两个整数栈来存放 x 和 y 坐标。另一种方法是使用一个整数栈，利用移位操作把两个坐标存放在一个整型变量中。在程序清单 4-9 中，类 MazeCell 中使用了两个数据成员 x 和 y，这样可以用一个 mazeStack 类存放 MazeCell 对象。

考虑图 4-9 的示例。这个程序实际上输出了老鼠每步动作后的迷宫。

						(2 4)	
		(3 1)				(1 3)	
栈:	(3 2)	(2 2)	(2 1)	(2 2)	(2 3)	(2 2)	(1 3)
	(2 3)	(2 3)	(2 2)	(2 2)	(2 2)	(2 3)	(2 2)
			(2 3)	(2 3)	(2 3)		(2 3)

```
栈:            |(3 2)|  |(3 1)|  |(2 1)|  |(2 2)|  |(2 3)|  |(2 4)|  |(1 3)|
               |(2 3)|  |(2 2)|  |(2 2)|  |(2 2)|  |(2 2)|  |(1 3)|  |(2 2)|
                        |(2 3)|  |(2 3)|  |(2 3)|  |(2 3)|  |(2 2)|  |(2 3)|
                                                            |(2 3)|

currentCellt:   (3 3)    (3 2)    (3 1)    (2 1)    (2 2)    (2 3)    (2 4)

               111111   111111   111111   111111   111111   111111   111111
               111001   111001   111001   111001   111001   111001   111001
迷宫:          1000e1   1000e1   1000e1   1..0e1   1..0e1   1...e1   1...e1
               100m11   10.m11   1..m11   1..m11   1..m11   1..m11   1..m11
               111111   111111   111111   111111   111111   111111   111111

                (a)      (b)      (c)      (d)      (e)      (f)      (g)
```
图 4-9　处理迷宫问题的示例

(0) 用户输入下列迷宫后：

```
1 1 0 0
0 0 0 e
0 0 m 1
```

迷宫立即被围上了一层由 1 组成的框架：

```
1 1 1 1 1 1
1 1 1 0 0 1
1 0 0 0 e 1
1 0 0 m 1 1
1 1 1 1 1 1
```

将 entryCell 和 currentCell 初始化为(3 3)，exitCell 初始化为(2 4)(图 4-9(a))。

(1) 因为 currentCell 不等于 exitCell，所以对当前单元(3 3)邻近的 4 个单元进行测试，其中只有两个单元(3 2)和(2 3)可以作为新的当前位置。所以，将这两个单元放到栈中。判断栈中是否含有位置单元，如果不为空，则栈顶元素(3 2)变成当前单元(图 4-9(b))。

(2) currentCell 仍然不等于 exitCell，因此，将从(3 2)可以到达的两个单元(2 2)和(3 1)放进栈。注意老鼠所在的单元并不在栈中。将当前的单元标记为已访问后，迷宫中的情况如图4-9(c)所示。现在，将栈顶元素(3 1)从栈中弹出，作为 currentCell 的值。这一过程继续，直到到达出口，具体过程如图 4-9(d)~图 4-9(f)所示。

注意在图 4-9(d)所示的步骤中，尽管单元(2 2)已经在栈中，但仍然将其放进栈。不过，这不会带来什么危险，因为该单元第二次从栈中弹出时，从它出发的所有路径都已经在第一次从栈中弹出该单元时搜索过了。还要注意，尽管从老鼠初始位置到出口有一条更短的路径，但是老鼠迂回到出口位置。

程序清单 4-9 给出了寻找迷宫出口算法的实现代码。注意程序定义了一个由类 stack 生成的类 Stack。Stack 继承了 stack 的所有成员函数，但是重新定义了函数 pop()，因此调用新的 pop()函数会从栈中弹出栈顶元素，并返回给调用者。

程序清单 4-9　迷宫处理程序代码

```cpp
#include <iostream>
#include <string>
#include <stack>

using namespace std;

template<class T>
class Stack : public stack<T> {
public:
    T pop() {
        T tmp = top();
        stack<T>::pop();
        return tmp;
    }
};

class Cell {
public:
    Cell(int i = 0, int j = 0) {
        x = i; y = j;
    }
    bool operator== (const Cell& c) const {
        return x == c.x && y == c.y;
    }
private:
    int x, y;
    friend class Maze;
};

class Maze {
public:
    Maze();
    void exitMaze();
private:
    Cell currentCell, exitCell, entryCell;
    const char exitMarker, entryMarker, visited, passage, wall;
    Stack<Cell> mazeStack;
    char **store; // array of strings
    void pushUnvisited(int,int);
    friend ostream& operator<< (ostream&, const Maze&);
    int rows, cols;
};

Maze::Maze() : exitMarker('e'), entryMarker('m'), visited('.'),
               passage('0'), wall('1') {
    Stack<char*> mazeRows;
    char str[80], *s;
    int col, row = 0;
    cout << "Enter a rectangular maze using the following "
        << "characters:\nm - entry\ne - exit\n1 - wall\n0 - passage\n"
```

129

```
                    << "Enter one line at at time; end with Ctrl-z:\n";
        while (cin >> str) {
            row++;
            cols = strlen(str);
            s = new char[cols+3];      // two more cells for borderline
                                       // columns;
            mazeRows.push(s);
            strcpy(s+1,str);
            s[0] = s[cols+1] = wall; // fill the borderline cells with 1s;
            s[cols+2] = '\0';
            if (strchr(s,exitMarker) != 0) {
                exitCell.x = row;
                exitCell.y = strchr(s,exitMarker) - s;
            }
            if (strchr(s,entryMarker) != 0) {
                entryCell.x = row;
                entryCell.y = strchr(s,entryMarker) - s;
            }
        }
        rows = row;
        store = new char*[rows+2];        // create a 1D array of pointers;
        store[0] = new char[cols+3];      // a borderline row;
        for ( ; !mazeRows.empty(); row--) {
            store[row] = mazeRows.pop();
        }
        store[rows+1] = new char[cols+3]; // another borderline row;
        store[0][cols+2] = store[rows+1][cols+2] = '\0';
        for (col = 0; col <= cols+1; col++) {
            store[0][col] = wall;          // fill the borderline rows with 1s;
            store[rows+1][col] = wall;
        }
    }

void Maze::pushUnvisited(int row, int col) {
    if (store[row][col] == passage || store[row][col] == exitMarker) {
        mazeStack.push(Cell(row,col));
    }
}
void Maze::exitMaze() {
    int row, col;
    currentCell = entryCell;
    while (!(currentCell == exitCell)) {
        row = currentCell.x;
        col = currentCell.y;
        cout << *this; // print a snapshot;
        if (!(currentCell == entryCell))
            store[row][col] = visited;
        pushUnvisited(row-1,col);
        pushUnvisited(row+1,col);
        pushUnvisited(row,col-1);
        pushUnvisited(row,col+1);
```

```
        if (mazeStack.empty()) {
            cout << *this;
            cout << "Failure\n";
            return;
        }
        else currentCell = mazeStack.pop();
    }
    cout << *this;
    cout << "Success\n";
}
ostream& operator<< (ostream& out, const Maze& maze) {
    for (int row = 0; row <= maze.rows+1; row++)
        out << maze.store[row] << endl;
    out << endl;
    return out;
}
int main() {
    Maze().exitMaze();
    return 0;
}
```

4.9 习题

1. 将栈 S 中的元素的顺序倒过来:

   a. 使用两个额外的栈

   b. 使用一个额外的队列

   c. 使用一个额外的栈和几个额外的非数组变量

2. 使用一个额外的栈和几个额外的非数组变量,将栈 S 中的元素按升序排列。

3. 将栈 S_1 中的元素转换到栈 S_2 中,使 S_2 中元素的顺序与 S_1 中元素的顺序相同:

   a. 使用一个额外的栈

   b. 不使用额外的栈,只使用几个额外的非数组变量

4. 给出一种栈的实现形式,保存两种不同类型的元素,例如结构和浮点数。

5. 使用额外的非数组变量以及下面的条件,将队列中的所有元素排序:

   a. 两个额外的队列

   b. 一个额外的队列

6. 本章讲述了栈的两种不同的实现形式:类 Stack 和类 LLStack。两个类中的成员函数名表明它们的数据结构相同,但是,还可以在它们之间建立更密切的联系。请定义一个栈的抽象基类,使类 Stack 和类 LLStack 都由该基类派生。

7. 根据队列定义一个栈,也就是建立如下的类:

```
template <class T>
class StackQ {
    Queue<T> pool;
    . . . . . . . . .
```

```
void push(const T& el) {
    pool.enqueue(el);
    . . . . . . . . .
```

8. 根据栈定义一个队列。

9. 根据向量定义一个通用队列:

```
template<class T, int capacity = 30>
class QueueV {
    . . . . . . . . . .
private:
    vector<T> pool;
}
```

这种方法可行吗?

10. 修改案例分析的程序,输出不带有死胡同但是可以带有迂回路(可能的话)的路径。例如,对一个输入的迷宫

```
1111111
1e00001
1110111
1000001
100m001
1111111
```

案例分析的程序输出了经过处理后的迷宫图:

```
1111111
1e....1
111.111
1.....1
1..m..1
1111111
Success
```

修改后的程序应该产生从出口到老鼠初始位置的路径:

[1 1] [1 2] [1 3] [2 3] [3 3] [3 4] [3 5] [4 5] [4 4] [4 3]

它删除了两个死胡同: [1 4] [1 5]和[3 2] [3 1] [4 1] [4 2],但是保留了迂回路径: [3 4] [3 5] [4 5] [4 4]。

11. 修改上一题的程序,输出不带死胡同的迷宫路径。路径通过短横线和竖杠表示方向的变化。对于上一题输入的迷宫,修改后的程序应该输出:

```
1111111
1e--..1
111|111
1..|--1
1..m-|1
1111111
```

4.10　编程练习

1. 编写一个程序，判断输入的字符串是否是回文(palindrome)，也就是顺读和倒读是否一样。每次可以读取输入字符串的一个字符。不要使用数组存放字符串并进行分析(除非该数组是以栈形式实现的)。尝试使用多个栈。

2. 编写一个程序，将十进制数转换为其他(基数介于 2 和 9 之间)进制的数。可以将要转换的数重复除以基数，然后将除得的余数按反方向排列来实现转换。例如，要将数 6 转换为二进制，需要进行下述三次除法：6/2=3，余数为 0；3/2=1，余数为 1；1/2=0，余数为 1。将余数 0、1 和 1 按相反的顺序排列成 110，则数 6 转换成二进制数 110。

修改程序，当基数为 11 到 27 之间的一个数时，也能实现进制的转化。基数大于 10 的计数系统需要更多的符号，所以使用大写字母来表示。例如十六进制的计数系统需要 16 个字符：0、1、...、9、A、B、C、D、E、F。在这个系统中，十进制数 26 等于十六进制表示的 1A，因为 26/16=1，余数为 10(也就是 A)，而 1/16=0，余数为 1。

3. 编写一个程序，完成 4.1 节中的算法 delimiterMatching()。

4. 编写一个程序，完成 4.1 节中的算法 addingLargeNumbers()。

5. 编写一个程序，实现任意个大数的加法运算。至少有两种方法可以实现该程序：

    a. 首先将两个数相加，然后将前面相加的结果与后一个数字相加。

    b. 创建一个栈向量，同时对所有的栈使用 addingLargeNumbers() 的通用版本。

6. 编写一个程序，实现特大数的 4 个基本运算操作(+、-、*、/)，除法的结果应当还是整数。应用这些操作计算 123^{45} 的值，或者计算序列 $1*2+3$、$2*3^2+4$、$3*4^3+5$、... 的第 100 个数，另外应用这些操作计算算术表达式的 Gödel 数。

计算 Gödel 数的函数 GN，首先建立了语言的基本要素和数字的对应关系，如表 4-7 所示。

表 4-7　计算算术表达式的 Gödel 数

符　　号	Gödel 数 GN
=	1
+	2
*	3
-	4
/	5
(	6
)	7
^	8
0	9
S	10
x_i	$11+2*i$
X_i	$12+2*i$

其中 S 是后继函数。对于任意公式 $F = s_1 s_2 ... s_n$ 有：

$$GN('s_1 s_2 ... s_n') = 2^{GN(s_1)} * 3^{GN(s_2)} * ... * p_n^{GN(s_n)}$$

其中 p_n 是第 n 个素数。例如：

$$GN(1) = GN(S0) = 2^{10} * 3^9$$

$$GN('x_1 + x_3 = x_4') = 2^{11+2} * 3^2 * 5^{11+6} * 7^1 * 11^{11+8}$$

利用这种方法，每个算术表达式可以赋予一个唯一的值。Gödel 利用这个方法证明了一些理论，即 Gödel 理论，该理论对于数学的基础极为重要。

7. 编写一个程序，实现特大浮点数的加法，并将这个程序扩展到其他算术操作。

参考书目

队列

Sloyer, Clifford, Copes, Wayne, Sacco, William, and Starck, Robert, *Queues: Will This Wait Never End!* Providence, RI: Janson, 1987.

优先队列

Blackstone, John H., Hogg, Gary L., and Phillips, Don T., "A Two-List Synchronization Procedure for Discrete Event Simulation," *Communications of the ACM* 24 (1981), 825-829.

Hendriksen, James O., "An Improved Events List Algorithm," *Proceedings of the 1977 Winter Simulation Conference,* Piscataway, NJ: IEEE, 1977, 547-557.

Hendriksen, James O., "Event List Management—A Tutorial," *Proceedings of the 1983 Winter Simulation Conference,* Piscataway, NJ: IEEE, 1983, 543-551.

Jones, Douglas W., "An Empirical Comparison of Priority-Queue and Event-Set Implementations," *Communications of the ACM* 29 (1986), 300-311.

第 5 章

递　　归

5.1　递归定义

定义新对象或者新概念的基本规则之一是：定义中只能包含已经定义过的或含义明显的术语。因此，如果对象根据它自身来定义，就严重违反了这一规则，导致恶性循环。而另一方面，有许多编程概念是根据自身定义的。此时，需要给定义加上形式约束，以保证其满足存在性和唯一性，不违反上述的规则。这样的定义称为递归定义，主要用于定义无限集合。定义无限集合时，不可能列举出该集合的所有元素，对于一些大的有限集合也是如此。这样就需要一种更有效的方法来判断对象是否属于某个集合，而递归就是这样一种方法。

递归定义由两部分组成。第一部分称为锚(anchor)或者基例(ground case)，列出了产生集合中其他元素的基本元素。第二部分给出由基本元素或已有对象产生新对象的构造规则。这些规则被反复使用，从而产生新的对象。例如，要构造自然数的集合，取 0 为基本元素，并给出累加 1 的操作，如下所示：

(1) $0 \in N$；

(2) 如果 $n \in N$，那么 $(n+1) \in N$；

(3) 集合 N 中再没有其他对象。

(需要更多的公理才能保证这些规则只会构造出我们所认为的自然数集合)。

根据这些规则，自然数集合 N 包含以下对象：0、0+1、0+1+1、0+1+1+1 等等。尽管集合 N 包括了我们认为的自然数对象(并且只包括这些对象)，但是这样的定义会产生难以处理的元素列表。您能想象出使用这样的定义处理巨大数字间算术运算的情形吗？所以，使用下面的这个定义将更便于处理，它包括了所有的自然数。

(1) 0、1、2、3、4、5、6、7、8、9 $\in N$；

(2) 如果 $n \in N$，那么 $n0$、$n1$、$n2$、$n3$、$n4$、$n5$、$n6$、$n7$、$n8$、$n9 \in N$；

(3) 集合 N 中只包含自然数。

这样集合 N 包括了由 0 到 9 的所有可能的组合。

递归定义的目的有两个：一是产生新的元素(前面已经提到)，二是测试一个元素是否属于某个集合。在测试过程中，问题可以简化为更简单的问题，如果简化后的问题还是太复杂，就进一步简化，以此类推，直至简化到初始条件可以解决的问题为止。例如，判断 123 是否为自然数。根据集合 N 定义的第二个条件，如果 12∈N，则 123∈N，而第一个条件已经说明 3∈N；如果 1∈N，且 2∈N，则 12∈N，显然 1 和 2 都属于 N，所以 12 属于 N，123 也属于 N。

有时将一个问题分解为同类型的几个更简单的子问题很容易办到，比如 9.3.3 小节讨论的快速排序；有时却很难实现，本章很快就会接触到这类问题。

递归定义常用来定义函数和数列。例如，阶乘函数(!)可以按照以下的方式定义：

$$n! = \begin{cases} 1 & n = 0(初始条件) \\ n \cdot (n-1)! & n > 0(归纳步骤) \end{cases}$$

根据这一定义，可以产生数列：

$$1, 1, 2, 6, 24, 120, 720, 5040, 40320, 362880, 3628800, \ldots$$

其中包括了数 0、1、2、…、10、…的阶乘。

下面给出另一个示例，定义：

$$f(n) = \begin{cases} 1 & n = 0 \\ f(n-1) + \dfrac{1}{f(n-1)} & n > 0 \end{cases}$$

会产生有理数序列：

$$1, 2, \frac{5}{2}, \frac{29}{10}, \frac{941}{290}, \frac{969\,581}{272\,890}, \ldots$$

序列的递归定义有一个不好的特性：为了确定序列中一个元素 s_n 的值，首先需要计算这个元素之前所有元素($s_1, s_2, \ldots, s_{n-1}$)的值或其中一部分。例如，计算 3!的值需要首先计算 0!、1!和 2!的值。对于计算而言，这种特性并不受欢迎，因为这要求迂回计算。因此，我们想寻求一种等价的定义或者等式，在计算一个元素的值时不需要考虑其他元素的值。找到这样的等式一般较困难，有时根本找不到。然而，等式比递归定义更可取，因为它简化了计算过程，不需要计算第 0、1、…、$n-1$ 个元素的值就可以得到第 n 个元素的值。例如，序列 g 定义为：

$$g(n) = \begin{cases} 1 & n = 0 \\ 2 \cdot g(n-1) & n > 0 \end{cases}$$

可以转化成较简单的等式：

$$g(n) = 2^n$$

在前面的讨论中，递归定义只进行理论处理，如同数学上使用的定义一样。我们的兴趣自然是在计算机科学上面。递归定义广泛应用的一个领域是编程语言的语法规范。所有的编程语言手册(无论是作为附录或者贯穿全文)都包括了所有合法语言元素的规范。语法按照方块图或者巴科斯范式(Backus-Naur Form，BNF)进行说明。例如，在 C++语言中，语句的定义可以以方块图的形式表示为：

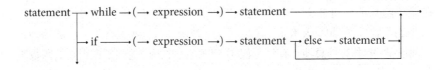

或者以 BNF 的形式表示为：

```
<statement> ::= while (<expression>) <statement>|
                if (<expression>) <statement> |
                if (<expression>) <statement> else <statement> |
                ...
```

语言元素<statement>定义为自身的递归形式。这样的定义可以自然地表示把句法结构创建为嵌套语句或嵌套表达式。

在编程中也使用递归定义。实际上不需要花什么力气就可以将函数的递归定义转化为 C++实现形式。我们只需要简单地将形式定义转化为 C++语法即可。例如用 C++实现阶乘的函数如下所示：

```cpp
unsigned int factorial(unsigned int n) {
  if (n == 0)
      return 1;
  else return n * factorial (n - 1);
}
```

问题好像变得更加严重了，因为函数调用本身能否正常工作还没有弄清楚，更不用说返回正确的结果了。本章将说明这样的函数是可以正常运行的。大多数计算机上的递归定义最终是使用运行时栈来实现的，但实现递归的所有工作是由操作系统完成的，源代码没有指示自身是如何运行的。E. W. Dijkstra 提出了使用栈实现递归过程的想法。为了更好地理解递归，了解其工作原理，有必要讨论函数调用过程，并了解在函数调用和退出时系统所执行的操作。

5.2 函数调用与递归实现

调用函数时会发生什么？如果这个函数有形参，形参就初始化为实参传递来的值。另外，函数结束后，系统需要知道从哪里继续执行程序。一个函数可以被其他函数调用，也可以被主函数(函数main())调用。指示函数从何处调用的信息保存在系统中。为了做到这一点，返回地址被存储在主内存中留出的特定区域，不过我们事先并不知道需要多大的存储空间，单独为了这个目的分配太大的空间又不合算。

对于函数调用来说，需要存储的信息不只是返回地址。因此，使用运行时栈进行动态分配效果会更好一些。但是，调用函数时哪些信息需要保存呢？首先，必须保存局部变量。如果函数 f1()(包含局部变量 x 的声明)调用了函数 f2()(也声明了局部变量 x)，系统必须区分这两个变量 x。如果函数 f2()使用了变量 x，则使用的是它自身的变量 x；如果函数 f2()对 x 赋了值，属于函数 f1()的 x 值保持不变。当函数 f2()执行完毕后，函数 f1()中的 x 值仍然是在调用 f2()之前所赋的值。这一点在本章特别重要，当函数 f1()和函数 f2()相同时，即一个函数递归调用自身时，系统怎样区分这两个变量 x 呢？

每个函数(包括主函数main())的状态由以下因素决定：函数中所有局部变量的内容，函数参数的值，表明在调用函数的何处重新开始的返回地址。包含所有这些信息的数据区称为活动记录(activation record)或者栈框架(stack frame)，位于运行时栈。只要函数在执行，其活动记录就一直存在。这个记录是函数的私有信息池，存储了程序正确执行并正确返回到调用它的函数所需的所有信息。活动记录的寿命一般很短，因为活动记录在函数开始执行时得到动态分配的空间，在函数退出时释放其空间。主函数main()的活动记录的寿命比其他活动记录长。

活动记录通常包含以下信息：

- 函数所有参数的值；如果传递的是数组或按引用传递变量，则活动记录包含该数组第一个单元的地址或者该变量的地址；其他所有数据项的副本。
- 可以存储在其他地方的局部变量，活动记录只包含它们的描述符以及指向其存放位置的指针。
- 使得调用者重新获得控制权的返回地址，调用者指令的地址紧随这个调用之后。
- 一个指向调用程序的活动记录的指针，这是一个动态链接。
- 非 void 类型的函数的返回值。活动记录的空间大小随调用的不同而不同，返回值放在调用程序活动记录的正上方。

上面提到，无论函数由主函数 main()还是其他函数调用，都会在运行时栈中建立活动记录。运行时栈总是反映函数的当前状态。例如，假定主函数 main()调用函数 f1()，函数 f1()调用函数 f2()，函数 f2()调用函数 f3()。如果函数 f3()正在运行，运行时栈中的状态如图 5-1 所示。根据栈的特性，如果将栈指针移到紧挨着函数 f3()返回值的下方，函数 f3()的活动记录从栈中弹出，然后函数 f2()继续执行，并能自由访问该函数重新执行所需的私有信息池。另一方面，如果 f3()调用了另一个函数 f4()，运行时栈的空间将增大，因为函数 f4()的活动记录在该栈上创建，而函数 f3()将暂停执行。

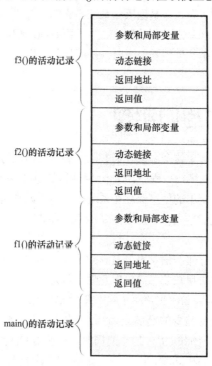

图 5-1　当主函数 main()调用函数 f1()，函数 f1()调用 f2()，函数 f2()调用 f3()时运行时栈的内容

　　无论在什么时候调用函数，都会创建活动记录，这使得系统可以正确处理递归。递归只是被调用函数的名称正好和调用者相同。因此，递归调用不是表面上的函数调用自身，而是一个函数的实例调用同一个函数的另一个实例。这些调用在内部表示为不同的活动记录，并由系统区分。

5.3　分析递归调用

　　作为递归函数的一个示例，可以定义一个数 x 的非负整数 n 次幂的函数。这个函数最直接的定义是：

$$x^n = \begin{cases} 1 & n = 0 \\ x \cdot x^{n-1} & n > 0 \end{cases}$$

　　可以直接根据幂的定义写出计算 x^n 的 C++ 函数：

```
/* 102 */ double power (double x,unsigned int n) {
/* 103 */     if (n == 0)
/* 104 */         return 1.0;
          // else
/* 105 */         return x * power(x,n-1);
          }
```

　　使用这个定义，x^4 的值可以按照下面的方式计算：

$$x^4 = x \cdot x^3 = x \cdot (x \cdot x^2) = x \cdot (x \cdot (x \cdot x^1)) = x \cdot (x \cdot (x \cdot (x \cdot x^0)))$$
$$= x \cdot (x \cdot (x \cdot (x \cdot 1))) = x(x \cdot (x \cdot (x))) = x \cdot (x \cdot (x \cdot x))$$
$$= x \cdot (x \cdot x \cdot x) = x \cdot x \cdot x \cdot x$$

　　重复应用归纳步骤最终会到达基例，基例是递归调用链中的最后一步。基例 1 作为 x 的 0 次幂；该结果回传给前一次的递归调用。该次调用执行之前处于悬挂状态，此时返回其执行结果，$x \cdot 1 = x$。等待这一结果的第三次调用开始计算其结果，也就是 $x \cdot x$，并返回该值。然后这个结果由第二次调用接收，并将它乘以 x，然后将结果 $x \cdot x \cdot x$ 返回给函数 power() 的第一次调用。这次调用接收 $x \cdot x \cdot x$，并返回最终的结果。这样，每次新的调用都增加了递归的级数，如下所示：

第 1 次调用	$x^4 = x \cdot x^3$	$= x \cdot x \cdot x \cdot x$
第 2 次调用	$x \cdot x^2$	$= x \cdot x \cdot x$
第 3 次调用	$x \cdot x^1$	$= x \cdot x$
第 4 次调用	$x \cdot x^0$	$= x \cdot 1 = x$
第 5 次调用	1	

　　或者表示为下面的形式：

第 1 次调用	power(x,4)
第 2 次调用	power(x,3)
第 3 次调用	power(x,2)
第 4 次调用	power(x,1)

第 5 次调用				power(x,0)
第 5 次调用				1
第 4 次调用			x	
第 3 次调用		$x \cdot x$		
第 2 次调用	$x \cdot x \cdot x$			
第 1 次调用	$x \cdot x \cdot x \cdot x$			

函数在执行时，系统在做什么呢？我们知道，系统跟踪运行时栈上的所有调用。系统为每一行代码指定一个数[1]，如果这一行是一个函数调用，这个数就是返回地址。系统使用这个地址来记录函数执行完毕后从哪个位置继续运行程序。对于这个示例而言，假定系统对函数 power()中的代码行指定从 102 到 105 的数字，函数 power()通过以下语句在主函数 main()中被调用：

```
          int main()
          { ...
/* 136 */   y = power(5.6,2);
            ...
          }
```

递归调用的跟踪比较简单，因为大多数操作都在运行时栈上完成，如下所示：

第 1 次调用	power(5.6,2)		
第 2 次调用		power(5.6,1)	
第 3 次调用			power(5.6,0)
第 3 次调用			1
第 2 次调用		5.6	
第 1 次调用	31.36		

在第一次调用该函数时，有 4 项被压入运行时栈：返回地址 136、实参 5.6 和 2，以及为 power()的返回值保留的位置。图 5-2(a)描述了这种情况(在本图以及后续的图中，SP 指栈指针，AR 指活动记录，问号代表为返回值保留的位置。地址和函数参数都是数字，为了区分数值和地址，给地址加了圆括号)。

现在运行函数 power()。首先检测到第二个参数的值为 2，因为该参数的值不为 0，所以函数 power()试图返回 5.6 · power(5.6,1)的值。但这不能立即实现，因为系统不知道 power(5.6,1)的值。应该先计算 power(5.6,1)。因此，通过参数 5.6 和 1 再次调用 power()。不过在这次调用之前，在运行时栈中放入了新的元素，图 5-2(b)显示了栈中的内容。

接着，再一次检测第二个参数的值是否为 0。因为该参数为 1，所以对 power()进行第三次调用，这次参数的值为 5.6 和 0。在该函数运行之前，系统记下参数和返回地址，将其放到运行时栈中，同时为结果分配了一个存储位置。图 5-2(c)给出了栈中的新内容。

接着，问题出现了：第二个参数等于零吗？由于该调用的结果最终是一个具体的值(即 1.0)，可以返回并保存到栈上，所以该函数可以结束，而不必调用其他函数。这时，运行时栈中尚有两个挂起的调用(都是对 power()的调用)需要完成。怎样实现呢？系统首先删除刚刚结束的函数 power()的活

---

1 这不太精确，因为系统使用机器码而不是源代码来执行程序。这意味着一行源代码通常由几条机器指令实现。

动记录，这通过逻辑方式实现，即从栈中弹出该函数的所有内容(结果、两个参数和返回地址)。我们说"逻辑实现"是因为在物理上这些内容仍在栈中，只是栈指针 SP 相应减小了。这很重要，因为结果还没有使用，我们不希望该结果受到破坏。在函数 power()的最后一次调用之前和之后，栈看上去都是相同的，不过栈指针 SP 的值发生了变化(如图 5-2(d)和图 5-2(e)所示)。

现在对函数 power()的第二次调用可以完成了，因为它等待函数调用 power(5.6,0)的结果。这个结果 1.0 乘以 5.6，然后存放在为结果分配的字段中。之后，系统减小 SP 的值，将当前的活动记录从栈中弹出，这样，需要第二次调用结果的第一次调用就执行完毕了。图 5-2(f)显示了改变 SP 值之前栈中的内容，图 5-2(g)显示了改变 SP 值之后栈的内容。这时，函数 power()将第二次调用的结果5.6 乘以它的第一个参数(也是 5.6)，完成其第一次调用。现在系统返回到调用 power()的函数，并将最终值 31.36 赋给 y。在此赋值动作执行之前，栈中的内容如图 5-2(h)所示。

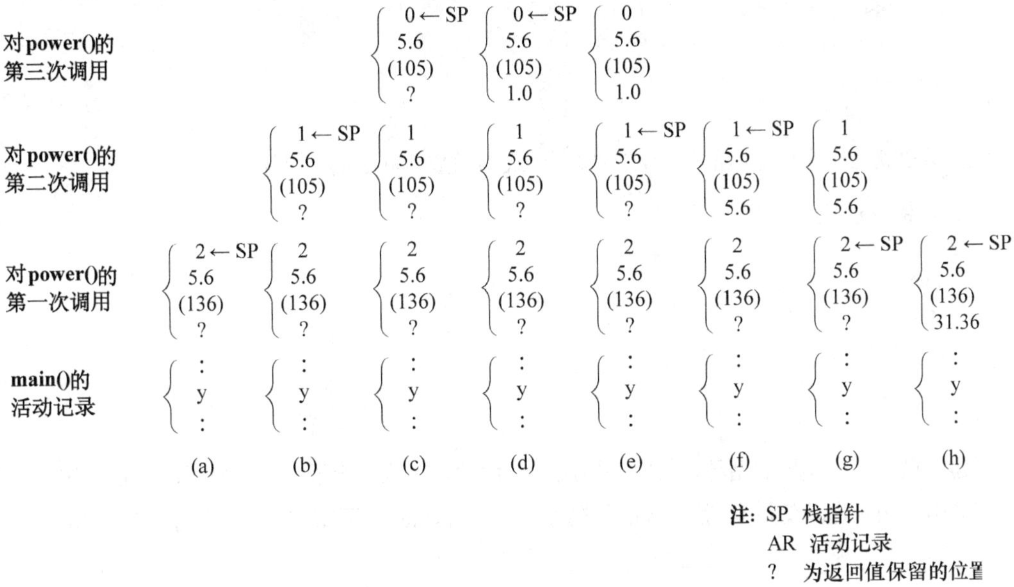

图 5-2　power(5.6, 2)执行期间运行时栈的变化

函数 power()可以用另一种方法来实现，不使用任何递归，如下所示：

```cpp
double nonRecPower(double x,unsigned int n) {
    double result = 1;
    for (result = x; n > 1; --n)
        result *= x;
    return result;
}
```

使用递归比使用循环有什么好处呢？递归看上去更直观一些,因为它类似于幂函数的原始定义。这个定义可以用 C++简单地表示出来，而不改变定义的原始结构。递归提高了程序的可读性，简化了编程工作。在这个例子中，非递归版本的代码与递归版本的代码没有特别明显的差别，但对大部分递归的实现形式而言，其代码要比非递归的实现形式简短。

5.4 尾递归

所有的递归定义都包含对集合或已定义函数的引用。有多种实现方法可以实现该引用,可以直接实现,也可以以复杂的形式实现,可以一次实现也可以多次实现。递归存在许多级别和许多不同量级的复杂度。下面几节将讨论其中的一些类型,先从最简单的类型——尾递归——开始。

尾递归的特点是:在每个函数实现的末尾只使用一个递归调用。也就是说,当进行调用时,函数中没有其他剩余的语句要执行;递归调用不仅是最后一条语句,而且在这之前也没有其他直接或间接的递归调用。例如,函数 tail() 定义为如下的形式:

```
void tail(int i) {
  if (i > 0) {
    cout << i << '';
    tail(i - 1);
  }
}
```

这个函数就是一个尾递归的例子,而如下形式的函数 nonTail() 不是尾递归。

```
void nonTail (int i) {
  if (i > 0) {
    nonTail(i - 1);
    cout << i << '';
    nonTail(i - 1);
  }
}
```

尾递归只是一个变形的循环,很容易用循环来代替。在这个例子中,用循环替换 if 语句,并根据递归调用的级别递减变量 i,就可以取代尾递归。这样,tail() 可以用一个迭代函数来表示:

```
void iterativeEquivalentOfTail (int i) {
  for ( ; i > 0; i--)
    cout << i << '';
}
```

尾递归与迭代相比有什么优点呢? 对于 C++ 等语言而言,优势并不明显,但在 Prolog 等没有明确循环结构(循环是通过递归模拟的)的语言中,尾递归的优势十分突出。在含有循环或类似结构(例如 if 语句加上 goto 语句)的语言中,不推荐使用尾递归。

5.5 非尾递归

可以用递归实现的另一个问题是将输入行以相反的顺序输出。下面是一个简单的递归实现:

```
/* 200 */ void reverse() {
              char ch;
/* 201 */     cin.get(ch);
/* 202 */     if (ch != '\n') {
```

```
/* 203 */          reverse();
/* 204 */          cout.put(ch);
            }
      }
```

诀窍在哪里？看上去函数没有做任何事情。但实际上由于递归的作用，该函数确实能完成其设计目标。假设由主函数 main() 调用函数 reverse()，其输入是字符串"ABC"。首先创建一个活动记录，为变量 ch 和返回地址留出位置。不需要为结果保留位置，因为函数没有返回值，这可以从函数名前面的 void 看出来。函数 get() 读取第一个字符"A"。图 5-3(a) 显示了函数 reverse() 第一次递归调用它自身之前运行时栈的内容。

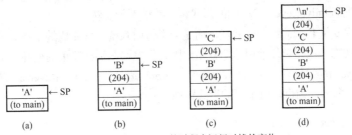

图 5-3　执行 reverse() 的过程中运行时栈的变化

接着，该函数读取第二个字符，并判断该字符是否为行末字符，如果不是，则再一次调用 reverse()。无论是否到达结尾，ch 的值都会同返回地址一起压入运行时栈。在第三次调用 reverse()(第二次递归) 之前，栈中多了两个数据项(见图 5-3(b))。

注意函数的调用次数和输入串的字符数(包括行末字符)相等。在此示例中，reverse() 被调用了 4 次，图 5-3(d) 显示了在最后一次调用期间运行时栈中的内容。

在第 4 次调用过程中，get() 得到了行末字符，且 reverse() 没有其他语句要执行。于是系统找出活动记录中的返回地址，并将 SP 减小一定的字节数，舍弃这个活动记录。程序从第 204 行继续运行，该行是一个输出语句。因为第三次调用的活动记录是当前有效的，所以 ch 的值"C"作为第一个字符输出。接着，删除第三次调用 reverse() 的活动记录，SP 指向存放字符"B"的单元。第二次调用完成时，字符"B"赋给 ch，然后执行第 204 行的语句，在屏幕上的"C"之后输出"B"。最后轮到第一次调用 reverse() 的活动记录。接着输出"A"，这样在屏幕上就可以看到字符串"CBA"。第一次调用完成后，程序在主函数 main() 中继续执行。

比较同一个函数的递归实现形式和非递归实现形式：

```
void simpleIterativeReverse() {
  char stack[80];
  register int top = 0;
  cin.getline(stack,80);
  for(top = strlen(stack) - 1; top >= 0; cout.put(stack[top--]));
}
```

这个函数很短，似乎比递归实现形式更加模糊。那么这两种实现之间的区别是什么？看上去非递归形式比较简短和简单，这主要是由于要反转的是字符串或字符数组，因此可以应用标准 C++ 库中的 strlen() 和 getline() 等函数。如果不使用这些函数，则迭代函数必须用不同的方式实现：

```
void iterativeReverse() {
  char stack[80];
  register int top = 0;
  cin.get(stack[top]);
  while(stack[top]!='\n')
    cin.get(stack[++top]);
  for(top -= 2; top >= 0; cout.put(stack[top--]));
}
```

while 循环取代了函数 getline()，变量 top 的自增语句取代了 strlen()。for 循环和前面的非递归版本基本相同。这个讨论不是纯理论的，因为将 stack 的数据类型由 char 改为 int 并修改 while 循环，就可以利用与函数 iterativeReverse()相同的形式将整数输入行反转。

注意数组使用变量名 stack 并非偶然，而是为了将由系统隐含完成的工作展示出来。这个栈取代了运行时栈的功能。在此必须使用这个数组，因为像尾递归那样简单的循环是不够的。此外，递归版本中的语句 put()需要解释一下。还要注意变量 stack 是函数 iterativeReverse()的局部变量。不过，如果使用全局栈对象 st，则可以以下面的形式实现：

```
void nonRecursiveReverse() {
  int ch;
  cin.get(ch);
  while (ch != '\n') {
    st.push(ch);
    cin.get(ch);
  }
  while(!st.empty())
    cout.put(st.pop());
}
```

其中 Stack<char> st 在函数之外声明。

将 iterativeReverse()和 nonRecursiveReverse()相比较，可以断定前者更好一些，因为它更快，不需要函数调用，并且函数是自包含的。而 nonRecursiveReverse()在每次的循环迭代中至少调用了一次函数，降低了执行速度。

无论采用哪一种方式，将非尾递归形式转化为迭代形式都需要显式地使用栈。而且，将函数由递归形式转化为迭代形式，程序的清晰度会降低，程序的表述也不再简明。递归 C++函数的迭代形式不像其他语言那样繁琐，所以程序的简短性问题不大。

本节的最后考虑 von Koch 雪花的构建问题。该曲线是 1904 年由瑞典数学家 Helge von Koch 作为一个连续且不可微分的曲线的例子构造出来的，这个曲线以无限的长度围出一个面积有限的区域，它是雪花的一个无限序列，雪花序列的前三个图案如图 5-4 所示。实际的雪花有 6 个花瓣，即包含两个这样的曲线，但为了便于算法的实现，将其当作三个不同角度的曲线连接在一起而成。该曲线可按照下面的方式画出：

(1) 将一个长度 side 平均分成三部分；

(2) 将 1/3 的 side 按照 angle 指定的方向放好；

(3) 向右旋转 60°(即旋转-60°)，将 1/3 的 side 放在这个方向；

(4) 再向左旋转 120°，将 1/3 的 side 放在这个方向；

(5) 再向右旋转 60°，并画一条长度为 side 的 1/3 的直线。

图 5-4　von Koch 雪花示例

图 5-5 给出了这 5 个步骤的结果。如果对每个 side/3 长度的线段再按照上述 5 个步骤画 4 条线段，这 4 条线段就变成整个曲线的缩影，整个线段将变得更加参差不齐。结果会画出 16 个长度为 side/9 的直线。这个过程可以无限继续下去，至少在理论上如此。但是计算机图像分辨率阻止我们无限进行下去，因为如果直线的长度小于像素的直径，在屏幕上就只能看到一个点。

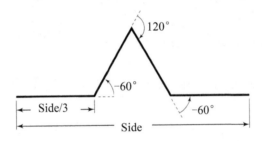

图 5-5　绘制部分 von Koch 雪花 4 条边的过程

在每个循环中，上述的 5 个步骤绘制 4 条长度为 side/3 的直线，而不是只画一条长度为 side/3 的直线。这 4 条线段可以利用前面的循环变为直线的组合。这种场合非常适合使用递归，这可以从下面的伪代码看出来：

```
drawFourLines(side, level)
   if (level = 0)
      画一条直线;
   else
      drawFourLines(side/3, level-1);
      向左旋转 60°;
      drawFourLines(side/3, level-1);
      向右旋转 120°;
      drawFourLines(side/3, level-1);
      向左旋转 60°
      drawFourLines(side/3, level-1);
```

这段伪代码几乎不用进行任何改动，就可以转化为 C++代码(程序清单 5-1)。

程序清单 5-1　von Koch 雪花的递归实现

```
//*********************** vonKoch.h ***********************
//                    Visual C++ program
//        A header file in a project of type MFC Application.

#define _USE_MATH_DEFINES
```

```
#include <cmath>

class vonKoch {
public:
    vonKoch(int,int,CDC*);
    void snowflake();
private:
    double side, angle;
    int level;
    CPoint currPt, pt;
    CDC *pen;
    void right(double x) {
        angle += x;
    }
    void left (double x) {
        angle -= x;
    }
    void drawFourLines(double side, int level);
};

vonKoch::vonKoch(int s, int lvl, CDC *pDC) {
    pen = pDC;
    currPt.x = 200;
    currPt.y = 100;
    pen->MoveTo(currPt);
    angle = 0.0;
    side = s;
    level = lvl;
}

void vonKoch::drawFourLines(double side, int level) {
    // arguments to sin() and cos() are angles
    // specified in radians, i.e., the coefficient
    // PI/180 is necessary;
    if (level == 0) {
        pt.x = int(cos(angle*M_PI/180)*side) + currPt.x;
        pt.y = int(sin(angle*M_PI/180)*side) + currPt.y;
        pen->LineTo(pt);
        currPt.x = pt.x;
        currPt.y = pt.y;
    }
    else {
        drawFourLines(side/3,level-1);
        left (60);
        drawFourLines(side/3,level-1);
        right(120);
        drawFourLines(side/3,level-1);
        left (60);
        drawFourLines(side/3,level-1);
    }
}
```

```
void vonKoch::snowflake() {
    for (int i = 1; i <= 3; i++) {
        drawFourLines(side,level);
            right(120);
    }
}

// The function OnDraw() is generated by Visual C++ in snowflakeView.cpp
// when creating a snowflake project of type MFC Application;

#include "vonKoch.h"
void CSnowflakeView::OnDraw(CDC* pDC)
{
    CSnowflakeDoc* pDoc = GetDocument();
    ASSERT_VALID(pDoc);
    if (!pDoc)
            return;

    // TODO: add draw code for native data here

    vonKoch(200,4,pDC).snowflake();
}
```

5.6　间接递归

前面的各节只讨论了直接递归，即函数 f() 调用自身。函数 f() 还可以通过一系列其他调用来间接地调用自身。例如，函数 f() 调用函数 g()，函数 g() 调用函数 f()。这是间接调用最简单的情况。

中间调用链可以为任意长度，如下所示：

```
f() -> f1() -> f2() -> ... -> fn() -> f()
```

还有一种情况，函数 f() 通过不同的中间调用链间接调用自身。所以，除了刚才给出的调用链，还存在另一种调用链。例如：

```
f() -> g1() -> g2() -> ... -> gm() -> f()
```

以信息解码的 3 个函数为例来说明这种情况。函数 receive() 将输入的信息存放到缓存中，函数 decode() 将它转化为可识别的形式，函数 store() 将它保存到文件中。receive() 的缓存满了之后调用 decode()，接着函数 decode() 完成任务之后，将具有已解码信息的缓存提交给函数 store()。函数 store() 完成它的任务之后，调用函数 receive()，使用同一个缓存截取更多的编码信息。因此得到如下的调用链：

```
receive() -> decode() -> store() -> receive() ->decode() -> ...
```

当没有新的信息到达时调用结束。这三个函数的运行方式如下所示：

```
receive(buffer)
    while buffer 未满
        if 信息还在继续到来
            获取一个字符并将它存放在 buffer 中;
```

```
        else exit();
        decode(buffer);

decode(buffer)
    对 buffer 中的信息进行解码;
    store(buffer);

store(buffer)
    将 buffer 中的信息转移到文件中;
    receive(buffer);
```

另一个数学色彩更浓的例子是计算三角函数的公式,包括正弦、余弦及正切函数。

$$\sin(x) = \sin\left(\frac{x}{3}\right) \cdot \frac{\left(3 - \tan^2\left(\frac{x}{3}\right)\right)}{\left(1 + \tan^2\left(\frac{x}{3}\right)\right)}$$

$$\tan(x) = \frac{\sin(x)}{\cos(x)}$$

$$\cos(x) = 1 - \sin\left(\frac{x}{2}\right)$$

与普通的递归一样,此处必须存在一个基例,以避免陷入递归调用的无限循环中。对于正弦函数,可以使用下面的近似公式:

$$\sin(x) \approx x - \frac{x^3}{6}$$

x 的值越小,该公式越精确。为了计算数 x 的正弦(x 的绝对值大于假定的容差),需要直接计算 $\sin(x/3)$,正切需要间接使用 $\sin(x/3)$,正切以及余弦需要间接使用 $\sin(x/6)$。如果 $x/3$ 的绝对值足够小,就不需要其他的递归调用。可以将所有的调用表示为树状图,如图 5-6 所示。

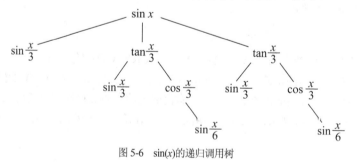

图 5-6 $\sin(x)$ 的递归调用树

5.7   嵌套递归

另一种更复杂的递归情况是:函数不仅根据其自身进行定义,而且还作为该函数的一个参数进行传递。下面的定义就是这样一个嵌套示例:

$$h(n) = \begin{cases} 0 & n = 0 \\ n & n > 4 \\ h(2 + h(2n)) & n \leqslant 4 \end{cases}$$

函数 h 对所有的 n≥0 都有解。对于 $n > 4$ 和 $n = 0$，这是显然的，但是对于 $n=1$、2、3 和 4，就需要进行证明。例如，$h(2)=h(2+h(4))=h(2+h(2+h(8)))=12$($n=1$、3 和 4 时，$h(n)$ 的值是多少？)

Wilhelm Ackermann 在 1928 年提出一个非常重要的函数，后来 Rozsa Peter 又对其进行了修正，这是嵌套递归的又一个示例：

$$A(n,m) = \begin{cases} m+1 & n = 0 \\ A(n-1,1) & n > 0, \ m = 0 \\ A(n-1, A(n, m-1)) & \text{其他情况} \end{cases}$$

这个函数很有趣，因为它增长的速度特别快，以至于不能用包含算术运算符(加法、乘法、指数)的公式表示。为了说明 Ackermann 函数的增长率，只需观察

$$A(3,m) = 2^{m+3} - 3$$
$$A(4,m) = 2^{2^{2 \cdots 2^{16}}} - 3$$

其指数栈中含有 m 个 2；$A(4,1) = 2^{2^{16}} - 3 = 2^{65536} - 3$，这个数甚至已经超过了宇宙中原子的数目(根据目前的理论认为宇宙中原子的数目为 10^{80})。

这个定义可以十分完美地转换成 C++ 形式，但使用非递归形式表示 3 则非常麻烦。

5.8　不合理递归

使用递归的好处是逻辑上的简单性和可读性，其代价是降低了运行速度，与非递归方法相比，在运行时栈中存储的内容更多。如果递归的次数太多(例如计算 $5.6^{100\,000}$)，就会用尽栈空间并导致程序崩溃。但是递归调用的次数通常比 100 000 小得多，所以栈溢出的情况不大会发生[2]。但是，如果某个递归函数重复计算某些参数，即使是非常简单的问题，运行时间也会非常长。

下面考虑 Fibonacci 数列。Fibonacci 数列的定义如下：

$$Fib(n) = \begin{cases} n & n < 2 \\ Fib(n-2) + Fib(n-1) & \text{其他情况} \end{cases}$$

这个定义表明前两个数为 0 和 1，数列中其他的数都是其两个前驱的和。这些前驱又是其前驱的和，以此类推，直至数列的开始。根据定义，产生的数列为：

0, 1, 1, 2, 3, 5, 8, 13, 21, 34, 55, 89, ...

如何用 C++ 实现该定义呢？可以将其转化为递归形式，如下所示：

```
unsigned int Fib(unsigned int n) {
```

---

2 即使使用迭代算法来计算 $5.6^{100\,000}$ 的值，也不是没有麻烦，因为这个数太大了，甚至不能将其赋给 double 变量。因此，尽管该程序不会崩溃，但计算出来的值不正确，这可能比程序崩溃更危险。

```
   if (n < 2)
      return n;
   // else
         return Fib(n-2) + Fib(n - 1);
}
```

这个函数简单易懂，但是效率极低。为了认识这个问题，计算一下 Fib(6)，即数列的第 7 个数，它的值为 8。根据函数的定义，计算按照如下过程进行：

```
Fib(6)=               Fib(4)                +Fib(5)
   =     Fib(2)     +        Fib(3)          +Fib(5)
   =  Fib(0)+F(1)   +        Fib(3)          +Fib(5)
   =    0  + 1      +        Fib(3)          +Fib(5)
   =       1        +  Fib(1)+ Fib(2)        +Fib(5)
   =       1        +  Fib(1)+ Fib(0)+Fib(1)+Fib(5)
```

以此类推。

这只是计算过程的开始部分，其中还有一些简化操作。图 5-7 给出了这些计算的简明树状图。为了计算出 Fibonacci 数列的第 7 个元素，需要调用函数 Fib() 25 次，足见其效率之低。低效率的原因在于，系统忘了哪些已经计算过，以至于多次重复同样的计算。例如，参数 n=1 的函数 Fib()调用了 8 次，每次都得到相同的返回值 1。对于数列中的每一个数，函数都要计算出所有前驱的值，而没有考虑这些工作进行一次就够了。为了得到 Fib(6)=8，要先计算出 Fib(5)、Fib(4)、Fib(3)、Fib(2)、Fib(1)和 Fib(0)的值。要先计算出 Fib(4)、Fib(3)、Fib(2)、Fib(1)和 Fib(0)，才能计算出 Fib(5)的值。为了求 Fib(4)的值，需要计算出 Fib(3)、Fib(2)、Fib(1)和 Fib(0)的值，而这一计算与 Fib(5)的计算无关。

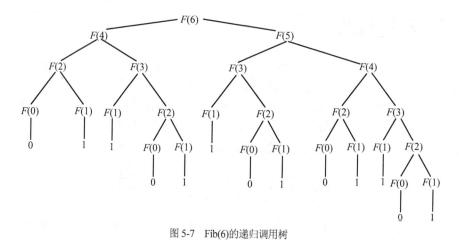

图 5-7　Fib(6)的递归调用树

可以证明，利用递归定义求 Fib(n)的加法次数是 Fib(n+1)-1。每个加法都带有两次调用，再加上最开始的调用，这意味着计算 Fib(n)需要调用 $2 \cdot$ Fib(n+1)-1 次 Fib()函数。即使对于相当小的 n，$2 \cdot$ Fib(n+1)-1 这个数也可能很大，如表 5-1 所示。

表 5-1 计算 Fibonacci 数所需的加法操作和递归调用的次数

n	Fib(n+1)	加 法 次 数	调 用 次 数
6	13	12	25
10	89	88	177
15	987	986	1 973
20	10 946	10 945	21 891
25	121 393	121 392	242 785
30	1 346 269	1 346 268	2 692 537

要求出 Fibonacci 数列的第 26 个数，需要进行将近 250 000 次的调用，而第 31 个数竟然需要将近 3 000 000 次的调用！递归算法虽然简单，可为此付出的代价太沉重了。因为调用的次数和运行时间随着 n 的增长按指数增长，除了特别小的数以外，基本上不会使用这种算法。

下面是一种比较简单的迭代算法：

```
unsigned int iterativeFib (unsigned int n) {
    if (n < 2)
        return n;
    else {
        register int i = 2, tmp, current = 1, last = 0;
        for ( ;i <= n; ++i) {
            tmp = current;
            current += last;
            last = tmp;
        }
        return current;
    }
}
```

对 n > 1，函数进行 n-1 次循环，除了 i 的自增之外，每次迭代中都有三次赋值操作和一次加法运算(表 5-2)。

表 5-2 计算 Fibonacci 数的递归算法和迭代算法的比较

n	加 法 次 数	赋 值	
		迭 代 算 法	递 归 算 法
6	5	15	177
10	9	27	177
15	14	42	1 973
20	19	57	21 891
25	24	72	242 785
30	29	87	2 692 537

此外还有一种计算 Fib(n) 的数学方法，该方法使用由 Abraham de Moivre 发现的公式：

$$Fib(n) = \frac{\phi^n - \hat{\phi}^n}{\sqrt{5}}$$

其中 $\phi = (1+\sqrt{5})/2$，$\hat{\phi} = 1-\phi = (1-\sqrt{5})/2 \approx -0.618034$。因为 $-1 < \hat{\phi} < 0$，随着 n 的增长，$\hat{\phi}^n$ 会变得非常小。因此，可以将其从公式中忽略，

$$\text{Fib}(n) = \frac{\phi^n}{\sqrt{5}}$$

近似为最近的整数。这提供了计算 Fibonacci 数的第三种方法。为了将结果四舍五入为最近的整数，使用函数 ceil()(用于取整):

```
unsigned int deMoivreFib (unsigned int n) {
    return ceil(exp(n*log(1.6180339897) - log(2.2360679775)) - .5);
}
```

试根据算法的定义验证这种实现形式。

5.9 回溯

在解决某些问题时，会出现一种情况: 从给定的位置出发有许多不同的路径，但不知道哪一条路径才能解决问题。尝试一条路径不成功后，我们返回出发的十字路口并尝试另一条路径，希望能找到解决的办法。但是必须保证这样的返回是可以实现的，而且可以尝试所有的路径。这种方法称为回溯，在尝试某些路径不成功后，可以系统地尝试从某一点出发的所有可能路径。使用回溯法可以回到出发的位置，这提供了成功解决问题的其他可能性。这种方法用于人工智能，八皇后问题就是可以通过回溯法解决的一个问题。

八皇后问题是把 8 个皇后放到棋盘中，使之不会相互攻击。根据国际象棋的规则，皇后可以吃掉放在与其同行、同列或同一斜线上的任一个棋子(如图 5-8 所示)。为了解决这个问题，先把第一个皇后放在棋盘上，再放上第二个皇后，使其不会吃掉第一个皇后，再放第三个皇后，使其不会和前两个发生冲突，以此类推，直至放上所有的皇后。如果第 6 个皇后找不到不与其他皇后冲突的位置，该怎么办? 我们为第 5 个皇后重新安排一个位置，再尝试第 6 个皇后。如果不行，就给第 5 个皇后再换一个位置。如果第 5 个皇后所有可能的位置都尝试过了，就需要移动第 4 个皇后，重新开始这一过程。这个过程的工作量非常大，其中大部分用于回溯到交叉路口，以尝试未试过的路径。然而由于使用了递归，从代码看，这一过程相当简单，用递归实现回溯非常自然。下面是这个回溯算法的伪代码(最后一行就是关于回溯的):

```
putQueen(row)
    for 同一行 row 上的每个位置 col
        if 位置 col 可以放皇后
            将下一个皇后放在位置 col 处;
            if (row < 8)
                putQueen(row + 1);
            else 成功;
            取走位置 col 上的皇后;
```

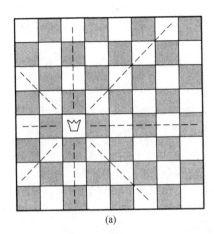
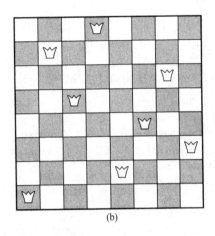

图 5-8　八皇后问题

这种算法可以找到所有可能的解，不过其中的某些解是对称的。

这一算法最自然的实现方法是声明一个表示棋盘的 8×8 数组 board，其元素是 0 和 1。这个数组初始化为 1，每当把一个皇后放在位置(r,c)，board[r][c] 就设置为 0。同时，函数将所有不能放置棋子的位置均设置为 0，即第 r 行和第 c 列上的所有位置，以及与(r,c)在同一条斜线上的所有位置。当回溯时，这些位置(这里指在同一行、同一列或者同一条斜线上的位置)再设置为 1，意味着又可以将皇后放在该位置了。需要多次才能找到皇后的合适位置，设置和重新设置是整个实现过程中最费时的部分。对每个皇后，有 22 到 28 个位置需要设置和重新设置，其中的 15 个是同一行或同一列的位置，7 到 13 个是同一斜线上的位置。

这种方法是从下棋者的角度来观察棋盘的，可以同时看到整个棋盘及所有棋子。但是，如果仅考虑这些皇后，就可以从它们的角度来观察棋盘。对于皇后来说，棋盘并不是划分为许多方块，而是划分为行、列以及斜线。如果皇后置于一个方块中，它并不局限于这个方块，这一方块所在的整个行、列和斜线均被视为其私有领地。这一思路可以用另一种数据结构来表示。

首先，为了简化问题，用 4×4 的棋盘代替常规的 8×8 棋盘。然后在程序中进行修改，以应用于常规的 8×8 棋盘。

图 5-9 给出了 4×4 棋盘。注意图上指示"左"的斜线上所有位置的横竖坐标加起来为 2，$r+c=2$；这个数字与这条对角线相关。一共有 7 条左斜线，与它们相关的数分别是 0 到 6。图上指示"右"的斜线上所有位置的横竖坐标之间的差值相同，$r-c=-1$，每条右斜线的这个值都不同。这样，给右斜线赋值为 -3 到 3。左斜线使用的数据结构是一个下标从 0 到 6 的简单数组。对右斜线而言，其数据结构也是一个数组，但是数组的下标不能为负数。因此该数组具有 7 个元素，但是考虑到表达式 $r-c$ 得到的负值，因此给 $r-c$ 统一加上一个数，从而避免数组越界。

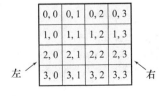

图 5-9　4×4 棋盘

对列来说，也需要一个类似的数组，但行不需要，因为皇后 i 沿着第 i 行移动，而所有小于 i

的皇后已置于小于 i 的各行上了。程序清单 5-2 给出了实现这些数组的源代码。程序使用了递归，所以比较短，从用户的角度来看，程序隐藏了一些行为。

程序清单5-2　八皇后问题的实现代码

```cpp
class ChessBoard {
public:
    ChessBoard();    // 8 x 8 chessboard;
    ChessBoard(int); // n x n chessboard;
    void findSolutions();
private:
    const bool available;
    const int squares, norm;
    bool *column, *leftDiagonal, *rightDiagonal;
    int *positionInRow, howMany;
    void putQueen(int);
    void printBoard(ostream&);
    void initializeBoard();
};

ChessBoard::ChessBoard() : available(true), squares(8), norm(squares-1)
{
    initializeBoard();
}
ChessBoard::ChessBoard(int n) : available(true), squares(n),
norm(squares-1) {
    initializeBoard();
}

void ChessBoard::initializeBoard() {
    register int i;
    column = new bool[squares];
    positionInRow = new int[squares];
    leftDiagonal = new bool[squares*2 - 1];
    rightDiagonal = new bool[squares*2 - 1];
    for (i = 0; i < squares; i++)
        positionInRow[i] = -1;
    for (i = 0; i < squares; i++)
        column[i] = available;
    for (i = 0; i < squares*2 - 1; i++)
        leftDiagonal[i] = rightDiagonal[i] = available;
    howMany = 0;
}
void ChessBoard::putQueen(int row) {
    for (int col = 0; col < squares; col++)
        if (column[col] == available &&
            leftDiagonal [row+col] == available &&
            rightDiagonal[row-col+norm] == available) {
            positionInRow[row] = col;
            column[col] = !available;
            leftDiagonal[row+col] = !available;
```

```
            rightDiagonal[row-col+norm] = !available;
        if (row < squares-1)
                putQueen(row+1);
        else printBoard(cout);
        column[col] = available;
        leftDiagonal[row+col] = available;
        rightDiagonal[row-col+norm] = available;
    }
}
void ChessBoard::findSolutions() {
    putQueen(0);
    cout << howMany << " solutions found.\n";
}
```

表 5-3、表 5-4、图 5-10 和图 5-11 给出了 putQueen()将 4 个皇后放进棋盘的步骤。表 5-3 给出了每次尝试放置一个皇后时的移动数、皇后数、行数和列数。表 5-4 给出了数组 positionInRow、cllumn、leftDiagonal 和 rightDiagonal 中发生的变化。图 5-10 表示在这 8 个步骤中运行时栈发生的变化。运行时栈中的所有变化都通过 for 循环每次迭代的活动记录来表示，每次迭代都调用一次 putQueen()。每个活动记录都存储了返回地址和 row、col 的值。图 5-11 给出了棋盘的变化，下面详细描述这些步骤：

表 5-3　根据函数 putQueen()实现 4 个皇后成功配置的步骤

步　骤	皇　后	row	col	结　果
{1}	1	0	0	
{2}	2	1	2	失败
{3}	2	1	3	
{4}	3	2	1	失败
{5}	1	0	1	
{6}	2	1	3	
{7}	3	2	0	
{8}	4	3	2	

表 5-4　函数 putQueen()导致 4 个数组的变化

positionInRow	column	leftDiagonal	rightDiagonal	row
(0,2,,)	(!a,a,!a,a)	(!a,a,a,!a,a,a,a)	(a,a,!a,!a,a,a)	0,1
{1}{2}	{1}　{2}	{1}　{2}	{2}　{1}	{1}　{2}
(0,3,1)	(!a,!a,a,!a)	(!a,a,a,!a,a,a)	(a,!a,a,!a,a,a)	1,2
{1}{3}{4}	{1}{4}{3}	{!1}　{4}{3}	{3}　{1}{4}	{3}{4}
(1,2,0,2)	(!a,!a,!a,!a)	(a,!a,!a,a,!a,!a,a)	(a,!a,!a,a,!a,!a,a)	0,1,2,3
{5}{6}{7}{8}	{7}{5}{8}{6}	{5}{7}　{6}{8}	{6}{5}{8}{7}	{5}{6}{7}{8}

(1) 首先将第一个皇后放在左上角(0,0)。因为是第一次移动，所以满足 if 语句的条件，我们将皇后放在这个方块中。皇后放好之后，第 0 列、右对角线、最左边的斜线都置为“不可再放”状态。在表 5-4 中，这一步中的{1}放在重置为!available 状态的单元下方。

(2) 因为 row<3，putQueen()调用它自身，参数为 row+1，不过在它运行之前，运行时栈中创建

了一个活动记录(如图 5-10(a)所示)。现在检测第二行(即 row==1)是否能够放置皇后。对于 col==0，第 0 列和第一个皇后在同一列上；对于 col==1，在右对角线上；对于 col==2，if 语句条件的三个部分都为真值。因此，第二个皇后放在位置(1, 2)上，所有 4 个数组的相应单元会立即反映出来。将第三个皇后放到第三行(row==2)上同样需要调用函数 putQueen()。对这一行上的所有位置进行测试，列数从 0 到 3，发现没有位置可以放置，因此程序从 for 循环中退出而没有执行 if 语句中的内容，本次对 putQueen()的调用完成。本次调用是由处理第二行的 putQueen()函数来执行的，现在控制权又交回到这个 putQueen()函数。

(3) 将 col 和 row 的值保存起来，将三个数组中的某些字段重置为 available 状态，继续执行 putQueen() 的第二次调用。因为 col==2，for 循环可以继续迭代。根据 if 语句中的测试结果，第二个皇后可以放在棋盘上，这次的位置是(1, 3)。

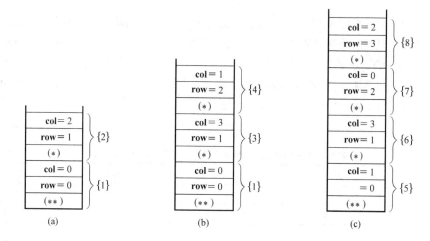

注意: **第一个活动记录中的地址，通过它返回到第一次调用 putQueen()的程序
*putQueen()内部的地址

图 5-10 putQueen()第一次成功完成时运行时栈的变化

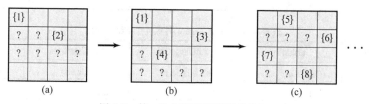

图 5-11 第一次成功配置时棋盘的变化

(4) 再次调用 putQueen()，其参数 row==2，第三个皇后放在(2,1)处。再调用一次 putQueen()之后，会发现第 4 个皇后没有合适的位置(如图 5-11(b))。由于无法再执行调用，因此从步骤(3)的调用重新开始，第三个皇后再一次改变位置，但无法找到合适的位置。此时 col 变为 3，for 循环结束。

(5) 重新执行 putQueen()的第一次调用，这一次第一个皇后的位置为(0,1)。

(6)~(8) 这一次的运行会很顺利，得到了一个完整的解决方案。

通过若干次调用，第一次成功地在 4×4 棋盘上放置了 4 个皇后，程序清单 5-3 给出了所有这些调用的记录。

程序清单 5-3 调用 putQueen()放置 4 个皇后的路线

```
putQueen(0)
  col = 0;
  putQueen(1)
    col = 0;
    col = 1;
    col = 2;
    putQueen(2)
      col = 0;
      col = 1;
      col = 2;
      col = 3;
    col = 3;
    putQueen(2)
      col = 0;
      col = 1;
      putQueen(3)
        col = 0;
        col = 1;
        col = 2;
        col = 3;
        col = 2;
        col = 3;
    col = 1;
    putQueen(1)
      col = 0;
      col = 1;
      col = 2;
      col = 3;
      putQueen(2)
        col = 0;
        putQueen(3)
          col = 0;
          col = 1;
          col = 2;
          success
```

5.10　小结

在了解了所有示例(后面还有一个)之后，对作为编程工具的递归有什么认识呢？与数据结构中的其他问题一样，应该在正确判断的基础上使用递归。什么时候使用递归、什么时候不使用递归，这没有通用的规则，应当视情况而定。递归的效率常常比等价的迭代形式低，但是如果递归程序花费的时间为 100 毫秒(ms)，而迭代程序花费的时间为 10ms，尽管后者的速度比前者快 10 倍，但其中的差别很难察觉到。递归程序的代码具有清晰性、可读性和简单性的特点，运行时间上的差距可以不考虑。递归方法比迭代方法一般要简单一些，和原始算法在逻辑上的一致性较好。阶乘函数和幂函数就是这样的例子，本章的后面还会看到一些更有趣的例子。

尽管每个递归过程都可以转化为迭代形式，但转化并不总是一件轻而易举的事情。特别是转化过程可能包括对栈的显式操作。这涉及时间和空间的权衡(time-space trade-off)：使用迭代方法常常需要用一种新的数据结构来实现栈的功能，而使用递归方法则减轻了程序员的工作量，即将工作转交给系统完成。无论使用哪种方法，如果涉及非尾递归，一般都需要程序员或者系统维护栈。但是程序员可以决定让谁来完成这项工作。

有两种场合，使用非递归的实现方式更为可取，尽管递归方法更自然一些。第一种情况是在所谓的实时系统中，快速响应对程序的正常运行至关重要。例如在军事环境中，在航天器中，或者在某些类型的科学实验中，响应时间是 10ms 还是 100ms 有很大的差别。第二种情况是鼓励程序员在多次执行的程序中避免使用递归，这种程序的最佳示例是编译器。

但是不要太死板地看待这些规则，因为有时递归实现比非递归实现的速度还快。硬件可能会带有内置的栈操作，显著提高了对运行时栈进行操作的函数的速度，比如递归函数。运行一个简单的程序，分别采用递归方式和迭代方式，并对两者的运行时间进行比较，这样会有助于决定是否应该采用递归方式——实际上，递归方式可以比迭代方式执行得更快。如果使用了尾递归，这样的测试就特别重要。如果在迭代方式中无法避免使用栈，则推荐使用递归方式，因为这两种方式的运行时间的差距不明显——一般不会相差 10 倍。

如果在计算结果时，程序中的某个部分毫无必要地重复，就应避免使用递归。Fibonacci 数列的计算就是一个很好的示例。该示例表明有时无法利用递归的简便性，而迭代可以克服运行时的限制和效率低的问题。递归实现是否会导致不必要的重复，并不能马上看出来，因此，绘制一个像图 5-7 那样的调用树会非常有效。这棵树表明了函数 Fib(n)对同一个变量 n 调用了许多次。给阶乘函数或幂函数绘制的调用树简化为一个链表，其中没有任何重复。如果这样的调用树特别"深"(即调用的级数很多)，程序就可能因为运行时栈的溢出而发生危险。如果调用树很"浅"并且很"茂密"，在同一级上有许多节点，则递归就是一种很好的方法——但重复的次数应适度。

5.11 案例分析：递归下降解释器

以任何语言编写的程序都必须转化为计算机系统可以执行的表示形式,这个转换过程并不简单。可以每次翻译一条可执行语句，然后立即执行，这种方式称为解释(interpretation)方式；也可以先翻译整个程序，然后执行，这种方式称为编译(compilation)方式。具体采用哪种方式取决于系统以及编程语言。但无论采用哪种方式，程序都不应包含违反编程语言语法的句子或者表达式。例如，如果给变量赋值，必须先写出变量，然后是等于号，最后是要赋的值。

毫无疑问，编写解释器(interpreter)是一项繁琐的工作。本案例就是受限编程语言的解释器样本。该语言只包括赋值语句，不包括任何声明、if-else 语句、循环、函数等。对于这种受限语言，我们将编写一个可以接受任何输入的程序，并实施下列两个任务：
- 判断它是否包含合法的赋值语句(这个过程称为解析);
- 求所有表达式的值。

该程序是一个解释器，不仅检查赋值语句在语法上是否正确，而且执行赋值操作。

程序按照以下方式运行。如果输入赋值语句:

```
var1 = 5;
var2 = var1;
var3 = 44/2.0 * ( var2 + var1 );
```

接着系统应该提示输入每个变量的值。例如,键入

```
print var3
```

之后,系统应该输出下面的内容

```
var3 = 220
```

如果要对当前所有变量求值,可以键入

```
status
```

该示例的输出值如下所示:

```
var3 = 220
var2 = 5
var1 = 5
```

所有的当前值都存放在 idList 中,如果有必要可以更新。因此,如果输入

```
var2 = var2 * 5;
```

然后输入

```
print var2
```

系统应该返回

```
var2 = 25
```

如果使用了未定义的标识符,或者语句和表达式没有遵循通用的语法规则,例如不匹配的圆括号、同一行有两个标识符等等,解释器就会给出一条信息。

编写该程序的方法很多,但是为了解释递归,我们选择了一种称为递归下降的方法。如图 5-12 所示,这种方法包括一些相互递归的函数。

图 5-12 定义了一条语句以及其中的各部分。例如,一个项(term)可以是一个因子(factor),或者一个因子后跟着乘号"*"(或除号/)以及另一个因子。而因子可以是一个标识符、一个数、圆括号中表达式,或带有负号的因子。在这种方法中,对语句的解析越来越详细。语句分解成各个成分,如果这些成分还是复合结构,则进一步分解,直至所有的成分都是最简单的语言元素(数、变量名、运算符和圆括号)为止。这样,程序从完整的句子分解为具体的元素。

图 5-12 表明递归下降是直接递归和间接递归相结合的过程。因子可以带有负号,表达式可以分解为一项,该项可以分解为一个因子,该因子可以再分解为表达式,也就是一项,直到找到标识符和数为止。因此,一个表达式可以由多个表达式组成,一个项可以由多个项组成,一个因子可以由多个因子组成。

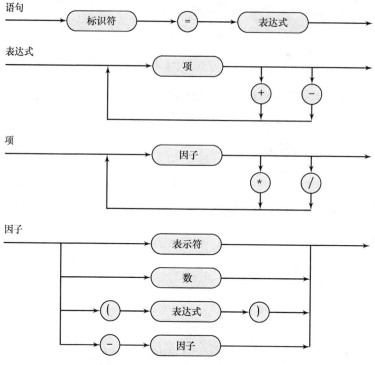

图 5-12　递归下降解释器使用的函数图

递归下降解释器是怎样实现的呢？最简单的方法是将图中的每个词都当成一个函数名。比如，term()是一个返回双精度值的函数。这个函数总是先调用函数 factor()，如果后面的非空字符是"*"或"/"，那么 term()再次调用 factor()。term()首先获得的值每次总是乘以或者除以 term()对 factor()的第二次调用返回的值。term()的每次调用都可以通过调用链 term() -> factor() -> expression() ->term()来引发 term()的下一次调用。函数 term()的伪代码如下所示：

```
term()
   f1 = factor();
   查看当前字符ch;
   while ch 是 / 或者 *
      f2 = factor();
      f1 = f1 * f2 或者 f1 / f2;
   return f1;
```

函数 expression()的结构完全相同，factor()的伪代码如下：

```
factor()
   处理因子前面的所有正负号;
   if 当前字符 ch 是一个字母
      将以 ch 开始的所有连续字母和数字保存到 id 中;
      return  赋给 id 的值;
   else if ch 是一个数字
      将以 ch 开始的所有连续数字保存到 id 中;
      return  串 id 表示的数;
   else if ch 是左圆括号
```

```
    e = expression();
    if ch 是右圆括号
        return e;
```

假定 ch 是一个全局变量，用来逐字扫描输入。

在伪代码中，我们假定用于求值的语句都是合法的。如果语句中存在错误，例如输入了两个等号，敲错了变量名，或者忘记了运算符，会发生什么情况呢？这个解释器会给出一个错误消息，并停止分析过程。程序清单 5-4 给出了这个解释器的完整代码。

程序清单 5-4　简单语言解释器的实现代码

```cpp
//*************************    interpreter.h    **********************

#ifndef INTERPRETER
#define INTERPRETER

#include <iostream>
#include <list>
#include <algorithm> // find()

using namespace std;

class IdNode {
public:
    IdNode(char *s = "", double e = 0) {
        id = strdup(s);
        value = e;
    }
    bool operator== (const IdNode& node) const {
        return strcmp(id,node.id) == 0;
    }
private:
    char *id;
    double value;
    friend class Statement;
    friend ostream& operator<< (ostream&, const IdNode&);
};

class Statement {
public:
    Statement() {
    }
    void getStatement();
private:
    list<IdNode> idList;
    char ch;
    double factor();
    double term();
    double expression();
    void readId(char*);
    void issueError(char *s) {
        cerr << s << endl; exit(1);
    }

    double findValue(char*);
```

```
        void processNode(char*, double);
        friend ostream& operator<< (ostream&, const Statement&);
    };

    #endif

    //*********************** interpreter.cpp ***********************

    #include <cctype>
    #include "interpreter.h"

    double Statement::findValue(char *id) {
        IdNode tmp(id);
        list<IdNode>::iterator i = find(idList.begin(),idList.end(),tmp);
        if (i != idList.end())
            return i->value;
        else issueError("Unknown variable");
        return 0;  // this statement will never be reached;
    }

    void Statement::processNode(char* id,double e) {
        IdNode tmp(id,e);
        list<IdNode>::iterator i = find(idList.begin(),idList.end(),tmp);
        if (i != idList.end())
            i->value = e;
        else idList.push_front(tmp);
    }

    // readId() reads strings of letters and digits that start with
    // a letter, and stores them in array passed to it as an actual
    // parameter.
    // Examples of identifiers are: var1, x, pqr123xyz, aName, etc.

    void Statement::readId(char *id) {
        int i = 0;
        if (isspace(ch))
            cin >> ch;      // skip blanks;
        if (isalpha(ch)) {
            while (isalnum(ch)) {
                    id[i++] = ch;
                    cin.get(ch); // don't skip blanks;
            }
            id[i] = '\0';
        }
        else issueError("Identifier expected");
    }

    double Statement::factor() {
        double var, minus = 1.0;
        static char id[200];
        cin >> ch;
        while (ch == '+' || ch == '-') {        // take all '+'s and '-'s.
            if (ch == '-')
```

```
                minus *= -1.0;
            cin >> ch;
        }
        if (isdigit(ch) || ch == '.') {        // Factor can be a number
            cin.putback(ch);
            cin >> var >> ch;
        }
        else if (ch == '(') {                   // or a parenthesized
                                                // expression,
            var = expression();
            if (ch == ')')
                cin >> ch;
            else issueError("Right paren left out");
        }
        else {
            readId(id);                         // or an identifier.
            if (isspace(ch))
                cin >> ch;
            var = findValue(id);
        }
        return minus * var;
}

double Statement::term() {
    double f = factor();
    while (true) {
        switch (ch) {
                case '*' : f *= factor(); break;
                case '/' : f /= factor(); break;
                default : return f;
        }
    }
}

double Statement::expression() {
    double t = term();
    while (true) {
        switch (ch) {
            case '+' : t += term(); break;
            case '-' : t -= term(); break;
            default : return t;
        }
    }
}

void Statement::getStatement() {
    char id[20], command[20];
    double e;
    cout << "Enter a statement: ";
    cin >> ch;
    readId(id);
```

```
        strupr(strcpy(command,id));
        if (strcmp(command,"STATUS") == 0)
            cout << *this;
        else if (strcmp(command,"PRINT") == 0) {
            readId(id);
            cout << id << " = " << findValue(id) << endl;
        }
        else if (strcmp(command,"END") == 0)
            exit(0);
        else {
            if (isspace(ch))
                cin >> ch;
            if (ch == '=') {
                e = expression();
                if (ch != ';')
                    issueError("There are some extras in the statement");
                else processNode(id,e);
            }
            else issueError("'=' is missing");
        }
    }
}

ostream& operator<< (ostream& out, const Statement& s) {
    list<IdNode>::iterator i = s.idList.begin();
    for ( ; i != s.idList.end(); i++)
        out << *i;
    out << endl;
    return out;
}

ostream& operator<< (ostream& out, const IdNode& r) {
    out << r.id << " = " << r.value << endl;
    return out;
}

//********************** useInterpreter.cpp **********************

#include "interpreter.h"

using namespace std;

int main() {
    Statement statement;
    cout << "The program processes statements of the following format:\n"
         << "\t<id> = <expr>;\n\tprint <id>\n\tstatus\n\tend\n\n";
    while (true)                 // This infinite loop is broken by exit(1)
        statement.getStatement(); // in getStatement() or upon finding an
                                  // error.
    return 0;
}
```

5.12　习题

1. 本章开始定义的自然数集合 N 包含 10、11、...、20、21、...，此外还包含 00、000、01、001、...。修改该定义，使之只包含无前导 0 的数。

2. 编写一个递归函数，计算并返回链表的长度。

3. 下面函数 reverse() 的输出是什么？

```
void reverse() {
int ch;
cin.get(ch);
if (ch != '\n')
    reverse();
cout.put(ch);
}
```

4. 如果将 ch 声明为：

```
static char ch;
```

那么上面函数的输出是什么？

5. 编写一个递归函数，对于正整数 n，该函数输出下面范围内的奇数：

a. 1 到 n 之间

b. n 到 1 之间

6. 编写一个递归函数，对于任一正整数，该函数返回一个在适当位置加入逗号的字符串，例如 putCommas(1234567) 返回字符串 "1,234,567"。

7. 编写一个递归函数，输出 Syracuse 数列，该数列的第一个数是 n_0，如果 n_{i-1} 是偶数，则 $n_i = n_{i-1}/2$，否则，$n_i = 3n_{i-1}+1$。该数列以 1 结束。

8. 编写一个递归函数，只使用加、减和比较，来计算两个数的乘积。

9. 编写一个递归函数，根据下面的定义计算二项式系数。

$$\binom{n}{k} = \begin{cases} 1 & k = 0 \text{ 或 } k = n \\ \binom{n-1}{k-1} + \binom{n-1}{k} & \text{其他情况} \end{cases}$$

10. 编写一个递归函数，计算序列中前 n 项的和。

$$1 + \frac{1}{2} - \frac{1}{3} + \frac{1}{4} - \frac{1}{5} \dots$$

11. 编写一个递归函数 GCD(n,m)，根据下面的定义，返回两个整数 n 和 m 的最大公约数：

$$GCD(n, m) = \begin{cases} m & m \leq n \text{ 且 } n \bmod m = 0 \\ GCD(m, n) & n < m \\ GCD(m, n \bmod m) & \text{其他} \end{cases}$$

12. 给出下述函数的递归版本：

```
void cubes(int n) {
  for (int i = 1; i <= n; i++)
        cout << i * i * i<<'';
}
```

13. 对递归方法的应用可以追溯到 17 世纪，John Napier 用此方法求对数。方法如下：

已知两个数 n、m 及其对数 logn、logm 的值；
while 未完成
  两个数的几何平均值的对数是这两个数的对数的算术平均值，即对于 k = √nm，有 log k = (log m + log n) / 2；
  继续对 (n, √nm) 和 (√nm, m) 进行递归处理；

例如，以 10 为底，100 和 1000 的对数分别为 2 和 3，100 和 1000 的几何平均值为 316.23，其对数(2 和 3)的算术平均值为 2.5。所以 316.23 的对数值即为 2.5。这个过程可以继续下去：100 和 316.23 的几何平均值为 177.83，而 177.83 的对数值则等于(2+2.5)/2=2.25。

a. 编写一个递归函数 logarithm()，输出一个对数表，直到相邻的对数值之间的差小于某个给定的较小数值。

b. 修改这个函数，新函数 logarithmOf() 可以求出 100 到 1000 之间的某个数 x 的对数值。如果遇到一个数 y，对于某个 ϵ，有 $y - x < \epsilon$，则程序停止运行。

c. 添加一个函数，先判断 x 在 10 的哪两个幂之间，然后调用 logarithmOf()，这样就不必要求 x 在 100 到 1000 之间。

14. 本章给出的两种幂函数的算法都相当简单。计算 x^8 是否真的需要进行 8 次乘法？也可以这样进行：$x^8 = (x^4)^2$，$x^4 = (x^2)^2$，$x^2 = x \cdot x$；也就是说，求 x^8 的值只需要进行 3 次乘法。使用这种方法改进两个 x^n 的算法。提示：需要考虑指数为奇数的情况。

15. 手工计算函数 tail() 和 nonTail()，参数分别为 0、2 和 4。5.4 节给出了这两个函数的定义。

16. 递归检测下面的对象是不是回文：

a. 一个单词

b. 一个句子(忽略空格、大小写区别以及标点符号，这样句子 "Madam, I'm Adam" 可以视为回文)

17. 对于给定的字符，不使用函数 strchr() 和函数 strrchr()，以递归方式完成以下工作：

a. 检测该字符是否在一个字符串中

b. 计算在字符串中出现该字符的次数

c. 将一个字符串中出现的所有该字符全部删除

18. 对子串的后面三个函数编写等价的实现代码(不使用函数 strstr())。

19. 修改程序清单 5-1，画出图 5-13 所示的图案。试试产生其他曲线的方法。

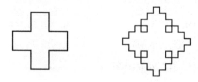

图 5-13　修改程序清单 5-1 而绘制的图案

20. 创建 sin(x)的调用树，假定 x/18 或者更小的值不再引发其他的调用。

21. 编写递归和非递归函数，输出非负整数的二进制形式。在函数中不能使用位操作。

22. 计算 Fibonacci 数的函数的非递归形式利用了计算过程中积累的信息，而递归形式没有这样做。但是这并不意味着递归实现形式不能利用和非递归形式相同的信息。实际上，这种递归形式可以直接从非递归形式得到。想想看怎样才能得到？考虑使用两个函数而不是一个函数，其中一个函数完成所有的工作，而另一个函数使用适当的参数去调用它。

23. 函数 putQueen()并没有考虑到某些结果是对称的。修改函数 putQueen()使其适用于完整的 8×8 棋盘，编写函数 printBoard()，运行程序解决八皇后问题，不要输出对称结果。

24. 跟踪程序清单 5-3 所示的 putQueen()的运行。

25. 对于以下两个输入，手工执行案例分析中的程序：

```
a) v = x + y*w - z
b) v = x * (y -w) -- z
```

要清楚地标明在解析这些句子的过程中，哪个阶段调用了哪些函数。

26. 改进案例分析的解释器程序，以处理指数符号^。指数运算总是比其他运算先执行，所以 2 - 3^4 * 5 和 2 - ((3^4) * 5)意义相同。同时还要注意，指数运算符是右相关的运算符(与加法和乘法不同)，也就是说，2^3^4 等于 2^(3^4)而不是(2^3)^4。

27. 在 C++中，如果对两个整数应用除法运算符/，则返回一个整数，例如，11/5 返回值为 2。而在案例分析的解释器中，结果为 2.2。修改这个解释器，使除法运算与 C++的运行方式一致。

28. 在案例分析的解释器中，解释器不会容忍用户所犯的错误，如果检测到错误就结束运行。例如，当请求变量的值时，如果变量名输错了，程序会通报用户并退出运行，同时销毁标识符列表。修改这个程序，使其在发现错误后能继续运行。

29. 编写一个使用递归的最短的程序。

5.13 编程练习

1. 存储在数组 data 中的 n 个值 x_k，其概率都为 1/n，计算其标准偏差 σ。标准偏差的定义为：

$$\sigma = \sqrt{V}$$

其中方差 V 定义为：

$$V = \frac{1}{n-1} \sum_k (x_k - \overline{x})^2$$

而均值 $\overline{x}$ 定义为

$$\overline{x} = \frac{1}{n} \sum_k x_k$$

使用递归方法和非递归方法，分别编写计算 V 和 $\overline{x}$ 的函数，并使用这两种形式的均值和方差函数计算标准偏差。分别取 n=500、1000、1500、2000 运行程序，并比较各自的运行时间。

2. 编写一个进行符号微分(symbolic differentiation)的程序。使用如下表达式：

$$规则 1:\ (fg)' = fg' + f'\, g$$

$$规则 2:\ (f + g)' = f' + g'$$

$$规则 3:\ \left(\frac{f}{g}\right)' = \frac{f'\ g - fg'}{g^2}$$

$$规则 4:\ (ax^n)' = nax^{n-1}$$

下面的示例应用这些规则对 x 进行微分：

$$\left(5x^3 + \frac{6x}{y} - 10x^2 y + 100\right)'$$

$$= (5x^3)' + \left(\frac{6x}{y}\right)' + (-10x^2 y)' + (100)' \qquad 根据规则 2$$

$$= 15x^2 + \left(\frac{6x}{y}\right)' + (-10x^2 y)' \qquad 根据规则 4$$

$$= 15x^2 + \frac{(6x)'\ y - (6x)y'}{y^2} + (-10x^2 y)' \qquad 根据规则 3$$

$$= 15x^2 + \frac{6y}{y^2} + (-10x^2 y)' \qquad 根据规则 4$$

$$= 15x^2 + \frac{6y}{y^2} + (-10x^2)y' + (-10x^2)'\ y \qquad 根据规则 1$$

$$= 15x^2 + \frac{6}{y} - 20xy \qquad 根据规则 4$$

首先只针对多项式运行该程序，然后加上一些由三角函数、对数函数等导出的表达式，从而扩展程序能处理的函数范围。

3. $n \times n$ 的方块由按照某种方式排列的黑色以及白色单元组成。问题是如何计算出白色区域的数目和每个区域中白色单元的数目。例如，规则的 8×8 的棋盘含有 32 个白色区域，每个区域含有一个白色单元。图 5-14(a)中包含 10 个白色区域，其中的 2 个区域各包含 10 个单元，另外 8 个区域各包含 2 个单元。图 5-14(b)中的方块含有 5 个白色区域，分别包含 1、3、21、10 和 2 个白色单元。

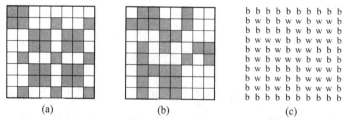

(a)　　　　　　　　(b)　　　　　　　　(c)

图 5-14　(a)～(b) 两个包含白色单元和黑色单元的方块；(c) 实现方块(b)的(n+2)×(n+2)的数组

对于给定的 $n \times n$ 方块，编写一个程序，输出白色区域的数目以及每个区域中白色单元的数目。使用$(n+2) \times (n+2)$的数组并适当标记其中的单元。为了简化实现过程，使用额外的两行和两列组成了围绕方块的黑色单元边框。例如，图 5-14(b)所示的方块保存为图 5-14(c)所示的方块形式。

逐行遍历方块，遇到第一个没有访问过的单元，就调用处理区域的函数。这个函数的奥妙在于对每个没有访问的白色单元使用 4 次递归调用，并对它标明一个特殊的"已访问(已计数)"标记。

4. 编写一个程序，以良好的格式输出 C++程序，也就是说，输出程序时使用一致的缩进规则，标志(例如关键词、圆括号、方括号、运算符等)之间的空格数目一致，代码段(例如类、函数等)之间的空行数目一致，根据关键词排列花括号，根据相应的 if 语句排列 else 语句，等等。程序取一个 C++文件作为输入，并根据本程序中的规则输出文件中的代码。

例如：代码

```
if (n == 1) { n = 2 * m;
if (m < 10)
f(n,m-1); else f(n,m-2); } else n = 3 * m;
```

应该转化为：

```
if(n == 1) {
    n = 2 * m;
    if (m < 10)
        f (n,m-1);
    else f (n,m-2);
}
else n = 3 * m;
```

5. 利用递归可以极大地简化程序，第 4 章的案例分析(迷宫问题)就是一个很好的示例。第 4 章已经解释过，当老鼠在迷宫的某个单元中时，该单元邻近的 4 个单元被放入栈中。当老鼠到达一个死胡同之后，栈中的单元就是老鼠要接着访问的单元。对每个已访问的单元都是如此。编写程序用递归解决迷宫问题。使用如下的伪代码：

```
exitCell(currentCell)
    if  currentCell 是出口
            成功走出迷宫;
    else exitCell(currentCell 上面的单元);
            exitCell(currentCell 下面的单元);
            exitCell(currentCell 左边的单元);
            exitCell(currentCell 右边的单元);
```

参考书目

递归和递归的应用

Barron, David W., *Recursive Techniques in Programming,* New York: Elsevier, 1975.

Berlioux, Pierre, and Bizard, Philippe, *Algorithms: The Construction, Proof, and Analysis of Programs,* New York: Wiley, 1986, Chs. 4-6.

Bird, Richard S., *Programs and Machines,* New York: Wiley, 1976.

Burge, William H., *Recursive Programming Techniques,* Reading, MA: Addison-Wesley, 1975.

Lorentz, Richard, *Recursive Algorithms,* Norwood, NJ: Ablex, 1994.

Roberts, Eric, *Thinking Recursively with Java,* New York: Wiley, 2006.

Rohl, Jeffrey S., *Recursion via Pascal,* Cambridge: Cambridge University Press, 1984.

递归和迭代之间的转换

Auslander, Marc A., and Strong, H. Raymond, "Systematic Recursion Removal," *Communications of the ACM* 21 (1978), 127-134.

Bird, R. S., "Notes on Recursion Elimination," *Communications of the ACM* 20 (1977), 434-439.

Dijkstra, Edsger W., "Recursive Programming," *Numerische Mathematik* 2 (1960), 312-318.

von Koch 雪花

von Koch, Helge, "Sur une courbe continue sans tangente obtenue par une construction géométrique élémentaire," *Arkiv fö matematik, astronomi och fysik* 1 (1903—1904), 681-702.

解决八皇后问题的算法

Wirth, Niklaus, *Algorithms and Data Structures,* Englewood Cliffs, NJ: Prentice Hall, 1986.

第 6 章

二 叉 树

6.1 树、二叉树和二叉查找树

链表通常可以提供比数组更大的灵活性，但由于链表是线性结构，所以很难使用它们来组织对象的分层表示。虽然栈和队列反映了某些层次，但它们是一维的。为了避免这种限制，我们创建了一个新的数据类型，称为树，树由节点与弧组成。与自然界的树不同，这些树是倒过来的：根在顶部，叶子(末端节点)在底部。根是一个没有父节点只有子节点的节点。而叶节点没有子节点或者子节点是空结构。树的递归定义如下：

(1) 空结构是一棵空树；

(2) 如果$t_1,...,t_k$是不相交的树，那么，以$t_1,...,t_k$的根作为子节点的数据结构也是一棵树；

(3) 只有通过第(1)步和第(2)步产生的数据结构才是树。

图 6-1 给出了树的示例。每个节点都可以从根节点经一个唯一的弧序列到达，此弧序列被称为路径，路径中弧的数量称为路径的长度。节点的层次是从根节点到该节点的路径的长度加 1，也就是该路径上节点的数量。非空树的高度是树中节点的最大层次。空树(根据定义)是高度为 0 的合法树，单一节点是高度为 1 的树，后者是"节点既是根也是叶子"的唯一情况。节点的层次必须处于1(根节点的层次)与树的高度之间，极端情况下，树退化为链表，树的高度为唯一叶节点的层次。

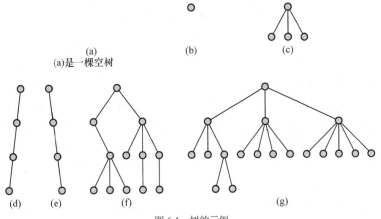

图 6-1 树的示例

图 6-2 是一个树的示例，反映了大学的层次结构。其他的示例还包括家谱树、反映句子语法结构的树以及表示生物、植物或人物的分类结构的树。实际上，几乎所有的科学领域都使用树来表示分层结构。

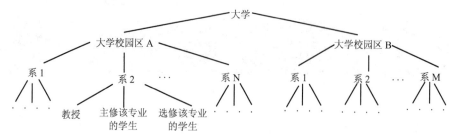

图 6-2　用树表示大学的层次结构

树的定义并没有限定给定节点的子节点数量。这个数量可以在 0 到任意整数之间变化。在层次结构树中，这是一个很受欢迎的性质。例如在图 6-2 中，大学只有两个分支，但两个园区有不同数量的系。表示层次并非使用树的唯一原因。实际上在下面的讨论中，并不是很关注树的这种特性，这个特性主要在表达树中讨论。本章将集中讨论可以加速查找过程的树操作。

考虑具有 n 个元素的链表。为了定位某个元素，查找算法必须从链表的开头开始扫描整个链表，直至找到该元素或者到达链表的末尾。即使链表是有序的，查找也总是需要从第一个节点开始。这样，如果链表有 10 000 个节点，要访问最后一个节点的信息，就必须遍历最后一个节点之前的所有 9 999 个节点，很明显这非常不方便。如果所有的元素都存储在有序的树中，其中的元素是根据某个预定的排序条件进行存储的，那么即使要定位的元素是最远的一个，测试次数也会大大地缩减。例如，图 6-3(a)中的链表可以转换成图 6-3(b)所示的树。

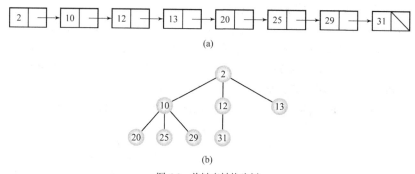

图 6-3　将链表转换为树

在创建树的过程中是否使用了合理的排序条件呢？要测试 31 是否位于链表中，必须执行 8 次测试。如果相同的元素在树中从顶到底、从左到右地排序，这个数量能否减少呢？什么样的算法可以只执行三次测试呢？一次测试根(2)，一次测试中间子节点(12)，另一次测试该子节点唯一的子节点(31)。31 可能位于与 12 相同的层次上，也可能是 10 的子节点。以这样的方法对树节点排序，在查找时并没有得到我们真正感兴趣的东西(本章后面讨论的堆使用了这种排序方法)。因此，必须选择一个更好的条件进行排序。

注意，每个节点可以有任意数量的子节点。实际上，人们已经开发了一些算法来处理具有特定子节点数的树(第 7 章讲述)，但本章只讨论二叉树。二叉树是节点可以包含两个子节点(也可能为空)

的树，每一个子节点都区分为左子节点或右子节点。例如，图 6-4 中的树是二叉树，而图 6-2 中表示大学的树不是二叉树。二叉树的一个重要性质是叶节点的数量，该性质在后面评价排序算法的期望效率时会用到。

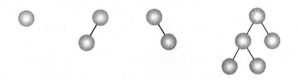

图 6-4　二叉树示例

如定义所述，节点的层次是从根到该节点所经过的弧的个数加 1。根据该定义，根的层次是 1，其非空子节点的层次是 2，以此类推。如果除最后一个层次外，其他层次上的所有节点都有两个子节点，那么，第 1 层有 $1 = 2^0$ 个节点，第 2 层有 $2 = 2^1$ 个节点，第 3 层有 $4 = 2^2$ 个节点，一般地，第 $i+1$ 层有 2^i 个节点。满足该条件的树称为完全二叉树(complete binary tree)。在该树中，所有的非终端节点都有两个子节点，所有的叶节点都位于同一层次。因此，在所有的二叉树中，第 $i+1$ 层最多有 2^i 个节点。第 9 章将计算决策树中叶节点的数目，决策树的所有节点都有零个或两个非空子节点。由于叶节点可以分布于整个决策树中，出现在除第 1 层外的所有层次中，因此，计算该树的节点个数没有普遍适用的公式，不同的树具有不同的节点数目。但是可以得到如下的近似公式：

对于非空二叉树来说，若其所有的非终端节点刚好有两个非空子节点，则叶节点的数目 m 大于非终端节点的数目 k，并且 $m = k+1$。

如果树只有一个根，则该结论显然成立。如果该结论对于某棵树成立，那么将两个叶节点连接到一个已有的叶节点后，该叶节点将变成非终结节点，且 m 减 1，k 加 1。但是，由于两个新的叶节点移植到树上，所以 m 要加上 2。在加 2 的同时再减 1，之后，得到 $(m-1)+2 = (k+1)+1$，也就是 $m = k+1$，这就是要证明的结果(如图 6-5 所示)。这意味着 $i+1$ 层的完全决策树有 2^i 个叶节点，同时，考虑到前面的论断，它有 2^i-1 个非终结节点，这样，总的节点个数是 $2^i + 2^i - 1 = 2^{i+1} - 1$(也参见图 6-21)。

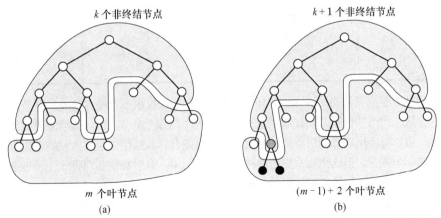

图 6-5　(a) 将一个叶节点加入到树中；(b) 保持了叶节点个数与非终端节点个数之间的关系

本章主要讨论二叉查找树，也可以称其为有序二叉树。二叉查找树具有如下特性：对于树中的

每个节点 n，其左子树(根节点为左子节点的树)中的值小于节点 n 中的值 v，其右子树中的值大于节点 n 中的值 v。为了便于在后面讨论，我们避免将相同值的多个副本存储在同一棵树中，这样的尝试将作为错误对待。"小于"或"大于"的含义取决于该树中存储的值的类型。操作符"<"和">"可以根据内容来重载。当涉及字符串时还可以使用字母顺序。图 6-6 中的树是二叉查找树。注意图 6-6(c)中的树包含与图 6-3(a)中链表相同的数据，其查找过程可以被优化。

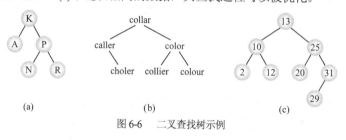

图 6-6   二叉查找树示例

6.2   二叉树的实现

二叉树至少可以以如下两种方式实现：数组和链接结构。为了用数组实现树，节点应声明为某种结构，其中包含一个信息字段和两个"指针"字段。指针字段包含了数组单元的下标，数组单元则存储了该节点的左右子节点(如果有的话)。例如，图 6-6(c)中的树可以表示为表 6-1 中的数组。根节点总是位于第一个单元(即单元 0)，−1 表示空子节点。在该表示方式中，节点 13 的两个子节点位于单元 4 与 2，节点 31 的右子节点是空。

表 6-1   图 6-6(c)中树的数组表示

索 引	信 息	左 子 节 点	右 子 节 点
0	13	4	2
1	31	6	−1
2	25	7	1
3	12	−1	−1
4	10	5	3
5	2	−1	−1
6	29	−1	−1
7	20	−1	−1

但是，即使数组很灵活(也就是使用向量)，这种实现方法也很不方便。要插入新节点，必须知道子节点的位置，而这些位置必须按顺序查找。在从树中删除一个节点后，必须去除数组中留下的空隙。为此，可以对未用单元使用特殊的标记，但这可能会导致数组中包含大量的未用单元，还可以将元素移动一个位置，但这也要求更新对移动元素的引用。有时数组实现方式比较方便，在讨论堆时就使用了这种方式，但通常应使用另一种方法。

在新的实现方法中，节点是一个类的实例，该类由一个信息成员和两个指针成员组成。该节点由另一个类(该类将树作为整体对待)的成员函数使用并操作(见程序清单 6-1)。因此，BSTNode 类的成员声明为 public，因为它们只能由 BST 类型对象的非公有成员访问，这样，信息隐藏的原则依然得到了遵守。将 BSTNode 的成员设置为 public 很重要，否则，BST 派生的类将无法访问这些对象。

程序清单 6-1　通用二叉查找树的实现

```
//*********************  genBST.h  ************************
//                 generic binary search tree

#include <queue>
#include <stack>

using namespace std;

#ifndef BINARY_SEARCH_TREE
#define BINARY_SEARCH_TREE

template<class T>
class Stack : public stack<T> { ... } // 图 4-7

template<class T>
class Queue : public queue<T> {
public:
    T dequeue() {
        T tmp = front();
        queue<T>::pop();
        return tmp;
    }
    void enqueue(const T& el) {
        push(el);
    }
};

template<class T>
class BSTNode {
public:
    BSTNode() {
        left = right = 0;
    }
    BSTNode(const T& e, BSTNode<T> *l = 0, BSTNode<T> *r = 0) {
        el = e; left = l; right = r;
    }
    T el;
    BSTNode<T> *left, *right;
};

template<class T>
class BST {
public:
    BST() {
        root = 0;
    }
    ~BST() {
        clear();
    }
    void clear() {
        clear(root); root = 0;
```

```
    }
    bool isEmpty() const {
        return root == 0;
    }
    void preorder() {
        preorder(root);                          // 程序清单 6-4
    }
    void inorder() {
        inorder(root);                           // 程序清单 6-4
    }
    void postorder() {
        postorder(root);                         // 程序清单 6-4
    }
    T* search(const T& el) const {
        return search(root,el);                  // 程序清单 6-2
    }
    void breadthFirst();                         // 程序清单 6-3
    void iterativePreorder();                    // 程序清单 6-5
    void iterativeInorder();                     // 程序清单 6-7
    void iterativePostorder();                   // 程序清单 6-6
    void MorrisInorder();                        // 程序清单 6-9
    void insert(const T&);                       // 程序清单 6-10
    void deleteByMerging(BSTNode<T>*&);          // 程序清单 6-12
    void findAndDeleteByMerging(const T&);       // 程序清单 6-12
    void deleteByCopying(BSTNode<T>*&);          // 程序清单 6-13
    void balance(T*,int,int);                    // 第 6.7 节
    . . . . . . . . . . . . . .
protected:
    BSTNode<T>* root;
    void clear(BSTNode<T>*);
    T* search(BSTNode<T>*, const T&) const;      // 程序清单 6-2
    void preorder(BSTNode<T>*);                  // 程序清单 6-4
    void inorder(BSTNode<T>*);                   // 程序清单 6-4
    void postorder(BSTNode<T>*);                 // 程序清单 6-4
    virtual void visit(BSTNode<T>* p) {
        cout << p->el << ' ';
    }
    . . . . . . . . . . . . . .
};

#endif
```

6.3 二叉查找树的查找

在树中定位一个元素的算法相当直观，程序清单 6-2 实现了该算法。对于每个节点，算法将要定位的值与当前所指节点中存储的值进行比较。如果该值小于存储值，则转向左子树；如果该值大于存储的值，则转向右子树。如果二者相同，很明显查找过程可以结束了。如果没有其他可以查找的节点，该查找过程也终止，这表示该值不在该树中。例如，为了在图 6-6(c)的树中定位数字 31，

只需要执行 3 次测试。首先，检查该树以确定该数字是否位于根节点。之后，由于 31 比 13 大，所以对根节点的右子节点(其中包含的数字为 25)进行测试。最后，由于 31 还是比当前测试的节点值大，所以测试当前测试的节点的右子节点，这样就找到了数字 31。

程序清单 6-2　二叉查找树的查找函数

```
template<class T>
T* BST<T>::search(BSTNode<T>* p, const T& el) const {
    while (p != 0)
        if (el == p->el)
            return &p->el;
        else if (el < p->el)
            p = p->left;
        else p = p->right;
    return 0;
}
```

对于该二叉树来说，在查找数字 26、27、28、29 或者 30 时，将出现最坏情况，因为这些查找过程都需要 4 次测试(为什么？)。对于任意其他整数，测试的次数小于 4。现在可以看出为什么元素只能在树中出现一次了。如果它出现的次数多于一次，则可以用两种方法访问该元素。一种方法定位该元素第一次出现的位置，舍弃其他的位置。在这种情况下，树中包含了永远不会使用的冗余节点，只有在测试时才会访问这些节点。在第二种方法中，可以定位该元素所有出现的位置。这样的查找总是在叶节点结束。例如，为了定位树中元素 13 的所有位置，必须先测试根节点 13，然后测试它的右子节点 25，最后是节点 20。查找算法按照最坏的情况进行查找：为了查找所需元素的更多位置，必须到达叶子层次。

查找算法的复杂性是由查找过程中的比较次数来度量的。比较次数取决于从根节点到被查找节点唯一路径上的节点数目。也就是说，复杂度是到达该节点的路径长度加 1。复杂度取决于树的形状以及节点在树中的位置。

内部路径长度(Internal Path Length, IPL)是所有节点的所有路径长度的总和，计算公式如下：对于所有的层次 i，计算 $\sum (i-1)l_i$，l_i 是层次为 i 的节点数目。节点在树中的深度是由到该节点的路径长度决定的。平均深度也称为平均路径长度(average path length)，由公式 IPL$/n$ 给出，该值取决于树的形状。在最坏的情况下，当树转化为链表时，

$$path_{worst} = \frac{1}{n}\sum_{i=1}^{n}(i-1) = \frac{n-1}{2} = O(n)$$

查找过程将耗费 n 个时间单元。

最好的情况是：在高度为 h 的树中，所有叶节点最多位于两个层次中，只有倒数第二个层次上的节点可以有一个子节点。为了简化计算，我们通过计算相同高度的完全二叉树的平均路径来近似估算这类树的平均路径长度 $path_{best}$。

通过简单的例子可以判定：对于高度为 h 的完全二叉树，

$$IPL = \sum_{i=1}^{h-1} i2^i$$

根据这一点，以及

$$\sum_{i=1}^{h-1} 2^i = 2^h - 2$$

有：

$$\mathrm{IPL} = 2\mathrm{IPL} - \mathrm{IPL} = (h-1)2^h - \sum_{i=1}^{h-1} 2^i = (h-2)2^h + 2$$

前面已经证明完全二叉树中的节点数 $n = 2^h - 1$，这样

$$path_{best} = \mathrm{IPL} / n = \big((h-2)2^h + 2\big)/(2^h - 1) \approx h - 2$$

这与如下事实相符：在该树中，一半节点位于路径长度为 $h-1$ 的叶子层次中。另外，在该树中，树的高度 $h = \lg(n+1)$，因此，$path_{best} = \lg(n+1) - 2$；在完全平衡的树中，平均路径长度是 $\lceil \lg(n+1) \rceil - 2 = O(\lg n)$，其中 $\lceil x \rceil$ 表示比 x 大的最小整数。

在一般的树中，平均情况是在 $(n-1)/2$ 与 $\lg(n+1) - 2$ 之间的某个值。在一般形状的树中查找位于平均位置的节点，复杂度是接近 $O(n)$ 还是 $O(\lg n)$？首先，必须以计算形式表示树的一般形状。

二叉树根的左子树可以为空，右子树可以具有 $n-1$ 个节点；左子树也可以只有一个节点，而右子树有 $n-2$ 个节点；以此类推。最后，二叉树可以有空的右子树，其他所有的节点都位于左子树。这个推理过程可以应用到根节点的两个子树上，以及这些子树的子树上，一直到叶子。平均的内部路径长度是所有不同形状树内部路径长度的平均值。

假设树中包含了从 1 到 n 的节点，如果节点 i 是根节点，它的左子树就有 $i-1$ 个节点，它的右子树就有 $n-i$ 个节点。假设 $path_{i-1}$ 与 $path_{n-i}$ 分别是这些子树的平均路径长度，则该树的平均路径长度就是

$$path_n(i) = ((i-1)(path_{i-1} + 1) + (n-i)(path_{n-i} + 1)) / n$$

假设元素以任意顺序放在树中，树的根节点可以是任意数字 i，$1 \leqslant i \leqslant n$。因此，一般树的平均路径长度就是对所有的 i 值，求 $path_n(i)$ 的平均值。公式如下：

$$path_n = \frac{1}{n} \sum_{i=1}^{n} path_n(i) = \frac{1}{n^2} \sum_{i=1}^{n} ((i-1)(path_{i-1} + 1) + (n-i)(path_{n-i} + 1))$$

$$= \frac{2}{n^2} \sum_{i=1}^{n-1} i(path_i + 1)$$

根据该公式和 $path_1 = 0$，得到 $2 \ln n = 2 \ln 2 \lg n = 1.386 \lg n$，这是 $path_n$ 的近似值(参见附录 A.4 节)。这是一般树中平均比较次数的近似值。该次数是 $O(\lg n)$，与最坏情况相比，该值更接近最好情况。这个数字还说明查找效率已没有改进的余地，这是因为：$path_{best} / path_n \approx .7215$，最好情况下的平均路径长度与平均情况下的期望路径长度只相差 27.85%。因此，在大多数情况下，即使不对树

进行平衡，在二叉树中进行查找也是十分高效的。但是这一结果只适用于随机创建的树，如果树高度不平衡，形状像链表那样被拉长了，其查找时间就是 $O(n)$，由于树的效率可以达到 $O(\lg n)$，因此这种情况是不可接受的。

6.4　树的遍历

树的遍历是当且仅当访问树中每个节点一次的过程。遍历可以解释为把所有的节点放在一条线上，或者将树线性化。

遍历的定义只指定了一个条件：每个节点仅访问一次，没有指定这些节点的访问顺序。因此，节点有多少种排列方式，就有多少种遍历方法。对于有 n 个节点的树，共有 $n!$ 个不同的遍历方式。然而，大多数遍历方式是混乱的，很难从中找到规律，因此实现这样的遍历缺乏普遍性。对于每个 n，必须实现一套独立的遍历程序，其中只有很少的几个可以用于不同数量的数据。例如对于图 6-6(c) 中的树，有两个遍历过程可能有用，分别为序列 2, 10, 12, 20, 13, 25, 29, 31 和序列 29, 31, 20, 12, 2, 25, 10, 13。第一个序列以升序列出了所有的偶数，然后是所有的奇数。第二个序列从最低层开始，一直到根，逐层从右到左列出所有的节点。序列 13, 31, 12, 2, 10, 29, 20, 25 并没有在数字的顺序或者节点的遍历顺序上表现出任何规律性。从节点到节点的无序移动怎么看都没有用处。尽管如此，所有的这些序列都是 8!=40 320 种遍历中的三种合法遍历方法的结果。在如此多的遍历方法中，大多数方法明显没有什么用处，这里仅介绍两类方法，即广度优先遍历与深度优先遍历。

6.4.1　广度优先遍历

广度优先遍历从最低层(或者最高层)开始，向下(或向上)逐层访问每个节点，在每一层次上，从左到右(或从右到左)访问每个节点。这样就有 4 种访问方式，其中的一种访问方式(从上到下、从左到右的广度优先遍历方式)应用于图 6-6(c)，得到序列 13, 10, 25, 2, 12, 20, 31, 29。

当使用队列时，这种遍历方式的实现相当直接。假设从上到下、从左到右进行广度优先遍历。在访问了一个节点后，它的子节点(如果有的话)就放到队列的末尾，然后访问队列头部的节点。对于层次为 n 的节点，它的子节点位于第 $n+1$ 层，如果将该节点的所有子节点都放到队列的末尾，那么，这些节点将在第 n 层的所有节点都访问后再访问。这样，算法就满足了"第 n 层的所有节点都必须在第 $n+1$ 层的节点之前访问"的条件。

程序清单 6-3 给出了相应成员函数的实现。

程序清单 6-3　从上到下、从左到右的广度优先遍历实现

```
template<class T>
void BST<T>::breadthFirst() {
    Queue<BSTNode<T>*> queue;
    BSTNode<T> *p = root;
    if(p != 0) {
        queue.enqueue(p);

        while(!queue.empty()) {
```

```
        p = queue.dequeue();
        visit(p);
        if (p->left != 0)
            queue.enqueue(p->left);
        if (p->right != 0)
            queue.enqueue(p->right);
    }
  }
}
```

6.4.2 深度优先遍历

深度优先遍历将尽可能地向左(或向右)进行,在遇到第一个转折点时,向左(或向右)一步,然后,再尽可能地向左(或向右)发展。这一过程一直重复,直至访问了所有的节点为止。然而,这一定义并没有清楚地指明什么时候访问节点:在沿着树向下进行之前还是在折返之后?深度优先遍历有许多变种。

在这种类型的遍历中,有3个有趣的任务:

* V——访问节点
* L——遍历左子树
* R——遍历右子树

如果这些任务在每个节点上都以相同的顺序执行,就形成了有序遍历。这3种任务自身共有3!=6种排序方式,因此,总共有6种有序深度优先遍历。

* VLR
* LVR
* LRV
* VRL
* RVL
* RLV

遍历方式看起来还是有些多,如果规定访问总是从左向右移动,则上面的遍历方式可以缩减为3种。这三种遍历方式的标准名称为:

* VLR——前序树遍历
* LVR——中序树遍历
* LVR——后序树遍历

根据这些符号的描述,可以用简短而优雅的函数来实现这些遍历方法,如程序清单6-4所示。

程序清单6-4 深度优先遍历的实现

```
template<class T>
void BST<T>::inorder(BSTNode<T>*p) {
    if (p != 0) {
        inorder(p->left);
        visit(p);
        inorder(p->right);
    }
```

```
}

template<class T>
void BST<T>::preorder(BSTNode<T> *p) {
    if (p != 0) {
        visit(p);
        preorder(p->left);
        preorder(p->right);
    }
}

template<class T>
void BST<T>::postorder(BSTNode<T>*p) {
    if (p != 0) {
        postorder(p->left);
        postorder(p->right);
        visit(p);
    }
}
```

这些函数看起来非常简单，其强大的功能来自于递归，实际上是双重递归。系统在运行时栈上完成这些工作。这一实现简化了代码，但也给系统带来了沉重的负担。为了更好地理解这一过程，下面详细讨论树的中序遍历。

在中序遍历中，首先访问当前节点的左子树，然后是节点自身，最后是节点的右子树。如果树不为空，很明显上述内容可以成立。在分析运行时栈之前，先看一下图 6-7 给出的中序遍历的输出。

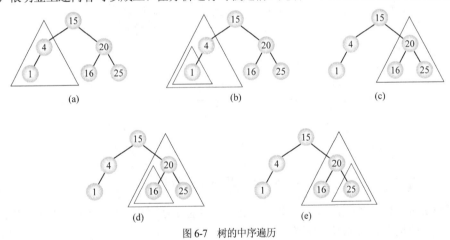

图 6-7　树的中序遍历

(1) 节点 15 是根节点，在该节点上第一次调用 inorder()。该函数在节点 15 的左子节点 4 上调用自身。

(2) 节点 4 非空，因此，在节点 1 上调用 inorder()函数。由于节点 1 是叶节点(也就是说，它的两个子树都为空)，if 语句中的条件不满足，所以在子树上调用 inorder()函数不会引起 inorder()函数的其他递归调用。这样，对空左子树调用 inorder()函数结束后，就访问节点 1，然后对节点 1 空的右子树快速执行 inorder()函数调用。在回到对节点 4 的函数调用后，访问节点 4。节点 4 的右子树为空，这样，inorder()的调用只进行检查。之后回到对节点 15 的函数调用，访问节点 15。

(3) 节点 15 具有右子树，因此，对节点 20 调用 inorder()函数。

(4) 对节点 16 调用 inorder()函数，访问该节点，再对它的空左子树调用 inorder()函数，之后访问节点 16。对节点 16 的空右子树快速调用 inorder()，之后返回到对节点 20 的函数调用上，并访问节点 20。

(5) 在节点 25 上调用 inorder()，在其空左子树上调用该函数，然后访问节点 25，最后在节点 25 的空右子树上调用 inorder()。

如果访问过程输出存储在节点中的值，则输出为：

```
1  4  15  16  20  25
```

遍历的关键是对于每个节点，这三个任务 L、V 与 R 的执行是相互独立的。这意味着在前两个任务 L 与 V 完成之前，对节点的右子树的遍历会挂起。如果后两个工作完成，就可以将其撤销，如图 6-8 所示。

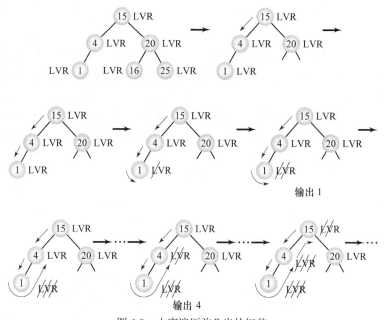

图 6-8　中序遍历前几步的细节

为了说明 inorder()的运行方式，可以观察运行时栈的行为。图 6-9 中括号里的数字表示返回地址，该位置对应位于 inorder()代码的左侧的数字。

```
        template<class T>
        void BST<T>::inorder(BSTNode<T>*node) {
            if (node != 0) {
/*1*/           inorder(node->left);
/*2*/           vist(node);
/*3*/           inorder(node->right);
/*4*/       }
        }
```

包含上箭头及数字的矩形表示压入栈 node 的当前值。例如，↑4 表示 node 指向树中值为 4 的节点。图 6-9 给出了对图 6-7 中的树执行 inorder() 函数时运行时栈的变化。

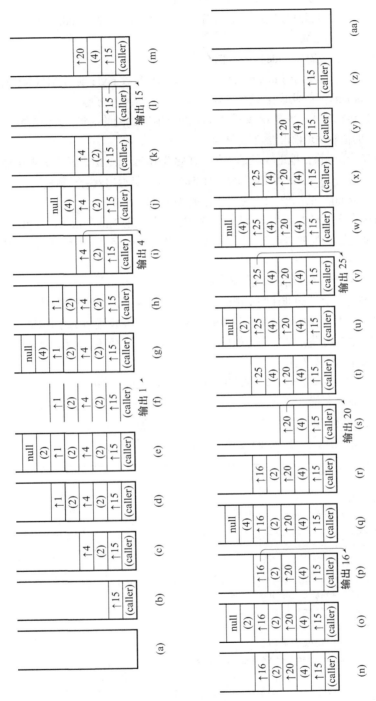

图 6-9　执行中序遍历时运行时栈的变化

(1) 开始，运行时栈为空(假设在第一次调用 inorder() 函数前，程序舍弃了以前存储的内容，使栈为空)。

(2) 在第一次调用时，把 inorder()的返回地址及 node 的值↑15 压入运行时栈。node 所指的树非空，满足 if 语句中的条件，所以对节点 4 调用 inorder()。

(3) 在执行前，将返回地址(2)以及 node 的当前值↑4 压入栈。由于 node 非空，所以对该节点的左子节点↑1 调用 inorder()函数。

(4) 首先，把返回地址(2)和 node 的值存储在栈中。

(5) 对节点 1 的左子节点调用 inorder()函数。地址(2)与参数 node 的当前值(为空)存储在栈中。由于 node 是空，inorder()将立即退出。退出后，活动记录将从栈中删除。

(6) 系统将访问运行时栈，恢复 node 的值↑1，执行地址(2)处的语句，并输出数字 1。由于节点没有处理完，node 的值和地址(2)依然在栈中。

(7) 对↑1 的右子节点执行地址(3)处的语句，在此调用 inorder()。然而首先要把地址(4)与 node 的当前值(null)压入栈。由于 node 为空，inorder()将退出，一旦退出就会更新栈。

(8) 系统现在恢复 node 的旧值↑1，然后执行地址(4)处的语句。

(9) 由于地址(4)处的语句是退出 inorder()，系统将删除当前的活动记录，并再次引用栈，恢复 node 的值↑4，并从地址(2)处的语句恢复执行。该语句将输出数字 4，然后对 node 的右子节点(空)调用 inorder()。

这只是开始的步骤，图 6-9 给出了全部步骤。

现在，考虑三种遍历算法的非递归实现问题。如第 5 章所述，递归实现的效率一般比对应的非递归实现低。如果在函数中使用了两个递归调用，效率低下的问题就会变得更为严重。可以从实现中去掉递归调用吗？答案是肯定的，因为如果没有从源代码中去掉递归，系统就会去掉它。于是，问题就变成：这样做有什么好处吗？

先看一看程序清单 6-5 中非递归形式的前序树遍历算法。iterativePreorder()函数的长度是 preorder()的两倍，但代码仍然简单易懂。然而该函数使用了许多栈操作，因此需要编写支持函数来处理栈，整个实现并不简短。虽然省掉了两个递归调用，但是 while 循环中每次迭代都存在 4 次调用：两次 push()调用，一次 pop()调用，一次 visit()调用。这样做并没有提高效率。

程序清单 6-5　前序树遍历的非递归实现

```cpp
template<class T>
void BST<T>::iterativePreorder() {
    Stack<BSTNode<T>*> travStack;
    BSTNode<T> *p = root;
    if (p != 0) {
        travStack.push(p);
        while (!travStack.empty()) {
            p = travStack.pop();
            visit(p);
            if (p->right != 0)
                travStack.push(p->right);
            if (p->left != 0)   // left child pushed after right
                travStack.push(p->left); // to be on the top of
        }                                // the stack;
    }
}
```

在三种遍历的递归实现中，唯一的区别是代码行的顺序。例如，在 preorder()中首先访问节点，然后对左子树和右子树调用 preorder()。而在 postorder()中，先访问左右子树再访问节点。非递归形式的从左到右的前序访问能很容易地转换成非递归形式的从左到右的后序访问吗？很遗憾，不能。在 iterativePreorder()中，对节点的访问在两个子节点压入栈之前进行。但这种顺序并不重要。如果先将子节点压入栈，再访问节点，也就是说，visit(p)放在两个 push()调用之后，则得到的实现仍然是前序遍历。关键在于 visit()必须在 pop()的后面，pop()又必须在两个 push()调用的前面。因此，中序和后序遍历的非递归实现必须独立开发。

从左到右的后序遍历产生的序列(LRV)与从右到左的前序遍历(VRL)得到的逆序列相同，很容易得到非递归形式的后序遍历算法。在这种情况下，iterativePreorder()的实现可以用来创建 iterativePostorder()。这意味着必须使用两个栈，其中一个在从右到左的前序遍历结束后，以相反的顺序访问每个节点。还可以为后序遍历设计一个函数，将具有两个子节点的节点压入栈中，一次入栈发生在访问左子树前，另一次入栈发生在访问右子树前。使用辅助指针 q 来区分这两种情况。只有一个子节点的节点只入栈一次，叶节点不需要入栈(程序清单 6-6)。

程序清单 6-6　后序树遍历的非递归实现

```cpp
template<class T>
void BST<T>::iterativePostorder() {
    Stack<BSTNode<T>*> travStack;
    BSTNode<T>* p = root, *q = root;
    while (p != 0) {
        for ( ; p->left != 0; p = p->left)
            travStack.push(p);
        while (p->right == 0 || p->right == q) {
            visit(p);
            q = p;
            if (travStack.empty())
                return;
            p = travStack.pop();
        }
        travStack.push(p);
        p = p->right;
    }
}
```

树的非递归中序遍历也很复杂。程序清单 6-7 给出了一个可能的实现。在此类情况下，可以清楚地看到递归的强大功能：iterativeInorder()的代码几乎不可理解，如果没有详细解释，很难确定该函数的作用。另一方面，递归的 inorder()清晰地说明了其目的以及执行逻辑。因此，iterativeInorder()只能在一种情况下使用：非递归实现的执行时间更短，同时函数在程序中经常调用。否则，就应使用 inorder()而不是其非递归版本。

程序清单 6-7　中序树遍历的非递归实现

```cpp
template<class T>
void BST<T>::iterativeInorder() {
    Stack<BSTNode<T>*> travStack;
    BSTNode<T> *p = root;
    while (p != 0) {
        while (p != 0) {                 // stack the right child (if any)
```

```
          if (p->right)         // and the node itself when going
             travStack.push(p->right); // to the left;
          travStack.push(p);
          p = p->left;
      }
      p = travStack.pop();       // pop a node with no left child
      while (!travStack.empty() && p->right == 0) { // visit it
          visit(p);              // and all nodes with no right
          p = travStack.pop(); // child;
      }
      visit(p);                  // visit also the first node with
      if (!travStack.empty()) // a right child (if any);
          p = travStack.pop();
      else p = 0;
   }
}
```

6.4.3 不使用栈的深度优先遍历

1. 线索树

前一节分析了递归以及非递归版本的遍历函数，二者都隐式或显式地使用栈存储当前没有处理完的节点信息。在递归函数中使用了运行时栈，在非递归函数中显式定义并使用了由用户维护的栈。关键在于需要花费额外的时间来维护栈并为栈留出空间。在最坏的情况下，树的形状以不希望的方式发生了变形，栈可能需要保存树中几乎所有节点的信息。对于很大的树来说，这是一个严重的问题。

将栈作为树的一部分会提高效率。为此可以在给定的节点中引入线索(thread)。对于中序遍历，线索是指向该节点的前趋与后继的指针。节点使用了线索的树称为线索树(threaded tree)。树中的每个节点都需要 4 个指针，这会占用空间。

这一问题可以通过重载已有的指针来解决。在树中，左右指针指向子节点，但是也可以指向前驱和后继，这就是重载的含义。如何区分指针的不同含义呢？对于重载的操作符，环境总是消除岐义的一个因素。然而在树中，必须使用新的数据成员说明指针的当前含义。

由于指针在某个时刻只能指向一个节点，因此，左指针或者指向左子树，或者是指向其前趋。与此相似，右指针或者指向右子树，或者指向其后继(图 6-10(a))。

图 6-10(a)表明，必须同时维护指向前趋和后继的指针，但情况并非总是如此。可能只需要一条线索就够了，例如图 6-10(b)所示线索树的中序遍历中，只需要指向后继的指针。

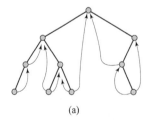 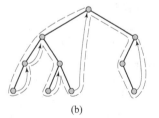

图 6-10　(a) 线索树；(b) 对只有右后继的线索树执行中序遍历的路径

这一功能相对简单。图 6-10(b) 中的虚线表示 p 访问树中节点的顺序。注意在遍历过程中只需要一个变量 p，不需要栈，因此节省了空间。但真的是这样吗？如前所述，节点需要一个数据成员来表明右指针是如何使用的。在 threadedInorder() 的实现方式中，布尔型的数据成员 successor 起到了这个作用 (程序清单 6-8)。由于 successor 只需要一个比特位，与其他数据字段相比可以忽略不计。但是，具体的细节取决于实现方式。为了使机器字正确对齐，操作系统肯定会给一个比特位填充额外的位。这样，successor 即使不保存整个单词，也至少需要一个字节，从而抵消了使用线索树节省的空间。

程序清单 6-8　通用线索树及其中序遍历的实现

```
//*********************  genThreaded.h  *********************
//              Generic binary search threaded tree

#ifndef THREADED_TREE
#define THREADED_TREE

template<class T>
class ThreadedNode {
public:
    ThreadedNode() {
        left = right = 0;
    }
    ThreadedNode(const T& e, ThreadedNode *l = 0, ThreadedNode *r = 0) {
        el = e; left = l; right = r; successor = 0;
    }
    T el;
    ThreadedNode *left, *right;
    unsigned int successor : 1;
};

template<class T>
class ThreadedTree {
public:
    ThreadedTree() {
        root = 0;
    }
    void insert(const T&);                   // 程序清单 6-11
    void inorder();
    . . . . . . . . . . . . . . .
protected:
    ThreadedNode<T>* root;
    . . . . . . . . . . . . . . .
};

#endif
template<class T>
void ThreadedTree<T>::inorder() {
    ThreadedNode<T> *prev, *p = root;
    if (p != 0) {                            // process only nonempty trees;
        while (p->left != 0)    // go to the leftmost node;
```

```
            p = p->left;
        while (p != 0) {
            visit(p);
            prev = p;
            p = p->right;        // go to the right node and only
            if (p != 0 && prev->successor == 0) // if it is a
                while (p->left != 0)// descendant go to the
                    p = p->left; // leftmost node, otherwise
        }                               // visit the successor;
    }
}
```

线索树还可以用于前序遍历以及后序遍历。在前序遍历中，首先访问当前节点，然后遍历其左子树以及右子树(如果有的话)。如果当前节点是叶节点，就用线索来检查已访问过的中序后继，在最后一个后继的右子节点处重新开始遍历过程。

后序遍历稍微复杂一点。首先创建一个哑节点，该节点将根节点作为其左子节点。在遍历过程中，可以使用变量来检查当前动作的类型。如果当前动作是左遍历并且当前节点有左子树，就遍历左子树；否则，动作将变为右遍历。如果动作是右遍历并且当前节点具有非线索右子树，就遍历该子树，动作变为左遍历；否则，动作将变为访问节点。如果动作是访问节点，就访问当前节点，之后找出该节点的后序后继。如果当前节点的父节点可以通过线索访问(也就是说，当前节点是父节点的左子节点)，就继续遍历父节点的右子树。如果当前节点没有右子树，那么该节点就是右扩展节点链的末尾。先通过当前节点的线索访问这条链的起始节点，然后翻转链中节点的右引用，最后向后扫描该链，访问每个节点，并将右引用恢复为原先的设置。

2. 通过树的转换进行遍历

为了能够成功执行，前面分析的第一组遍历算法需要栈来保存某些必要的信息。线索树将栈结合为树的一部分，其代价是将节点扩展了一个字段，以区分右指针是指向子树还是指向后继。如果同时考虑后继与前趋，就需要两个这样的标签字段。然而不使用栈或者线索也可以遍历树。这类算法有很多，它们都在遍历过程中对树进行了临时修改，这些修改包括给某些指针重新赋新值。然而，树可能会临时性地不再具有树结构，在遍历结束前，这些树结构需要恢复。这一技巧可以通过 Joseph M. Morris 开发的一个精致算法来演示，该算法为中序遍历。

首先要注意，中序遍历对于退化树(图 6-1(e))来说非常简单。退化树中的任一节点都没有左子节点，任一节点都不需要考虑左子树。因此，在退化树的中序遍历里，通常的 3 个步骤即 LVR(访问左子树，访问节点，访问右子树)就变成两步，即 VR。因为节点没有左子树，因此在遍历其左子树之前不需要保留与节点当前状态有关的信息。Morris 的算法考虑了这个问题，将树临时性地转换，使正在处理的节点没有左子树，因此可以在访问该节点之后处理其右子树。该算法归纳如下：

```
MorrisInorder()
    While 没有结束
        if 节点没有左子节点
            访问该节点;
            转向右子树;
        else 使该节点成为它的左子树点中最右侧节点的右子节点;
            转向该左子树;
```

该算法成功地遍历了树，但这种遍历只能进行一次，因为它破坏了树的原有结构。因此，必须保留某些信息将树恢复为原有形式。为此，可以保留向下移至其右子树的节点(图 6-11 中的节点 10 与节点 5)的左指针来完成。

程序清单 6-9 为该算法的实现代码，详细的执行情况如图 6-11 所示。下面的描述将外层 while 循环中执行的连续迭代进行了分解：

(1) 最初，p 指向根节点，根节点有左子树。这样，内层的 while 循环令 tmp 指向节点 7，节点 7 是节点 10(这时 p 指向节点 10)的左子树中最右边的节点(图 6-11(a))。由于没有进行转换，tmp 没有右子树，在内层的 if 语句中，将根节点 10 变成 tmp 的右子节点。节点 10 的左指针仍指向它原来的左子节点 5。现在，这棵树已经不再是树了，因为它包含一个环(图 6-11(b))。这样就完成了第一次循环。

(2) 指针 p 指向节点 5，节点 5 也有一个左子树。首先，tmp 到达该子树中最大的子节点 3(图 6-11(c))，然后，当前的根节点 5 变成节点 3 的右子节点，节点 5 仍然通过它的左指针保留了与节点 3 的关系(见图 6-11(d))。

(3) 由于在第三次迭代中，p 所指节点 3 没有左子节点，所以访问该节点，将 p 重新赋给节点 3 的右子节点 5(图 6-11(e))。

(4) 节点 5 有一个非空的左指针，因此，tmp 查找了节点 5 的临时父节点，tmp 现在也指向这个节点(图 6-11(f))。然后访问节点 5，并将节点 3 的右指针设置为空，重新建立图 6-11(b)中树的形状(图 6-11(g))。

(5) 访问 p 当前所指的节点 7，并且将 p 向下移动到该节点的右子节点(图 6-11(h))。

(6) 更新 tmp，令其指向节点 10 的临时父节点(图 6-11(i))。然后访问节点 10，并把节点 7 的右指针设置为空，重新将节点 10 置为根节点(图 6-11(j))。

(7) 最后访问节点 20，该节点没有左子节点，其位置也没有改变，所以不需要做什么。

程序清单 6-9　中序遍历的 Morris 算法实现

```cpp
template<class T>
void BST<T>::MorrisInorder() {
    BSTNode<T> *p = root, *tmp;
    while (p != 0)
        if (p->left == 0) {
            visit(p);
            p = p->right;
        }
        else {
            tmp = p->left;
            while (tmp->right != 0 &&  // go to the rightmost node
                  tmp->right != p)     // of the left subtree or
                tmp = tmp->right;      // to the temporary parent
            if (tmp->right == 0) {     // of p; if 'true'
                tmp->right = p;        // rightmost node was
                p = p->left;           // reached, make it a
            }                          // temporary parent of the
            else {                     // current root, else
                                       // a temporary parent has
                visit(p);              // been found; visit node p
```

```
                tmp->right = 0;        // and then cut the right
                                       // pointer of the current
            p = p->right;              // parent, whereby it
        }                              // ceases to be a parent;
    }
}
```

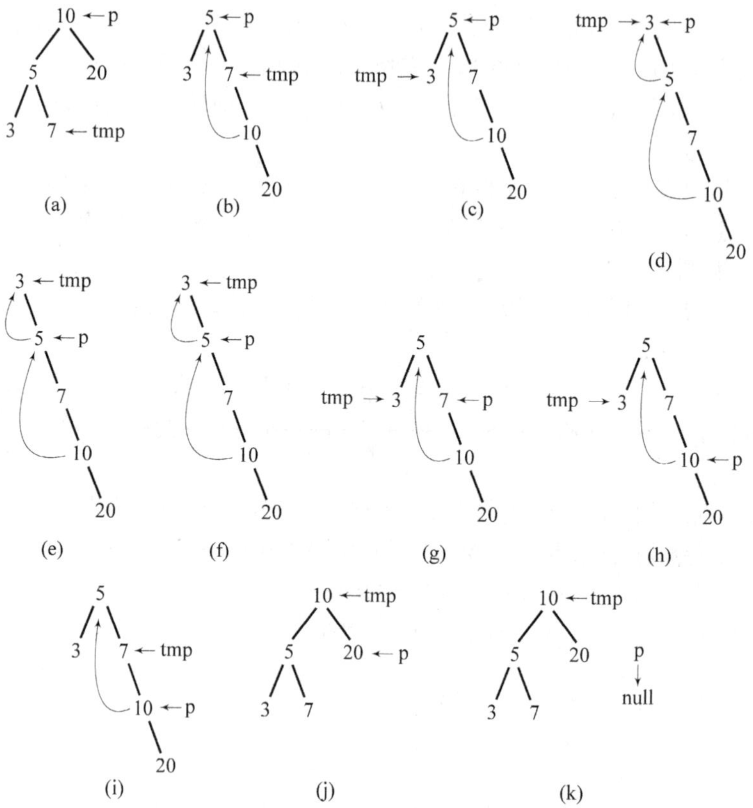

图 6-11　使用 Morris 方法遍历树

　　这就结束了 Morris 算法的执行。注意，图 6-11 中的树只有 5 个节点，而外层的 while 循环迭代了 7 次。这是因为树中有两个左子节点，而额外的迭代次数取决于整个树中左子节点的数目。当树包含大量这样的子节点时，该算法的效率很差。

　　只需要将 visit() 从内层的 else 子句移到内层的 if 子句，就可以从中序遍历算法中得到前序遍历算法。前序遍历会在转换树之前访问节点。

　　后序遍历也可以从中序遍历算法中得到，首先创建一个哑节点，其左子树为正在处理的树，右子树为空。之后遍历临时扩展的树，遍历方法与中序遍历类似，但在内层的 else 子句中，在找到临时的父节点后，p->left(包含)和 p(排除)之间、在修改的树中扩展到右侧的节点是以相反的顺序处理的。为了在恒定时间内完成任务，向下扫描节点链，并且将右指针反过来指向节点的父节点。之后向上扫描节点链，访问每个节点，并将右指针恢复为原先的设置。

　　本小节讨论的遍历过程的效率怎么样呢？这些算法的时间复杂度都是 $\Theta(n)$，此外，与没有线索的二叉查找树相比，线索树的实现需要 $\Theta(n)$ 的多余空间存储线索，递归与循环的遍历算法都需

要 $O(n)$ 的多余空间(用于运行时栈或用户自定义栈)。在随机产生的具有 5000 个节点的树上运行数十次，结果表明对于前序或中序遍历过程(递归算法、迭代算法、Morris算法和线索算法)，运行时间的差别只有 5%～10%左右。Morris 遍历方法与其他类型的遍历相比，具有一个无可辩驳的优势：不需要额外的空间。递归遍历依赖于运行时栈，而运行时栈在遍历非常高的树时可能会溢出。迭代遍历也使用了栈，并且栈也有可能溢出，但问题不像运时时栈那么严重。线索树使用的节点比非线索树大，但一般不会造成问题。迭代算法与线索树算法的实现都不如递归实现直观，因此，算法实现的清晰度以及运行时间的比较都表明，在大多数情况下，递归实现比其他的实现更好。

6.5 插入

二叉树的查找不会修改树。查找以预定的方式扫描树，访问树中的某些或所有键值，但树在此类操作结束后不会变化。树的遍历可以修改树，也可以保持树的原先状态。树是否修改取决于 visit() 指定的操作。某些操作总是会对树进行一些系统性修改，例如添加节点、删除节点、修改元素、合并树，以及平衡树结构以降低其高度。本节只讨论在二叉查找树中插入节点。

要插入键值为 el 的新节点，必须找到树中的一个终端节点，并将新节点与该节点连接。要找到这样一个终端节点，可以使用与查找树相同的技术：在扫描树的过程中，比较键值 el 与当前检查的节点的键值。如果 el 小于该键值，就测试当前节点的左子节点，否则，就测试当前节点的右子节点。如果要测试的 p 的子节点为空，就停止扫描，新节点将成为 p 的子节点。图 6-12 显示了这一过程。程序清单 6-10 包含了插入节点算法的实现代码。

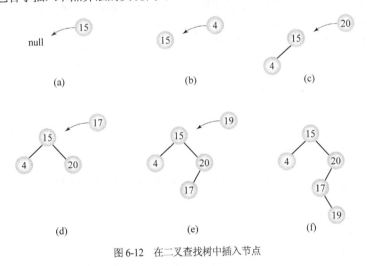

图 6-12 在二叉查找树中插入节点

程序清单 6-10 插入算法的实现

```
template<class T>
void BST<T>::insert(const T& el) {
    BSTNode<T> *p = root, *prev = 0;
    while (p != 0) {  // find a place for inserting new node;
        prev = p;
        if (el < p->el)
```

```
                    p = p->left;
              else p = p->right;
          }
      if (root == 0)      // tree is empty;
          root = new BSTNode<T>(el);
      else if (el < prev->el)
          prev->left = new BSTNode<T>(el);
      else prev->right = new BSTNode<T>(el);
  }
```

在分析遍历二叉树的问题时，提出了 3 种方法：借助栈进行遍历；借助线索进行遍历；以及通过树转换进行遍历。第一种方法在遍历过程中没有改变树。第三种方法改变了树，但是将树恢复为遍历开始前的形状。只有第二种方法需要对树执行一些预备操作，从而使得该方法能够执行：这种遍历方法需要线索。可以在每次遍历过程开始前创建线索，并在遍历过程结束后删除。如果遍历过程不是经常进行，该方法是可行的。另一种方法是在二叉查找树中插入新元素时，在所有对树的操作中维护线索。

在线索树中插入节点的函数只是简单地扩展了用于常规二叉查找树的 insert()函数，该函数在适当的时候调整线索。这个函数用于中序树遍历，只处理后继而不考虑前驱。

如果节点有右子节点，则在其右子树的某个位置有一个后继。因此，它不需要后继线索。这样的线索需要"爬树"，而不是"下树"。如果节点没有右子节点，则其后继位于其上方的某个位置。除了一个节点之外，其他没有右子节点的节点都有指向后继的线索。如果节点成为另一个节点的右子节点，它将从新的父节点处继承其后继。如果节点成为另一个节点的左子节点，该父节点将成为它的后继。程序清单 6-11 包含了该算法的实现，图 6-13 是开始的几个插入步骤。

程序清单 6-11　在线索树中插入节点的算法实现

```
template<class T>
void ThreadedTree<T>::insert(const T& el) {
    ThreadedNode<T> *p,*prev = 0,*newNode;
    NewNode = new ThreadedNode<T>(el);
    If (root == 0) {              // tree is empty;
        Root = newNode;
        return;
    }
    p = root;                     // find a place to insert newNode;
    while (p != 0) {
        prev = p;
        if (p->key > el)
            p = p->left;
        else if (p->successor == 0) // go to the right node only if it
            p = p->right;   // is a descent,not a successor;
        else break;         // don't follow successor link;
    }
    if (prev->key>el) {     // if newNode is left child of
        prev->left = newNode;       // its parent,the parent
        newNode->successor = 1;    // also becomes its successor;
        newNode->right = prev;
    }
    else if (prev->successor == 1) {// if the parent of newNode
        newNode->successor = 1;     // is not the rightmost node,
```

```
        prev->successor = 0;          // make parent's successor
        newNode->right = prev->right;  // newNode's successor,
        prev->right = newNode;
    }
    else prev->right = newNode;        // otherwise it has no successor;
}
```

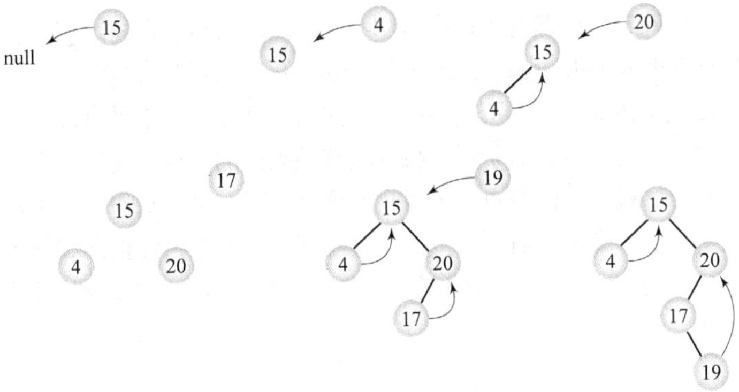

图 6-13　在线索树中插入节点

6.6　删除

另一个维护二叉查找树所必不可少的操作是删除节点。执行该操作的复杂度取决于要删除的节点在树中的位置。删除有两个子树的节点比删除叶节点困难得多，删除算法的复杂度与被删除节点的子节点数目成正比。从二叉查找树中删除节点有三种情况：

(1) 要删除的节点是一个叶节点，该节点没有子节点。这种情况最容易处理。其父节点的相应指针设置为空，该节点通过 delete 操作被删除，如图 6-14 所示。

图 6-14　删除叶节点

(2) 要删除的节点有一个子节点，这种情况也不复杂。父节点中指向该节点的指针重新设置为指向被删除节点的子节点。这样，被删除节点的子节点提升一个层次，其后的所有后裔节点根据家族关系依次提升一个层次。例如，要删除图 6-15 中包含 20 的节点，可以将其父节点 15 的右指针指向其唯一的子节点 16。

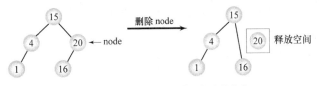

图 6-15　删除有一个子节点的节点

193

(3) 要删除的节点有两个子节点。在这种情况中，无法一步完成删除操作，因为父节点的右指针或左指针不能同时指向被删除节点的两个子节点。本节讨论解决这一问题的两种不同方案。

6.6.1　合并删除

该解决方案从被删除节点的两棵子树中得到一棵树，然后将这棵树连接到被删除节点的父节点处。这种技术称为合并删除(deleting by merging)。但如何合并这些子树呢？根据二叉查找树的本质，右子树的每个值都比左子树的值大，所以最好的办法是找到左子树中具有最大值的节点，使它成为右子树的父节点。同样，还可以在右子树中找到具有最小值的节点，使之成为左子树的父节点。

所需的节点是左子树最右侧的节点，为了找到这个节点，可以沿着该子树移动，直到右指针为空。这意味着最后得到的节点没有右子节点，令最右侧节点的右指针指向右子树，不会违反二叉查找树的性质(也可以令右子树最左侧节点的左指针指向左子树)。图 6-16 演示了该操作，程序清单 6-12 包含了该算法的实现。

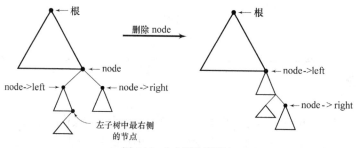

图 6-16　合并删除的概况

程序清单 6-12　合并删除的算法实现

```
template<class T>
void BST<T>::deleteByMerging(BSTNode<T>*& node) {
    BSTNode<T> *tmp = node;
    If (node != 0) {
        If (!node->right)          // node has no right child:its left
            Node = node->left;     // child(if any) is attached to its
                                   // parent;
        else if(node->left == 0)   // node has no left child:its right
            node = node->right;    // child is attached to its parent;
        else {                     // be ready for merging subtree;
            tmp = node->left;      // 1.move left
            while (tmp->right != 0)// 2.and then right as far as
                                   // possible;
                tmp = tmp->right;
            tmp->right =           // 3. establish the link between
                node->right;       //    the rightmost node of the left
                                   //    subtree and the right subtree;
            tmp = node;            // 4.
            Node = node->left;     // 5.
        }
        delete tmp;                // 6.
```

```
        }
    }

template<class T>
void BST<T>::findAndDeleteByMerging(const T& el) {
    BSTNode<T> *node = root, *prev = 0;
    While (node != 0) {
        if (node->key == el)
            break;
        prev = node;
        if (node->key<el)
            node = node->right;
        else node = node->left;
    }
    if (node != 0 && node->key == el)
        if (node == root)
            deleteByMerging(root);
        else if (prev->left == node)
            deleteByMerging(prev->left);
        else deleteByMerging(prev->right);
    else if (root != 0)
        cout << "key" << el << "is not in the tree\n";
    else cout <<"the tree is empty\n";
}
```

findAndDeleteByMerging()似乎包含了冗余的代码。findAndDeleteByMerging()在调用 deleteBy-Merging()之前并没有调用 search()，它似乎忘记了调用 search()，并使用独有的代码查找要删除的节点。但是，在函数 findAndDeleteByMerging()中使用 search()是一种不可靠的简化。search()返回的指针指向包含 el 的节点。在 findAndDeleteByMerging()中，必须将该指针存储于该节点的父节点的某一指针中。换句话说，如果调用者可以从任何方向访问该节点，调用 search()就能满足要求，而findAndDeleteByMerging()函数希望从被删除节点父节点的左或者右指针数据成员中访问该节点。否则，就无法访问以被删除节点为根的整个子树。其原因之一是 search()关注节点的键值，而 findAnd-DeleteByMerging()关注节点本身，把节点作为较大结构(也就是树)中的一个元素。

图 6-17 显示了该操作的每一个步骤，给出了 findAndDeleteByMerging()执行时发生的变化。图中的数字对应于程序清单 6-12 中的注释号码。

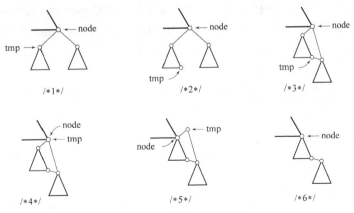

图 6-17　合并删除过程的细节

合并删除的算法可能会导致树的高度增加。在某些情况下，新树可能非常不平衡，如图 6-18(a) 所示。有时树的高度会降低(图 6-18(b))。该算法的效率不一定低下，但远非完美。在此需要一种算法，在删除树节点的时候不会增加树的高度。

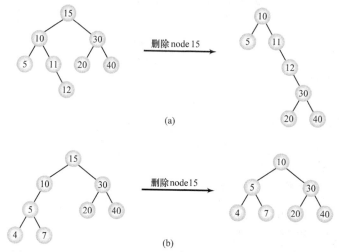

图 6-18   在合并删除后，树的高度可能会增加或降低：(a) 增加；(b) 降低

6.6.2   复制删除

另一种解决方案是由 Thomas Hibbard 和 Donald Knuth 提出的复制删除(deletion by copying)。如果节点有两个子节点，该问题可以简化为如下两个简单问题之一：要删除的节点是叶节点，或要删除的节点只有一个非空子节点。为此，可以用该节点的直接前驱(或后继)替换要删除的键。在合并删除算法中已经说过，键值的前驱是其左子树中最右侧节点的键值(与此类似，其直接后继是右子树中最左侧节点的键值)。首先必须定位前驱。为此，仍然需要向左移一步，首先找到要删除节点左子树的根，再尽可能地向右移动。之后用找到节点的键值替换要删除的键值。这时需要区分两种简单情况：第一种情况是最右侧的节点为叶节点；第二种情况是最右侧的节点有一个子节点。这样，复制删除算法用键值 k_2 覆盖键值 k_1，从而删除键值 k_1，再删除包含键值 k_2 的节点；而合并删除算法会删除键值 k_1 以及包含该键值的节点。

要实现这个算法，可以使用两个函数。一个函数是 deleteByCopying()，如程序清单 6-13 所示。另一个函数是 findAndDeleteByCopying()，该函数类似于 findAndDeleteByMerging()，但调用的是 delete-ByCopying()而不是 deleteByCopying()。图 6-19 逐步骤跟踪了该算法，示意图下面的数字对应 deleteByCopying()实现中注解的数字。

程序清单 6-13   复制删除的算法实现

```
template<class T>
void BST<T>::deleteByCopying(BSTNode<T>*& node) {
    BSTNode<T> *previous, *tmp = node;
    if (node->right == 0)                    // node has no right child;
        node = node->left;
    else if (node->left == 0)                // node has no left child;
        node = node->right;
```

```
    else {
        tmp = node->left;            // node has both children;
        previous = node;             // 1.
        while (tmp->right != 0) {     // 2.
            previous = tmp;
            tmp = tmp->right;
        }
        node->el = tmp->el;          // 3.
        if (previous == node)
            previous ->left = tmp->left;
        else previous ->right = tmp->left; // 4.
    }
    delete tmp;                       // 5.
}
```

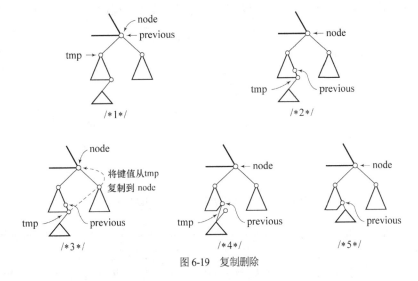

图 6-19　复制删除

该算法并没有增加树的高度，但如果在有插入操作的情况下多次使用该算法仍然会引发问题。该算法是不对称的，它总是删除 node 中键值的直接前驱所处的节点，这会降低左子树的高度，而右子树却不受影响。因此执行插入操作后，node 右子树的高度将会增加，如果再次删除 node 中的键值，右子树的高度将保持不变。在多次插入与删除后，整个树将不再平衡，右子树比左子树更茂盛、更大。

为了防止这个问题，可以对算法进行简单的改进，使其对称。算法可以交替地从左子树中删除 node 中键值的前驱和从右子树中删除 node 中键值的后继。这一改进很有成效。Jeffrey Eppinger 进行的模拟表明，对于具有 n 个节点的树，多次插入以及非对称删除后内部路径长度的期望值是 $\Theta(n\lg^3 n)$，而当使用对称删除时，IPL 的期望值变为 $\Theta(n\lg n)$。J. Culberson 从理论上证实了这些结论。Culberson 证明对于插入以及非对称删除而言，期望 IPL 为 $\Theta(n\sqrt{n})$，平均查找时间(平均路径长度)为 $\Theta(\sqrt{n})$，而对称删除的平均查找时间为 $\Theta(\lg n)$，平均 IPL 与前面的一样，为 $\Theta(n\lg n)$。

实际应用中应该适当重视这一结果。实验表明，对于具有 2048 个节点的树，只有在 1500 万次插入和非对称删除后，其 IPL 才会比随机生成的树差。

由于这一问题的复杂性，理论方面的结果是不完整的。Arne Jonassen 和 Donald Knuth 分析了在只有 3 个节点的树上进行随机插入与删除的问题,分析时使用了 Bessel 函数和双变量积分等式,这一分析被认为"比当今已经进行准确分析的算法更困难"。因此,该问题依赖实验结果也不足为奇。

6.7 树的平衡

本章一开始就提出了两个关于树的论点:树适合于表示某些领域的层次结构,使用树进行查找比使用链表快得多。但是,第二个论点并不总是正确,这取决于树的形状。图 6-20 给出了 3 棵二叉查找树。它们存储着相同的数据,但很明显,图 6-20(a)中的树最好,图 6-20(c)中的树最坏。在最坏情况下,图 6-20(a)中的树定位一个对象需要 3 次测试,而图 6-20(c)中的树则需要 6 次测试。图 6-20(b)与图 6-20(c)中树的问题在于它们有些不对称,或者说有些倾斜;也就是说,树中的对象不是平均分布,图 6-20(c)中的树实际上已经变成了一个链表,但形式上还是一棵树。而平衡树则不会出现这种情况。

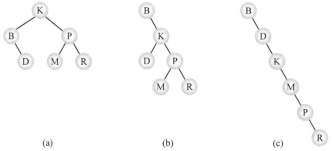

图 6-20 具有相同信息的不同二叉查找树

如果树中任一节点的两个子树的高度差为 0 或者 1,该二叉树就是高度平衡的(height-balanced),或者简称为平衡的。例如,对于图 6-20(b)中的节点 K,其子树的高度差是 1,这是可以接受的。但对于节点 B,其子树的高度差是 3,这意味着整个树是不平衡的。同样是节点 B,图 6-20(c)中子树的高度差是 5,这是最坏的情况。另外,如果树是平衡的,并且该树所有叶节点都出现在一个或两个层次上,那么该树就是完全平衡的(perfectly balanced)。

图 6-21 显示了不同高度的二叉树中可以存储节点的数目。由于每个节点都可以有两个子节点,某一层次的节点数是位于上一层次的父节点数的两倍(当然,根节点除外)。例如,如果要将 10 000 个元素存储在完全平衡树中,树的高度就是 $\lceil \lg(10\,001) \rceil = \lceil 13.289 \rceil = 14$。换句话说,如果 10 000 个元素存储在完全平衡树中,则定位某个元素将最多需要检查 14 个节点。而在链表中则需要进行 10 000 次测试(最坏情况下),二者存在巨大的差距。因此,创建平衡树或修改已有的树使其平衡是有必要的。

许多技术都可以适当地平衡二叉树。其中一些技术在由于插入元素而导致树不平衡时,会重新创建树;另一些技术对数据重新排序从而创建一棵树(如果数据的排序能保证得到平衡树)。本节讲述这类简单技术。

图 6-20(c)中像链表一样的树是特定数据流的结果。这样,如果数据以升序或降序插入,树就像链表一样。图 6-20(b)中的树向某个方向倾斜,是因为第一个插入的元素是字母 B,该字母排在其他所有字母(除 A 之外)的前面;B 的左子树只有一个节点。图 6-20(a)中的树看起来很好,因为根包含

的元素大约位于所有元素的中央，P 也大约位于 K 与 Z 中间的位置。这就引出了一个基于二叉查找技术的算法。

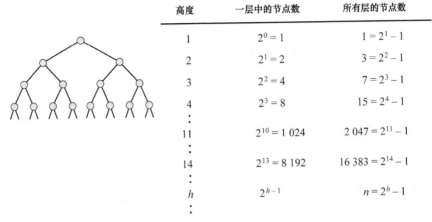

高度	一层中的节点数	所有层的节点数
1	$2^0 = 1$	$1 = 2^1 - 1$
2	$2^1 = 2$	$3 = 2^2 - 1$
3	$2^2 = 4$	$7 = 2^3 - 1$
4	$2^3 = 8$	$15 = 2^4 - 1$
⋮		
11	$2^{10} = 1\,024$	$2\,047 = 2^{11} - 1$
⋮		
14	$2^{13} = 8\,192$	$16\,383 = 2^{14} - 1$
⋮		
h	2^{h-1}	$n = 2^h - 1$
⋮		

图 6-21　不同高度的二叉树的最大节点数

当数据到达时，将其全部存储在一个数组中。所有的数据都到达后，使用第 9 章讨论的某种高效算法对这个数组排序。然后将数组中间的元素指定为根，这个数组现在包含两个子数组：一个包含从数组的开始到刚刚选为根的元素之间的所有元素；另一个包含刚刚选为根的元素到数组的末尾之间的所有元素。根的左子节点指定为第一个子数组的中间元素，根的右子节点指定为第二个子数组的中间元素。此时创建的层次包含了根的子树。下一层包含根子树的子树，以相同的方法对 4 个子数组进行操作，挑选这 4 个子数组中的中间元素作为这一层次的元素。

在上面的描述中，首先将根节点插入初始为空的树，然后插入它的左子节点、右子节点，这样一层接一层地进行下去。如果修改插入的顺序，该算法的实现将极大简化：首先插入根，然后插入它的左子节点，再插入左子节点的左子节点，以此类推。这一修改可以使用下面简单的递归实现：

```
template<class T>
void BST<T>::balance(T data[],int first,int last) {
    if (first <= last) {
        int middle = (first + last)/2;
        insert(data[middle]);
        balance (data,first,middle-1);
        balance (data,middle+1,last);
    }
}
```

图 6-22 给出了应用 balance()的一个示例。首先插入数字 4(图 6-22(a))，然后插入数字 1(图 6-22(b))，再插入数字 0 和 2(图 6-22(c))，最后插入数字 3、6、5、7、8 和 9(图 6-22(d))。

该算法存在严重的缺陷：在创建树之前，所有的数据都必须放在数组中。这些数据可以直接输入到数组中。当必须使用树，但是准备保存到树中的数据仍然在输入的时候，该算法就不大合适。可以使用中序遍历将不平衡树的数据传送到数组中，然后删除该树，再使用 balance()重新创建树。这至少不必使用任何排序算法对数据排序。

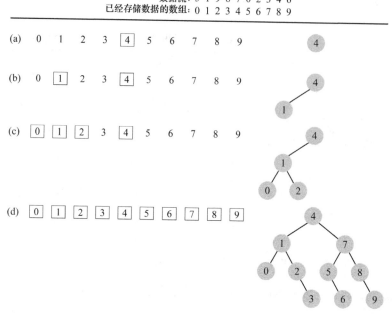

图 6-22　根据有序数组创建二叉查找树

6.7.1　DSW 算法

前一节讨论的算法的效率有点低，因为在创建完全平衡的树之前，需要使用一个额外的有序数组。为了避免排序，这一算法需要破坏树并用中序遍历把元素放在数组中，然后重建该树，这样做效率并不高，除非树很小。然而，存在几乎不需要存储中间变量也不需要排序过程的算法。Colin Day 提出了非常简洁的 DSW 算法， Quentin F. Stout 以及 Bette L. Warren 对此算法进行了改进。

该算法组成部分之一用于树的转换，这就是由 Adel'son-Vel'skii 和 Landis(1962)提出的旋转(rotation)。有两种类型的旋转：左旋转与右旋转，两者相互对称。节点 Ch 围绕其父节点 Par 右旋转是根据下面的算法执行的：

```
rotateRight(Gr, Par, Ch)
    if  Par 不是树的根节点    // 也就是说：如果 Gr 不是空
        子节点 Ch 的祖父节点 Gr 成为 Ch 的父节点;
    Ch 的右子树成为 Ch 的父节点 Par 的左子树;
    节点 Ch 将 Par 作为右子节点;
```

这一复合操作涉及的步骤见图 6-23。第 3 步是旋转的核心部分，当节点 Ch 的父节点 Par 成为 Ch 的子节点后，父节点与子节点的角色互换。然而，这种角色的互换不会影响树的主要性质，也就是说该树仍然是查找树。rotateRight()的第 1 步和第 2 步用来确保旋转之后树仍然是查找树。

一般来说，DSW 算法首先将任意的二叉查找树转换为类似于链表的树，称为主链或主干。然后围绕主链中第二个节点的父节点，反复将其旋转，将这棵被拉伸的树在一系列步骤中转换成完全平衡的树。

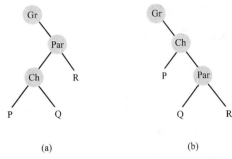

(a)   (b)

图 6-23　子节点 Ch 围绕父节点 Par 的右旋转

在第一阶段，使用下面的程序创建主链：

```
createBackbone(root)
  tmp = root ;
  while (tmp != 0)
    if  tmp 有左子节点
        围绕 tmp 旋转该子节点；        // 这样该左子节点将成为 tmp 的父节点；
        tmp 设置为刚刚成为父节点的子节点；
    else  将 tmp 设置为它的右子节点；
```

算法如图 6-24 所示。注意旋转需要 tmp 父节点的信息，因此在实现该算法时，必须维护另外一个指针。

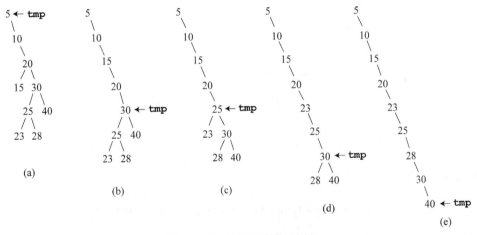

图 6-24　将二叉查找树转换成主链

在最好的情况下，树已经是主链，此时 while 循环将执行 n 次，并且不执行任何旋转。在最坏的情况下，根没有右子节点，此时 while 循环执行 $2n-1$ 次，旋转执行 $n-1$ 次。其中，n 是树中节点的数目。也就是说，第一阶段的执行时间是 $O(n)$。在此情况下，除了具有最小值的节点外，对于每一个节点，tmp 的左子节点都将围绕 tmp 进行旋转。在所有的旋转结束后，tmp 指向根节点，在 n 次循环后，tmp 将下降到主链的最低处，且为空。

在第二阶段，主链转换为树，此时树是完全平衡的，它的叶子只位于两个相邻的层次上。每次顺着主链向下操作时，每隔两个节点，都围绕其父节点进行旋转。第一次顺着主链向下进行操作将

201

计算当前树中的节点数 n 与最接近完全平衡的二叉树中的节点数 $2^{\lfloor \lg(n+1) \rfloor} - 1$ 之间的差，$\lfloor x \rfloor$ 表示小于 x 的且最接近 x 的整数。也就是说，多出来的节点将单独处理。

```
createPerfectTree()
  n=节点数;
  m=2^⌊lg(n+1)⌋-1;
  从主链的顶部开始做n-m次旋转;
  while (m > 1)
    m = m/2;
    从主链的顶部开始做m次旋转;
```

图 6-25 给出了一个示例。图 6-24(e)中的主链有 9 个节点，在循环外进行预处理，转换为如图 6-25(b)所示的主链。现在将执行两遍处理。在每个主链中，节点通过左旋转来提升一个层次，在图 6-25 中以方框表示。这些节点围绕父节点进行旋转，其父节点以圆圈表示。

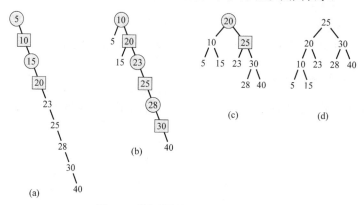

图 6-25　将主链转换成完全平衡二叉树

为了计算创建树阶段的复杂度，可以观察 while 循环执行的迭代次数，该值为：

$$(2^{\lg(m+1)-1} - 1) + \cdots + 15 + 7 + 3 + 1 = \sum_{i=1}^{\lg(m+1)-1} (2^i - 1) = m - \lg(m+1)$$

旋转的次数由如下公式给出：

$$n - m + (m - \lg(m+1)) = n - \lg(m+1) = n - \lfloor \lg(n+1) \rfloor$$

也就是说，旋转的次数是 $O(n)$。由于创建主链最多也需要 $O(n)$ 次旋转，所以使用 DSW 算法进行全局平衡所需要的时间是很理想的，这一时间随 n 线性增长，而且只需要很小且固定的存储空间。

6.7.2　AVL 树

前两节讨论的算法可以从全局重新平衡树；每个节点都可能参与树的重新平衡：或者从节点中移动数据，或者重新设置指针的值。但是，当插入或删除元素时，将只影响树的一部分，此时树的重新平衡可以只在局部执行。Adel'son-Vel'skii 和 Landis 提出了一种经典方法，用这种方法修改的树就以他们的名字来命名：AVL 树。

AVL 树(最初叫做可容许树)要求每个节点左右子树的高度差最大为 1。例如，图 6-26 中的所有树都是 AVL 树。节点中的数字表示平衡因子，即左右子树的高度差。平衡因子等于右子树的高度减去左子树的高度。对于 AVL 树，所有的平衡因子都应是+1、0 或-1。注意 AVL 树的定义与平衡树的定义相同。但是，AVL 树的概念隐式地包含了平衡树的技术。另外，与前面讨论的两种方法不同，平衡 AVL 树的技术不保证得到的树是完全平衡的。

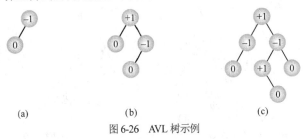

图 6-26   AVL 树示例

AVL 树的定义指出，树的最少节点数由如下递归方程确定：

$$AVL_h = AVL_{h-1} + AVL_{h-2} + 1$$

其初始条件为：$AVL_0=0$，$AVL_1=1$。[1] 由该公式可以导出如下推论：AVL 树的高度 h 的上下限取决于节点数 n(参见附录 A.5)：

$$\lg(n+1) \leqslant h < 1.44\lg(n+2) - 0.328$$

因此，高度 h 受限于 $O(\lg n)$。最坏的情况下，查找需要 $O(\lg n)$ 次比较。对于高度相同的完全平衡二叉树，$h = \lceil \lg(n+1) \rceil$。因此，AVL 树在最坏情况下的查找时间比最好情况多 44%(需要的比较多 44%)。经验研究表明，平均查找次数更接近于最好情况，而不是最坏情况。对于比较大的 n，平均查找次数等于 $\lg n + 0.25$ (Knuth 1998)。因此，AVL 树的确值得研究。

只要 AVL 树中任一节点的平衡因子小于-1 或大于 1，树就需要平衡。AVL 树在 4 种情况下将失去平衡，但只有两种情况需要分析，剩下的两种是对称情况。第一种情况是在右子节点的右子树中插入一个节点，如图 6-27 所示，子树的高度在子树中标明。在图 6-27(a)的 AVL 树中，节点插入到 Q 节点右子树中的某个位置(图 6-27(b))，破坏了树 P 的平衡。在这种情况下，问题很容易解决：只需围绕节点 P(节点 Q 的父节点)旋转节点 Q(图 6-27(c))，节点 P 与节点 Q 的平衡因子就都变为 0，这比开始时的情况还要好。

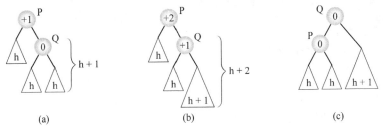

图 6-27   在节点 Q 的右子树上插入节点后，对树进行平衡

第二种情况是在右子节点的左子树中插入节点，这种情况比较复杂。在图 6-28(a)所示的树中插入节点，得到的树为图 6-28(b)，图 6-28(c)显示了更详细的情况。注意节点 R 的平衡因子也是-1。

---

1 由该递归公式产生的数字称为莱昂纳多数(Leonardo 数)。

为了使树重新平衡，要执行双重旋转。围绕节点 Q 旋转节点 R(图 6-28(d))，再围绕节点 P 旋转节点 R(图 6-28(e))，树 P 就恢复了平衡。

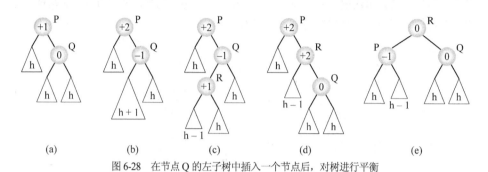

图 6-28　在节点 Q 的左子树中插入一个节点后，对树进行平衡

在这两种情况中，树 P 被当成一棵单独的树。然而，P 还可以是一棵大 AVL 树的一部分，是树中其他节点的子树。如果把一个节点插入树中，并且 P 的平衡遭到破坏，那么在恢复平衡时，是否需要额外的工作来处理 P 的前驱？不需要。注意，图 6-27(c)与图 6-28(e)中的树在旋转后，其高度与插入前相同(图 6-27(a)与图 6-28(a))，都等于 h+2。这意味着新根节点(图 6-27(c)中的 Q，图 6-28(e)中的 R)的父节点的平衡因子与插入前相同，对子树 P 进行的修改足以恢复整个 AVL 树的平衡。问题的关键在于找到节点 P，该节点的因子由于插入了一个节点而变得不可接受。

要找到该节点，可以从插入新节点的位置向上移动到树的根节点，并更新所遇到节点的平衡因子。如果遇到一个平衡因子为 a±1 的节点，平衡因子就改为±2，以这种方式修改平衡因子的第一个节点将成为需要恢复平衡子树的根 P。注意这一节点以上的节点的平衡因子不需要更新，因为它们没有发生变化。

为了更新平衡因子，可以使用下面的算法：

```
updateBalanceFactors()
   Q=刚插入的节点;
   P=Q 的父节点;
   if Q 是 P 的左子节点
       P->balanceFactor--;
   else P->balanceFactor++;
   While P 非根节点 and P->balanceFactor≠±2
      Q=P;
      P=P 的父节点;
      if Q->balanceFactor 为 0
            return;
      if Q 是 P 的左子节点
          P->balanceFactor--;
      else P->balanceFactor++;
if P->balanceFactor 为±2
     重新恢复以 P 为根节点的子树的平衡
```

在图 6-29(a)中，有一条路径的平衡因子等于+1。在这条路径的末尾插入新节点，将得到非平衡树(图 6-29(b))，可以通过左旋转将其恢复平衡(图 6-29(c))。

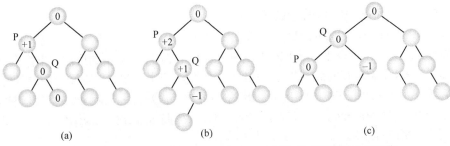

图 6-29　(a) AVL 树；(b) 向树中插入新节点；(c) 使用一次旋转来恢复树的平衡

但是，如果从新插入节点到树根部的路径上，所有节点的平衡因子都是零，则必须更新所有的平衡因子，但不需要旋转所遇到的任何节点。在图 6-30(a)中，AVL 树有一条平衡因子都是零的路径。把节点添加到这条路径的末尾后(图 6-30(b))，只需要更新这条路径上所有节点的平衡因子，而不需要进行其他的修改。

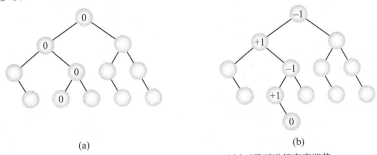

图 6-30　(a) ALV 树；(b) 插入新节点，该树不需要进行高度调节

删除比插入更耗费时间。首先，使用 deleteByCopying() 来删除节点。这一技术可以把删除有两个子节点的节点转换为删除最多有一个子节点的节点。

从树中删除节点后，从被删除节点的父节点到树根部，所有节点的平衡因子都需要更新。对于该路径上每个平衡因子为±2 的节点来说，必须执行单向旋转或双重旋转来恢复树的平衡。要点在于，重新平衡过程并没有在发现平衡因子为±2 的第一个节点 P 后停止，而插入节点时就可以停止。这也意味着删除最多旋转 $O(\lg n)$ 次，因为在最坏情况下，从被删除节点到树根的路径上，每个节点都需要重新平衡。

删除节点之后，不需要立刻旋转，因为删除节点可能提高其父节点的平衡因子(将其从±1 变为 0)，也可能使其祖父节点的平衡因子更糟(使其从±1 变成±2)。这里只说明需要旋转的情况。这样的情况有 4 种(还有 4 种对称的情况)。在每种情况中，都假设删除了节点 P 的左子节点。

在第一种情况中，图 6-31(a)中的树在删除节点后，变成如图 6-31(b)所示的树。该树围绕 P 旋转 Q，从而恢复平衡(图 6-31(c))。在第二种情况中，P 的平衡因子等于+1，其右子树 Q 的平衡因子等于 0(图 6-31(d))。在 P 的左子树中删除一个节点后(图 6-31(e))，对该树进行与第一种情况相同的旋转以恢复平衡(图 6-31(f))。在检查 Q 的平衡因子是+1 或 0 后，可以在同一实现中处理第一种情况与第二种情况。如果 Q 的平衡因子是-1，就得到另两种更复杂的情况。在第三种情况中，Q 的左子树 R 的平衡因子等于-1(图 6-31(g))。为了重新平衡该树，首先 R 围绕 Q 进行旋转，再围绕 P 进行旋转(图 6-31(h)和图 6-31(i))。第四种情况与第三种情况不同，R 的平衡因子等于+1(图 6-31(j))，在这种情况下，也需要这两次旋转来恢复 P 的平衡因子(图 6-31(k)和图 6-31(l))。第三种情况与第四种情况可以在同一个处理 AVL 树的程序中进行处理。

前面的分析表明，插入和删除操作最多需要 1.44lg(n+2)次查找。另外，插入操作需要一次单向或双重旋转，删除操作在最坏情况下需要 1.44lg(n+2)次旋转。但如前面所述，平均情况下需要 lg(n)+0.25 次查找，删除操作的旋转次数也减小为这个数字。平均情况下，插入操作可能需要一次单向/双重旋转。试验还表明，78%的情况下，删除操作根本不需要重建平衡。此外，只有 53%的插入操作不会使树失去平衡(Karlton 等，1976)。更耗费时间的删除操作比插入操作少，它不会严重威胁到 AVL 树重建平衡的效率。

AVL 树可以扩展，允许高度差 $\Delta > 1$ (Foster, 1973)。在 Δ 增加后，最坏情况下树的高度增加为：

$$h = \begin{cases} 1.81\lg(n) - 0.71 & \Delta = 2 \\ 2.15\lg(n) - 1.13 & \Delta = 3 \end{cases}$$

试验表明，与纯 AVL 树($\Delta = 1$)相比，访问节点的平均次数增加了一半，但是重新构造的次数可以降低 1/10。

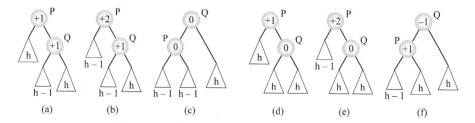

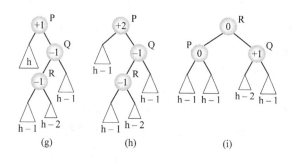

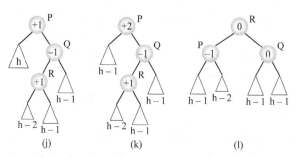

图 6-31　在删除节点后重新平衡 AVL 树

6.8 自适应树(self-adjusting tree)

平衡树主要关心的是使树不要倾向一方,理想情况下,叶节点只出现在一两个层次上。因此,如果新近到达的元素威胁到树的平衡,就要立即在局部重新构造树(AVL方法)或重新创建树(DSW 方法),从而纠正这一问题。然而,这样的重新构造是否总有必要?二叉查找树用来快速插入、检索和删除元素,重要的是执行这些操作的速度而不是树的形状。通过平衡树可以提高效率,但这不是唯一可用的方法。

观察发现并非所有的元素使用的频率都相同,这样就提出了另外一种方法。例如,如果树中第10层的一个元素不常用,整个程序的效率将不会因访问这一层而受到太大的影响。然而,如果要经常访问这个元素,该元素位于第 10 层还是靠近根节点就有很大的区别。因此,自适应树中的策略是只沿着树向上移动常用的元素,以此方式对树进行重新构造,从而形成一种“优先树”。访问节点的频率可以用很多方法来确定。可以在每个节点设置一个计数器字段,记录任一操作使用该节点的次数。然后扫描树,将最常访问的节点向根部移动。在精确性稍差的方法中,假设被访问的节点很有可能被再次访问,因此将该节点沿着树向上移动,并且不会因为新元素而重新构造树。这一假设可能使偶尔被访问的节点向上移动,但整体的趋势是访问频率高的节点向上移动,在很大程度上,这些元素将占据树的前几层。

6.8.1 自重新构造树(self-restructuring tree)

Brain Allen、Ian Munro 及 James Bitner 提出了一种策略,该策略包含两种可能性:

(1) 单一旋转:如果访问子节点中的元素,则将子节点围绕它的父节点进行旋转(图6-32(a)),根节点除外。

(2) 移动到根部:重复子节点-父节点的旋转,直到被访问的元素位于根部为止(图 6.32(b))。

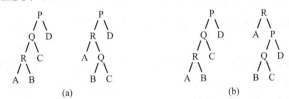

图 6-32　(a) 通过单一旋转重新构造树; (b) 当访问节点 R 时将其移动至根部

使用单一旋转策略,经常访问的元素最终上移到靠近根的地方,这样,以后的访问会比以前的访问更快。在“移动到根部”策略中,假设已访问的元素再次被访问的概率很高,因此上移到靠近根部的地方。即使在下一次访问中不会使用该元素,该元素仍靠近根部。但是,这些策略在不适宜的环境下运行得并不是很好,例如图 6-33 所示的拉长后的二叉树。在此情况下,树的形状改进得很慢。但无论如何,已经确定将节点移到根部的效率是在优化树中访问节点的 2ln2 倍,即(2ln2)lg n。这一结果在任何概率分布下都成立(也就是说,该结果与特定请求的概率无关)。当所有请求的概率相同时,单一旋转技术平均查找时间是 $\sqrt{\pi n}$。

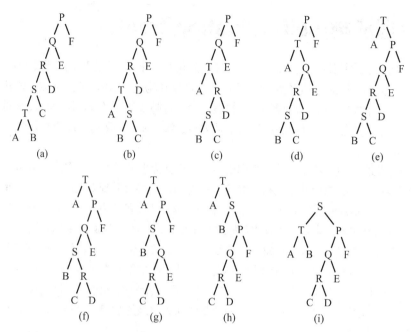

图 6-33　(a)~(e) 将元素 T 移动至根部；(f)~(i) 然后将元素 S 移动至根部

6.8.2　"张开"策略(splaying)

"移动到根部"策略的一个修改版本称为"张开"策略，该策略根据子节点、父节点和祖父节点之间链接关系的顺序，成对地使用单一旋转(Sleator 和 Tarjan，1985)。首先，根据被访问节点 R、其父节点 Q 及其祖父节点 P(如果有的话)之间的关系，分为三种情况：

情况 1：节点 R 的父节点是根节点。

情况 2：同构配置(Homogeneous configuration)。节点 R 是其父节点 Q 的左子节点，Q 是其父节点 P 的左子节点，或 R 和 Q 都是右子节点。

情况 3：异构配置(Heterogeneous configuration)。节点 R 是其父节点 Q 的右子节点，Q 是其父节点 P 的左子节点；或 R 是 Q 的左子节点，Q 是 P 的右子节点。

该算法以如下方式将被访问节点 R 移动到树根部：

```
splaying(P, Q, R)
    while R 不是根节点
     if  R 的父节点是根节点
          进行单一张开操作，使 R 围绕其父节点进行旋转(图 6-34(a))；
       else if  R 与其前趋同构
          进行一次同构张开操作，首先围绕 P 旋转 Q，再围绕 Q 旋转 R(图 6-34(b))；
       else // 如果 R 与其前趋异构
          进行一次异构张开操作，首先围绕 Q 旋转 R，再围绕 P 旋转 R(图 6-34(c))；
```

图 6-35 显示了重新构造树的区别，访问位于图 6-33(a)中第 5 层的节点 T。树的形状立即就得到了改进。接着，访问节点 R(图 6-35(c))，树的形状变得更好了(图 6-35(d))。

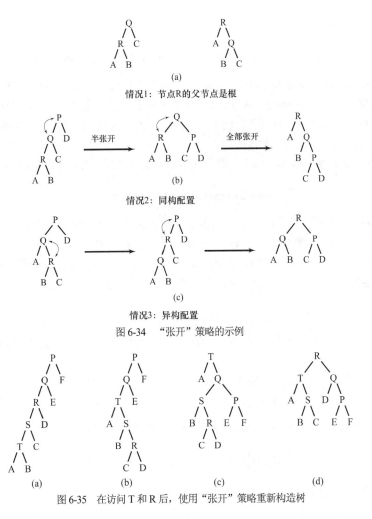

(a)

情况1：节点R的父节点是根

半张开 → 全部张开

(b)

情况2：同构配置

(c)

情况3：异构配置

图 6-34　"张开"策略的示例

(a)　　　　　(b)　　　　　(c)　　　　　(d)

图 6-35　在访问 T 和 R 后，使用"张开"策略重新构造树

"张开"策略是两次旋转的结合(被访问节点是根的子节点的情况除外)，但这些旋转并不总是像自适应树那样按照从底到顶的方式使用。对于同构的情况(都是左子节点或都是右子节点)，首先旋转被访问节点的父节点与祖父节点，之后旋转该节点及其父节点。这有助于把元素移动到根部，并使整个树变得平整，对要进行的访问有积极的影响。

旋转的次数看起来有点多了，如果每次被访问的元素恰好都位于叶节点，那么旋转的次数确实有些多了。对于叶节点来说，除了树不平衡时的一些初始访问外，访问时间通常是 $O(\lg n)$。但访问靠近根部的元素可能会使树不平衡。例如，在如图 6-35(a)所示的树中，如果总是访问根的左子节点，这棵树最终会被拉长，此时会向右延伸。

为了确定在使用"张开"技术的二叉查找树中访问节点的效率，下面使用摊销成本分析。

假设有一棵二叉查找树 t。令根为 x 的子树中节点数目为 $nodes(x)$，$rank(x) = \lg(nodes(x))$，因此，$rank(root(t)) = \lg(n)$，并且

$$potential(t) = \sum\nolimits_{x是t的一个节点} rank(x)$$

很明显，$nodes(x)+1 \leqslant nodes(parent(x))$；因此，$rank(x) < rank(parent(x))$。把访问节点 x

209

的摊销成本定义为函数:

$$amCost(x) = cost(x) + potential_s(t) - potential_o(t)$$

其中,$potential_s(t)$和$potential_o(t)$是在访问前后树的潜在成本。一次旋转只会改变被访问节点x、其父节点与祖父节点的等级(rank),这很重要。这也是基于树潜在成本变化来定义访问节点x的摊销成本的原因,树潜在成本的变化等于在将x提升到根部的"张开"操作中涉及节点的等级变化。下面给出一个引理,说明一次访问的摊销成本。

访问引理(Sleator 和 Tarjan,1985):对于在节点x处"张开"树t的摊销成本,有:

$$amCost(x) < 3(\lg(n) - rank(x)) + 1$$

这一引理的证明分为三个部分,每一部分处理图 6-34 中的不同情况。令$par(x)$是x的父节点,$gpar(x)$是x的祖父节点(在图 6-34 中,$x=R$,$par(x)=Q$,$gpar(x)=P$)。

情况 1:执行一次旋转。这只能是将节点x移动到树t根部的"张开"步骤序列中的最后一步,如果序列中总共有s个"张开"步骤,则最后一个"张开"步骤s的摊销成本为:

$$amCost_s(x) = cost_s(x) + potential_s(t) - potential_{s-1}(t)$$
$$= 1 + (rank_s(x) - rank_{s-1}(x)) + (rank_s(par(x)) - rank_{s-1}(par(x)))$$

其中$cost_s(x) = 1$代表了实际成本,即一个"张开"步骤的成本(在此处限制为一次旋转)。因为只有节点x与$par(x)$的等级被修改,所以$potential_{s-1}(t) = rank_{s-1}(x) + rank_{s-1}(par(x)) + C$,且$potential_s(t) = rank_s(x) + rank_s(par(x)) + C$。现在,由于$rank_s(x) = rank_{s-1}(par(x))$,

$$amCost_s(x) = 1 - rank_{s-1}(x) + rank_s(par(x))$$

此外,由于$rank_s(par(x)) < rank_s(x)$,

$$amCost_s(x) < 1 - rank_{s-1}(x) + rank_s(x)$$

情况 2:在同构情况下的"张开"操作中进行了两次旋转。像前面一样,数字 1 代表一个"张开"步骤的实际成本:

$$amCost_i(x) = 1 + (rank_i(x) - rank_{i-1}(x)) + (rank_i(par(x)) - rank_{i-1}(par(x))) +$$
$$(rank_i(gpar(x)) - rank_{i-1}(gpar(x)))$$

由于$rank_i(x) = rank_{i-1}(gpar(x))$,

$$amCost_i(x) = 1 - rank_{i-1}(x)) + rank_i(par(x)) - rank_{i-1}(par(x)) + rank_i(gpar(x))$$

由于$rank_i(gpar(x)) < rank_i(par(x)) < rank_i(x)$,

$$amCost_i(x) < 1 - rank_{i-1}(x) - rank_{i-1}(par(x)) + 2rank_i(x)$$

由于$rank_{i-1}(x) < rank_{i-1}(par(x))$,也就是$-rank_{i-1}(par(x)) < -rank_{i-1}(x)$,由此可得

$$amCost_i(x) < 1 - 2rank_{i-1}(x) + 2rank_i(x)$$

为了去掉数字 1，考虑不等式 $rank_{i-1}(x)<rank_{i-1}(gpar(x))$；也就是说，$1 \leqslant rank_{i-1}(gpar(x))- rank_{i-1}(x)$。由此可得：

$$amCost_i(x) < rank_{i-1}(gpar(x)) - rank_{i-1}(x) - 2rank_{i-1}(x) + 2rank_i(x)$$

$$amCost_i(x) < rank_{i-1}(gpar(x)) - 3rank_{i-1}(x) + 2rank_i(x)$$

此外，由于 $rank_i(x) = rank_{i-1}(gpar(x))$

$$amCost_i(x) < -3rank_{i-1}(x) + 3rank_i(x)$$

情况 3：在异构情况下的"张开"操作中进行了两次旋转。证明中唯一的不同是假设 $rak_i(gpar(x))<rank_i(x)$ 以及 $rank_i(par(x))<rank_i(x)$，而不是 $rank_i(gpar(x)) < rank_i(par(x)) < rank_i(x)$，其结果相同。

访问节点 x 的总摊销成本等于在访问过程中执行的所有"张开"步骤的摊销成本总和。如果步骤数等于 s，则最多有一步(最后一步)需要一次旋转(情况 1)，这样：

$$amCost(x) = \sum_{i=1}^{s} amCost_i(x) = \sum_{i=1}^{s-1} amCost_i(x) + amCost_s(x)$$

$$< \sum_{i=1}^{s-1} 3(rank_i(x) - rank_{i-1}(x)) + rank_s(x) - rank_{s-1}(x) + 1$$

由于 $rank_s(x) > rank_{s-1}(x)$，因此

$$amCost(x) < \sum_{i=1}^{s-1} 3(rank_i(x) - rank_{i-1}(x)) + 3(rank_s(x) - rank_{s-1}(x)) + 1$$

$$= 3(rank_s(x) - rank_0(x)) + 1 = 3(\lg n - rank_0(x)) + 1 = O(\lg n)$$

这表明，在使用"张开"技术重新构造的树中访问节点的摊销成本等于 $O(\lg n)$，与平衡树中最坏的情况相同。但是，为了更充分地进行比较，还应比较节点的 m 次访问序列而不是一次访问，因为一次访问的摊销成本仍然可以是 $O(n)$ 阶的。对于一系列的访问来说，使用"张开"技术构造树的效率与平衡树的效率相当，等于 $O(m \lg n)$。

"张开"策略关注元素而不是树的形状。在一些元素比其他元素更常用的环境中，该策略执行得很好。如果靠近根部的元素与最底层元素的访问频率差不多，"张开"技术可能并不是最好的选择。在此情况下，强调平衡树的策略比强调元素访问频率的策略更好，此时可以修改"张开"方法。

"半张开(semisplaying)"是"张开"策略的一个修改版本，对于同构的情况，该策略只需要一次旋转，然后继续张开被访问节点的父节点，而不张开节点本身。图 6-34(b)显示了该策略。在访问 R 后，其父节点围绕 P 进行旋转，之后继续张开节点 Q 而不是 R。此处没有执行 R 围绕 Q 的旋转，这与"张开"策略相同。

图 6-36 显示了"半张开"策略的优点。图 6-35(a)中被拉长的树在使用"半张开"策略访问 T(图 6-36(a)～图 6-36(c))后更加平衡了，再次访问 T 后，图 6-36(d)中的树与图 6-32(a)中的树的层次数基本相同(如果子树 E 或 F 比 A、B、C 或 D 中任一个子树都要高，可能会多一个层次)。该树策略的实现可参见本章末尾的案例分析。

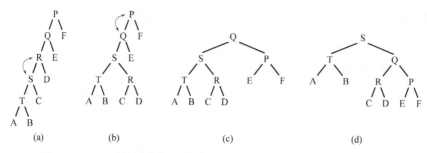

图 6-36　(a)~(c) 使用"半张开"技术访问 T 并重新构造树；(c)~(d) 再次访问 T

　　有趣的是，尽管从自适应树得到的理论界限与 AVL 树和随机二叉查找树(即不使用平衡技术)的界限相当，但是试验表明，对不同尺寸的树以及访问键值的不同比率，AVL 树几乎总是比自适应树好，许多时候甚至普通的二叉查找树也比自适应树好(Bell 和 Gupta，1993)。这个结果只能说明不应总是把计算复杂度和摊销性能看成算法性能的唯一度量。

6.9　堆

　　堆是一种特殊类型的二叉树，具有以下两个性质：

(1) 每个节点的值大于等于其每个子节点的值；

(2) 该树完全平衡，最后一层的叶子都处于最左侧的位置。

　　确切地说，上面两个性质定义的是最大堆(max heap)。如果将第一个性质中的"大于"替换为"小于"，上面两个性质定义的就是最小堆(min heap)。这意味着，最大堆的根节点包含了最大的元素，而最小堆的根节点包含了最小的元素。如果树的每个非叶节点都具有第一条性质，那么这棵树就具有堆的性质。根据第二个条件，树中层次的数目是 $O(\lg n)$。

　　图 6-37(a)中所有的树都是堆，图 6-37(b)中的树违反了第一条性质，而图 6-37(c)中的树违反了第二条性质。

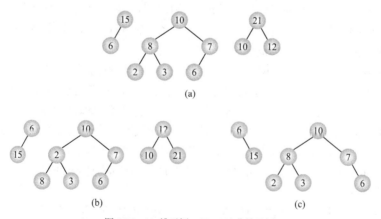

图 6-37　(a) 堆示例；(b)~(c) 非堆示例

　　有趣的是，堆可以通过数组来实现。例如，数组 data= [2 8 6 1 10 15 3 12 11]可以表示图 6-38 中的非堆树。数组中的元素的排放顺序表示节点按照从顶到底、每一层中从左至右的顺序放置。第二

个性质反映了数组是满的，中间没有缝隙。现在，堆可以定义为长度为 n 的数组 heap，其中

$$\text{heap[i]} \geqslant \text{heap[2·i+1]} \qquad 0 \leqslant i < \frac{n-1}{2}$$

$$\text{heap[i]} \geqslant \text{heap[2·i+2]} \sqrt{b^2-4ac} \qquad 0 \leqslant i < \frac{n-2}{2}$$

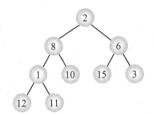

图 6-38　将数组[2 8 6 1 z10 15 3 12 11]视为一棵树

堆中的元素没有确切的顺序。我们只知道最大的元素在根节点中，对于每个节点而言，其所有的后继都小于等于该节点。但是同辈节点之间的关系、叔侄节点之间的关系并未确立。不考虑横向的元素行，元素在纵向是线性递减的。因此，图 6-39 中的所有树都是合法的堆，且图 6-39(b)中的堆排序方法最好。

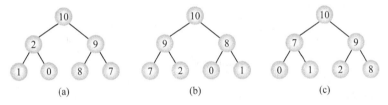

图 6-39　使用相同的元素创建不同的堆

6.9.1　将堆作为优先队列

堆非常适合于实现优先队列。4.3 节使用链表来实现优先队列，其结构的复杂度是 $O(n)$ 或 $O(\sqrt{n})$。对于很大的 n，其效率过于低下。而堆是完全平衡的树，因此，到达叶节点需要 $O(\lg n)$ 次查找。这种效率十分吸引人。因此，堆可以用来实现优先队列。为此必须实现两个过程，即在优先队列中添加元素和删除元素。

为了将元素加入队列，可以将元素作为最后一个叶节点添加到堆的末尾。为了保持堆的性质，在添加元素时可以将最后一个叶节点向根部移动。

添加元素的算法如下：

```
heapEnqueue( el )
    将el放在堆的末尾；
    while el 不位于根部，并且 el > parent( el )
        el 与其父节点交换；
```

例如，在图 6-40(a)中，将数字 15 作为下一个叶节点添加到堆中(图 6-40(b))，这将破坏树的堆性质。为了恢复其性质，15 必须沿着树向上移动，直至到达根部或者找到不小于 15 的父节点。本例为后一种情况，15 只需移动两次而不需要到达根部。

要从堆中删除元素，需要从堆中删除根元素，因为根据堆的性质，根元素的优先级最高。然后将最后一个叶节点放到根节点上，几乎肯定要恢复堆的性质，此时可以将根节点沿着树向下移动。

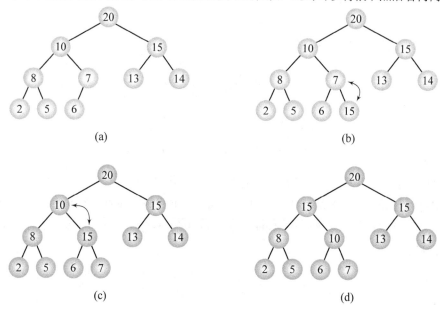

图 6-40　在堆中添加元素

删除元素的算法如下：

```
heapDequeue( )
    从根节点中提取元素;
    将最后一个叶节点中的元素放在要删除元素的位置;
    删除最后一个叶节点;
    // 根的两个子树都是堆;
    p = 根节点;
    while p 不是叶节点，并且 p < 它的任何子节点
        交换 p 与其较大的子节点;
```

例如，在图 6-41(a)中，从堆中删除 20，把 6 放到它的位置上(图 6-41(b))。为了恢复堆的性质，6 首先与比它大的子节点 15 交换(图 6-41(c))，然后与比它大的子节点 14 交换(图 6-41(d))。

删除算法中的最后三行可以看成一个独立的算法，若树的根节点违反了堆的性质，就用该算法恢复。在这种情况下，根元素顺着树向下移动，直至找到合适的位置。该算法是堆排序的关键，程序清单 6-14 给出了一个可能的实现。

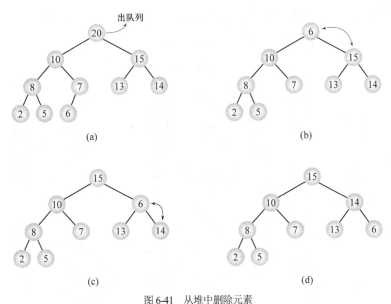

图 6-41　从堆中删除元素

程序清单 6-14　将根元素沿树向下移动的算法实现

```
template<class T>
void moveDown (T data[], int first, int last) {
    int largest = 2*first + 1;
    while (largest <= last) {
        if (largest < last && // first has two children (at 2*first+1 and
            data[largest] < data[largest+1]) // 2*first+2) and the second
            largest++;                      // is larger than the first;

        if (data[first] < data[largest]) {   // if necessary,
            swap(data[first],data[largest]); // swap child and parent,
            first = largest;                  // and move down;
            largest = 2*first+1;
        }
        else largest = last+1; // to exit the loop: the heap property
    }                          // isn't violated by data[first];
}
```

6.9.2　用数组实现堆

堆可以用数组实现，在这个意义上，每个堆都是一个数组，但数组并不是堆。在某些情况下(在堆排序中特别明显，参见 9.3.2 小节)，需要将数组转化为堆(也就是说，重新组织数组中的数据，得到的结构可以表示堆)。进行这种转换有多种方法，但是根据前文，最简单的方法是从一个空堆开始，按顺序向逐渐增长的堆中添加元素。这是一个自顶向下的方法，由 John Williams 提出，该方法在堆中添加新元素从而扩展堆。

图 6-42 包含了一个自顶向下方法的完整示例。首先，在初始为空的堆中添加数字 2(图 6-42(a))。然后，把数字 8 放到当前堆的末尾(图 6-42(b))，再与其父节点交换(图 6-42(c))。之后在堆中加入第 3 个元素 6(图 6-42(d))和第 4 个元素 1(图 6-42(e))，此时不需要交换。将第 5 个元素 10 加入堆中，将

其放在堆的末尾(图 6-42(f)),再与其父节点 2 交换(图 6-42(g)),然后与其新的父节点 8 交换(图 6-42(h)),10 一直上升,最后成为堆的根节点。其他步骤详见图 6-42。

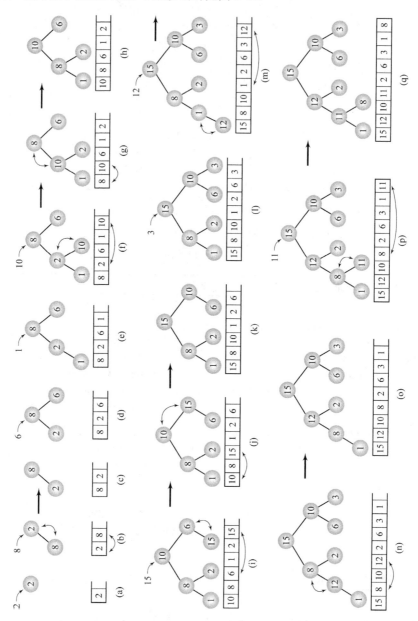

图 6-42 按照自顶向下的方法将数组组织为堆

为了确定该算法的复杂度,可以观察最坏情况,当新添加的元素必须移动到树的根时,对于有 k 个节点的堆,需要进行 $\lfloor \lg k \rfloor$ 次交换。因此,如果加入 n 个元素,在最坏情况下执行算法进行的交换次数以及比较次数为:

$$\sum_{k=1}^{n} \lfloor \lg k \rfloor \leqslant \sum_{k=1}^{n} \lg k = \lg 1 + \cdots + \lg n = \lg(1 \cdot 2 \cdots \cdot n) = \lg(n!) = O(n \lg n)$$

对于上面的等式，lg(n!) = O(n lg n)，参见附录 A.2 节。但是，我们还可以做得更好。

Robert Floyd 提出了另外一种算法，堆自底向上构造。在这种方法中，首先构造较小的堆，再以下面的方法将它们重复合并成很大的堆：

```
FloydAlgorithm(data[])
    For i = 最后一个非叶节点的下标
        调用moveDown(data, i, n-1)，为根节点是data[i]的树恢复堆属性;
```

图 6-43 中的示例将数组 data[ ] = [2 8 6 1 10 15 3 12 11]转换为堆。

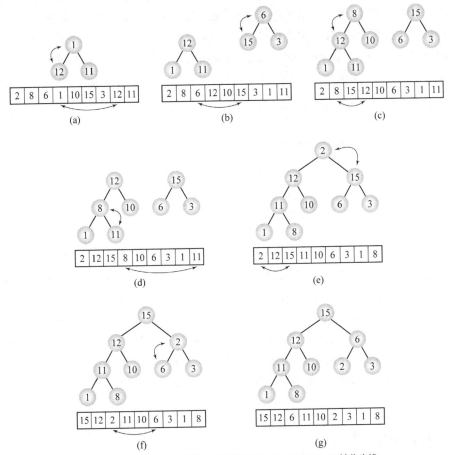

图 6-43　使用自底向上的方法将数组[2 8 6 1 10 15 3 12 11]转化为堆

从最后一个非叶节点 data[n/2-1]开始，其中 n 是数组的大小。如果 data[n/2-1]小于它的子节点，就与较大的子节点交换。在图 6-43(a)的树中，数组元素 data[3]=1 和 data[7]=12 就是这种情况。在交换元素后，创建一棵新树，如图 6-43(b)所示。下一步处理元素 data[n/2-2] = data[2] = 6。由于它小于其子节点 data[5]=15，因此与该子节点交换，这样就转换成如图 6-43(c)所示的树。现在处理 data[n/2-3] = data[1] = 8。由于它小于其子节点 data[3]=12，也要进行交换，得到如图 6-43(d)所示的树。但是现在要注意：在根为 12 的子树(图 6-43(c))中，元素的顺序已经被打乱了，因为 8 小于它的新子节点 11。这说明只比较节点的值和其子节点的值是不够的，节点必须与其孙子节点、曾孙子节点等等进行比较，直至找到适当的位置。考虑到这一点，在创建图 6-43(e)中的树后，要进行一次交换。现在，元素 data[n/2-4] = data[0] = 2 与其子节点进行比较时,需要进行两次交换(图 6-43(f)和图 6-43(g))。

当分析新的元素时,它的两个子树已经是堆了,数字 2 就是这样,其根分别为 12 与 15 的两个子树已经是堆了(图 6-43(e))。一般情况下,在考虑一个元素前,其子树已经转换为堆。因此,堆将自底向上创建。如果某次交换破坏了堆的性质,例如图 6-43(c)中的树转换为图 6-43(d)中的树,应立即提升较大的元素,向下移动较小的元素,恢复堆的性质。这就是 2 与 15 进行交换时出现的情况。新的树不是堆,因为节点 2 仍然有较大的子节点(图 6-43(f))。为了修正这一问题,提升 6,向下移动 2。得到的图 6-43(g)是一个堆。

假设创建一棵完全二叉树,也就是说,存在某个 k, $n=2^k-1$。为了创建堆,moveDown()将调用$(n+1)/2$ 次,对每个非叶节点调用一次。在最坏的情况下,moveDown()将倒数第 2 层的数据(包含$(n+1)/4$ 个元素)向下移动一层至叶节点层,共执行$(n+1)/4$ 次交换。因此,这一层的节点共进行 $1\times(n+1)/4$ 次移动。倒数第 3 层的数据(包含$(n+1)/8$ 个元素)向下移动两层至叶节点层。因此,这一层的节点共进行 $2\times(n+1)/8$ 次移动,以此类推,直至根节点。在树成为堆时,树的根节点才会移动,在最坏的情况下,根节点向下移动 $\lg(n+1)-1=\lg\dfrac{n+1}{2}$ 层,成为一个叶节点。树只有一个根节点,所以要进行 $\lg\dfrac{n+1}{2}\times1$ 次移动。于是,移动的总数为:

$$\sum_{i=2}^{\lg(n+1)}\frac{n+1}{2^i}(i-1)=(n+1)\sum_{i=2}^{\lg(n+1)}\frac{i-1}{2^i}$$

该数为 O(n)阶,因为序列 $\Sigma_{i=2}^{\infty}\frac{1}{2^i}$ 收敛于 1.5,$\Sigma_{i=2}^{\infty}\frac{1}{2^i}$ 收敛于 0.5。对于不是完全二叉树的数组来说,其复杂度是 O(n)。最坏情况的比较次数是这个数字的两倍,也是 O(n),因为在 moveDown()中,要比较每个节点的两个子节点,选出其中较大者。较大的子节点再与节点进行比较。因此,在最坏的情况下,William 的方法比 Floyd 的方法好。

平均情况的效率则很难判断。Floyd 的堆构造算法平均需要 $1.88n$ 次比较(Doberkat 1984;Knuth 1998),而 Williams 算法在平均情况下的比较次数介于 $1.75n$ 与 $2.76n$ 之间,其交换次数是 $1.3n$(Hayward 和 McDiarmid 1991;McDiarmid 和 Reed 1989)。因此,在平均情况下,两个算法的效率处于同一水平。

6.10 treap 树

堆的性质非常吸引人,因为堆是完全平衡的树,并且在最大堆中允许立即访问最大元素。但是无法立即访问其他任何元素。二叉树的查找非常高效,但是树的形状取决于插入以及删除的操作顺序,如果不指定平衡措施,树可能变得严重畸形。可以将二叉查找树以及堆结合到一种数据结构中,这就是 treap 树,其名称就反映了这一事实。然而需要注意,在本节中,堆的概念并不强烈,将 treap 理解为具有堆性质的二叉树,但是抛弃了要求树完全平衡的要求,以及叶子应该在最左边位置的要求,尽管堆本身会尽可能地平衡。

treap 树是二叉查找树,该树像普通二叉查找树一样使用数据作为键值,此外使用优先级作为附加键,根据该性质,该树还是堆。例如,在图 6-44(a)中的二叉查找树以及图 6-44(b)中的最大堆一起组成了图 6-44(c)中的 treap 树。考虑数字对(x, y)形成的树，该树笛卡尔树，其中 x 和 y 是笛卡尔平面上点的坐标，x 将 treap 树组织成二叉查找树，而 y 将其组织成堆(Vuillemin，1980)。另一种可能是一旦将键值 x 插入到树中，为特定的键值 x 随机生成 y(Seidel 和 Aragon，1996)。这样会生成随机树，预期的查找、插入以及删除操作的阶数为 O(lg n)。

当在 treap 树中插入项时，首先为该项随机生成优先级，然后为该项在树中找个位置，在此位置将该项作为叶节点插入。如果其父节点的优先级大于刚插入节点的优先级，则什么都不需要做。否则，就需要将新节点围绕父节点旋转，可能还要对其新父节点继续旋转，直到找到一个优先级大于新节点优先级的父节点(当然，新节点会一直朝着根节点移动)。例如，在图 6-44(c)给出的 treap 中插入 G 并为其生成优先级 17，得到了二叉查找树(图 6-44(d))，为了恢复堆的属性，该树需要旋转 2 次 G(图 6-44(e)和图 6-44(f))。在 treap 树中插入优先级为 25 的 J 得到的二叉查找树(图 6-44(g))需要旋转 3 次才能维持堆的属性(图 6-44(h)～图 6-44(j))。

为了从 treap 树中删除 x，具有较高优先级的子节点应该围绕该节点旋转，对于 x 的新子节点同样如此，直到节点 x 只有一个子节点或者成为叶节点，此时可以很容易地将其删除。例如，为了从图 6-44(j)的 treap 树中删除节点 J，由于子节点 M 比子节点 G 的优先级高，因此首先围绕 J 旋转(图 6-44(k))，之后就可以删除节点 J，因为此时该节点只有一个子节点(图 6-44(l))。

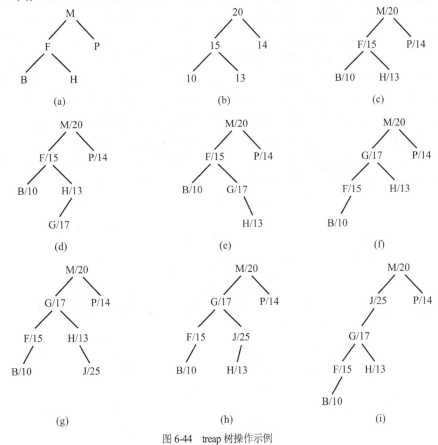

图 6-44   treap 树操作示例

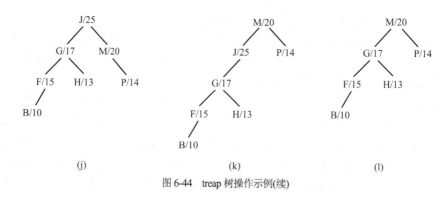

图 6-44 treap 树操作示例(续)

不需要显示排序节点的优先级就可以处理 treap 树。方法之一是使用散列函数 h，将具有键值 K 的某项的优先级设置为 h(K)，其中函数 h 具有足够的随机行为。

另一种方法将节点存储在数组中。treap 的运行方式类似于最小堆，值存储项所占位置的索引 i。该索引还用作项的优先级。为了插入项，随机生成小于等于 n 的 i。如果 i=n，该项放在数组的位置 n，该项被插入到 treap 树中。否则，当前占据 i 的项通过一系列的旋转变为叶节点，然后将该项移动到位置 n，该项的优先级也降低为 n；新项此时位于位置 i，优先级也是 i。图 6-43(a)以及图 6-45(a)中的 treap 树，实际上是按照图 6-45(b)中的方式存储的：一棵具有索引的二叉树，索引位于节点的信息字段，索引指明了项在 data[]数组中的位置，同时还具有优先级的功能。假定要插入键值为 G 的项，随机生成索引 i=1。数组的情况应该与图 6-45(c)相同：G 被放置在位置 1，这个位置是将 F 移动到位置 5 空出来的。为了在 treap 树中反映这一情况，首先，对应于键值 F 节点的信息字段变为 5(图 6-45(c))，之后进行两次旋转，该节点变为叶节点(图 6-45(d)和图 6-45(e)分别给出了 treap 树的概念视图(只有键值)以及实际视图(只有优先级))。之后使用键值 G 将节点插入到 treap 树中(图 6-45(f))。为了将树转换为堆，新节点旋转 3 次，到达合适的位置(图 6-45(g)~图 6-45(i))。

为了删除项，首先从 treap 树中删除项，然后从数组中删除，位置 n 的项移动到位置 i，使得该项在 treap 树中向上旋转。如果键值 P 从图 6-45(i)所示的 treap 树中删除，那么 F 从数组的最后位置移动到 P 占据的位置 2，并改变其优先级(图 6-45(j))。为了恢复堆属性，F 向上旋转一次(图 6-45(k))。

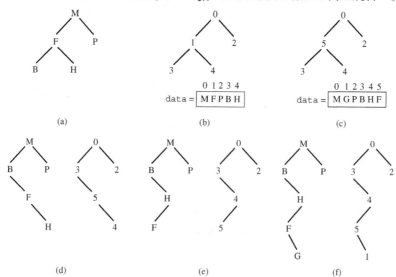

图 6-45 treap 操作示例，实现为使用数组存储数据的最小堆

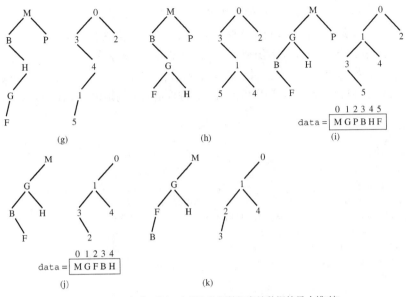

图 6-45　treap 操作示例，实现为使用数组存储数据的最小堆(续)

6.11　k-d 树

在本章讲述的二叉查找树中，使用一个键值在树中导航以执行必要的操作。然而，二叉查找树可以以其纯净的形式使用，并仍然可以使用多个键值。这种树就是多维(k 维)二叉查找树，或者称为 k-d 树(Bentley，1975)。多维指的是存储在树中的项，而不是指树本身。

考虑笛卡尔平面中的点(该点可能表示某个国家中某城市的位置)。每个点都由两个属性(或者键值)表征，也就是其 x 坐标和 y 坐标。标准的二叉查找树可以用 x 坐标作为键值(也可以用 y 坐标，或者用与 x 以及 y 相关联的值)判断在哪里插入这个点，从而存储所有的点。为了能够独立地使用两个键值，在 2-d 树中可以交替使用：在第 1 层，用 x 坐标作为识别符号；在第 2 层，用 y 坐标。在第 3 层，用 x 坐标，以此类推。换句话说，在奇数层用 x 坐标作为识别符号，在偶数层用 y 坐标作为识别符号。这种 2-d 树结构对应图 6-46 所示的笛卡尔平面：由于 A 是根，通过 A 的垂线说明该垂线左边的点属于 A 的左子树，垂线右边的点属于 A 的右子树。在第 2 层，用 y 坐标作为识别符号判断该位置的后代；因此，绘制通过 G 以及 B 的水平线，指出低于通过 B 水平线的点属于 B 的左子树，高于该线的点属于 B 的右子树。在此示例中，用 100×100 方块中的点创建 2-d 树，但是通常不会设置区域的界限，特殊情况下，点可以从整个平面取。

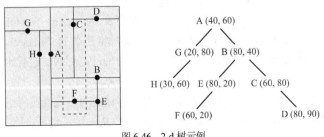

图 6-46　2-d 树示例

一般来说，在 k-d 树中可以使用任何属性值或者键值，该值可以是任何类型。例如，具有三个键(名字、出生年份和薪水)的数据库可以用图 6-47 的 3-d 树表示，在第 1 层，用名字作为识别符号，在第 2 层，用 YOB(Year of Birth)作为识别符号，在第 3 层，用薪水作为识别符号，在第 4 层，再次用名字作为识别符号，以此类推。下面用于插入的伪代码反映了这一事实(在此假定 insert()是 kdTree 类的一部分，kdTree 包含类变量 k，该变量由用户通过构造函数初始化，或者根据键值自动初始化):

```
insert(el)
    i = 0;
    p = root;
    prev = 0;
    while p ≠ 0
        prev = p;
        if el.keys[i] < p->el.keys[i]
            p = p->left;
        else p = p->right;
        i = (i+1) mod k;
    if root == 0
        root = new BSTNode(el);
    else if el.keys[(i-1) mod k] < p->el.keys[(i-1) mod k]
        prev->left = new BSTNode(el);
    else prev->right = new BSTNode(el);
```

Name	YOB	Salary (K)
Kegan, John	1953	80
Adams, Carl	1977	45
Peterson, Ian	1969	66
Farrington, Jill	1988	71
Ruger, Ann	1979	72
Guyot, Franz	1979	70
Harel, Alan	1980	70

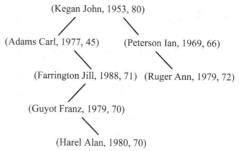

图 6-47　3-d 树示例

在图 6-46 中，按照此顺序插入点 A、B、C、D、E、F、G 和 H，从而创建了树。例如，为了将点 F 插入由从 A 到 E 的 5 个点组成的树，首先将 F 的 x 坐标 60 与根元素 A 的 x 坐标 40 进行比较。由于 60>40，所以转向 A 的右子节点 B。此时将 F 的 y 坐标 20 与 B 的 y 坐标 40 进行比较。由于 20<40，所以转向 B 的左子节点 E。现在，将 F 的 x 坐标 60 与 E 的 x 坐标 80 进行比较，由于 60<80，所以转向左边，但是该节点为叶节点，同时意味着应该在此处插入 F。在图 6-47 中，3-d 树具有 6 个节点(Kegan，Adams，Peterson，Farrington，Ruger 以及 Guyot)，为了将记录(Harel Alan，1980，70)插入到该 3-d 树中，首先将 Harel 与根节点 Kegan 进行比较。由于 Harel 的字母顺序在 Kegan 之前，所以转向根节点的左子节点。现在将 Harel 的 YOB 1980 与 Adams 的 YOB 1977 进行比较，由于 1980>1977，所以转向 Adams 的右子节点 Farrington。此时将薪水 71 与 Harel 的薪水 70 进行比较，由于 70<71，所以转向左边的 Guyot 节点。现在，将名字 Harel 与 Guyot 进行比较，在此之后试图转向右边，但是由于右边没有 Guyot 的后代，因此将 Harel 作为其后代。

可以用 k-d 树查找某个特定项(精确匹配查询)，方法与标准的二叉查找树相同，只是对于成功的查找而言，所有的键值都必须相等，为了能够持续查找，在从一层转到另一层时用于比较的键值(识别符号)必须改变。

k-d 树还可以用于输出特定范围(区域查询)的项。对于某个特定的项,首先测试节点中的项是否在某个区域内。之后,如果该项位于将键 i 作为识别符号的某一层,若该项的键 i 位于键 i 指定的范围内,则继续查找该节点的所有子节点;若该键小于范围的上限(但是不大于下限),则只查询右子节点,若键大于下限但不小于上限,则只查询左子节点。下面是其伪代码:

```
search(range[][])
    if root ≠ 0
        search(root,0,ranges);

search(p, i, ranges[][])
    found = true;
    for j = 0 到 k-1
        if !(ranges[j][0]≤ p->el.keys[j]≤ ranges[j][1])
            found=false;
            break;
    if found
      输出 p->el;
    if p->left ≠ 0 并且 ranges[i][0]≤ p->el.keys[i]
        search(p->left, (i+1) mod k, ranges);
    if p->right ≠ 0 并且 p->el.keys[i] ≤ ranges[i][1]
        search(p->right, (i+1) mod k, ranges);
```

例如,假定想要查找图 6-46 中 $50 \leqslant x \leqslant 70$ 和 $10 \leqslant y \leqslant 90$ (用虚线标记)的所有点。将使用二维数组 ranges={{50,70},{10,90}}(一般为二维的 $k \times 2$ 数组,ranges[k][2])作为参数来调用函数 search (ranges)。对于根节点 A,在第一次 for 循环的迭代中测试 x 坐标是否位于 x 范围内,也就是是否 $50 \leqslant 40 \leqslant 70$。由于条件为假,所以退出循环,不会输出点 A。之后,由于 A.key[0]≤ranges[0][1],也就是说 $40 \leqslant 70$,所以只对 A 的右子节点 B 调用 search()。现在,在 for 循环的第一次迭代中,B 的 x 坐标不在 x 范围之内,因此退出循环,并且不会输出 B。然而,由于 y 坐标位于 y 范围之内,$10 \leqslant 40 \leqslant 90$,所以会对 B 的所有子节点调用 search()。当对 E 执行 search()时,检测到 E 的 x 坐标不在 x 范围之内,因此不会输出 E,循环退出。由于 x 范围的下限 50 小于 E 的 x 坐标 80,所以对 E 的左子节点 F 调用 search(),但是不会对右子节点调用,因为右子节点为空。当对 F 执行 search()时,第一次迭代中由于 F 的 x 坐标在 x 范围之内,$50 \leqslant 60 \leqslant 70$,for 循环内的 if 语句为真。循环的第二次迭代测试 F 的 y 坐标,由于在 y 范围之内,$10 \leqslant 20 \leqslant 90$,循环结束时输出 F。然后为节点 C 调用 search(),由于 $50 \leqslant 60 \leqslant 70$ 且 $10 \leqslant 80 \leqslant 90$,因此输出 C,由于 C.keys[1]≤ ranges[1][1],也就是 $80 \leqslant 90$,因此为 C 的右子节点 D 调用 search(),由于 D 的 x 坐标超出范围,因此不输出 D。

在最坏情况下,在具有 n 个节点的完全 k-d 树中执行范围查找的开销为 $O(k \cdot n^{1-\frac{1}{k}})$ (Lee 和 Wong,1977)。

删除操作要复杂得多。在标准的二叉查找树中,删除具有两个后代的节点,转向右子树并一直向左可以发现直接后继,或者可以在左子树的最右边发现直接前驱。这一策略不适用于 k-d 树。节点 p 的直接后继在其右子树中,但是未必在该子树的最左边。例如,如果使用适用于标准二叉查找树的算法,图 6-46 中根节点 A 的直接前驱是 H 而不是 G。问题在于当位于节点 G 时,会使用 y 坐标作为识别符号,这意味着会找到 x 坐标大于 G 的左子树节点,其右子树的情况也是如此。因此,为了从节点 G 找到具有最小 x 坐标的节点,必须查找其左右子树。一般来说,如果找到关于键 i 的直接后继,那么对于将该健用作识别字符的层而言,可以从该层的某个节点开始只查找其右子树,否则，必须查找左右子树。如果将要被删除的节点 p 没有右子树，那么可以查找 p 的左子树以定位最小的节点 q；前驱 q 的信息被复制，并覆盖了 p 的信息，p 的左子树成为 p 的右子树，删除过程继续，删除 q。图 6-48 演示了这一过程。为了删除用 x 坐标作为识别字符的根节点 p，找到了具有最小 x 坐标的节点 q(图 6-48(a))，q 中的信息替换了 p 中的信息，p 的左子树变为 p 的右子树(图 6-48(b))。现在两个节点具有相同的信息，因此原先的 q(现在是 p)从树中删除(图 6-48(c))。注意具有最小值的节点有两个，即被删除的节点(10, 20)及其父节点(10, 30)。由于最终从 k-d 树中删除的是叶节点，为了打破僵局，选择了较低层的节点。此外还要注意，在图 6-48(a)中，查找根的左子树中具有最大 x 坐标的节点，并将其内容复制到根，这好像可以简化操作，因为左子树的根可以保持不变。然而，这将导致不协调的 k-d 树，因为最大值，也就是根的直接前驱(关于 x 值)是节点(40, 40)。如果将这个值放到根中，那么(40, 40)的左子树就会是节点(40, 20)。然而，(40, 40)的左子树的 x 值应该小于40，因此应该是(40, 40)的右子树。

为了从图 6-48(c)的树中删除根 q，在 p 的右子树中找到直接后继 q，根被修改，标记刚被发现的后继(图 6-48(d))并将其删除(图 6-48(e))。如果要删除图 6-48(e)中的根，会找到其直接后继 q。尽管在此有两个候选节点(20, 40)和(20, 50)，由于上面的那个节点没有左子树，并且 x 坐标是识别字符，因此根本不会查找(20, 40)的右子树。其余的步骤如图 6-48(f)～图 6-48(h)所示。

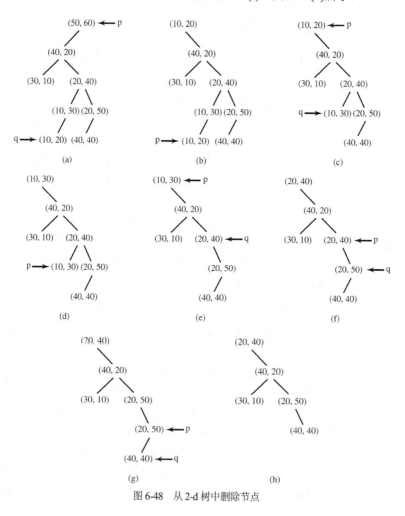

图 6-48　从 2-d 树中删除节点

下面的伪代码给出了节点的删除算法：

```
delete(el)
    p=包含 el 的节点;
    delete(p, p 的识别字符索引 i);

delete(p)
    if p 是叶节点
        删除 p;
    else if p->right≠0
        q=smallest(p->right, i, (i+1) mod k);
    else q=smallest(p->left, i, (i+1) mod k);
        p->right=p->left;
        p->left=0;
    p->el=q->el;
    delete(q, i);

smallest(q, i, j)
    qq=q;
    if i == j
        if q->left≠0
            qq=q=q->left;
        else return q;
    if q->left≠0
        lt=smallest(q->left, i, (j+1) mod k);
        if qq->el.keys[i]≥ lt->el.keys[i]
            qq=lt;
    if q->right≠0
        rt=smallest(q->right, i, (j+1) mod k);
        if qq->el.keys[i]≥ rt->el.keys[i]
            qq=rt;
    return qq;
```

注意，当删除根的时候，在将 x 值用作识别字符的层中(除了根那一层)只需要查找左子树；在图 6-48(a)和图 6-48(c)中，(20, 40)的右子树没有被查找。一般来说，在 k-d 树中，在每个第 k 层节点的右子树不要查找。这使得删除操作的开销为 $O(n^{1-\frac{1}{k}})$。然而，删除随机选择节点的开销为 $O(\lg n)$(Bentley，1975)。

6.12 波兰表示法和表达式树

二叉树的一种应用是无歧义地表示代数、关系或逻辑表达式。在上个世纪 20 年代早期，波兰的逻辑学家 Jan Lukasiewicz (发音为：wook-a-sie-vich)发明了一种命题逻辑的特殊表示法，允许从公式中删除所有的括号。但是，与原来带括号的公式相比，使用 Lukasiewicz 的表示法(称为波兰表示法)降低了公式的可读性，没有得到广泛的使用。在计算机出现后，这一表示法就很有用了，特别是用于编写编译器和解释器。

为了支持可读性，并防止公式的歧义，必须使用括号等额外的符号。但是，如果仅是避免歧义，可以改变公式中使用符号的顺序，从而省略这些符号。这就是编译器所做的工作。编译器抛弃了一切对理解公式正确含义所不必要的东西，将其作为"语法添加物"而去掉。

这一表示法是如何运行的？首先查看下面的示例，这个代数表达式的值是什么？

$$2-3\times4+5$$

表达式的结果依赖于执行操作的顺序。如果先执行乘法，再执行减法与加法，结果就是-5。如果先进行减法，再执行加法与乘法，即：

$$(2-3)\times(4+5)$$

结果就是-9。如果在乘法和加法之后进行减法，即：

$$2-(3\times4+5)$$

结果就是-15。我们观察第一个表达式，知道计算它的顺序。但是计算机不知道这些，在这个表达式中，乘法的优先级比加法和减法高。如果重新设置这些优先级，就需要添加括号。

编译器需要生成在某个时刻执行操作的汇编代码，并为其他操作保留该结果。因此，所有的表达式都必须无歧义地分解为单独的操作，并按正确的顺序放置。此时就可以使用波兰表示法。该表示法可以创建表达式树，指定操作执行的顺序。例如，第一个表达式 $2-3\times4+5$ 等于 $2-(3\times4)+5$，可以用图 6-49(a)中的树表示。第二个和第三个表达式对应于图 6-49(b)和图 6-49(c)中的树。很明显，在图 6-49(a)与图 6-49(c)中，必须先将 3 与 4 相乘，得到 12。但是，根据图 6-49(a)中的树，2 将减去 12；而根据图 6-49(c)中的树，12 将加上 5。在这棵树中，不会出现歧义。只有先计算中间结果，才能计算出最后的结果。

还要注意这些树都没有使用括号，也没有产生歧义。如果表达式树被线性化(也就是说，使用树遍历方法，将树转化成表达式)，就可以不使用括号。与这种情况相关的三种遍历方法是前序、中序和后序树遍历。使用这些遍历方法总共会产生 9 种结果，如图 6-49 所示。有趣的是，这三棵树的中序遍历会得到相同的结果，即具有歧义的原始表达式。这意味着中序树遍历不能产生无歧义的结果，而其他两种遍历方法可以。对于不同的树，后两种方式得到的结果不同，因此适合于创建无歧义的表达式和句子。

由于这些不同的转换结果非常重要，所以使用了特殊的术语。前序遍历产生前缀表示法(prefix notation)，中序遍历产生中缀表示法(infix notation)，后序遍历产生后缀表示法(postfix notation)。注意，我们已经习惯中缀表示法了。在中缀表示法中，操作符放在两个操作数的中间。在前缀表示法中，操作符在操作数的前面。而在后缀表示法中，操作符在操作数的后面。某些程序设计语言使用了波兰表示法。例如，Forth 和 PostScript 使用了后缀表示法，LISP 和 LOGO(后者在很大程度上)使用了前缀表示法。

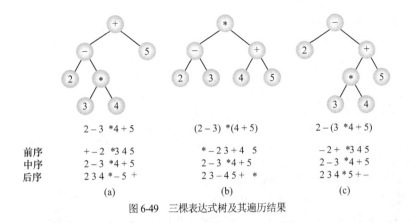

图 6-49　三棵表达式树及其遍历结果

在表达式树上的操作

可以用两种不同的方式创建二叉树：自顶向下或自底向上。在插入的实现代码中使用了第一种方法。本节将使用第二种方法，在从左至右扫描中缀表达式时，自底向上创建表达式树。

在这一构造过程中，最重要的部分是使操作的优先级顺序与被扫描的表达式相同，如图 6-49 的示例所示。如果不允许使用括号，这一任务就很简单，因为括号允许嵌套许多层。算法功能应该足够强大，能够处理表达式中的任意多层嵌套。一个很自然的方法是使用递归实现。在此修改第 5 章案例分析所讨论的递归降序解释器，给出一个递归降序表达式的构造程序。

如图 6-49 所示，节点可以包含一个操作符或一个操作数，操作数可以是标识符，也可以是数字。为了简化任务，以上所有内容都可以在类的实例中表示为字符串。类的定义如下：

```
class ExprTreeNode {
public:
    ExprTreeNode(char *k, ExprTreeNode *l, ExprTreeNode *r) {
        key = new char[strlen(k)+1];
        strcpy(key,k);
        left = l; right = r;
    }
    . . . . . . . . .
private:
    char *key;
    ExprTreeNode *left,*right;

}
```

转化为树的表达式使用了与第 5 章案例分析中的表达式相同的语法。因此，可以使用相同的语法图。使用这些语法图可以创建一个类 ExprTree，其成员函数用于处理因子和项，伪代码如下(处理表达式的函数与处理项的函数具有相同的结构)：

```
factor()
    if (token 是一个数、id 或操作符)
        return new ExprTreeNode(token);
    else if (token 是 '(')
        ExprTreeNode *p = expr ( ) ;
```

```
              if (token 是 ')')
                  return p;
              else 错误;

      term()
          ExprTreeNode *p1, *p2;
          p1 = factor( ) ;
          while (token 是'*'或'/' )
                  oper = token;
                  p2 = factor( );
                  p1 = new ExprTreeNode(oper,p1, p2);
          return p1;
```

表达式的树结构很适于在编译器中生成汇编代码或中间代码，ExprTree 类中某个函数的伪代码如下所示：

```
void generateCode ( ) {
      generateCode ( root );
}
generateCode ( ExprTreeNode *p ) {
    if (p->key 是一个数字或 id )
          return p->key;
    else if (p->key 是一个加法操作符)
          result = newTemporaryVar();
          output << "add\t" << generateCode (p->left) << "\t"
                  << generateCode ( p->right ) << "\t"
                  << result << end1 ;
          return result;
    . . . . . . . . . .

}
```

使用这些成员函数，表达式(var2+n)*(var2 +var1)/5 会转变成如图 6-50 所示的表达式树，从这棵树中，generateCode()函数将产生如下中间代码：

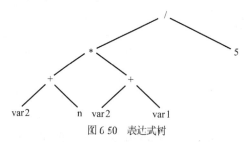

图 6 50　表达式树

add	var2	n	_tmpr_3
mul	_tmp_3	_tmp_4	_tmp_2
div	_tmp_2	5	_tmp_1

add	var2	n	_tmpr_3
add	var2	var1	_tmp_4
mul	_tmp_3	_tmp_4	_tmp_2
div	_tmp_2	5	_tmp_1

表达式树执行其他符号操作也很方便，例如微分。图 6-51 中以树转换的形式给出了微分的规则(第 5 章的编程练习中给出了这些规则)，其伪代码如下：

```
differentiate(p,x) {
```

```
    if(p == 0)
        return 0;
    if (p->key 是标识符 x)
        return new ExprTreeNode("1");
    if (p->key 是另一个标识符或数字)
        return new ExprTreeNode("0");
    if (p->key 是'+'或'-')
        return new ExprTreeNode (p->key,differentiate(p->left,x),
                                        differentiate(p->right,x));

    if (p->key 是'*')
        ExprTreeNode *q = new ExprTreeNode("+");
        q->left = new ExprTreeNode("*",p->left,new ExprTreeNode(*p->right));
        q->left->right = differentiate(q->left->right,x);
        q->right = new ExprTreeNode("*",new ExprTreeNode(*p->left ),p->right);
        q->right->left = differentiate(q->right-left,x);
        return q;
    . . . . . . . . .

}
```

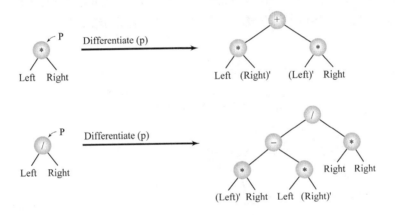

图 6-51 转换乘法以及除法的微分

其中 p 是一个指针，指向需要对 x 进行微分的表达式。

除法的规则留作练习。

6.13 案例分析：计算单词出现的频率

当作者没有在文本上签名，或文本被认为是其他人的作品时，需要确立文本作者的身份，可以使用单词频率分析这个工具。如果已知作家 A 创作了文本 T_1，文本 T_2 经过仔细审查，其单词频率分布与 T_1 十分相近，那么 T_2 很有可能是由作家 A 创作的。

不管这一方法在文学研究上的可靠性如何，我们都将编写一个程序扫描文本文件，并计算这一文件中单词的出现频率。为简化起见，略去标点符号，也不区分单词的大小写。因此，*man's* 被当成两个单词 *man* 与 *s*，虽然事实上它是一个单词(所有格)而不是两个单词(*man is* 或 *man has* 的缩写)。

缩写是单独计数的，例如，*man's* 中的 *s* 是一个单词。与此相似，单词中间的分隔符(例如，连字符)会把同一单词的不同部分当成是多个单词。例如，*pre-existence* 分隔成 *pre* 和 *existence*。另外，由于不区分大小写，所以 *Mr. Good* 中的 *Good* 将看成单词 *good*。而通常在句子开头使用的 *Good* 也会看成 *good*。

这一程序不会过多地考虑语言学，而是使用半张开技术创建一棵自适应二叉树。如果在文件中第一次遇到某个单词，就将其插入树中。否则，从与该单词对应的节点开始应用半张开技术。

另外，当扫描树时保存所有的前驱。为此需要使用一个指向父节点的指针。这样，就可以访问所有节点的任何前驱，直至树的根节点。

图 6-52 显示了一个简短文件内容的树结构，程序清单 6-15 包含了完整的代码。这一程序先读取一个单词，该单词以字母开头(空格、标点符号等都会舍去)，包含字母数字的任意序列。然后程序检查该单词是否位于树中。如果是，就使用"半张开"技术来重新组织树，并给这一单词的出现次数加 1。注意单词向根部移动时，需要改变所涉及节点的链接关系，而不是将信息从一个节点传给它的父节点，再传给它的祖父节点。如果没有在树中找到单词，就为该单词创建一个新的叶节点，将其插入树中。处理完所有的单词后，对树进行中序树遍历，计算所有节点的频率，再把这些频率计数加在一起并输出，作为树中单词个数和文件中单词个数的最后结果。

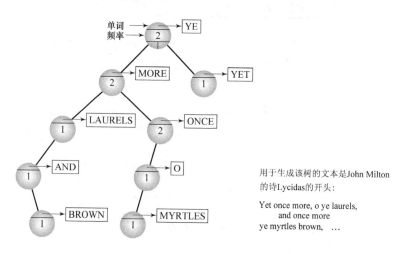

图 6-52　用于计算单词频率的半张开树

程序清单 6-15　实现单词频率计算

```
//************************   genSplay.h   ************************
//                    generic splaying tree class

#ifndef SPLAYING
#define SPLAYING

template<class T> class SplayTree;

template<class T>
class SplayingNode {
public:
```

```
    SplayingNode() {
        left = right = parent = 0;
    }
    SplayingNode(const T& el, SplayingNode *l = 0, SplayingNode *r = 0,
                 SplayingNode *p = 0) {
        info = el; left = l; right = r; parent = p;
    }
    T info;
    SplayingNode *left, *right, *parent;
};

template<class T>
class SplayTree {
public:
    SplayTree() {
        root = 0;
    }
    void inorder() {
        inorder(root);
    }
    T* search(const T&);
    void insert(const T&);
}
protected:
    SplayingNode<T> *root;
    void rotateR(SplayingNode<T>*);
    void rotateL(SplayingNode<T>*);
    void continueRotation(SplayingNode<T>* gr, SplayingNode<T>* par,
                          SplayingNode<T>* ch, SplayingNode<T>* desc);
    void semisplay(SplayingNode<T>*);
    void inorder(SplayingNode<T>*);
    void virtual visit(SplayingNode<T>*) {
    }
};

template<class T>
void SplayTree<T>::continueRotation(SplayingNode<T>* gr,
SplayingNode<T>* par, SplayingNode<T>* ch, SplayingNode<T>* desc) {
    if (gr != 0) { // if par has a grandparent;
        if (gr->right == ch->parent)
            gr->right = ch;
        else gr->left = ch;
    }
    else root = ch;
    if (desc != 0)
        desc->parent = par;
    par->parent = ch;
    ch->parent = gr;
}

template<class T>
```

```
void SplayTree<T>::rotateR(SplayingNode<T>* p) {
    p->parent->left = p->right;
    p->right = p->parent;
    continueRotation(p->parent->parent,p->right,p,p->right->left);
}

template<class T>
void SplayTree<T>::rotateL(SplayingNode<T>* p) {
    p->parent->right = p->left;
    p->left = p->parent;
    continueRotation(p->parent->parent,p->left,p,p->left->right);
}

template<class T>
void SplayTree<T>::semisplay(SplayingNode<T>* p) {
    while (p != root) {
        if (p->parent->parent == 0) // if p's parent is the root;
            if (p->parent->left == p)
                rotateR(p);
            else rotateL(p);
        else if (p->parent->left == p) // if p is a left child;
            if (p->parent->parent->left == p->parent) {
                rotateR(p->parent);
                p = p->parent;
            }
            else {
                rotateR(p); // rotate p and its parent;
                rotateL(p); // rotate p and its new parent;
            }
        else                          // if p is a right child;
            if (p->parent->parent->right == p->parent) {
                rotateL(p->parent);
                p = p->parent;
            }
            else {
                rotateL(p); // rotate p and its parent;
                rotateR(p); // rotate p and its new parent;
            }
        if (root == 0)                // update the root;
            root = p;
    }
}

template<class T>
T* SplayTree<T>::search(const T& el) {
    SplayingNode<T> *p = root;
    while (p != 0)
        if (p->info == el) {      // if el is in the tree,
            semisplay(p);         // move it upward;
            return &p->info;
        }
```

```
        else if (el < p->info)
              p = p->left;
          else p = p->right;
      return 0;
}

template<class T>
void SplayTree<T>::insert(const T& el) {
    SplayingNode<T> *p = root, *prev = 0, *newNode;
    while (p != 0) { // find a place for inserting a new node;
         prev = p;
         if (el < p->info)
               p = p->left;
         else p = p->right;
    }
    if ((newNode = new SplayingNode<T>(el,0,0,prev)) == 0) {
         cerr << "No room for new nodes\n";
         exit(1);
    }
    if (root == 0) // the tree is empty;
         root = newNode;
    else if (el < prev->info)
         prev->left = newNode;
    else prev->right = newNode;
}

template<class T>
void SplayTree<T>::inorder(SplayingNode<T> *p) {
    if (p != 0) {
         inorder(p->left);
         visit(p);
         inorder(p->right);
    }
}

#endif

//******************** splay.cpp ***********************

#include <iostream>
#include <fstream>
#include <cctype>
#include <cstring>
#include <cstdlib> // exit()
#include "genSplay.h"
using namespace std;

class Word {
public:
    Word() {
         freq = 1;
    }
```

```
        int operator== (const Word& ir) const {
            return strcmp(word,ir.word) == 0;
        }
        int operator< (const Word& ir) const {
            return strcmp(word,ir.word) < 0;
        }
private:
    char *word;
    int freq;
    friend class WordSplay;
    friend ostream& operator<< (ostream&,const Word&);
};

class WordSplay : public SplayTree<Word> {
public:
    WordSplay() {
        differentWords = wordCnt = 0;
    }
    void run(ifstream&,char*);
private:
    int differentWords, // counter of different words in a text file;
        wordCnt;        // counter of all words in the same file;
    void visit(SplayingNode<Word>*);
};

void WordSplay::visit(SplayingNode<Word> *p) {
    differentWords++;
    wordCnt += p->info.freq;
}

void WordSplay::run(ifstream& fIn, char *fileName) {
    char ch = ' ', i;
    char s[100];
    Word rec;
    while (!fIn.eof()) {
        while (1)
            if (!fIn.eof() && !isalpha(ch)) // skip nonletters
                fIn.get(ch);
            else break;
        if (fIn.eof()) // spaces at the end of fIn;
            break;
        for (i = 0; !fIn.eof() && isalpha(ch); i++) {
            s[i] = toupper(ch);
            fIn.get(ch);
        }
        s[i] = '\0';
        if (!(rec.word = new char[strlen(s)+1])) {
            cerr << "No room for new words.\n";
            exit(1);
        }
        strcpy(rec.word,s);
```

```
        Word *p = search(rec);
        if (p == 0)
              insert(rec);
        else p->freq++;
    }
    inorder();
    cout << "\n\nFile " << fileName
        << " contains " << wordCnt << " words among which "
        << differentWords << " are different\n";
}

int main(int argc, char* argv[]) {
    char fileName[80];
    WordSplay splayTree;
    if (argc != 2) {
        cout << "Enter a file name: ";
        cin  >> fileName;
    }
    else strcpy(fileName,argv[1]);
    ifstream fIn(fileName);
    if (fIn.fail()) {
        cerr << "Cannot open " << fileName << endl;
        return 0;
    }
    splayTree.run(fIn,fileName);
    fIn.close();
    return 0;
}
```

6.14　习题

1. 6.3 节中给出的函数 search() 适合于查找二叉查找树。请修改全部 4 种遍历算法,使之能用于任何二叉树。

2. 编写函数

   a. 计算二叉树中的节点数目

   b. 计算叶节点数目

   c. 计算右子节点的数目

   d. 计算树的高度

   e. 删除二叉树中的所有叶节点

3. 编写一个函数,检查二叉树是否完全平衡。

4. 设计一个算法,测试二叉树是否是二叉查找树。

5. 如果 visit(p) 定义如下,将 preorder()、inorder () 和 postorder () 应用于图 6-53 中的树。

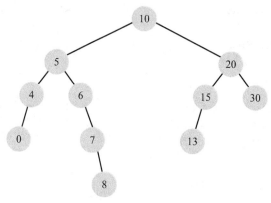

图 6-53　二叉查找树示例

a. if　(p->left != 0 && p->key- p->left-key < 2)

　　　　p->left->key += 2

b. if　(p->left == 0)

　　　　p->right = 0;

c. if　(p->left == 0)

　　　　p->left = new IntBSTNode(p->key - 1)

d. {　　tmp = p->right;

　　　　p->right=p->left;

　　　　p->left=tmp;

　　}

6. 对什么样的树应用前序遍历和中序遍历得到的序列相同。

7. 图 6-49 表明，不同树的中序遍历可以得到相同的序列。那么，前序遍历或后序遍历也会得到相同的序列吗？如果是，请给出一个例子。

8. 画出 3 个元素 *A*、*B* 和 *C* 组成的所有可能的二叉查找树。

9. 在高度为 *h* 的平衡树中，叶节点的最小数量与最大数量分别是多少？

10. 编写一个函数，创建二叉查找树的镜像。

11. 对于给定的遍历方法 *t*，假设操作 *R* 以与 *t* 相反的顺序处理节点，操作 *C* 使用遍历方法 *t* 处理给定树的镜像图中的节点。对于树遍历方法——前序、中序和后序——请判断下面哪一个等式成立：

$$R(\text{preorder}) = C(\text{preorder})$$
$$R(\text{preorder}) = C(\text{inorder})$$
$$R(\text{preorder}) = C(\text{postorder})$$
$$R(\text{inorder})\ \ = C(\text{preorder})$$
$$R(\text{inorder})\ \ = C(\text{inorder})$$
$$R(\text{inorder})\ \ = C(\text{postorder})$$
$$R(\text{postorder}) = C(\text{preorder})$$
$$R(\text{postorder}) = C(\text{inorder})$$
$$R(\text{postorder}) = C(\text{postorder})$$

12. 使用中序、前序和后序遍历，只访问树的叶节点，会观察到什么？如何解释这一现象？

13. (a)编写一个函数，输出左旋转的二叉树，并配以适当的缩进，如图 6-54(a)所示；(b)修改这一函数，输出线索树，如果可以的话输出后继节点中的键值，如图 6-54(b)所示。

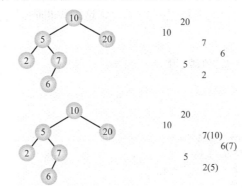

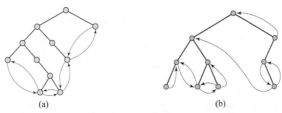

图 6-54　从左至右输出：(a) 一棵二叉查找树；(b) 一棵线索树

14. 列出在线索树中插入和删除节点的函数，线索树中的线索只位于叶节点上，如图 6-55 所示。

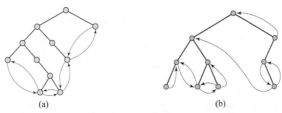

(a)　　　　　　　　　　(b)

图 6-55　线索树示例

15. 图 6-55(b)中的树包含了根据后序遍历链接前驱与后继的线索。这些线索是否足以进行线索的前序、中序和后序遍历？

16. 对英文字母表应用 balance()函数，创建一棵平衡树。

17. 只有在 *p* 和 *q* 都是真时，使用 Sheffer 替换语句 *Dpq* 才是错误的。1925 年，J. Lukasiewicz 简化了 Nicod 公理，所有的命题逻辑公式都可以从 Nicod 公理导出。请将 Nicod-Lukasiewicz 公理转化为一个带有括号的中缀表达式，并为其创建一棵二叉树。

该公理是：*DDpDqrDDsDssDDsqDDpsDps*。

18. 编写一个算法，从表达式树中输出带有括号的中缀表达式，不要包括多余的括号。

19. Hibbard 的算法(1962)可以从二叉查找树中删除某个键值，其要求为：如果包含该键值的节点有一个右子节点，该键值就用其右子树中最小的键值替换，否则，就删除具有该键值的节点。相对于 Knuth 的算法(deleteByCopying())而言，该算法在哪一方面有所改进？

20. Fibonacci 树可以认为是最坏情况的 AVL 树，因为在所有高度为 *h* 的 AVL 树中，此类树的节点数目最少。画出 *h*=1,2,3,4 时的 Fibonacci 树，并证明这些树确实是 AVL 树。

21. 单边高度平衡树(one-sided height-balanced tree)是只允许有两种平衡因子的 AVL 树：-1 和 0，或者 0 和+1(Zweben 和 McDonald，1978)。引入这种类型树的基本原理是什么？

22. 在懒惰删除(lazy deletion)中，被删除的节点仍然保存在树中，只标记为已删除。这种方法的优点与缺点是什么？

23. 创建堆时，使用下面的方法在最好情况下的比较和交换次数是多少？

　　a. Williams 的方法

　　b. Floyd 的方法

24. 构造堆时，Floyd 的方法和 Williams 的方法相结合产生了一种方法，该方法将某个元素所占的空位置移动到树的底部，然后从这个位置向上移动，这与 Williams 的方法相同。该函数的伪代码如下所示：

```
i = n/2-1;   //在 n 个元素的数组中最后一个父节点的位置；

while ( i >= 0 )
    // Floyd 的阶段
    tmp = data[i];
    假设元素 data[i] 为空，将其向下移动到底部
        将其与较大的子节点交换；
    将 tmp 放到这一过程结束的叶节点处；
    //Williams 的阶段
    while tmp 不是当前树的根节点 data[i]，且比它的父节点大
        将 tmp 与它的父节点交换；
    i--;   //转向前一个父节点；
```

在平均情况下，这个算法需要 1.65n 次比较(McDiarmid 和 Reed，1989)。请给出在这一算法的执行过程中，数组[2 8 6 1 10 15 3 12 11]的变化情况。最坏情况是什么？

25. 将二叉查找树分割为两棵树，其中一棵树的键值小于 K，另一个树的键值大于等于 K，此处 K 为树中的某个键值。

26. 将两棵二叉树合并为一棵，不要将其中一棵树的节点一个一个地插入到另一棵中。

27. 下面的算法将新元素插入到根而不是叶子(Stephenson，1980)：

```
rootInsertion(el)
    p = root;
    q1 = q2 = root = new BSTNode(el);
    while p ≠ 0
        if p->el ≥ root->el
            if q2 == root
                q2->right = p;
            else q2->left = p;
                q2 = p;
                p = p->left;
        else // if p->el < root->el
                if q1 == root
                    q1->left = p;
                else q1->right = p;
                q1 = p;
                p = p->right;
        q1->left = q2->right = 0;
```

当插入下列数字时，给出得到的树：

a. 5 28 17 10 14 20 15 12 5

b. 1 2 3 4 5 6 7

在什么情况下根插入和叶子插入会得到相同的树？

28. 为 k-d 树编写 search(el)函数。

29. 为 2-d 树编写 search(p,i,ranges[][])函数。

30. 为 2-d 树编写函数 search()，查找与特定点(x, y)的距离小于 r 的点。

6.15 编程练习

1. 编写一个程序，接受以前缀表示法(波兰表示法)表示的代数表达式，构造一棵表达式树，然后遍历该树并计算表达式。计算应该在表达式全部输入完毕后才开始。

2. 二叉树可以用来对数组 data 的 n 个元素排序。首先，创建一个完全二叉树，其叶节点都在一层上，高度 $h=\lceil \lg n \rceil + 1$，数组中所有元素都存储在前面的 n 个叶节点中。在每个空叶节点中存储的元素 E 比数组中的任何元素都要大。图 6-56(a)给出了一个示例，其中，data={8, 20, 41, 7, 2}，$h=\lceil \lg 5 \rceil + 1 = 4$，$E=42$。然后从树的底部开始，给每个节点赋较小的子节点值，如图 6-56(b)所示，这样，树中值最小的元素 e_{min} 将成为树的根。下一步，在元素 E 成为根节点之前，执行一个循环，循环的每次迭代都将 E(值为 e_{min})存储在叶节点中，从底部开始，给每个节点赋较小的子节点值。图 6-56(c)显示了循环一次后的树。

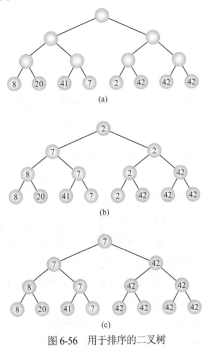

图 6-56 用于排序的二叉树

3. 实现一个菜单驱动的程序，用来管理某软件商店。软件的所有信息都存储在文件software 中。这些信息包括软件包的名字、版本、数量和价格。该程序运行时，会自动创建一个二叉查找树，树中的每个节点都对应一个软件包，其键值包含软件包的名字及其版本。节点中的另一个字段包含文件 software 中记录的位置。只能通过二叉查找树访问 software 中存储的信息。

当新的软件包到达商店，或售出一些软件包时，该程序可以更新文件和树。树以一般的方式进行更新。所有的软件包都是文件 software 中的有序项，如果一个新的软件包到货，就把它放在文件的末尾。如果软件包在树(和文件)中已有一个项，就只更新数量字段。如果软件包售空，就从树中删除对应的节点，文件中对应的数量字段改为 0。例如，如果文件有如下的项：

```
Adobe Photoshop            CS5      21      580
Norton Utilities                    10      50
Norton SystemWorks 2009             6       50
Visual Studio Professional  2010    19      700
Microsoft Office            2010    27      150
```

在售出 6 份 Norton SystemWorks 2009 副本后，文件将如下所示：

```
Adobe Photoshop            CS5      21      580
Norton Utilities                    10      50
Norton SystemWorks 2009             0       50
Visual Studio Professional  2010    19      700
Microsoft Office            2010    27      150
```

如果用户选择了菜单中的退出选项，程序将清理文件，将文件末尾的条目移动到数量标记为 0 的位置处。例如，前面的文件将变成：

```
Adobe Photoshop            CS5      21      580
Norton Utilities                    10      50
Microsoft Office            2010    27      150
Visual Studio Professional  2010    19      700
```

4. 实现一个算法来构造表达式树，并对其表示的表达式求微分。扩展该程序以简化表达式树。例如，代表 $a \pm 0$、$a \cdot 1$ 或 $\frac{a}{1}$ 的两个节点可以从子树中删除。

5. 编写一个交叉引用程序，使用文本文件中的所有单词构造一棵二叉查找树，并记录使用这些单词的行号。这些行号存储在与树中节点相关的链表中。处理完输入文件后，以字母顺序输出文本文件中所有的单词，以及这些单词对应的行号列表。

6. 做一个实验：在随机创建的二叉查找树中对随机元素进行交替的插入和删除操作。使用对称的和非对称的删除操作(本章中讲述)，对于这两种删除算法，严格地交替使用插入与删除操作，以及任意地交替使用这些操作。这将得到 4 种不同的组合。另外，使用两种不同的随机数生成器来确保随机性。这就得到 8 种组合。对高度为 500、1000、1500 和 2000 的树运行这 8 种组合。绘制出这些结果，将其与本章给出的期望 IPL 进行比较。

7. 在拉丁课本中，每个单元都包含一个拉丁语-英语词汇表，其中的单词第一次出现在本单元。编写一个程序，将保存在文件 Latin 中的词汇表转换为英语-拉丁语词汇表。

假设有以下条件：

a. 单元名前面有一个百分号；

b. 一行只有一项；

c. 拉丁单词用冒号与对应的英语单词分隔开，如果存在多个对应的英语单词，则这些英语单词用逗号分隔开。

为了以字母顺序输出英语单词，对每个包含英语单词的单元创建一个二叉查找树，为拉丁语对应单词创建链表。确保树中的每个英语单词只有一个节点。例如，在单元 6 中 ac 与 atque 使用了两次单词 and，但在树中，and 只有一个节点。对给定的单元完成该任务后(也就是说，树的内容存储到一个输出文件中)，在为下一单元创建树之前，从计算机内存中删除该树以及所有的链表。

下面是包含了拉丁语-英语词汇表的示例文件：

```
%Unit 5
ante : before, in front of, previously
antiquus : ancient
ardeo : burn, be on fire, desire
arma:arms, weapons
aurum:gold
aureus:golden, of gold

%Unit 6
animal : animal
Athenae : Athens
atque : and
ac : and
aurora : dawn

%Unit 7
amo : love
amor : love
annus : year
Asia : Asia
```

根据这些单元，程序应该产生如下输出：

```
%Unit 5
ancient : antiquus
arms : arma
be on fire : ardeo
before : ante
burn : ardeo
desire : ardeo

gold : aurum
golden : aureus
in front of : ante
of gold : aureus
previously : ante
weapons : arma

%Unit 6
Athens : Athenae
and : ac, atque
animal : animal
dawn : aurora

%Unit 7
Asia : Asia
```

```
love:amor, amo
year : annus
```

8. 实现一个删除函数，该函数将某个待删除节点 x 沿着树向下旋转，直到该节点最多只有一个子节点，此时可以很方便地删除该节点。在每一步关于 x 的旋转中，参与旋转的子节点的子树比根为其他节点的子树更深。考虑使用一个变量表示节点数目，其中关于 x 旋转的子节点是某个子树的根，该子树中节点的数目大于根为其他节点的子树中节点的数目。删除时应该计算子树的高度或者节点数目(参考 6.14 节中的习题 2a 和 2d)

参考书目

插入和删除

Culberson, Joseph, "The Effect of Updates in Binary Search Trees, " *Proceedings of the 17th Annual Symposium on Theory of Computing* (1985), 205-212.

Eppinger, Jeffrey L., "An Empirical Study of Insertion and Deletion in Binary Search Trees, " *Communications of the ACM* 26 (1983), 663-669.

Hibbard, Thomas N., "Some Combinatorial Properties of Certain Trees with Applications to Searching and Sorting, " *Journal of the ACM 9* (1962), 13-28.

Jonassen, Arne T., and Knuth, Donald E., "A Trivial Algorithm Whose Analysis Isn't, " *Journal of Computer and System Sciences* 16 (1978), 301-322.

Knuth, Donald E., "Deletions That Preserve Randomness, " *IEEE Transactions of Software Engineering,* SE-3(1977), 351-359.

Stephenson,C.j, "A Method of Constructing Binary Search Trees by Making Insertions at the Root", *International Journal of Computer and Information Sciences* 9 (1980),15-29.

树遍历

Berztiss, Alfs, "A Taxonomy of Binary Tree Traversals, " *BIT 26* (1986). 266-276.

Burkhard, W. A., "Nonrecursive Tree Traversal Algorithms," *Computer Journal* 18 (1975), 227-230.

Morris, Joseph M., "Traversing Binary Trees Simply and Cheaply, " *Information Processing Letters* 9 (1979), 197-200.

平衡树

Baer, J. L., and Schwab, B., "A Comparison of Tree-Balancing Algorithms, " *Communications of the ACM* 20 (1977), 322-330.

Chang, Hsi, and Iyengar, S. Sitharama, "Efficient Algorithms to Globally Balance a Binary Search

Tree, " *Communications of the ACM* 27 (1984), 695-702.

Day, A. Colin, "Balancing a Binary Tree, " *Computer Journal* 19 (1976), 360-361.

Martin, W. A., and Ness, D. N., "Optimizing Binary Trees Grown with a Sorting Algorithm," *Communications of the ACM* 1 (1972), 88-93.

Stout, Quentin F., and Warren, Bette L., "Tree Rebalancing in Optimal Time and Space, " *Communications of the ACM* 29 (1986), 902-908.

AVL 树

Adel'son-Vel'skii, G. M., and Landis, E. M., "An Algorithm for the Organization of Information, " *Soviet Mathematics* 3 (1962), 1259-1263.

Foster, Caxton C., "A Generalization of AVL Trees, " *Communications of the ACM* 16 (1973), 512-517.

Karlton, Philip L., Fuller, Samuel H., Scroggs, R. E., and Kaehler, E. B., "Performance of Height-Balanced Trees," *Communications of the ACM* 19 (1976), 23-28.

Knuth, Donald, *The Art of Computer Programming, Vol.* 3: *Sorting and Searching, Reading,* MA: Addison-Wesley,1998.

Zweben, S. H., and McDonald, M. A., "An Optimal Method for Deletion in One-Sided Height Balanced Trees, " *Communications of the ACM* 21 (1978), 441-445.

自适应树

Allen, Brian, and Munro, Ian, "Self-Organizing Binary Search Trees, " *Journal of the ACM* 25 (1978), 526-535.

Bell, Jim, and Gupta, Gopal, "An Evaluation of Self-Adjusting Binary Search Tree Techniques, " *Software—Practice and Experience* 23 (1993), 369-382.

Bitner, James R., "Heuristics That Dynamically Organize Data Structures, " *SIAM Journal on Computing* 8 (1979), 82-110.

Sleator, Daniel D., and Tarjan, Robert E., " Self-Adjusting Binary Search Trees, " *Journal of the ACM* 32 (1985),652-686.

堆

Bollobés, Béla, and Simon, István, "Repeated Random Insertion into a Priority Queue Structure," *Journal of Algorithms* 6 (1985), 466-477.

Doberkat, Ernest E., "An Average Case of Floyd's Algorithm to Construct Heaps," *Information and Control* 61 (1984), 114-131.

Floyd, Robert W., "Algorithm 245: Treesort 3, " *Communications of the ACM 7* (1964), 701.

Frieze, Alan M., "On the Random Construction of Heaps, " *Information Processing Letters* 27 (1988), 103.

Gonnett, Gaston H., and Munro, lan, "Heaps on Heaps, " *SIAM Journal on Computing* 15 (1986), 964-971.

Hayward, Ryan, and McDiarmid, Colin, "Average Case Analysis of Heap Building by Repeated Insertion, "*Journal; of Algorithms* 12 (1991), 126-153.

McDiarmid, Colin J. H., and Reed, Bruce A., "Building Heaps Fast, "*Journal of Algorithms* 10 (1989), 351-365.

Weiss, Mark A., *Data Structures and Algorithm Analysis in C++*，Boston: Addison-Wesley 2006, Ch. 6.

Williams, John. W. J., "Algorithm 232: Heapsort," *Communications of the ACM 7* (1964), 347-348.

treap树

Seidel, Raimund, and Aragon, Cecilia R,"Randomized Search Trees", *Algorithmica* 16 (1996), 464-497.

Vuillemin, Jean,"A Unifying Look at Data Structures", *Communications of the ACM* 23 (1980), 229-239 .

k-d 树

Bentley, Jon L, "Multidimensional Binary Search Trees Used for Associative Searching", *Communications of the ACM* 18 (1975), 509-517.

Lee, D. T., and Wong, C. K., "Worst-Case Analysis for Region and Partial Region Searches in Multidimensional Binary Search Trees and Balanced Quad Trees," *Acta Informatica 9* (1977), 23-29.

第 7 章

多 叉 树

第 6 章的开头给出了树的一般定义，但第 6 章只讨论了二叉树，并且主要关注二叉查找树。树被定义为空结构或者由不相交的树 $t_1,...,t_m$ 组成的结构。根据定义，这类树的每个节点可以有两个以上的子节点，称为 m 阶的多叉树，或者称为 m 叉树。

多叉树有一个比较有用的版本，其中对所有节点的键值进行排序。m 阶的多叉查找树也称为 m 叉查找树，具有以下特性：

(1) 每个节点都可以包含 m 个子节点和 $m-1$ 个键值。

(2) 所有节点中的键值都按升序排列。

(3) 前 i 个子节点中的键值都小于第 i 个键值。

(4) 后 $m-i$ 个子节点中的键值都大于第 i 个键值。

m 叉查找树在 m 叉树中的作用类似于二叉查找树在二叉树中的作用，二者用于同样的目的：快速检索并更新信息。二者存在的问题也类似。在图 7-1 的 4 叉树中，访问不同的键值需要进行的测试次数各不相同。例如，数字 35 会在第二个被测节点中找到。而数字 55 则在第 5 个被测节点中找到。因此，这样的树存在一个明显的不足：它是不平衡的。用树来处理辅助存储器(如磁盘或磁带)中的数据时，由于访问开销较高，这个问题尤其突出。因此，创建这样的树需要更仔细的考虑。

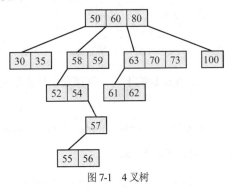

图 7-1　4 叉树

7.1　B 树家族

磁盘 I/O 操作的基本单位为块。从磁盘上读取信息时，会把包含该信息的整个块读入内存，而将信息存储到磁盘上时，也将整个块写到磁盘上。当每次从磁盘上请求信息时，都必须先在磁盘上定位该信息。磁头移动到包含所请求信息的磁盘位置的上方。然后，磁盘旋转，将磁头下方的整个块传送到内存。也就是说，数据访问时间由几个时间段组成。

$$访问时间 = 寻道时间 + 转动延迟(latency) + 数据传送时间$$

与在内存中传送信息相比，这个过程是非常缓慢的。第一个时间段(寻道时间)最慢，因为这个时间依赖于磁头在定位到正确的磁道过程中磁头的机械运动。转动延迟是指磁头转动到正确的磁盘块所需的时间。按平均时间计算，等于磁盘转动 1/2 圈所需的时间。例如，从磁盘传送 5KB 数据，磁盘寻道需要 40ms，磁盘转速为 3000 转/分钟，数据传输速度为 1000KBps，则：

$$访问时间 = 40ms + 10ms + 5ms = 55ms$$

这个例子说明，从磁盘读写信息的时间是毫秒级。另一方面，CPU 处理数据的时间是微秒级、纳秒级，比磁盘读写时间快 1000 倍、100 万倍甚至更快。处理辅助存储器上的信息严重降低了程序的运行速度。

如果程序需要不断地使用辅助存储器上的信息，在设计该程序时就应该考虑这种存储方式的特性。如图 7-2 所示，二叉查找树可能分布在磁盘的不同块上，所以平均需要访问两个磁盘块。如果程序常常使用该树，这种访问就会显著增加程序的执行时间。此外，在该树中插入和删除键值也要求访问多个块。如果二叉查找树的节点都位于内存中，那么就是一种非常有效的工具，而在磁盘中就变得非常低效。在涉及辅助存储器时，二叉查找树在其他方面的性能优点变得微不足道，因为这种方法需要不断访问辅助存储器，严重降低了性能。

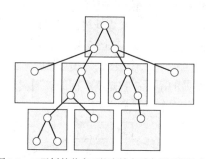

图 7-2　二叉树的节点可能存放在磁盘的不同块上

在磁盘上一次存取大量数据，比在磁盘的不同部分存取少量数据更好。例如使用刚才给定的磁盘传送 10KB 数据时，有：

$$访问时间 = 40ms + 10ms + 10ms = 60ms$$

但是，如果信息存储在两个 5KB 片段上，那么：

$$访问时间 = 2 \times (40ms + 10ms + 5ms) = 110ms$$

访问时间几乎是前一个示例的两倍。原因是每次磁盘访问都很费时。如果可能，数据应该组织得尽量使访问次数减少。

7.1.1　B 树

在数据库程序中，大量的信息存储在磁盘或磁带上。选择正确的数据结构，可以显著降低访问辅助存储器的时间。B 树(Bayer 和 McCreight，1972)就是这样一种数据结构。

B 树主要操作辅助存储器，并可减小由这类存储器带来的影响。B 树的一个重要特点是每个节点的大小可以与磁盘块的大小相等。节点中的键值数量可以根据键值的大小、数据的组织方式(节点是只包含键值还是整个记录)和磁盘块的大小而定。块的大小随系统而变，可以是 512 字节、4KB 或者更大。块的大小就是 B 树节点的大小。存储在 B 树节点中的信息量可以相当大。

m 阶的 B 树是具有下列特性的多叉查找树：

(1) 除了叶节点之外，根节点至少有两个子树。

(2) 每个非根非叶节点都有 $k-1$ 个键值和 k 个指向子树的指针(其中$\lceil m/2 \rceil \leqslant k \leqslant m$)。

(3) 每个叶节点都有 $k-1$ 个键值(其中$\lceil m/2 \rceil \leqslant k \leqslant m$)。

(4) 所有的叶节点在同一层[1]。

根据这些条件，B 树至少是半满的，层数较少，而且是完全平衡的。

B 树的节点通常用类来实现，该类包含一个具有 $m-1$ 个单元的数组来存储键值，一个具有 m 个单元的数组来存储指向其他节点的指针。此外，该类还可能包含其他信息以便维护树，例如，节点中键值的个数，叶/非叶标志，如下所示：

```
template <class T, int M>
class BTreeNode {
public:
    BTreeNode();
    BTreeNode(const T&);
private:
    bool leaf;
    int keyTally;
    T keys[M-1];
    BTreeNode *pointers[M];
    friend BTree<T,M>;
};
```

通常，m 很大(50～500)，因此一个节点可以存放辅助存储器上的一页或一整块信息。图 7-3(a) 包含了一个 7 阶的 B 树，用来为某些项存储代码。在这个 B 树中，只需关注键值。然而在大多数情形下，这种代码只是较大结构(可能是可变记录(联合))中的一个字段。在这种情形下，数组 keys 是一个对象数组，每个对象有一个唯一的标识字段(如图 7-3(a)中的标识码)以及一个指示整个记录在辅存中的地址字段，如图 7-3(b)所示。如果这样一个节点的内容也存储在辅存中，则每访问一个键值，都需要访问两次辅存。从长远来看，这种方法要比将整个记录都存储在节点中好。因为这种情况下，节点可以保存很少量这样的记录。与包含记录地址的 B 树相比，这样的 B 树层次更深，查找路径也更长。

---

1 在该定义中，B 树的阶指定最大的子节点数。有时，m 阶的 B 树节点定义为有 k 个键值和 $k+1$ 个指针，其中 $m \leqslant k \leqslant 2m$，用于指定最少的子节点数。

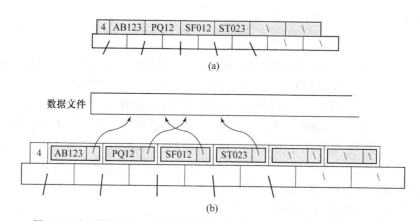

图 7-3　7 阶 B 树的节点：(a) 不带附加间接寻址的节点；(b) 带附加间接寻址的节点

从现在起，B 树以不含显式指示标记 keyTally 或指针字段的简化格式表示，如图 7-4 所示。

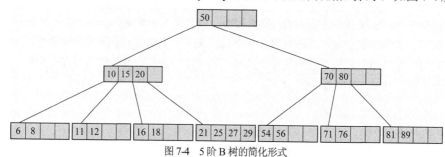

图 7-4　5 阶 B 树的简化形式

1. B 树的查找

在 B 树中查找键值的算法非常简单，代码如下所示：

```
BTreeNode *BTreeSearch(keyType K, BTreeNode *node){
    if (node != 0) {
        for (i=1; i <= node->keyTally && node->keys[i-1] < K; i++);
        if (i > node->keyTally || node->keys[i-1] > K)
            return BTreeSearch(K,node->pointers[i-1]);
        else return node;
    }
    else return 0;
}
```

查找的最坏情况是，B 树中的每个非根节点只有最少可允许的指针数目，$q = \lfloor m/2 \rfloor$，而且查找要一直到达叶节点(无论查找成功与否)。在这种情形下，对于高为 h 的 B 树，有：

$$根节点的 1 个键值+$$
$$第 2 层中的 2(q{-}1)个键值+$$
$$第 3 层中的 2q(q{-}1)个键值+$$
$$第 4 层中的 2q^2(q{-}1)个键值+$$
$$\vdots$$

第 h 层中叶节点的 $2q^{h-2}(q-1)$ 个键值=

B 树中的 $1+\left(\sum_{i=0}^{h-2} 2q^i\right)(q-1)$ 个键值

前 n 项的几何级数求和公式为：

$$\sum_{i=0}^{n} q^i = \frac{q^{n+1}-1}{q-1}$$

在最坏情况下，B 树中键值的个数可以表示为：

$$1+2(q-1)\left(\sum_{i=0}^{h-2} q^i\right) = 1+2(q-1)\left(\frac{q^{h-1}-1}{q-1}\right) = -1+2q^{h-1}$$

在任何 B 树中，键值的数目与树高度的关系可以表示为：

$$n \geq -1 + 2q^{h-1}$$

解这个不等式，得到高度 h：

$$h \leq \log_q \frac{n+1}{2} + 1$$

这意味着，对于足够大的阶数 m，即便存储在 B 树中的键值数目很大，树的高度也很小。例如，如果 $m=200$，$n=2\,000\,000$，则 $h \leq 4$。在最坏情况下，在这棵 B 树中查找键值需要 4 次查找。如果在任何时候都将根保存在内存中，对辅存的访问减少为 3 次。

2. 在 B 树中插入键值

因为所有的叶节点都必须位于 B 树的最后一层，所以插入和删除操作并不简单，甚至平衡二叉树都没有这种要求。改变创建树的策略有利于简化插入操作的实现。向二叉查找树中插入节点时，树往往是自顶向下建立的，但会得到不平衡的树。如果树的第一个键值是最小的一个，则该键值会放在根节点中，而且该树没有左子树，除非为了平衡树采取特殊的防范措施。

树还可以自底向上建立，于是根将处于不断变化之中，只有当所有的插入完成后，才能确定根的内容。在 B 树中插入键值也会应用这种策略，在此过程时，对于要插入的键值，直接将其放到尚有空间的叶节点中，如果叶节点已满，就创建另一个叶节点，键值在这些叶节点中重新分配，并将一个键值提升到父节点中。如果父节点已满，则重复刚才的过程，直到到达根节点，并创建一个新的根节点。

为了系统地解决这个问题，在向 B 树中插入键值的过程中，常常会遇到 3 种情形：

(1) 键值放入尚有空间的叶节点中，如图 7-5 所示。在 5 阶的 B 树中，新键值 7 插入一个叶节点中，为保持叶节点中键值的顺序，要将键值 8 向右移动一个位置。

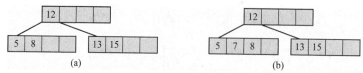

图7-5　(a) 插入数字 7 之前的 B 树；(b) 将数字 7 插入有空位的叶节点后的 B 树

(2) 要插入键值的叶节点已满，如图 7-6 所示。在此情形下，可以分解叶节点，创建一个新的叶节点，将已满的叶节点中的一半键值移到新叶节点中，并将新叶节点合并到 B 树中。把中间的键值移到父节点中，同时，在父节点中放置一个指向新叶节点的指针。可以对 B 树中的每个内部节点重复这个过程，每次分解都会给 B 树增加一个节点。此外，这种分解保证每个叶节点中的键值不会少于$\lceil m/2\rceil - 1$ 个。

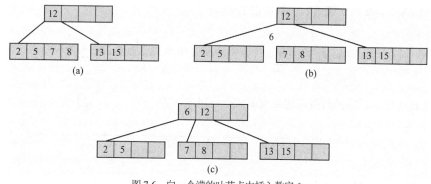

图7-6　向一个满的叶节点中插入数字 6

(3) 有一种特殊情况，那就是 B 树的根节点是满的，这时，必须创建一个新的根节点以及原根节点的同级节点(sibling)。这种分解会导致 B 树产生两个新节点。如图 7-7(a)所示，在第三个叶节点中插入键值 13 后，会分解叶节点(与情形 2 相同)，从而产生一个新叶节点，并将键值 15 移到父节点中，然而这时父节点已没有空间(图 7-7(b))，于是分解父节点(图 7-7(c))。现在两个 B 树必须合并成一个。这需要创建一个新的根节点，并将原根的中间键值移到新的根节点中(图 7-7(d))。显然，这是唯一会引起 B 树高度增长的情形。

在 B 树中插入键值的算法如下：

```
BTreeInsert (K)
    找到一个叶节点 node 来插入 K；
    while (true)
        在数组 keys 中为 K 找到一个合适的位置；
        if node 不满
            插入 K 并递增 keyTally；
            return；
        else 将 node 分解为 node1 和 node2；  //node1=node，node2 是新节点；
            在 node1 和 node2 之间平均分配键值和指针，并正确地初始化其 keyTally；
            K = 中间键值；
            if node 是根节点
                创建一个新的根节点，作为 node1 和 node2 的父节点；
                将 K 及指向 node1 和 node2 的指针放在根节点中，并将根节点的 keyTally 设置为 1；
            return；
        else node = 其父节点；  // 现在开始处理 node 的父节点；
```

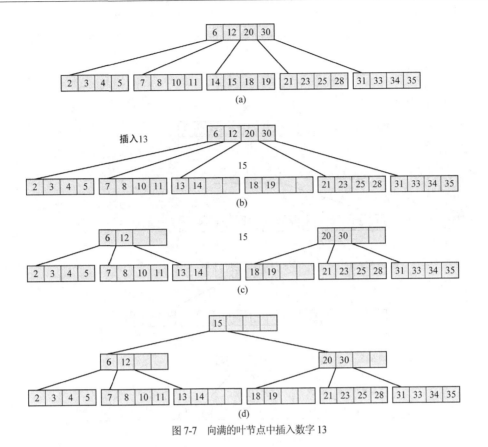

图 7-7　向满的叶节点中插入数字 13

图 7-8 显示了一棵 5 阶 B 树因为插入键值而引起的增长，请注意这棵树总是完全平衡的。

这种插入策略的变种使用了预分解技术：当自顶向下查找某个键值时，被访问的节点如果已满，就将其分解。通过这种方法，分解不会向上蔓延。

节点分解的预期频率是多少？分解 B 树的根节点会产生两个新节点，其他节点的分解只会给 B 树添加一个节点。在构造有 p 个节点的 B 树时，必须进行 $p-h$ 次分解，这里 h 是 B 树的高度，同样，在有 p 个节点的 B 树中，至少有

$$1+(\lceil m/2 \rceil - 1)(p-1)$$

个键值，考虑到 B 树中键值的个数，节点分解的比率为

$$\frac{p-h}{1+(\lceil m/2 \rceil - 1)(p-1)}$$

分子分母同除以 $p-h$ 后，我们发现，当 p 增加时，$\dfrac{1}{p-h}$ 趋于 0，$\dfrac{p-1}{p-h}$ 趋于 1。节点分解的平均概率是

$$\frac{1}{\lceil m/2 \rceil - 1}$$

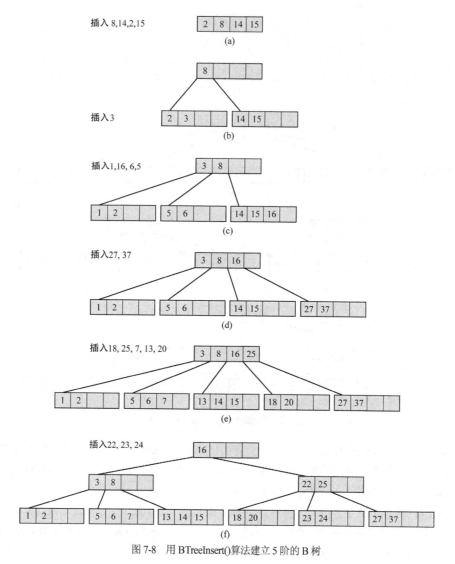

图 7-8　用 BTreeInsert()算法建立 5 阶的 B 树

例如，当 $m=10$ 时，这个概率等于 0.25；当 $m=100$ 时，概率等于 0.02；当 $m=1000$ 时，概率等于 0.002。与预想的一样，一个节点的容量越大，节点分解的频率就越低。

3. 从 B 树中删除键值

删除操作在很大程度上是插入操作的逆过程，但删除有更多的特殊情形。应注意避免在删除后节点出现不到半满的情形。这意味着有时节点需要合并。

在删除时，有两种主要的情形：从叶节点中删除键值和从非叶节点中删除键值。在后一种情形下，使用的方法类似于在二叉查找树中使用的 deleteByCopying()(6.6 节)。

(1) 从叶节点中删除键值

- 如果删除键值 K 后，叶节点至少是半满的，且只有大于 K 的键值向左移动来填补空位(图 7-9(a)和图 7-9(b))，这是第一种插入情形的逆操作。
- 如果删除键值 K 后，叶节点中的键值个数少于 $\lceil m/2 \rceil - 1$，则引起下溢(underflow)。

- 如果某叶节点的左右同级节点的键值数目超过下限 $\lceil m/2 \rceil - 1$，那么该叶节点和同级叶节点中的所有键值将在这两个叶节点中重新分配，在重新分配的过程中，将父节点中划分这两个叶节点的键值移到这两个叶节点中，并从中选择中间键值，移到父节点中(见图 7-9(b)和图 7-9(c))。

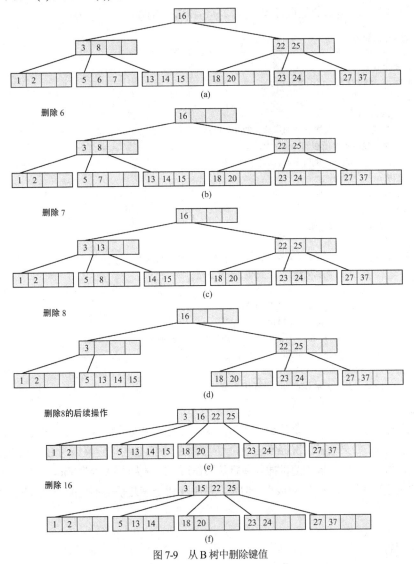

图 7-9　从 B 树中删除键值

- 如果叶节点下溢，其同级节点中键值的数目等于 $\lceil m/2 \rceil - 1$，就合并该叶节点和同级节点。将该叶节点、同级叶节点及父节点中划分这两个叶节点的所有键值一起放进该叶节点中，然后删除同级节点。如果出现空位，就移动父节点中的键值(见图 7-9(c)和图 7-9(d))，如果父节点出现下溢，则会引发一系列操作，这时把父节点当作叶节点，重复此步骤，直到可以执行上一步骤，或到达树的根为止。这是第二种插入情形的逆操作。
- 当父节点是只有一个键值的根节点时，会出现一种特殊的情形，即合并叶节点或非叶节点和它的同级节点。在这种情形下，该节点和其同级节点的键值，以及根节点的唯一键值一起放在一个新节点中，变成新的根节点，并删除原根节点及其同级节点。这是两个节点在一次操作中一同消失的唯一情形。同时,树的高度减1(见图7-9(c)～图7-9(e))。这是第三种插入操作的逆过程。

(2) 从非叶节点中删除键值,这或许会引起树结构的重组。因此,从非叶节点删除键值可以简化为从叶节点中删除键值。被删除的键值用其前驱取代(也可以使用后继)。这个后继键值从该叶节点中删除,回到第一种情形的处理过程(见图7-9(e)和图7-9(f))。

下面是该删除算法。

```
BTreeDelete(K)
    node = BTreeSearch(K,root);
    if (node != 空 )
        if node 不是叶节点
            寻找一个带有最接近 K 的后继 S 的叶节点;
            把 S 复制到 K 所在的 node 中;
            node = 包含 S 的叶节点;
            从 node 中删除 S;
        else 从 node 中删除 K;
        while (1)
            if node 没有下溢
                return;
            else if  node 有同级节点, 且同级节点有足够多的键值
                在 node 和其同级节点之间重新分配键值;
                return;
            else if  node 的父节点是根节点
                if 父节点只有一个键值
                    合并 node、它的同级节点以及父节点, 形成一个新的根节点;
                else 合并 node 和它的同级节点;
                return;
            else 合并 node 和它的同级节点;
                node = 它的父节点;
```

根据 B 树的定义, B 树应该保证至少半满, 因此可能会出现浪费50%的空间的情况。这种情况出现的频率有多高?如果这种情况经常出现,就应该重新考虑 B 树的定义或对 B 树加以限制。然而,模拟和分析表明,在执行大量的随机插入和删除操作后, B 树大约69%满(Yao, 1978)。此后的操作对 B 树已占空间的百分比变化影响很小。但是,要使 B 树全满几乎是不可能的,因此需要一些额外的规定。

7.1.2 B*树

因为 B 树的每个节点都代表辅存的一个块,所以访问一个节点意味着对辅存的一次访问。这与访问驻留在主存中节点的键值相比,开销要高得多。因此,创建的节点越少越好。

B*树是 B 树的一个变种,由 Donald Knuth 提出并由 Douglas Comer 命名。在 B*树中,除了根节点外,其他节点都必须至少 2/3 满,而不像 B 树一样是半满。更准确地讲,在 m 阶的 B 树中,所有非根节点的键值个数 k 为$\lfloor(2m-1)/3\rfloor \leq k \leq m-1$。该树通过延迟分解降低了节点分解的频率,当进行分解时,将两个节点分解为 3 个而不是将一个节点分解为两个。B*树的平均使用率达到了81%(Leung, 1984)。

在 B*树中，为了延迟分解，当节点溢出时会尝试在节点及其同级节点之间重新分配键值。图 7.10 包含了一个 9 阶的 B*树，键值 6 将要插入左节点，而左节点已经是满的。此时并没有分解节点，而是将该节点及其同级节点中的所有键值平均分配，并把中间键值 10 放入父节点。注意，不仅平均分配了键值，而且还平均分配了空位，这样原先已满的节点现在就可以再容纳一个键值。

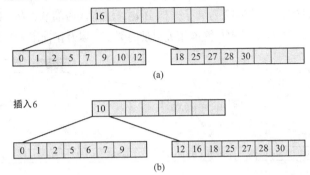

图 7-10 在溢出节点和其同级节点之间重新分配键值，从而避免 B*树的溢出

如果同级节点也是满的，就要分解节点：创建一个新节点，将原节点及其同级节点(以及父节点中的划分键值)的键值平均分配到三个节点。用于划分三个节点的两个键值放入父节点(见图 7-11)。这三个节点都参与分解，从而保证了 2/3 的填充率。

注意，正如预期的那样，有多种方法可以提高填充因子(fill factor)，一些数据库系统允许用户在 0.5 和 1 之间选择填充因子。特别地，填充因子要求至少为 75%的 B 树称为 B**树(McCreight，1977)。据此可以得到：B''树是填充率为(n+1)/(n+2)的 B 树。

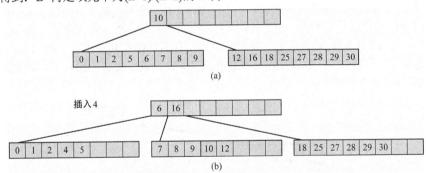

图 7-11 在 B*树中，如果节点和它的同级节点都是满的，会执行分解：创建一个新节点，并将键值分配到三个节点中

7.1.3　B^+树

因为 B 树的一个节点代表辅存的一个页或块。从一个节点到另一个节点的传送要求一次耗时的页交换，因此，应该尽可能减少节点访问，如果要求升序输出 B 树中的所有节点，会发生什么？可以采用中序树遍历算法，这是很容易实现的。但对非终端节点，每次只能显示一个键值，然后就必须访问另一页。因此应该改进 B 树，以更快的方式按顺序访问数据，而不是使用中序遍历。B^+树(Wedekind，1974)解决了这一问题[2]。

---

2 Wedekind 认为这种树只是 B 树的轻微变形。因此称之为 B*树。

在 B 树中，树的所有节点都具有对数据的引用，但是在 B⁺树中，只有叶节点具有这种引用。为了快速访问数据，对 B⁺树的内部节点进行了索引。树的这个部分称为索引集(index set)。叶节点的结构和 B⁺树中的其他节点不同，通常是将它们顺序连接成一个序列集(sequence set)。因此，扫描叶节点的这个序列，就可以得到升序排列的数据。所以，B⁺树是真正的 B 加树：它由实现为常规 B 树的索引加上一个数据链表构成。图 7-12 包含了一棵 B⁺树。注意，内部节点存储键值、指针和键值数量。叶节点中存储键值、数据文件中与键值相关记录的引用，以及指向下一叶节点的指针。

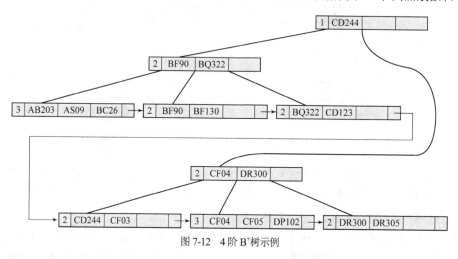

图 7-12 4 阶 B⁺树示例

B⁺树的操作和 B 树的操作差别不是很大。在一个有空间的叶节点中插入键值，要求保持叶节点键值的排列顺序，索引集不变化。如果在已满的叶节点中插入键值，需要分解叶节点，在序列集中包含新的叶节点，在原叶节点和新叶节点之间平均分配键值，把新叶节点中的第一个键值复制到(在 B 树中是移动，此处则不同)父节点中。如果父节点没有满，在此处要重新组织父节点的键值(见图 7-13)。如果父节点是满的，分解过程与 B 树相同。总之，索引集是一棵 B 树。特别之处在于在索引集中键值是移动而不是复制。

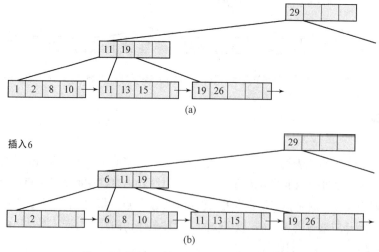

图 7-13 试图在 B⁺树的第一个叶节点中插入数字 6

在不引起下溢时，删除叶节点中的键值只要求将剩余的键值重新排序，索引集没有变化。特殊情况下，如果要删除叶节点中的唯一键值，就只是从叶节点中将其删除，但在内部节点中仍然将其保留。原因是在查找 B+树的过程中，这个键值即便不在任何一个子节点中，也可以正确划分两个相邻子节点中的键值。在图 7-13(b)的树中删除键值 6，结果为图 7-14(a)。注意，数字 6 没有从内部节点中删除。

当从叶节点中删除键值会导致下溢时，要么将该叶节点和其同级节点中的所有键值在这两个叶节点中重新分配，要么删除该叶节点，将剩余键值放在其同级节点中。图 7-14(b)演示了后一种情形。当删除数字 2 后，产生了下溢，两个叶节点合并成一个叶节点，划分两个节点的键值从父节点中删除，父节点中的键值按顺序排列。这两个操作都要求更新父节点中的划分键值。此外，删除叶节点可能要求在索引集中执行合并操作。

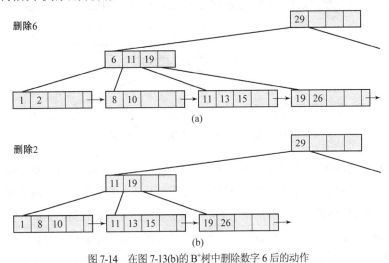

图 7-14　在图 7-13(b)的 B+树中删除数字 6 后的动作

7.1.4　前缀 B+树

如果一个键值既在 B+ 树的叶节点中，也在内部节点中，那么只从叶节点中将其删除就足够了，因为该键值仍保留在内部节点中，将对后续的查找提供有益的指导。因此，内部节点中的键是否也存在于叶节点中并不重要，重要的是可以将其作为划分相邻子节点中键值的分割符。例如，对于两个键值 K_1 和 K_2，分隔符 s 应该满足 $K_1 < s \leqslant K_2$。如果将用做分隔符键值的冗余信息全部去掉，使其在不影响 B+ 树正常运行的情况下，在内部节点中占用尽可能少的空间，那么这种分隔特性就可以保留下来。

所谓简单前缀 B+ 树(Bayer 和 Unterauer，1977)，是指被选分割符具有最短前缀，并且可以区分相邻的索引键值。例如，在图 7-12 中，根的左子节点有两个键值 BF90 和 BQ322，如果某个键值小于 BF90，则选择第一个叶节点，如果小于 BQ322，则选择第二个叶节点。但是请注意，如果不用 BF90 而是采用 BF9 甚至 BF；不用 BQ322 而是采用 BQ32 或 BQ3 甚至 BQ，也可以得到相同的分隔效果。在选择这两个键值的最短前缀后，如果要找的键值小于 BF，就在第一个叶节点中查找；如果键值小于 BQ，则在第二个叶节点中查找，结果与前一方法相同。使分隔符的大小达到最小并不会改变查找的结果，只是使分隔符的尺寸变小。这样做的结果是，能够在同一个节点中容纳更多的分隔符，从而使得节点可以拥有更多的子节点。整个 B⁺ 树的层次将减少，从而减少了分支因子，使树的处理更快。

这种方法在叶节点的父节点层次上同样适用。当在 B⁺ 树的各个节点层上都采用该方法时，树的全部索引集将被前缀充满(见图 7-15)。

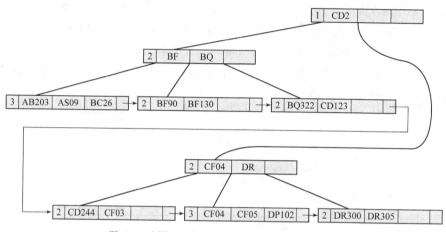

图 7-15   由图 7-12 的 B⁺ 树演变而来的简单前缀 B⁺ 树

简单前缀 B⁺ 树的操作与 B⁺ 树的操作基本相同，但是由于将前缀用作分割符，因此需要进行一些修改。尤其是在分解后，新节点的第一个键值既不移动也不复制到父节点，而是确立一个可以区分新节点的第一个键值和老节点的最后一个键值的最短前缀，并将该最短前缀放入父节点。在删除时，一些留在索引集中的分隔符可能过长，但是为了快速地删除，不必马上将其缩短。

把前缀用作分隔符时，如果在树的较低层上忽略前缀的前缀，可以使树的操作更快，这是前缀 B⁺ 树隐藏的思想。当前缀很长而且重复时，这种方法尤其有效。图 7-16 包含了一个示例。树中的每个键值都包含一个前缀 AB12XY，而且这个前缀出现在所有的内部节点中，此处存在冗余。图7-16(b)显示的是同一棵树，只是将根的所有子节点去掉了前缀"AB12XY"。为了恢复原始的前缀，可以去掉父节点中键值的最后一个字符，剩余的部分作为在当前节点中找到的键值的前缀。例如，在图 7-16(b)中，根的子节点中第一个单元的键值为"08"，去掉根节点中键值的最后一个字符，将获得的前缀"AB12XY"放在"08"之前，这样得到的新前缀"AB12XY08"可以用来确定查找的方向。

前缀 B⁺树的效率如何？实验表明，B⁺ 树和简单前缀 B⁺ 树在算法的执行时间上几乎没有差别，但前缀 B⁺ 树的算法需要多用 50%～100%的时间。在磁盘访问方面，当树的节点数少于 400 时，这几种树在磁盘访问次数上没有差别。当树的节点在 400～800 之间时，简单前缀 B⁺ 树和 B⁺ 树产生的磁盘访问次数减少了20～25%(Bayer 和 Unterauer，1977)。这说明，简单前缀 B⁺ 树是一种可行的选择，但是对前缀 B⁺ 树的讨论大都只停留在理论上。

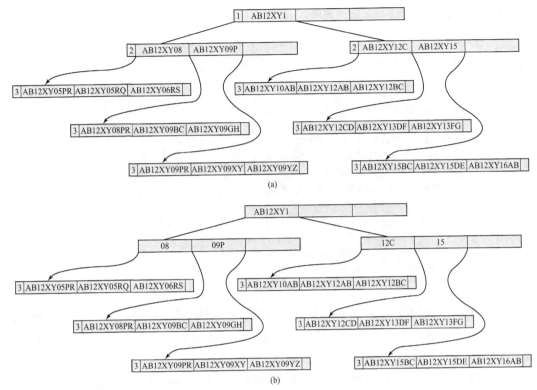

图 7-16　(a) 简单前缀 B$^+$ 树；(b) 作为其简化版本的前缀 B$^+$ 树

7.1.5　k-d B 树

k-d B 树是 k-d 树的多路版本，其中叶节点保存 k 维空间的点(元素)，因此，此类节点变为点节点/桶/页，非终端节点保存 b 区域。叶节点的父节点是点的区域，而其他节点是区域的区域(这类节点变为区域节点/桶/区域)(Robinson，1981)[3]。在叶节点中插入 a+1st 元素会导致溢出，因此节点必须剖分；在剖分之前包含叶节点元素的区域在剖分后变为两个区域，剖分后关于这些区域的信息以及对两个节点的引用必须存储在父节点中。如果父节点已满，那么也要进行剖分，以此类推，沿着树一直向上。然而，在 k-d B 树中处理剖分的复杂度远远超过了 B 树。叶节点的剖分比较简单：

```
splitPointNode(p, el_s, i)
    p_right=new kdBtreeNode();
    将 key_i≥el_s.key_i 的元素移动到 p_right;  // 旧节点 p 变为 p_left;
    return p_right;
```

之后的示例中假定叶节点可以保存 4 个元素(a=4)，区域节点可以保存 3 个区域(b=3)。

例如，图 7-17(a)中的节点(根和叶同时)已满。试图插入新元素 E 将导致剖分。该剖分由特定的识别字符(此时是 x 坐标)以及特定的元素决定。任何元素都可以，但是最好选择能够将节点平均剖分或者近似平均剖分的元素。新的叶节点被创建，并使用识别字符(E 的 x 坐标等于 60)在旧叶节点和新节点之间划分元素，结果如图 7-17(b)所示。

---

3 因为所有的元素都存储在叶节点中，因此这类树从学术角度应该叫做 k-d B+树。

然而，区域节点的划分远非如此简单。

```
splitRegionNode(p, el_s, i)
    p_right=new kdBtreeNode();
    p_left=p;
    for 节点 p 中的所有区域
        if r 全部位于 el_s.key_i 的右边
            将 r 从 p_left 移动到 p_right；
        else if r 全部位于 el_s.key_i 的左边
            ;//什么也不做,因为 r 已经在 p_left 中；
        else 将 r 根据 el_s.key_i 剖分为 r_left 和 r_right；
            在 p_left 中用 r_left 取代 r，将 r_right 添加到 p_right；
            pp=对应于 r 的 p 的子节点；
            if pp 是一个点节点
                pp_right=splitPointNode(pp, el_s, i);
            else pp_right=splitRegionNode(pp, el_s, i);
                将 pp_right 包含到 p_right 中；
    return p_right;// 用于处理溢出
```

例如，图 7-17(d)中根的右子节点 c_1 沿着水平虚线(y=40)剖分，图 7-17(e)中用一个大方块表示 c_1。这条线表明有两个区域必须剖分，结果是 c_1 中出现了 5 个区域，已经满了。线之下的两个区域仍然保留在 c_1 中，线之上的 3 个区域放到新节点 c_2。然而，这两个区域的剖分必须反映在对应的后代中，这些后代是叶节点；因此，这两个剖分区域被由其剖分而来的更小区域代替。因此，图 7-17(d)中 c_1 的左子节点被两个叶节点取代: 其中一个仍然是 c1 的左子节点，但是(大多数时候)具有更小的点集，另外一个是图 7-17(e)中 c_2 的左子节点，这两个节点依附于不同的父节点。与此类似，图 7-17(d)中 c_1 的右子节点由同样的 c_1 的右子节点(具有更小的点集)以及图 7-17(e)中 c_2 的右子节点取代。也就是说，剖分使得节点的后代也被剖分。为了简化操作以及便于讨论，假定剖分后的节点不会溢出。可以想到，选择特定的标准可以导致出现这种情况，但很明显这并非令人满意的选择。

由于可能导致溢出，插入操作可能涉及多个节点。当发生溢出时，节点被剖分并且父节点接收与此有关的消息。由于这一操作导致溢出，因此父节点也需要剖分，一直到没有需要剖分的节点，或者到达根节点并创建新的根。此过程可以总结为下面的伪代码:

```
insert(el) // el=(id, value_0,…, value_{k-1});
    if root 为空
        root=new kdBtreeNode(el);
    else insert2(el);

insert2(el)
    p=el 将要被插入的叶节点；
    if 在 p 中仍然有空间
        将 el 插入到 p；
    else 选择在 p 的元素中分离 el_s，包括 el；
        选择分离字段 i；
        p_right=splitPointNode(p,el_s,i);
        p=p->parent;
        将 p_right 包含到 p；
        while p 溢出
```

```
p_right=splitRangeNode(p, el_s, i);
if p 为根
     root=new kdBtreeNode(p,p_right);'
     break;
else p=p->parent;
     将 p_right 包含到 p;
```

例如，在图 7-17(a)中试图将 E 插入到根，将导致创建新的根(图 7-17(b))，新的根变为区域节点。在图 7-17(b)中，插入新元素只需要新创建一个叶节点(图 7-17(c))。在图 7-17(c)中插入新元素导致又创建了一个叶节点，同时还导致根的溢出，因此创建了新的根以及根的两个区域子节点(图 7-17(d)；图中的大方块是图 7-17(c)中的根，剖分线用虚线表示)。在图 7-17(d)中插入新元素导致 c_1 的左(或者右)子节点被剖分，进而导致 c_1(图 7-17(e)中的大方块)被剖分，但是 c_1 的父节点(也就是根)没有溢出。然而，图 7-17(e)中 c_2 的左(或者中)子树中插入新元素导致 c_2(图 7-17(f)中左边的大方块)被剖分，导致图 7-17(e)中树的根溢出(图 7-17(f)中右边的大方块)，并创建了新根。图 7-17(e)中根的剖分还导致其中间子节点 c_1 的剖分，进而导致 c_1 的左子节点剖分。因此，处理溢出的剖分可能引起后代的剖分，而溢出并不是由这些后代引起的。这可能会引起奇怪的现象，被剖分的节点中区域或者点的数量非常少。例如，图 7-17(f)中从左数第三个叶节点的父节点，在剖分后只有一个区域。此类剖分之后，叶节点中甚至可能根本没有元素。

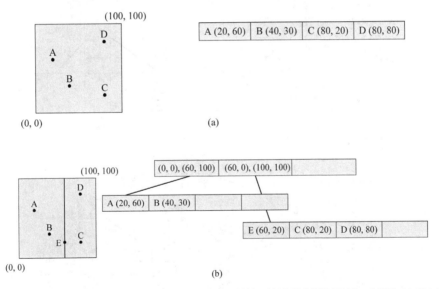

图 7-17　(a) 插入元素 A～D 之后的 2-d B 树；(b) 插入元素 E 之后的树，该操作导致剖分并创建一个新根；(c) 插入元素 F、
　　　　g 和 H 之后的树，这些操作导致剖分叶节点。树由坐标范围以及点表示，此外还使用了更直观的方式，特定范围
　　　　内的点用实线包含；(d) 在图(c)中的根的左子节点插入元素 1、J 和 K，导致该节点被剖分，而这又导致根被剖
　　　　分，根的剖分又导致图(c)中旧根的中间子节点被剖分；(e) 当在图(d)的树中 c_2 的左子节点(或者右子节点)插入新
　　　　元素后，由虚线确定的剖分；(f) 图(e)的树中 c_2 的左子节点(或者右子节点)的剖分导致更多的剖分

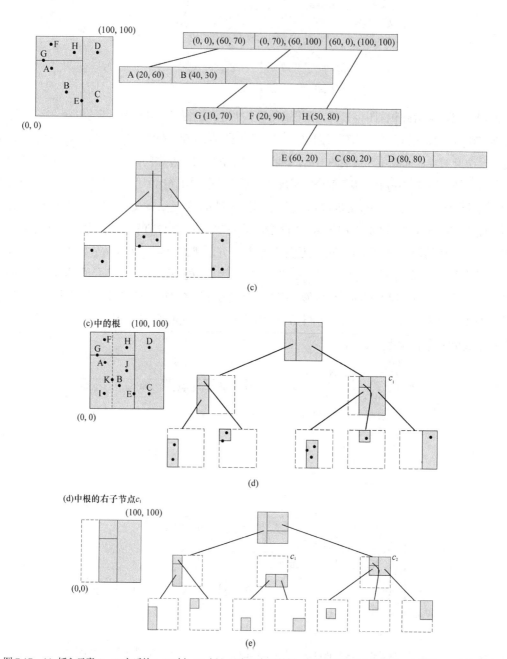

图 7-17 (a) 插入元素 A〜D 之后的 2-d B 树；(b) 插入元素 E 之后的树，该操作导致剖分并创建一个新根；(c) 插入元素 F、g 和 H 之后的树，这些操作导致剖分叶节点。树由坐标范围以及点表示，此外还使用了更直观的方式，特定范围内的点用实线包含；(d) 在图(c)中的根的左子节点插入元素 I、J 和 K，导致该子节点被剖分，而这又导致根被剖分，根的剖分又导致图(c)中旧根的中间子节点被剖分；(e) 当在图(d)的树中 c_2 的左子节点(或者右子节点)中插入新元素后，由虚线确定的剖分；(f) 图(e)的树中 c_2 的左子节点(或者右子节点)的剖分导致更多的剖分(续)

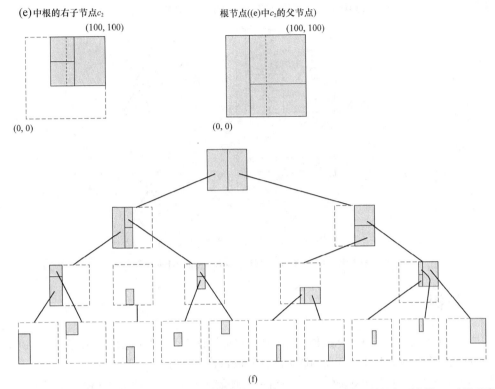

图 7-17 (a) 插入元素 A～D 之后的 2-d B 树; (b) 插入元素 E 之后的树, 该操作导致剖分并创建一个新根; (c) 插入元素 F、g 和 H 之后的树, 这些操作导致剖分叶节点。树由坐标范围以及点表示, 此外还使用了更直观的方式, 特定范围内的点用实线包含; (d) 在图(c)中的根的左子节点插入元素 I、J 和 K, 导致该子节点被剖分, 而这又导致根被剖分, 根的剖分又导致图(d)中旧根的中间子节点被剖分; (e) 当在图(d)的树中 c_2 的左子节点(或者右子节点)中插入新元素后, 由虚线确定的剖分; (f) 图(e)的树中 c_2 的左子节点(或者右子节点)的剖分导致更多的剖分(续)

因此, 溢出是从下到上的, 而剖分是从上到下的。插入操作的开销可能会很大, 因为处理溢出可能导致一系列的溢出, 处理每个溢出可能导致一系列的剖分。因此与 B 树类似, 节点越大, 溢出以及剖分的次数就越少。

如果不规定空间的利用程度, 删除操作可以非常简单, 这与 B 树有所不同。然而, 树有可能会变得很大, 而元素以及区域非常稀疏。因此, 当发生下溢的时候可以合并节点, 但是只有区域可连接的时候才能合并, 也就是说, 当两个区域形成一个矩形并且其中的元素不发生溢出时才能合并。例如, 在图 7-17(c)中, 包含 F 的区域以及包含 C 的区域不是可连接的, 因为二者无法组成一个矩形(另外组合后元素的数量大于 4), 但是包含元素 F 的区域以及包含元素 B 的区域可以合并, 如果组合后元素的数目最多为 4 的话。3 个区域也有可能合并为一个(如图 7-17(c)中的三个区域)。如果发生溢出, 可以剖分结果区域来修正这个问题。

k-d B 树有很多版本。为了解决空间利用率问题, hB 树允许使用非矩形区域(Lomet 和 Salzberg, 1990)。通过将范围节点(称为索引节点)实现为 k-b 树, 优雅地完成了这样的任务。为了表示非矩形区域, k-b 树的多层可以引用 hB 树的同一节点(这使得 hB 树只在名称上是树, 因为实际上它变成了无环的有向图)。为了简明地说明这一思想, 考虑图 7-18 中的区域 Q。该区域可以用多种方式表示; 图 7-18 给出了两种方法。这两棵 k-d 树是 hB 树中的两种可能的表示方式。注意采用这种表示方式, 避免了剖分向下级联: 为处理 P 而沿着 x_1 的剖分将导致沿同样线剖分 2-d B 树中的 Q。在 hB 树中并不要求这么做，区域 P 从 Q 中划出，从而使得 Q 成为一个非矩形的形状。

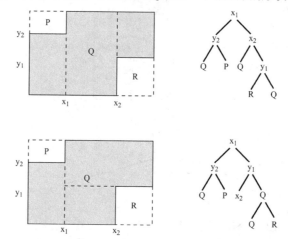

图 7-18　在 hB 树中，区域 Q 的两种可能的 2-d 树表示

7.1.6　位树

这是一种非常有趣的方法，从某种程度上讲，它将前缀 B$^+$ 树发挥到了极致。在该方法中，用字节来指定分隔符。在位树中，操作到达了位层(Ferguson，1992)。

位树是基于"差异位"(distinction bit，D-bit)的概念建立的。差异位 $D(K,L)$ 是区分键值 K 和 L 的二进制位，$D(K, L)$=键值的二进制位数(key-length-in-bit)$-1-\lfloor\lg(K\ \mathrm{xor}\ L)\rfloor$。例如，字母"K"和"N"的 ASCII 码分别为 01001011 和 01001110，其差异位是 5，代表两个被检测键值二进制位中的第一个不同位的位置。$D("K", "N")$=8$-1-\lfloor\lg5\rfloor$=5。

位树只在叶节点层上使用差异位划分键值，树的剩余部分是一个前缀 B$^+$ 树。这意味着实际的键值及从中提取这些键值的全部记录存储在数据文件中，因此，叶节点可以容纳的信息量要多于存储在叶节点中的键值数。叶节点中的项通过指定叶节点中相邻位置的键值间的差异位，来间接地表示键值(图 7-19)。

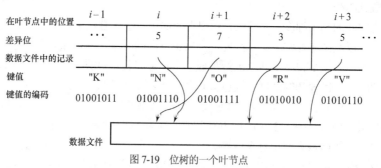

图 7-19　位树的一个叶节点

在讲述用位树处理数据的算法前，首先需要讨论差异位的一些特性。叶节点中的键值按升序排列。因此，$D_i=D(K_{i-1},K_i)$ 表示这些键中最左边的不同位，因为对于 $1 \leqslant i < m$ (m 表示树的阶数)，$K_{i-1} < K_i$，所以这个位恒等于 1。例如，$D("N", "O")$=$D(01001110, 01001111)$=7，表示两个键值中第 7 个位置上的二进制位不同，而前边的二进制位都是一致的。

假定 j 是叶节点中满足条件 $D_j < D_i$ 且 $j > i$ 的第一个位置；D_j 是比 D_i 小的第一个差异位。在这种情形下，对于该叶节点中处于位置 i 和 j 之间的所有键值，D_i 位是 1。在图 7-19 的示例中，$j=i+2$，因为 D_{i+2} 是位置 i 之后第一个小于 D_i 的差异位。位置 $i+1$ 上的键值 "O" 和位置 i 上的键值 "N" 的第 5 个二进制位都为 1。

使用位树叶节点查找键值的算法如下：

```
bitTreeSearch(K)
    R = 记录 R₀;
    for i = 1 到 m-1
        if 在 K 中的差异位 Dᵢ 是 1
            R = Rᵢ;
        else 跳过后续的差异位，直到找到一个更小的差异位;
    从数据文件中读记录 R;
    if K == 记录 R 中的键值
        return R;
    else return -1;
```

可以使用这个算法查找键值 "V"，假定图 7-19 中，$i-1=0$，且 $i+3$ 是叶节点中的最后一项。R 初始化为 R_0，i 初始化为 1。

(1) 在 for 循环的第一次迭代中，键值 "V" =01010110 的 $D_1=5$，因为该位是 1，R 赋值为 R_1。

(2) 在第二次迭代中，测试 $D_2=7$ 的二进制位。该位为 0，根据 else 语句的要求，不用跳过差异位，因为正好有小于 7 的差异位。

(3) 第三次迭代：$D_3=3$ 的二进制位为 1，于是 R 赋值为 R_3。

(4) 第四次迭代：检测 $D_4=5$ 的二进制位为 1，R 赋值为 R_5。这是叶节点中的最后一项。算法正常结束，并返回值 R_5。

如果所查找的键值不在数据文件中会发生什么？假设仍在 $i-1$ 到 $i+3$ 的位置上，查找 "S" =01010011。$D_1=5$ 的位为 0，于是跳过差异位 7。又由于 "S" 中 $D_3=3$ 的位为 1，该算法将返回记录 R_3。为了证明这个结论，bitTreeSearch() 可以检查所找到的记录是否与所希望的键值对应。如果不对应，该函数将返回一个负数，表示查找失败。

7.1.7　R 树

空间数据(spatial data)是在很多领域频繁使用的一种对象。例如在计算机辅助设计、地理数据以及 VLSI 设计等领域中，就要对空间数据进行创建、查询、删除等操作。这类数据需要能实现高效处理的特殊数据结构。例如，输出一个地区所有县的地理坐标，或标出市政厅到所有建筑物的步行距离等。人们已开发了许多不同的数据结构来存储这类数据。R 树(Guttman, 1984)就是一个示例。

m 阶的 R 树是一个类似于 B 树的结构，该结构在一个节点中至少包含 m 项，m 小于等于一个节点所允许的最大数目(根除外)。因此，没有要求 R 树至少半满。

R 树的叶节点包含(rect, id)格式的数据项，其中 $rect=([c_1^1,c_1^2],\ldots,[c_n^1,c_n^2])$，它是一个 n 维矩形，c_i^1 和 c_i^2 是同一坐标轴上的坐标，id 是一个指向数据文件中记录的指针。$rect$ 是包含对象 id 的最小矩形。例如，在图 7-20 的笛卡尔平面上，对象 X 在叶节点中对应的项是数据对(([10,100],[5,52]),X)。

图 7-20 一个由矩形([10,100],[5,52])所包围的笛卡尔平面区域 X。矩形参数和区域标志存放在 R 树的叶节点中

在非叶节点单位中，项的格式是(*rect,child*)，其中 *rect* 是包含 *child* 中所有矩形的最小矩形。R 树的结构和 B 树的结构不一样，R 树可以看成是由一系列的 *n* 个键值及对应键值的 *n* 个指针组成。

向 R 树中插入新的矩形同 B 树的插入方法一样，也要进行分解和重新分配。此时最重要的是找到要插入矩形 *rect* 的正确叶节点。当沿着 R 树向下移动时，在当前节点中选择的子树应是能包含 *rect* 的最小矩形。当分解时，必须产生这样的新包含矩形。详细的算法涉及的内容较多，并不明确如何划分被分解节点的矩形，此外还有一些其他问题。但算法应该生成包含新节点中矩形的矩形，并且该矩形具有最小尺寸。

图 7-21 包含一个向 R 树中插入 4 个矩形的示例。当插入前 3 个矩形 R_1、R_2 和 R_3 后，根已满(图7-21(a))；插入 R_4 时要进行分解，产生两个包含矩形(图 7-21(b))；插入 R_7 没有什么变化；插入 R_8 会扩展包含矩形以容纳 R_8(图 7-21(c))。图 7-21(d)显示了插入 R_9 后 R 树的再次分解：舍弃 R_6，产生了 R_{10} 和 R_{11}。

矩形 R 可以包含在许多其他的包含矩形中，但只能在叶节点中存储一次。因此在 h 层上，若 R 包含在该层一个节点的另一个矩形中，查找过程的路径就可能不正确。例如在图 7-21(d)中，矩形 R_3 包含在 R_{10} 和 R_{11} 中，因为 R_{10} 在根节点的 R_{11} 前，当查找 R_3 时会访问中间的叶节点。但是，如果根节点的 R_{11} 在 R_{10} 前，沿 R_{11} 的查找路径将不能成功。对于高且大的 R 树，这种重叠将很严重。

R^+树是对 R 树的修改，消除了这种重叠(Sellis、Roussopoulos 和 Faloutsos，1987；Stonebraker、Sellis 和 Hanson，1986)。包含矩形不再重叠，每个包含矩形都和与其交叉的矩形关联。但是矩形的数据存在于多个叶节点中。例如，图 7-22 显示了一棵 R^+ 树，该树是在图 7-21(c)的 R 树中插入 R_9 矩形后构造的。用图 7-22 代替图 7-21(d)，注意，R_8 出现在两个叶节点中，因为 R_8 包含在两个包含矩形 R_{10} 和 R_{11} 中。如果不做进一步的处理，R^+ 树的操作很难保证其节点保持至少半满。

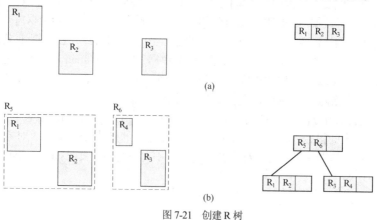

图 7-21 创建 R 树

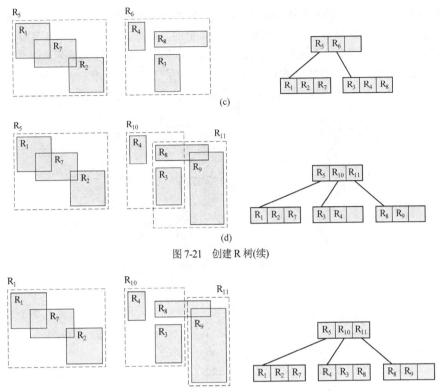

图 7-21　创建 R 树(续)

图 7-22　在图 7-21(c)的树中插入矩形 R_9 后,图 7-21(d)中 R 树的 R^+ 树表示

7.1.8　2-4 树

这一小节讨论 B 树的一种特殊情形:4 阶的 B 树。这种 B 树最早是由 Rudolf Bayer 研究的,并称之为对称二叉 B 树(Bayer 1972),但这种树通常称为 2-3-4 树或简单称为 2-4 树。2-4 树看起来好像没有什么新意,但是事实上正相反。在 B 树中,节点应正好容纳从辅存中读取的一个块的内容。而在 2-4 树中,一个节点可以存储 1 个、2 个、最多 3 个元素。除非元素非常大,3 个元素就可以填满一个磁盘块,否则似乎根本没有必要提及这样一个低阶的 B 树。引入 B 树是为了处理辅存中的数据,但这并不意味着 B 树只能用于这个目的。

我们用了整章篇幅讨论二叉树,尤其是二叉查找树,并且开发了可以快速访问存储在这些树中信息的算法。对于二叉树的平衡及遍历问题,B 树能否提供更好的解决方案?现在我们回到二叉树及在内存中处理数据这个话题上来。

B 树是可以与二叉查找树相媲美的算法,因为 B 树在本质上是平衡的。在建立 B 树时不必进行特殊的处理,就可以实现树的平衡。可以用低阶的 B 树如 2-4 树取代二叉查找树。但是,如果这些树按照 B 树的结构来实现,即每个节点有 3 个位置来存储 3 个键值,有 4 个位置来存储 4 个指针,在最坏的情况下,将有一半单元未得到使用。平均情况下会使用 69%的单元。由于内存空间比辅存空间珍贵得多,所以应避免这种空间的浪费。因此,2-4 树转换为每个节点只有一个键值的二叉树形式。当然,这种转换允许无歧义地恢复原先 B 树的形式。

为了用二叉树表示 2-4 树,需要使用两类节点之间的链接:一类链接用于连接 2-4 树同一节点中的键值,另一类链接用于表示常规的父子链接。Bayer 称其为水平指针和垂直指针,或者 ρ 指针

和 δ 指针；Guibas 和 Sedgewick 在他们的双色结构中称之为红指针和黑指针。这两种树不仅名字不同，画法也不同。图 7-23 显示了有两个键值和三个键值的节点(称之为 3-节点和 4-节点)及其等价表示。图 7-24 显示了一个完全 2-4 树及其对等的二叉树，注意红色链接用虚线表示。红-黑树更好地表示了二叉树的准确形状；垂直-水平树(vh-tree)更适合于保存 2-4 树的形状，并且使叶节点看起来好像在同一层。此外，垂直-水平树可以表示任意阶的 B 树，而红-黑树则不能。

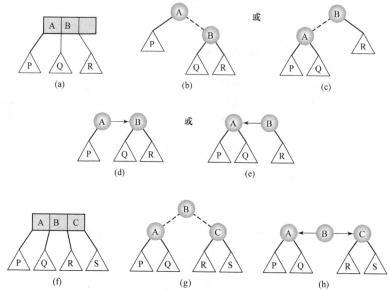

图 7-23　(a) 3-节点；(b)～(c) 红-黑树的两种可能的表示方法；(d)～(e) 垂直-水平树的两种可能的表示方法；(f) 4-节点；(g) 红-黑树表示；(h) 垂直-水平树表示

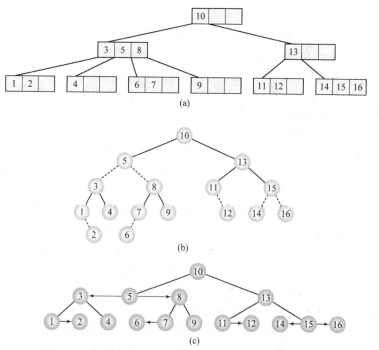

图 7-24　(a) 2-4 树；(b) 红-黑树表示；(c) 具有水平和垂直指针的二叉树表示

红-黑树和垂直-水平树都是二叉树，每个节点都有两个可以用两种方式解释的指针。为了在指定的环境中区分它们，为每个指针使用一个标志。

垂直-水平树有以下特点：

- 从根到任何空节点的路径中包含相同数目的垂直链接。
- 从根开始的路径在一行中不会有两个水平链接。

尽管在实现上比较复杂，但在垂直-水平树上执行的操作和二叉树上应该相同。就查找来说，二者是一样的：在垂直-水平树中查找键值，不必区分不同类型的指针，可以采用与二叉查找树相同的查找过程：如果找到键值，就停止；如果当前节点中的键值大于要找的键值，则查找左子树，否则查找右子树。

为了确定最坏情况下在垂直-水平树中查找键值的开销，可以观察这类树中节点数与其高度的对应关系。首先应该看到，如果到某一叶节点的最短路径只包含垂直链接，则到另一个叶节点的最长路径就可以开始和结束于水平链接，并且交替使用水平链接和垂直链接。因此：

$$path_{最长} \leqslant 2 \cdot path_{最短} + 1$$

如果最短和最长路径如上所述，那么等号成立。下面确定在高度为 h 的垂直-水平树中的最小节点数 n_{min}。首先考虑高度为奇数的垂直-水平树。图 7-25(a)显示了高度为 7 的垂直-水平树，其中隐含了高度为 1、3 和 5 的垂直-水平树。在下面的几何推导过程中，从 $h=3$ 开始，给高度为 $h=3$、5、7、9...等奇数的树中添加的新节点数分别是 3、6、12、24...

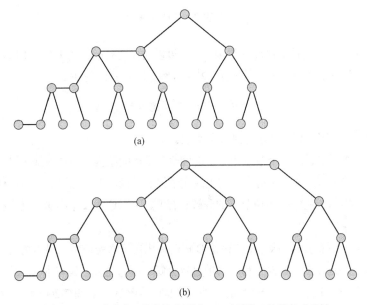

(a)

(b)

图 7-25　(a) 高度为 7 的垂直-水平树；(b) 高度为 8 的垂直-水平树

几何序列的前 m 项之和可以表示为 $a_1 \dfrac{q^m - 1}{q - 1}$

加上 1 之后，表示根节点，得到：

$$n_{\min} = 3 \times \frac{2^{\frac{h-1}{2}} - 1}{2-1} + 1 = 3 \times 2^{\frac{h-1}{2}} - 2$$

因此：

$$n \geqslant 3 \times 2^{\frac{h-1}{2}} - 2$$

两边取对数，得：

$$2 \lg \frac{n+2}{3} + 1 \geqslant h$$

对于高度为偶数的情况，图 7-25(b)给出了一棵高度为 8 的垂直-水平树，显然 $h=2、4、6、8\ldots$，新节点数分别为 2、4、8、16…

$$n_{\min} = 2(2^{\frac{h}{2}} - 1)$$

所以：

$$n \geqslant n_{\min} = 2(2^{\frac{h}{2}} - 1)$$

两边取对数，得：

$$2 \lg(n+2) - 2 \geqslant h$$

容易看出，对于任一 n，偶数高度的界限较大，可以用作所有高度的上限。下限由完全二叉树的高度指定。在高度为 h 的树中，节点数为 $n = 2^h - 1$(参见图 6-21)。于是：

$$\lg(n+1) \leqslant h \leqslant 2\lg(n+2) - 2$$

这是查找的最坏情况，查找要进行到叶节点层。

插入操作通过在树中添加一个节点和一个链接改变了树的结构。应该添加水平链接还是垂直链接？删除操作删除一个节点和一个链接，这也改变了树的结构，但这也许会导致出现两个连续的水平链接。因为在垂直-水平树中会出现节点的分解和合并，所以这些操作不像二叉查找树的操作那么简单。

分解 2-4 树有一个好方法，该方法在讨论 B 树时提出：插入键值时，沿着树向下分解节点。如果遇到一个 4-节点，则在沿着树向下移动之前进行分解。因为这种分解自顶向下进行，4-节点可能是 2-节点或 3-节点的子节点(有一个常见的例外：除非它是根节点)。图 7-26(a)和 7-26(b)包含了一个示例，分解包含键值 B、C 和 D 的节点需要创建新节点。分解中涉及的两个节点(图 7-26(a))是 4/6 满，分解后的三个节点为 4/9 满(对于指针字段而言，分别为 6/8 和 7/12 满)。在 2-4 树中分解节点，会导致性能变差，然而，如果在等价的垂直-水平树上进行同样的操作，操作的效率相当高。在图 7-26(c)和图 7-26(d)中，在垂直-水平树上执行了同样的分解操作。该操作要求将两个水平标志改为垂直标志，将一个垂直标志改为水平标志，这样只需要重设 3 个位。

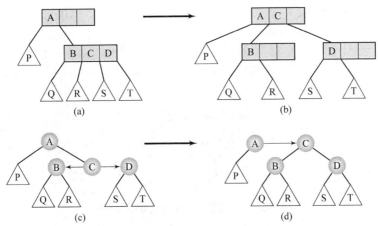

图 7-26　(a)～(b) 在 2-4 树中分解一个 4-节点，这个 4-节点连接到有一个
键值的节点；(c)～(d) 同样的两个节点在垂直-水平树中的分解

重设这三个标志需要使用标志翻转(flagFlipping)算法。该算法执行如下步骤：当访问节点 n 时，如果该节点的两个链接都是水平的，就把从 n 的父节点到 n 的链接重设为水平，并将 n 的两个标志重设为垂直。

如果遇到像图 7-27(a)的情形，分解操作将得到如图 7-27(b)所示的 2-4 树。在该树等价的垂直-水平树上应用标志翻转算法，仅要求重设 3 个位(图 7-27(c)和图 7-27(d))。

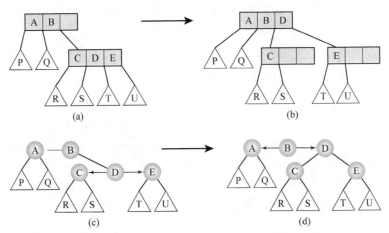

图 7-27　(a)～(b) 在 2-4 树中分解连接到 3-节点上的 4-节点；(c)～(d) 在与该树等价的垂直-水平树上进行相似的操作

图 7-23 说明，2-4 树的同一个节点在垂直-水平树中可以有两种等价的情形。因此，图 7-27(a)中的情形不仅可以表示为图 7-27(c)中的树，而且可以表示为图 7-28(a)中的树。如果按前面的方法处理，即按图 7-27(d)所示来改变树中的三个标志，则图 7-28(b)中的树将有两个连续的水平链接，这和 2-4 树是不一致的。在这种情形下，三个标志翻转后要进行一次旋转，也就是说，节点 B 围绕节点 A 进行旋转，翻转两个标志，图 7-28(c)中的树与图 7-27(d)中的一样。

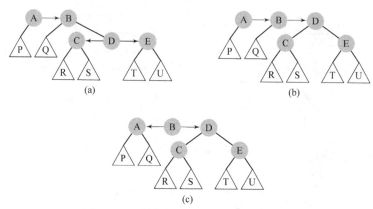

图 7-28 调整有连续水平链接的垂直-水平树

图 7-29(a)包含了另一种情况，2-4 树在分解前，一个 4-节点连接到一个 3-节点。图 7-29(b)显示了该树分解后的情况。对图 7-29(c)中的树应用标志翻转算法，产生的结果如图 7-29(d)所示，其中的树有两个连续的水平链接。要恢复垂直-水平树的特性，需要两次旋转以及 4 次标志翻转：节点 C 围绕节点 E 进行旋转，接着是两次标志翻转(图 7-29(e))，然后节点 C 围绕节点 A 旋转，接着又是两次标志翻转。最后得到图 7-29(f)中的树。

我们给出 4 种引起分解的结构(图 7-26(c)、图 7-27(c)、图 7-28(a)和图 7-29(c))，如果把仅用于分析的镜像情形也考虑在内，引起分解的结构数目将会加倍。但是，只有这 4 种结构在翻转标志后需要一次或两次旋转，以恢复垂直-水平树的特性。注意，树的高度用垂直链接数(加1)度量，所以旋转后树不会增高。另外，4-节点是沿着路径在插入位置上分解的，所以新节点会插入到 2-节点或 3-节点中，即新节点总是通过水平链接与其父节点相连，树的高度在插入节点后不会改变。只有根为 4-节点时，高度才会增加，这是分解的第 9 种情形。

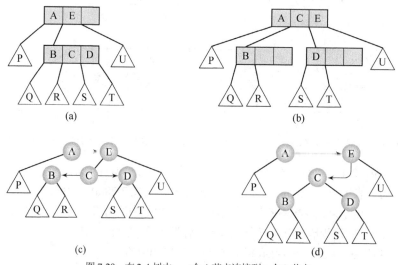

图 7-29 在 2-4 树中，一个 4-节点连接到一个 3-节点

图 7-29 在 2-4 树中，一个 4-节点连接到一个 3-节点(续)

垂直-水平树的特性不仅会在分解 4-节点后被破坏，在树中包含新节点时也会遭到破坏，此时需要进行一两次旋转，下面插入算法的最后就是这种情况：

```
VHTreeInsert(K)
    创建 newNode 并初始化;
    if VHTree 为空
        root = newNode;
        return;
    for (p = root, prev = 0; p != 0;)
        if p 的两个标志都是水平的
            将它们设置为垂直;  //翻转标志
                将连接 p 和 prev 的链接标记为水平;
                if 连接 prev 与其父节点以及连接 prev 与 p 的两个链接都标记为水平
                    if 这两个链接都是左链接或都是右链接  //图 7-28(b)
                        围绕其父节点旋转 prev;
                    else 围绕 prev 旋转 p, 然后围绕其新的父节点旋转 p; //图 7-29(d)
        prev = p;
        if (p->key > K )
            p = p->left;
        else p = p->right;
    将 newNode 连接到 prev;
    将对应于该节点到 newNode 的链接的 prev 标志设置为水平;
    if 从 prev 的父节点到 prev 的链接为水平链接
        围绕其父节点旋转 prev, 或者
        先围绕 prev 旋转 newNode, 然后围绕其新的父节点旋转 newNode;
```

图 7-30 包含了一个插入数字序列的示例。注意，在图 7-30(h)的树中插入数字 6 时，需要旋转两次。首先 9 围绕 5 进行旋转，然后 9 围绕 11 进行旋转。

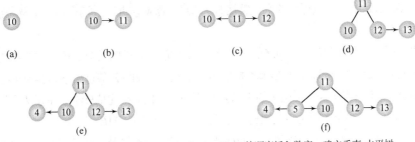

图 7-30 按 10、11、12、13、4、5、8、9、6、14 的顺序插入数字，建立垂直-水平树

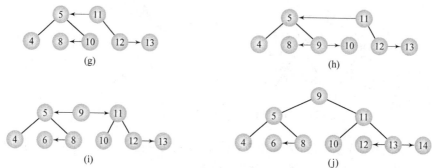

图 7-30　按 10、11、12、13、4、5、8、9、6、14 的顺序插入数字，建立垂直-水平树(续)

利用复制删除算法可以删除节点，第 6.6.2 小节已经讲述过这一内容；也就是说，在树中找到要删除节点的后继(或前驱)，用它覆盖要删除的元素，再从树中删除包含原后继的节点。在查找后继时，可以从包含要删除元素的节点向右移动一步，再尽可能向左移动。后继在垂直链接的最后一层上，即后继可以有一个能通过水平链接访问的左子节点(在图 7-30(h)中，11 的后继 12 就有这样一个子节点 13)，也可以没有(例如 5 的后继 8)。在一般的二叉查找树中，很容易删除这样的后继，但在垂直-水平树中并非如此。如果后继通过水平链接与其父节点相连，就可以简单地断开链接(例如在图 7-30(h)的树中，用数字 8 覆盖 5，删除数字 5 后的节点 8)；但如果通过垂直链接建立了无子节点的后继与其父节点的连接，删除这个后继就会违反垂直-水平树的特性。例如，要在图 7-30(j)的树中删除 9，就应找到其后继 10，用它覆盖 9，再删除节点 10，但到无左子节点的节点 11 的路径只包含一个垂直节点，而到树中其他空节点的路径包含两个这样的链接。避免这个问题的一种方法是，在查找某一节点的后继时确保执行树的转换，使垂直-水平树有效，使后继没有通过水平链接与其相连的子节点。为此，要根据不同的转换，区分许多不同的情形。图 7-31 列举了这些情形，其中链接旁边的箭头表示当前检查的节点和下一个要检查的节点。

- **情形 1**：两个同级的 2-节点，其父节点也是一个 2-节点。该节点及其子节点合并为一个 4-节点(图 7-31(a))，这只需要改变两个标志。
- **情形 2**：一个 3-节点，其两个子节点都是 2-节点，在转换时把 3-节点分解为两个 2-节点，再从三个 2-节点中创建出一个 4-节点，如图 7-31(b)所示，其开销为改变三个标志。
- **情形 2a**：一个 4-节点，其两个子节点都是 2-节点，在转换时把 4-节点分解为一个 2-节点和一个 3-节点，再把三个 2-节点合并为一个 4-节点(7-31(c))，这与情形 2 一样，也需要改变三个标志。
- **情形 3**：当到达 3-节点尾部的水平链接时，通过一次旋转并改变两个标志来翻转链接的方向(图 7-31(d))。
- **情形 4**：一个 2-节点有一个同级的 3-节点(可以有任意大小的父节点)。通过一次旋转(C 围绕 B 旋转)并改变两个标志，把 2-节点扩展为 3-节点，同级的 3-节点缩小为 2-节点(图 7-31(e))。
- **情形 5**：类似于情形 4，但同级的 3-节点有不同的方向。要完成转换，需要两次旋转(首先 C 围绕 D 旋转，然后 C 围绕 B 旋转)，并改变两个标志(图 7-31(f))。
- **情形 5a**：2-节点有一个同级的 4-节点(可以有任意大小的父节点)。采用与情形 5 相同的转换过程，把 2-节点变成 3-节点，把 4-节点变成 3-节点(图 7-31(g))。

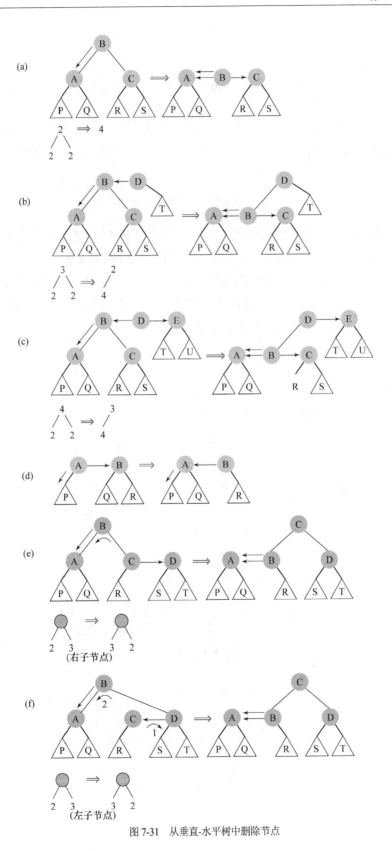

图 7-31 从垂直-水平树中删除节点

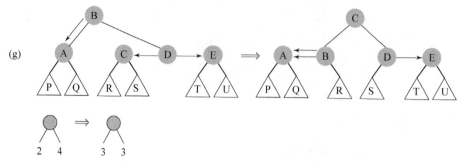

图 7-31　从垂直-水平树中删除节点(续)

注意在所有的情形中，都只考虑了将与 2-节点相连的链接从垂直变成水平(情形 3 除外，该情形中的改变在 3-节点中进行)。当目标是 3-节点或 4-节点时，什么都不需要做。

转换有时需要从根节点开始，才能找到要删除节点的后继。 因为必须先找到要删除的节点，还必须包含上述情形的对称情况，所以一共有 15 种情形：其中一种情形不需要任何动作，其他 14 种情形可以进行 10 种不同的转换。图 7-32 给出了删除的示例。

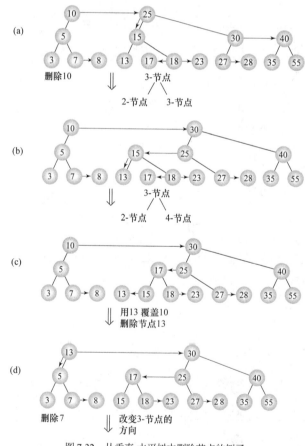

图 7-32　从垂直-水平树中删除节点的例子

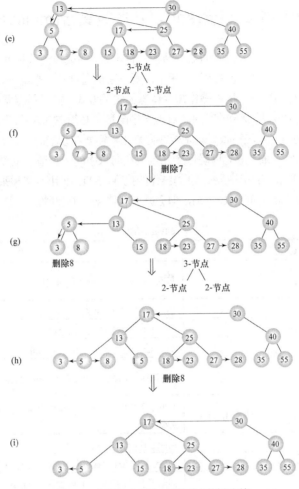

图 7-32　从垂直-水平树中删除节点的例子(续)

垂直-水平树也还含 AVL 树。为了将 AVL 树转换为垂直-水平树，可以将 AVL 树中具有偶数高度的子树的根和该根具有奇数高度的子树的子节点链接起来，并将该链接转换为水平链接。图 7-33 演示了这种转换。

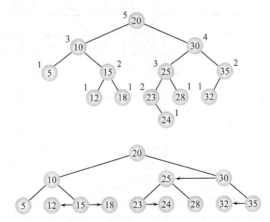

图 7-33　将 AVL 树(顶部)转换为等价的垂直-水平树(底部)的示例

7.1.9　标准模板库中的集合(set)以及多重集合(multiset)

　　set 容器是一个存储有序唯一元素的数据结构。容器 set 的成员函数见表 7-1。大多数函数已经在其他容器中出现过。然而，因为在插入过程中需要不断地通过检查来确定要插入的元素是否已在容器 set 中，所以对这样的任务，插入操作需要特殊的实现方式。向量是容器 set 的一种可能的实现方式，但插入操作的完成需要 $O(n)$ 的时间。对于无序向量，必须在插入前测试向量中的所有元素。对于有序向量，可以利用二分法检查元素是否在向量中，需要花费的时间为 $O(\lg n)$。插入一个新元素时，要求移动所有比它大的元素，以确保新元素放在向量中的一个适当位置上。在最坏的情况下，这种操作的复杂度是 $O(n)$。为加速插入(删除)操作的执行，STL 使用红-黑树来实现容器 set。这可以保证插入和删除操作需要的时间为 $O(\lg n)$，但会减弱容器 set 的灵活性。

表 7-1　set 容器的成员函数

成 员 函 数	操　　作
iterator begin() const_iterator begin() const	返回引用 set 中第一个元素的迭代器
void clear()	清除 set 中的所有元素
size_type count(const T& el) const	返回 set 中等于 el 的元素个数
bool empty() const	如果 set 中没有包含元素，返回 true，否则返回 false
iterator end() const_iterator end() const	返回在 set 中最后一个元素之后的迭代器
pair<iterator, iterator> equal_range(const T& el) const	返回一对迭代器<lower_bound(el),upper_bound(el)>，指出等于 el 的元素范围
void erase(iterator i)	清除迭代器 i 所引用的元素
void erase(iterator first, iterator last)	清除迭代器 first 和 last 所示范围中的所有元素
size_type erase(const T& el)	清除等于 el 的元素，并返回清除的元素个数
iterator find(const T& el) const	返回引用第一个等于 el 元素的迭代器
pair<iterator,bool> insert(const T& el)	将 el 插入 set 中，如果插入成功，则返回<el 的位置, true>，如果 el 已存在于 set 中，则返回<el 的位置, false>
iterator insert(iterator I, const T& el)	将 el 插入到迭代器 i 引用的元素前面
void insert(iterator first, iterator last)	插入迭代器 first 和 last 所示范围中的元素
key_compare key_comp() const	返回键值的比较函数
iterator lower_bound(const T& el) const	返回一个迭代器，指明值等于 el 的元素范围的下界
size_type max_size() const	返回 set 的元素的最大个数
reverse_iterator rbegin() const_reverse_iterator rbegin() const	返回引用 set 中最后一个元素的迭代器
reverse_iterator rend() const_reverse_iterator rend() const	返回在 set 中第一个元素之前的迭代器
set(comp = key_compare())	使用具有两个参数的布尔函数 comp 创建一个空 set
set(const set<T>& s)	复制构造函数
set(iterator first, iterator last, comp = key_comp())	创建 set，并插入 first 和 last 所指范围的元素
size_type size() const	返回 set 中元素的个数

(续表)

成 员 函 数	操　作
void swap(set<T>& s）	交换一个 set 容器和另一个 set 容器 s 的内容
iterator upper_bound(const T& el) const	返回一个迭代器,指出等于 el 的元素范围的上界
value_compare value_comp() const	返回值的比较函数

multiset 容器使用的成员函数与 set 容器基本相同,只有两个例外。首先,set 容器的构造函数与 multiset 容器的构造函数不同,但二者参数相同;其次,成员函数 pair<iterator, bool> insert(const T& el)被替换为成员函数 iterator insert(const T& el),该函数返回引用新插入元素的迭代器。因为容器 multiset 允许包含同一个元素的多个副本,所以没有必要检查插入是否成功,因为操作总是成功的。程序清单 7-1 给出了一些成员函数对整型 set 容器以及 multiset 容器的操作。容器 set 和容器 multiset 按照关系 less<int>或用户指定的关系排序。至于 set 容器 st2 和 multiset 容器 mst2,该关系总可以通过成员函数 key_comp()来获得。

程序清单 7-1　应用 set 和 multiset 的成员函数的示例

```cpp
#include <iostream>
#include <set>
#include <iterator>

using namespace std;

template<class T>
void Union(const set<T>& st1, const set<T>& st2, set<T>& st3) {
    set<T> tmp(st2);
    if (&st1 != &st2)
        for (set<T>::iterator I = st1.begin(); I != st1.end(); i++)
            tmp.insert(*i);
    tmp.swap(st3);
}

int main() {
    ostream_iterator<int> out(cout, " ");
    int a[] = {1,2,3,4,5};
    set<int> st1;
    set<int,greater<int> > st2;
    st1.insert(6); st1.insert(7); st1.insert(8);   // st1 = (6 7 8)
    st2.insert(6); st2.insert(7); st2.insert(8);   // st2 = (8 7 6)
    set<int> st3(a,a+5);                            // st3 = (1 2 3 4 5)
    set<int> st4(st3);                              // st4 = (1 2 3 4 5)
    pair<set<int>::iterator,bool> pr;
    pr = st1.insert(7);              // st1 = (6 7 8), pr = (7 false)
    pr = st1.insert(9);              // st1 = (6 7 8 9), pr = (9 true)
    set<int>::iterator i1 = st1.begin(), i2 = st1.begin();
    bool b1 = st1.key_comp()(*i1,*i1);         // b1 = false
    bool b2 = st1.key_comp()(*i1,*++i2);       // b2 = true
    bool b3 = st2.key_comp()(*i1,*i1);         // b3 = false
    bool b4 = st2.key_comp()(*i1,*i2);         // b4 = false
    st1.insert(2); st1.insert(4);
```

```
        Union(st1,st3,st4); // st1 = (2 4 6 7 8 9) and st3 = (1 2 3 4 5) =>
                            // st4 = (1 2 3 4 5 6 7 8 9)

    multiset<int> mst1;
    multiset<int,greater<int> > mst2;
    mst1.insert(6); mst1.insert(7); mst1.insert(8); // mst1 = (6 7 8)
    mst2.insert(6); mst2.insert(7); mst2.insert(8); // mst2 = (8 7 6)
    multiset<int> mst3(a,a+5);                       // mst3 = (1 2 3 4 5)
    multiset<int> mst4(mst3);                        // mst4 = (1 2 3 4 5)
    multiset<int>::iterator mpr = mst1.insert(7);    // mst1 = (6 7 7 8)
    cout << *mpr << ' ';                             // 7
    mpr = mst1.insert(9);                            // mst1 = (6 7 7 8 9)
    cout << *mpr << ' ';                             // 9
    multiset<int>::iterator i5 = mst1.begin(), i6 = mst1.begin();
    i5++; i6++; i6++;                                // *i5 = 7, *i6 = 7
    b1 = mst1.key_comp()(*i5,*i6);                   // b1 = false
    return 0;
}
```

如果某一数字不在 set 内，则插入该数字。例如，向 st1=(6 7 8)内插入数字 7 是不成功的，这可以得到验证。因为函数 insert()返回的 pair<set<int>::iterator,bool>类型对象：

```
pr = st1.insert(7);
```

等于<引用数字 7 的 iterator, false>。该 pr 对象的成分可以通过 pr.first 和 pr.second 来访问。

当复合对象的顺序由其某些数据成员的值确定时，就产生了有趣的情形。考虑 1.8 节中定义的类 Person。

```
Class Person {
public:
    . . . . . . . . . . .
    bool operator<(const Person& p) const {
        return strcmp(name,p.name) < 0;
    }
private:
    char *name;
    int age;
    friend class lesserAge;
};
```

根据这个定义和 Person 类型的对象数组

```
Person p[]={Person("Gregg",25),Person("Ann",30),Person("Bill",20),
            Person("Gregg",35),Person("Kay",30)};
```

可以声明并同时初始化两个 set 容器

```
set<Person> pSet1(p,p+5);
set<Person,lesserAge> pSet2(p,p+5);
```

默认情况下，第一个 set 用类 Person 的重载运算符<排序，第二个 set 根据下面函数对象定义的关系排序。

```
Class lesserAge {
public:
    int operator() (const Person& p1, const Person& p2) const {
        return p1.age < p2.age;
    }
};
```

于是:

```
pSet1= (("Ann",30)("Bill",20)("Gregg",25)("Kay",30))
pSet2= (("Bill",20)("Gregg",25)("Ann",30)("Gregg",35))
```

第一个 set 容器 pSet1 是按名字排序的；第二个 set 容器 pSet2 是按年龄排序的。因此，在 pSet1 中，每个名字仅出现一次，所以没有包含对象("Gregg",35)。而在 pSet2 中，年龄是唯一的，所以没有包含对象("Kay",30)。有趣的是，使用不等号就可以完成这一任务。也就是说，它会根据 set 中元素的排序条件从 set 中删除重复项。根据 set 的实现，这是可行的。如前所述，set 实现为红-黑树。在这样的树中，迭代器使用中序树遍历算法来扫描树中的节点。同时，用适合于某个 set 的不等号来比较待插入元素和当前节点 t 中的元素。例如，el<info(t)或 lesserAge(el,info(t))。注意，如果 el 已经在树的节点 nel 中，那么为了插入 el 而再次扫描树时，由于 lesserAge(el,info(nel))是 false(没有元素比该元素小)，所以沿 nel 向右走一步。然后一直向左直至到达某个节点 n。注意在中序遍历时，节点 nel 是节点 n 的前驱，如果待比较元素的顺序被颠倒，而 info(nel)等于 el，lesserAge(info(nel),el)的结果就是 false，这意味着 el 不应插入 set 中。在这种实现方式中，每个节点都有一个指向父节点的指针，所以，如果迭代器 i 引用节点 n，那么通过父链接沿树上升，就可以在中序遍历中到达- -i 引用的节点 n 的前驱。

如果现在声明两个 multiset 并将其初始化，

```
multiset<Person> pSet3(p,p+5);
multiset<Person,lesserAge> pSet4(p,p+5);
```

就可以创建如下 multiset，

```
pSet3 = (("Ann",30)("Bill",20)("Gregg",25)("Gregg",35)("Kay",30))
pSet4 = (("Bill",20)("Gregg",25)("Ann",30)("Kay",30)("Gregg",35))
```

根据这个声明，就可以输出所有重复元素的范围(例如，pSet1 中所有的"Gregg"对象):

```
pair<multiset<Person>::iterator,multiset<Person>::iterator>mprP;
    mprP = pSet3.equal_range("Gregg");
    for (multiset<Person>::iterator i=mprP.first; I !=mprP.second; i++)
        cout << *I;
```

产生的输出为: (Gregg,25)(Gregg,35)或者为 multiset 中的特定项数。

```
Cout << pSet1.count("Gregg") << ' ' << pSet2.count(Person("",35));
```

输出数字 22。注意成员函数 count()要求特定类类型的一个对象，这意味着 count("Gregg")用构造函数来创建它调用的对象，即 count(Person("Gregg",0))。这说明由于只有名字包含在运算符<的定义中，所以年龄不在 pSet1 的查找结果中。与此相似，在 pSet2 中，名字与查找过程无关，于是在通过年龄来查找对象的请求中将不考虑名字。

注意与 set 相关的算法不能用于 set。例如，调用

```
set_union(i1,i2,i3,i4,i5);
```

会引起编译错误 "1-value specifies const object"，出现这条信息的原因是，算法 set_union()从迭代器 i1 和 i2 指定的范围及迭代器 i3 和 i4 指定的范围中，取出不重复的元素，并将其复制到一个由迭代器 i5 开始的 set 中，因此，set_union()的实现包含一个赋值

```
*i5++ = *i1++;
```

要执行该赋值语句，迭代器 i5 不能是常数。但是类 set 只使用常数迭代器。原因是 set 实现为一种二叉查找树；因此，在树的节点中，信息的更改可能会打乱树中键值的顺序，导致类 set 中许多成员函数的输出不正确。像悖论一样，set 相关的算法不能应用于 set。为了应用它们，set 应该采用不同的实现方式(例如，实现为数组、向量、链表或双端队列)。程序清单 7-1 给出了另一个解决方案，使用通用函数 Union()，该函数依赖于 insert()和 swap()成员函数，可以应用于支持这两个成员函数的任何类的对象，包括 set 类型的对象。

7.1.10 标准模板库中的映射(map)和多映射(multimap)

映射是可以用任何类型的数据作为索引的表。因此映射是广义的数组，数组只能用常数及一般类型的变量来作索引，如字符和非负整数，但不能使用字符串或双精度数字。

映射将键值作为索引，并通过键值访问元素。与数组中的索引一样，映射中的键值是唯一的，因为一个键值只与一个元素相关。因此，映射是广义的 set。与 set 类似，映射也实现为红-黑树。但是用来实现 set 的树只存储元素，而实现映射的树存储数值对<键值,元素>。这个数值对通过排序函数来排序，排序函数根据键值而不是元素来定义。因此，在树中查找某个元素时，可以使用与该元素相关的键值来定位一个节点，再提取存储在该节点中的数值对的第二个元素。与 set 不同，元素现在是可以修改的，因为树是按键值排序的，而不是按元素排序的，这也意味着树中的键值是不能更改的。由于可以修改元素，所以表 7-2 中列出的很多成员函数有两个版本。一个版本用于非常数迭代器，另一个版本用于常数迭代器。

表 7-2 容器 map 的成员函数

成 员 函 数	操 作
iterator begin()	返回引用 map 中第一个元素的迭代器
const_iterator begin() const	返回引用 map 中第一个元素的迭代器
void clear()	清除 map 中的所有元素
size_type count(const K& key) const	返回 map 中包含 key(0 或 1)的元素个数
bool empty() const	如果 map 没有包含元素则返回 true，否则返回 flase
iterator end()	返回在 map 中最后一个元素之后的迭代器
const_iterator end() const	返回在 map 中最后一个元素之后的常数迭代器
pair<iterator,iterator> equal_range(const K& key)	返回一对迭代器<lower_bound(key),upper_bound(key)>，表示包含 key 的元素的范围
pair<const_iterator,const_iterator> equal_range(const K& key) const	返回一对常数迭代器<lower_bound(key),upper_bound(key)>，表示包含 key 的元素的范围

(续表)

成 员 函 数	操 作
void erase(iterator i)	清除迭代器 i 所引用的元素
void erase(iterator first, iterator last)	清除迭代器 first 和 last 所示范围中的所有元素
size_type erase(const K& key)	清除包含 key 的元素并返回清除的元素个数
iterator find(const K& key)	返回一个迭代器，该迭代器引用了包含 key 的第一个元素
const_iterator find(const K& key) const	返回一个迭代器，该迭代器引用了包含 key 的第一个元素
pair<iterator,bool> insert const pair <K,E>& (<key, el>)	将<key,el>对插入 map 中，如果插入成功，则返回<el 的位置,true>，如果 el 已存在，则返回<el 的位置,flase>
iterator insert(iterator i, const pair <K,E>& <key,el>)	将<key,el>插入到 map 中，位于迭代器 i 引用的元素之前
void insert(iterator first, iterator last)	将<key,el>对插入迭代器 first 和 last 所表示的范围
key_compare key_comp() const	返回键值的比较函数
iterator lower_bound(const K& key)	返回一个迭代器，表示包含 key 的值范围的下限
const_iterator lower_bound(const K& key) const	返回一个迭代器，表示包含 key 的值范围的下限
map(comp = key_compare())	用一个二参数布尔函数 comp 创建一个空 map
map(const map<K,E>& m)	复制构造函数
map(iterator first, iterator last, comp = key_compare())	创建一个 map，并插入由 first 和 last 所示范围的元素
size_type max_size() const	返回 map 的元素的最大个数
T& operator[](const K& key)	如果包含 key 的元素在 map 中，则返回该元素，否则就插入它
reverse_iterator rbegin()	返回引用 map 中最后一个元素的迭代器
const_reverse_iterator rbegin() const	返回引用 map 中最后一个元素的迭代器
reverse_iterator rend()	返回在 map 中第一个元素之前的迭代器
const_reverse_iterator rend() const	返回在 map 中第一个元素之前的迭代器
size_type size () const	返回 map 中元素的个数
void swap(map<K,E>& m)	交换 map 和另一个 map 容器 m 的内容
iterator upper_bound(const K& key)	返回一个迭代器，表示包含 key 的值范围的上限
const_iterator upper_bound(const K& key) const	返回一个迭代器，表示包含 key 的值范围的上限
value_compare value_comp() const	返回值的比较函数

程序清单 7-2 是一个示例程序，map 对象 cities 用 Person 类型的对象作为索引，该 map 用 3 对<Person 对象,字符串>初始化。下面的赋值语句：

```
cities[Person("Kay",40)] = "New York";
```

将一个新对象用作索引。然而对于 map 而言，下标运算符[]的定义是，当<key,element>对不在 map 中时将其插入，这个赋值语句就是如此。下一个赋值

```
cities["Jenny"] = "Newark";
```

隐含地使用了类的构造函数，来产生对象 Person("Jenny",0)，然后把该对象用作键值。因为在 map 中没有对应这个键值的项，所以插入数值对<Person("Jenny",0)，"Newark">。

程序清单 7-2　应用 map 成员函数的示例

```cpp
#include <iostream>
#include <map>

using namespace std;

int main() {
    pair<Person,char*> p[] =
        {pair<Person,char*>(Person("Gregg",25),"Pittsburgh"),
         pair<Person,char*>(Person("Ann",30),"Boston");
         pari<Person,char*>(Person("Bill" 20),"Belmont");
    map<Person,char*> cities(p,p+3);
    cities[Person("Kay",40)] = "New York";
    cities["Jenny"] = "Newark";
    cities.insert(map<Person,char*>::value_type(Person("Kay",40),"Detroit"));
    cities.insert(pair<Person,char*>(Person("Kay",40),"Austin"));
    map<Person,char*>::iterator i;
    for (i = cities.begin(); i != cities.end(); i++)
        cout << (*i).first << ' ' << (*i).second << endl;
    //output:
    //   (Ann,30) Boston
    //   (Bill,20) Belmont
    //   (Gregg,25) Pittsburgh
    //   (Jenny,0) Newark
    //   (Kay,40) Austin
    cities[p[1].first] = "Chicago";
    for (i = cities.begin(); i != cities.end(); i++)
        cout << (*i).first << ' ' << (*i).second << endl;
    //output:
    //   (Ann,30) Chicago
    //   (Bill,20) Belmont
    //   (Gregg,25) Pittsburgh
    //   (Jenny,0) Newark
    //   (Kay,40) New York

    multimap<Person,char*> mCities(p,p+3);
    mCities.insert(pair<Person,char*>(Person("Kay",40),"Austin"));
    mCities.insert(pair<Person,char*>(Person("Kay",40),"Austin"));
    mCities.insert(pair<Person,char*>(Person("Kay",40),"Detroit"));
    multimap<Person,char*>::iterator mi;
    for (mi = mCities.begin(); mi != mCities.end();mi++)
        cout << (*mi).first << ' ' << (*mi).second << endl;
    //output:
    //   (Ann,30) Boston
    //   (Bill,20) Belmont
    //   (Gregg,25) Pittsburgh
    //   (Kay,40) Austin
    //   (Kay,40) Austin
    //   (Key,40) Detroit
    (*(mCities.find(Person("Key",40)))).second = "New York";
    for (mi = mCities.begin(); mi != mCities.end(); mi++)
```

```
        cout << (*mi).first << ' ' << (*mi).second << endl;
    // output:
    //    (Ann,30) Boston
    //    (Bill,20) Belmont
    //    (Gregg,25) Pittsburgh
    //    (Kay,40) Austin
    //    (Kay,40) New York
    //    (Kay,40) Detroit
    return 0;
}
```

新的数值对可以用 insert()成员函数显式插入，如程序清单 7-2 所示，其中给出了两种创建数值对的途径。在第一个 insert()语句中，用 value_type 产生了一个数值对，value_type 是类型 pair<key type, element type>在 map 中的另一个名字。在第二个 insert()语句中，显式地创建了一个数值对。这两个语句都试图对已经存在的键值 Person("Kay",40)插入一个数值对，所以没有成功，尽管这个元素(城市名)不同于 map 中和键值对应的元素。要在 map 中更新一个元素，需要使用程序清单 7-2 中所示的赋值语句

```
cities[p[1].first] = "Chicago";
```

因为数组 P 的元素是数值对，而键值是数值对的第一个元素，所以要用句点符号来访问，即 p[1].first。这种访问数值对元素的方式也用于输出语句。

程序清单 7-2 只列举了不合惯例的索引，在每个对象中包含 city 作为另一个数据成员会更自然。在一个更有用的示例中，涉及了社会安全号(SSN)和 Person 类型的对象。如果创建一个数组(或向量或双端队列)，SSN 就可用作索引，该数组将需要 10 亿个单元，因为最大的 SSN 等于 999999999。但使用 map，需要的数据项数就可以与本程序使用的 Person 对象数目相同。例如声明一个 map 容器 SSN

```
map<long,Person> SSN;
```

然后执行一些赋值

```
SSN[123456789] = p[1].first;
SSN[987654321] = p[0].first;
SSN[222222222] = Person("Kay",40);
SSN[123456789] = "Jenny";
```

用这种方法，虽然键值的数量非常大，但 SSN 只有 4 项，

```
SSN = ((111111111,("Jenny,"0)),(123456789,("Ann,"30)),
       (222222222,("Kay,"40)),(987654321,("Gregg,"25)))
```

由于将 SSN 用作访问键值，所以更改和访问信息非常容易。

multimap 是一种允许键值重复的 map。除少数成员函数不同外，multimap 类使用的成员函数与 map 相同。multimap 的构造函数取代了 map 的构造函数，但使用的参数相同。map 的成员函数 pair<iterator, bool>insert(<key,el>)被 iterator insert(<key,el>)所取代，该函数返回一个迭代器，引用数值对 pair<key,el>插入的位置。multimap 没有定义[ ]下标运算符。在程序清单 7-2 中，要更改 multimap 中的一个元素，可以用 find()函数找到该元素并执行修改。但是这种方法只修改第一个被找到的项。要

更改某个键值对应的所有项，可以采用循环，如下所示：

```
for {mi = mCities.lower_bound(Person("Kay",40));
    mi != mCities.upper_bound(Person("Kay",40)); mi++;}
        (*mi).second = "New York";
```

7.2 trie

第 6 章讲过，在二叉树中遍历是通过比较整个键值来进行的。每个节点包含一个键值，该键值与另一个键值比较从而在树中寻找正确的路径。在前缀 B 树的讨论中已提到，这是不必要的，只需要比较键值的一部分就能确定路径。但是寻找正确的前缀是个问题，而且要维护前缀使其具有可接受的形式和大小，所以插入和删除操作比标准 B 树的操作复杂。用键值的一部分来确定查找路径的树称为 trie。这个树的名字是很恰当的，因为它是单词 retrieval 的一部分，只是发音有点拗口。要在发音上区分 tree 和 trie，可以将 trie 读作 try。

每个键值都是一个字符序列，trie 根据这些字符而不是整个键值来组织。为简单起见，假定所有的键值都由 A、E、I、P、R 这 5 个大写字母构成。这 5 个字母可以构成很多单词，但这个示例只使用其中的少数单词。

图 7-34 显示了一个保存单词的 trie，这些单词在垂直矩形中给出，这种形式最先是由 E. Fredkin 采用的。这些矩形代表了 trie 的叶节点，这些叶节点都是带有实际键值的节点。内部节点可以看成指向 subtrie 的指针数组。在第 i 层会检查数组的位置(对应于当前被处理键值的第 i 个字符)，如果这个位置的指针为空，则该键值不在 trie 中，这就意味着查找失败，或者意味着可以插入一个键值。如果指针不为空，就继续处理，直到找到包含该键值的叶节点。例如，查找单词 ERIE，在 trie 的第一层，检查对应于该单词第一个字母 E 的指针，该指针不为空，于是进入 trie 的第二层，即从根的位置 E 到达其子节点。现在检查第二个字母 R 对应的指针，它也不为空；再沿 trie 下降一层，到达第三层。在这一层，由第三个字母 I 确定要检查的指针，这个指针指向包含单词 ERIE 的叶节点。因此，我们得出查找成功的结论。如果要查找的单词为 ERILE，则查找失败，因为查找过程与前面一样，也会访问同样的叶节点，很明显，这两个单词不相同。如果要查找的单词为 ERPIE，同样会访问包含 ERIE 子节点的节点，但这次要检查该节点中 P 对应的指针，因为这个指针为空，于是得出结论，ERPIE 不在 trie 中。

在此至少存在两个问题，首先，当一个单词是另一个单词的前缀时，如何区分这两个单词？例如，ARE 是 AREA 的前缀，如果在 trie 中查找 ARE，一定不能沿着通往 AREA 的路径查找。为了解决这个问题，在每个节点中使用一个特殊的符号#，该符号不会出现在任何单词中。现在，当查找 ARE 时，先处理完 A、R 和 E，到达 trie 第 4 层的一个节点，该节点有两个叶节点 ARE 和 AREA。前面已处理了键值 ARE 的所有字母，接着检查对应于单词最后一个字符#的指针，该指针非空，说明该单词在 trie 中。

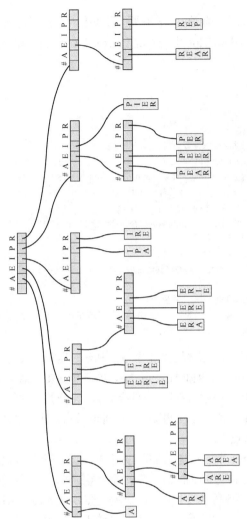

图 7-34 包含由 A、E、I、R 和 P 这 5 个字母组成的单词的 trie，符号#是单词的结束符，该符号可以是另一个单词的前缀

上一个示例提出了另一个问题，有必要在 trie 中，存储整个单词吗？当查找 ARE 到达第四层时，指向#的指针非空，有必要进入叶节点比较键值 ARE 和叶节点中的内容 ARE 吗？没有必要，前缀 B 树的示例给出了解决方案。叶节点可以只包含未完全处理的单词后缀，这会使 C++中的比较操作更快。如果在 trie 的每一层，递增指向单词的指针 w，使之指向下一个字母，那么在到达叶节点时，就只需要检查 strcmp(w, leaf->key)。本章的案例分析就采用了这种方法。

这个示例限定所使用的字母数为 5 个，但是在实际应用中，所有的字母都要使用，结果每个节点有 27 个指针(包含#)，trie 的高度取决于最长的前缀。英文单词的前缀不会很长，对于大多数单词来说，一般访问几个节点(很可能是 5~7 个)就可以解决问题，对于包含 10 000 或 100 000 个英文单词的 trie 而言，确实如此。有 1 000 个单词的完全平衡二叉查找树，其高度为 $\lceil \lg 10\,000 \rceil = 14$。因为大多数单词存储在这棵树的最低层，所以查找过程需要平均访问 13 个节点(高为 h 的完全平衡树的平均路径长度为 $\lceil \lg h \rceil - 2$)，这是 trie 中访问节点数目的两倍。而有 100 000 个单词的树，平均节点访问数目增加 3，因为 $\lceil \lg 100\,000 \rceil = 17$，在 trie 中，这个数目增加 1 或 2。此外，在二叉查找树中，需要比较待查找的键值和当前节点中的键值。在 trie 中，除非在叶节点中比较键值，否则每次比较只需要比较一个字符。因此，在访问速度非常重要的环境中，如拼写检查时，trie 是一种非常好的选择。

由于 trie 有两类节点，因此在 trie 中插入键值比在二叉查找中插入键值稍微复杂些。

```
trieInsert(K)
    i = 0;
    p = 根;
    while 未插入
        if (K[i] == '\0' )
            把 p 中单词的结尾标志设置为真；
        else if (p->ptrs[K[i]] == 0)
            创建一个包含 K 的叶节点，并将其地址放在 p->ptrs[K[i]]中；
        else if 指针 p->ptrs[K[i]]指向一个叶节点
            K_L = 叶节点 p->ptrs[K[i]]中的键值
            do 创建一个非叶节点，并将其地址放在 p->ptrs[K[i]]中；
                P = 新的非叶节点；
            while (K[i] == K_L[i++]);
            创建一个包含 K 的叶节点，并将其地址放在 p->ptrs[K[--i]]中；
            if (K_L[i] == '\0' )
                把 p 中单词的结尾标志设置为真；
            else 创建一个包含 K_L 的叶节点，并将其地址放在 p->ptrs[K_L[i]]中；
        else p = p->ptrs[K[i++]];
```

当单词 K 和 K_L 的前缀长度比到达当前节点 p 所经过路径的长度长时，就需要这个算法中的内部 do 循环。例如图 7-34 中，在 REP 插入 trie 前，单词 REAR 存储在 trie 中根的 R 字母对应的叶节点中，如果现在插入 REP，仅仅将该叶节点替换为非叶节点是不够的，因为这两个单词的第二个字母都是 E。因此，要在 trie 的第三层上再创建一个非叶节点，并把包含 REAR 和 REP 这两个单词的叶节点连接到这个非叶节点上。

与二叉查找树相比，在 trie 中插入键值的顺序并不重要，但这种顺序决定着二叉查找树的形状。可是 trie 可能会因为插入的单词(甚至单词的前缀类型)而变得倾斜。两个单词前缀中相同部分的长度决定了 trie 的高度。因此，trie 的高度等于两个单词前缀中相同部分的长度加 1(用于区分单词和其前缀)再加 1(表示叶节点层)。图 7-34 中 trie 的高度为 5，因为两个单词前缀中的相同部分 ARE 只有 3 个字符。

trie 面临的主要问题是其空间需求量，大量的空间基本上被浪费了。许多节点都只有两个非空指针，而剩余的 25 个指针还必须保留在内存中。所以降低空间的需求至关重要。

降低节点所占空间大小的一个方法是只存储实际上会被使用的指针，如图 7-35 所示(Briandais，1959)。该方法在确定节点所占的空间大小时有一定的灵活性，但其实现较复杂。这样的 trie 可以按照 2-4 树的方式来实现，所有的同级节点都放在一个链表中，该链表可以从其父节点访问，如图 7-36 所示。原先 trie 的一个节点现在对应一个链表，这意味着无法再随机访问存储在数组中的指针，必须按顺序扫描链表，因为链表很有可能按字母顺序维护，因此未必要扫描全部的链表。空间的需求不可忽略，因为每个节点现在包含两个指针，将占用 2 个或 4 个字节甚至更多，这取决于系统。

降低空间需求的第二个途径是改变单词的检测方式(Rotwitt 和 Maine，1971)。在建立 a tergo 时，所有的单词都按逆序插入。在这个示例中，节点的个数大致相同。但是 a tergo 表示 logged、loggerhead、loggia 和 logging 等单词的叶节点在第三层，而不是像前向 trie 那样在第 7 层。不过，对一些频繁使用的单词后缀(例如 "tion"、"ism" 和 "ics")，还是会出现问题。

可以考虑其他的顺序，经证明，检查单词的第二个字母是很有用的(Bourne 和 Ford，1961)，但是解决此问题的最佳顺序不具有普遍性。因为问题会变得异常复杂(Comer 和 Sethi，1977)。

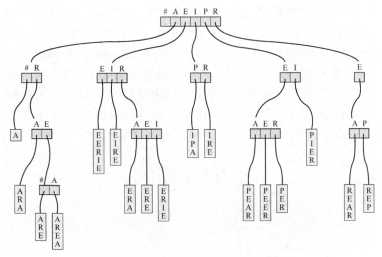

图 7-35　删除图 7-34 中所有无用指针字段后的 trie

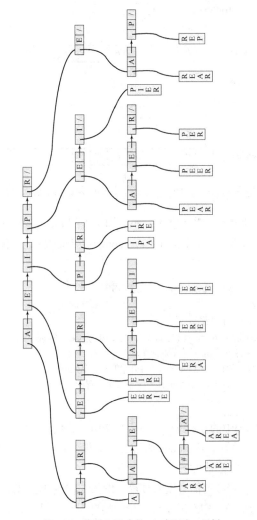

图 7-36　将图 7-35 中的 trie 实现为二叉树

　　另一种节省空间的方法是压缩 trie。这种方法在所有的非叶节点数组之外创建一个大的 cellArray，并对这些数组进行交叉访问，这样指针保持原状。此类数组的开始位置记录在外围的 cellArray 中。例如，图 7-37(a)显示了三个节点，它们包含指向 trie 中其他节点(包含叶节点)的指针 p_1 至 p_7，这三个节点按不冲突的方式逐个放入 cellArray 中，如图 7-37(b)所示。问题是如何提高时间以及空间效率，从而使该算法速度更快，并且使得数组实际占用的空间比所有非叶节点占用的总空间小得多。在该示例中，3 个节点需要 3*6=18 个单元，而 cellArray 只有 11 个单元。因此，压缩比率为 (18-11)/18=39%。然而，如果单元按图 7-37(c)的方式存储，则压缩比率为(18-10)/18=44%。

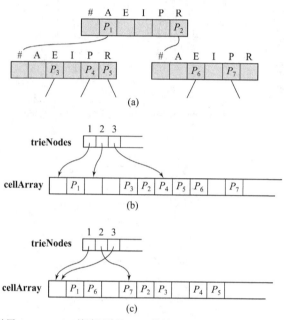

图 7-37　trie 的一部分：(a) 使用 compressTrie()算法压缩前；(b) 使用 compressTrie()算法压缩后；(c) 用优化方式压缩后

　　这个压缩 trie 的算法与节点数呈指数关系，不适用于大的 trie。其他算法不能提供最佳的压缩比率，但比较快(cf. Al-Suwaiyel 和 Horowitz，1984)。compressTrie()就是一种这样的算法。

```
compressTrie()
    cellArray 的所有 nodeNum*cellNum 个单元设置为空;
    for 每一个 node
        for cellArray 的每一个位置 j
            if 将 node 放在 cellArray[j],…,cellArray[j+cellNum-1]中后,
                没有出现带指针的单元相互叠加的情况
            将 node 的指针单元复制到从 cellArray[j]开始的对应单元中;
            把 trieNodes 中的 j 记录为 cellArray 中 node 的位置;
            break;
```

　　这种算法应用于图 7-37(a)中的 trie，产生了图 7-37(b)中的数组。查找压缩的 trie 和查找普通 trie 相似。但是访问节点需要通过数组 trieNodes 来过渡。如果 $node_1$ 引用 $node_2$，就必须在这个数组中找到 $node_2$ 的位置，然后就可以在 cellArray 中访问 $node_2$。

　　使用压缩 trie 的问题在于查找可能会误入歧途。例如，在图 7-37(a)的 trie 中，查找由字母 P 开头的单词会立即终止，因为根节点中对应于该字母的指针为空。另一方面，在这个 trie 的压缩版本

中(图 7-37(b))，可以找到对应于字母 P 的指针 P$_3$。只有遇到空指针，或到达叶节点后，通过比较该叶节点中的键值和待查找的键值，才能发现查找路径错误。

另一种压缩 trie 的方法是创建 C-trie，C-trie 是原始 trie 的二进制位版本(Maly，1976)。在这种方法中，C-trie 中一层的节点存储在内存的连续位置上，每个层中第一个节点的地址存放在一张地址表中。利用存放在特定节点中的信息，可以计算子节点到该节点的偏移量，从而访问其子节点。

每个节点都有 4 个字段：一个叶节点/非叶节点标志；单词尾 on/off 域(功能同符号#字段)；cellNum 位的 K 字段，对应于包含字符的单元；一个 C 字段，表示一层中某一节点前面的所有 K 字段中 1 的个数。最后的整数是当前节点在下一层上的第一个子节点前面的节点数。

如果实际的键值(或者键值的后缀)可以放在 K 字段+C 字段中，叶节点就存储这些键值。否则，将键值存储在某个表中，而叶节点包含该表中键值位置的引用。单词尾字段用来区分这两种情形。图 7-38 给出了图 7-34 中 trie 的一个 C-trie 片段。所有节点的空间大小相同，并假定叶节点至多可以存储 3 个字符。

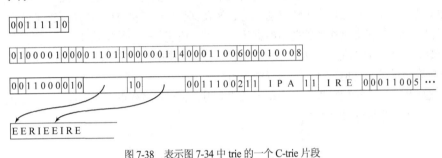

图 7-38　表示图 7-34 中 trie 的一个 C-trie 片段

为了在 C-trie 中查找键值，必须非常仔细地计算偏移量。下面给出算法的要点：

```
CTrieSearch(K)
    for (i = 1, p = 根; ; i++)
        if p 是一个叶节点
            if  K 等于 key(p)
                成功;
            else 失败;
        else if (K[i] = ='\0')
            if 单词结尾标志是 on
                成功;
            else 失败;
        else if 对应于字符 K[i]的位是 off
            失败;
        else p = i+1 层的第一个节点的地址
            +C 域(p)*size(一个节点)   // 跳过在 i 层上 p 之前的所有子节点
            +(在 K 域(p)中对应于 K[i]*size(一个节点)的位到左边所有为 1 的位的个数)
                            // 跳过 p 的一些子节点
```

例如，为了在图 7-35 的 C-trie 中找到 EERIE，首先在根中检查对应于第一个字母 E 的位。因为这个位的标志是 on，根不是叶节点，所以进入第二层。在第二层，为了确定要测试的节点地址，需要将这一层上第一个节点的地址加上一个节点长度，以便跳过第一个节点。与单词的第二个字母(即 E)对应的非叶节点的位也是 on，因此进入第三层。为了确定要测试的节点地址，需要将第三层上第一个节点的地址加上一个节点长度。现在访问一个叶节点，该节点的单词尾域设置为 0。访问单词表，比较要查找的键值与表中的键值。

压缩非常重要。初始 trie 有 27 个 2 字节的指针，因此一个节点占用 54 个字节，C-trie 的一个节点需要 1+1+27+32=61 位，可以用 8 个字节来存储，但这也不是没有代价的。这个算法要求将同一层的节点连续存储在一起，但使用 new 一次存储一个节点，不能保证节点存储的连续性，在多用户环境下尤其如此。因此，必须先在临时存储区中生成一层的节点，再请求一块足以容纳该层所有节点的存储空间。这个问题也说明，C-trie 不适用于动态更新。如果 trie 只生成一次，则 C-trie 是非常好的替代方法，然而，如果 trie 需要不断更新，则应该放弃这种 trie 压缩技术。

7.3 小结

本章并没有讲述全部的多叉树，多叉树的类型非常多。我们只关注这些树的各种用法，以及如何将同样的树应用于不同领域。本章特别关注 B 树及其变形，B$^+$树目前常常用来实现关系型数据库的索引，它们可以提供非常快速的随机数据访问，以及快速的顺序数据处理。

介绍 B 树的最初目的是为了处理辅存上的信息，但 B 树的作用不限于此。B 树的变体 2-4 树不适合处理辅存上的信息，但适合处理内存中的信息。

本章还特别介绍了树的另外一种类型 trie 的应用。它有很多变形，应用很广泛。下面的案例分析演示了一个 trie 非常有用的应用。

7.4 案例分析：拼写检查器

拼写检查器对任何文字处理器来说都是不可缺少的工具，该工具可以找到尽可能多的拼写错误。用户甚至可以得到可能的正确拼写，这取决于拼写检查器的复杂度。拼写检查器主要用于交互环境，使用字处理器时，用户可以随时调用该工具，随时纠正错误，还可以在未处理完整个文件时就退出。这需要编写一个文字处理程序，并附加一个拼写检查模块。这个案例分析的重点是 trie 的应用。因此，拼写检查程序是一个独立的程序，在文字处理程序外部使用。该程序将以批处理模式处理文本文件，在检查出错误后，不允许对错误进行逐字纠正。

该拼写检查器的核心是一个数据结构，该数据结构可以高效地访问字典中的单词。这样的字典很可能有成千上万个单词，因此访问字典的速度必须非常快，才能使文本文件的处理时间比较合理。存储字典中的单词的数据结构有很多种，在此选择 trie。调用拼写检查器后，首先创建 trie，然后开始拼写检查。

如果字典中单词的数量非常大，trie 的大小就很重要，因为如果不借助于虚拟存储，trie 将驻留在主存中。然而如本章所述，如果 trie 节点的长度固定(如图 7-34)，会严重浪费空间。在大多数情况下，只利用了每个节点中的一小段位置，而且离根节点越远，利用的长度就越短(根可能是唯一有 26 个子节点的节点)。为了减少空间的浪费，可以为每个节点创建链表，将用到的字母连接起来，如图 7-36 所示。这种方法有两个缺点：一个是指针字段需要大量的空间；另一个是链表需要使用顺序查找。该方法可以改进，只保留 trie 中每个节点使用字母所要求的空间，而不使用链表。我们在这里使用向量，但为了说明用数组实现的灵活性，程序在要求使用更多的空间时，用更大的数组替换已有的数组，把旧数组的内容复制到新数组中，并将旧数组返回给操作系统。

使用这种伪灵活数组的关键是节点的实现。节点是一个对象，包含以下成员：一个叶节点/非叶节点标志；一个单词结束标志；一个指向字符串的指针；以及一个指向指针数组的指针，该指针数组指向同样类型的结构。图 7-39 中的 trie 应用了这种结构的节点。如果要扩展连接到某个节点的字符串，就创建一个新字符串，该字符串包含旧字符串及插入到适当位置的新字母，这一操作用函数 addCell()来实现。每个节点中的字母都保持字母表顺序。

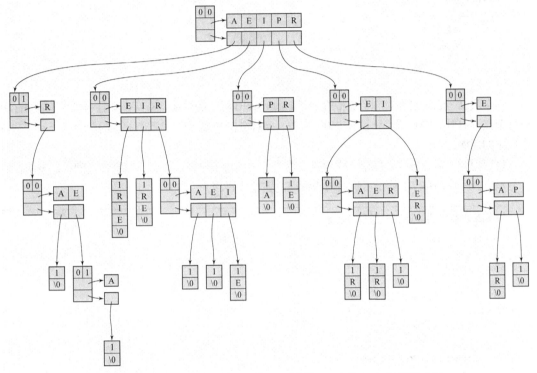

图 7-39　使用伪灵活数组实现的 trie。该 trie 以及图 7-34 中的 trie 包含相同的单词

函数 insert()实现了本章前面讨论的 trieInsert()算法。因为字母的位置随节点的不同而不同，所以每次都必须确定这个位置，函数 position()完成了这一任务。当节点不包含某个字母时，position()返回-1，这将使 insert()执行正确的动作。

此外，本章讨论 trie 时假定 trie 的叶节点存储完整的键值，这是没有必要的，因为所有单词的前缀都隐式地存储在 trie 中，而且可以通过到达该叶节点的路径上存储的所有字母重新构造。例如，要访问带有单词 ERIE 的叶节点，必须通过对应于字母 E 和 R 的指针，经过两个非叶节点，因此在叶节点中存储后缀 IE 就足够了，而不用存储整个单词 ERIE。在图 7-34 中，trie 的叶节点存储了 53 个字母，通过这种做法，现在只需要在叶节点中保留 13 个后缀字母。这种改进是很明显的。

程序中还使用了函数 printTrie()，该函数可以输出 trie 的内容。对图 7-39 中的 trie 应用该函数，产生的输出结果如下：

```
    >>REP|
    >>REA|R
>>PI|ER
    >>PER|
    >>PEE|R
```

```
    >>PEA|R
>>IR|E
>>IP|A
    >>ERI|E
    >>ERE|
    >>ERA|
>>EI|RE
>>EE|RIE
        >>AREA|
      >>>ARE
      >>ARA|
>>>A
```

三个尖括号表示已在对应节点中设置了 endOfWord 标志的单词。有两个尖括号的单词在 trie 中有叶节点，有时这些叶节点只包含 '\0' 字符。竖杠分割扫描 trie 时重新构造的前缀以及从叶节点中取出的后缀。

拼写检查的运行方式很简单，它检查文本文件中的每个单词，并将拼写有错误的单词及所在的行号输出。程序清单 7-3 给出了拼写检查程序的完整代码。

程序清单 7-3　用 trie 实现拼写检查器

```cpp
//************************    trie.h    *********************************

class Trie;

class TrieNonLeafNode {
public:
    TrieNonLeafNode() {
    }
    TrieNonLeafNode(char);
private:
    bool leaf, endOfWord;
    char *letters;
    TrieNonLeafNode **ptrs;
    friend class Trie;
};

class TrieLeafNode {
public:
    TrieLeafNode() {
    }
    TrieLeafNode(char*);
private:
    bool leaf;
    char *word;
    friend class Trie;
};

class Trie {
public:
    Trie() : notFound(-1) {
    }
```

```
    Trie(char*);
    void printTrie() {
        *prefix = '\0';
        printTrie(0,root,prefix);
    }
    void insert(char*);
    bool wordFound(char*);
private:
    TrieNonLeafNode *root;
    const int notFound;
    char prefix[80];
    int position(TrieNonLeafNode*,char);
    void addCell(char,TrieNonLeafNode*,int);
    void createLeaf(char,char*,TrieNonLeafNode*);
    void printTrie(int,TrieNonLeafNode*,char*);
};

//*********************** trie.cpp *****************************

#include <iostream>
#include <cstring>
#include <cstdlib>
#include "trie.h"
using namespace std;

TrieLeafNode::TrieLeafNode(char *suffix) {
    leaf = true;
    word = new char[strlen(suffix)+1];
    if (word == 0) {
        cerr << "Out of memory2.\n";
        exit(-1);
    }
    strcpy(word,suffix);
}

TrieNonLeafNode::TrieNonLeafNode(char ch) {
    ptrs = new TrieNonLeafNode*;
    letters = new char[2];
    if (ptrs == 0 || letters == 0) {
        cerr << "Out of memory3.\n";
        exit(1);
    }
    leaf = false;
    endOfWord = false;
    *ptrs = 0;
    *letters = ch;
    *(letters+1) = '\0';
}

Trie::Trie(char* word) : notFound(-1) {
    root = new TrieNonLeafNode(*word); // initialize the root
    createLeaf(*word,word+1,root);     // to avoid later tests;
```

```
        }
    void Trie::printTrie(int depth, TrieNonLeafNode *p, char *prefix) {
        register int i;                 // assumption: the root is not a leaf
        if (p->leaf) {                  // and it is not null;
            TrieLeafNode *lf = (TrieLeafNode*) p;
            for (i = 1; i <= depth; i++)
                cout << " ";
            cout << " >>" << prefix << "|" << lf->word << endl;
        }
        else {
            for (i = strlen(p->letters)-1; i >= 0; i--)
                if (p->ptrs[i] != 0) {              // add the letter
                    prefix[depth] = p->letters[i]; // corresponding to
                    prefix[depth+1] = '\0';         // position i to prefix;
                    printTrie(depth+1,p->ptrs[i],prefix);
                }
            if (p->endOfWord) {
                prefix[depth] = '\0';
                for (i = 1; i <= depth+1; i++)
                    cout < " ";
                cout << ">>>" << prefix << "\n";
            }
        }
    }

int Trie::position(TrieNonLeafNode *p, char ch) {
    for (int i = 0; i < strlen(p->letters) && p->letters[i] != ch; i++);
    if (i < strlen(p->letters))
        return i;
    else return notFound;
}

bool Trie::wordFound (char *word) {
    TrieNonLeafNode *p = root;
    TrieLeafNode *lf;
    int pos;
    while (true)
        if (p->leaf) {                          // node p is a leaf
            lf = (TrieLeafNode*) p;             // where the matching
            if (strcmp(word,lf->word) == 0)     // suffix of word
                return true;                    // should be found;
            else return false;
        }
        else if (*word == '\0')                 // the end of word has
            if (p->endOfWord)                   // to correspond with
                return true;                    // the endOfWord marker
            else return false;                  // in node p set to true;
        else if ((pos = position(p,*word)) != notFound &&
                p->ptrs[pos] != 0) {           // continue
            p = p->ptrs[pos];                   // path, if possible,
```

```
                    word++;
            }
            else return false;                      // otherwise failure;
}

void Trie::addCell(char ch, TrieNonLeafNode *p, int stop) {
    int i, len = strlen(p->letters);
    char *s = p->letters;
    TrieNonLeafNode **tmp = p->ptrs;
    p->letters = new char[len+2];
    p->ptrs = new TrieNonLeafNode*[len+1];
    if (p->letters == 0 || p->ptrs == 0) {
        cerr << "Out of memory1.\n";
        exit(1);
    }
    for (i = 0; i < len+1; i++)
        p->ptrs[i] = 0;
    if (stop < len)                 // if ch does not follow all letters in p,
        for (i = len; i >= stop+1; i--) {  // copy from tmp letters > ch;
            p->ptrs[i] = tmp[i-1];
            p->letters[i] = s[i-1];
        }
    p->letters[stop] = ch;
    for (i = stop-1; i >= 0; i--) { // and letters < ch;
        p->ptrs[i] = tmp[i];
        p->letters[i] = s[i];
    }
    p->letters[len+1] = '\0';
    delete [] s;
}

void Trie::createLeaf(char ch, char *suffix, TrieNonLeafNode *p) {
    int pos = position(p,ch);
    if (pos == notFound) {
        for (pos = 0; pos < strlen(p->letters) &&
                    p->letters[pos] < ch; pos++);
        addCell(ch,p,pos);
    }
    p->ptrs[pos] = (TrieNonLeafNode*) new TrieLeafNode(suffix);
}

void Trie::insert (char *word) {
    TrieNonLeafNode *p = root;
    TrieLeafNode *lf;
    int offset, pos;
    char *hold = word;
    while (true) {
        if (*word == '\0') {                // if the end of word reached,
            if (p->endOfWord)
                cout << "Duplicate entry1 " << hold << endl;
            else p->endOfWord = true;   // set endOfWord to true;
```

```
                return;
        }                                   // if position in p indicated
        pos = position(p,*word);
        if (pos == notFound) {              // by the first letter of word
            createLeaf(*word,word+1,p); // does not exist, create
            return; // a leaf and store in it the
        }                                   // unprocessed suffix of word;
        else if (pos != notFound &&         // if position *word is
                p->ptrs[pos]->leaf) {       // occupied by a leaf,
            lf = (TrieLeafNode*) p->ptrs[pos];    // hold this leaf;
            if (strcmp(lf->word,word+1) == 0) {
    cout << "Duplicate entry2 " << hold << endl;
    return;
}
offset = 0;
// create as many non-leaves as the length of identical
// prefix of word and the string in the leaf (for cell 'R',
// leaf 'EP', and word 'REAR', two such nodes are created);
do {
    pos = position(p,word[offset]);
    // word == "ABC", leaf = "ABCDEF" => leaf = "DEF";
    if (strlen(word) == offset+1) {
        p->ptrs[pos] = new TrieNonLeafNode(word[offset]);
        p->ptrs[pos]->endOfWord = true;
        createLeaf(lf->word[offset],lf->word + offset+1,
                                    p->ptrs[pos]);
        return;
    }
    // word == "ABCDE", leaf = "ABC" => leaf = "DEF";
    else if (strlen(lf->word) == offset) {
        p->ptrs[pos] = new TrieNonLeafNode(word[offset+1]);
        p->ptrs[pos]- >endOfWord = true;
        createLeaf(word[offset+1], word+offset+2,
                                   p->ptrs[pos]);
        return;
    }
    p->ptrs[pos] = new TrieNonLeafNode(word[offset+1]);
    p = p->ptrs[pos];
    offset++;
} while (word[offset] == lf->word[offset-1]);
offset--;
// word = "ABCDEF", leaf = "ABCPQR" =>
//    leaf('D') = "EF", leaf('P') = "QR";
// check whether there is a suffix left:
// word = "ABCD", leaf = "ABCPQR" =>
//    leaf('D') = null, leaf('P') = "QR";
    char *s = "";
    if (strlen(word) > offset+2)
        s = word+offset+2;
    createLeaf(word[offset+1],s,p);
```

```
        // check whether there is a suffix left:
        //    word = "ABCDEF", leaf = "ABCP" =>
        // leaf('D') = "EF", leaf('P') = null;
        if (strlen(lf->word) > offset+1)
            s = lf->word+offset+1;
        else s = "";
        createLeaf(lf->word[offset],s,p);
        delete [] lf->word;
        delete lf;
        return;
    }
    else {
        p = p->ptrs[pos];
        word++;
    }
    }
}

//*********************  spellCheck.cpp  *************************

#include <iostream>
#include <fstream>
#include <cstdlib>
#include <cstring>
#include <cctype>
#include "trie.h"
using namespace std;

char* strupr(char *s) {
    for (char *ss = s; *s = toupper(*s); s++);
    return ss;
}

int main(int argc, char* argv[]) {
    char fileName[25], s[80], ch;
    int i, lineNum = 1;
    ifstream dictionary("dictionary");
    if (dictionary.fail()) {
        cerr << "Cannot open 'dictionary'\n";
        exit(-1);
    }
    dictionary >> s;
    Trie trie(strupr(s));   // initialize root;
    while (dictionary >> s) // initialize trie;
        trie.insert(strupr(s));
    trie.printTrie();
    if (argc != 2) {
        cout << "Enter a file name: ";
        cin >> fileName;
    }
    else strcpy(fileName,argv[1]);
    ifstream textFile(fileName);
```

```
        if (textFile.fail()) {
            cout << "Cannot open " << fileName << endl;
            exit(-1);
        }
        cout << "Misspelled words:\n";
        textFile.get(ch);
        while (!textFile.eof()) {
            while (true)
                if (!textFile.eof() && !isalpha(ch)) { // skip non-letters
                    if (ch == '\n')
                            lineNum++;
                    textFile.get(ch);
                }
                else break;
            if (textFile.eof())         // spaces at the end of textFile;
                break;
            for (i = 0; !textFile.eof() && isalpha(ch); i++) {
                s[i] = toupper(ch);
                textFile.get(ch);
            }
            s[i] = '\0';
            if (!trie.wordFound(s))
                    cout << s << " on line " << lineNum << endl;
        }
        dictionary.close();
        textFile.close();
        return 0;
}
```

7.5 习题

1. 高为 h 的多叉树的最大节点数是多少？

2. 高为 h 的 m 阶 B 树可以拥有多少个键值？

3. 编写一个函数，按升序输出一棵 B 树的内容。

4. B*树的根需要特别关注，因为它没有同级节点。一次分解不会生成两个 2/3 满的节点，以及有一个键值的新根。给出这个问题的解决办法。

5. 插入数据的顺序对 B 树有影响吗？先按 1、5、3、2、4 顺序，然后按 1、2、3、4、5 顺序构造一棵 3 阶 B 树(每个节点两个键值)。用有序数据初始化的 B 树是否比用随机数据初始化的 B 树好？

6. 画 10 棵不同的可容纳 15 个键值的 3 阶 B 树，并为每棵树制作一张表，记录树的节点数和平均的节点访问数(Rosenberg 和 Snyder，1981)。从这张表可以得到什么结论？这张表能不能说明：①树的节点数越少，平均节点访问数就越少；②平均节点访问数越少，树的节点数就越少？要使 B 树更有效，应该注重 B 树的什么特性？

7. 在针对 B 树的各种考虑中，都假定键值是唯一的。但并不是必须这样，因为在 B 树中多次出现同一个键值并不违反 B 树的特性。如果这些相同的键值指向数据文件中的不同对象(例如，假定

300

键值是名字，而很多人可能会同名)，如何实现这样的数据文件引用？

8. 有 n 个键值的 B⁺ 树的最大高度是多少？

9. 有时在一个简单前缀 B⁺ 树中，分隔符可以和叶节点中的键值大小相同。例如，一个叶节点中的最后一个键值为 Herman，而下一叶节点中的第一个键值是 "Hermann"，那么这些叶节点的父节点就应该选择 Hermann 作为分隔符。请设计一个程序来实现较短的分隔符。

10. 编写一个函数，为简单前缀 B⁺ 树的两个键值确定最短的分隔符。

11. 在前缀 B⁺ 树的叶节点中，可以使用前缀的缩写格式吗？

12. 有没有可能在分割 k-d B 树的溢出节点 p 时，得到的节点 p_{left} 或者 p_{right} 也存在溢出？

13. 如果在位树的一个叶节点中，在两个不同的位置 i 和 $j(i<j)$ 上有两个差异位相等，即 $D_j=D_i$，那么对于 $i<k<j$，至少存在一个差异位 D_k 的条件是什么？

14. 如果从位树的一个叶节点中删除一个键值 K_i，则在 K_{i-1} 和 K_{i+1} 之间的差异位必须更改。若 D_i 和 D_{i+1} 的值已知，那么该差异位的值是什么？在图 7-19 的叶节点中删除键值，并进行合理的猜测，然后进行归纳。在归纳时，考虑两种情形：①$D_i < D_{i+1}$ 和 ②$D_i > D_{i+1}$。

15. 为 R 树编写一个算法，找出叶节点中与查找矩形 R 重叠的所有项。

16. 在 B 树的讨论中，哪一种树的效率和二叉查找树相当？为什么只使用阶数较小的 B 树，而不使用大阶数的 B 树？

17. 向 2-4 树插入键值时，最坏的情况是什么？

18. 在最坏情况下，算法 compressTrie() 的复杂度是多少？

19. 在用算法 compressTrie() 压缩的 trie 的叶节点中，仍可以包含单词的缩写(也就是非终端节点中不包含的那一部分)吗？

20. 本章分析的 trie 示例中，只处理 26 个大写字母。更现实的设置还应该包含小写字母。然而，有些单词要求首字母大写(名字)；有些则要求整个单词都大写(首字母缩写字)。如果不将大小写字母都包含在节点中，如何解决这个问题？

21. 数字树(digital tree)是 trie 的变形，该树处理的是位层中的信息。因为二进制的位只有两个，所以只有两个可能的结果。数字树是二叉树。例如，检查单词 BOOK 是否在树中，就不需要使用根节点中的第一个字母 B 来确定应该到它的哪个子节点中继续查找，而是用第一个字母(ASCII(B)=01000010)的第一个二进制位 0；在第二层，则用第二位，以此类推，然后检查第二个字母。可以用数字树来实现案例分析中讨论的拼写检查程序吗？

7.6 编程练习

1. 扩充拼写检查程序，对拼写错误的单词给出正确的拼写建议。考虑以下类型的拼写错误：改变字母的顺序(copmuter)；遗漏了一个字母(computr)；增加了一个字母(compueter)；词的重复，如重复了一个字母(computter)；改变了一个字母(compurer)。例如，如果字母 i 和 $i+1$ 互换，就应该先处理 trie 中的 i 层，然后处理 $i+1$ 层。

2. 点的四元树是一个 4 叉树，用来表示平面上的点(Samet, 2006)。其节点包含了一对坐标(纬度, 经度)以及指向 4 个子节点的指针，分别表示 4 个象限 NW、NE、SW 和 SE。在平面内过点(lat,lon)的垂直线和水平线相互交叉，形成了这 4 个象限。编写一个程序，接收输入的城市名字以及地理位置(lat,lon)，并将其插入四元树。然后，给出与位置(lat,lon)的距离在 r 以内的所有城市名字，或者给出与城市 C 的距离在 r 以内的所有城市名字。

图 7-40 包含了一个示例。图 7-40(a)中的地图位置将插入图 7-40(b)中的四元树。插入的顺序由城市名称旁边圈中的数字指定。例如，将 Pittsburgh 插入四元树时，先检查它在根节点的哪个方向上，根节点存储了 Louisville 的坐标，而 Pittsburgh 在它的 NE(东北)方向。因此，Pittsburgh 属于根的第二个子节点。但第二个子节点已经存储了一个城市 Washington，于是检查 Pittsburgh 在第二个子节点的哪个方向上。这一次答案是 NW(西北方向)。因此，进入当前节点的第一个子节点，该节点是一个空节点，Pittsburgh 节点可以插入到这里。

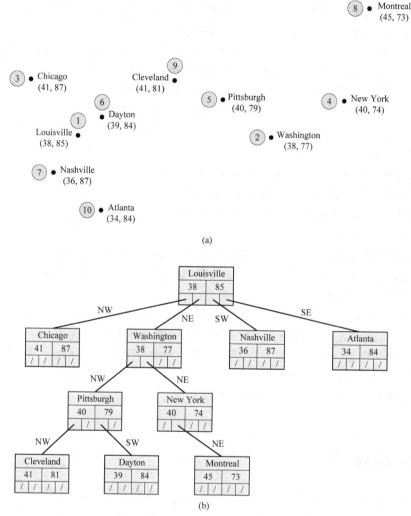

图 7-40   (a) 指示某些城市坐标的地图；(b) 包含相同城市的四元树

问题是不能对四元树进行穷举查找。如果查找与城市 C 相距在 r 距离以内的城市，则对于某一节点 nd，应确定城市 C 和 nd 所表示的城市之间的距离。如果该距离小于 r，就必须检查 nd 的 4 个子节点。否则，就继续考虑相对位置表示的子节点。为了使用坐标(lat_1, lon_1)和(lat_2, lon_2)表示距离，可以使用下面的距离公式：

$$d = R \arccos(\sin(lat_1) \cdot \sin(lat_2) + \cos(lat_1) \cdot \cos(lat_2) \cdot \cos(lon_2-lon_1))$$

假定地球的半径 R=3 956 英里，纬度和经度用弧度来表示(要把角度转换为弧度，应对角度值乘以π/180=0.017 453 293 弧度/角度)。另外，对于西南方向应使用负的角度值。

例如，要找到与城市 Pittsburgh 相距在 200 英里以内的城市，首先从根节点开始，$d((38,85),(40,79))$=350，所以 Louisville 不满足条件，但在比较 Louisville 和 Pittsburgh 坐标之后，只需考虑 Louisville 的 SE 和 NE 子节点。接着考虑 Washington，它满足条件(d=175)。路径是从 Washington 到 Pittsburgh，再到 Pittsburgh 的子节点。但在进入 Washington 的 NE 节点时，发现 New York 不满足条件(d=264)，然后考虑 New York 的 SW 和 NW 子节点，它们是空节点，所以停止程序。另外，还需要检查 Atlanta。

3. 图 7-34 给出的 trie 示例效率不高：到 REAR 和到 REP 的路径都经过了只有一个子节点的节点。对较长的相同前缀，这样的节点数将更多。通过一种 trie 的变形，即"多叉 Patricia 树"[4](Morrison, 1968)，来实现拼写检查器，可以避免经过只有一个子节点的节点，从而缩短 trie 中的路径。这种方法指出，在测试每个分支时应跳过多少个字母。例如，将图7-41(a)中的trie转换成图7-41(b)中的Patricia 树，就缩短了到达前缀为 LOGG 的 4 个单词的路径，但需要在每个节点中记录从字符串当前位置开始省略的字符数。现在，因为路径中的某些字符不用测试，最后应测试待查找的键值和在特定叶节点中找到的整个键值。

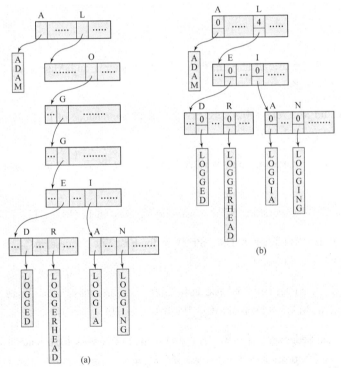

图 7-41　(a) trie 中的单词具有相同的较长前缀；(b) 包含相同单词的 Patricia 树

4. B 树的定义规定，节点必须半满，B*树的定义把这个要求提高到 2/3 满。其原因是使磁盘空间有合理的利用率。但是，B 树只有在不包含空节点的情况下，才能运行得比较好。为了区分这两

---

4 原始的 Patricia 树是二叉树，测试是在位层进行的。

种情形，本章讨论的 B 树称为"合并半满(merge-at-half) B 树"，另一种类型的 B 树要求节点至少有一个元素，称为"free-at-empty B 树"。在创建"free-at-empty B 树"后，每次插入操作之后都进行一次删除操作，空间的利用率大约是 39%(Johnson 和 Shasha，1993)，考虑到这种类型的树可以有非常小的空间利用率(对于 m 阶的树，空间利用率为 $\frac{1}{m}$%)，这不是最坏的情况。而"合并半满 B 树"的空间利用率至少是 50%。因此，如果插入次数比删除次数多，"合并半满 B 树"和"free-at-empty B 树"的区别就不大了。

编写一个模拟程序，验证这个结论。首先建立一棵大的 B 树，先将其当成"合并半满 B 树"，之后将其当成"free-at-empty B 树"，使用插入次数 i 和删除次数 d 的不同比率(但要求 $i/d \geqslant 1$，即插入次数不小于删除次数，删除次数多于插入次数的情形可以不考虑，因为最终树会消失)，对这棵树运行模拟程序，比较不同情形的空间使用率。要使这两种 B 树的空间利用率足够接近(比方说，相差 5%~10%)，比率 i/d 应是多少？要达到这个接近的空间利用率，需要执行多少次插入和删除操作？树的阶数对空间利用率的差距有影响吗？使用"free-at-empty B 树"的一个优点是降低重新构造树的几率。在这些情形中，比较两种类型的 B 树的重新构造率。

参考书目

B 树

Bayer, Rudolf, "Symmetric Binary B-Trees: Data Structures and Maintenance Algorithms," *Acta Informatica* 1 (1972), 290-306.

Bayer, Rudolf, and McCreight, E., "Organization and Maintenance of Large Ordered Indexes," *Acta Informatica* 1 (1972), 173-189.

Bayer, Rudolf, and Unterauer, Karl, "Prefix B-Trees," *ACM Transactions on Database Systems* 2 (1977), 11-26.

Comer, Douglas, "The Ubiquitous B-Tree," *Computing Surveys* 11 (1979), 121-137.

Ferguson, David E., "Bit-Tree: A Data Structure for Fast File Processing," *Communications of the ACM* 35 (1992), No. 6, 114-120.

Folk, Michael J., Zoellick, Bill, and Riccardi, Greg, *File Structures: An Object-Oriented Approach with C++,* Reading, MA: Addison-Wesley (1998), Chs. 9, 10.

Guibas, Leo J., and Sedgewick, Robert, "A Dichromatic Framework for Balanced Trees," *Proceedings of the 19th Annual Symposium on Foundation of Computer Science* (1978), 8-21.

Guttman, Antonin, "R-Trees: A Dynamic Index Structure for Spatial Searching," *ACM SIGMOD '84 Proc. of Annual Meeting, SIGMOD Record* 14 (1984), 47-57 [also in Stonebraker, Michael (ed.), *Readings in Database Systems,* San Mateo, CA: Kaufmann, 1988, 599-609].

Johnson, Theodore, and Shasha, Dennis, "B-Trees with Inserts and Deletes: Why Free-at-Empty Is Better Than Merge-at-Half," *Journal of Computer and System Sciences* 47 (1993),45-76.

Leung, Clement H. C., "Approximate Storage Utilization of B-Trees: A Simple Derivation and Generalizations," *Information Processing Letters* 19 (1984), 199-201.

Lomet, David B., and Salzberg, Betty, "The hB-Tree: A Multiattribute Indexing Method with Good Guaranteed Performance," *ACM Transactions on Database Systems* 15 (1990), 625-658.

Manolopoulos, Yannis, Nanopoulos, Alexandros, Papadopoulos, Apostolos N., and Theodoridis, Yannis, *R-Trees*: *Theory and Applications,* London: Springer 2006.

McCreight, Edward M., "Pagination of B*-Trees with Variable-Length Records," *Communications of the ACM* 20 (1977), 670-674.

Robinson, John T., "The K-D-B-Tree: A Search Structure for Large Multidimensional Dynamic Indexes," *Proceedings of the 1981 ACM SIGMOD Conference on Management of Data*, Ann Arbor 1981, 10-18.

Rosenberg, Arnold L., and Snyder, Lawrence, "Time-and Space-Optimality in B-Trees," *ACM Transactions on Database Systems* 6 (1981), 174-193.

Sellis, Timos, Roussopoulos, Nick, and Faloutsos, Christos, "The R^+-Tree: A Dynamic Index for Multi-Dimensional Objects," *Proceedings of the 13th Conference on Very Large Databases* (1987), 507-518.

Stonebraker, Michael, Sellis, Timos, and Hanson, Eric N., "Analysis of Rule Indexing Implementations in Data Base Systems," *Proceedings of the First International Conference on Expert Database Systems,* Charleston, SC (1986), 353-364.

Wedekind, H., "On the Selection of Access Paths in a Data Base System," in Klimbie, J. W., and Koffeman, K. L. (eds.), *Data Base Management,* Amsterdam: North-Holland (1974), 385-397.

Yao, Andrew Chi-Chih, "On Random 2-3 Trees," *Acta Informatica* 9 (1978), 159-170.

trie

Al-Suwaiyel, M., and Horowitz, Ellis, "Algorithms for Trie Compaction," *ACM Transactions on Database Systems* 9 (1984), 243-263.

Bourne, Charles P., and Ford, Donald F., "A Study of Methods for Systematically Abbreviating English Words and Names," *Journal of the ACM* 8 (1961), 538-552.

Briandais, Rene de la, "File Searching Using Variable Length Keys," *Proceedings of the Western Joint Computer Conference* (1959), 295-298.

Comer, Douglas, and Sethi, Ravi, "The Complexity of Trie Index Construction," *Journal of the ACM* 24 (1977), 428-440.

Fredkin, Edward, "Trie Memory," *Communications of the ACM* 3 (1960), 490-499.

Maly, Kurt, "Compressed Tries," *Communications of the ACM* 19 (1976), 409-415.

Morrison, Donald R., "Patricia Trees," *Journal of the ACM* 15 (1968), 514-534.

Rotwitt, Theodore, and de Maine, Paul A. D., "Storage Optimization of Tree Structured Files Representing Descriptor Sets," *Proceedings of the ACM SIGFIDET Workshop on Data Description, Access and Control,* New York (1971), 207-217.

四元树

Finkel, Raphael A., and Bentley, Jon L., "Quad Trees: A Data Structure for Retrieval on Composite Keys," *Acta Informatica* 4 (1974), 1-9.

Samet, Hanan, *Foundations of Multidimensional and Metric Data Structures,* San Francisco: Morgan Kaufman 2006.

第 **8** 章

图

尽管树很灵活并且有许多不同的应用，但是树本身存在局限，树只能表示层次关系，例如父子关系。其他关系只能间接表示，例如同级关系。图是树的推广，在这种数据结构中不存在这一限制。直观地讲，图是由顶点(或节点)及顶点间的关系组成的集合。通常，图中的顶点数量或一个顶点与其他顶点间的连线个数不受限制。图 8-1 给出了图的示例。图是一种多用途的数据结构，可以表示多种情况甚至多种领域。图论从最初研究到近 200 年来，在数学领域和计算机科学中已经趋于完善。许多结论是理论性的，但本章只选择性地介绍与计算机科学有关的结论。在讨论不同的算法及其应用之前，首先介绍几个定义。

简单图 G=(V,E)由非空顶点集 V 和可空边(edge)集 E 组成。每条边都是 V 中两个顶点的集合。顶点和边的数量分别用|V|和|E|表示。有向图 G=(V,E)由非空顶点集和可空边集 E 组成(有向图的边也称为弧)，每条边包含 V 中的一对顶点。不同的是，简单图边的形式为$\{v_i,v_j\}$，且$\{v_i,v_j\}=\{v_j,v_i\}$。在有向图中，边的形式为(v_i,v_j)，且$(v_i,v_j)\neq(v_j,v_i)$。若非必要，记号的区别可以忽略，顶点v_i和v_j之间的边可以表示为 edge(v_iv_j)。

该定义限制两个顶点的边不能多于一条。多重图(multigraph)是两个顶点可有多个边的图，用几何的方法来解释比较简单(参见图 8-1(e))。其正式定义为：多重图 G=(V,E,f)由顶点集 V、边集 E 以及函数 f：$E\rightarrow\{\{v_i,v_j\}：v_i,v_j\in V$ 且$v_i\neq v_j\}$组成。伪图(pseudograph)是去掉条件$v_i\neq v_j$的多重图，多重图允许出现环；在伪图中，顶点自身可以用一条边连接(图 8-1(f))。

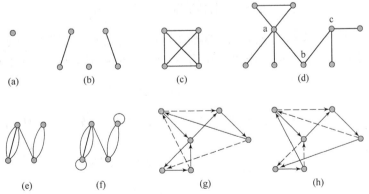

图 8-1   图例：(a)～(d) 简单图；(c) 完全图 K_4；(e) 多重图；(f) 伪图；(g) 有向图中的回路；(h) 有向图中的环

从v_1到v_n的路径是边 $edge(v_1,v_2)$、$edge(v_2,v_3)$、$\cdots$、$edge(v_{n-1},v_n)$的序列,也可表示为路径$v_1,v_2,v_3,\cdots,$ v_{n-1},v_n。若$v_1=v_n$,且没有重复的边,那么此路径称为回路(circuit)(图 8-1(g))。若回路中所有的顶点都不相同,则称为环(cycle)(图 8-1(h))。

如果图的每条边都附带有数值,则称为加权图(weighted graph)。根据使用这种图的具体环境,边所附带的数值可以称为边的权、成本、顶点间的距离、长度等。

含 n 个顶点的图,如果每对顶点间都有一条确定的边连接,则称为完全图,表示为 K_n;也就是每个顶点可与其他顶点连接(图 8-1(c))。图中边的数值

$$|E| = \binom{|V|}{2} = \frac{|V|!}{2!(|V|-2)!} = \frac{|V|(|V|-1)}{2} = O(|V|^2)$$

如果存在图 $G'(V',E')$,满足条件 $V' \subseteq V$ 且 $E' \subseteq E$,那么图 $G'(V',E')$ 称为图 $G=(V,E)$的子图。由子图的顶点集 V' 属于图 $G'(V',E')$ 可推出,如果边 $e \in E'$,则 $e \in E$。

如果在 E 中存在边(v_i,v_j),则称两个顶点 v_i 和 v_j 相邻,边(v_i,v_j)依附于顶点 v_i 和 v_j。顶点 v 的度 $deg(v)$ 表示与顶点 v 连接的边的数目。如果 $deg(v)=0$,则 v 称为孤立顶点。图的定义表明,仅当图由孤立顶点组成时,边集 E 为空。

8.1 图的表示法

表示图的方法有很多种,一种简单的表示法是用一个邻接表列出图中所有相邻的顶点。这种邻接表可以用一个表格来实现,此时该邻接表称为星型表示法,顶点在表(v_i,v_j)中的排列可以是正向排列,也可以是反向排列,如图 8-2(b)所示。邻接表也可以实现为链表(如图 8-2(c))。

另一种表示法为矩阵,有两种形式:邻接矩阵和关联矩阵。图 $G=(V,E)$的邻接矩阵是一个二元$|V| \times |V|$矩阵,此矩阵的每个项:

$$a_{ij} = \begin{cases} 1 & \text{若存在边 } edge(v_i, v_j) \\ 0 & \text{其他情况} \end{cases}$$

图 8-2(d)给出了一个示例,注意生成该矩阵的顶点顺序$v_1,\ldots,v_{|V|}$是任意的;因此,图 G 可能有 $n!$个邻接矩阵。邻接矩阵通过简单的转换,就可以得到多重图的定义,转换方法如下:

$$a_{ij} = \text{顶点 } v_i \text{ 与 } v_j \text{ 之间的边的数量}$$

图的另一种矩阵表示法基于顶点和边之间的关联,称为关联矩阵。图 $G=(V,E)$的关联矩阵是一个$|V| \times |E|$矩阵:

$$a_{ij} = \begin{cases} 1 & \text{若边 } e_j \text{ 和顶点 } v_i \text{ 相关联} \\ 0 & \text{其他情况} \end{cases}$$

图8-2(e)给出了一个关联矩阵的示例。在多重图的关联矩阵里，有些列是相同的，若一列值全为 1，则表示一个环。

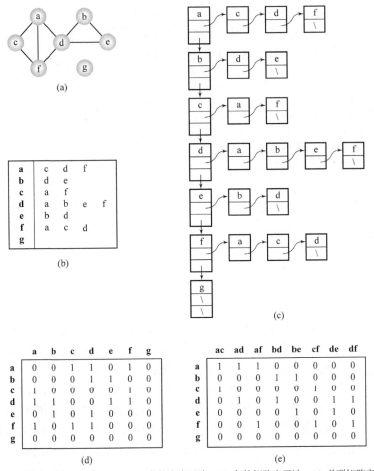

图 8-2 图的表示法：(a) 图；(b)~(c) 邻接表表示法；(d) 邻接矩阵表示法；(e) 关联矩阵表示法

哪一种表示法最好呢？这取决于要解决的问题。如果处理的是顶点v的邻接顶点，则采用邻接表只需要 $deg(v)$ 步操作，但采用邻接矩阵需要$|V|$步操作。另一方面，若采用邻接表，插入或删除一个邻接于v的顶点时，需要对邻接表进行一次调整；而对于邻接矩阵，插入一个顶点，只需要将对应的一个矩阵元素由 0 改为 1；删除一个顶点，则将 1 改为 0。

8.2 图的遍历

和树的遍历相同，图的遍历操作也是对图中的每个顶点访问一次。简单的树遍历算法不能应用于图，因为图可能包含循环，若使用树遍历算法会导致死循环。为了防止死循环，可以给已访问过的顶点作个标记，避免重复访问。然而，图可能有孤立的顶点，这就意味着如果不加修改就采用树的遍历算法，则可能会遗漏图的某些部分。

由 John Hopcroft 和 Robert Tarjan 开发的深度优先查找的算法就是图的一种遍历算法。该算法先访问初始顶点v，再访问与顶点v邻接的未访问顶点。如果顶点v没有邻接顶点，或者已经访问过其邻接顶点，则回溯到顶点v的前驱顶点。如果回溯到遍历开始的第一个顶点，则遍历结束。如果图中仍有未访问的顶点，则遍历将继续从未访问的一个顶点重新开始。

该算法为每个访问过的顶点指定了唯一的值，对顶点重新进行编号，尽管得到正确的输出并不需要这么做。下面程序的算法将证明这个方法是很有用的。

```
DFS(V)
    num (V)=i++;
    for 顶点 v 的所有邻接顶点 u
        if num(u)=0
            把边 edge(uv)加入边集 edges;
            DFS(u);

depthFirstSearch()
    for 所有顶点 v
        num(v) = 0;
    edges = null;
    i = 1;
    while 存在一个顶点 v 使 num(v)=0
        DFS(v);
    输出边集 edges;
```

图 8-3 给出了一个示例，为每个顶点 v 指定了编号 num(v)并放在括号里。经过必要的初始化操作后，depthFirstSearch()调用 DFS(a)。DFS()首先处理顶点 a；num(a)赋值为 1。a 有 4 个邻接顶点，选择顶点 e 进行下一次调用，DFS(e)，该顶点的编号指定为 2，这样 num(e)=2，并将边 edge(ae)加入边集 edges。顶点 e 有两个未访问的邻接顶点，先为第一个顶点 f 调用 DFS()。DFS(f)令 num(f)=3，并将 edge(ef)放入边集 edges 中。顶点 f 只有一个未访问的邻接顶点 i，这样第 4 次调用 DFS(i)，赋值 num(i)=4，把边 edge(fi)加入到边集 edges 中。顶点 i 的邻接顶点已经都访问过；因此，返回调用 DFS(f)，之后返回 DFS(e)，顶点 i 已访问，可知 num(i)≠0，然而在边集中没有 edge(ei)。其余运行过程如图 8-3(b)所示。实线表示已包含在边集 edges 中的边。

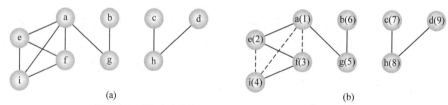

图 8-3　深度优先查找算法 depthFirstSearch()在图中的应用示例

注意这个算法可确保生成一棵树(或森林，一组树)，树中包含了原图中所有的顶点。满足这种情况的树称为生成树。生成树是确定的，算法没有在结果树中包含当前正在被分析的顶点到已经被分析过顶点的边。仅当条件"若 num(u)=0"是真值时，也就是说，可以从顶点 v 访问的顶点 u 还没有被处理时，才把连接 u 和 v 的边加入到边集 edges 中。所以，原图中的一些边将不在结果树中。包含在树中的边称为正向边(forward edge)(或树向边，tree edge)，没有包含在树中的边称为负向边(back edge)，并显示为虚线。

图 8-4 演示了该算法对有向图的执行。注意原图得到了三棵生成树，但是开始时只有两个孤立的子图。

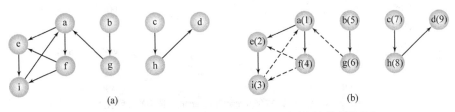

图 8-4 深度优先查找算法 depthFirstSearch()在有向图中的应用示例

深度优先查找算法 depthFirstSearch()的复杂度为 $O(|V|+|E|)$。因为：第一，为每个顶点 v 初始化 $num(v)$ 需要$|V|$步；第二，DFS(v)为每个顶点 v 调用了 $deg(v)$次，即为 v 的每条边(生成更多的调用或完成递归调用链)调用一次，这样调用的总数为 $2|E|$；第三，查找顶点需要执行下面的语句：

```
while 存在一个顶点 v 使 num(v)=0
```

可以认为该过程需要$|V|$步。对于没有孤立部分的图，循环仅需迭代一次，每一步都可以找到一个初始顶点，这需要$|V|$步。对于全部是孤立顶点的图，循环迭代$|V|$次，每次都可以在一步中选中一个顶点，但在不利的实现中，第 i 次迭代可能需要 i 步，这样循环总计需要 $O(|V|^2)$步。例如对于邻接表而言，对每个顶点 v，下面的循环条件要检验 $deg(v)$次。

```
for 顶点 v 的所有邻接顶点 u
```

然而，如果使用邻接矩阵，该条件需要使用$|V|$次，因而算法的复杂度变为 $O(|V|^2)$。

有很多不同的算法是根据 DFS()开发的；然而，如果底层的图遍历算法不使用深度优先而使用广度优先，则算法效率更高。第 6 章已经讲述过这两种遍历；深度优先算法依赖于栈(在递归中显式或隐式地使用栈)，而广度优先遍历使用队列作为基本的数据结构。毫无疑问，这种方法同样适用于图，如下面的伪代码所示：

```
breadFirstSearch()
    for 所有顶点 u
        num(u) = 0;
    edges = null;
    i = 1;
    while 存在一个顶点 v 使 num(v) 为 0
        num(v)=i++;
        enqueue(v);
        while 队列非空
            v = dequeue();
            for 顶点 v 的所有邻接点 u
                if num(u) 为 0
                    num(u)=i++;
                    enqueue(u);
                    把边 edge(vu) 加入到 edges 中;
    输出 edges;
```

图 8-5 和图 8-6 给出了处理简单图和有向图的示例。处理其他顶点之前，广度优先查找算法 breadFirstSearch()首先标记顶点 v 的所有邻接顶点，而 DFS()先选择 v 的一个相邻顶点进行处理，然后处理该邻接顶点的一个相邻顶点，之后处理顶点 v 的其他相邻顶点。

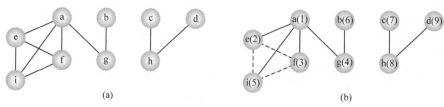

图 8-5　广度优先查找算法 breadFirstSearch()在图中的应用示例

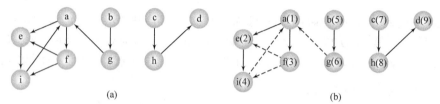

图 8-6　广度优先查找算法 breadFirstSearch()应用于有向图

8.3　最短路径

寻找最短路径是图论中的一个经典问题，对这个问题已经提出了许多不同的解决方案。给边指定某个权，可以表示城市间的距离，任务执行的时间段，两地之间信息传输的开销，两地之间物质运输的总量等。当确定从顶点 v 到顶点 u 的最短路径时，必须记录中间顶点 w 的相关距离信息。该信息可记录为与顶点相关的标记，此标记只表示 v 到 w 的距离，或者该路径中从 w 的前驱到 v 的距离。查找最短路径的方法需要这些标记。根据这些标记的更新次数，解决最短路径问题的方法分为两类：标记设置法(label-setting)和标记校正法(label-correcting)。

标记设置法需要处理遍历经过的每一个顶点，给每个顶点设置一个值，该值一直到运行结束都保持不变，但此方法只能处理权值为正的图。第二类方法是标记校正法，使用该方法时允许修改标记。这种方法可以运用于权值为负但不含反向循环的图(反向环是指构成此环的边的权相加为一个负值)，但该方法可以保证对所有的顶点而言，图处理完后当前距离为最短路径。然而大多数标记设置法和标记校正法都可以归纳为同一类，因为它们都可以找到从一个顶点到其他所有顶点间的最短路径(Gallo 和 Pallottino1986)。

```
genericShortestPathAlogrithm(带权的简单有向图 digraph，顶点 first)
    for 所有顶点 v
        currDist(v) = ∞;
    currDist(first) = 0;
    初始化 toBeChecked;
    while toBeChecked 非空;
        v = toBeChecked 中的一个顶点;
        从 toBeChecked 中删除 v;
        for v 的所有邻接顶点 u
            if currDist(u) > currDist(v) + weight(edge(vu))
                currDist(u) = currDist(v) + weight(edge(vu));
                predecessor(u) = v;
                如果 u 不在 toBeChecked 中，将 u 添加到其中。
```

在这个通用算法中，标记由两个元素组成：

label(v)=(currDist(v), predecessor(v))

这个算法有两个问题未解决：toBeChecked 集合的结构和赋值语句给顶点 v 赋新值的顺序(v 等于 toBeChecked 中的一个顶点)。显然，toBeChecked 的结构决定了为 v 选择新值的顺序，此外还决定了算法的效率。

标记设置法和标记校正法的区别在于 v 的取值方法不同，标记设置法总是从 toBeChecked 中取当前路径最短的一个顶点给 v 赋值。标记设置算法最早是由 Dijkstra 开发的。

在 Dijkstra 的算法中，尝试自顶点 v 开始的许多路径 $p_1,...,p_n$，每次从中选出最短路径，这意味着对同一条 p_i 路径可以继续添加一条或者多条边。但是如果 p_i 比其他路径长，则舍弃 p_i 并尝试其他路径，从舍弃的 p_i 位置开始向新路径添加一条边，重新开始测试。路径可以连接有多条输出边的顶点，此时就需要给路径加入每一条输出边，测试新路径。每个顶点测试一次，从顶点引出的所有路径都断开，顶点在测试后就保存起来不再使用。访问过所有的顶点后，算法结束。Dijkstra 算法如下：

```
DijkstraAlgorithm(带权的简单有向图 digraph, 顶点 first)
    for 所有顶点 v
        currDist(v) = ∞;
    currDist(first) = 0;
    toBeChecked = 所有顶点;
    while toBeChecked 非空
        v = toBeChecked 中 currDist(v)最小的顶点;
        从 toBeChecked 中删除 v;
        for toBeChecked 中 v 的所有邻接顶点 u
            if currDist(u) > currDist(v)+ weight(edge(vu))
                currDist(u) = currDist(v)+ weight(edge(vu));
                predecessor(u)=v;
```

Dijkstra 算法源于通用方法，但对取自 toBeChecked 中的顶点 v 作了特殊的要求，把语句

V = toBeChecked 中的一个顶点;

替换为

v = toBeChecked 中 currDist(v)最小的顶点;

此外还扩展了 if 语句中的条件，把从 toBeChecked 中删除的顶点的当前距离设置为不变的[1]。注意 toBeChecked 结构没有指定，算法的效率取决于 toBeChecked 的数据类型，它也决定了检索距离最短的顶点的速度。

图 8-7 给出了一个示例。图中的表格显示了 while 循环的所有迭代过程。因为图中有 10 个顶点，所以执行 10 次迭代。这个表格说明，当前顶点到其他顶点的最短距离直到当前迭代完成后才能确定。

toBeChecked 列表初始化为{a b ...j}，所有顶点的当前距离初始化为无穷大，用∞表示。在第一次迭代中，与 d 相邻的顶点的当前距离设置为从 d 引出的边的权值。下一次测试有 a 和 h 两个候选顶点，因为 d 已从 toBeChecked 中删除。在第二次循环中，选择 h，因为它的当前距离最小，从 h 可以到达两个顶点 e 和 i，其当前距离分别为 6 和 10。在下一次测试中。toBeChecked 中有 a、e 和

---

1 Dijkstra 算法使用 6 个集合限定这个条件。其中三个集合用于顶点，三个集合用于边。

i 三个候选顶点。a 的当前距离最小，所以在第三次循环中选择 a，按照这种方法进行下去。最后，在第 10 次循环中，toBeChecked 为空，算法运行结束。

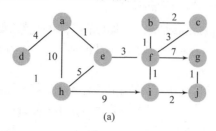

(a)

迭代:	初值	1	2	3	4	5	6	7	8	9	10
当前顶点:		d	h	a	e	f	b	i	c	j	g
a	∞	4	4								
b	∞	∞	∞	∞	∞	9					
c	∞	∞	∞	∞	11	11	11				
d	0										
e	∞	∞	6	5							
f	∞	∞	∞	∞	8						
g	∞	∞	∞	∞	15	15	15	15	12		
h	∞	1									
i	∞	∞	10	10	10	9	9				
j	∞	∞	∞	∞	∞	∞	∞	11	11		

(b)

图 8-7　DijkstraAlgorithm()的运行

Dijkstra 算法的复杂度为 $O(|V|^2)$。第一个 for 循环和 while 循环要执行 $|V|$ 次。在 while 循环的每次迭代中，要找到 toBeChecked 中当前距离最小的顶点 v，这需要 $O(|V|)$ 步；另外，for 循环迭代 $deg(v)$ 次，也是 $O(|V|)$。可以使用一个堆，储存顶点以及邻接表并对其排序，从而提高算法的效率(Johnson 1977)。使用堆将把该算法的复杂度变为 $O((|E|+|V|)\lg|V|)$；每执行一次 while 循环，删除顶点后恢复堆的开销大致是 $O(\lg|V|)$。而且在每次迭代中，邻接表上仅更新邻接顶点，所以在所有的迭代中，顶点更新的总开销为 $|E|$，每个列表更新与堆更新的开销都为 $\lg|V|$。

Dijkstra 算法并不是非常通用，因为对带负权的图而言，该算法可能会失败。为了解释其原因，可以将 $edge(ah)$ 的权值由 10 改为-10，可以看出路径 d、a、h、e 现在是-1，然而由算法确定的路径 d、a、e 是 5。忽视了这个更短路径的原因在于，如果将某个顶点的距离从∞设置为某个值，将不会再次检测该顶点：首先，仔细检查顶点 d 的后继，并把 d 从 toBeChecked 中删除，然后顶点 h 也从 toBeChecked 中移出，在此之后才会把 a 作为一个候选顶点包含在从 d 到其他顶点的路径中。但是现在 for 循环中的条件阻止此算法考虑边 $edge(ah)$。为了克服这个限制，需要使用标记校正法。

Lester Ford 最早设计了一个标记校正法算法。像 Dijkstra 算法一样，它用同样的方法设置当前距离，但是 Ford 的方法在处理完整个图之前，不能确定任何顶点的最短路径。由于它能处理带负权的图(但不能处理带反向循环的图)，所以比 Dijkstra 算法更强大。

此算法的初始要求是，要测试所有的边，找到一种改善顶点当前距离的方法，该算法用下面的伪代码表示：

```
FordAlgorithm(带权的简单有向图 digraph, 顶点 first)
  for 所有顶点 v
    CurrDist(v) = ∞;
  CurrDist(first) = 0;
```

```
while 存在边 edge(vu) 使 currDist(u) > currDist(v)+weight(edge(vu))
    currDist(u) = currDist(v)+ weight(edge(vu));
```

为了按照一定的顺序测试边，可以把边按字母顺序排成一个序列，这样算法可以重复地检查整个序列，并按需要调整顶点的当前距离。图 8-8 包含了一个示例，其中的图包括带负权的边，其中的表列出了 while 循环的迭代以及在每次迭代中更新的当前距离，在此将迭代定义为检查一次边。注意顶点可以在同样的迭代中更改其当前距离。在结束时，起始顶点可以通过最短路径到达图中的任何一个顶点(图 8-8 的示例中起始顶点是 c)。

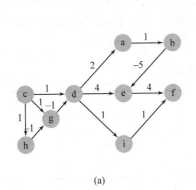

边的顺序: ab be cd cg ch da de di ef gd hg if

	初值	迭代			
		1	2	3	4
a	∞	3	2	1	
b	∞		4	3	2
c	0				
d	∞	1	0	−1	
e	∞	5	−1	−2	−3
f	∞	9	3	2	1
g	∞	1	0		
h	∞	1			
i	∞	2		1	0

(a)　　　　　　　　　　(b)

图 8-8　FordAlgorithm()应用于带负权的图

这个算法的计算复杂度是 $O(|V||E|)$。对数量为 $|E|$ 的边序列至多检查 $|V|$-1 遍，因为 $|V|$-1 是路径中的最大边数。第一次检查中，确定所有含一条边的路径；在第二次检查中，确定所有含两条边的路径，以此类推。然而对含有不合法权值的图，其复杂度为 $O(2^{|V|})$ (Gallo 和 Pallottino，1986)。

我们已经看到就 Dijkstra 算法而言，按照一定的顺序检测边和顶点，可以提高该算法的效率，而检测顺序取决于存储边和顶点的数据结构，这种方法同样适用于标记校正法。特别地，FordAlgorithm()算法没有指定检测边的顺序。在图 8-8 的示例中，使用了一个简单的方法，即在每次迭代中访问所有顶点的所有邻接表。然而，这种方法每次都要检查所有的边，这是不必要的，更加合理地组织顶点列表可以减少每个顶点的访问次数。这种改进是以 genericShortestPathAlgorithm()为基础的，该算法显式引用了 toBeChecked 列表，而在 FordAlgorithm()算法中只是隐式使用 toBeChecked 列表：它仅仅是所有顶点 V 的集合，在算法运行的过程保持不变。标记校正法的通用格式如下面的伪代码所示：

```
labelCorrectingAlgorithm(带权的简单有向图 digraph，顶点 first)
    for 所有顶点 v
        CurrDist(v)=∞;
    CurrDist(first)=0;
    toBeChecked={first};
    while toBeChecked 非空
        v = toBeChecked 中的顶点;
        从 toBeChecked 中删除顶点 v;
        for v 的所有邻接顶点 u
            if currDist(u) > currDist(v)+ weight(edge(vu))
                currDist(u) = currDist(v)+weight(edge(vu));
                predecessor(u)=v;
                如果顶点 u 不在 toBeChecked 中，则将其加入;
```

这个算法的效率取决于 toBeChecked 列表的数据结构，以及从列表中提取元素和把元素加入列表的操作。

该列表可能的组织形式之一是队列：顶点 v 从 toBeChecked 中取出，如果更新了顶点 v 的邻接顶点 u 的当前距离，就把 u 加入到 toBeChecked 队列中。这看起来是一个很自然的选择，实际上这也是最早使用的方法之一，C. Witzgall(Deo 和 Pang，1984)在 1968 年使用了这种方法。然而，该方法不是没有缺陷，有时会对同一标记评估多次，而这是不必要的。图 8-9 就是一个过多评估的示例。对图 8-8(a)中的图应用 labelCorrectingAlgorithm()，并将 toBeChecked 实现为队列，toBeChecked 的变化如图 8-9 中的表所示。顶点 d 更新过 3 次。这些更新导致它的后继顶点 a 和 i 变化了三次，另一个后继顶点 e 变化了两次；顶点 a 的变化导致 b 变化两次，b 的变化又导致顶点 e 变化了两次。为了避免重复更新，可以使用双端队列。

									当前顶点														
		c	d	g	h	a	e	i	d	g	b	f	a	e	i	d	b	f	a	i	e	d	f	e
队列		d	g	h	a	e	i	d	g	b	f	a	e	i	d	b	f	a	i	e		b	f	e
		g	h	a	e	i	d	g	b	f	a	e	i	d	b	f	a	i	e		b	f	e
		h	a	e	i	d	g	b	f	a	e	i	d	b	f	a	i	e	b	f				
			e	i	d	g	b	f	a	e	i	d	b				i	e						
			i	d	g	b	f		e	i	d													
									i	d														
a	∞	∞	3	3	3	3	3	3	2	2		2	2	2	2	2	1						
b	∞	∞	∞	∞	∞		4	4	4	4	4	4	4	3	3	3	3	3	3	2			
c	0																						
d	∞	1	1	0	0	0	0	0	0	-1													
e	∞	∞	5	5	5	5	5	5	4	4	-1	-1	-1	-1	-1	-1	-2	-2	-2	-2	-2	-3	
f	∞	∞	∞	∞	∞	∞	9	3	3	3	3	3	3	2	2	2	2	2	1				
g	∞	1	1	1	0																		
h	∞	1																					
i	∞	∞	2	2	2	2	2	2	1	1	1	1	1	1	1	0							

图 8-9 使用队列执行 labelCorrectingAlgorithm()

选择双端队列作为此问题的一种解决方案，是由 D. D'Esopo(Pollack 和 Wiebenson，1960)提出，Pape 实现的。在这种方法中，首次包含在 toBeChecked 中的顶点会放在队列末尾；否则，就把它加到队列的前端。此过程的基本原理是，如果顶点 v 是首次包含在 toBeChecked 中，那么可以由 v 到达的顶点很可能还没有处理，因此将 v 放在末尾，就可以在处理 v 后处理它们。另一方面，如果 v 至少处理了一次，而可从 v 到达的顶点仍在队列中等待处理，那么，如果将 v 置于队列的尾端，则可从 v 到达的顶点可能因 currDist(v) 的更新而再次处理。因此，最好将 v 置于其后继顶点的前面，以避免不必要的更新循环。图 8-10 显示了将算法 labelCorrectingAlgorithm() 应用于图 8-8(a)中的图时双端队列的变化情况。这次，循环次数显著减少了。虽然 d 又评估了三次，但这些评估是在处理其后继顶点之前完成的，这样 a 和 i 各处理一次，e 处理了 2 次。但是这个算法本身还存在问题，在最坏的情况下，其性能是一个与顶点数量有关的指数函数(参看本章末的练习题 13)。Pape 的试验表明，在一般情况下，这种方法的效率比前面的队列方案至少高 60%。

除了使用双端队列(双端队列是两个队列的结合)之外，还可以分别使用两个队列。在这个版本的算法中，如果顶点是首次存储到队列中，就把它存储在队列 1 中，否则把它存储到队列 2 中；如果队列 1 非空，则顶点从队列 1 中删除，否则从队列 2 中删除(Gallo 和 Pallottino，1988)。

当前顶点	c	d	g	d	h	g	d	a	e	i	b	e	f
队列	d	g	d	h	g	d	a	e	i	b	e	f	
	g	h	h	a	a	a	e	i	b	f	f		
	h	a	a	e	e	e	i	b	f				
	e	e	i	i									
	i	i											
a	∞	∞	3	3	2	2	1						
b	∞	∞	∞	∞	∞	∞	∞	∞	2				
c	0												
d	∞	1	1	0	0	0	-1						
e	∞	∞	5	5	4	4	4	3	3	3	3	-3	
f	∞	∞	∞	∞	∞	∞	∞	∞	7	1			
g	∞	1	1	1	1	0							
h	∞	1											
i	∞	∞	2	2	1	1	1	0					

图 8-10 使用双端队列执行 labelCorrectingAlgorithm()

另一种版本的标记校正法是阈值算法(threshold algorithm)，该算法也使用了两个列表。从列表 1 中取出顶点，进行处理。如果顶点的标记低于当前阈值，则将其添加到列表 1 的尾部，否则加到列表 2 的尾部。如果列表 1 为空，则要改变目前的阈值。先从列表 2 中找到标记最小的顶点，再将阈值改成大于此此最小标记的一个值，然后把标记值低于这个新阈值的顶点移到列表 1 中(Glover 和 Klingman，1984)。

另一种算法是小标记优先法。在这种方法中，如果顶点的标记小于双端队列头部的标记，则该顶点加入到双端队列的头部，否则，加入到队列的尾部(Bertsekas，1993)。在某种意义上，该方法包含了标记设置法的主要标准。标记设置法总是检索列表中的最小元素；小标记优先法把标记小于队头标记的顶点放在最前面。为了使该算法的执行结果符合逻辑，可以根据顶点的优先级把顶点加入列表中，这样双端队列就变成了优先队列，该算法就变成 Dijkstra 算法的标记校正版本。

多源多目标的最短路径问题

查找某个任意顶点到其他任意顶点的最短路径，看上去比仅有一个源点的情况更复杂，但是由 Stephen Warshall 设计、Robert W. Floyed 和 P. Z. Ingerman 实现的一种方法却极其简便，该方法使用一个邻接矩阵表示图(或有向图)中所有边的权值。图可以包括负权，该算法如下：

```
WFIalgorithm(矩阵 weight)
    for i = 1 to |V|
        for j = 1 to |V|
            for k = 1 to |V|
                if weight[j][k] > weight[j][i] + weight[i][k]
                    weight[j][k] = weight[j][i] + weight[i][k];
```

最外层的循环涉及顶点 j 和顶点 k 之间的一条路径上的顶点。例如，在首次迭代中，当 i=1 时，所有的路径 $v_j...v_1...v_k$ 都会被考虑，如果当前没有从 v_j 到 v_k 的路径，且从 v_j 可以到达 v_k，则建立一条从 v_j 到 v_k 的路径，其权值为 $p=weight(path(v_jv_1))+weight(path(v_1v_k))$；若 p 小于 $weight(path(v_jv_k))$，则路径的当前权值 $weight(path(v_jv_k))$ 更改为 p。例如，考察图 8-11 中的图和对应的邻接矩阵。对于 i 的每个值，图中的表格显示了邻接矩阵中的变化及由算法建立的路径的变化。首次迭代后，邻接矩阵和图都保持不变，因为 a 没有要加入的边(如图 8-11(a))。当 i=5 时，即最后一次迭代时，邻接矩阵和图也保持不变；因为顶点 e 没有输出边，所以矩阵不会改变。若可能的话，应总是选择组合权值较低的路径。例如，在图 8-11(d)中，找到从 b 到 e、权值较低、含两条边的路径后，就舍弃图 8-11(c)中从 b 到 e 的单边路径。

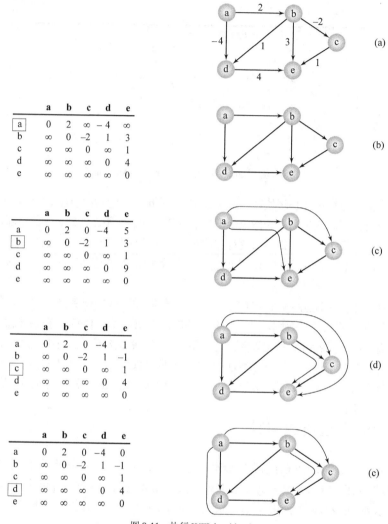

	a	b	c	d	e
a	0	2	∞	−4	∞
b	∞	0	−2	1	3
c	∞	∞	0	∞	1
d	∞	∞	∞	0	4
e	∞	∞	∞	∞	0

	a	b	c	d	e
a	0	2	0	−4	5
b	∞	0	−2	1	3
c	∞	∞	0	∞	1
d	∞	∞	∞	0	9
e	∞	∞	∞	∞	0

	a	b	c	d	e
a	0	2	0	−4	1
b	∞	0	−2	1	−1
c	∞	∞	0	∞	1
d	∞	∞	∞	0	4
e	∞	∞	∞	∞	0

	a	b	c	d	e
a	0	2	0	−4	0
b	∞	0	−2	1	−1
c	∞	∞	0	∞	1
d	∞	∞	∞	0	4
e	∞	∞	∞	∞	0

图 8-11　执行 WFIalgorithm()

如果邻接矩阵的对角线值初始化为∞而非 0，则此算法也可以用来检测图中是否存在环。如果对角线上的值发生改变，则说明图中包含一个环；在矩阵中，如果两个顶点间的距离初始化为∞，而且不能更改为有限值，则说明从其中一个顶点不可能到达另一个顶点。

该算法比较简单，因为其复杂度很容易计算出来：三个 for 循环都执行$|V|$次，所以其复杂度为$|V|^3$。这对于密集、近似的完全图是很高效的，但在稀疏图中，就没必要检查顶点之间的所有连接。对于稀疏图，使用单源多目标的方法只需要执行$|V|$次，即分别对每个顶点应用该方法，所以更有效。该方法应是一种标记设置算法，其复杂度比标记校正算法低，但标记设置算法不能用于带负权值的图。为了解决此问题，必须修改图，使它不带负权值，并保证和原图有相同的最短路径。幸好，这种修改是可行的(Edmonds 和 Karp，1972)。

对于任意顶点 v，到顶点 v 的最短路径的长度总是小于等于到其前驱顶点 w 的最短路径加上从 w 到 v 的边的长度，即：

$$dist(v) \leqslant dist(w) + weight(edge(wv))$$

对任意顶点 v 和 w，此不等式也等价于下面的不等式：

$$0 \leqslant weigh\ t'(edge(wv)) = weight(edge(vw)) + dist(w) - dist(v)$$

对于所有边 e，将 $weight(e)$ 改为 $weight'(e)$，就把图表示为带非负权值的边。现在，最短路径 $v_1, v_2, \ldots, v_k$ 为：

$$\sum_{i=1}^{k-1} weight'\left(edge(v_i v_{i+1})\right) = \left(\sum_{i=1}^{k-1} weight(edge(v_i v_{i+1}))\right) + dist(v_1) - dist(v_k)$$

因此，如果从 v_1 到 v_k 的路径长度 L' 为非负权值，那么带初始权值的相同路径的长度 L 就可能是负的，即 $L = L' - dist(v_1) + dist(v_k)$。

但是因为最短路径要进行这样的转换，图必须使用标记校正法做预处理，只有修改了权值，才能应用标记设置法，而且应用 $|V|$ 次。

8.4 环的检测

很多算法依赖于对图中环的检测。我们已经看到，WFIalgorithm() 可以检测图中的环，这是其附带效果。然而，该算法的复杂度为三次方，在很多情况下效率非常低。因此有必要研究其他的环检测方法。

有一种算法直接由 depthFirstSearch() 发展而来。对于无向图，只需要在 DFS(v) 算法中进行很小的修改，就可以检测是否存在环，并报告结果：

```
cycleDetectionDFS(v)
    num(v) = i++;
    for  v 的所有邻接顶点 u
        if num(u)=0
        pred(u)=v;
        cycleDetectionDFS(u);
      else if edge(vu) 不在 edges 中
        pred(u)=v;
            检测到环;
```

对于有向图，情况要稍微复杂一些，因为在不同的子生成树之间可能存在边，这种边称为侧边，参见图 8-4(b) 中的 edge(ga)。如果一个边(反向边)连接的两个顶点已经包含在同一个子生成树中，则意味着存在环。为了只考虑这种情况，访问当前顶点的所有邻接顶点后，就给当前顶点赋予一个比以后查找产生的所有数字都大的数字。这样，如果顶点要通过一条边连接到较小数字的顶点时，就可以声明检测到环的存在。算法如下所示：

```
digraphCycleDetectionDFS(v)
    num(v) = i++;
```

```
for v 的所有邻接顶点 u
    if num(u) 为 0
        pred(u) = v;
        digraphCycleDetectionDFS(u);
    else if num(u)不为∞
        pred(u)=v;
        检测到环的存在;
    num(v) = ∞;
```

联合查找问题

在前面的小节中提到过，深度优先查找保证生成一棵生成树，在该树中，depthFirstSearch()使用的边构成 edges，edges 中的元素不会同 edges 中的其他元素构成环。这是因为如果顶点 u 和 v 属于 edges，则 depthFirstSearch()会舍弃 *edge(vu)*。当把 depthFirstSearch()修改为可以检测 *edge(vu)*是否是环的一部分时，就产生了一个问题(参见习题 20)。修改后的深度优先查找分别应用到每个边上之后，总的复杂度为 $O(|E|(|E| + |V|))$。对于稠密图，可以达到 $O(|V|^4)$。因此，需要找到一个更好的方法。

为了判断两个顶点是否在同一个集合中，需要执行两个操作：首先找到顶点 v 所属的集合，如果顶点 v 属于一个集合，而顶点 w 属于另一个集合，则将两个集合合并。这称为联合查找(union-find)问题。

用来解决联合查找问题的集合是使用环形链表实现的。每个链表通过链表中顶点所属的树的根节点来标识。首先，所有的顶点使用整数 0, 1, ..., $|V|$-1 来标记，这些数字在三个数组中用作索引：root[]保存标识顶点集合的顶点索引，next[]指示链表中的下一个顶点，length[]指示链表中的顶点数目。

我们使用环形链表来快速合并两个链表，如图 8-12 所示。链表 L1 和 L2(图 8-12(a))通过交换两个链表中的 next 指针来完成合并(图 8-12(b)或图 8-12(c)，二者相同)。然而，链表 L2 中的顶点必须"知道"它们属于哪个链表，因此，它们的根指示器必须更改为新的根。既然必须对链表 L2 中的所有顶点进行更改，链表 L2 就应是两个链表中较短的一个。为了确定链表的长度，需要使用第三个数组 length[]，但是只有标识节点(根)的长度需要更新。因此，其他用作根的顶点(一开始它们都是根)的长度可以忽略。

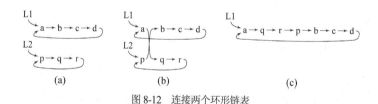

图 8-12　连接两个环形链表

联合操作几乎完成所有必要的任务，这样查找操作就不大重要了。通过持续更新 root[]数组，可以立即识别顶点 j 所属的集合，因为它是一个标识顶点为 root[j]的集合。现在，进行必要的初始化：

```
initialize()
    for i = 0 to |V| - 1
        root[i] = next[i] = i;
```

```
                    length[i] = 1;
```

之后，union()可以定义为：

```
union(edge(vu))
    if (root[u] == root[v])                          // 忽略这个边，因为 v 和 u 在同
        return;                                       // 一个集合中，将这两个集合合并
    else if(length[root[v]] < length[root[u]])
        rt = root[v];
        length[root[u]] += length[rt];
        root[rt] = root[u];                           // 更新 rt 的根以及环形链表中的
        for (j = next[rt]; j != rt; j = next[j])      // 其他顶点，然后合并两个列表
            root[j] = root[u];
        swap(next[rt],next[root[u]]);
        将 edge(vu) 加入生成树；
    else // 如果 length[root[v]] >= length[root[u]]
        // 与前面的处理过程相同，只是将 u 和 v 对调
```

图 8-13 显示了用 union()来合并链表的一个应用示例。在初始化之后，有|V|个一元集合或单节点链表，如图 8-13(a)所示。在执行几次 union()之后，较小的链表合并到较大的链表上，而且每次合并之后，新的情形反映在 3 个数组上，如图 8-13(b)～图 8-13(d)所示。

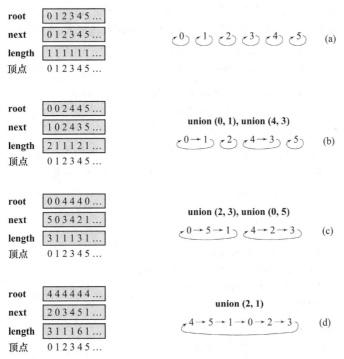

图 8-13 应用 union()合并链表的应用示例

union()的复杂度取决于合并两个链表时必须更新的顶点数目，也就是较短链表上的顶点数目，因为这个数目决定了 union()中 for 语句的循环次数。由于这个数目介于 1 和|V|/2 之间，因此 union()的复杂度为 $O(|V|)$。

8.5 生成树

考虑包含 7 个城市的航线图(图 8-14(a))。如果经济状况要求航空公司取消尽可能多的航线，但保留足以保证从一个城市到达任何其他城市的航线，而不管直接还是间接航线，该怎么办？一个可能的情形如图 8-14(b)所示。从城市 d 可以通过路径 d-c-a 到达城市 a，也可以使用路径 d-e-b-a。既然问题的关键在于保留航线的数目，那么就可以减少这个数目。显然，最小数目的航线应当构成一棵树，因为若存在可替换的路径，则会导致图中产生环。这样，为了得到最小数目的航线，应当创建一棵生成树，depthFirstSearch()就可以创建这样的生成树。显然，可以创建不同的生成树(图 8-14(c)和图 8-14(d))，也就是保留不同的航线集合，但是所有这些生成树都有 6 条边，不能再少了。

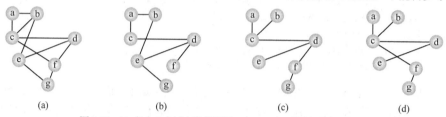

图 8-14　(a) 包含 7 个城市的航线图；(b)~(d) 三种可能的航线集合

这个问题的解决方案没有达到最优，因为没有考虑城市之间的距离。由于城市之间有可选择的 6 条航线，航空公司根据航线的成本来选择最优的航线，获得最佳成本。这可以通过选择 6 条航线的最短路径来实现。这个问题目前描述为寻找最小生成树，也就是使该生成树中所有边的权值之和最小。前面在简单图中查找生成树的问题就是寻找最小生成树的一种情况，因为它假定每个边的权值都相同。因此，在简单图中，每个生成树都是最小生成树。

最小生成树问题有很多解决方案，这里只列出了其中的一部分(更多的方案可以参见 Graham 和 Hell 1985；还可以参考习题 26)。

Joseph Kruskal 设计了一个流行的算法。在这个方法中，所有的边按权值排序，然后检查这个有序序列中的每条边，确定它们能否作为正在创建的生成树的一部分。如果将其加入后不产生环，则将该边加入到树中。这个简单的算法如下所示：

```
KruskalAlgorithm(加权连通无向图 graph)
    tree = null;
    edges = graph 中所有边按权值排序的序列;
    For (i = 1; i <= |E| 且 |tree| < |V| - 1; i++)
        if edges 中的 eᵢ 不能与 tree 中的边构成环
            将 eᵢ 加入 tree;
```

图 8-15(ba)~图 8-15(bf)逐步演示了 Kruskal 算法。

该算法的复杂度是由应用的排序算法来决定的，对于一个有效的排序，该算法的复杂度为 $O(|E|\lg|E|)$。它还依赖环检测方法的复杂度。如果使用 union()来实现 Kruskal 算法，则 KruskalAlgorithm() 的 for 循环变成

```
for ( i = 1; i <= |E| 且 |tree| < |V| - 1; i++)
    union(eᵢ = edge(vu));
```

尽管 union()最多调用|E|次，但是它在检测到环之后就会退出，并执行合并操作，其复杂度为

$O(|V|)$，只有$|V|-1$条边加到 tree 中。这样，KruskalAlgorithm()的 for 循环的复杂度为 $O(|E|+(|V|-1)|V|)$，即为 $O(|V|^2)$。因此，KruskalAlgorithm()算法的复杂度由排序算法的复杂度决定，复杂度为 $O(|E|\lg|E|)$，也就是 $O(|E|\lg|V|)$。

　　Kruskal 算法要求在开始建立生成树之前对所有的边排序。但这是不必要的，也可以使用任意顺序的边来建立生成树。Dijkstra(1960)以及 Robert Kalaba 各自提出了一种方法。

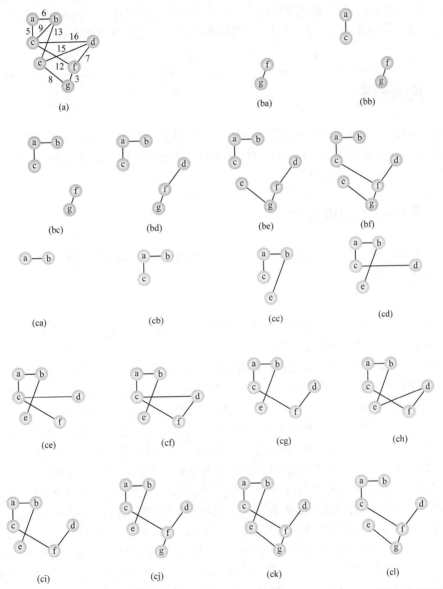

图 8-15　(a) 基本图；(ba)~(bf) 使用 Kruskal 算法创建的生成树；(ca)~(cl) 使用 Dijkstra 算法创建的生成树

```
DijkstraMethod(加权连通无向图 graph)
    tree = null;
    edges = graph 中所有边的一个未排序序列;
    for j=1 to |E|
        将 eᵢ 加入到 tree 中;
```

```
if tree 中有环
    从环中删除权值最大的边;
```

在这个算法中,逐个将边加到树中,如果检测到环,则删除环中权值最大的边。图 8-15(ca)~图 8-15(cl)显示了使用该方法创建最小生成树的示例。

为了处理环,DijkstraMethod()可以使用 union()的一个修改版本。在修改的版本中,使用一个附加的数组 prior 断开顶点与链表之间的关联。另外,每个顶点都应有一个 next 域,这样,在检查环中的边时,才能找出权值最大的边。进行这些修改后,算法的复杂度就变成 $O(|E||V|)$。

8.6 连通性

在很多问题中,常常要在图中寻找一条从一个顶点到另一个顶点的路径。对于无向图,这意味着没有独立的块,也就是图中没有子图。对于有向图,这意味着图中的一些部分可以沿着某个方向到达,但是不一定能返回到起点。

8.6.1 无向图中的连通性

如果无向图中的任何两个顶点之间都存在路径,则这个无向图就是连通的。如果删除深度优先查找算法循环的头部

```
while 有一个顶点 v, 使 num(v)==0
```

就可以用该算法识别图是否连通。在算法结束之后,需要查看 edges 列表是否包含了图中所有的顶点,或者查看 i 是否等于顶点的数目。

连通性有不同的程度:图的连通性有强弱之分,这取决于顶点之间不同路径的数目。如果任意两个顶点之间都至少有 n 条不同的路径,这个图就称为 n 连通;也就是说,任意两个顶点之间都有 n 条路径,而且这些路径没有重复的顶点。一种特殊类型的图是 2-连通图,也称为双连通图,这类图要求任意两个顶点之间至少有两条不重叠的路径。如果图中的一个顶点总是包括在至少两个顶点 a 和 b 之间的路径中,则该图不是双连通的。换句话说,如果这个顶点从图中删除(同时删除同该顶点邻接的边),则无法找到从 a 到 b 的路径,这意味着图被分割成两个独立的子图。这样的顶点称为关节点或分割点,图 8-1(d)中的顶点 a 和 b 就是关节点。如果一条边导致图分为两个子图,该边就称为桥或分割边,图 8-1(d)中的 edge(bc)就是桥。没有关节点或桥的连通子图称为块,如果连通子图至少包含两个顶点,就称为双连通部分。将图分解为双连通部分的方法非常重要。

关节点可以通过扩展深度优先算法来检测。这个算法用前向边(包含在树中的边)和后向边(不包含在树中的边)来创建一棵树。如果该树中的顶点 v 至少一棵子树没有通过后向边来连接其任何前驱,顶点 v 就称为关节点。因为它是一棵树,肯定不能通过前向边从 v 的后继连通它的前驱。例如,图 8-16(a)转换为深度优先查找树(图 8-16(c)),这棵树有 4 个关节点,分别是 b、d、h 以及 i,因为从 d 以下的任何节点到树中 d 以上的节点都没有后向边,从 h 的右子树中的任何顶点到 h 以上的任何顶点也都没有后向边。但是顶点 g 不是关节点,因为它的后继 h 连接到 g 上面的一个顶点。这 4 个顶点将图分为 5 块,在图 8-16(c)中用虚线标出。

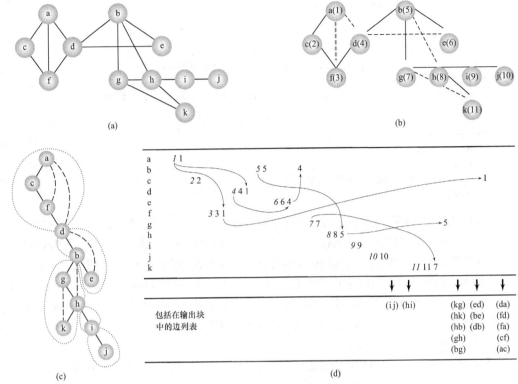

图 8-16 使用 blockDFS() 算法查找块和关节点

关节点的一种特殊情形是，顶点是有多个后继的根。在图 8-16(a) 中，选择顶点 a 作为根，它连接三条边，但只有一条边成为图 8-16(b) 和图 8-16(c) 中的前向边，因为其他两条边由深度优先查找处理。如果这个算法再次递归到 a，就没有未曾测试的边。如果 a 是一个关节点，则应当至少有一条未测试的边，这意味着 a 是一个分割点。因此 a 不是关节点。总之，当满足如下条件时，顶点 a 是一个关节点：

(1) 如果 v 是深度优先查找树的根，而且 v 在这棵树中有多个后继；

(2) 至少存在 v 的一棵子树，该子树包含的顶点不会通过后向边与 v 任何前驱连接。

为了找到关节点，使用了一个参数 $pred(v)$，其定义为 $\min(num(v), num(u_1), \ldots, num(u_k))$，其中 $u_1, \ldots, u_k$ 是 v 的后继或 v 本身通过后向边连接的顶点。由于 v 的前驱越高，它的数字越小，所以选择一个最小的数字意味着选择最高的前驱。对于图 8-16(c) 中的树，$pred(c) = pred(d) = 1$，$pred(b) = 4$，$pred(k) = 7$。

这个算法使用栈来保存当前处理的所有边。在标识了一个关节点之后，输出对应图中一个块的边。该算法如下所示：

```
blockDFS(v)
    pred(v) = num(v) = i++;
    for v 的所有邻接顶点 u
        if edge(uv) 没有处理过
            push(edge(uv));
        if num(u) 为 0
            blockDFS(u);
        if pred(u) >= num(v)        // 如果从 u 到 v 以上的顶点没有边，
            e = pop();              // 就从栈中弹出所有的边，输出
```

```
        while e 不等于 edge(vu)              // 一个块, 直到弹出 edge(vu);
            输出 e;
            e = pop();
        输出 e;                             // e == edge(vu);
    else pred(v) = min(pred(v),pred(u));   // 选择树中一个较高的前驱;
    else if u 不是 v 的父顶点
      pred(v) = min(pred(v),num(u));       // 当找到后向边 edge(vu) 时更新;

blockSearch()
  for 所有顶点 v
    num(v) = 0;
  i = 1;
  while 有一个顶点 v, 使 num(v) == 0
    blockDFS(v);
```

图 8-16(d)显示了对图 8-16(a)执行这个算法的结果。图 8-16(d)中的表列出了算法处理的顶点 v 的 $pred(v)$ 的所有变化, 箭头表示 $pred(v)$ 的新值来源。对每个顶点 v, blockDFS(v)首先为两个数赋值: 显示为斜体的 $num(v)$, 以及 $pred(v)$, $pred(v)$可能在 blockDFS(v)的执行过程中发生变化。例如, 首先处理 a, $num(a)$和 $pred(a)$赋值为 1, 然后把 $edge(ac)$压入栈中。由于 $num(c)$为 0, 则对 c 调用算法。此时, $num(c)$和 $pred(c)$设置为 2。接下来, 对 f 调用算法, f 是 c 的一个后继, 因此 $num(f)$和 $pred(f)$设置为 3, 然后对 a 调用算法, a 是 f 的后继。由于 $num(a)$不为 0, a 不是 f 的父顶点, $pred(f)$设置为 1, 即 $\min(pred(f),num(a))=\min(3,1)$。

该算法还输出了已检测出的块中的边, 这些边在从栈中弹出后输出, 显示在图 8-16(d)中。

8.6.2　有向图中的连通性

对于有向图, 根据是否将方向考虑在内, 连通性有两种定义方式。如果具有相同顶点和边的无向图是连通的, 则有向图就是弱连通的。如果每对顶点之间都有双向的路径, 则有向图就是强连通的。整个有向图往往不是强连通的, 但是可以由强连通分量(SCC)组成, 强连通分量是图的一个顶点子集, 每个子集会得到一个强连通的有向图。

为了确定 SCC, 依然要使用深度优先查找。设顶点 v 是应用深度优先查找的 SCC 的第一个顶点, 这个顶点称为 SCC 的根。由于 SCC 中的每个顶点 u 都可从 v 到达, 因此 $num(v)<num(u)$, 而且只有在访问了所有的顶点 u 之后, 深度优先查找才回溯到 v。这种情况可以通过 $pred(v)=num(v)$来识别, 并可以输出能从根顶点到达的 SCC。

现在的问题是如何在有向图中找出所有这样的根, 这类似于在无向图中寻找关节点。为此, 仍使用 $pred(v)$参数, $pred(v)$是 $num(v)$和 $pred(u)$中较小的数字, 而 u 是一个可从 v 到达的顶点, 而且与 v 属于同一个 SCC。如何在判定 SCC 之前就判定两个顶点属于同一个 SCC 呢? 显然, 在创建过程中使用栈来保存属于 SCC 的所有顶点, 就可以解决这个问题。栈顶的顶点属于当前分析的 SCC。尽管创建没有完成, 但至少知道哪些顶点已经包含在 SCC 中。Tarjan 提出的算法如下:

```
strongDFS(v)
  pred(v) = num(v) = i++;
  push(v);
  for v 的所有邻接顶点 u
    if num(u) 为 0
      strongDFS(u);
      pred(v) = min(pred(v),pred(u));     // 在树中选择一个较高的前驱, 如果
```

```
         else if num(u) < num(v)，且 u 在栈中        // 在同一个 SCC 中找到顶点 u 的后向
            pred(v) = min(pred(v),num(u));         // 边，就进行更新。
      if pred(v) == num(v)                          // 如果找到 SCC 的根，输出这个
         w = pop();                                 // SCC；
         while w != v                               // 将所有顶点从栈中弹出，直到弹出 v；
             输出 w;
             w = pop();
         输出 w;                                     // w == v;

stronglyConnectedComponentSearch()
   for 所有顶点 v
     num(v) = 0;
   i = 1;
   while 有一个顶点 v 满足 num(v) == 0
     strongDFS(v);
```

图 8-17 包含执行 Tarjan 算法的一个示例。图 8-17(a)中的有向图是通过一系列对 strongDFS()的调用来处理的，这些调用为顶点 a 到 k 赋值，这些数字显示在图 8-17(b)的括号中。在这个过程中，一共找到了 5 个 SCC：{*a,c,f*}、{*b,d,e,g,h*}、{*i*}、{*j*}以及{*k*}。图 8-17(c)包含了这个过程创建的深度优先查找树。注意创建了两棵树，因此树的数目与 SCC 的数目之间没有对应关系，就像树的数目不对应无向图中块的数目那样。图 8-17(d)指示了赋给 *num(v)*的数字(斜体)以及图中所有顶点 v 的参数 *pred(v)*的变化。并且在图的处理过程中显示了 SCC 的输出。

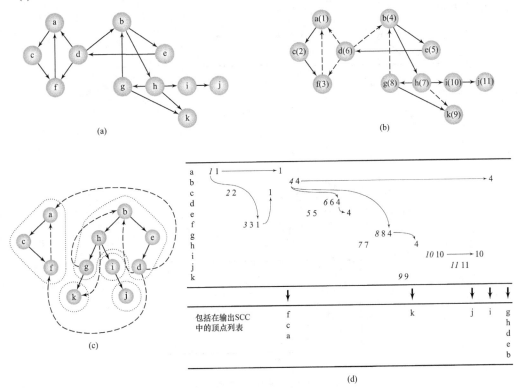

图 8-17　使用 strongDFS()算法查找强连通分量

8.7　拓扑排序

在很多情况下，可能有一系列任务要执行。对一些任务而言，应当首先执行某项任务，而对其他一些任务，执行的顺序无关紧要。例如，在为学生制订下学期的课程表时，需要考虑哪些课程是其他课程的先修课程，例如计算机编程 II 不能放在计算机编程 I 之前，但是前者可以同道德规范或社会学入门一起进行。

任务之间的依赖关系可以用有向图的形式来表示。拓扑排序能对有向图进行线性化，也就是说，它用 1，…，|V| 来标记所有的顶点，如果从顶点 v_i 到顶点 v_j 有路径，则 $i<j$。有向图不能包括环，否则无法进行拓扑排序。

拓扑排序的算法非常简单。只要找到一个没有输出边的顶点 v(称为汇点或最小顶点)，然后删除从任一顶点到 v 的所有边。拓扑排序的算法可以总结如下:

```
topologicalSort(有向图)
    for i = 1 to |V|
        找到最小顶点 v;
        num(v) = i;
        从有向图中删除顶点 v 以及所有同 v 邻接的边;
```

图 8-18 包含这个算法的一个应用示例。图 8-18(a)进行一系列删除后(图 8-18(b)~图 8-18(f))，得到序列 g,e,b,f,d,c,a。

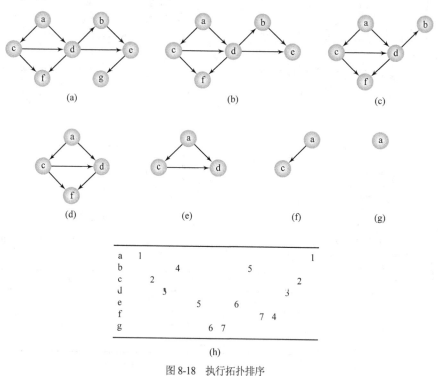

图 8-18　执行拓扑排序

实际上，在处理过程中，如果可以确定当前处理的顶点的所有后继都已经处理过，则没有必要将顶点和边从有向图中删除，而是假定已经将其删除。在此继续使用深度优先查找。根据这个方法，如果查找返回到顶点 v，则 v 的所有后继可以假定为已经查找过(即从图中输出并删除)。下面将深度优先查找应用于拓扑排序：

```
TS(v)
    num(v) = i++;
    for  v 的所有邻接顶点 u
        if num(u) == 0
            TS(u);
        else if TSNum(u) == 0
            报错;            // 检测到一个环;
        TSNum(v)=j++;        // 在处理完 v 的所有后继之后,
                            // 对 v 指派一个比其所有后继都大
                            // 的数字;
topologicalSorting(有向图)
    for 所有顶点 v
        num(v) = TSNum(v) = 0;
    i =1;
    j=|v|;
    while 有一个顶点 v 满足 num(v)= =0
        TS(v);
    根据 TSNum 输出顶点;
```

在图 8-18(h)的表格中，每一行的第一个数字指示了这个算法给 num(v)赋值的顺序，第二个数字是图 8-18(a)中每个顶点 v 的 TSNum(v)。

8.8 网络

8.8.1 最大流

网络是图的一种重要类型。网络可以比喻为用来将水从源头送往目的地的管道网络。然而，水并不是只通过一根管道，而是通过很多管道和很多中间的泵站。管道的直径和泵站的动力是不同的，因此每个管道所能传送的水量也不同。例如，图 8-19 中的网络有 8 条管道和 6 个泵站。图中的数字显示了每条管道的最大容量。例如，从源 s 出发沿着东北方向的管道 sa，容量为 5 个单位(每小时 5000 加仑)。问题是如何最大化整个网络的容量，从而能够传送最大的水量。这个目标的实现方式并不那么一目了然。注意从源 s 出发的管道 sa 到达只有一条输出管道 ab 的泵站，而 ab 的容量为 4。这意味着不能通过管道 sa 传送 5 个单位，因为管道 ab 不能传送它。同时，到达泵站 b 的水量必须加以控制，因为如果两个输入管道 ab 和 cb 都使用最大容量，则输出管道 bt 不能处理。很难看出每条管道能传送的水量为多少，方可最大限度地利用网络，大型网络的情况更加复杂。这个网络问题的计算分析是由 Lester R. Ford 和 D. Ray Fulkerson 提出的。之后人们提出了很多算法来解决这个问题。

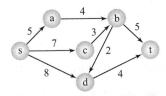

图 8-19 有 8 条管道和 6 个泵站的管道网络

在正式描述这个问题之前，先给出一些定义。网络是一个有向图，它有一个源点 s 和一个汇点 t，源点没有输入边，而汇点没有输出边(这些定义很直观，然而，在更一般的情况下，源点和汇点可以是任何两个顶点)。每个边 e 关联了一个数字 $cap(e)$，称为该边的容量。流 f 是一个函数 $f: E{\rightarrow}R$，它给网络中的每个边指派一个数字，而且符合两个条件：

(1) 通过边 e 中的流不能大于它的容量，或 $0{\leqslant}f(e){\leqslant}cap(e)$(容量约束)。

(2) 到达顶点 v 的流的总和同从 v 流出的流的总和相同，即 $\sum_u f(edge(uv)) = \sum_w f(edge(vw))$，其中 v 不是源点或汇点(流守恒)。

现在的问题是最大化流 f，对于任一函数 f，使 $\sum_u f(edge(ut))$ 有最大值，这称为最大流问题。

Ford-Fulkerson 算法中的一个重要概念是"割"。"s 和 t 的割"是集合 X 中的顶点和集合 $\overline{X}$ 中的顶点之间的边集。图中任何一个顶点都属于这两个集合之一，源点 s 属于 X，而汇点 t 属于 $\overline{X}$。例如，在图 8-19 中，如果 $X=\{s,a\}$，则 $\overline{X}=\{b,c,d,t\}$，而割为边的集合 $\{(a,b),(s,c),(s,d)\}$。这意味着如果这个集合中所有的边被切断，则无法从 s 到达 t。将割的容量定义为从 X 中一个顶点到 $\overline{X}$ 中一个顶点的所有边的容量之和。这样 $cap\{(a,b),(s,c),(s,d)\}=cap(a,b)+cap(s,c)+cap(s,d) =19$。现在，通过网络的流显然不可能超过任何割的容量。这就推出了最大流最小割定理(Ford 和 Fulkerson 1956)：

定理：
在任何网络中，从 s 到 t 的最大流等于所有割的最小容量。

这个定理用比喻的说法就是，链的强度取决于它最弱的一环。尽管割可能有很大的容量，但是容量最小的割决定了整个网络的流。例如，尽管 $cap\{(a,b),(s,c),(s,d)\}=19$，但是到 t 的两条边无法传送多于 9 个单位的流。现在必须找到所有割中容量最小的割，然后在这个割的每条边中传送允许的最大容量。为此，要使用一个新的概念。

从 s 到 t 的流增大路径(flow-augmenting path)是从 s 到 t 的一系列边，对于这个路径上的每条边，前向边的流 $f(e)<cap(e)$，而后向边的流 $f(e)>0$。这意味着这个路径没有达到最佳使用状态，还可以传送比当前更多的单位。如果路径中至少一条边达到了其最大容量，则显然流不能再增加。注意路径不一定只由前向边组成，因此图 8-19 示例中的路径为 s-a-b-t 以及 s-d-b-t。后向边是向后的，它们向后推回一些流，减少了网络中的流。如果它们可以删除，则网络中的流可以增大。这样，增加路径中流的过程只有在这些边的流为 0 时才能结束。现在的任务是找到一个流增大路径。从 s 到 t 可能有多条路径，所以寻找流增大路径是一个复杂的问题，Ford 和 Fulkerson(1957)提出了第一个系统解决这个问题的算法。

这个算法的标记语句给每个顶点 v 指派了一个标记，包含如下内容

$$label(v) = (parent(v),(flow(v))$$

其中 $parent(v)$ 是 v 的父顶点，$flow(v)$ 是能够从 s 传送到 v 的流量。前向边和后向边的处理方式不同。如果顶点 u 是从 v 经过一条前向边到达的，则

$$label(u) = (v^+,\min(flow(v),slack(edge(vu))))$$

其中

$$slack(edge(vu)) = cap(edge(vu)) - f(edge(vu))$$

是 $edge(vu)$ 的容量和该边当前负载的流量之差。如果从 v 到 u 的边是向后的(即从 u 到 v 的前向

边），则

$$label(u) = (v^-, min(flow(v), f(edge(uv))))$$

且

$$flow(v) = min(flow(parent(v)), slack(edge(parent(v)v)))$$

当标记一个顶点后，就保存起来供以后处理。在这个过程中，只标记了 $edge(vu)$，允许增加更多的流。对于前向边，当 $slack(edge(vu)) > 0$ 时，可以增加更多的流；对于后向边，当 $f(edge(uv)) > 0$ 时，可以增加更多的流。然而，找到这样一个路径并没有完成整个过程。只有网络不能再标记更多的边，这个过程才会结束。如果到达汇点 t，就在刚找到的流增大路径上，增加前向边的流，减少反向边的流，来更新边上负载的流。在请求另一个流增大路径时，这个过程会重新开始。下面是算法的总结：

```
augmentPath(源点为 s，汇点为 t 的网络)
    for 在从 s 到 t 的路径上的每条边 e
        if forward(e)
            f(e) += flow(t);
        else f(e) -= flow(t);

FordFulkersonAlgorithm(源点为 s，汇点为 t 的网络)
    将所有边和顶点的流设置为 0;
    label(s) = (null,∞);
    labeled = {s};
    while labeled 不为空    //当没有结束;
        将一个顶点 v 从 labeled 中分离;
        for 所有同 v 邻接的未标记顶点
            if forward(edge(vu)) 且 slack(edge(vu)) > 0
                label(u) = (v⁺, min(slack(v), slack(edge(vu))));
            else if backward(edge(vu)) 且 f(edge(uv)) > 0
                label(u) = ( v⁻, min(slack(v), f(edge(uv))));
            if  u 已标记
                if u == t
                    augmentPath(network);
                    labeled={s};        //寻找另一个路径
                else 将 u 包含到 labeled 中;
```

注意这个算法不负责确定扫描网络的方式。在 labeled 集合中添加和删除顶点的顺序没有明确的答案，我们选择 push 和 pop 来实现这两个操作，因此用深度优先的方式来处理网络。

图 8-20 给出了一个示例。每条边有两个对应的数字，分别是容量和当前的流，初始时每条边的流设置为 0(图 8-20(a))。首先将顶点 s 置入 labeled 中。在 while 循环的第一次迭代中，顶点 s 从 labeled 中移出，在 for 循环中，把 label(s,2)赋给第一个邻接顶点 a，label(s,4)赋给顶点 c，label(s,1)赋给顶点 e(图 8-20(b))，而且这 3 个顶点都放到 labeled 中。退出 for 循环，因为 labeled 不为空，while 循环开始第 2 次迭代。在这次迭代中，从 labeled 中弹出一个顶点 e，标记 e 的两个未标记的邻接顶点 d 和 f，再压入 labeled 中。while 循环的第 3 次迭代开始时，从 labeled 中弹出 f，标记它唯一未标记的邻接顶点 t。由于 t 是汇点，流增大路径 s-e-f-t 上所有边的流都在内层的 for 循环中更新(图 8-20(c))，labeled 重新初始化为 $\{s\}$，然后开始下一个寻找流增大路径的过程。

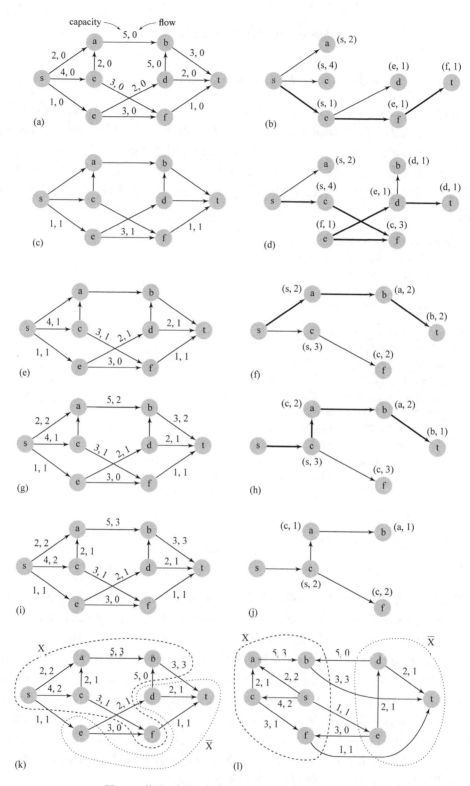

图 8-20   使用深度优先查找执行 FordFulkersonAlgorithm()

下一个过程从 while 循环的第 4 次迭代开始。在它的第 8 次迭代中，到达了汇点(图 8-20(d))，在新的流增大路径上更新了边的流(图 8-20(e))。注意这次，边 *edge(fe)* 是一个反向边。因此，它的流是减少的，而不像前向边那样是增加的。通过 *edge(ef)* 从顶点 *e* 传送过来的一个单位的流量又流向 *edge(ed)*。然后，又找到了两条流增大路径，更新对应的边。在最后一个过程中，不能到达汇点 (图 8-20(j))，这说明已找到了所有的流增大路径，确定了最大流。

如果在执行算法之后，在最后一个过程中标记的所有顶点，包括源点，都放到集合 *X* 中，未标记的顶点放到集合 $\overline{X}$ 中，然后我们有了一个最小割(图 8-20(k))。为了清楚起见，两个集合都显示在图 8-21 中。注意从 *X* 到 $\overline{X}$ 的所有边都使用了全部的容量，从 $\overline{X}$ 到 *X* 的所有边都不传送任何流。

这个算法的执行复杂度不一定是网络中顶点数量和边数量的函数。考虑图 8-21 中的网络，使用深度优先的实现方法，可以选择流增大路径 *s-a-b-t*，该路径上 3 个边的流都设置为 1。下一个流增大路径是 *s-b-a-t*，该路径上两个前向边的流设置为 1，一个反向边 *edge(ba)* 的流重置为 0。下一次，流增大路径可能与第一次路径相同，但两个边的流设置为 2，顶点边的流设置为 1。显然，尽管网络中仅有 4 个顶点，但一个流增大路径可以选择 2×10 次。

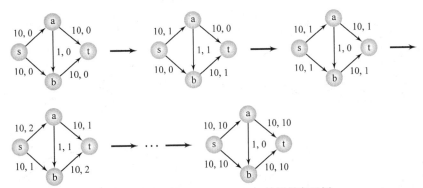

图 8-21　FordFulkersonAlgorithm()的低效率示例

FordFulkersonAlgorithm()的问题在于，它在查找流增大路径时使用深度优先方法。但是如前所述，这个选择不是这个算法本身决定的。深度优先方法试图尽快到达汇点。然而，试着找到最短的流增大路径能带来更好的结果，这就需要使用广度优先方法(Edmonds 和 Karp，1972)。广度优先过程使用与 FordFulkersonAlgorithm()相同的过程，但这次 labeled 是一个队列。图 8-22 给出了一个示例。

为了确定单一的流增大路径，算法最多需要 2|*E*|或者 *O*(|*E*|)步，才能检查每个边的两端。网络中最短的流增大路径可以只有一条边，而最长的路径至多可以有|*V*|-1 条边。因此，流增大路径的长度可能是 1,2,…,|*V*|-1。具有相同长度的流增大路径最多有|*E*|条。因此，为了找到所有可能长度的流增大路径，算法需要执行 *O*(|*V*||*E*|)步。寻找一条这样的路径需要 *O*(|*E*|)步，所以算法的总复杂度为 $O(|V||E|^2)$。

尽管纯粹的广度优先查找方法好于纯粹的深度优先查找方法，但仍然不够理想。我们不会再执行增量非常小的循环，但是仍然有很多浪费。在广度优先查找中，标记了大量的顶点以查找最短路径(在给定的迭代中最短)。接着舍弃这些标记，当寻找另一条流增大路径(图 8-22(b)~图 8-22(d)中的 *edge(sc)*，*edge(se)* 以及 *edge(cf)*)时重新创建。因此，最好能消除这种冗余。另外，使用深度优先方法也有一些优点，它将目标定为汇点，而不是同时扩展很多路径，最后挑选一条路径，舍弃其他路径。因此，Solomonic 方法使用了深度优先和广度优先两种方法。广度优先查找可以用来防止执行增量很小的循环(如图 8-21)，并保证深度优先查找使用最短的路径。之后，使用深度优先查找找到汇点。Efim A. Dinic(读作：dee-neetz)首先设计了基于这个原则的算法。

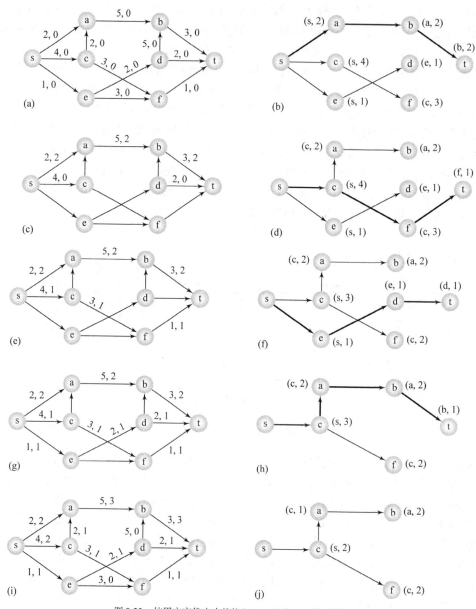

图 8-22　使用深度优先查找执行 FordFulkersonAlgorithm()

在 Dinic 的算法中，在网络中最多执行了|N|−1 次循环，在每一次循环中，确定了从源点到汇点、具有相同长度的所有流增大路径。然后，对部分或全部流增大路径进行增展。

所有的流增大路径构成了一个分层网络(也称为分级网络)。从最低的值开始，在基础网络中提取分层的网络。首先，找出路径长度为 1 的分层网络(如果这样的网络存在)。在网络处理完之后，确定路径长度为 2 的分层网络，以此类推。例如，在图 8-23(a)的网络中，最短路径构成的分层网络如图 8-23(b)所示。在这个网络中，所有流增大路径的长度均为 3。路径长度为 1 的分层网络和路径长度为 2 的分层网络不存在。分层网络使用广度优先过程创建,其中只包含了能够负载更多流量的前向边和有流量的反向边。否则,即使一个边位于从源点到汇点的短路径上,也不会包含进来。注意分层网络是使用广度优先查找来决定的,该查找从汇点开始,到源点结束。

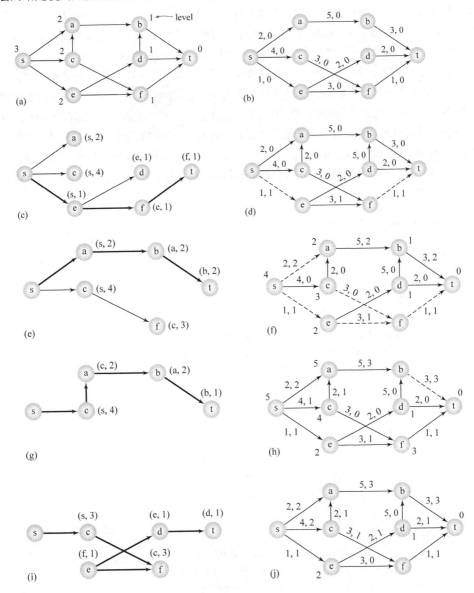

图 8-23 DinicAlgorithm() 的执行

现在,由于分层网络中的所有路径都有相同的长度,因此可以避免对流增大路径上的边进行多余的测试。如果在当前的分层网络中,无法从顶点 v 到达其任何一个邻接顶点,则在以后的测试中,在该分层网络上会发生相同的情形。因此,再次检查 v 的所有邻接顶点是不必要的。如果检测出这样的一个死点 v,就把所有同 v 邻接的边都标记为阻塞,表示从任何方向都不能到达 v。另外,所有饱和的边都是阻塞的。阻塞边在图 8-23 中用虚线显示。

在决定了分层网络之后,深度优先过程找到尽可能多的流增大路径。由于所有的路径都有相同的长度，因此深度优先查找不会经过一些较长的边序列到达汇点。一旦找到了这样的一条路径，就增展它，然后查找具有相同长度的流增大路径。对每条这样的路径，至少有一条边是饱和的，最后就找不到流增大路径了。例如，在图 8-23(b)的分层网络中，只包含长度为 3 条边的流增大路径。在该网络中找到路径 *s-e-f-t*(图 8-23(c))，然后增大它的所有边(图 8-23(d))。然后只能找到一个有 3 条边的路径，该路径是 *s-a-b-t*(图 8-23(e))。由于前面的增加操作使 *edge(ft)* 变得饱和，因此路径 *s-c-f* 终止于一个死点。此外，由于从 *f* 不能到达其他顶点，所有同 *f* 邻接的边都被阻塞(图 8-23(f))，这样试图找到第 3 个有 3 条边的流增大路径时，只测试顶点 *c*，而不测试顶点 *f*，因为 *edge(cf)* 被阻塞了。

如果找不到更多的流增大路径，而是找到了更高层的分层网络，就寻找这个分层网络的流增大路径。当不能形成新的分层网络时，这个过程就结束了。例如，根据图 8-23(f)的网络，可以形成图 8-23(g)的分层网络，它只有一个 4 条边的路径。这是这个网络唯一的流增大路径。在增大这条路径之后，网络的状况如图 8-23(h)所示，并形成了最后一个分层网络，它也只有一条路径，这个路径有 5 条边。增大这个路径(图 8-23(j))，然后就无法找到其他分层网络了。这个算法可以总结为如下的伪代码：

```
layerNetwork(源点为 s，汇点为 t 的网络)
    for 所有顶点 u
        level(u) =- 1;
    level(t) = 0;
    enqueue(t);
    while 队列非空
        v = dequeue();
        for 所有同 v 邻接的顶点 u，且 level(u) == -1
            if forward(edge(uv))且 slack (edge(uv)) > 0 or
                backward(edge(uv))且 f(edge(vu)) > 0
                    level(u) = level(v) + 1;
                    enqueue(u);
            if u == s
                return 成功；
    return 失败；

processAugmentingPaths(源点为 s，汇点为 t 的网络)
    解除所有边的阻塞；
    labeled = {s};
    while labeled 非空    //没有结束
        从 labeled 中弹出 v;
        for 同 v 邻接的所有未标记顶点 u，edge(vu) 未阻塞，且 level(v) == level(u) +1
            if forward(edge(vu)) 且 slack(edge(vu)) > 0
            label(u) = (v⁺, min(flow), slack(edge(vu))))
            else if backward(edge(vu)) 且 f(edge(uv)) > 0
            label(u) = (v⁻, min(flow(v), f(edge(uv))));
            if u 已标记
                if u == t
                    augmentPath();
                    阻塞饱和的边；
                    labeled = {s};    //查找另一条路径；
                else 把 u 压入 labeled 中；
        if  v 的邻接顶点没有标记
            阻塞所有同 v 邻接的边；
```

```
DinicAlgorithm(源点为 s, 汇点为 t 的网络)
        将所有边和顶点的流量设置为 0;
        label(s) = (null,∞);
        while layerNetwork(network) 成功
            processAugmentingPaths(network);
```

这个算法的复杂度如何？网络最多有|V|-1 层，而给网络分层至多需要 $O(|E|)$步。这样，找到所有的分层网络需要 $O(|V||E|)$步。此外，每个阶段(每个分层网络)有 $O(|E|)$条路径，由于要考虑阻塞，找到一条路径需要 $O(|V|)$步骤；而且由于有 $O(|V|)$个分层网络，在最坏的情况下，找到一个流增大路径需要 $O(|V|^2|E|)$步。这个估计值决定了算法的效率，它比广度优先 FordFulkersonAlgorithm() 算法的 $O(|V||E|^2)$好。要提高该算法的效率，应减少找到一个流增大路径所需要的步骤数，它现在是 $O(|V|)$，与以前一样，而不是 $O(|E|)$。这个改进需要创建分层网络，这个过程需要额外的 $O(|V||E|)$步。

FordFulkersonAlgorithm() 和 processAugmentingPaths() 的伪代码差别不大。最大的区别在于增强了从某一顶点 v 扩展路径的条件：在同顶点 u 邻接的边中，只考虑不会使流增大路径的长度超过分层网络中路径长度的边。

8.8.2　成本最低的最大流

在前面的讨论中，边有两个参数：容量和流，它们分别表示可以负载多少以及实际负载多少。但是在网络中可能有很多不同的最大流，我们只能根据当前使用的算法选择一个最大流。例如，图 8-24 显示了相同网络的两个可能的最大流。注意在第一种情况下，根本没有使用 *edge(ab)*；在第二种情况下，所有的边都传送一些流。广度优先算法选择第一个最大流，在标识它后就完成了最大流问题。然而，在很多情况下，这不是一个好的选择。如果有很多可能的最大流，这些最大流并不一定同样好。

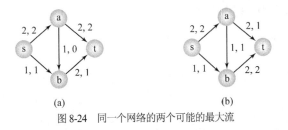

图 8-24　同一个网络的两个可能的最大流

考虑下面的示例。如果边是几个地点之间的道路，则只根据道路有一条或两条车道来选择合适路线是不够的。如果 *distance(a,t)* 很长，*distance(a,b)* 和 *distance(b,t)* 相对较短，则考虑选择第二个最大流(图 8-24(b))而不是第一个(图 8-24(a))是明智的。然而，这还不够。较短的路可能没有人行道，它可能很泥泞、陡峭、靠近雪崩区域，有时会被泥石流阻塞，以及其他缺点。因此，使用距离作为选择道路的唯一标准是不够的。采用迂回的路线可能更快到达目的地，成本也更低(只考虑时间和所用的汽油)。

显然，需要对边定义第 3 个参数：通过这个边传送一个单位的流的成本。现在的问题是寻找成本最低的最大流。更正式的定义是：如果对每条边 e，传送一个单位流的成本 *cost(e)* 已经确定，通过边 e 传送 n 个单位的流的成本是 $n \times cost(e)$，那么，成本最低的最大流 f 如下：

$$cost(f) = min\{\sum_{e \in E} f(e) \cdot cost(e) : f \text{ 是最小流}\}$$

找到所有的最大流，再比较它们的成本不是一个可行的方法，因为找到所有最大流的工作量非常大。我们需要一个算法，它不仅要找到最大流，还要找到成本最低的最大流。

解决该问题的一种策略基于下面的定理，该定理首先由 W. S. Jewell、R. G. Busacker 和 P. J. Gowen 证明，由 M. Iri(Ford 和 Fulkerson，1962)隐式使用了这个定理。

定理:

如果 *f* 是一个流量值为 *v* 的最低成本流，而 p 是将值为 1 的流从源点传送到汇点的、成本最低的流增大路径，则流 *f*+p 最小，它的流量值为 *v*+1。

这个定理非常清楚。如果确定了通过网络传送 *v* 单元的流的最便宜路径，之后找到了一个将 1 个单元的流从源点传送到汇点的最便宜路径，则传送 *v*+1 单元的最便宜路径是联合已经确定的路线和刚刚找到的路径。如果这个流增大路径允许以最低的成本传送 1 单元，则它也允许用最低的成本传送 2 单元、3 单元，直到 *n* 单元，这里 *n* 是该路径所能传送的最大流量；也就是:

$$n = min\{capacity(e) - f(e) : e \text{ 是成本最低的流增大路径中的一条边}\}$$

这还提示了如何系统地找到最便宜的最大路径。开始时所有的流都设置为 0。在第一次循环中，找到传送 1 单元的最便宜路径，然后使用这条路径传送尽可能多的单元。在第二次迭代中，找到传送 1 单元的成本最低的路径，使用这条路径传送尽可能多的单元，直到源点不能派送更多的流，或者汇点不能接收更多的流。

注意查找成本最低的最大流同查找最短路径有类似之处，因为最短路径可以理解为成本最低的路径。因此，需要一个过程来查找网络中的最短路径，以便通过这个路径来传送更多的流。于是，引用解决最短路径问题的算法就顺理成章了。我们修改了用来解决两点之间最短路径问题的 Dijkstra 算法(参见本章最后的习题 7)，如下所示:

```
modifiedDijkstraAlgorithm(network,s,t)
    for 所有顶点 u
        f(u) = 0;
        cost(u) = ∞;
    将所有边的流量设置为 0;
label(s) = (null, ∞,0);
labeled = null;
while(true)
    v = 不在 labeled 中的、cost(v) 最小的顶点;
    if v == t
        if cost(t) == ∞     //没有从 s 到 t 的路径;
            return 失败;
        else return 成功;
    将 v 加入到 labeled 中;
    for 所有不在 labeled 中的同 v 邻接的顶点 u
        if forward(edge(vu)) 且 slack(edge(vu)) > 0 且 cost(v) + cost(vu) < cost(u)
            label(u) = ( v⁺,min(slack(v),slack(edge(vu)),cost(v) + cost(vu))
        else if backward(edge(vu)) 且 f(edge(uv)) > 0 且 cost(v) -cost(uv) < cost(u)
            label(u) = ( v⁻,min(slack(v),f(edge(uv)),cost(v) - cost(uv));
```

```
maxFlowMinCostAlgorithm(源点为 s，汇点为 t 的网络)
    while modifiedDijkstraAlgorithm(network,s,t)是成功的
        augmentPath(network,s,t);
```

modifiedDijkstraAlgorithm() 一次跟踪三项，这样每个顶点的标记是三项：

$$label(u) = (parent(u), flow(u), cost(u))$$

首先，对每个顶点 u，它记录其前驱 v，从源点 s 经过该顶点 v 到达 u。第二，记录从 s 到 u 并最终到达 t 的最大流量。第三，它保存了从源点到 u 的所有边的传送成本。对前向的 $edge(vu)$，$cost(u)$ 是 v 上累加的总成本加上通过 $edge(vu)$ 传送一个单位的流的成本。对后向的 $edge(vu)$，用 $cost(v)$ 减去通过这条边的单元成本，并保存在 $cost(u)$ 中。同时，更新流增大路径上的边的流量，这个任务由 augmentPath() 完成。

图 8-25 给出了一个示例。在 while 循环的第一次迭代中，labeled 为 $\{s\}$，标记 3 个同 s 邻接的顶点，$label(a)=(s,2,6)$，$label(c)=(s,4,2)$，$label(e)=(s,1,1)$。然后选择成本最低的顶点，也就是 e。现在，labeled$=\{s,e\}$，两个顶点获得新的标记，$label(d)=(e,1,3)$，$label(f)=(e,1,2)$。在第 3 个迭代中，选择顶点 c，因为它的成本是 2，为最小（虽然也可以选择 f）。顶点 a 得到一个新的标记 $(c,2,3)$，因为从 s 通过 c 访问 a 的成本小于从 s 直接访问 a。同 c 邻接的顶点 f 没有获得新的标记，因为从 s 经过 c 到 f 传送一个单元流的成本是 5，超过了经过 e 传送这个单元的成本 2。在第 4 个循环中，选择 f，labeled 成为 $\{s,e,c,f\}$，而且 $label(t)=(f,1,5)$。在第 7 次迭代后，图的状况如图 8-25(b) 所示。第 8 次迭代在选择汇点 t 后退出，之后增大路径 s-e-f-t（图 8-25(c)）。程序继续执行，再调用 4 次 modifiedDijkstra-Algorithm()。在最后一次调用中，找不到从 s 到 t 的其他路径。注意这里找到的路径与图 8-20 中的相同，但顺序不同，这是因为路径的成本：第一个找到的路径的成本是 5（图 8-25(b)），第二条路径的成本是 6（图 8-25(d)），第三个路径的成本是 8（图 8-25(f)），第四个路径的成本是 9（图 8-25(h)）。但是在允许最大流的边上，流的分布有一些细微的不同。在图 8-20(k) 中，$edge(sa)$ 传送 2 单位的流，$edge(sc)$ 传送 2 单位，$edge(ca)$ 传送 1 单位。在图 8-25(i) 中，上述三条边分别传送 1、3、2 单元的流。

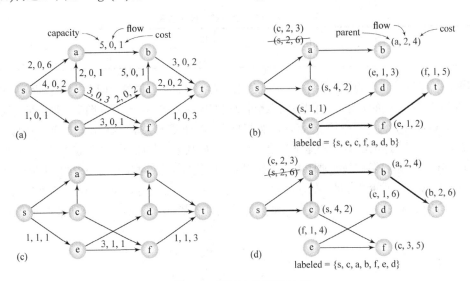

图 8-25 查找成本最低的最大流

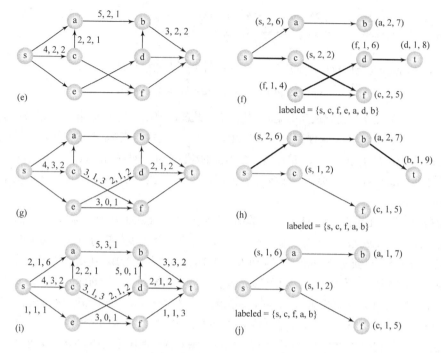

图 8-25　查找成本最低的最大流(续)

8.9　匹配

假设有 5 个就业机会(a,b,c,d 和 e)和 5 个求职者(p,q,r,s 和 t)，条件如表 8-1 所示。

表 8-1　求职者与工作职位的对应关系

求职者	p	Q	R	S	t
工作职位	a b c	b d	a e	E	c d e

问题是怎样为每个工作职位找到一个合适的求职者；也就是怎样使求职者与工作职位匹配。在现实生活中有很多这样的问题。工作匹配问题可以用双向图来建模。在双向图中，顶点集 V 可以分为两个子集 V_1 和 V_2，对于每条边 edge(vw)，如果顶点 v 在子集 V_1 或者 V_2 中，则顶点 w 在另一个子集中。在这个例子中，顶点集 V_1 代表求职者，顶点集 V_2 代表工作职位，边代表求职者可以胜任的职位(图8-26)。现在的任务就是在求职者与工作职位之间找到一个匹配，使每个求职者匹配一个工作职位。通常情况下，可能没有足够的求职者，或者个可能为每个工作职位找到一个合适的求职者，即使求职者的数量超过工作职位的数量。因此，现在的任务就是给求职者分配尽可能多的工作职位。

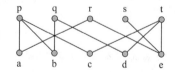

图 8-26　5 个求职者和 5 个工作职位的匹配

图 $G=(V,E)$ 的匹配集合 M 是边的一个子集，$M\subseteq E$，在 M 中，任何两条边都不会共用同一个顶点，所以任何两条边都不是相邻的。最大匹配集合就是包含边数最多、不匹配的顶点数(M 中和边不关联的顶点)最少的匹配集合。例如，在图 8-27 所示的图中，集合 $M_1=\{edge(cd), edge(ef)\}$ 和 $M_2=\{edge(cd), edge(ge), edge(fh)\}$ 是两个匹配集合，但 M_2 是最大匹配集合，而 M_1 不是。理想匹配集合就是使图 G 中的所有顶点都成对的匹配集合。在图 8-26 中，匹配集合 $M=\{edge(pc), edge(qb), edge(ra), edgen(se), edge(td)\}$ 是一个理想匹配集合，但是在图 8-27 中，就没有理想匹配集合。匹配问题包括为图 G 找一个最大匹配集合，寻找理想匹配集合的问题也叫选配问题(marriage problem)。

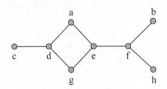

图 8-27　包含匹配集合 $M_1=\{edge(cd), edge(ef)\}$ 和 $M_2=\{edge(cd), edge(ge), edge(fh)\}$ 的图

M 的交替路径是边 $edge(v_1 v_2)$, $edge(v_2 v_3)$,…,$edge(v_{k-1} v_k)$ 的一个序列，这个序列中的边交替属于 M 和 E-M(不属于 M 的边的集合)(即任何两条相邻的边中其中一条属于 M，另外一条属于 E-M)。M 的增大路径是一条交替路径，该路径两端的顶点都不与匹配集合 M 中的任何边关联。所以，增大路径的边数是一个奇数 $2k+1$，其中有 k 条边属于 M，$k+1$ 条边不属于 M。如果属于 M 的边用不属于 M 的边代替，M 中的边数就比交换前的边数多 1。因此，匹配集合 M 的基数增加了 1。

两个集合的对称差分 $X\oplus Y$ 是下面这个集合：

$$X \oplus Y = (X-Y)\cup(Y-X) = (X\cup Y)-(X\cap Y)$$

换句话说，对称差分 $X\oplus Y$ 包括 X 和 Y 的所有元素，除去那些同时属于 X 和 Y 的元素。

定理 1：

如果对于图 $G=(V,E)$ 中的两个匹配集合 M 和 N，定义一个边的集合 $M\oplus N\subseteq E$，则子图 $G'=(V, M\oplus N)$ 的每个连通分量是：

(a) 孤立的顶点。

(b) 由偶数条边组成的一个环，这些边交替属于 M 和 N。

© 一条路径，该路径的边交替属于 M 和 N，该路径的每个端顶点只能与 M 和 N 中的一个匹配(即整个路径而不是部分路径应该包括所有连通分量)。

证明：

对于 G' 中的每个顶点 v，$deg(v)\leqslant 2$，每个匹配集合中最多有一条边与顶点 v 相连，因此，G' 中的每个分量或者是孤立的顶点，或者是一条路径，或者是一个环。如果它是一个环或者一条路径，则它的边必然交替属于 M 和 N，否则，就违背了匹配集合的定义。这样，如果它是一个环，边的数目肯定是偶数。如果它是一条路径，那么两个端顶点的度数都是 1，这样这两个端顶点只能各属于一个不同的匹配集合，而不能同时属于两个匹配集合。

图 8-28 中包含了一个示例。匹配集合 $M=\{edge(ad), edge(bf), edge(gh), edge(ij)\}$(由虚线标记)和 $N=\{edge(ad), edge(cf), edge(gi), edge(hj)\}$(由点线标记)的对称差分是集合 $M\oplus N=\{edge(bf), edge(cf), edge(gh), edge(gi), edge(hj), edge(ij)\}$，此差分包含一条路径和一个环(如图 8-28(b)所示)。图 G 中不与 $M\oplus N$ 中的边相连的顶点，在图 $G'=(V, M\oplus N)$ 中是孤立的顶点。

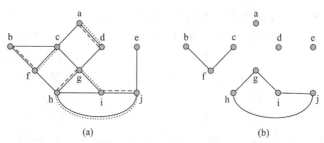

图 8-28　(a) 图 G＝(V,E)中的两个匹配集合 M 和 N; (b) 图 G'＝(V, M ⊕ N)

定理 2:

如果 M 是一个匹配集合，P 是 M 的增大路径，那么，$M \oplus P$ 是一个基数为 $|M|+1$ 的匹配集合。

证明:

按照对称差分的定义，$M \oplus P = (M-P) \cup (P-M)$，除了端顶点外，所有与 P 中的边关联的其他顶点，都与 P 中的边相匹配。因此，在 $M-P$ 中，任何一条边都不包含 P 中的顶点，所以，$M-P$ 和 $P-M$ 的边没有共享的顶点。此外，因为 P 是一条包含 $P-M$ 中所有边的路径，那么 $P-M$ 中的边也没有共享的节点。所以，$(M-P) \cup (P-M)$ 是两个没有重叠的匹配集合的联合，也是一个匹配集合。如果 $|P|=2k+1$，那么 $|M-P|=|M|-k$，因为 $M \cup P$ 中的所有边都被排除在外，所以属于 P 但不属于 M 的边数是 $|M-P|=k+1$。又因 $(M-P)$ 和 $(P-M)$ 是不重叠的，所以 $|(M-P) \cup (P-M)|=|(M-P)|+|(P-M)|=(|M|-k)+k+1=|M|+1$。

图 8-29 演示了这个定理。对于由虚线标记的匹配集合 $M=\{edge(bf), edge(gh), edge(ij)\}$ 和 M 的增大路径 P(路径 c-b-f-h-g-i-j-e)，得到的匹配集合是 $\{edge(bc), edge(ej), edge(fh), edge(gi)\}$。它包含 P 中所有 M 最初不包括的边。所以实际上，如果在增大路径中，匹配的边和不匹配的边的作用是相反的，那么这个定理可以寻找更大的匹配集合。

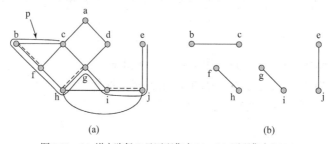

图 8-29　(a) 增大路径 P 及匹配集合 M; (b) 匹配集合 M⊕P

Berge 定理(1957):

在图 G 中，如果不存在连接图 G 中两个不匹配顶点的增大路径，图 G 就有一个最大匹配集合 M。

证明:

⟹ 由定理 2 可知，如果图中存在一条增大路径，就可以产生一个更大的匹配集合；所以 M 不是最大匹配集合。

⟸ 假设 M 不是最大匹配集合，另一个集合 N 是最大匹配集合。设 $G'=(V, M \oplus N)$，由定理 1 可知，G' 的连通分量要么是由偶数条边构成的环，要么是路径(在这里，孤立的节点不包括在内)。如

果 G' 的连通分量是一个环，那么它有一半的边属于 N，另一半属于 M，因为 M 和 N 的边是交替出现的。如果 G' 的连通分量是一条有偶数条边的路径，则其中属于 M 和 N 的边数是相同的。但是，如果它是一条有奇数条边的路径，则其中属于 N 的边数就大于属于 M 的边数，因为 $|N|>|M|$，且两个端顶点与 N 中的边关联。因此，它是一个增大路径，这与没有增大路径的假定矛盾。

这个定理提出，要找到最大匹配集合，可以从一个原始的匹配集合(可能为空)开始，然后，重复寻找新的增大路径，增加匹配集合的基数，直到再也找不到增大路径为止。这就需要一个算法来决定交替路径，为双向图编写这样一个算法要比为其他的图编写这样的算法简单得多，因此，下面先讨论这种相对简单的情况。

为了找到一条增大路径，可以修改广度优先的搜索算法，来寻找最短路径。这个过程构造了一棵 Hungarian 树，根中不匹配的顶点构成了交替路径，并且在根的外部找到不匹配的顶点(也就是找到了一条增大路径)时，就会报告搜索成功。增大路径允许增大匹配集合的大小，当找不到这样的增大路径时，过程结束。算法如下所示：

```
findMaximumMatching (双向图 graph)
   for 所有不匹配的顶点 v；
       所有顶点的层次设置为 0；
       所有顶点的父节点设置为空；
       level(v) = 1；
       last = null；
       清除队列；
       enqueue(v)；
       while 队列不为空，并且 last 为空
          v = dequeue()；
          if level(v)是一个偶数
             for v 邻接的所有顶点 u, level(u)=0
                 if u 是不匹配的              // 找到增大路径的末尾
                     parent(u) = v；
                     last = u；              // 这也允许退出 while 循环
                     break；                 // 退出 for 循环
                 else if u是匹配的，但不是和 v 匹配
                     parent(u) = v；
                     level(u) = level(v) + 1；
                     enqueue(u)；
             else //如果 level(v)为偶数
                 parent(u) = v；
                 level(u) = level(v) +1；
                 enqueue(u)；
       if last 非空 // 通过更新增大路径来增大匹配集合；
          for (u = last; u非空; u = parent(parent(u)))
              matchedWith(u) = parent(u)；
              matchedWith(parent(u)) = u；
```

图 8-30 给出了一个示例。当前匹配集合 $M=\{(u_1,v_4), (u_2,v_2) , (u_3,v_3) , (u_5,v_5)\}$ (图 8-30(a))，从顶点 v_4 开始寻找增大路径。首先，把三个与 u_4 邻接的顶点 v_3、v_4 和 v_5 加入队列，它们都通过不在 M 中的边与 u_4 相连。然后，从队列中删除 v_3，因为它在树的偶数层上(图 8-30(b))。考虑到 v_3 最多有一个后继顶点 u_3，因为 $edge(u_3,v_3)$ 在 M 中，然后把 u_3 加入队列。接着找到 v_4 和 v_5 的后继，它们分别是

u_1 和 u_5，之后考虑顶点 u_3。这个顶点在奇数层上，因此，检查通过不在 M 中的边与其直接相连的所有顶点，即 v_2、v_4 和 v_5，但是只有第一个顶点 v_2 不在树中，现在把它也加入树中。再测试 u_1 的后继，它的后继中只有 v_2 不符合要求，因为 v_2 已经在树中。最后，检查顶点 u_5，从 u_5 可以到达一个不匹配的顶点 v_6，这表示增大路径结束，所以退出 while 循环。然后，对匹配集合 M 进行修改，使 M 包括新找到的增大路径中那些不在 M 中的边，而除去路径中原来在 M 中的边。这样，在 M 中的边比不在 M 中的多一条，经过修改后，M 中的边数比原来增加了 1，得到的新匹配集合如图 8-30(c) 所示。

找到并修改了增大路径后，就开始寻找另一条新的增大路径。因为图中仍有两个不匹配的顶点，所以仍可能存在更大的匹配集合。在外层 for 循环的第二次迭代中，从顶点 v_6 开始寻找，最后得到如图 8-30(d)所示的树，其中包括一条增大路径，根据这条路经可以得到如图 8-30(e)的匹配集合。现在图中没有不匹配的顶点了，因此，这个最大匹配集合也是一个理想匹配集合。

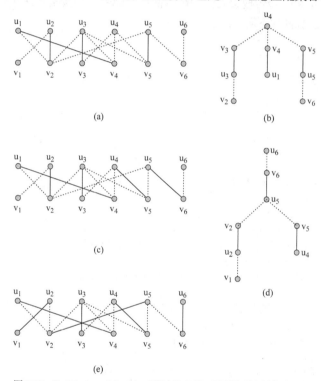

图 8-30　findMaximumMatching()算法的应用，匹配的顶点用实线相连

此算法的复杂度计算如下：每条交替路径使匹配集合的基数加一，因为匹配集合 M 中的最大边数为$|V|/2$，所以外层 for 循环的迭代次数最多为$|V|/2$ 次。此外，找到增大路径需要 $O(|E|)$ 步，那么寻找最大匹配集合的总成本为 $O(|V||E|)$。

8.9.1　稳定匹配问题

在匹配工作职位和求职者的例子中，任何成功的最大匹配集合都可以接受，因为求职者获得什么工作、谁雇佣这些求职者并不重要。但通常不是这样，求职者有自己的喜好，老板也有自己的喜好。在稳定匹配问题(也称为稳定选配问题)中，有两个基数相同的、不重叠的集合 U 和 W。U 的每

个元素都有 W 中元素的等级列表，W 的每个元素也有 U 中元素的优先级列表。理想情况下，元素应使用最高的优先级来匹配，但因为不同列表之间可能有冲突(例如同一个 w 在两个等级列表中的等级都是 1)，就需要创建一个稳定的匹配。如果两个元素 u 和 w 与其他元素匹配的等级比它们当前匹配的元素高，匹配就是不稳定的，否则匹配就是稳定的。设集合 $U=\{u_1, u_2, u_3, u_4\}$ 和集合 $W=\{w_1, w_2, w_3, w_4\}$，等级列表如下所示：

u_1: $w_2 > w_1 > w_3 > w_4$ w_1: $u_3 > u_2 > u_1 > u_4$

u_2: $w_3 > w_2 > w_1 > w_4$ w_2: $u_1 > u_3 > u_4 > u_2$

u_3: $w_3 > w_4 > w_1 > w_2$ w_3: $u_4 > u_2 > u_3 > u_1$

u_4: $w_2 > w_3 > w_4 > w_1$ w_4: $u_2 > u_1 > u_3 > u_4$

匹配集合 (u_1, w_1), (u_2, w_2), (u_3, w_4), (u_4, w_3) 是不稳定的，因为有两个元素 u_1 和 u_2，它们与其他元素匹配的等级比当前匹配的元素高：u_1 与 w_2 匹配高于 u_1 与 w_1 匹配，w_2 与 u_1 匹配高于 w_2 与 u_2 匹配。

查找稳定匹配的经典算法由 Gale 和 Shapley(1962)提出，该算法还说明了总是存在稳定匹配集合。

```
stableMatching(图 = (U∪W,M))              // U∩W = 空，|U| = |W|，M =空；
    while 有一个未匹配的元素 u∈U
        w = 在 u 的列表中从 W 中选择的等级最高的元素；
        if w 未匹配
            matchedWith(u) = w;            // 在匹配集合 M 中包含 edge(uw);
            matchedWith(w) = u;
        else if w 已匹配，w 的等级高于其当前匹配的元素 u
            matchedWith(matchedWith(w)) = null; // 从 M 中删除 edge(matchedWith(w), w);
            matchedWith(u) = w;            // 在 M 中包含 edge(uw);
            matchedWith(w) = u;
```

对于 $u\in U$，选择列表在每次迭代中减小了，每个列表的长度都是 $|W| = |U|$，有 $|U|$ 个这样的列表，每个列表对应于一个 u，算法要执行 $O(|U|^2)$ 次迭代，最好情况需要的次数是 $|U|$，最坏情况需要的次数是 $|U|^2$。

把这个算法应用于前面定义的、指定了等级的集合 U 和 W 上。在第一次迭代中，选择 u_1，它会立即与 u_1 的等级列表中最高级的未匹配元素 w_2 匹配。在第二次迭代中，u_2 成功地与其最高级的元素 w_3 匹配。在第三次迭代中，试着把 u_3 与其对应的元素 w_3 匹配，但 w_3 已经匹配，而且 w_3 更愿意与 u_2 匹配，而不是与 u_3 匹配，所以此时什么也不会发生。在第四次迭代中，u_3 与其次高级的元素 w_4 匹配，而元素 w_4 目前还没有与其他元素匹配。在第五次迭代中，试着匹配 u_4 与 w_2，但不成功，因为 w_2 已经与 u_1 匹配，而且 u_1 与 w_2 匹配的等级高于 u_4 与 w_2 匹配。在第六次迭代中，试着匹配 u_4 与第二个选择的元素 w_3，w_3 已经与 u_2 匹配，但它与 u_4 匹配的等级高于它与 u_2 匹配，所以，u_2 变成未匹配，u_4 与 w_3 匹配，现在，必须匹配 u_2。执行的步骤如表 8-2 所示。

表 8-2 匹配的对

迭 代	u	w	匹 配 的 对
1	u_1	w_2	(u_1, w_2)
2	u_2	w_3	(u_1, w_2), (u_2, w_3)
3	u_3	w_3	(u_1, w_2), (u_2, w_3)
4	u_3	w_4	(u_1, w_2), (u_2, w_3), (u_3, w_4)

(续表)

迭 代	u	w	匹 配 的 对
5	u_4	w_2	$(u_1, w_2), (u_2, w_3), (u_3, w_4)$
6	u_4	w_3	$(u_1, w_2), (u_3, w_4), (u_4, w_3)$
7	u_2	w_2	$(u_1, w_2), (u_3, w_4), (u_4, w_3)$
8	u_2	w_1	$(u_1, w_2), (u_2, w_1), (u_3, w_4), (u_4, w_3)$

注意，由于等级比较重要，所以在这个算法中隐含了不对称的匹配。该算法可以处理 U 集合中的元素。当集合 U 和 W 的作用颠倒过来时，它们的首选和稳定匹配如下：

$$(u_1, w_2), (u_2, w_4), (u_3, w_1), (u_4, w_3)$$

u_2 和 u_3 分别与集合 W 中的 w_4 和 w_1 匹配，其等级低于以前在等级列表中选择的元素。以前 u_2 和 u_3 分别与集合 W 中的 w_1 和 w_4 匹配。

8.9.2 分配问题

在加权图中，寻找合适匹配的问题会变得更加复杂。在加权图中，我们希望能找到一个总权值最大的匹配集合，这个问题称为分配问题。完全二分图有两个相同大小的顶点集，完全二分图的分配问题称为最优分配问题。

对于这个问题，有一个复杂度为 $O(|V^3|)$ 的算法，该算法源自 Kuhn(1955) 和 Munkres(1957) (Bondy 和 Murty 1976；Tulasiraman 和 Swamy 1992)。对二分图 $G=(V,E)$，$V=U \cup W$，定义一个标记函数 f：$U \cup W \to R$，标记 $f(v)$ 是分配给每个顶点 v 的一个数字，对于所有的顶点 v、u，都满足 $f(u)+f(v) \geqslant weight(edge(uv))$。创建一个集合 $H=\{edge(uv) \in E: f(u)+f(v)=weight(edge(uv))\}$，然后创建一个等价子图 $G_f=(V,H)$。Kuhn-Munkres 算法基于这样一种理论：如果对于标记函数 f 和等价子图 G_f，图 G 包含一个理想匹配集合，那么这个匹配是最优的：对于 G 中的任意匹配集合 M，$\sum f(u)+\sum f(v) \geqslant weight(M)$，对于任何理想匹配集合 M_p，$\sum f(u)+\sum f(v)=weight(M_p)$，即 $weight(M) \leqslant \sum f(u)+\sum f(v)=weight(M_p)$。

这个算法扩展了等价子图 G_f，直到在其中找到一个理想匹配集合为止，它也是图 G 的最优匹配集合。

```
optimalAssignment()
    G_f = 某个顶点的标记函数 f 的等价子图;
    M = 在 G_f 中的匹配;
    S = {某个不匹配的顶点 u}; // 增大路径 P 的开始;
    T = null;
    while M 不是一个理想匹配集合
        Γ(S) = {w:∃u∈ S:edge(uw)∈ G_f}; // G_f 中与 S 的顶点相邻的顶点;
        if Γ(S) == T
            d = min{(f(u) + f(w) - weight(edge(uw)):u∈ s,w∉ T);
            for 每个顶点 v
                if v ∈ S
                    f(v) = f(v) - d;
                else if v∈ T
                    f(v) = f(v) + d;
```

构造一个新的等价子图 G_f 和一个新的匹配集合 M;
```
    else // if T⊂Γ(S)
        w = Γ(S)中的一个顶点-T;
    if w 未匹配 // 增大路径 P 结束;
        P = 刚才找到的增大路径;
        M = M ≈ P;
        S = {某个不匹配的顶点 u};
        T = null;
    Else S = S ∪ {M中w的邻接点};
        T = T ∪ {w};
```

图 8-31 给出了一个示例。完全二分图 $G=(\{u_1,\ldots, u_4\} \cup \{w_1,\ldots, w_4\},E)$ 的权由图 8-31(a)中的矩阵来定义。

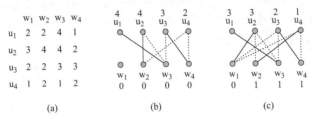

$$
\begin{array}{c|cccc}
 & w_1 & w_2 & w_3 & w_4 \\
\hline
u_1 & 2 & 2 & 4 & 1 \\
u_2 & 3 & 4 & 4 & 2 \\
u_3 & 2 & 2 & 3 & 3 \\
u_4 & 1 & 2 & 1 & 2 \\
\end{array}
$$

(a)　　　　　　　(b)　　　　　　　(c)

图 8-31　最优分配算法 optimalAssignment()的一个应用示例

(1) 给起始标记选择一个函数 $f(u)=\max\{weight(edge(uw)): w\in W\}$，也就是说，在权矩阵中，$f$ 是顶点 u 所在的行中的最大值，且 $f(w)=0$，因此对于图 G，起始标记如图 8-31(b)所示。我们选择如图 8-31(b)的一个匹配，把集合 S 设置为 $\{u_4\}$，集合 T 设置为空。

(2) 在 while 循环的第一次迭代中，$\Gamma(S)=\{w_2,w_4\}$，因为 w_2 和 w_4 都是 u_4 的邻接点，u_4 是 S 的唯一元素。因为 $T\subset\Gamma(S)$，即 $\varnothing\subset\{w_2,w_4\}$，执行外层的 else 语句，于是 $w=w_2$（如果 $\Gamma(S)$ 不在 T 中，就简单地选择第一个元素），由于 w_2 已匹配，执行内层的 else 语句，把 S 扩展为 $\{u_2,u_4\}$，因为 u_2 既已匹配，又与 w_2 相邻，就把 T 扩展为 $\{w_2\}$。

迭代过程如表 8-3 所示。

表 8-3　迭代过程列表

迭 代 次 数	Γ(S)	W	S	T
0	∅		{ u₄}	∅
1	{ w₂,w₄}	w₂	{ u₂,u₄}	{ w₂}
2	{ w₂,w₃,w₄}	w₃	{ u₁,u₂,u₄}	{ w₂,w₃}
3	{ w₂,w₃,w₄}	w₄	{ u₁,u₂,u₃,u₄}	{ w₂,w₃,w₄}
4	{ w₂,w₃,w₄}			

在第 4 次迭代中，由于集合 T 和 $\Gamma(S)$ 是相等的，外层 if 语句的条件为真，于是距离 $d=\min\{(f(u)+f(w))-weight(edge(uw)): u\in S, w\notin T\}$。因为 w_1 是唯一不在 $T=\{w_2,w_3,w_4\}$ 中的顶点，$d=\min\{(f(u)+f(w_1))-weight(edge(uw_1)): u\in S=\{u_1,u_2,u_3,u_4\}\}= \min\{(4+0-2), (4+0-3), (3+0-2), (2+0-1)\} =1$。利用这个距离，图 G 中顶点的标记更新为图 8-31(c)中的值。S 中 4 个顶点的标记减去 $d=1$，T 中三个顶点的标记加上 d。下一步生成一个等价子图，这个图包含所有的边，如图 8-31(c)所示，这样匹配集合就找到了，它包含图中用实线画的边。这是一个理想匹配集合，所以是一个最优匹配集合，至此算法执

行完毕。

8.9.3　非二分图中的匹配集合

算法 findMaximumMatching( )一般不足以正确处理非二分图。考虑图 8-32(a)，如果首先利用广度优先搜索算法来构建一个树，以此来确定从顶点 c 开始的一个增大路径，那么顶点 d 的度为偶数，e 的度为奇数。顶点 a 和顶点 f 的度为偶数。接着，把 b 添加到树中，以扩展a，把 i 包含在树中，以扩展 f，这样就找到了增大路径 c-d-e-f-g-i。但是，如果顶点 i 不在图中，就不能检测到唯一的增大路径 c-d-e-a-b-g-f-h，因为顶点 g 已经做了标记，不能访问 f，也不能访问顶点 h。因而如果用深度优先搜索算法，在通过顶点 f 扩展一条路径之前，先通过顶点 a 来扩展路径，就可以找到路径 c-d-e-a-b-g-f-h。因为这种查找首先确定路径 c-d-e-a-b-g-f，然后通过 f 来访问 h。然而，如果 h 不在图中，那么深度优先搜索算法将漏掉路径 c-d-e-f-g-i。因为首先将扩展包含顶点 g 和 f 的路径 c-d-e-a-b-g-f，不再检测路径 c-d-e-f-g-i。

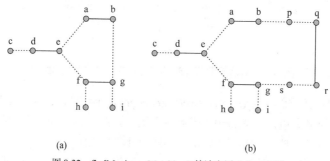

图 8-32　findMaximumMatching( )算法应用于非二分图

问题的根源在于存在奇数边的环。但引起该问题的原因不仅仅是环中的奇数边。考虑图 8-32(b)。环 e-a-b-p-q-r-s-g-f-e 有 9 条边，但 findMaximumMatching( )算法是成功的，这是很容易确定的(深度优先搜索和广度优先搜索都是首先找到路径 c-d-e-a-b-p，然后找到路径 h-f-g-i)。问题产生于具有奇数边的环，这种特殊类型的环称为花朵。为具有花朵的图确定增大路径的技术是 Jack Edmonds 提出的。首先介绍一些定义。

花朵(blossom)是一个交接环 $v_1,v_2,...,v_{2k-1},v_1$，因此 edge(v_1, v_2)和 edge(v_{2k-1}, v_1)不在匹配集合中。在这样的环中，顶点 v_1 称为花朵的基点(base)。有偶数边的交替路径称为主干(stem)；具有一个顶点、长度为 0 的路径也称为主干。花朵如果有一个主干，该主干唯一匹配集合中的边与花朵的基点相连，这样的花朵就称为花卉(flower)。例如，在图 8-32(a)中，路径 c-d-e 和路径 e 是主干，环 e-a-b-g-f-e 是基点为 e 的花朵。

如果预期的增大路径会产生通过基点的花朵，就会出现花朵问题。根据选择哪条边来继续扩展这个路径，可能找得到增大路径，也可能找不到。然而，如果花朵是经过不是基点的其他顶点 v 进入的，问题就不会产生，因为可以仅选择与顶点 v 相邻的两条边之一。所以，防止花朵产生不良影响的一种方法是：检测花朵是不是通过其基点进入的。下一步是暂时把该花朵从图中去掉，把一个代表该花朵的顶点置于其基点的位置，把与该花朵相连的所有边都与这个顶点连接起来。继续搜索增大路径，如果找到一个增大路径，它包含代表花朵的顶点，就扩展这个花朵，并沿着与这个花朵连接的边回溯，一直到一条与基点连接的边，从而确定通过该花朵的路径。

第一个问题是如何辨别花朵是通过基点进入的。考虑图 8-33(a)中的 Hungarian 树，它是利用广度优先搜索由图 8-32(a)中的图生成的。现在，如果试图找到顶点 b 的邻接点，就仅有 g 满足条件，因为 edge(ab)在匹配集合中，这样只有不在匹配集合中的、始于顶点 b 的边才能包含进来。这些边将指向该树中偶数层上的顶点。但 g 已经作了标记，而且它位于奇数层上。这就标志着检测到一个花朵。如果通过不同的路径到达作了标记的顶点，并且其中一个路径要求这个顶点在偶数层上，另一个路径要求这个顶点在奇数层上，就说明我们正处于通过基点进入的花朵中。现在，在这棵树中跟踪从 g 到 b 的路径，直到找到一个公共的根节点。这个公共的根节点(本例中就是顶点 e)就是检测到的花朵的基点。现在用顶点 A 替代花朵，生成如图 8-33(b)所示的转换图。重新从 A 开始查找增大路径，直到找到一条增大路径(即 c-d-A-h)为止。现在，扩展由 A 代表的花朵，跟踪通过花朵的增大路径。我们从 edge(hA)开始这个过程，现在，edge(hA)成为 edge(hf)。因为它不是匹配集合中的一条边，从顶点 f 开始的边仅有 edge(fg)可选择，因此增大路径可以是交替路径。通过顶点 f、g、b、a、e 向前移动，可以确定增大路径中对应于 A 的部分：c、d、A、h (图 8-33(c))，因此，完整的增大路径为 c-d-e-a-b-g-f-h，在该路径处理之后，就得到了如图 8-33(d)所示的新匹配。

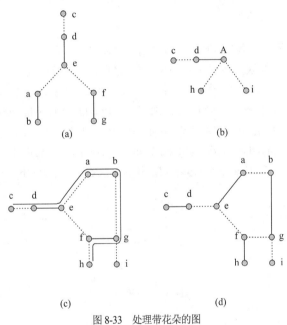

图 8-33 处理带花朵的图

8.10 欧拉(Eulerian)图与汉密尔顿(Hamiltonian)图

8.10.1 欧拉图

欧拉轨迹是一条路径，该路径包含图中全部的边并且只包含一次。欧拉环就是也为欧拉轨迹的环。包含欧拉环的图称为欧拉图。欧拉证明了一个定理：若图中的每个顶点都与偶数条边相关联，这个图就是欧拉图。也就是说，如果图恰好有两个顶点与奇数条边相关联，则这个图包含欧拉轨迹。

找到欧拉环(如果可能的话)的算法最早是由 Fleury(1883)提供的。该算法主要检查是否存在这样的桥：如果删除该边，图 G_1 和 G_2 就会断开连接。因为如果在遍历通向 G_2 的边之前还没有完成 G_1 的遍历，就不可能返回到 G_1。正如 Fleury 自己说的那样，该算法"只有在没有其他路径可走时，才会走一条孤立的路径(桥)"。只有遍历了整个子图 G_1 后，路径才能通过这样的边。Fleury 算法如下所示：

```
FleuryAlgorithm(无向图 graph)
    v = 起始顶点 a;          // 任意顶点;
    path = v;
    Untraversed = graph;
    while v 存在未遍历的边
        if edge(vu)是唯一未遍历的边
            e = edge(vu);
            从 untraversed 中移走 v;
        else e = edge(vu) v 不是 untraversed 中的一个桥;
        path = path + u;
        从 untraversed 中移走 e;
        v = u;
    if untraversed 中已没有边
        查找成功;
    else 查找失败;
```

注意，当顶点有多条未遍历的边时，应该使用一个连通检查算法。

图 8-34 给出了一个查找欧拉环的示例。在选择边之前，先要确定该边是否是未遍历子图中的一个桥，这个测试很关键。例如，对于图 8-34(a)中的图，如果遍历从顶点 b 开始，通过顶点 e、f、b 和 c，到达顶点 a，因而使用路径 b-e-f-b-c-a，则在 a 的边 edge(ab)、edge(ad)或 edge(ae)中选择未遍历的边时就需要慎重(图 8-34(b))。如果选择 edge(ab)，剩下 3 条未遍历的边将不可到达，因为在未遍历的子图 untraversed=({a,b,d,e}, {edge(ab), edge(ad), edge(ae), edge(de)})中，edge(ab)是一个桥，它断开了 untraversed 的两个子图({a,d,e}, {edge(ad), edge(ae), edge(de)})和({b}, $\varnothing$)。

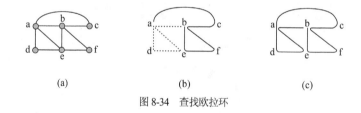

(a)   (b)   (c)

图 8-34 查找欧拉环

中国的邮递员问题

中国的邮递员问题表述如下：邮递员在邮局取信件，把这些信件发送给某个区域的各个地址，然后返回邮局(Kwan 1962)。在邮递员去每条街道送信时，步行的距离应最短。这个问题可以用图 G 来建模，该图的每条边都表示一条街道以及该街道的长度，顶点表示街道转角，在转角应能找到最短的步行距离。首先观察一下，如果图 G 是欧拉图，则每个欧拉环都是一个解决方案；但是，如果图 G 不是欧拉图，则可以扩展它，使它变成欧拉图 G*，计算邮递员的步行距离时，G*中的每条边 e 都可以出现任意多次。于是可以构建一个图 G*，使 G*中的边长之和最小。首先，把奇数度的顶点组合到对(u,w)中，在每对顶点之间的已有路径中，添加一条包含新边的路径，从而构造出图 G*。现在的问题是，要把奇数度的顶点组合起来，使路径的距离之和最小。下面解决这个问题的算法由 Edmonds 和 Johnson 提出(Edmonds 1965；Edmonds 和 Johnson 1973；参见 Gibbons 1985)：

```
ChinesePostmanTour(G = (V, E))
```

```
ODD = G中所有奇数度的顶点集合;
if ODD 非空
    E* = E;
    G* = (V, E*);
    在所有奇数度的顶点之间找出最短路径;
    构造一个完全双向图 H = (U∪W, E') , ODD == (v1, ..., v2k),
    使 U = (u₁, ..., u₂ₖ), 且 uᵢ 是 vᵢ 的一个副本;
        W = (w₁, ..., w₂ₖ), 且 wᵢ 是 vᵢ 的一个副本;
        dist(edge(uᵢwᵢ)) = -∞;
        对于 i≠j , dist(edge(uᵢwⱼ)) = -dist(edge(vᵢvⱼ));
    在 H 中找出最优分配 M;
    for 每条边 (uᵢwⱼ)∈M, 使 vᵢ 仍是奇数度的顶点
        E* = E*∪{edge(uw) ∈ path(uᵢwⱼ): path(uᵢwⱼ)是最短路径};
在 G*中找到欧拉路径;
```

注意，奇数度的顶点个数仍是偶数(习题 47)。

查找邮递员步行路径的过程如图 8-35 所示。图 8-35(a)中有 6 个奇数度的顶点 ODD = {c, d, f, g, h, j}。确定这些顶点对之间的最短路径(图 8-35(b)和图 8-35(c))，接着找出完全双向图 H(图 8-35(d))。接着找到最优分配集合 M。使用 optimalAssignment()算法(参见 8.9.1 节)，找到原等价子图中的一个匹配集合(图 8-35(e))。该算法找到两个匹配集合，如图 8-35(f)和图 8-35(g)所示，然后找到一个理想匹配集合，如图 8-35(h)所示。使用这个匹配集合，添加新边，扩展原图，如图 8-35(i)中的虚线所示，扩展后的图没有奇数度的顶点，因此找出欧拉轨迹是可能的。

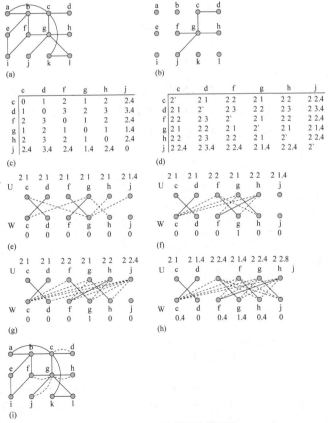

图 8-35　解决中国邮递员问题

8.10.2 汉密尔顿图

汉密尔顿环是一个通过图中所有顶点的环。如果图至少包含一个汉密尔顿环,这个图就称为汉密尔顿图。汉密尔顿图没有公式定义。然而可以清楚地看到,所有的完全图都是汉密尔顿图。

定理(Bondy 和 Chvátal 1976;Ore 1960):

如果 $edge(vu)\notin E$,则图 $G^*=(V, E\cup\{edge(vu)\})$ 是汉密尔顿图,如果 $deg(v)+deg(u)\geqslant|V|$,则图 $G=(V, E)$ 也是汉密尔顿图。

证明:

假设图 G^* 中有一个汉密尔顿环,$edge(vu)\notin E$。这表示 G 有一个汉密尔顿路径 $v=w_1,w_2,\cdots,w_{|V|-1}$, $w_{|V|}=u$。现在要找到两条交叉边 $edge(vw_{i+1})$ 和 $edge(w_iu)$,使 $w_1,w_{i+1},w_{i+2},\cdots,w_{|V|},w_i\cdots,w_2,w_1$ 是 G 的一个汉密尔顿环(参看图 8-36)。为了说明这是可能的,假设顶点 v 的邻接顶点的下标集合是 $S=\{j:edge(vw_{j+1})\}$,u 的邻接顶点的下标集合是 $T=\{j:edge(w_ju)\}$。因为 $S\cup T\subseteq\{1,2,\cdots,|V|-1\}$,$|S|=deg(v)$,$|T|=deg(u)$,且 $deg(v)+deg(u)\geqslant|V|$,那么 S 和 T 必然有一个相同的下标,于是存在两个相交边 $edge(vw_{i+1})$ 和 $edge(w_iu)$。

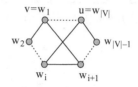

图 8-36 交叉边

从本质上说,这个定理说明,有些汉密尔顿图允许通过取消一些边来建立汉密尔顿图。这将导出一个算法:首先把一个图扩展为有更多边的图,这样就容易找到汉密尔顿环,然后添加一些边,移去其他边,最后形成一个所含边属于原始图的汉密尔顿环。基于上述定理的、用于查找汉密尔顿环的算法如下(Chvátal 1985):

```
HamiltonianCycle(图 G = (V, E))
    把所有边的标记设为 0;
    k = 1;
    H = E;
    G_H = G;
    while G_H 包含非邻接顶点 v,u, 使 deg_H(v) + deg_H(u) ≥ |V|
        H = H∪{edge(vu)};
        G_H = (V, H);
        label(edge(vu)) = k++;
    if 存在一个汉密尔顿环 c
        while (k = max{label(edge(pq)): edge(pq)∈C}) > 0
            C = 一个环, 它的交叉边的每条边的标记值 < k;
```

图 8-37 包含了一个示例。在第一阶段,执行 while 循环,根据图 8-37(a)中的图 G 建立图 G_H,在每次迭代中,如果邻接顶点的总数不小于图中的顶点总数,就用一条边连接两个非邻接顶点。首先看看 a 的所有非邻接顶点。对于顶点 c,$deg_H(a)+deg_H(c)=6\geqslant|V|=6$,H 中包含标记为 1 的边 $edge(ac)$,

然后考虑顶点 e，因为 a 的度正好由于得到了新邻接顶点 b 而增加，$deg_H(a)+deg_H(e)=6$，所以在 H 中包含标记为 2 的边 edge(ae)。为建立新邻接点，下一个顶点选择度为 2 的顶点 b，它有 3 个非邻接点 d、e 和 f，它们的度分别为 3、3 和 3；因此，b 的度和 3 个顶点中任意一个的度之和都不到 6，则 H 中现在没有边。在 while 循环的下一次迭代中，测试顶点 c、d、e 和 f 的所有邻接顶点，结果如图 8-37(b) 中的图 H 所示，新边用带标记的虚线表示。

在 HamiltonianCycle() 算法的第二阶段，在 H 中找到一个汉密尔顿环 a-c-e-f-d-b-a。在这个环里，找到标记值最大的边 edge(ef)(图 8-37(c))。环中的顶点是有序的，所以该边中的顶点处于极端位置。接着，在这个顶点序列中从左到右移动，检查从两个邻接顶点到序列末端顶点的边，从而找到交叉边，并且这些边互相交叉。第一种可能是顶点 d 和 b 分别使用边 edge(bf) 和 edge(de)，但这对边是不能接受的，因为 edge(bf) 的标记值大于当前环的最大标记值 6。然后，检查顶点 b 和 a，以及把它们与顶点序列末端连接起来的边 edge(af) 和 edge(be)；这两条边是可以接受的(它们的标记值分别为 0 和 5)，因此把以前的环 f-d-b-a-c-e 转换成一个新的环 f-a-c-e-b-d。结果显示在图 8-37(d) 的下方，其中有两个相互交叉的新边，它们也显示在图 8-37(d) 的顶点序列和图中。

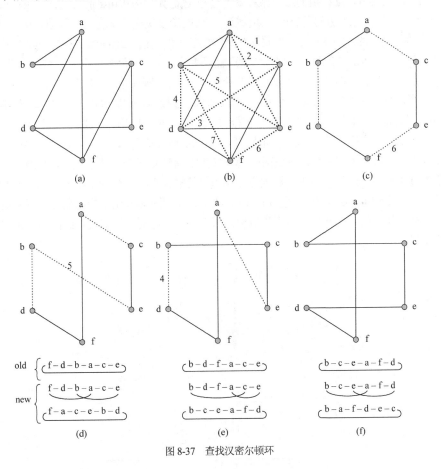

图 8-37 查找汉密尔顿环

在新环中，边 edge(be) 的标记值 5 最大，因此此环用这个边的顶点 b 和 e 来表示，b 和 e 是序列 b, d, f, a, c, e 的两个端顶点(如图 8-37(e))。为查找交叉边，首先观察一对交叉边 edge(bf) 和 edge(de)，但边 edge(bf) 的标记为 7，大于当前汉密尔顿环的最大标记 5，因此舍弃这对。下一步，考察 edge(ab) 和 edge(ef) 这对边，由于 edge(ef) 的最大标记为 6，这对边不合法。然后考察边 edge(bc) 和 edge(ae)，这是合法的，所以形成一个新的环 *b-c-e-a-f-d-b*(图 8-37(e))。在这个环里，找到一对交叉边 *edge(ab)* 和 *edge(de)*，形成一个新环 *b-a-f-d-e-c*(图 8-37(f))，该环只包含标记为 0 的边(即来自图 *G* 的边)，这说明最后的环是汉密尔顿环，且仅由图 *G* 中的边构成，结束算法的执行。

外出的推销员问题

外出的推销员问题(TSP)要求找出最短的旅程，也就是说，城市集合中的每个城市都访问一次，然后返回，使推销员的总旅程最短。如果 n 个城市中，每对城市之间的距离是已知的，就有(n-1)!种可能的路线(从顶点 v_1 开始，顶点的交换次数)。如果两个推销员以相反的方向访问各个城市，且他们的旅程相等，就应有(n-1)!/2 种可能的路线。这个问题就是找出最小的汉密尔顿环。

TSP 的大多数版本都依赖三角形的不等式 $dist(v_iv_j) \leq dist(v_iv_k) + dist(v_kv_j)$。一种可能是给与 v_j 距离最近的城市 v_{j+1} 加上已构造好的路径 $v_1,...,v_j$(这种算法比较贪心)。其问题是最后 $edge(v_nv_1)$ 的长度可能与其他边的总长相等。

一种方法是使用最小生成树。把树的长度定义为树中所有边的长度之和。由于从旅程中删除一条边会得到一棵生成树，推销员的最短旅程就不会短于最小生成树 mst 的长度，即 length(minTour) ≥ length(mst)。另外，为了访问所有的顶点(城市)，树的深度优先搜索会对每条边遍历两次(先向下，再回溯)，所以推销员的最短旅程至多是最小生成树的长度的两倍，2length(mst) ≥ length(minTour)。但如果在路径中，每条边都包含两次，则一些顶点就要通过两次。而每个顶点应在路径中只包含一次。所以如果顶点 v 已包含在路径中，就要在子路径...w v u...中删除它，子路径变成...w u...。根据三角形的不等式，路径的长度会缩短。例如，图 8-38(a)是连接城市 a 和 h 的完全图，其最小生成树如图 8-38(b)所示。深度优先搜索得到的路径如图 8-38(c)所示。重复应用三角形的不等式(如图 8-38(c)～图 8-38(i))，该路径就转换为图 8-38(i)中的路径，其中每个城市只访问一次。使用前序树遍历，这个最终的路径可以直接从图 8-38(b)中的最小生成树获得，按照遍历顺序连接顶点，且最后访问树的根顶点，就得到了推销员的最短旅程。把顶点 a 作为树的根节点，就得到了图 8-38(i)中的路线，访问城市的顺序是 a-d-e-f-h-g-c-b，之后返回 a(图 8-38(i))。注意图 8-38(i)中推销员的旅程是最短的，但并不总是这样。如果把顶点 d 作为最小生成树的根节点，前序树遍历就会得到图 8-38(j)中的路径，显然它不是最短的。

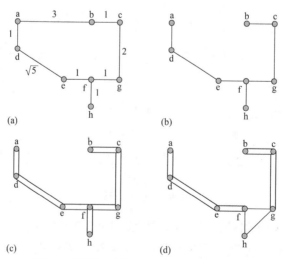

图 8-38 使用最小生成树查找推销员的最短旅程

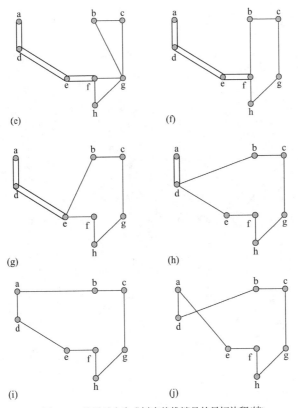

图 8-38 使用最小生成树查找推销员的最短旅程(续)

在这个算法的一个版本中，通过添加最近的城市来确定旅程，因为旅程的最后要回到原来的地方，这类似于 Jarník-Prim 方法。

```
nearestAdditionAlgorithm(城市 V)
    tour = 某个 v 的{edge(vv)};
    while tour 的边少于|V|条
        vi = 不在 tour 中，但与它最近的顶点;
        vp = 在 tour 中，且与 vi 最近的顶点(edge(vpvi) ∉ tour);
        vq = 在 tour 中的顶点，使 edge(vpvq) ∈ tour;
        tour = tour U {edge(vpvi), edge(vivq)} - {edge(vpvq)};
```

在这个算法中，$edge(v_pv_q)$ 是连接 tour 中城市 v_p 和其在 tour 中的两个邻接顶点 v_q 的两条边之一。如图 8-39 给出了应用这个算法的示例。

执行这个算法的成本似乎很高。为了在一次迭代中找到 v_i 和 v_p，应试验所有的组合，而组合的总数为：

$$\sum_{i=1}^{|V|-1} i(|V|-i) = \frac{(|V|-1)|V|(|V|+1)}{6} = O(|V|^3)$$

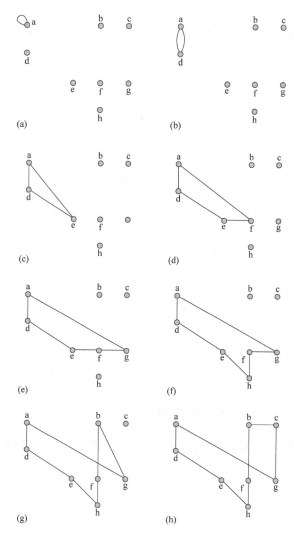

图 8-39　对图 8-38(a)中的城市应用最近插入算法

但是，仔细组织数据，可以加快这个过程。在确定第一个顶点 v，用于初始化旅程后，就可以确定每对顶点 u 和 v 之间的距离。给 u 正确建立两个域：distance = distance(uv)和 distanceTo = v，同时，确定距离最短的顶点 v_{min}。接着，在每次迭代中，令上一次迭代的 $v_p=v_{min}$，然后检查不在 tour 中的每个顶点 u，对于 tour 中的顶点 v_r，确定 distance(uv$_p$)是否小于 distance(uv$_r$)。如果是，就更新 u 中的距离域，并使 distanceTo=v$_p$。同时，确定距离最短的顶点 v_{min}。这样，算法的总成本就是：

$$\sum_{i=1}^{|V|-1} i = O(|V|^2)$$

8.11　图的上色问题

有时希望找出数量最少的不重叠的顶点集合，即每个集合都包含相互孤立的顶点，这些顶点都没有通过边连接起来。例如，有一些任务，还有负责完成这些任务的一些人。如果一个人一次可以完成一个任务，就必须给任务编写时间表，才能完成它们。我们构造一个图，其中的顶点表示任务，如果需要同一个人完成两个任务，就用一条边把它们连接起来。下面试着构造数量最少的孤立任务集合。一个集合中的任务可以同时完成，所以集合的数量表示完成所有任务所需要的时间区域数。

在这个例子的另一个版本中，如果两个任务不能同时完成，就用一条边把它们连接起来。独立任务的每个集合表示可以同时完成的任务集合，但这次集合的最小数量表示完成任务需要的最少人数。一般情况下，在两个顶点不是同一个类的成员时，就用一条边把它们连接起来。于是问题可以表述为：给图的顶点分配颜色，使通过一条边连接的两个顶点有不同的颜色，该问题就变成用数量最少的颜色给图上色。更正式的说法是，如果有一个颜色集合 C，就要找到一个函数 f:V→C，对于边 edge(vw)，使 f(v)≠f(w)，且 C 是最小的基数。用于给图 G 上色的最小颜色数称为 G 的色数，用 $\chi(G)$ 表示。满足 k=$\chi(G)$ 的图称为 k 色图。

颜色的最小集合 C 不止一个。对于任意图，色数没有通用的公式。但对于某些特殊情况，公式很容易确定：对于完全图 K_n，$\chi(K_n)$=n；对于偶数边的环 C_{2n}，$\chi(C_{2n})$=2；对于奇数边的环 C_{2n+1}，$\chi(C_{2n+1})$=3；对于双向图 G，$\chi(G)\leq 2$。

确定图的色数是一个 NP 完整性问题，因此，所使用的方法应能合理地给图上色，即该方法给图上色时使用的颜色数应比色数大不了多少。

一种通用的方法称为"顺序上色"，它在给图上色之前，建立一个顶点序列和一个颜色序列，然后用数字最小的颜色给下一个顶点上色。

```
sequentialColoringAlgorithm(graph = (V,E))
    按一定的顺序放置顶点 V_{P_1}, V_{P_2}, . . . , V_{P_{|V|}};
    按一定的顺序放置颜色 c_1, c_2, . . . , c_k;
    for i = 1 to |V|
        j = 在 vpi 的邻接顶点中没有出现的颜色的最小索引;
        color(v_pi) = c_j;
```

该算法没有指定顶点按什么顺序排列(颜色的顺序并不重要)。一种可能是使用在调用算法之前给顶点指定的索引，如图 8-40(b)所示，该算法的复杂度是 $O(|V|^2)$。但这个算法会使颜色数完全不同于图的色数。

定理(Welsh 和 Powell 1967)

对于顺序上色算法，给图上色所需要的颜色数为

$$\chi(G) \leq \max_i \min(i, deg(v_{pi})+1)$$

证明：

在给第 i 个顶点上色时，其邻接顶点中至多有 $\min(i-1, deg(v_{pi}))$ 个顶点已经有了颜色；因此，该顶点至多可以在 $\min(i, deg(v_{pi})+1)$ 种颜色中选择。对于所有的顶点，该式的最大值就是其上限。

对于图 8-40(a)中的图：

$$\chi(G) \leq \max_i \min(i, deg(v_{pi})+1)$$
$$= \max(\min(1,4), \min(2,4), \min(3,3), \min(4,3), \min(5,3), \min(6,5), \min(7,6), \min(8,4))$$
$$= \max(1,2,3,3,3,5,6,4) = 6$$

该定理指出，顶点序列应很好地组织，把度较高的顶点放在序列的前面，这样 min(序列中的位置，$deg(v)$)=序列中的位置；把度较高的顶点放在序列的后面，这样 min(序列中的位置，$deg(v)$)=$deg(v)$。在该算法的"最大的放在最前面"版本中，顶点按照它们的度以降序排列。按照这种方式，图 8-40(a)中顶点的排列顺序是 $v_7,v_6,v_1,v_2,v_8,v_3,v_4,v_5$，其中顶点 v_7 的邻接顶点最多，最先上色，如图 8-40(c)所示。这个顺序还可以很好地估计色数，因为现在χ(G)≤max(min(1, $deg(v_7)$+1), min(2,$deg(v_6)$+1),min(3,$deg(v_1)$+1),min(4,$deg(v_2)$+1),min(5,$deg(v_8)$+1),min(6,$deg(v_3)$+1),min(7,$deg(v_4)$+1),min(8,$deg(v_5)$+1)) =max(1,2,3,4,4,3,3,3)=4。

$$
\begin{array}{cccccccc}
v_1 & v_2 & v_3 & v_4 & v_5 & v_6 & v_7 & v_8 \\
c_1 & c_1 & c_2 & c_1 & c_2 & c_2 & c_3 & c_4
\end{array}
$$
(b)

$$
\begin{array}{cccccccc}
v_7 & v_6 & v_1 & v_2 & v_8 & v_3 & v_4 & v_5 \\
c_1 & c_2 & c_3 & c_1 & c_3 & c_2 & c_3 & c_2
\end{array}
$$
(c)

$$
\begin{array}{cccccccc}
v_7 & v_6 & v_1 & v_8 & v_4 & v_2 & v_5 & v_3 \\
c_1 & c_2 & c_3 & c_3 & c_3 & c_1 & c_2 & c_2
\end{array}
$$
(d)

图 8-40　(a)用于上色的图；(b) 用顺序上色算法给顶点指定颜色，其中顶点按照索引号排序；

(c) 顶点按照"最大的放在最前面"的顺序排列；(d) 用 Brélaz 算法得到的已上色的图

这个"最大的放在最前面"方法由第一规则指定，所以只使用一个条件生成要上色的顶点序列。还可以提高这个限制，同时使用两个或多个条件。在断开连通时这是非常重要的。在前面的例子中，如果两个顶点的度相同，就选择索引较小的顶点。在 Brélaz(1979)提出的一个算法中，主要条件取决于顶点 v 的饱和度，即用于给 v 的邻接顶点上色的颜色数。如果出现了连通，就应选择未上色度最高的顶点来断开连通，未上色度是指 v 的未上色的邻接顶点数。

```
BrelazColoringAlgorithm(graph)
    for 对于每个顶点 v
        saturationDeg(v) = 0;
        uncoloredDeg(v) = deg(v);
    按照一定的顺序放置颜色 c₁, c₂, . . . , cₖ;
    while 还没有处理所有的顶点
        v = 饱和度最高的顶点，在连通的情况下，是未上色度最高的顶点;
        j = 在 v 的邻接顶点中未出现的颜色的最小索引;
        for 与 v 邻接的每个未上色的顶点 u
            if 与 u 邻接的顶点都没有指定颜色 cⱼ
                saturationDeg(u)++;
            uncoloredDeg(u)--;
        color(v) = cⱼ;
```

图 8-40(d)给出了一个示例。首先选择 v_7，给它指定颜色 c_1，因为 v_7 的度最高。接着把顶点 v_1、v_3、v_4、v_6 和 v_8 的饱和度设置为 1，因为它们是 v_7 的邻接顶点。在这 5 个顶点中，选择 v_6，因为其未上色的邻接顶点最多。然后把 v_1 和 v_8 的饱和度提高到 2，这两个顶点的饱和度和未上色度相同，

这里选择 v_1，因为它的索引较低。其他顶点的颜色分配如图 8-40(d)所示。

while 循环执行|V|次，查找 v 需要 $O(|V|)$ 步，for 循环执行 $deg(v)$ 步，它也是 $O(|V|)$，因此，该算法的复杂度是 $O(|V|^2)$。

8.12　图论中的 NP 完整性问题

本节介绍图论中的一些 NP 完整性问题。

8.12.1　派系问题

在图 G 中，派系(clique)是 G 的一个完全子图。派系问题确定 G 是否包含某个整数 m 的派系 K_m。该问题是 NP，因为可以假设建立一个包含 m 个顶点的集合，在多项式的时间内检查包含这些顶点的子图是否是一个派系。为了说明该问题是 NP 完整性问题，我们把三满意问题(参见 2.10 节)还原为派系问题。为此，对于 CNF 中带三个变量的布尔表达式 BE，可以构建一个图，如果在图中有大小为 m 的派系问题，则该表达式就是令人满意的。设 m 是 BE 中的项数，即

$$BE = A_1 \wedge A_2 \wedge \ldots \wedge A_m$$

每个 $A_i = (p \vee q \vee r)$，其中 p、q 和 r 是布尔变量。

我们构建一个图，其中的顶点表示所有的变量及其在 BE 中的邻接顶点。如果两个变量表示的顶点在不同的项中，而且变量不是互补的(即一个顶点不是另一个顶点的邻接顶点)，就把这两个顶点用一条边连接起来。例如，对于下面的表达式

$$BE = (x \vee y \vee \neg z) \wedge (x \vee \neg y \vee \neg z) \wedge (w \vee \neg x \vee \neg y)$$

对应的图如图 8-41 所示。在构建这个图的过程中，两个顶点之间的边表示，顶点代表的两个变量可能同时为真。m-派系表示每个项中的一个变量可能为真，从而使整个 BE 为真。在图 8-41 中，每个三角形都表示一个 3-派系。因此，如果 BE 是令人满意的，就可以找到一个 m-派系。显然，如果存在 m-派系，BE 就是令人满意的。这说明，满意问题可以还原为派系问题，后者是 NP 完整性问题，因为前者已经证明是完整性问题。

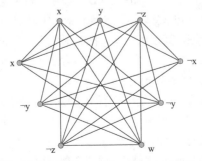

图 8-41　对应于布尔表达式(x∨y∨¬z) ∧ (x∨¬y∨¬z) ∧ (w∨¬x∨¬y)的图

8.12.2　三色问题

三色问题要求确定图能否用三种颜色正确上色。要证明这个问题是 NP 完整性问题，可以把它还原为三满意问题。三色问题是 NP，因为可以假设用三种颜色给顶点上色，在二次多项式的时间内能检查上色是否正确(对于|*V*|个顶点，检查每个顶点的至多|*V*|-1 个邻接顶点的颜色)。为了把三满意问题还原为三色问题，我们利用辅助的 9-子图。9-子图从已有的图中提取 3 个顶点 v_1、v_2 和 v_3，再添加 6 个新顶点和 10 条边，如图8-42(a)所示。考虑用于给图上色的三颜色集合{f,t,n}(紫红色(fuchsia)/false，青绿色(turquoise)/true，金黄色(nasturtium)/neutral)，很容易检查下述定理的正确性。

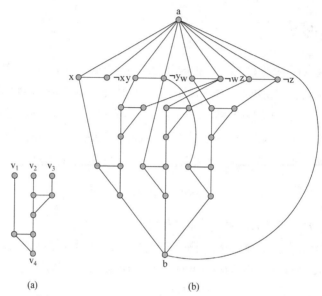

图 8-42　(a) 9-子图；(b) 对应于布尔表达式$(\neg w \vee x \vee y) \wedge (\neg w \vee \neg y \vee z) \wedge (w \vee \neg y \vee \neg z)$的图

定理:

(1) 如果 9-子图的三个顶点 v_1、v_2 和 v_3 用 *f* 上色，则顶点 v_4 也必须用 *f* 上色，才能使 9-子图的上色正确。

(2) 如果只有颜色 *t* 和 *f* 才能用于给 9-子图的三个顶点 v_1、v_2 和 v_3 上色，，且这三个顶点中至少有一个顶点用 *t* 上色，则顶点 v_4 可以用 *t* 上色。

现在，对于给定的包含 *k* 项的布尔表达式 *BE*，可以按照下面的方式构建一个图。该图有两个特殊的顶点 *a* 和 *b* 以及边 *edge*(*ab*)。而且，该图为 *BE* 中使用的每个变量以及该变量的非包含一个顶点。对于每对顶点 *x* 和 ¬*x*，图包含边 *edge*(*ax*)、*edge*(*a*(¬*x*))和 *edge*(*x*(¬*x*))。接着，对于 *BE* 中包含的每个 $p \vee q \vee r$，图都有一个 9-子图，其顶点 v_1、v_2 和 v_3 对应于三个布尔变量，或对应这些变量在这个项中的非 *p*、*q* 或 *r*。最后，对于每个 9-子图，该图还包含边 *edge*(v_4b)。对应于布尔表达式$(\neg w \vee x \vee y)$ $\wedge (\neg w \vee \neg y \vee z) \wedge (w \vee \neg y \vee \neg z)$的图如图 8-42(b)所示。

现在可以说，如果布尔表达式 *BE* 是令人满意的，则对应于该表达式的图就是三色图。对于 *BE* 中的每个变量 *x*，当 *x* 为真时，设置 *color*(*x*)=*t*，*color*(¬*x*)=*f*，否则设置 *color*(*x*)=*f*，*color*(¬*x*)=*t*。如果 *BE* 中的每一项 A_i 是令人满意的，即 A_i 中至少有一个变量 *x* 或其非¬*x* 是真，则布尔表达式就是令人满意的。因为除了 *b*(其颜色以后确定)之外，*a* 的每个邻接顶点都使用 *t* 或 *f* 上色，而且在每个 9-

子图中,三个顶点 v_1、v_2 和 v_3 中至少有一个顶点用 t 上色,所以每个 9-子图都是三色图,且 $color(v_4)=t$。设置 $color(a)=n$,$color(b)=f$,整个图就是三色图。

设图 8-42(b)中的图是一个三色图,且 $color(a)=n$,$color(b)=f$。因为 $color(a)=n$,a 的每个邻接顶点都使用 t 或 f 上色,所以对应于邻接顶点的布尔变量或其非就是真或假。只有当任一 9-子图的所有三个顶点 v_1、v_2 和 v_3 都用 f 上色,顶点的颜色 v_4 才是 f;但这与顶点 b 的颜色 f 冲突。所以,9-子图的顶点 v_1、v_2 和 v_3 不能都用 f 上色,至少有一个顶点的颜色必须是 t(其他顶点的颜色是 f,而不是 n,因为 $color(a)=n$)。这说明,对应于 9-子图的项都不能为假,每个项都必须是真,所以这个布尔表达式是令人满意的。

8.12.3 顶点覆盖问题

无向图 G=(V,E)的顶点覆盖集合是指这样一个顶点集合 W⊆V,图 G 中的每条边都至少与 W 中的一个顶点相连。因此,W 中的顶点覆盖 E 中的所有边。确定 G 是否有顶点覆盖集合,对于某个整数 k,该集合至多包含 k 个顶点,这个问题是 NP 完整性问题。

这个问题是 NP,因为可以找到一个解决方案,在多项式的时间内检查。要证明这个问题是 NP 完整性问题,可以把派系问题还原为顶点覆盖问题。

首先,给图 G=(V,E)定义一个互补图 $\overline{G}$,它们的顶点数 V 相同,但图 $\overline{G}$ 不包含 G 中顶点之间的连接。即 $\overline{G} = (V, \overline{E} = \{edge(uv): u, v \in V \text{ and } edge(uv) \notin E\})$。还原算法在多项式的时间内把包含($|V|$ − k)-派系的图 G 转换为包含大小为 k 的顶点覆盖集合的互补图 $\overline{G}$。如果 C = (V_C, E_C) 是 G 中的一个派系,则集合 V−V_C 中的顶点就包含了 $\overline{G}$ 中的所有边,因为 $\overline{G}$ 中边的两个端点都不在 V_C 中。因此,V−V_C 是 $\overline{G}$ 中的一个顶点覆盖集合(图 8-43(a)中的图带有一个派系,图 8-43(b)中的图是带有顶点覆盖集合的互补图)。现在设 $\overline{G}$ 有一个顶点覆盖集合 W,即如果边至少一个端点在 W 中,该边就在 $\overline{E}$ 中。如果边的两个端点都不在 W 中,则该边就在图 G 中,即在后一种情况下,端点在 V-W 中,因此 V_C=V-W 会产生一个派系。这证明了派系问题的肯定答案在经过转换后,就是顶点覆盖问题的肯定答案,因此后者是一个 NP 完整性问题,因为前者也是 NP 完整性问题。

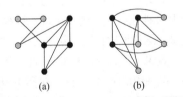

图 8-43 (a) 带一个派系的图; (b) 其互补图

8.12.4 汉密尔顿环问题

在简单图 G 中查找汉密尔顿环是一个 NP 完整性问题,为证明这一点,可以把顶点覆盖问题还原为汉密尔顿环问题。首先,介绍 12-子图的概念,如图 8-44(a)所示。还原算法把图 G 的每条边 edge(vu)转换为一个 12-子图,使子图中连接顶点 a 和 b 的一边对应于 G 中的顶点 v,连接顶点 c 和 d 的另一边对应于图 G 的顶点 u。例如,在顶点 a 处输入 12-子图的一边后,就可以按照 a-c-d-b 的顺序遍历所有 12 个顶点,并从这一边的 b 处退出 12-子图。另外,还可以直接从 a 到达 b,如果整个图中有汉密尔顿环,就可以在下一次访问 12-子图的过程中遍历到达 c 和 b。注意通过 12-子图的其他路径都不能建立整个图的汉密尔顿环。

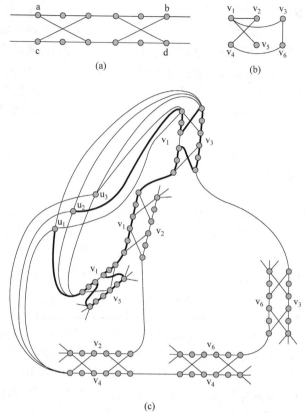

图 8-44　(a) 12-子图；(b) 图 G；(c) 其转换结果图 G_H

设有一个图 G，按照下面的过程建立一个图 G_H。创建顶点 $u_1,\ldots,u_k$，其中 k 是对应于图 G 的顶点覆盖问题的参数。接着，对于 G 的每条边，创建一个 12-子图，与顶点 v 关联的 12-子图都在对应于 v 的边上连接在一起。这组 12-子图的每个端点都连接到顶点 $u_1,\ldots,u_k$ 上。对于图 8-44(b)中 k=3 的图 G，转换的结果是图 8-44(c)中的图 G_H。为了避免混乱，该图指出，这组 12-子图的端点与顶点 u_1,u_2,u_3 之间只有一部分是完全连接，这仅说明存在其他连接。如果图 G_H 中有汉密尔顿环，则图 G 中就有大小为 k 的顶点覆盖集合。设 $W=\{v_1,\ldots,v_k\}$ 是 G 中的一个顶点覆盖集合，则 G_H 中的汉密尔顿环用下面的方式构建。从 u_1 开始，遍历对应于 v_1 的 12-子图中的边。对于特定的 12-子图，如果 12-子图的另一边对应于顶点覆盖集合 W 中的一个顶点，就遍历所有 12 个顶点，否则就直接遍历 12-子图。在后一种情况下，没有遍历对应于顶点 w 的 6 个顶点，但在处理汉密尔顿环中对应于 w 的部分时，会遍历它们。在到达这组 12-子图的最后时，就访问 u_2，从它开始处理对应于 v_2 的一组 12-子图，以此类推。对于最后一个顶点 u_k，处理 v_k，在 u_1 结束路径，从而创建一个汉密尔顿环。图 8-44(c)中的粗线表示汉密尔顿环中对应于 v_1、从 u_1 开始到 u_2 结束的部分。由于顶点覆盖集合 $W=\{v_1,v_2,v_6\}$，继续从 u_2 开始处理 v_2，到 u_3 结束，接着从 u_3 开始处理 v_6，到 u_1 结束。

所以，如果 G_H 有一个汉密尔顿环，它就包括通过 k 个 12-子图的子路径，这 k 个 12-子图对应于 G_C 中的 k 个顶点，这 k 个顶点构成了一个顶点覆盖集合。

现在考虑外出推销员问题的这个版本。在每条边都指定了距离的图中，试着确定一个环，使其总距离不大于整数 k。把该问题还原为汉密尔顿路径问题，就很容易证明它是一个 NP 完整性问题。

8.13　案例分析：唯一代表

假设有一个委员会(committee)集合 C={C_1,...,C_n}，其中每个委员会至少有一人。问题是如果可能，为每个委员会确定一个代表，使每个委员会可由一个人代表，同时，每个人只能代表一个委员会。例如，如果有 3 个委员会，C_1={M_5,M_1}，C_2={M_2,M_4,M_3}，C_3={M_3,M_5}，则可能的代表是：成员 M_1 代表委员会 C_1，M_2 代表 C_2，M_5 代表 C_3。然而，如果这三个委员会变成 C_4=C_5={M_6,M_7}，C_6={M_7}，则不能选出各不相同的代表，因为在所有三个委员会中只有两个成员。后面的结论由 P. Hall 在唯一代表系统定理(the system of distinct representatives theorem)中得到证明，定理表述如下：

定理：

如果对 $\forall i \leqslant n$，并集 $C_{K1} \cup,...,\cup C_{Ki}$ 至少有 i 个元素，则由有限个非空集 C_1,...,C_n 组成的非空集合有唯一代表系统。

要证明该定理，可创建一个网络，然后在这个网络上寻找最大的流。例如，图 8-45(a)中的网络可以表示 3 个委员会 C_1、C_2 和 C_3 之间的关系。图中有一个虚拟的源顶点，它连接到表示委员会的节点，委员会顶点连接到表示他们成员的顶点，所有成员顶点都连接到一个虚拟的汇点。假设每条边 e 的容量 cap(e)=1。如果网络中的最大流等于委员会的数目，则可以找到唯一代表系统，由寻找最大流的算法确定的路径决定了这个代表。例如，如果路径 s-C_1-M_1-t 确定了，则成员 M_1 代表委员会 C_1。

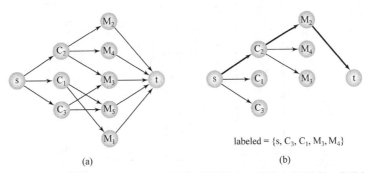

labeled = {s, C_3, C_1, M_3, M_4}

(a)　　　　　　　　　　　　(b)

图 8-45　(a) 表示三个委员会 C_1、C_2 和 C_3 之间关系的网络；(b) 网络中找到的第一条增大路径

上述过程的实现分为两个阶段。首先，利用存储在某个文件中的委员会和成员集合创建一个网络。然后，处理这个网络，找出与代表委员会的成员相对应的增大路径。第一阶段专用于唯一代表系统。第二阶段可以用来找出任何网络的最大流，因为假设在这一阶段开始前网络已经创建好了。

当从文件中读取委员会和成员时，假设委员会的名字总是后跟一个冒号，之后是其成员列表，该列表用逗号分隔各个成员，最后以一个分号结束。下面的 committees 文件是一个示例，其中包含对应于图 8-45 的信息：

```
C2：M2，M4，M3；
C1：M5，M1；
C3：M3，M5；
```

在准备创建网络的过程中，生成了两棵树 committeeTree 和 memberTree。每一个节点存储的信息包括委员会或成员的名字，由程序利用一个运行的计数器 numOfVertices 分配的 idNum，网络后来还包含一个邻接表。图 8-46(a)显示与示例 committees 文件相对应的 committeeTree。邻接表通过 STL 类 list 实现。邻接表在图中以简化的形式给出，只包含成员的 idNum 和一个指向前一节点的指针(STL 表是通过双向链表实现的；请参看 3.7 节)。图 8-46(b)中给出了邻接表的完全形式，但是只有前向指针。在邻接表中成员的名字显示在节点的上面。为源顶点单独构建一个邻接表 sourceList。注意在 NetTreeNode 中，成员 adjacent 不是 list<Vertex>类型，而是指针类型 list<Vertex>*，这是因为这些列表后来都要转换成数组 vertices，非指针类型使用赋值方式来完成从树到数组的列表复制任务，效率很低。更重要的是，程序在创建树时，在树中利用存储在列表中的顶点指针(如 Vertex 中的 twin 和 VertexArrayRec 中的 corrVer)，并且顶点副本的地址与它们在树中的原始地址不同，这将不可避免地导致程序崩溃。

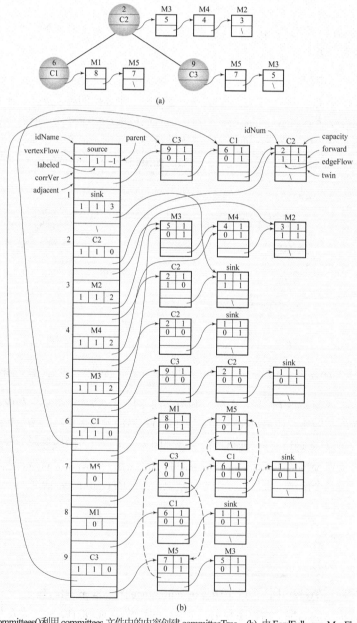

图 8-46 (a) 函数 readCommittees()利用 committees 文件中的内容创建 committeeTree；(b) 由 FordFulkersonMaxFlow()创建的网络表示

　　在文件处理完以后，所有的委员会和成员都包括在树中，则可以开始生成网络。网络由数组 Vertices 表示。每一单元的索引都对应于分配给两棵树中节点的 idNum。每一单元 i 都包含正确处理顶点 i 所必需的信息：顶点的名字、顶点流、labeled/nonlabeled 标志、指向邻接表的指针、当前增大路径的父节点，以及父节点的邻接表中节点 i 的引用。

　　位置 i 的顶点的邻接表表示与该顶点关联的边。这个邻接表中的每个节点由其 idNum 标识，idNum 是这个顶点在 Vertices 中的位置。另外，该邻接表中的每个节点都包含以下信息：边的容量、边的流、前向/后向标志，以及一个双向指针。如果有一条从顶点 i 到顶点 j 的边，则 i 的邻接表包含一个表示从 i 到 j 的前向边的节点，同时 j 的邻接表中有一个节点对应从 j 到 i 的后向边。因此每一条边都在网络中出现两次。如果某条路径是增大的，则增加一条边就需要在两个邻接表中更新两个节点。为此，邻接表中的每个节点都指向与其成对的节点，确切地说，就是指向以相反方向表示相同边的节点。

　　在第一阶段的处理中，当函数 readCommittees() 从 committees 文件中读取数据时，创建了向量 vertices 和向量中每一个顶点的邻接表。向量和表中都包含了唯一的元素。函数也为源顶点创建了一个单独的邻接表。

　　注意如下同时使用地址操作符&和解除引用符*的赋值：

```
memberVerAddr = &*committeeTreeNode.adjacent->begin();
```

　　对于指针，一个操作符取消另外一个的操作，故 p ＝ &*p。但是函数 begin() 返回一个迭代器，表示邻接表中第一个元素的位置，而不是指针。为了获得这个元素的地址，对迭代器应用解除引用操作符*，取出被引用的元素，然后，其地址就可以通过操作符&确定。

　　在第二阶段中，程序寻找增大路径。在这里使用的算法中，源节点总是最先处理，因为其总是第一个压到 labeled 栈中。因为算法只需要处理没有标记的顶点，所以没有必要在任何邻接表中包含源顶点，这是因为从任何顶点到源顶点的边都不可能包含在任何增大路径中。同样，当到达汇点后，寻找增大路径的过程就停止了，由此可知，不处理与汇点相关联的边，因此，没有必要为汇点保存邻接表。

　　函数 readCommittees() 利用文件 committees 创建的结构如图 8-46(b) 所示，这个结构代表的网络显示在图 8-45(a) 中。在找到第一条增大路径即 0-2-3-1，也就是路径 source-C_2-M_2-sink(图 8-45(b)) 以后，FordFulkersonMaxFlow() 就在节点和数组单元中放置数字。顶点 i 的邻接表中的节点不包含可从 i 访问的顶点名字，只包含它们的 idNum，因此，这些名字显示在每个节点的上面。图 8-46(b) 中虚线表示双向边。为了不让图 8-46 中有太多的链接，而使图显得很混乱，图中只显示了两对双向边节点的链接。

　　程序生成的输出如下：

```
Augmenting paths:
    source => C2 => M2 => sink(augmented by 1);
    source => C1 => M5 => sink(augmented by 1);
    source => C3 => M3 => sink(augmented by 1);
```

　　由此确定如下代表：成员 M_2 代表委员会 C_2，M_5 代表 C_1，M_3 代表 C_3。

　　程序清单 8-1 包含了这个程序的源代码。

```cpp
#include <iostream>
#include <fstream>
#include <cctype>
#include <cstdlib>
#include <cstring>
#include <limits>
#include <list>
#include <stack>
#include <iterator>
using namespace std;
#include "genBST.h"

class VertexArrayRec;
class LocalTree;
class Network;

class Vertex {
public:
    Vertex() {
    }
    Vertex(int id, int c, int ef, bool f, Vertex *t = 0) {
        idNum = id; capacity = c; edgeFlow = ef; forward = f; twin = t;
    }
    bool operator== (const Vertex& v) const {
        return idNum == v.idNum;
    }
    bool operator!= (const Vertex& v) const { // required
        return idNum != v.idNum;
    }
    bool operator< (const Vertex& v) const { // by the compiler;
        return idNum < v.idNum;
    }
    bool operator> (const Vertex& v) const {
        return idNum > v.idNum;
    }
private:
    int idNum, capacity, edgeFlow;
    bool forward;    // direction;
    Vertex *twin;    // edge in the opposite direction;
    friend class Network;
    friend ostream& operator<< (ostream&, const Vertex&);
};

class NetTreeNode {
public:
    NetTreeNode(forwardArrayRec **v = 0) {
        verticesPtr = v;
        adjacent = new list<Vertex>;
    }
    bool operator< (const NetTreeNode& tr) const {
```

```
            return strcmp(idName,tr.idName) < 0;
        }
        bool operator== (const NetTreeNode& tr) const {
            return strcmp(idName,tr.idName) == 0;
        }
private:
    int idNum;
    char *idName;
    VertexArrayRec **verticesPtr;
    list<Vertex> *adjacent;
    friend class Network;
    friend class LocalTree;
    friend ostream& operator<< (ostream&,const NetTreeNode&);
};

class VertexArrayRec {
public:
    VertexArrayRec() {
        adjacent = 0;
    }
private:
    char *idName;
    int vertexFlow;
    bool labeled;
    int parent;
    Vertex *corrVer;        // corresponding vertex: vertex on parent's
    list<Vertex> *adjacent; // list of adjacent vertices with the same
    friend class Network;   // idNum as the cell's index;
    friend class LocalTree;
    friend ostream& operator<< (ostream&,const Network&);
};

// define new visit() to be used by inorder() from genBST.h;
class LocalTree : public BST<NetTreeNode> {
    void visit(BSTNode<NetTreeNode>* p) {
        (*(p->el.verticesPtr))[p->el.idNum].idName = p->el.idName;
        (*(p->el.verticesPtr))[p->el.idNum]. adjacent = p->el.adjacent;
    }
};

class Network {
public:
    Network() : sink(1), source(0), none(-1), numOfVertices(2) {
        verticesPtr = new VertexArrayRec*;
    }
    void readCommittees(char *committees);
    void FordFulkersonMaxFlow();
private:
    const int sink, source, none;
    int numOfVertices;
    VertexArrayRec *vertices;
```

```
        VertexArrayRec **verticesPtr; // used by visit() in LocalTree to
                                      // update vertices;
        int edgeSlack(Vertex *u) const {
            return u->capacity - u->edgeFlow;
        }
        int min(int n, int m) const {
            return n < m ? n : m;
        }
        bool Labeled(Vertex *v) const {
            return vertices[v->idNum].labeled;
        }
        void label(Vertex*,int);
        void augmentPath();
        friend class LocalTree;
        friend ostream& operator<< (ostream&,const Network&);
};

ostream& operator<< (ostream& out, const NetTreeNode& tr) {
    out << tr.idNum << ' ' << tr.idName << ' ';
    return out;
}

ostream& operator<< (ostream& out, const Vertex& vr) {
    out << vr.idNum << ' ' << vr.capacity << ' ' << vr.edgeFlow << ' '
        << vr.forward << "| ";
    return out;
}

ostream& operator<< (ostream& out, const Network& net) {
    ostream_iterator<Vertex> output(out," ");
    for (int i = 0; i < net.numOfVertices; i++) {
        out << i << ": "
            << net.vertices[i].idName << '|'
            << net.vertices[i].vertexFlow << '|'
            << net.vertices[i].labeled << '|'
            << net.vertices[i].parent << '|'
            << /* net.vertices[i].corrVer << */ "-> ";
        if (net.vertices[i].adjacent != 0)
            copy (net.vertices[i].adjacent->begin(),
                net.vertices[i].adjacent->end(),output);
        out << endl;
    }
    return out;
}

void Network::readCommittees(char *fileName) {
    char i, name[80], *s;
    LocalTree committeeTree, memberTree;
    Vertex memberVer(0,1,0,false), commVer(0,1,0,true);
    Vertex *commVerAddr, *memberVerAddr;
    NetTreeNode committeeTreeNode(verticesPtr),
                memberTreeNode(ve rticesPtr), *member;
```

```
list<Vertex> *sourceList = new list<Vertex>;
ifstream fIn(fileName);
if (fIn.fail()) {
    cerr << "Cannot open " << fileName << endl;
    exit(-1);
}
while (!fIn.eof()) {
    fIn >> name[0]; // skip leading spaces;
    if (fIn.eof())  // spaces at the end of file;
        break;
    for (i = 0; name[i] != ':'; )
        name[++i] = fIn.get();
for (i--; isspace(name[i]); i--); // discard trailing spaces;
name[i+1] = '\0';
s = strdup(name);
committeeTreeNode.idNum = commVer.idNum = numOfVertices++;
committeeTreeNode.idName = s;
for (bool lastMember = false; lastMember == false; ) {
    fIn >> name[0]; // skip leading spaces;
    for (i = 0; name[i] != ',' && name[i] != ';'; )
        name[++i] = fIn.get();
    if (name[i] == ';')
        lastMember = true;
    for (i--; isspace(name[i]); i--); // discard trailing spaces;
    name[i+1] = '\0';
    s = strdup(name);
    memberTreeNode.idName = s;
    commVer.forward = false;
    if ((member = memberTree.search(memberTreeNode)) == 0) {
        memberVer.idNum = memberTreeNode.idNum =
                        numOfVertices++;
        memberTreeNode.adjacent->push_front(Vertex(sink,1,0,true));
        memberTreeNode.adjacent->push_front(commVer);
        commVerAddr = &*memberTreeNode.adjacent->begin();
        memberTree.insert(memberTreeNode);
        memberTreeNode.adjacent = new list<Vertex>;
    }
    else {
        memberVer.idNum = member->idNum;
        member->adjacent->push_front(commVer);
        commVerAddr = &*member->adjacent->begin();
    }
    memberVer.forward = true;
    committeeTreeNode.adjacent->push_front(memberVer);
    memberVerAddr = &*committeeTreeNode.adjacent->begin();
    memberVerAddr->twin = commVerAddr;
    commVerAddr->twin = memberVerAddr;
}
commVer.forward = true;
sourceList->push_front(commVer);
```

```
        committeeTree.insert(committeeTreeNode);
        committeeTreeNode.adjacent = new list<Vertex>;
    }

        fIn.close();
        cout << "\nCommittee tree:\n"; committeeTree.printTree();
        cout << "\nMember tree:\n"; memberTree.printTree();
        vertices = *verticesPtr = new VertexArrayRec[numOfVertices];
        if (vertices == 0) {
            cerr << "Not enough memory\n";
            exit(-1);
        }
        vertices[source].idName = "source";
        vertices[sink].idName = "sink";
        vertices[source].adjacent = sourceList;
        vertices[source].parent = none;
        committeeTree.inorder();  // transfer data from both trees
        memberTree.inorder();      // to array vertices[];
    }

void Network::label(Vertex *u, int v) {
    vertices[u->idNum].labeled = true;
    if (u->forward)
        vertices[u->idNum].vertexFlow =
            min(vertices[v].vertexFlow,edgeSlack(u));
    else vertices[u->idNum].vertexFlow =
            min(vertices[v].vertexFlow,u->edgeFlow);
    vertices[u->idNum].parent = v;
    vertices[u->idNum].corrVer = u;
}

void Network::augmentPath() {
    register int i, sinkFlow = vertices[sink].vertexFlow;
    Stack<char*> path;
    for (i = sink; i != source; i = vertices[i].parent) {
        path.push(vertices[i].idName);
        if (vertices[i].corrVer->forward)
            vertices[i].corrVer->edgeFlow += sinkFlow;
        else vertices[i].corrVer->edgeFlow -= sinkFlow;
        if (vertices[i].parent != source && i != sink)
            vertices[i].corrVer->twin->edgeFlow =
                vertices[i].corrVer->edgeFlow;
    }
    for (i = 0; i < numOfVertices; i++)
        vertices[i].labeled = false;
    cout << " source";
    while (!path.empty())
        cout << " => " << path.pop();
    cout << " (augmented by " << sinkFlow << ");\n";
}

void Network::FordFulkersonMaxFlow() {
```

370

```
    Stack<int> labeled;
    Vertex *u;
    list<Vertex>::iterator it;
    for (int i = 0; i < numOfVertices; i++) {
        vertices[i].labeled = false;
        vertices[i].vertexFlow = 0;
        vertices[i].parent = none;
    }
    vertices[source].vertexFlow = INT_MAX;
    labeled.push(source);
    cout << "Augmenting paths:\n";
    while (!labeled.empty()) { // while not stuck;
        int v = labeled.pop();
        for (it = vertices[v].adjacent->begin(), u = &*it;
              it != vertices[v].adjacent->end(); it++, u = &*it)
            if (!Labeled(u)) {
                if (u->forward && edgeSlack(u) > 0)
                    label(u,v);
                else if (!u->forward && u->edgeFlow > 0)
                    label(u,v);
                if (Labeled(u))
                    if (u->idNum == sink) {
                        augmentPath();
                        while (!labeled.empty())
                            labeled.pop();    // clear the stack;
                        labeled.push(source); // look for another path;
                        break;
                    }
                    else {
                        labeled.push(u->idNum);
                        vertices[u->idNum].labeled = true;
                    }
            }
    }
}

int main(int argc, char* argv[]) {
    char fileName[80];
    Network net;
    if (argc != 2) {
        cout << "Enter a file name: ";
        cin.getline(fileName,80);
    }
    else strcpy(fileName,argv[1]);
    net.readCommittees(fileName);
    cout << net;
    net.FordFulkersonMaxFlow();
    cout << net;
    return 0;
}
```

8.14 习题

1. 仔细阅读图的定义，在某方面，图比树更为特别，是在哪方面？

2. 图 G=(V,E)中所有顶点的度之和与边的总数有什么关系？

3. breadthFirstSearch()的复杂度是多少？

4. 证明如果简单图有一棵生成树，则这个图是连通的。

5. 证明一棵有 n 个顶点的树有 n-1 条边。

6. DijkstraAlgorithm()如何应用到无向图？

7. 如何修改 DijkstraAlgorithm()，将其用于寻找从顶点 a 到 b 的最短路径？

8. genericShortestPathAlgorithm()的最后一句

　　　　如果 u 不在 toBeChecked 中，将 u 添加到 toBeChecked 中；

没有包含在 DijkstraAlgorithm()中。请问省略这个子句有问题吗？

9. 修改 FordAlgorithm()，使其应用到有逆向环的图上时，不会陷入无穷循环。

10. FordAlgorithm()中的 while 循环对于哪种图只迭代一次？对哪种图迭代两次？

11. FordAlgorithm()能应用到无向图上吗？

12. 对 FordAlgorithm()进行必要的改变，使它能够解决"所有到一个"最短路径问题，并且将新的算法应用到图 8-8 中的图中顶点 f。采用同样顺序的边，产生一个与图中列出的表相类似的表。

13. D'Esopo-Pape 算法在最坏的情况下是指数级的。考虑下面的方法，构造一个有 n 个顶点的病理图(Kershenbaum 1981)，每一个顶点用数 1,…,n 标示：

```
KershenbaumAlgorithm()
    利用顶点 1 和 2 以及边 edge(1,2) = 1 构造一个有两个顶点的图；
    for k = 3 to n
        加入顶点 k；
        for i = 2 to k-1
            加入边 edge(k,i)，其权为 weight(edge(k,i)) = weight(edge(1,i));
            weight(edge(1,i)) = weight(1,i) + 2^{k-3} + 1;
        加入边 edge(1,k)，其权为 weight(edge(1,k)) = 1;
```

与顶点 1 邻接的顶点按升序排列，其余的邻接表按降序排列。利用这个算法，构造一个有 5 个顶点的图，并且执行 D'Esopo-Pape 算法，给出双端队列中的所有改变和所有更新的边。对这样的图应用 Pape 方法，能得出怎样的结论？

14. 为了使 genericShortestPathAlgorithm()转换成 Dijkstra 的"一个到所有"算法，需要对其进行哪些改变？

15. 增强 WFIalgorithm()，指出最短路径及路径的长度。

16. WFIalgorithm()能出色地完成任务，甚至在出现逆向环路的情况下也是如此，如何才能知道图中包含这样的环？

17. Floyd 最初实现的 WFIalgorithm()如下：

```
WFIalgorithm2(matrix weight)
    for i = 1 to |V|
        for j = 1 to |V|
```

```
        if weight[j,l] < ∞
            for k = 1 to |V|
                if weight[i,k] < ∞
                    if (weight[j][k] > weight[j][i] + weight[i][k])
                        weight[j][k] = weight[j][i] + weight[i][k];
```

这个比较长的实现有什么优点?

18. 寻找从所有顶点到其他顶点的最短路径的方法需要转换图,使其不包含负的权值。这可以通过如下方法实现:首先找出最小的负权值 k,然后给每一条边的权都加上-k。为什么这个方法不合适?

19. 对任意顶点 W,在不等式 dist(v)≤dist(w)+weight(edge(wv))中,哪些边的关系从≤变为了<?

20. 修改 cycleDetectionDFS(),用以判断在无向图中,某条边是否属于某个环的一部分。

21. union()的实现需要三个数组。可以仅使用其中两个数组,仍旧获得有关根、后面的顶点和长度的信息吗?考虑使用负值。

22. 什么时候 KruskalAlgorithm()需要|E|次迭代?

23. 如何找到第二个最小的生成树?

24. 最小生成树是唯一的吗?

25. 如何将寻找最小生成树的算法用作寻找最大生成树?

26. 使用下面的两个算法,找出图 8-15(a)的最小生成树:

　　a. 第一个寻找最小生成树的算法由 Otakar Borůvka 于 1962 年提出。在这个方法中,从|V|个单顶点树开始,对于每个顶点 v,在所有的边中查找权最小的、与顶点 v 相连的边 edge(vw),创建包含这些边的树。接着,查找权最小的、可以把前面创建的树连接成大树的边,当创建了一棵树时,这个过程就结束。下面是这个算法的伪代码:

```
BorůvkaAlgorithnm(带权的连通无向图 graph)
        使每个顶点成为一棵单节点树的根
    while 有多棵树
        for 每棵树 t
        e = 权最小的边 edge(vu),其中 v 包含在 t 中,但不包含在 u 中;
            如果还不存在这样的树,就把 t 和包含 u 的树合并起来,创建一棵树;
```

　　b. 另一个算法是 Vojtech Jarník 在 1936 年提出的,后来由 Robert Prim 再次提出。在这个方法中,所有的边刚开始也是有序的,但选择包含在生成树中的边不仅不会在树中生成环,还与已在树中的顶点相连:

```
JarnikPrimAlgorithm(带权的连通无向图 graph)
    tree = 空;
    edges = graph 中的所有边按照权值排好序后的序列;
    for i = 1 to |V| - 1
        for j = 1 to |edges|
            if edges 中的 eⱼ 不会与 tree 中的边构成环,且与 tree 中的顶点相连
                把 eⱼ 加入 tree;
                break;
```

27. 当算法 blockSearch()应用于无向图时,依赖于下面的结论:在无向图的深度优先搜索树中,每一个反向边都连接后继节点和前驱节点(但不连接两个同级节点),证明这个结论的正确性。

28. 算法 blockSearch()的复杂度是多少？

29. 无向图中的块是根据边定义的，算法 blockDFS()将边存储到栈中，以输出块。另一方面，图中的 SCC 是根据顶点定义的，算法 strongDFS()将顶点存储到栈中，以输出 SCC，为什么？

30. 在下面的程序中使用 topologicalSort()，考虑其一个可能的实现：

```
minimalVertex(digraph)
    v = digraph 的一个顶点;
    while v 有后继
        v = successor(v);
    return v;
```

使用这个实现有什么缺点？

31. 考虑下面的拓扑排序算法：

```
topologicalSort(digraph)
    for 所有顶点 v
        TSNum(v)=连接顶点 v 的边的数目  // indegree
        if TSNum(v) 为 0
            enqueue(v);
        i=1;
        while 队列非空
            v=dequeue();
            num(v)=i++;
            for 所有边 edge(vu)
                TSNum(u)--;
                if TSNum(u) 为 0
                    enqueue(u);
```

将此算法应用于图 8-47 的图中，并显示队列以及 TSNum 的所有变化。另外用 8.7 节的算法处理这个图。这两种算法的差别是什么？

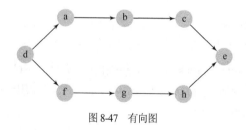

图 8-47　有向图

32. 比赛图是在两个顶点之间只有一条边的图。

    a. 比赛图有多少条边？

    b. n 条边可以构造多少个不同的比赛图？

    c. 每一个比赛图是否都能够拓扑排序？

    d. 一个比赛图最少有多少个顶点？

    e. 如果一个比赛图有边 edge(vu)和边 edge(uw)，就有边 edge(vw)，这种比赛图称为传递比赛图。请问这样的比赛图能否有环？

33. 考虑循环和并行的边是否使网络的分析变得复杂？有多个源点和汇点呢？

34. FordFulkersonAlgorithm()假定算法会结束，请问这种假定是安全的吗？

35. FordFulkersonAlgorithm()以深度优先的方式执行存在一些冗余。首先把所有输出边压进栈中，接下来弹出最后一个进栈的边。例如，在图 8-20(a)的网络中，先把与顶点 s 相连的 3 条边压入栈，然后弹出最后一条边 edge(se)。修改 FordFulkersonAlgorithm()，使与某个顶点相连的第一条边立即入栈，只有第一条边没有到达汇点，第二条边才能入栈。建议考虑使用递归。

36. 找出由图 8-19 中集合 X={s,d}确定的割的容量。

37. 在所有边的容量均为 1 的网络中，DinicAlgorithm()的复杂度是多少？

38. 为什么 DinicAlgorithm()从汇点开始确定一个层次网络？

39. 在图 8-48 的有向图中，使用 Ford-Fulkerson 算法查找最大流：(a)利用栈；(b)利用队列；(c)使用修改后的 Dijkstra 算法查找最低成本的最大流。比较使用这三种方法查找最大流的开销。

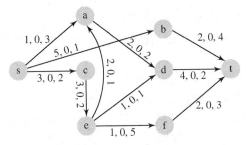

图 8-48 给出了容量、流量以及成本的有向图

40. 对图 8-38(a)应用下面的近似算法(Johnson 和 Papadimitriou 1985; Rosenkrant, Stearns 和 Lewis 1977)，解决外出推销员问题。

    a. 最近邻接顶点算法(次佳方法)从任意一个顶点 v 开始，找出不在旅程中、且与上一个添加的顶点 u 最接近的顶点 w，并在删除 edge(uv)后，包含在旅程 edge(uw)和 edge(wv)中。

    b. 最近插入算法是从 nearestAdditionAlgorithm()推导出的，在 tour 中查找下列表达式最小的两个顶点 V_q 和 V_r：

$$\text{dist(edge}(v_qv_i))+ \text{dist(edge}(v_iv_r))-\text{dist(edge}(v_qv_r))$$

在这个方法中，新顶点 v_i 插入到已有旅程的最佳位置上，该位置可能不在 v_p 的旁边。

    c. 最便宜的插入算法是从 nearestAdditionAlgorithm()推导出的，它在 tour 中包含一个新顶点 v_i，使新旅程的长度最短。

    d. 最长的插入算法与最近插入算法类似，但它要求 v_i 距离 tour 最远，而不是最近。

    e. 最近合并算法对应于 Borůvka 算法：

```
nearestMergerAlgorithm(城市 V)
    创建 |V|个旅程，使 tourᵢ = {edge(vᵢvᵢ)};
    while 至少有两个旅程
        找出两个最近的旅程 tourᵢ 和 tourⱼ
            (城市 vₛ∈tourᵢ 与 vₜ∈tourⱼ 之间的最短距离是所有旅程中最短的);
        找出 edge(vₖvₗ) ∈tourᵢ 和 edge(vₚvq) ∈tourⱼ 它们必须使
            dist(edge(vₖvₚ)) + dist(edge(vₗvq)) - dist(edge(vₖvₗ)) - dist(edge(vₚvq))
            最小;
        tourᵢ = tourᵢ ∪ tourⱼ ∪ {edge(vₖvₚ), edge(vₗvq)} - {edge(vₖvₗ), edge(vₚvq)};
        删除 tourⱼ;
```

41. 顺序上色算法的一个版本是最小最后(smallest last)算法(Matula，Marble 和 Isaacson，1972)。在该版本中，总是选择度最低的顶点，并将其放在顶点序列的前端。之后，从图中暂时删除该顶点。在这种方法中，如果顶点 v 从图中删除，那么边 edge(vu)也从图中删除，从而降低了邻近顶点 v 的度。当建立了顶点序列之后，临时删除的连接重新建立，执行 for 循环为顶点上色。将最小最后算法应用于图 8-40(a)中的图，并查找颜色数量的上界。

42. 考虑双向图 G=({u₁ u₂ ... u_k} ∪ {w₁ w₂ ...w_k},{edge(u_iw_j):i≠j})。如果顶点以下面的顺序上色，则用算法 sequentialColoringAlgorithm()给 G 的顶点上色，需要多少种颜色？

    a. u1 u2 … uk w1 w2 …wk
    b. u1 w1 u2 w2 …uk wk

43. 匹配集合的顶点覆盖是什么？双向图呢？

44. 证明给图 8-42(a)中的 9-子图上色，在顶点 x、y 和 z 中，一个顶点的颜色是 t，其他两个的颜色是 f，且 color(p)=f。

45. 证明 2-色问题可以在多项式的时间内解决。

46. 证明在简单图中，若顶点的度为奇数，则顶点数为偶数。

47. 案例分析中的 readCommittees()成员函数使用两棵树 committeeTree 和 memberTree 来产生邻接表并初始化数组 vertices。然而只用一棵树就足够了，那么，使用两棵而不是一棵树的原因是什么？

48. 如果图 8-46(b)中的链表反向，那么案例分析中的程序输出将是什么？

8.15　编程练习

1. 本章讨论的确定最小生成树的算法有一个共同点：它们都是从起始点开始构建树，然后向这个结构中加入新的边，直到最后变成了一棵生成树。还可以从相反的方向构造这个树，即连续删去某些边，破坏图中的环，直到没有环为止。在这种方式中，图变成了树。在能够破坏树中某个环的所有边中选择权值最大的边，并删去它(例如，Dijkstra方法)。这种算法有点类似于Kruskal方法，但是由于它是按相反的方向工作的，因此称为Kruskal方法的rebour。利用这个方法找出至少12个城市之间的距离图的最小生成树。

2. 编写一个图演示程序，说明 Kruskal 方法与 Jarník-Prim 算法之间的差别。随机产生 50 个顶点，并显示在屏幕的左边，然后随机产生并显示 200 条边。确保图是连通的。在准备好图后，利用 Kruskal 方法创建最小生成树，并显示出树中包含的每条边(使用不同于生成图时所用的颜色)，然后在屏幕的右边显示相同的图，同样利用 Jarník-Prim 算法创建最小生成树，并显示树中包含的所有边。

3. 数据库管理中一个重要的问题是防止事务之间的死锁。事务就是一个对数据库中记录操作的序列，在大型数据库中，同一时间可以执行多个事务，如果不监控操作执行的顺序，则有可能导致不一致。然而，这种监控又有可能导致事务彼此阻塞，从而导致死锁。为探测死锁，可以构造一个等待图，显示某个事务等待哪个事务。利用二步锁定机制可以实现等待图。在这种机制中，如果事务 T 访问一条记录 R，则 T 对 R 加锁，因此在 T 完成之前其他事务不能处理记录 R。一旦 T 已完成，则释放所有由 T 加的锁。输入由下面的命令组成：read(T,A)，write(T,A)，end(T)。例如，如果输入是

    read(T₁,A₁)，read(T₂,A₂)，read(T₁,A₂)，write(T₁,A₂)，end(T₁)...

则当试图执行 read(T$_1$,A$_2$)这一步时 T$_1$ 被挂起，同时创建边 edge(T$_1$,T$_2$)，因为 T$_1$ 等待 T$_2$ 完成。如果 T$_1$ 不需要等待，则继续它的执行。在每个图更新之后，检查图中是否有环，如果探测到环，就中断最近事务 T 的执行，并将其放到输入的末尾。

注意某个事务可能会修改某些记录，因此在 T 开始前，这些记录应该恢复它们的状态。但是这样的修改可能已经被其他事务使用过了，因此它们也要中断。在这个程序中，没有解决恢复记录值的问题(即事务回滚和回滚级联问题)，而是集中于更新和监视等待图。注意如果一个事务已经完成，则应该将它的顶点从图中删除，因为其他事务可能正在等待它。

4. 编写一个基本的电子制表程序。显示一个列为 A 到 H，行为 1～20 的单元表格。在屏幕的第一行接收输入，命令的形式是：

```
列 行 entry
```

这里 entry 可以是一个数、前面带一个加号的单元地址(如，+A5)、一个字符串或者前面带一个@标记的函数，函数可以是 max、min、avg 和 sum。在程序执行的过程中，构建和修改反映电子表格中情况的图。在合适的单元中显示正确的值。如果更新了某个单元中的值，则依赖于这个单元值的所有单元都应修改。例如，输入如下序列之后，单元 C1 和 D1 都应该显示 60：

```
A1 10
B1 20
A2 30
D1 +A1
C1 @sum(A1..B2)
D1 +C1
```

考虑修改第 5 章中的解释程序，作为这个电子制表软件的一个改进，使算术表达式也能作为输入值，如

```
C3 2*A1
C4 @max(A1..B2) - (A2 + B2)
```

参考书目

Ahuja, Ravindra K., Magnanti, Thomas L., and Orlin, James B., *Network Flows; Theory, Algorithms, and Applications*, Englewood Cliffs, NJ: Prentice Hall, 1993.

Berge, Claude, "Two Theorems in Graph Theory," *Proceedings of the National Academy of Sciences of the USA* 43 (1957), 842-844.

Bertsekas, Dimitri P., "A Simple and Fast Label Correcting Algorithm for Shortest Paths," *Networks* 23 (1993), 703-709.

Bondy, John A., and Chvátal, Vašek, "A Method in Graph Theory," *Discrete Mathematics* 15 (1976), 111-135.

Bondy, John A., and Murty, U. S. R., *Graph Theory,* New York: Springer, 2008.

Brélaz, Daniel, "New Methods to Color the Vertices of a Graph," *Communications of the ACM* 22 (1979), 251-256.

Chvátal, Vašek, "Hamiltonian Cycles," in Lawler, E. L., Lenstra, J. K., Rinnoy, Kan, A. H. G., and Shmoys, D. B. (eds.), *The Traveling Salesman Problem*, New York: Wiley (1985), 403-429.

Deo, Narsingh, and Pang, Chi-yin, "Shortest Path Algorithms: Taxonomy and Annotation," *Networks* 14 (1984), 275-323.

Dijkstra, Edsger W., "A Note on Two Problems in Connection with Graphs," *Numerische Mathematik* 1 (1959), 269-271.

Dijkstra, Edsger W., "Some Theorems on Spanning Subtrees of a Graph," *Indagationes Mathematicae* 28 (1960), 196-199.

Dinic, Efim A., "Algorithm for Solution of a Problem of Maximum Flow in a Network with Power Estimation" [Mistranslation of: with Polynomial Bound], *Soviet Mathematics Doklady* 11 (1970), 1277-1280.

Dinitz, Yefim, "Dinitz' Algorithm: The Original Version and Even's Version," in: O. Goldreich, A.L. Rosenberg, and A.L. Selman (eds.), *Theoretical Computer Science: Essays in Memory of Shimon Even*, Berlin: Springer, 218-240.

Edmonds, Jack, "Paths, Trees, and Flowers," *Canadian Journal of Mathematics* 17 (1963), 449-467.

Edmonds, Jack, "The Chinese Postman Problem," *Operations Research* 13 (1965), suppl. 1, B-73.

Edmonds, Jack, and Johnson, Elias L., "Matching, Euler Tours and the Chinese Postman," *Mathematical Programming* 5 (1973), 88-124.

Edmonds, Jack, and Karp, Richard M., "Theoretical Improvement in Algorithmic Efficiency for Network Flow Problems," *Journal of the ACM* 19 (1972), 248-264.

Fleury, "Deux Problèmes de Géométrie de Situation," *Journal de Mathématiques Elémentaires* 2 (1883), 257-261.

Floyd, Robert W., "Algorithm 97: Shortest Path," *Communications of the ACM* 5 (1962), 345.

Ford, Lester R., and Fulkerson, Delbert R., "Maximal Flow Through a Network," *Canadian Journal of Mathematics* 8 (1956), 399-404.

Ford, Lester R., and Fulkerson, Delbert R., "A Simple Algorithm for Finding Maximal Network Flows and an Application to the Hitchcock Problem," *Canadian Journal of Mathematics* 9 (1957), 210-218.

Ford, Lester R., and Fulkerson, Delbert R., *Flows in Networks*, Princeton, NJ: Princeton University Press, 1962.

Gale, David, and Shapley, Lloyd S., "College Admissions and the Stability of Marriage," *American Mathematical Monthly* 69 (1962), 9-15.

Gallo, Giorgio, and Pallottino, Stefano, "Shortest Path Methods: A Unified Approach," *Mathematical Programming Study* 26 (1986), 38-64.

Gallo, Giorgio, and Pallottino, Stefano, "Shortest Path Methods," *Annals of Operations Research* 7 (1988), 3-79.

Gibbons, Alan, *Algorithmic Graph Theory*, New York: Cambridge University Press, 1985.

Glover, Fred, Glover, Randy, and Klingman, Darwin, "Computational Study of an Improved Shortest Path Algorithm," *Networks* 14 (1984), 25-36.

Gould, Ronald, *Graph Theory*, Menlo Park, CA: Benjamin Cummings, 1988.

Graham, Ronald L., and Hell, Pavol, "On the History of the Minimum Spanning Tree Problem," *Annals of the History of Computing* 7 (1985), 43-57.

Hall, Philip, "On Representatives of Subsets," *Journal of the London Mathematical Society* 10 (1935), 26-30.

Ingerman, Peter Z., "Algorithm 141: Path Matrix," *Communications of the ACM* 5 (1962),556.

Johnson, Donald B., "Efficient Algorithms for Shortest Paths in Sparse Networks," *Journal of the ACM* 24 (1977), 1-13.

Johnson, Donald S., and Papadimitriou, Christos H., "Performance Guarantees for Heuristics," in Lawler, E. L., Lenstra, J. K., Rinnoy, Kan A. H. G., and Shmoys, D. B. (eds.), *The Traveling Salesman Problem*, New York: Wiley (1985), 145-180.

Kalaba, Robert, "On Some Communication Network Problems," *Combinatorial Analysis*, Providence, RI: American Mathematical Society (1960), 261-280.

Kershenbaum, Aaron, "A Note on Finding Shortest Path Trees," *Networks* 11 (1981),399-400.

Kruskal, Joseph B., "On the Shortest Spanning Tree of a Graph and the Traveling Salesman Problem," *Proceedings of the American Mathematical Society* 7 (1956), 48-50.

Kuhn, Harold W., "The Hungarian Method for the Assignment Problem," *Naval Research Logistics Quarterly* 2 (1955), 83-97.

Kwan, Mei-ko, "Graphic Programming Using Odd or Even Points," Chinese Mathematics 1(1962), 273-277, translation of a paper published in *Acta Mathematica Sinica* 10 (1960), 263-266.

Matula, David W., Marble, George, and Isaacson, Joel D., "Graph Coloring Algorithms," in R.C. Read (ed.), *Graph Theory and Computing, Academic Press* 1972, 109-122.

Munkres, James, "Algorithms for the Assignment Problem and Transportation Problems," *Journal of the Society of Industrial and Applied Mathematics* 5 (1957), 32-38.

Ore, Oystein, "Note on Hamilton Circuits," *American Mathematical Monthly* 67 (1960), 55.

Papadimitriou, Christos H., and Steiglitz, Kenneth, *Combinatorial Optimization: Algorithms and Complexity,* Englewood Cliffs, NJ: Prentice Hall, 1982.

Pape, U., "Implementation and Efficiency of Moore-Algorithms for the Shortest Route Problem," *Mathematical Programming* 7 (1974), 212-222.

Pollack, Maurice, and Wiebenson, Walter, "Solutions of the Shortest-Route Problem—A Review," *Operations Research* 8 (1960), 224-230.

Prim, Robert C., "Shortest Connection Networks and Some Generalizations," *Bell System Technical Journal* 36 (1957), 1389-1401.

Rosenkrantz, Daniel J., Stearns, Richard E., and Lewis, Philip M., "An Analysis of Several Heuristics for the Traveling Salesman Problem," *SIAM Journal on Computing* 6 (1977), 563-581.

Tarjan, Robert E., *Data Structures and Network Algorithms*, Philadelphia: Society for Industrialand Applied Mathematics, 1983.

Thulasiraman, Krishnaiyan, and Swamy, M. N. S., *Graphs: Theory and Algorithms*, NewYork: Wiley, 1992.

Warshall, Stephen, "A Theorem on Boolean Matrices," *Journal of the ACM* 9 (1962), 11-12.

Welsh, D. J. A., and Powell, M. B., "An Upper Bound for the Chromatic Number of a Graphand Its Application to Timetabling Problems," *Computer Journal* 10 (1967), 85-86.

第 9 章

排　序

如果将数据按照一定的排序标准进行排序，通常会显著提高数据处理的效率。比如，如果电话号码簿中的用户名字没有按字母顺序排序的话，要想从电话簿中找到某个具体用户就非常困难。类似情况同样适用于字典、书的目录、工资表、银行账户、学生名单以及其他按照字母顺序组织的材料。使用已排序的数据可以带来许多方便，这种方法也适用于计算机科学。虽然利用计算机在未经排序的电话号码簿中查找用户姓名比人工查找要容易并且快速得多，但让计算机处理这样一个无序的数据集，工作效率还是非常低的，因此，在对数据进行处理之前，通常需要对数据进行排序。

首先需要选择对数据进行排序的标准。对于不同的应用场合，数据的排序标准也是不同的，而且该标准必须由用户定义。一般情况下，排序标准是很自然的，例如数字。一组数字既可以按照升序排列，也可以按照降序排列。例如，一个由 5 个正整数构成的集合(5,8,1,2,20)，按照升序排列的结果是(1,2,5,8,20)，按照降序排列的结果是(20,8,5,2,1)。在电话号码簿中，用户姓名一般按照姓的字母顺序进行排序。对于字母字符和非字母字符，通常根据其 ASCII 码进行排序，也可以使用其他的排序标准(例如 EBCDIC 码)。选定标准后，接下来就是如何根据该标准对一组数据进行排序。

数据的最终顺序可以通过多种方法得到，但是只有其中一部分有意义和有效率。要确定哪种方法最好，必须建立效率的某种标准，并选择定量比较不同算法的方法。

为了使这种比较独立于机器，当对可选方法进行比较时，应定义排序算法的某些关键属性。有两个这样的关键属性：比较次数和数据移动次数。之所以选择这两种属性，其原因显而易见。要为一组数据进行排序，数据必须进行比较，并根据需要来移动，这两种操作的效率与数据集合的大小有关。

由于确定比较次数的精确值通常没有必要或者是不可能的，所以我们一般计算其近似值。于是，比较和移动次数用大 O 符号近似给出，表示这些次数的数量级。但是数量级的大小取决于最初的数据顺序。例如，如果数据已经有了一定的顺序，那么机器对数据重新排序要花费多长时间？它会立刻识别出数据的原始顺序，还是完全不考虑这个原始顺序？因此，效率度量也说明了算法的"智能性"。所以，如果可能，应计算数据在下面 3 种情况下的比较次数和移动次数：最好情况(通常数据已排序)、最坏情况(数据按相反顺序排列)、平均情况(数据顺序是随机的)。有些排序方法无视数据的原始顺序，都执行相同的操作。这类算法的性能测量很简单，但其效果通常不是很好。有很多其他方法更灵活，它们在上述 3 种情况下的执行效果也不同。

数据的比较次数和移动次数并不是一定相同的。算法可能在数据比较上的效率比较高，而在数据移动上的效率很差，反之亦然。因此，在选择何种算法时一定要考虑实际情况。例如，如果只比较简单的关键字，比如整数或字符，那么比较起来就相对快一些，比较的代价也不大。如果比较的是字符串或者数字数组，那么比较的代价就会显著提高，这时对比较效率的考量就很重要。另一方面，如果移动的数据项很大，例如结构，那么在考虑效率时，移动次数这一因素就会非常突出。所有理论上建立的度量方法都应当谨慎使用，而所有理论上的考虑都应根据实际应用再三权衡。毕竟，实际应用是理论决策的样板。

各种排序算法的复杂度是不同的。有时，简单的方法比复杂的方法只有 20%的效率损失。如果在程序中只是偶尔用到排序，并且只是对很小的数据集进行排序，那么就没有太多必要使用复杂且效率较高的算法，同样的操作可以利用更简单的方法和代码来执行。但是如果有成千上万的数据项需要进行排序，那么 20%的效率是不能忽视的。对于一些数量较少的数据来说，简单的算法通常比复杂的算法执行得更好，只有在数据集合很大时，复杂算法的效率优势才能明显体现出来。

9.1 基本的排序算法

9.1.1 插入排序

插入排序首先考虑数组 data 中的前两个元素，即 data[0]和 data[1]。如果它们的次序颠倒了，就交换它们。然后，考虑第三个元素 data[2]，将其插入到合适的位置上。如果 data[2]同时小于 data[0]和 data[1]，那么 data[0]和 data[1]都要移动一个位置；data[0]放在位置 1 上，data[1]放在位置 2 上，而 data[2]放在位置 0 上。如果 data[2]小于 data[1]而不小于 data[0]，那么只需要把 data[1]移动到位置 2 上，由 data[2]占据它的位置。最后，如果 data[2]不小于前两个元素，它将保留在当前位置上。每一个元素 data[i]都要插入到合适的位置 j 上，使 $0 \leqslant j \leqslant i$，所有比 data[i]大的元素都要移动一个位置。

插入排序算法的概要如下：

```
insertionsort(data[],n)
    for i=1 到 n-1
        将大于 data[i]的所有元素 data[j]都移动一个位置，将 data[i]放到合适的位置上
```

注意，在每次迭代中，排序都只限于数组中的一部分，只有最后一次迭代才涉及整个数组。图 9-1 表示的就是在对数组[5 2 3 8 1]执行 insertionsort()方法时，数组所发生的变动。

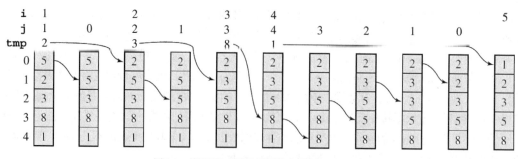

图 9-1 使用插入排序法进行排序的数组[5 2 3 8 1]

因为只有一个元素的数组是已排序的，所以算法从第二个位置即位置 1 开始排序。接着，对于

每个元素 tmp＝data[i]，所有比 tmp 大的元素都要复制到下一个位置上，而把 tmp 放在合适的位置上。

插入排序的实现代码如下所示：

```
template<class T>
void insertionsort(T data[],int n){
    for (int i = 1,j; i < n; i++) {
        T tmp = data[i];
        for (j = i; j > 0 && tmp < data[j-1]; j--)
            data[j] = data[j-1];
        data[j] = tmp;
    }
}
```

使用插入排序的一个优点是，只在有需要时才会对数组进行排序。如果数组已经排好序了，就不会再对数据进行移动；只要变量 tmp 被初始化，存储在该变量中的值就会返回原位置。该算法可以识别出已排序的数组部分，并会停止对该部分数组的执行操作。但是它只能识别出这一点，而忽视元素可能已在合适位置上这一事实。所以，有些元素可能会被从这些位置上移走，以后再移回来。在图 9-1 所示的例子中，数字 2 和 3 就是这样。插入排序的另一个缺点就是：如果插入数据项，所有比插入元素大的元素都必须移动。插入操作不是局部操作，可能需要移动大量的元素。考虑到元素可能会从它的最后位置移走，以后又重新移回该位置，多余的移动次数将显著降低执行的效率。

为了找出由 insertionsort()算法执行的移动和比较次数，首先要注意，外层的 for 循环总是要执行 $n-1$ 次。但是，比 data[i]大的元素移动一个位置的次数并不总是相同的。

最好的情况是数据已排好序。对于每个位置 i，只需要比较一次，这样就只需要进行 $n-1$ 次比较(其数量级是 $O(n)$)和 $2(n-1)$次移动，所有的移动和比较都是多余的。

最坏的情况是数据按相反的顺序排列。在这种情况下，对于每个 i，数据项 data[i]都比 data[0],…,data[i-1]小，这样，每个元素都要移动一次。对于外层 for 循环的每次迭代 i，都要比较 i 次，该循环中所有迭代的比较总数是

$$\sum_{i=1}^{n-1} i = 1 + 2 + \cdots + n-1 = \frac{n(n-1)}{2} = O(n^2)$$

内层 for 循环中的赋值次数可以用相同的公式来计算。把 tmp 在外层 for 循环中加载和卸载的次数加起来，就可以得到总的移动次数：

$$\frac{n(n-1)}{2} + 2(n-1) = \frac{n^2 + 3n - 4}{2} = O(n^2)$$

前面所讲的内容只考虑了极端情况。如果数据是随机排列的，又会怎样呢？对其排序所耗费的时间与最好情况下所用的时间 $O(n)$接近，还是与最坏情况下所用的时间 $O(n^2)$接近？或者介于两者之间？我们不能立刻对此做出回答，而是需要进行一些计算。外层 for 循环还是必须要执行 $n-1$ 次，我们还需要确定其内层循环的迭代次数。

对于外层 for 循环的每次迭代，其比较次数与数据项 data[i]距离它在当前排序的子数组 data[0…i-1] 中合适位置的远近有关。如果它已经在这个位置上，则只需要对 data[i]和 data[i-1]进行比较。如果

与它的合适位置只差一个位置，就需要执行两次比较：data[i]先与 data[i-1]比较，再与 data[i-2]比较。一般情况下，如果与它的合适位置相差 j 个位置，data[i]就要与其他元素比较 $j+1$ 次。这就意味着，在外层 for 循环的迭代 i 中，要进行 1，2，...，i 次比较。

假设数据项占用数组单元的概率大小是一样的，在外层 for 循环的迭代 i 中，data[i]与其他元素的平均比较次数的计算方法为，累加所有可能执行这种测试的次数，并用这个总数除以迭代的次数 i，其结果如下所示：

$$\frac{1+2+\cdots+i}{i} = \frac{\frac{1}{2}i(i+1)}{i} = \frac{i+1}{2}$$

为了求得所有比较次数的平均值，对于所有的迭代 i(外层 for 循环的所有迭代)来说都必须从 1 开始一直累加到 n–1 为止。其结果如下所示：

$$\sum_{i=1}^{n-1} \frac{i+1}{2} = \frac{1}{2}\sum_{i=1}^{n-1} i + \sum_{i=1}^{n-1} \frac{1}{2} = \frac{\frac{1}{2}n(n-1)}{2} + \frac{1}{2}(n-1) = \frac{n^2+n-2}{4}$$

它的时间复杂度是 $O(n^2)$，大约是最坏情况下的比较次数的一半。

按照相同的方式，我们可以确定在外层 for 循环的迭代 i 中，data[i]需要移动 0，1，...，i 次；也就是下面的次数加上一定会发生的两次移动(从数组传递给 tmp 和从 tmp 传递给数组)。

$$\frac{0+1+\cdots+i}{i} = \frac{\frac{1}{2}i(i+1)}{i} = \frac{i}{2}$$

因此，在外层 for 循环的所有迭代中，平均移动次数为：

$$\sum_{i=1}^{n-1} \left(\frac{i}{2}+2\right) = \frac{1}{2}\sum_{i=1}^{n-1} i + \sum_{i=1}^{n-1} 2 = \frac{\frac{1}{2}n(n-1)}{2} + 2(n-1) = \frac{n^2+7n-8}{4}$$

其时间复杂度为 $O(n^2)$。

这就回答了下述问题：对于随机顺序的数组来说，移动和比较的次数是与最好情况接近，还是与最坏情况接近？遗憾的是，它接近于后者，也就是说当数组大小加倍时，一般都需要付出 4 倍的努力来排序。

9.1.2 选择排序

选择排序就是先找到位置不合适的元素，再把它放在其最终的合适位置上，很明确地直接交换数组元素。其基本思想是：先找出数组中的最小元素，将其与第一个位置上的元素进行交换。然后在剩余元素 data[1]，...，data[n–1]中找到最小的元素，把它放到第二个位置上。这种选择和定位的方法是：在每次迭代中，找出元素 data[i]，...，data[n–1]中的最小元素，然后将其与 data[i]交换位置，直到所有的元素都放到了合适位置上为止。从下面的伪代码中可以看出选择排序算法的简单性：

```
selectionsort(data[],n)
    for i = 0 到 n-2
```

找出元素 data[i]，…，data[n-1]中的最小元素；
将其与 data[i]交换；

显然，*n*–2 应该是最后一个 *i* 值，因为如果除最后一个元素之外的所有元素都放在合适的位置上，那么第 *n* 个元素(位于位置 *n*–1 上)就一定是最大的，如图 9-2 所示。下面是执行选择排序的 C++代码：

```
template<class T>
void selection( T data[] ,int n) {
    for (int i = 0,j,least; i < n-1; i++) {
        for (j = i+1, least = i; j < n; j++)
            if (data[j] < data[least] )
                least = j;
        swap(data[least] ,data[i])
    }
}
```

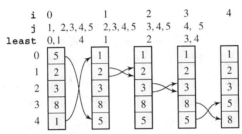

图 9-2　使用选择排序法进行排序的数组[5 2 3 8 1]

此处，函数 swap()将元素 data[least]和 data[i]进行交换(参见第 1.2 节的末尾)。注意，least 指的不是最小的元素，而是它的位置。

对函数 selectionsort()的性能分析可以通过两个 for 循环的上下限来简化，外层循环执行了 *n*–1 次，对于任意一个 0 和 *n*–2 之间的整数 *i*，内层循环迭代了 *j* = (*n*–1)–*i* 次。因为关键字的比较是在内层循环进行的，因此总共进行了以下次数的比较：

$$\sum_{i=0}^{n-2}(n-1-i)=(n-1)+\cdots+1=\frac{n(n-1)}{2}=O(n^2)$$

这个比较次数对所有情况都是一样的，只有交换次数是不同的。注意，如果执行了 if 语句中的赋值，就只移动索引 j，而不移动当前在位置 j 上的数据项。数组元素会在外层循环中交换，其交换的次数同循环执行的次数一样，为 *n*–1 次。因此在所有情况下，数据项移动的次数都相同，均为 3(*n*–1)。

选择排序最大的优点是赋值次数少，这一点是其他算法无法比拟的。然而，在所有情况下，其交换次数都为 3(*n*–1)次，这一点可能也会令人不太满意。显而易见，如果数据项已经在其合适的位置上，就不需要交换。而该算法忽视了这一点，对于这种情况，算法也会交换数据项自身，从而会带来 3 次冗余移动，这个问题可通过将 swap()变成一个条件操作来解决，swap 的前提条件应该是在 data[i+1],…,data[n–1]中找不到小于 data[least]的数据项。selectionsort()的最后一行可以用下面的代码行替代：

```
if (data[i] != data[least] )
    swap(data[least], data[i]);
```

上述代码行将增加 $n-1$ 次数组元素的比较次数，但注意不需要比较数据项，所以这个比较次数的增加是可以避免的。在 selectionsort() 的 if 语句中，比较的是索引，而不是数据项，所以 selectionsort()的最后一行可以用下面的代码行代替：

```
if (i != least)
    swap (data[least], data[i]);
```

在程序中引入新的条件以增加 $n-1$ 次索引比较，这样的改善是否有必要呢？这取决于排序元素的类型，如果元素是数字或字符，那么引入新的条件来避免冗余交换，其实效率并没有提高多少；如果 data 中的元素是大的复合实体，如数组或结构，那么一次交换(需要 3 次赋值)可能需要花费相当于 100 次索引比较的时间，因此建议使用有条件的 swap() 操作。

9.1.3　冒泡排序

要想轻松简单地理解什么是冒泡排序，可以将要排序的数组想象成一个垂直的柱体，其中最小的元素在顶部，最大的元素在底部。数组从底部往上扫描，如果相邻的两个元素逆序，则交换两者。首先，比较数据项 data[n−1]和 data[n−2]，如果逆序，则互换。接着比较 data[n−2]和 data[n−3]，有需要时就改变它们的顺序，一直比较到 data[1]和 data[0]。这样最小的元素就移动到了数组的顶部。

然而，这还只是第一次遍历数组。再次对数组扫描，比较剩下来的数据项，当有需要时交换它们。但是这一次，最后比较的数据项是 data[2]和 data[1]，因为最小的元素已经在合适的位置上，也就是位置 0。第二次冒泡会将第二个最小的元素放在数组的第二个位置，即位置 1。这一过程继续下去，直到最后一次，此时只比较一次，即比较 data[n−1]与 data[n−2]，这时可能会执行一次交换。

该算法的伪代码如下所示：

```
bubblesort(data[], n)
   for i=0 到n-2
      for j=n-1 往下到 i+1
         如果两者逆序，则交换位置 j 和位置 j-1 的元素
```

图 9-3 展示了整数数组[5 2 3 8 1]在执行 bubblesort()过程中的变化。下面是冒泡排序的实现代码：

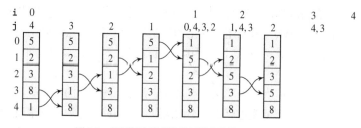

图 9-3　使用冒泡排序法进行排序的数组[5 2 3 8 1]

```
template<class T>
void bubblesort(T data[], int n){
    for (int i = 0; i < n-1; i++)
        for (int j = n-1; j > i; --j)
```

```
            if (data[j] < data[j-1])
                swap(data[j], data[j-1]);
    }
```

在冒泡算法中，比较的次数在各种条件下(最好、平均和最坏)都是相同的，都等于内层 for 循环的总迭代次数：

$$\sum_{i=0}^{n-2}(n-1-i) = \frac{n(n-1)}{2} = O(n^2)$$

上面这个公式也计算出了最坏情况(也就是数组逆序)下交换的次数，在这种情况下，必须移动 $3\frac{n(n-1)}{2}$ 次。

在最好的情况下，所有元素都已排好序，并不需要交换。如果有 i 个单元的数组的顺序是随机的，则交换的次数可以是 0 和 $i-1$ 之间的任意一个数，也就是说，可以完全不交换(所有数据项升序排列)，也可以一次交换，二次交换，…，$i-1$ 次交换。由内层 for 循环处理的数组为 data[i]，…，data[n-1]，如果这个子数组的元素为随机排序，则这个子数组的交换次数是 0，1，2，…，$n-1-i$。对所有可能的交换次数之和除以迭代次数 $n-i$，就可以得到平均交换次数：

$$\frac{0+1+2+\cdots+(n-1-i)}{n-i} = \frac{n-i-1}{2}$$

如果把由 bubblesort()处理的所有子数组的所有平均交换次数相加(即对于外层 for 循环的所有迭代 i，把所有的平均交换次数相加)，则结果为以下次数的交换，等于 $\frac{3}{4}n(n-1)$ 次移动。

$$\sum_{i=0}^{n-2}\frac{n-i-1}{2} = \frac{1}{2}\sum_{i=0}^{n-2}(n-1) - \frac{1}{2}\sum_{i=0}^{n-2}i = \frac{(n-1)^2}{2} - \frac{(n-1)(n-2)}{4} = \frac{n(n-1)}{4}$$

冒泡排序的主要缺点是，元素需要一步步地向上冒泡直到数组的顶部，这是非常费时的。算法每次都只考虑相邻的两个元素，若为逆序，则交换它们。如果元素需要从底部移到顶部，则它将和数组中的每一个元素交换位置，而不能像选择排序那样跳过它们。另外，算法只将注意力集中在要向上移动的数据项上，因此，所有破坏顺序的元素都要移动，甚至那些已经在合适位置上的元素(参见图 9-3 中的数 2 和 3，这种情况与插入排序类似)。

冒泡排序的性能与插入排序和选择排序的性能相比又如何呢？在平均情况下，冒泡排序的比较次数近似为插入排序的两倍，移动次数与插入排序相同。而冒泡排序与选择排序的比较次数是一样的，移动次数比选择排序多出 n 次。

可以说，插入排序要比冒泡排序快两倍，而实际上也是这样。但这里的"实际上"并不直接来自性能估算。关键在于，在确定比较次数的计算公式时，只包含了数据项的比较。而实际上每一种算法的比较都不止这些，例如，在 bubblesort()中，有两个循环，两者都比较索引，第一个循环为 i 和 $n-1$，第二个为 j 和 i，总共有 $n(n-1)/2$ 次比较，这个数目不可轻视。如果数据项是大的结构，则可以忽略不计，但是如果数据由整数组成，则比较数据的次数和比较索引的次数一样多。因此，为了更全面地考虑效率问题，应该不仅仅关注数据的比较和交换，也需要考虑算法运行必需的系统开销。

冒泡排序的一个显著改进是可以添加标志，如果某次没有发生交换，就会停止排序这个过程。

```cpp
template<class T>
void bubblesort2(T data[], const int n) {
    bool again = true;
    for (int i = 0; i < n-1 && again; i++)
        for (int j = n-1, again = false; j > i; --j)
            if (data[j] < data[j-1]) {
                swap(data[j],data[j-1]);
                again = true;
            }
}
```

不过，这种改进并不很显著，因为在最坏情况下，改进过的冒泡排序过程跟未改进过的差不多。对于比较次数来说，最坏情况是在排序前，最大元素位于数据的最顶部，因为在每次移动时该元素只能被移动一个位置。在一个所有元素都不相同的数组中，会有$(n-1)!$次这样的最坏情况。对于第二大元素位于最顶部或最大元素位于第二个位置的情况，同样也很差(仅比最坏情况少了一次移动)。同理，如果第三大元素位于最顶部，情况也好不到哪里去。因此，标志 again 很少能够起到用，因为 bubblesort2()这个改进版比 bubblesort()更慢，而额外的那个变量正是由 bubblesort2()来保存的。因此，对于冒泡排序来说，bubblesort2()并不是一个多么让人欣喜的改进。但是基于 bubblesort2()的梳排序，却值得研究一下。

9.1.4 梳排序

在冒泡排序的基础上，通过比较元素彼此之间的步长位置这种方式先对数据进行预处理，就是梳排序的概念。在每次移动中，步长会越来越小，直至它等于1(Dobosiewicz 1980; Box 和 Lacey 1991)。这一理念就是在进行正式排序前先将一些大元素移至数组的底部。下面是实现代码：

```cpp
template<class T>
void combsort(T data[], const int n) {
    int step = n, j, k;
    while ((step = int(step/1.3)) > 1) // phase 1
        for (j = n-1; j >= step; j--) {
            k = j-step;
            if (data[j] < data[k])
                swap(data[j],data[k]);
        }

    bool again = true;
    for (int i = 0; i < n-1 && again; i++) // phase 2
        for (j = n-1, again = false; j > i; --j)
            if (data[j] < data[j-1]) {
                swap(data[j],data[j-1]);
                again = true;
            }
}
```

下面是执行梳排序的一个例子：

阶段 1:

移动　步长　　　　　　　　　　　　　　　　data[]

移动	步长																		
		41	11	18	7	16	25	4	23	32	31	22	9	1	22	3	7	31	6	10
1	14	3	7	18	6	10	25	4	23	32	31	22	9	1	22	41	11	31	7	16
2	10	3	7	1	6	10	11	4	7	16	31	22	9	18	22	41	25	31	23	32
3	7	3	7	1	6	9	11	4	7	16	31	22	10	18	22	41	25	31	23	32
4	5	3	4	1	6	9	11	7	7	16	31	22	10	18	22	41	25	31	23	32
5	3	3	4	1	6	7	10	7	9	11	18	22	16	31	22	25	31	23	41	32
6	2	1	4	3	6	7	9	7	10	11	16	22	18	23	22	31	25	31	41	32

阶段 2:

移动	步长																		
7		1	3	4	6	7	7	9	10	11	16	18	22	22	23	25	31	31	32	41
8		1	3	4	6	7	7	9	10	11	16	18	22	22	23	25	31	31	32	41

从右到左处理数据。在阶段 1 中，比较发生在彼此间位置为 $\lfloor \frac{19}{1.3} \rfloor = 14$ 的元素之间：16 和 10(引起一次交换)；7 和 6(另一次交换)；18 和 31，11 和 7(交换)，以及 41 和 3(交换)。在阶段 2，要比较的元素之间的距离成了 $\lfloor \frac{14}{1.3} \rfloor = 10$：32 和 16(交换)，23 和 7(交换)……以及 3 和 22(交换)。在阶段 2 中，用的就是需要两个阶段的 bubblesort2()。

有一个问题是，如何确定被比较元素的位置之间的距离。大量的实验表明(Box 和 Lacey 1991)，因子 s=1.3 会被用来确定元素间距 $\lfloor \frac{n}{s} \rfloor$，$\lfloor \lfloor \frac{n}{s} \rfloor \rfloor$…近似于递减序列 $\frac{n}{s}, \frac{n}{s^2}, \ldots, \frac{n}{s^P}$。因为阶段 1 中的最后一个步长等于 2，也就是 $\frac{n}{s^P} = 2$，所以会发现 $P = \frac{\lg \frac{n}{2}}{\lg s}$。利用这些近似性，就可以确定阶段 1 中步长的数量，约等于

$$\sum_{i=1}^{P} \left(n - \frac{n}{s^i} \right) = P \cdot n - \frac{2 - n}{1 - s} = O(n \lg n)$$

最坏情况是 $O(n^2)$，归因于第二阶段(Drozdek 2005)。

实验结果表明这种改良还是很激动人心的。梳排序的良好性能可与图 9-15 中的快速排序相媲美。

9.2　决策树

前面几小节分析的几种排序方法的效率不是很高，这就带来了以下几个问题：有没有更有效的排序算法？有没有一种算法至少在理论上能够执行得更快？如果有，什么时候我们才能对算法感到满意？什么时候才能确信排序速度不可能再增加了？这需要一个量化的度量方法来估计排序速度的下限。

本节只关注两个元素的比较，而不考虑元素之间的交换。本节要研究以下问题：平均情况下，对 n 个元素排序需要多少次比较？或者说，假设数组的初始顺序是随机的，那么估计最少的数据项比较次数是多少？

每个排序算法都可以表示成一个弧上标有"是"或"否"的二叉树，树的非终端节点包含标记的条件或查询，叶子节点的顺序可以是应用该算法的数组的任何顺序，这种类型的树称为决策树。由于初始顺序是不可预测的，因此所有可能的序列都要在树中列出，以便排序过程处理任一数组和任一可能的数据初始顺序。初始顺序决定了算法采用哪条路径，和选择什么比较次序。注意，不同

长度的数组需要不同的决策树。

图9-4列出了数组[a b c]采用插入排序和冒泡排序的决策树。插入排序的决策树有6个叶子节点，而冒泡排序的树有8个叶子节点。n元素数组的决策树有多少个叶子节点呢？该数组有$n!$种不同的排序方式，这也是数组元素可能的总排序数，所有这些顺序都要存储在决策树的叶子节点中，因此数组[a b c]的插入排序的决策树有6个叶子节点，因为$n=3$，而$3!=6$。

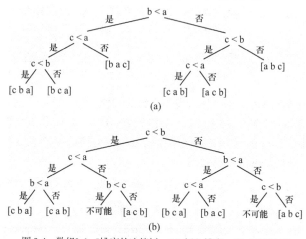

图9-4　数组[a b c]排序的决策树：(a) 插入排序；(b) 冒泡排序

但是在冒泡排序的决策树中，其叶子节点数不等于$n!$，事实上，叶子节点数永远不会小于$n!$，即它可能大于$n!$，这是因为决策树可能有对应于排序失败的叶子节点，而不只是排序有效的叶子节点，不一致的操作序列可以到达无效节点。另外，叶子节点的总数可能大于$n!$，还因为数组的某些排序组合不仅仅出现在一个叶子节点上，之所以这样，是因为元素之间的比较可能会重复。

决策树一个有趣的性质是从根节点到叶子节点所遍历的弧的平均数，因为一条弧代表了一次比较，因此弧的平均数反映了执行排序算法时的关键字比较的平均次数。

在第6章中曾提到，i层完全决策树有2^{i-1}个叶子节点，$2^{i-1}-1$个非终端节点($i \geq 1$)，总共2^i-1个节点。i层非完全树的节点总数则少于2^i-1，即$k+m \leq 2^i-1$，其中m为叶子节点数，k为非叶子节点数。另外，$k \leq 2^{i-1}-1$，$m \leq 2^{i-1}$(见6.1节和图6-5)，后一个不等式用作m的近似值。因此，i层决策树至多有2^{i-1}个叶子节点。

现在，又出现了一个问题：决策树的叶子节点数与n元素数组的总排序数之间有什么关系？n元素数组有$n!$种可能的排序方式，每种排序方式都可通过决策数的一个叶子节点来表示，但是决策树因重复和无效，还存在一些额外的节点。因此，$n! \leq m \leq 2^{i-1}$，或者$2^{i-1} \geq n!$，这个不等式也回答了下面这个问题：在最坏情况下，对n元素数组使用某个排序算法，需要执行多少次比较操作，或者在最坏情况下，比较次数的最小值是多少？注意，这个分析针对的是最坏情况。假设i表示决策树(无论是完全决策树还是非完全决策树)的某一层，i通常指的是从树的根节点到最底层的最长路径，也就是存储在根节点的数组获得有序配置所需要的最大比较次数。首先，将不等式$2^{i-1} \geq n!$转换成$i-1 \geq \lg(n!)$，这意味着若决策树至少有$n!$个叶子节点，则其路径长度至少为$\lg(n!)$，即必须是$\lceil \lg(n!) \rceil$，这里$\lceil x \rceil$表示不小于x的整数，请看图9-5中的示例。

下面是3元素数组的一些可能的决策树，这些树必须至少有3! = 6个叶子结点，为了示例方便，我们假设每一棵树有一个多余的叶子结点(重复的或无效的)。在最坏和一般情况下，比较的次数是$i-1 \geq \lceil \lg(n!) \rceil$，本例中，$n=3$，因此，$i-1 \geq \lceil \lg(3!) \rceil = \lceil \lg 6 \rceil \approx \lceil 2.59 \rceil = 3$，事实上，只有对于最好情况的平衡树(a)，平均路径的长度才小于3。

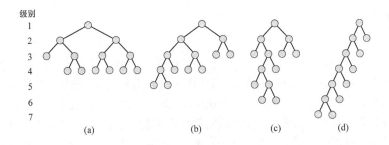

下面是树(a)～(d)中从根结点到叶子结点的路径长度相加的和以及对应的平均路径长度：

(a) $2+3+3+3+3+3+3 = 20$；平均长度 $= \dfrac{20}{7} \approx 2.86$

(b) $4+4+3+3+3+2+2 = 21$；平均长度 $\dfrac{21}{7} = 3$

(c) $2+4+5+5+3+2+2 = 23$；平均长度 $= \dfrac{23}{7} \approx 3.29$

(d) $6+6+5+4+3+2+1 = 27$；平均长度 $= \dfrac{27}{7} \approx 3.86$

图 9-5　3 元素数组的决策树示例

可以证明，对于有 m 个叶子节点的决策树，随机选择一个叶子节点，则从根节点到这个叶子节点的路径长度不小于 $\lg m$，在平均情况和最坏情况下，需要比较的次数为 $\lg(n!)$，其复杂度是 $O(n \lg n)$(见附录 A 中的 A.2 节)，也就是说，$O(n \lg n)$ 在平均情况下是最好的时间复杂度。

比较排序算法中某些性能参数计算出来的近似值是非常有趣的，特别是对于平均情况和最坏情况。例如，插入排序在最好情况下只需要 $n-1$ 次比较，但是在平均情况和最坏情况下，插入排序需要 n^2 次比较，这是因为对于这些情况，计算元素个数的比较次数的函数是 $O(n^2)$，这比 $n\lg n$ 大多了，对 n 较大的情况更是如此。因此，插入排序不是一个理想的算法，更好的排序方法应使比较次数至少近似于 $n \lg n$，而不是 n^2。

如果将前面分析的算法性能与平均情况下期待的性能 $n \lg n$ 相比较，那么两个函数 $n \lg n$ 和 n^2 之间的差别如表 9-1 所示。表 9-1 中的数字表明，如果排序 100 个数据项，则理想算法的排序速度将是插入排序的 4 倍，选择排序和冒泡排序的 8 倍；若排序 1000 个数据项，则分别是 25 倍和 50 倍；对于 10 000 个数据项的排序，性能差异因子分别为 188 和 376，这些数据将鼓励人们寻找性能函数是 $n \lg n$ 的算法。

表 9-1　简单排序方法与估计效率为 n lg n 的算法的比较次数

排序方法	n	100	1 000	10 000
插入排序	$\dfrac{n^2+n-2}{4}$	2 524.5	250 249.5	25 002 499.5
选择排序冒泡排序	$\dfrac{n(n-1)}{2}$	4 950	499 500	49 995 000
预期值	$n \lg n$	664	9 966	132 877

9.3 高效排序算法

9.3.1 希尔排序

排序算法的时间复杂度 $O(n^2)$ 太大，我们必须打破这种限制，以改善算法效率，减少运行时间，那么，怎样实现这个目标呢？我们面临的问题是：3 种排序算法对数组进行排序，所需时间增加的速度经常比数组本身增长的速度要快。事实上，算法执行的时间一般是数组大小的二次函数。可以证明，按照如下方法，效率可以大大提高：先对原始数组的各部分进行排序，待各个部分中的元素已有序时，再对整个数组排序。如果子数组已经排好序，则此时的数组比初始数组更接近有序数组的最好情况。这一过程如下：

```
将数组 data 分成 h 个子数组;
for i = 1 到 h
    对子数组 data₁ 排序;
排序数组 data;
```

如果 h 过小，则数组 data 的子数组 data$_i$ 可能会过大，算法效率也会较低；另一方面，如果 h 过大，子数组就会过多，即使子数组已排好序，也不会显著改变整个数组 data 的顺序；最后，如果只对 data 进行一次这样的分割，则运行时间的缩短是有限的。为了解决这一问题，算法采用多次不同的分割，对于每一次分割，分别调用相同的处理过程，如下所示：

```
确定把数组 data 分割成子数组的数 hₜ...h₁;
for (h = hₜ; t > 1; t--, h = hₜ)
    将数组 data 分成 h 个子数组;
    for i = 1 到 h
        对子数组 data₁ 排序;
排序数组 data;
```

这一思想是减少增量排序的基础，这种排序方法也称为希尔排序，是以发明者 Donald L. Shell 的名字命名的。注意上述伪代码并未对子数组指定排序方法，即可以采用任意简单的排序方法，但一般来说，希尔排序采用插入排序。

希尔排序的核心是把数组 data 巧妙地分割为几个子数组。窍门是：首先比较相隔很远的元素，然后比较相隔近的元素，以此类推，最后一次比较相邻的两个元素。从原始数组中每隔 h_t 个元素挑选一个元素，作为一个子数组的一部分，这样就将原始数组在逻辑上分成了几个子数组。因此，一共有 h_t 个子数组，对于每个 $h=1,\cdots,h_t$，有：

$$data_{hth}[i] = data[h_t*i+(h-1)]$$

例如，如果 $h_t=3$，则数组分成 3 个子数组 data$_1$、data$_2$ 和 data$_3$，因此：

```
data₃₁[0] = data[0], data₃₁[1] = data[3], …, data₃₁[i] = data[3*i], …
data₃₂[0] = data[1], data₃₂[1] = data[4], …, data₃₂[i] = data[3*i+1], …
data₃₃[0] = data[2], data₃₃[1] = data[5], …, data₃₃[i] = data[3*i+2], …
```

分别对这些子数组排序，然后利用 $h_{t-1}<h_t$ 产生新的子数组，并采用插入排序算法对它们排序。

这一过程一直重复下去，直到不能再分割出子数组为止。如果 $h_t = 5$，则分割子数组并对其排序的过程称为 5-排序。

图 9-6 表明数组 data 是每隔 5 个位置提取一个元素，并逻辑上插入一个独立的数组中，这里之所以说"逻辑上"，是因为在物理上这些元素仍然占据它们在 data 数组中的位置。对于每一个增量 h_t，有 h_t 个子数组，分别对它们排序。当增量值降低时，子数组的数目随之减少，而子数组中的元素个数随之增加。在早期的迭代中，data 数组的大部分无序状态被消除了，所以在最后一次迭代中，与所有中间的 h-排序相比，数组更接近于它的最终形式。

5-排序前的data数组	10	8	6	20	4	3	22	1	0	15	16
排序前的5个子数组	10	—	—	—		3					16
		8	—	—	—		22				
			6	—	—	—		1			
				20	—	—	—		0		
					4	—	—	—		15	
排序后的5个子数组	3	—	—	—		10					16
		8	—	—	—		22				
			1	—	—	—		6			
				0	—	—	—		20		
					4	—	—	—		15	
5-排序后和3-排序前的data数组	3	8	1	0	4	10	22	6	20	15	16
排序前的3个子数组	3	—	—	0	—	—	22	—	—	15	
		8	—	—	4	—	—	6	—	—	16
			1	—	—	10	—	—	20		
排序后的3个子数组	0	—	—	3	—	—	15	—	—	22	
		4	—	—	6	—	—	8	—	—	16
			1	—	—	10	—	—	20		
3-排序后和1-排序前的data数组	0	4	1	3	6	10	15	8	20	22	16
1-排序后的 data数组	0	1	3	4	6	8	10	15	16	20	22

图 9-6　采用希尔排序对数组[10 8 6 20 4 3 22 1 0 15 16]排序

还有一个问题需要解决，即选择最佳增量值。在图 9-6 的例子中，开始的增量值是 5，然后是 3，最后一次排序是 1，为什么选择这些值呢？对此没有令人信服的解答。实际上，只要最后一个值 $h_1 = 1$，就可以采用任何递减的增量值数列。Donald Knuth 证明，即使只有两个增量 $(16n/\pi)^{1/3}$ 和 1，希尔排序的效率也高于插入排序，因为它需要的时间是 $O(n^{5/3})$，而不是 $O(n^2)$，而采用较多的增量，可以提高希尔排序的效率。利用如 1,2,4,8,…或 1,3,6,9,…的增量序列是不明智的，因为数据的混合效应丢失了。

例如，当采用 4-排序和 2-排序时，对于 $i=1,2$，子数组 $data_{2,i}$ 包含且仅包含两个数组 $data_{4,i}$ 和 $data_{4,j}$ 的元素，其中 $j = i+2$。如果 $data_{4,i}$ 的元素没有都放在同一组中，效果会更好些，因为如果数组中的元素在执行 2-排序时分配到不同的数组中，则交换的次数会减少得更快。像希尔最初的算法中那样，仅用 2 的幂作为增量，则直到最后一次增量为 1 时，数组中奇、偶位置的元素才相互比较。这时混合效应才起作用(或者说，混合效应对中间的所有步骤都没有起作用)。但是目前还没有正式的依据说明哪个增量值序列是最佳的。通过广泛的经验性研究和一些理论上的推导，一般认为满足下列条件的增量序列比较合适：

$$h_1 = 1$$
$$h_{i+1} = 3h_i + 1$$

当 $h_{t+2} \geq n$ 时，停止即得 h_t。例如，若 $n=10000$，则增量序列为：

$$1, 4, 13, 40, 121, 364, 1093, 3280$$

实验数据通过指数函数 $1.21n^{5/4}$ 和对数函数 $.39n\ln^2 n - 2.33n\ln n = O(n\ln^2 n)$ 近似得到。第一种形式比较符合实验结果。$1.21n^{1.25} = O(n^{1.25})$ 比插入排序的 $O(n^2)$ 要好得多，但仍远远大于期望的 $O(n\lg n)$。

程序清单 9-1 包含了一个利用希尔排序法对数组 data 排序的函数。注意，在排序开始前，增量值已经计算出并存储在数组 increments 中。

程序清单 9-1　希尔排序的实现

```cpp
template<class T>
void ShellSort(T data[],int arrSize) {
    register int i,j,hCnt,h;
    int increments[20],k;
// Create an appropriate number of increments h
    for (h = 1, i = 0; h < arrSize; i++) {
        increments[i] = h;
        h = 3*h + 1;
    }
// loop on the number of different increments h
    for (i--; i >= 0; i--) {
        h = increment[i];
     // loop on the number of subarrays h-sorted in ith pass
        for (hCnt = h; hCnt < 2*h; hCnt++) {
        // insertion sort for subarray containing every hth element of
            for (j = hCnt; j < arrSize; ) {   //array data
                T tmp = data[j];
                k = j;
                while (k-h > 0 && tmp < data[k-h]) {
                    data[k] = data[k-h];
                    k -= h;
                }
                data[k] = tmp;
                j += h;
            }
        }
    }
}
```

希尔排序的核心是利用 h 个分割位置的元素将数组分为多个子数组。这种算法的 3 个特征在不同的实现方式中是不同的：

(1) 增值序列；

(2) 除最后一次外，其他各次都采用一种简单的排序算法；

(3) 仅应用于最后一次(1-排序)的简单排序算法。

在希尔排序的实现代码中，所有的 h-排序都应用了插入排序，也可以使用其他的排序算法。例如，Incerpi 和 Sedgewick 在每个 h-排序中使用 cocktail shaker 排序的两次迭代和冒泡排序的一个版本，最后以插入排序结束，得到所谓的 shakersort 排序。尽管这些版本的性能互有差异，但是它们的排序性能都优于简单的排序方法。目前没有这些排序方法的复杂性的分析结果，有关复杂性的结果只能凭经验获得。

9.3.2　堆排序

选择排序要进行 $O(n^2)$ 次比较，效率非常低，尤其 n 较大时更是如此。但是它执行相对较少的移动操作。如果改进这一算法的比较部分，最终效果一定不错。

堆排序是由 John Williams 发明的，它使用选择排序固有的方法。选择排序首先在 n 个元素中找出小于其他 $n-1$ 个元素的元素，再在 $n-1$ 个数据项中找出最小的数据项，以此类推，直到数组排序完成。为了将数组按升序排列，堆排序将最大的元素放在数组的末尾，接着将第二大的元素放在最大元素前面的那个位置，以此类推。堆排序采用找最大元素的方法，从数组末尾开始，而选择排序则采用找最小元素的方法，从数组起始处开始，两种排序算法最终结果的顺序实际上是一样的。

堆排序利用了 6.9 节描述的堆。堆是具有以下两个属性的二叉树：

(1) 每个节点的值不会小于其子节点的值；

(2) 树是完全平衡的，最底层的叶子节点都位于最左边的位置上。

如果树满足条件(1)，则这棵树具有堆属性。这两个条件在排序中都是有用的，但第二个条件的作用不明显。堆排序的目标是：仅利用要排序的数组，不需要给数组元素使用额外的存储空间。利用条件(2)，从位置 0 开始，所有的元素在数组中连续排列，数组中不存在未占用的位置，换句话说，条件(2)反映了数组无隙组合的性质。

堆中的元素不会完全按序排列。唯一肯定的是最大的元素位于根节点，对于其他节点，其子节点不大于该节点中的元素。堆排序从堆开始，将最大的元素放在数组的末尾，然后重建少了一个元素的堆。在新堆中，把最大的元素移到正确的位置上，然后为其他元素恢复堆的属性。那么，在每次循环中，都会把数组中的一个元素移到正确的位置上，堆也会减少一个元素。这个过程在堆中所有元素都移走时结束，这一过程可用以下的伪代码概括：

```
heapsort(data[ ],n)
        将数组 data 转化为堆；
            for i = down to 2
            将根节点与位置 i 的元素交换；
            恢复树 data[0],…,data[i-1] 的堆属性；
```

在堆排序的第一阶段，将数组转化为一个堆。在这一过程中，利用 6.9.2 节介绍的、Floyd 设计的从底到顶的方法。使数组[2 8 6 1 10 15 3 12 11]转化为堆的步骤如图 9-7 所示(参见图 6-43)。

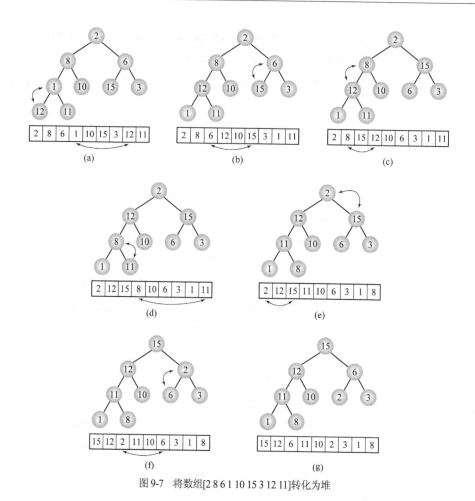

图 9-7 将数组[2 8 6 1 10 15 3 12 11]转化为堆

堆建立后开始第二阶段(图 9-7(g)和图 9-8(a))。在这一阶段中，最大的元素 15 移到了数组的末尾，它原来的位置被 8 占据，这就破坏了堆的属性，这一属性必须恢复，但这次，树并不包含最大的元素 15。由于 15 已经处于合适的位置，因此不必再考虑它，从树中将其移走(图 9-8 中以虚线表示)。现在，寻找 data[0],…,data[n–2]中的最大元素，为此，调用 6.9 节的 moveDown()函数(程序清单 6-14)，构造一个除 data[n–1]以外包含 data 中所有元素的堆，结果如图 9-8(c)所示。找出最大元素 12，并同 1 交换，得到如图 9-8(d)所示的树。再次调用函数 moveDown()，选出 11(图 9-8(e))，将其与当前子数组中的最后一个元素 3 交换(图 9-8(f))。接着选择 10(图 9-8(g))，与 2 交换(图 9-8(h))。通过 heapsort()的循环，很容易构造出下一轮的树和堆。在最后一次排序完成后，数组将按升序排列，树也排好序了，heapsort()的实现如下所示。

```cpp
template<class T>
void heapsort(T data[ ], int size) {
    for (int i = size/2 - 1; i >= 0; --i)  // create the heap;
        moveDown (data,i,size-1);
    for (i = size-1; i >= 1; --i) {
        swap(data[0],data[i]); // move the largest item to data[i];
        moveDown(data,0,i-1);  // restore the heap property;
    }
}
```

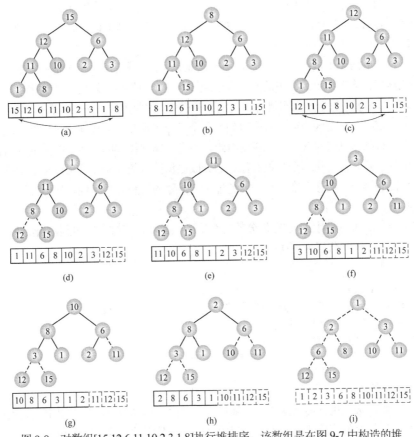

图 9-8　对数组[15 12 6 11 10 2 3 1 8]执行堆排序，该数组是在图 9-7 中构造的堆

堆排序由于数据移动的幅度过大而被认为效率较低。首先，所有的努力都花费在将最大的元素移到数组的最左端，以便将其移到数组的最右端，但这正是其高效的原因。在第一阶段，heapsort() 利用 moveDown() 建立一个堆，这需要执行 $O(n)$ 步(参见 6.9.2 小节)。

在第二阶段，heapsort 将位置 i 上的元素与根节点交换 $n-1$ 次，并重建堆 $n-1$ 次。在最坏情况下，moveDown() 需要重复 $\lg i$ 次，将根节点元素移到叶节点所在的层。所以，在 heapsort() 的第二阶段，moveDown() 一共进行了 $\sum_{i=1}^{n-1} \lg i$ 次移动操作，其复杂度为 $O(n \lg n)$。在最坏情况下，heapsort() 在第一阶段需要 $O(n)$ 步，在第二阶段中，为恢复堆的属性需要 $n-1$ 次交换和 $O(n \lg n)$ 次操作。因此，在最坏情况下，整个过程的时间复杂度为 $O(n)+O(n \lg n)+(n-1)=O(n \lg n)$

在最好情况下，数组的元素都一样，moveDown() 在第一阶段调用 $n/2$ 次，但是不需要移动操作。在第二阶段，heapsort() 通过一次交换，将根节点元素移到数组的末尾，仅需 $n-1$ 次移动。另外，在最好的情况下，第一阶段进行了 n 次比较，第二阶段进行了 $2(n-1)$ 次比较，因此，总的比较次数为 $O(n)$。然而，如果数组中有不同的元素，那么最好情况下比较的次数相当于 $n \lg n-O(n)$(Ding 和 Weiss 1992)。

9.3.3　快速排序

希尔排序解决排序问题的方法是：将原始数组分成子数组，然后分别对这些子数组排序，再将子数组划分成新的子数组,并排序,这样一直做下去,直到整个数组都排好序为止。其目的是将原始问题变为能更容易、更快速解决的子问题。C. A. R. Hoare 也遵循了这条原则,他发明了一种算法,称为快速排序算法。

原始数组划分成两个子数组,第一个子数组中的元素小于或等于一个选定的关键字,这个关键字称为边界或基准。第二个子数组中的元素大于或等于这个边界值。这两个子数组可以单独排序,但是在排序之前,必须对每个子数组进行反复的划分操作。因此为每个子数组选择一个新的边界值。这会创建 4 个子数组,这是因为第一阶段得到的两个子数组现在划分成 4 个子数组。这个划分过程一直进行下去,直到得到仅包含一个元素的数组,它是不需要排序的。将一个大的数组排序任务划分成两个简单的任务,接着将两个简单的任务划分成更加简单的任务,就可以在这个排序的准备过程中实现对数据的排序。在这个准备排序的过程中,排序的思想有些模糊,然而,这个过程正是快速排序的核心所在。

快速排序本身是递归的,因为它在划分的每个层次上都将快速排序应用到数组的两个子数组上。这种技术可以用下面的伪代码来说明:

```
quicksort (array[])
    if length (array) > 1
        选择 bound; // 将 array 划分为子数组 subarray₁ 和 subarray₂
        while 在 array 中还有元素
            在 subarray₁ = {e1:e1 <= bound}中包含 element
            或者在 subarray₂ = {e1:e1 >= bound}中包含 element;
        quicksort (subarray₁);
        quicksort (subarray₂);
```

为了划分数组,必须进行两项操作:必须找到边界值;扫描数组,将数组中的元素放入适当的子数组。然而,选择好的边界值并不容易。问题是两个子数组的长度应大致相同。如果数组包含从1 到 100 的所有数字(以任何顺序),选择 2 作为边界值,就会产生不平衡:经过划分后,第一个子数组仅包含一个数字,而第二个子数组包含 99 个数字。

目前已经开发了许多选择边界值的不同策略。最简单的策略之一是选择数组的第一个元素作为边界值。这种方法适合于某些场合。然而,由于许多待排序的数组在排序之前,许多元素就已经在正确的位置上了,所以,一种更加谨慎的办法就是选取位于数组中间位置的元素作为边界值。在程序清单 9-2 的快速排序算法实现中就使用了这种方法。

程序清单 9-2　快速排序的实现

```
template<class T>
void quicksort(T data[],int first,int last) {
    int lower = first+1,upper = last;
    swap(data[first],data[(first+last)/2]);
    T bound = data[first];
    while (lower <= upper) {
        while (data[lower] < bound)
            lower++;
        while (bound < data[upper])
            upper--;
        if (lower < upper)
            swap(data[lower++],data[upper--]);
        else lower++;
```

```
    }
    swap (data[upper],data[first]);
    if (first < upper-1)
        quicksort(data,first,upper-1);
    if (upper+1 < last)
        quicksort(data,upper+1,last);
}

template<class T>
void quicksort(T data[],int n) {
    int i, max;
    if (n < 2)
        return;
    for (i = 1, max = 0; i < n; i++)       // find the largest
        if (data[max] < data[i])           // element and put it
            max = i;                       // at the end of data[];
    swap(data[n-1],data[max]); // largest el is now in its
    quicksort(data,0,n-2);     // final position;
}
```

　　另一个任务就是扫描数组，然后在它的两个子数组中放置元素。在上面的伪代码中，对放置元素的实现描述得很模糊。特别是，它并没有确定将值等于边界的元素放在什么位置。它只说明了如果元素小于等于边界值，则放在第一个子数组中；如果元素大于等于边界值，则放在第二个子数组中。其原因是，这两个子数组的长度差别应非常小。因此，与边界值相等的元素所放置的位置，应使两个数组的长度差异变小。具体的处理依赖于特定的实现，在程序清单 9-2 中给出了一个这样的实现。在这个实现里，quicksort(data[],n)对要排序的数组进行预处理：找出数组中的最大元素，将它与数组中的最后一个元素互换。将最大的元素放到数组的末端，可防止索引 lower 的值超过数组的末端。如果边界是数组中的最大元素，在第一个内层 while 循环中就可能出现上述情况。索引 lower 的值将会不断增长，直至使程序非正常中断。如果没有上面的预处理，第一个内层 while 循环必须如下所示：

```
While (lower < last && data [lower] < bound)
```

　　但是，上面语句的第一个测试条件只有在极限情况下才是必需的，但是在这个 while 循环的每次迭代中都会执行。

　　在这个实现代码中，用到了边界的主要属性，即它是一个标志边界的数据项。因此，把它作为适当的边界数据项，安置在两个子数组的边界线上，而这两个子数组是调用 quicksort()得来的。这样，这个边界值就在其最终的位置上，在下面处理过程中不需要再考虑它。为了保证这个边界值不会来回移动，把它放在第一个位置上，划分完成后，把它移到其正确位置，即第一个数组的最右端。

　　图 9-9 是一个划分数组[8 5 4 7 6 1 6 3 8 12 10]的例子。在第一次划分中，首先找到该数组中最大的元素，将它与最后的元素交换位置，得到新的数组[8 5 4 7 6 1 6 3 8 10 12]。因为最后一个元素已经处于合适的位置上，不需要再处理了。所以，在第一次划分中，lower = 1，upper = 9，数组的第一个元素 8 和处于第 4 个位置上的边界值 6 互换，则数组变为[6 5 4 7 8 1 6 3 8 10 12](如图 9-9(b)所示)。在外层 while 循环的第一次迭代中，内层 while 循环将 lower 移到了位置 3，这个位置上的数是 7，它比边界值大。第二个内层 while 循环将 upper 移到了位置 7，这个位置上的数是 3，它比边界值

小(如图 9-9(c)所示)。接下来，这两个位置的元素互换，得到数组[6 5 4 3 8 1 6 7 8 10 12](如图 9-9(d)所示)。然后，lower 递增为 4，upper 递减为 6(如图 9-9(e)所示)。结束外层 while 循环的第一次迭代。

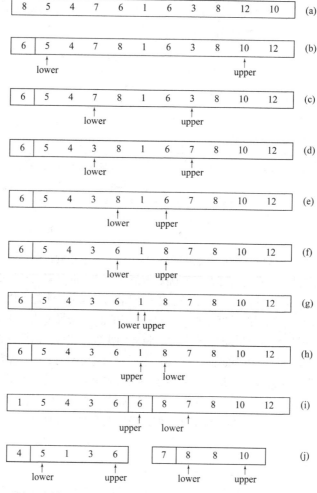

图 9-9　使用 quicksort()对数组[8 5 4 7 6 1 6 3 8 12 10]进行划分

　　在第二次迭代中，两个内层 while 循环都没有修改 lower 和 upper，因为 lower 指向 8 占用的位置，它比边界值大，upper 指向 6 占用的位置，它等于边界值。交换这两个数值(如图 9-9(f)所示)，两个索引值都更新为 5(如图 9-9(g)所示)。

　　在外层 while 循环的第三次迭代中，lower 移动到了下一个包含数值 8 的位置，它比边界值大，upper 仍然留在原来的位置，因为这个位置上的数值 1 比边界值小(如图 9-9(h)所示)。但是此时，lower 和 upper 相互交叉，所以不进行交换，在 lower 递增为 7 之后，退出了外层 while 循环。现在，upper 是第一个子数组(这个子数组中的元素值不超过边界值)中最右边元素的索引，所以这个位置上的元素与边界值互换(如图 9-9(i)所示)。这样，边界值就位于其最终位置上，在下面的处理过程中可以不考虑它。因此，下面将要处理的两个子数组是左子数组和右子数组，左子数组拥有边界值左边的元素，右子数组拥有边界值右边的元素(如图 9-9(j)所示)。然后，分别对这两个子数组进行划分，再对这两个子数组产生的子数组进行划分，直到得到的子数组中的元素少于两个。整个划分过程如图 9-10

所示，其中列出了数组的全部变化。

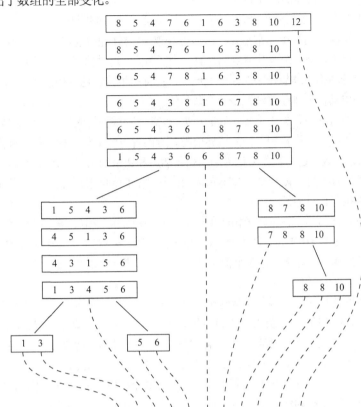

图 9-10　使用 quicksort()对数组[8 5 4 7 6 1 6 3 8 12 10]进行排序

如果每次调用 quicksort()时，数组中最小的(或最大的)元素都被选为边界值，情况就最糟糕。对数组[5 3 1 2 4 6 8]进行排序就是这种情况。第一个边界值是 1，该数组分为一个空数组和另一个数组[3 5 2 4 6](最大的数是 8，不参与数组的划分)。新的边界值是 2，划分后的结果又是一个空子数组和一个非空的数组[5 3 4 6]。下一个划分后的边界值和数组是 3 和[5 4 6]，然后是 4 和[5 6]，最后是 5 和[6]。因此，这个算法所操作的数组的大小是 $n-1$，$n-2$，…，2。这些划分需要进行 $n-2+n-3+…+1$ 次比较。对于每次划分，仅有边界值处于合适的位置上。这样，运行的时间等于 $O(n^2)$，这不是我们想要的结果，特别是大型的数组或文件。

最好的情况是边界值将数组分为两个长度大约均为 $n/2$ 的子数组。如果这两个子数组的边界值都选择得很好，划分操作就会得到 4 个新的子数组，每个子数组的长度大约都为 $n/4$。同样，如果这 4 个子数组的边界值均匀划分每个子数组，将会得到 8 个子数组，每个子数组都包含大约 $n/8$ 个元素。因此，所有划分操作的总比较次数大约等于

$$n+2\frac{n}{2}+4\frac{n}{4}+8\frac{n}{8}+\cdots+n\frac{n}{n}=n(\lg n+1)$$

它的复杂度是 $O(n\lg n)$。这是因为这个和式(以及分母)的参数构成了一个几何数列，对于 $k=\lg n$，有 $n=2^k$(假设 n 是 2 的幂)。

现在可以回答先前提出的问题：在平均情况下，若数组元素的数组是任意的，它的效率是接近

于最好的情况 $n \lg n$ 还是最坏的情况 $O(n^2)$？一些计算表明，平均情况下只需要 $O(n \lg n)$ 次比较(见附录 A.3)，这是很理想的。为了增强这个数字的有效性，可以参考忽略图 9-10 中底端矩形后得到的树。这棵树表明，保证这棵树的平衡非常重要，树的层数越少，排序的进程就越快。在极端情况下，这棵树可以变成一个链表，每一个非叶节点都只有一个子节点。这种情况相当罕见，但也有可能发生，这就是不能将快速排序称为理想排序的原因。但是快速排序很接近这种理想的情况，因为分析研究表明，它的效率超出其他的排序算法至少 2 个数量级。

怎样避免最坏的情况呢？如果选择了好的边界值，划分的过程就应生成长度大致相同的子数组。这就是问题的症结所在：怎样找到最佳的边界值呢？有两种方法值得一提。第一种方法是在 first 和 last 之间随机产生一个数。这个数作为边界的索引，然后和数组的第一个元素互换。在这种方法中，划分过程与前面的一样。好的随机数产生器可能会减缓执行时间，因为它们经常使用复杂的、耗时的技术。因此，不推荐这种方法。

第二种方法是选择 3 个元素(即数组的第一个元素、中间元素和最后一个元素)的中间元素。对于数组[1 5 4 7 8 6 6 3 8 12 10]来说，从集合[1 6 10]中选取中值 6。对于第一个生成的子数组，从集合[1 4 6]中选取边界值 4。很明显，这 3 个值可能都是数组中最小的(或者最大的)，但是看起来不是这样。

快速排序是最好的排序算法吗？通常确实如此。然而，并不是永远这样，本小节就讨论了很多这样的问题。首先，关键是选取数组或文件中的哪个元素作为边界。理想情况下应选择数组的中间元素。选取边界的算法应该足够灵活，以处理待排序的、任意顺序的数据。由于在一些情况下总是不能很好地运用这个算法，所以有时快速排序算法只体现了它的"快速"。

其次，快速排序算法不适合小型的数组。对于少于 30 个数据项的小数组来说，插入排序比快速排序更加有效(Cook 和 Kim 1980)。在这种情况下，开始的伪代码可以改为：

```
quicksort2 (array[])
    if length (array) > 10
        将数组 array 划分为子数组 subarray₁ 和 subarray₂.
        quicksort2 (subarray₁);
        quicksort2 (subarray₂);
    else insertionsort (array);
```

实现代码要相应地改变。然而，本章后面的图 9-15 表明，这个改进并不显著。

9.3.4 归并排序

快速排序存在的问题是它在最坏情况下的复杂度是 $O(n^2)$，这是因为它很难控制划分的过程。选择边界的不同方法都试图规范这个处理过程。然而，这并不保证划分产生的子数组有大致相同的长度。另一个策略是使划分尽可能简单，着重于合并两个已排好序的数组。这个策略就是归并排序。它是计算机中使用的早期排序算法之一，是由 John von Neumann 提出来的。

归并排序的主要过程是将多个已排好序的子数组合并成一个排好序的数组。然而，这些子数组必须先排好序，具体方法是合并更小的、已排好序的子数组。当子数组的元素少于 2 个时，将数组一分为二的过程就会停止。这个算法本身也是递归的，它可以用下面的伪代码描述：

```
mergesort ( data[])
    if data 至少含有两个元素
```

```
mergesort (data 的左半部分);
mergesort (data 的右半部分);
merge (所有的部分合并为一个排好序的数组);
```

将两个子数组合并成一个数组是一项相对简单的工作，如下面的伪代码所示：

```
merge (array1[],array2[],array3[])
    i1,i2,i3 正确初始化；
    while array2 和 array3 都包含元素
        if array2[i2] < array3[i3]
                array1[i1++] = array2[i2++];
        else array1[i1++] = array3[i3++];
    将 array2 或 array3 中的剩余元素导入 array1;
```

例如，如果 array2 = [1 4 6 8 10]，array3 = [2 3 5 22]，那么结果为 array1 = [1 2 3 4 5 6 8 10 22]。

merge()的伪代码表明，array1、array2 和 array3 是物理上独立的实体。然而，为了正确执行 mergesort()，array1 是连接 array2 和 array3 的结果，所以在 merge()执行之前，array1 是[1 4 6 8 10 2 3 5 22]。在这种情况下，merge()会得到错误的结果，因为在 while 循环的第二次迭代之后，array2 = [1 2 6 8 10]，array1=[1 2 6 8 10 2 3 5 22]。因此，在合并过程中，需要用到一个临时数组。在合并过程结束时，这个临时数组的内容传给 array1。因为 array2 和 array3 都是 array1 的子数组，所以它们不需要作为参数传递给 merge()。相反，array1 的第一个和最后一个元素的索引值作为参数传递给 merge()，这是因为 array1 也可能是另一个数组的一部分。新的伪代码是：

```
merge (array1[],first,last)
    mid = (first+last) / 2;
    i1 = 0;
    i2 = first;
    i3 = mid +1;
    while array1 的左子数组和右子数组都包含元素
        if array1[i2] < array1[i3]
            temp[i1++] = array1[i2++];
        else temp[i1++] = array1[i3++];
    将 array1 中的剩余元素导入 temp;
    将 temp 中的内容导入 array1;
```

由于整个 array1 都复制给 temp，接着 temp 又全部复制回 array1，所以每次 merge()执行时的移动次数都一样，都等于 $2 \times ($ last–first+1)。比较的次数取决于 array1 中元素的排序情况。如果 array1 已经排好序，右半部分的元素在左半部分的元素之前，那么比较次数就是(first+last) /2。最坏的情况是：一个子数组的最后一个元素位于另一个子数组最后一个元素的前面。比如说，[1 6 10 12]和[5 9 11 13]。在这种情况下，比较次数是 last–first。对于 n-元素数组来说，比较次数是 $n-1$。

mergesort()的伪代码现在如下：

```
mergesort (data[],first,last)
    if first < last
        mid = (first + last) / 2;
        mergesort (data,first,mid);
        mergesort (data,mid+1,last);
        merge (data,first,last);
```

图 9-11 是一个使用归并排序算法的例子。这个伪代码可以用来分析归并排序的计算时间。对于 n-元素数组，移动次数可以使用下面的递归等式来计算：

$$M(1) = 0$$
$$M(n) = 2M(n/2) + 2n$$

$M(n)$ 可以通过下面的方式计算：

$$M(n) = 2(2M(n/4) + 2(n/2)) + 2n = 4M(n/4) + 4n$$
$$= 4(2M(n/8) + 2(n/4)) + 4n = 8M(n/8) + 6n$$
$$\vdots$$
$$= 2^i M(n/2^i) + 2in$$

选择 $i = \lg n$，所以 $n = 2^i$，可以推出：

$$M(n) = 2^i M(n/2^i) + 2in = nM(1) + 2n \lg n = 2n \lg n = O(n \lg n)$$

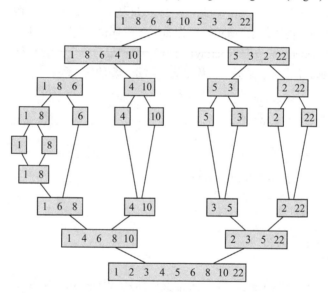

图 9-11 使用归并排序对数组[1 8 6 4 10 5 3 2 22]进行排序

最坏情况下的比较次数可以通过类似的关系式得出：

$$C(1) = 0$$
$$C(n) = 2C(n/2) + n - 1$$

$C(n)$ 同样也是 $O(n \lg n)$。

用迭代来取代递归(见本章后面的练习题)，或者对数组的一小部分使用插入排序(快速排序中就使用这种方式)，归并排序的效率将更高。然而，归并排序有一个严重的弱点：合并数组需要额外的存储空间，对于大量的数据来说，这样的需求是难以忍受的缺点。解决这个问题的一个办法是使用链表，这个方法的分析留作练习。

9.3.5　基数排序

基数排序是日常生活中经常用到的一种排序方法。为了排序图书馆的卡片，可以根据字母表中的字母将卡片分为很多堆，每一堆包含了姓名以相同字母开头的作者。然后，每一堆卡片都使用相同的方法进行排序。也就是说，根据作者姓名的第二个字母划分堆。这个过程一直进行下去，直到划分出的堆的数目等于最长的作者姓名的字母个数为止。这种方法在邮局中也用于对邮件进行排序，在计算机早期，也用来对 80-列编码信息卡片进行排序。

在图书馆卡片的排序过程中，按照从左至右的顺序进行。这种方法也可以用来对邮件进行排序，因为所有邮政编码的长度都是一样的。然而，用它对整数数列进行排序并不方便，因为整数的位数可能不同。如果使用了这种方法，数列[23 123 234 567 3]的排序结果就是[123 23 234 3 567]。为了解决这个问题，可以在每个数字前加入前导 0，使所有整数的位数相同，这样，对数列[023 123 234 567 003]排序的结果就是[003 023 123 234 567]。另一种技术就是将每个数字都看作位串，这样所有的整数都有相同的长度。这个方法稍后讨论。还有一种从右至左对整数进行排序的方法，现在就讨论这种方法。

对整数排序时，创建从 0 到 9 一共 10 个堆，刚开始时，所有的整数都按照它最右边的数字放在了相应的堆里，比如 93 放在堆 3 里。然后，合并堆，重复这个过程，这次使用次右边的数位，于是 93 就放在堆 9 里。直到最长数字的最左边数位处理完后，这个过程就结束了。这个算法可以使用下面的伪代码实现：

```
radixsort ( )
    for (d=1; d <= 最长数字的最左数位的位置; d++ )
        根据第 d 个数位，将所有的数字分派到堆 0 到堆 9 中；
        将所有的整数合并成一个数列；
```

要得到正确的结果，关键在于如何实现 10 个堆，并将它们合并起来。例如，如果这些堆实现为栈，那么整数 93，63，64，94 就放在堆 3 和堆 4 中(其他的堆为空)：

堆 3：63 93
堆 4：94 64

然后，这些堆合并为一个数列 63，93，94，64。当根据次右边的数位排序时，产生的堆如下：

堆 6：64 63
堆 9：94 93

得到的数列为 64，63，94，93。这个过程完成了，但是结果是一个排序不正确的数列。

然而，如果把堆组织为队列，数列中元素的相对顺序就保留下来了。当整数按照位置 d 上的数位排序时，在每个堆内，整数都按照数位 1 到 $d-1$ 进行排序。例如，如果经过第三次排序后，堆 5 包含整数 12534，554，3590，那么这个堆就按照每个整数的最右两位数进行排序。图 9-12 是基数排序的另一个例子。

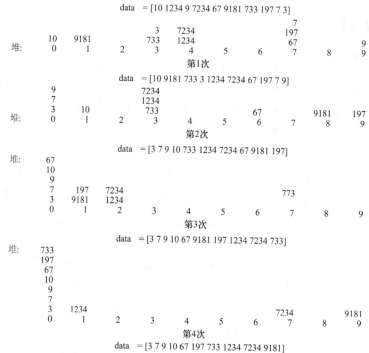

图 9-12　用基数排序对数列 10, 1234, 9, 7234, 67, 9181, 733, 197, 7, 3 进行排序

下面是基数排序的实现代码:

```cpp
void radixsort (long data[],int n) {
    register int d,j,k,factor;
    const int radix = 10;
    const int digits = 10; //the maximum number of digits for a long
    Queue<long> queues[radix]; //integer
    for (i = 0,factor = 1; i < digits;factor *= radix,d++ ) {
        for (j = 0; j < n; j++ )
            queues[ ( data[j] / factor ) % radix].enqueue ( data[j] ) ;
        for (j = k = 0; j < radix; j++ )
            while (!queues[j].empty() )
                data[k++] = queues[j].dequeue() ;
    }
}
```

这个算法不像前面的算法那样依赖于数据的比较。对于 data 中的每个整数来说,要执行两个操作:除以 factor,舍弃在当前排序过程中数位 d 后面的所有数位,再除以 radix(等于 10)并取其模,舍弃数位 d 之前的所有数位,这些操作需要做 $2n×$位数$=O(n)$次。可以使用操作 div,该操作合并了 / 和%。在每次排序过程中,所有的整数都移到了堆中,然后移回 data,总共需要 $2n×$位数$=O(n)$次移动。这个算法需要为堆准备额外的存储空间,如果堆实现为链表,根据指针的大小 k,额外的存储空间应等于 kn 个字节。前面的实现代码仅使用带计数器的 for 循环;因此,对于最好、最坏和平均情况都需要相同数量的排序次数。这个仅有的 while 循环体总是执行 n 次,将整数从队列中除去。

前面的讨论把整数看作数位的集合。如前所述,它们也可以看作位的集合。这样,除法和取模操作就不合适了,因为对于 31 位非负整数,如果 $1≤b≤31$,每进行一次排序,都必须提取每个数的 b 位。在这种情况下，需要 2^b 个队列。

位为 31，其具体实现如下：

```
void bitRadixsort(long data[],int n,int b){
    int pow2b = 1;
    pow2b <<= b;
    int i,j,k, pos = 0, mask = pow2b-1;
    int last = (bits % b == 0) ? (bits/b) : (bits/b + 1);
    Queue<long> *queues = new Queue<long>[pow2b];
    for (i = 0; i < bits; i++){
        for (j = 0; j < n; j++)
            queues[data[j] & mark] >> pos].enqueue(data[j]);
        mask <<= b;
        pos = pos + b;
        for (j = k = 0; < pow2b' j++)
            while (!queues[j].empty())
                data[k++] = queues[j].dequeue();
    }
}
```

对于 b，要考虑两个方面：第一是队列的个数与 b 成比例，这会增加空间需求；第二，随着 b 的增加，数据的移动次数会减少。

在这里，除法由位与运算符&代替。变量 mask 中的 b 位设置为 1，剩下的位都设置为 0。每次迭代后，b 都向左移位。对于每个数字 data[j]，数字从 queues[(data[j] & mark) >> pos]中移出，其中 pos(=b·i)表示位与结果移动多少位置，这个结果就是 0 和 2^b-1 之间的一个数，这个范围是 b 位所表示的所有可能值。通过这种方式，对于使用了 2^b 个队列的整数，就需要 $\lceil 31/b \rceil$ 次移动。经验表明，b=8 和 256 个队列或者 6=11 和 2048 个队列是最佳选择。图 9-15 中的运行时间针对的是 b=8。如果 b<8，bitRadixsort()就会比 radixsort()慢。如果 b=7，它们的运行时间就差不多，bitRadixsort()会更好些。不过，b 越大，空间需求就会越多。如果 b=16，会需要 65 536 个队列，而如果 b=31，队列就会增加到 2 147 483 648，也就是超过 20 亿个队列。顺便说一下，如果 b=31，基数排序将会比下一节要提到的计数排序更为复杂。

较快的操作并不能解决大量的移动问题：bitRadixsort()比 radixsort()慢得多，因为队列是使用链表实现的，对于队列中的每个数据项，都需要创建一个新的节点，并将它加入队列。对于复制回原始数组的每个数据项来说，这个节点必须从队列中分离开来，并使用 delete 将它释放掉。虽然理论上得到的性能 $O(n)$ 给人印象很深刻，但是它并不包括对队列的操作，而基数排序的性能主要取决于队列实现的效率。

更好的实现办法是，为每个队列准备一个大小为 n 的数组，这只需要创建这些队列一次。这个算法的效率仅仅依赖于交换(从队列复制和复制回队列)的次数。然而，如果基数 r 很大，并且有大量的数据需要排序，这个办法就需要 r 个大小为 n 的队列，数字(r+1)n(包含原来的数组)将会大得不可思议。

好一点的解决办法是使用一个大小为 n 的整数数组 queues，表示属于特定队列的数字索引的链表。数组 queueHeads 的元素 i 包含 data 中第一个数字的索引，其中 data 属于这个队列，它的第 d 个数位是 i。queueTails[]包含 data 中第 d 位是 i 的最后一个数字的位置。图 9-13 说明了当 $d=1$ 时，第一次排序后的情况。queueHeads[4]是 1，这意味着 data 中位置 1 的数字是 1234，它是 data 中最后一个数位为 4 的第一个数字。queues[1]包含 3，它是 data 中最后一个数位为 4 的下一个数字 7234 的索引。最后，queues[3]是-1，表明不再有满足这个条件的数字。

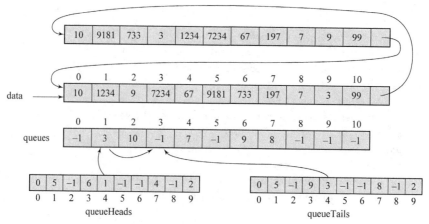

图 9-13　基数排序的实现

下一阶段根据在 queues 中收集的信息来排序数据。它将所有的数据从原来的数组复制到一个临时的存储空间，然后复制回这个数组。为了避免第二次复制，可以使用两个数组，组成一个包含两个元素的循环链表。复制后，指向链表的指针移到下一个节点，这个节点中的数组用来存储待排序的数字。这样的改进比较大，因为新的实现方式比使用队列的实现方式至少快数倍(参见本章稍后的图 9-15)。

9.3.6　计数排序

计数排序首先利用数组计数器count[](可以用data[]中的数字进行索引)对每个数字在数组 data[]中出现的次数进行计数。然后，计数器将所有≤i 的整数的个数添加并存储到 count[i]中。通过这种办法，count[i]-1 表明 i 在 data[]中的主位置。由于 Data[]中的任何数字都可能会出现多次，下面的代码可以实现计数排序：

```
void countingsort(long data[], const long n) {

    long i;
    long largest = data[0];
    long *tmp = new long[n];
    for (i = 1; i < n; i++)                   // find the largest number
        if (largest < data[i])                // in data and create the array
            largest = data[i];                // of counters accordingly;
    unsigned long *count = new unsigned long[largest+1];
    for (i = 0; i <= largest; i++)
        count[i] = 0;
    for (i = 0; i < n; i++)                    // count numbers in data[];
        count[data[i]]++;
```

```
for (i = 1; i <= largest; i++)          // count numbers ≤ i;
    count[i] = count[i-1] + count[i];
for (i = n-1; i >= 0; i--) {             // put numbers in order in tmp[];
    tmp[count[data[i]]-1] = data[i];
    count[data[i]]--;
}
for (i = 0; i < n; i++)                  // transfer numbers from tmp[]
    data[i] = tmp[i];                    // to the original array;
}
```

图 9-14 所示为计数排序算法的应用示例。首先，确定 data[]中的最大数，也就是数字 7，然后创建数组 count[]。接下来，统计 dara[]中的数字，统计结果存储到 count[]中：数字 0 在 data[]中出现了 count[0]=1 次，数字 1 在 data[]中出现了 count[1]=2 次，数字 2 在 data[]中根本就没有出现，以此类推，见图 9-14(b)。接下来，要对数字进行累计，所以更新 count[1]：count[1]=3 是因为 0 和 1 在 data[]中的出现次数加起来一共为 3 次，count[2]=3 表明在 data[]数组中 0、1、2 这三个数字的出现次数一共为 3 次。简单说来，count[i]=k 是指 data[]中有 k 个小于等于 i 的数字，如图 9-14(c)所示。然后，每个数字都被放置到临时数组 tmp[]的合适位置中，从 data[]的末端开始：首先，数字 data[9]=3 被放到 tmp[]，tmp[count[3]-1]=data[9]，此时 count[3]减少了 1，见图 9-14(d)。然后将倒数第二个数字 data[8]=7 放到临时数组中，tmp[count[7]-1]=data[8]，count[7]就减少了 1，见图 9-14(e)。这个过程一直持续到所有的数字都被放到临时数组中，见图 9-14(f)～(m)，最后，将 tmp[]中的数字都输出到 data[]中。

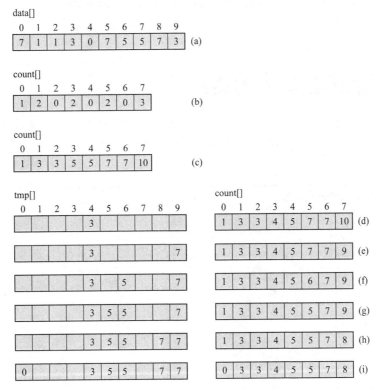

图 9-14　计数排序算法的应用示例

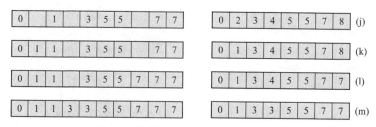

图 9-14　计数排序算法的应用示例(续)

计数排序是基于最大数(n, data[]中的最大数)的线性排序方法。这就意味着对于一些小数组来说，如果 data[]中至少有一个数字很大，计数排序的开销就会很大。举个例子来说，对于数组[1,2,1,10000]，count[]需要有 10001 个单元，还必须处理所有这些单元。如果能保证 data[]中的数字都比较小，那么即使这个数组非常庞大，用计数排序处理起来也非常快。计数排序也可作为基数排序的一部分，具体伪代码(cf.bitRadixsort())如下所示:

```
bitRadixsort3(data[],b)
    for i = 0 到 last-1
        使用 mask 变量 b 位的计数排序
```

通过这种方法，count[]最多会有 2^b+1 个单元。这对基数排序的性能来说是极大的改进，可以和快速排序一较高低。如果这种基数排序中的变量与缓存大小相适应(Rahman 和 Raman 2001)，性能会更加突出。注意，将计数排序嵌套到基数排序中是可行的，因为计数排序很稳定，也就是说它不会改变对应数字的顺序，因此在一次移动中改变的一些顺序在下一次移动中也不会改变。

9.4　标准模板库中的排序

STL 提供了很多排序函数，它们都在库<algorithm>中。这些函数实现了本章讨论过的许多排序算法:快速排序、堆排序和归并排序。程序清单 9-3 演示了这些函数。对于这些函数的描述，请参看附录 B。

程序清单 9-3　排序函数的演示

```
#include <iostream>
#include <vector>
#include <algorithm>
#include <functional> // greater<>

using namespace std;

class Person {
public:
    Person(char *n = "", int a = 0) {
        name = strdup(n);
        age = a;
    }
    bool operator==(const Person& p) const {
```

```
            return strcmp(name,p.name) == 0;
        }
        bool operator<(const Person& p) const {
            return strcmp(name,p.name) < 0;
        }
private:
    char *name;
    int age;
    friend ostream& operator<< (ostream& out, const Person& p) {
        out << "(" << p.name << "," << p.age << ")";
        return out;
    }
};

bool f1(int n) {
    return n < 5;
}

template<class T>
void printVector(char *s, const vector<T>& v) {
    cout << s << " = (";
    if (v.size() == 0) {
        cout << ")\n";
        return;
    }
    for (vector<T>::const_iterator i = v.begin(); i! = v.end()-1; i++)
        cout << *i << ',';
    cout << *i << ")\n";
}

iut main() {
    int a[] = {1,4,3,6,7,2,5};
    vector<int> v1(a,a+7), v2(a,a+7), v3(6,9), v4(6,9);
    vector<int>::iterator i1, i2, i3, i4;
    partial_sort(v1.begin(),v1.begin()+3,v1.end());
    printVector("v1",v1);                      // v1 = (1,2,3,6,7,4,5)
    partial_sort(v2.begin()+1,v2.begin()+4,v2.end(),greater<int>());
    printVector("v2",v2);                      // v2 = (1,7,6,5,3,2,4)
    i3 = partial_sort_copy(v2.begin(),v2.begin()+4,v3.begin(),v3.end());
    printVector("v3",v3);                      // v3 = (1,5,6,7,9,9)
    cout << *(i3-1) << ' ' << *i3 << endl;     // 7 9
    i4 = partial_sort_copy(v1.begin(),v1.begin()+4,v4.begin(),v4.end(),
                           greater<int>());
    printVector("v4",v4);                      // v4 = (6,3,2,1,9,9)
    cout << *(i4-1) << ' ' << *i4 << endl;     // 1 9
    i1 = partition(v1.begin(),v1.end(),f1);    // v1 = (1,2,3,4,7,6,5)
    printVector("v1",v1);
    cout << *(i1-1) << ' ' << *i1 << endl;     // 4 7
    i2 = partition(v2.begin(),v2.end(),bind2nd(less<int>(),5));
    printVector("v2",v2);                      // v2 = (1,4,2,3,5,6,7)
    cout << *(i2-1) << ' ' << *i2 << endl;     // 3 5
```

411

```
    sort(v1.begin(),v1.end());                    // v1 = (1,2,3,4,5,6,7)
    sort(v1.begin(),v1.end(),greater<int>()); // v1 = (7,6,5,4,3,2,1)

    vector<Person> pv1, pv2;
    for (int i = 0; i < 20; i++) {
        pv1.push_back(Person("Josie",60 - i));
        pv2.push_back(Person("Josie",60 - i));
    }
    sort(pv1.begin(),pv1.end());               // pv1 = ((Josie,41)...(Josie,60))
    stable_sort(pv2.begin(),pv2.end());        // pv2 = ((Josie,60)...(Josie,41))

    vector<int> heap1, heap2, heap3(a,a+7), heap4(a,a+7);
    for (i = 1; i <= 7; i++) {
        heap1.push_back(i);
        push_heap(heap1.begin(),heap1.end());
        printVector("heap1",heap1);
    }

// heap1 = (1)
// heap1 = (2,1)
// heap1 = (3,1,2)
// heap1 = (4,3,2,1)
// heap1 = (5,4,2,1,3)
// heap1 = (6,4,5,1,3,2)
// heap1 = (7,4,6,1,3,2,5)
    sort_heap(heap1.begin(),heap1.end()); // heap1 = (1,2,3,4,5,6,7)
    for (i = 1; i <= 7; i++) {
        heap2.push_back(i);
        push_heap(heap2.begin(),heap2.end(),greater<int>());
        printVector("heap2",heap2);
    }
// heap2 = (1)
// heap2 = (1,2)
// heap2 = (1,2,3)
// heap2 = (1,2,3,4)
// heap2 = (1,2,3,4,5)
// heap2 = (1,2,3,4,5,6)
// heap2 = (1,2,3,4,5,6,7)
    sort_heap(heap2.begin(),heap2.end(),greater<int>());
    printVector("heap2",heap2);               // heap2 = (7,6,5,4,3,2,1)
    make_heap(heap3.begin(),heap3.end());     // heap3 = (7,6,5,1,4,2,3)
    sort_heap(heap3.begin(),heap3.end());     // heap3 = (1,2,3,4,5,6,7)
    make_heap(heap4.begin(),heap4.end(),greater<int>());
    printVector("heap4",heap4);               // heap4 = (1,4,2,6,7,3,5)
    sort_heap(heap4.begin(),heap4.end(),greater<int>());
    printVector("heap4",heap4);               // heap4 = (7,6,5,4,3,2,1)
    return 0;
}
```

第一组函数是部分排序函数。第一个版本从容器中挑选 $k =$ middle − first 个最小的元素，并将它
们按顺序放在范围[first, middle)内。例如：

```
partial_sort(v1.begin(),v1.begin()+3,v1.end());
```

从向量 v1 中选出 3 个最小的整数，将它们放在该向量的最前面 3 个位置。剩余的整数依次放在 4 到 7 位。这样，v1 = [1,4,3,6,7,2,5]就转换为 v1 = [1,2,3,6,7,4,5]。这个版本是按照升序对元素进行排序的。如果给这个函数调用提供第 4 个参数，就可以改变排序的顺序。例如，

```
partial_sort(v2,begin()+1,v2.begin()+4,v2.end(),greater<int>());
```

从向量 v2 中挑选出最大的 3 个整数，然后将它们以降序放入向量的 2 到 4 这三个位置。这个范围之外的其他整数的次序并不确定。这个调用将 v2 = [1,4,3,6,7,2,5]转换成 v2 = [1,7,6,5,3,2,4]。

部分排序的第三个版本从范围[first1,last1)中选择前 k = last1 − first1 或 last2 − first2(不管哪一个更小)个元素，然后将它们写入范围[first2,last2)中。调用

```
i3 = partial_sort_copy(v2.begin(),v2.begin()+4,v3.begin(),v3.end());
```

从向量 v2 = [1,7,6,5]中取出前面的 4 个整数，将它们以升序放入向量 v3 的前 4 个位置，所以 v3 = [9,9,9,9,9,9]变为 v3 = [1,5,6,7,9,9]。另外，返回的迭代器指向最后一个被复制的数字之后的第一个位置。部分排序函数的第 4 个版本和第三个版本类似，但是它提供了元素的排序顺序。程序清单 9-3 也演示这个划分函数，它对两个区域的数据进行排序，当单参数的布尔函数值为真时，将数放入第一个区域；当这个函数值为假时，放入第二个区域。调用

```
i1 = partition(v1.begin(),v1.end(),f1);
```

使用显示定义的函数 f1()，将所有小于 5 的数放在不小于 5 的数字之前，把向量 v1 = [1,2,3,6,7,4,5]转变为 v1 = [1,2,3,4,7,6,5]。调用

```
i2 = partition(v2.begin(),v2.end(),bind2nd(less<int>(),5));
```

使用内嵌的函数 bind2nd 对向量 v2 完成同样的操作，这个函数将操作符<的第二个参数指定为 5，高效地生成了一个功能同 f1()的函数。

最有用的函数是 sort()，它实现了快速排序。调用

```
sort(v1.begin(),v1.end());
```

将向量 v1 = [1,2,3,6,7,4,5]转变为排好序的 v1 = [1,2,3,4,5,6,7]。sort()的第二个版本允许指定排序顺序。

STL 也提供了一些稳定的排序函数。如果关键字相同的元素排好序后，其相对顺序与它们的初始顺序相同(也就是说，如果 data[i]等于 data[j]，$i < j$，排序后，第 i 个元素处在第 k 个位置上，第 j 个元素处在第 m 个位置上，那么 $k < m$)，排序算法就是稳定的。为了理解一般排序与稳定排序的区别，考虑一个由 Person 类型的对象构成的向量。运算符 < 的定义按名字对 Person 对象进行排序，而不考虑年龄。因此，两个同名而年龄不同的对象被视为是相等的，与运算符 ＝ 的定义一样，但排序时不使用这个运算符，只使用小于运算符。创建了两个相等的向量 pv1 和 pv2 之后，它们都等于[("Josie",60)… ("Josie",41)]。sort() 函数将这个变量转换为[("Josie",41)… ("Josie",60)]，但是 stable_sort()保留了两个相等对象的相对顺序。在稳定排序过程中，使用归并排序可以做到这一点。注意，对于少量的对象来说，sort()也是稳定的，因为对于数目较小的元素来说，使用插入排序，而不是快速排序(见 9.3.3 节末尾的 quicksort2())。

9.5　小结

图 9-15 比较了不同排序算法对不同数目的整数进行排序的运行时间。它们都是在 PC 机上运行的。在每个阶段，都将整数的数目增加一倍，查看运行时间的增长因子。在图表中，除了前 3 栏以外，其余每一栏都将它们和运行时间显示在一起。这些因子都四舍五入为一位小数，而运行时间(以秒计算)四舍五入为两位小数。例如，堆排序对包含 25 000 个整数的数组进行升序排序，需要 0.040 秒，对 50 000 个整数以升序排序需要 0.087 秒。将整数的数目翻倍，运行时间也相应地增加，其因子为 0.087/0.040 = 2.2，第 4 栏中紧随 0.087 的因子就是 2.2。

图 9-15 表明，基本排序方法的运行时间都是平方算法，也就是说，当数据量翻一倍时，运行时间大约增长 4 倍，而非基本方法的复杂度是 $O(n \lg n)$，它们的运行时间大约增长 2 倍。基数排序的第 4 种实现也是这样，它的复杂度是 $2n \times$ 位数或 $2n \times$ 位。图 9-15 也说明了，计数排序算法是所有排序算法中最快的一种，不过，它的局限性在于仅适用于非负整数，基数排序的 4 种实现方法也有同样的局限性。在其他几种算法中，希尔排序、归并排序和快速排序的执行效果是最好的，大多数情况下，它们的运行速度至少是其他算法的两倍。

	25 000 升序	随机	降序	50 000 升序	随机	降序
insertionsort	.000	.438	.887	.000	1.784 4.1	3.597 4.1
selectionsort	.837	.818	.772	3.268 3.9	3.272 4.0	3.112 4.0
bubblesort	.946	17.700	33.706	3.784 4.0	1 m 11.213 4.0	2 m 11.443 3.9
combsort	.002	.023	.008	.004 2.0	.050 2.2	.017 2.1
Shellsort	.001	.005	.002	.002 2.0	.011 2.2	.004 2.0
heapsort	.040	.040	.038	.087 2.2	.089 2.2	.080 2.1
mergesort	.006	.007	.005	.010 1.7	.013 1.9	.009 1.8
quicksort	.005	.014	.006	.010 2.0	.029 2.1	.012 2.0
quicksort2	.001	.010	.002	.002 2.0	.020 2.0	.005 2.5
radixsort	.288	.287	.290	.583 2.0	.583 2.0	.578 2.0
bitRadixsort	.117	.116	.117	.230 2.0	.234 2.0	.230 2.0
radixsort2	.016	.017	.016	.034 2.1	.035 2.1	.033 2.1
bitRadixsort2	.006	.006	.006	.012 2.0	.012 2.0	.011 1.8
countingsort	.000	.001	.001	.002 -	.002 2.0	.001 1.0

	100 000 升序	随机	降序	200 000 升序	随机	降序
insertionsort	.001 -	7.159 4.0	14.322 4.0	.001 1.0	28.701 4.0	57.270 4.0
selectionsort	13.492 4.1	13.076 4.0	12.398 4.0	55.556 3.9	52.443 4.0	49.850 4.0
bubblesort	15.253 4.0	4 m 45.003 4.0	8 m 45.770 4.0	1 m 0.906 4.0	19 m 1.973 4.0	35 m 4.596 4.0
combsort	.009 2.2	.101 2.0	.035 2.1	.019 2.1	.205 2.0	.076 2.2
Shellsort	.005 2.5	.025 2.3	.008 2.1	.011 2.2	.054 2.2	.016 2.0
heapsort	.187 2.1	.187 2.1	.169 2.1	.394 2.1	.397 2.1	.366 2.2
mergesort	.019 1.9	.028 2.2	.018 2.0	.041 2.2	.061 2.2	.038 2.1
quicksort	.020 2.0	.042 2.1	.025 2.1	.039 1.9	.132 2.2	.050 2.0
quicksort2	.005 2.5	.042 2.1	.010 2.0	.009 1.8	.093 2.2	.021 2.1
radixsort	1.160 2.0	1.163 2.0	1.155 2.0	2.325 2.0	2.324 2.0	2.327 2.0
bitRadixsort	.469 2.0	.466 2.0	.469 2.0	.938 2.0	.929 2.0	.932 2.0
radixsort2	.067 2.0	.067 1.9	.066 2.0	.138 2.1	.140 2.1	.136 2.1
bitRadixsort2	.024 2.0	.023 2.1	.025 2.3	.049 2.0	.051 2.0	.049 2.0
countingsort	.004 2.0	.002 1.0	.003 3.0	.009 2.5	.005 2.5	.004 1.3

图 9-15　比较不同排序算法对不同数目的整数进行排序的运行时间

9.6　案例分析：多项式相加

多项式相加是常用的代数操作，通常也是简单的计算。一个熟悉的规则是，两个数据项相加，它们必须包含相同幂次的变量，得到的数据项仍然保持原来的变量和幂次，但其系数等于两个相加

数据项的系数之和。比如，

$$3x^2y^3 + 5x^2y^3 = 8x^2y^3$$

但是 $3x^2y^3$ 和 $5x^2z^3$ 或者 $3x^2y^3$ 和 $5x^2y^2$ 不能相加，因为第一对数据项($3x^2y^3$ 和 $5x^2z^3$)的变量不同，而第二对数据项($3x^2y^3$ 和 $5x^2y^2$)的变量幂次不同。我们可以编写一个程序，计算由用户输入的两个多项式的和。例如，如果用户输入了

$$3x^2y^3 + 5x^2w^3 - 8x^2w^3z^4 + 3$$

和

$$-2x^2w^3 + 9y - 4xw - x^2y^3 + 8x^2w^3z^4 - 4$$

那么输出结果应该是：

$$-4wx + 3w^3x^2 + 2x^2y^3 + 9y - 1$$

更准确地说，这个问题的输入和输出如下所示：

```
Enter two polynomials ended with a semicolon:
3x²y³ + 5x²w³ - 8x²w³z⁴ + 3;
-2x²w³ + 9y - 4xw - x²y³ + 8x²w³z⁴- 4;
The result is:
- 4wx + 3w³x² + 2x²y³ + 9y -1
```

必须注意，数据项中变量的顺序是无关紧要的。例如，x^2y^3 和 y^3x^2 代表的是同一个数据项。因此，执行加法操作之前，程序应该对每个数据项的所有变量进行排序，使数据项归类，并正确相加。因此，需要完成两个主要任务：对两个多项式中每个数据项的变量进行排序，然后进行多项式相加。但是在着手于算法的实现问题时，必须确定在 C++ 中如何表示多项式。在许多可能的做法中，我们选择链表来表示多项式，链表中的每个节点表示一个数据项。每一项都包含了系数、变量和指数的信息。因为每一个变量都是和它的指数在一起的，所以在类型为 Variable 的对象中，它们也放在一起。同时，因为变量的数目在不同的数据项中可能不同，所以使用一个由 Variable 对象组成的向量，在一个节点中存储数据项中变量的信息。多项式就是这些节点组成的一个链表。例如，

$$-x^2y + y - 4x^2y^3 + 8x^2w^3z^4$$

用如图 9-16(a)所示的链表来表示，在 C++中，它是如图 9-16(b)所示的链表。

对多项式进行的第一个操作是对数据项中的变量排序。输入多项式之后，每个数据项都分别使用排序向量进行排序，链表中的节点可以对该向量进行访问。

第二个操作是多项式相加。这个过程是由创建一个链表开始的，这个链表是由待相加的多项式的节点副本组成的。通过这种方式，两个多项式都不会受到影响，并且可以在其他操作中使用。

现在，相加得到了简化。在链表中，所有相等的数据项(除了系数不相等外)必须进行简化合并，删除冗余的节点。例如，如果要处理的链表如图 9-17(a)所示，简化操作后会得到图 9-17(b)所示的链表。

打印结果时，记住并不是每样东西都要打印出来。如果系数是 0，就忽略该数据项。如果系数是 1 或者–1，就打印出这个数据项，但是不包括系数(符号除外)，除非这个数据项只是一个系数。如果指数是 1，同样可以省略。

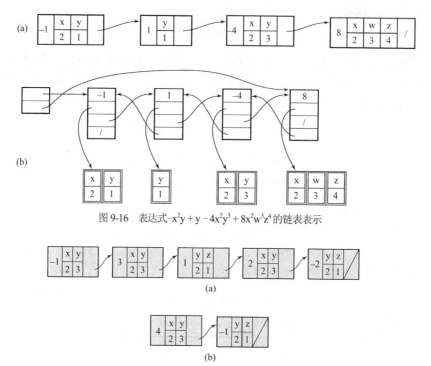

图 9-16　表达式 $-x^2y + y - 4x^2y^3 + 8x^2w^3z^4$ 的链表表示

图 9-17　(a) 表示表达式 $-x^2y^3 + 3x^2y^3 + y^2z + 2x^2y^3 - 2y^2z$ 的链表；(b) 表示简化后的表达式 $4x^2y^3 - y^2z$ 的链表

另一个打印的难题是在多项式中对数据项进行排序，也就是说，将一个结构混乱的多项式

$$-z^2 - 2w^2x^3 + 5 + 9y - 5z - 4wx - x^2y^3 + 3w^2x^3z^4 + 10yz$$

排序为整齐的形式

$$-4wx - 2w^2x^3 + 3w^2x^3z^4 - x^2y^3 + 9y + 10yz - 5z - z^2 + 5$$

为了完成这个工作，表示多项式的链表必须先排好序。

程序清单 9-4 包含了多项式相加的完整的程序代码。

程序清单 9-4　多项式相加的程序实现

```cpp
#include <iostream>
#include <cctype>
#include <cstdlib>
#include <vector>
#include <list>
#include <algorithm>

using namespace std;

class Variable {
public:
    char id;
    int exp;
    Variable() { // required by <vector>;
```

```
    }
    Variable(char c, int i) {
        id = c; exp = i;
    }
    bool operator== (const Variable& v) const {
        return id == v.id && exp == v.exp;
    }
    bool operator< (const Variable& v) const { // used by sort();
        return id < v.id;
    }
};

class Term {
public:
    Term() {
        coeff = 0;
    }
    int coeff;
    vector<Variable> vars;
    bool operator== (const Term&) const;
    bool operator != (const Term& term) const { // required by <list>
        return !(*this == term);
    }
    bool operator< (const Term&) const;
    bool operator> (const Term& term) const { // required by <list>
        return *this != term && (*this < term);
    }
    int min(int n, int m) const {
        return (n < m) ? n : m;
    }
};

class Polynomial {
public:
    Polynomial() {
    }
    Polynomial operator+ (const Polynomial&) const;
    void error(char *s) {
        cerr << s << endl; exit(1);
    }
private:
    list<Term> terms;
    friend istream& operator>> (istream&, Polynomial&);
    friend ostream& operator<< (ostream&, const Polynomial&);
};

// two terms are equal if all variables are the same and
// corresponding variables are raised to the same powers;
// the first cell of the node containing a term is excluded
// from comparison, since it stores coefficient of the term;
bool Term::operator== (const Term& term) const {
```

```
            for (int i = 0; i < min(vars.size(),term.vars.size()) &&
                            vars[i] == term.vars[i]; i++);
        return i == vars.size() && vars.size() == term.vars.size();
    }

bool Term::operator< (const Term& term2) const { // used by sort();
        if (vars.size() == 0)
            return false;                // *this is just a coefficient;
        else if (term2.vars.size() == 0)
            return true;                 // term2 is just a coefficient;
        for (int i = 0; i < min(vars.size(),term2.vars.size()); i++)
            if (vars[i].id < term2.vars[i].id)
                return true;             // *this precedes term2;
            else if (term2.vars[i].id < vars[i].id)
                return false;            // term2 precedes *this;
            else if (vars[i].exp < term2.vars[i].exp)
                return true;             // *this precedes term2;
            else if (term2.vars[i].exp < vars[i].exp)
                return false;            // term2 precedes *this;
        return ((int)vars.size()-(int)term2.vars.size() < 0) ? true : false;
    }

Polynomial Polynomial::operator+ (const Polynomial& polyn2) const {
        Polynomial result;
        list<Term>::iterator p1, p2;
        bool erased;
        for (p1 = terms.begin(); p1 != terms.end(); p1++) // create a new
            result.terms.push_back(*p1);                   // polyn from
                                                           // copies of *this
        for (p1 = polyn2.terms.begin(); p1 != polyn2.terms.end(); p1++)
            result.terms.push_back(*p1); // and polyn2;
        for (p1 = result.terms.begin(); p1 != result.terms.end(); ) {
            for (p2 = p1, p2++, erased = false; p2 != result.terms.end();
                    p2++)
                if (*p1 == *p2) {            // if two terms are equal (except
                    p1->coeff += p2->coeff; // for the coefficient), add the
                    result.terms.erase(p2); // two coefficients and erase
                    if (p1->coeff == 0)     // a redundant term; if the
                    result.terms.erase(p1); // coefficient in retained
                    erased = true;          // term is zero, break;
                                            // erase the term as well;
                }
            if (erased)      // restart processing from the beginning
                p1 = result.terms.begin();  // if any node was erased;
            else p1++;
        }
        result.terms.sort();
        return result;
    }

istream& operator>> (istream& in, Polynomial& polyn) {
```

```
char ch, sign, coeffUsed, id;
int exp;
Term term;
in >> ch;
while (true) {
    coeffUsed = 0;
    if (!isalnum(ch) && ch != ';' && ch != '-' && ch != '+')
        polyn.error("Wrong character entered2");
    sign = 1;
    while (ch == '-' || ch == '+') { // first get sign(s) of Term
        if (ch == '-')
            sign *= -1;
        ch = in.get();
        if (isspace(ch))
            in >> ch;
    }
    if (isdigit(ch)) {                      // and then its coefficient;
        in.putback(ch);
        in >> term.coeff;
        ch = in.get();
        term.coeff *= sign;
        coeffUsed = 1;
    }
    else term.coeff = sign;
    for (int i = 0; isalnum(ch); i++) { // process this term:
        id = ch; // get a variable name
        ch = in.get();
        if (isdigit(ch)) { // and an exponent (if any);
            in.putback(ch);
            in >> exp >> ch;
        }
        else exp = 1;
        term.vars.push_back(Variable(id,exp));
    }
    polyn.terms.push_back(term);// and include it in the linked list;
    term.vars.resize(0);
    if (isspace(ch))
        in >> ch;
    if (ch == ';')                  // finish if a semicolon is entered;
        if (coeffUsed || i > 0)
            break;
        else polyn.error("Term is missing");// e.g., 2x - ; or
                                            // just ';'
    else if (ch != '-' && ch != '+') // e.g., 2x 4y;
        polyn.error("wrong character entered");
}
for (list<Term>::iterator i = polyn.terms.begin();
                          i != polyn.terms.end(); i++)
    if (i->vars.size() > 1)
        sort(i->vars.begin(),i->vars.end());
```

```
            return in;
    }

    ostream& operator<< (ostream& out, const Polynomial& polyn) {
        int afterFirstTerm = 0, i;
        for (list<Term>::iterator pol = polyn.terms.begin();
                                  pol != polyn.terms.end(); pol++) {
            out.put(' ');
            if (pol->coeff < 0)                    // put '-' before polynomial
                out.put('-');                      // and between terms (if
                                                   // needed);
            else if (afterFirstTerm)               //don't put '+' in front of
                out.put('+');                      // polynomial;
            afterFirstTerm++;
            if (abs(pol->coeff) != 1)              // print a coefficient
                out << ' ' << abs(pol->coeff);     // if it is not 1 nor -1, or
            else if (pol->vars.size() == 0)        // the term has only a
                                                   // coefficient
                out << " 1";
            else out.put(' ');
            for (i = 1; i <= pol->vars.size(); i++) {
                out << pol->vars[i-1].id;          // print a variable name
                if (pol->vars[i-1].exp != 1)       // and an exponent, only
                    out << pol->vars[i-1].exp;     // if it is not 1;
            }
        }
        out << endl;
        return out;
    }

    int main() {
        Polynomial polyn1, polyn2;
        cout << "Enter two polynomials, each ended with a semicolon:\n";
        cin >> polyn1 >> polyn2;
        cout << "The result is:\n" << polyn1 + polyn2;
        return 0;
    }
```

9.7 习题

1. 许多操作对有序数据的执行速度比对无序数据的执行速度快。下面哪一种操作符合这种情况?
   a. 检查一个单词的字母顺序是否与另一个单词相反，例如 plum 和 lump
   b. 找出值最小的数据项
   c. 计算数据的平均值
   d. 找出中间值(中值)
   e. 查找数据中出现最频繁的数值
2. 梳排序的预处理阶段类似于希尔排序中所使用的技术。这两种排序方法有什么不同点吗?

3. 如果内层循环

```
for (int j = n-1 ; j > i; --j)
```

由循环

```
for (int j = n-1 ; j > 0; --j)
```

取代，那么函数 bubblesort( )会正常工作吗？新版本的复杂度怎样？

4. 在冒泡排序的实现中，自底向上扫描一个排好序的数组，将最小的元素放在最上面。需要对这个实现进行什么改动，才能使它自顶向下地将最大的元素放在最下面。

5. cocktail shaker 排序是由 Donald Knuth 设计的。它对冒泡排序进行了修改，改变了冒泡排序在每一次迭代中冒泡的方向：在一次迭代中，最小的元素放在最上面；在下一次迭代中，将最大的元素沉下去；在第三次迭代中，把第二小的元素放在上面；以此类推。实现这种新的算法并且考察它的复杂度。

6. 插入排序顺序地扫描数组，通过比较为当前处理的元素找到一个合适的位置。考虑使用二叉树搜索法替代，并给出得到的插入排序的复杂度。

7. 对于数组[a b c d]，绘出所有基本排序算法的决策树。

8. 本章讨论的算法中，哪一种更容易用于单链表？双链表呢？

9. 使用 heapsort()、quicksort()和 mergesort()对 4 个元素排序，哪种算法的移动次数和比较次数最少，哪种算法的移动次数和比较次数最多？

10. 实现和测试函数 mergesort( )。

11. 证明：对于归并排序，比较次数为 $C(n) = n \lg n - 2^{\lg n} + 1$。

12. 实现和分析下面归并排序非递归版本的复杂度。首先，将长度为 1 的子数组归并成 $n/2$ 个二元子数组，可能它们中的一个是一元子数组。得到的数组再归并成 $n/4$ 个四元子数组，也可能有一个小一点的子数组，它是一元、二元或者三元，以此类推，直到整个数组都排好序为止。注意，这是一个自底向上的归并排序实现方法，它与本章讨论的自顶向下的方法是相反的。

13. mergesort()归并一个有序数组的子数组。另一个自顶向下的归并排序版本仅仅归并 run、已排序的子数组来缓解这个问题，并在确定了 2 个 run 后才使用归并。比方说，在数组[6 7 8 3 4 1 11 12 13 2]中，run[6 7 8]和[3 4]先归并成[3 4 6 7 8]，然后 run[1 11 12 13]和[2]归并成[1 2 11 12 13]，最后，run[3 4 6 7 8]和[1 2 11 12 13]归并成[1 2 3 4 6 7 8 11 12 13]。实现这个算法，并考察它的复杂度。利用部分数据排序(也就是利用 run)的归并排序称为自然排序。不断地将数组划分为几乎平均的部分，而不使用 run 的归并排序版本称为直接归并。

14. 为了避免在使用归并排序时工作空间成倍增加，使用数据链表比使用数组要好些。在什么情况下使用数据链表更好些？实现这种技术，并讨论它的复杂度。

15. 哪些排序算法是稳定的？

16. 考虑一种慢速排序算法，它将选择排序应用到 n-元素数组的第 i 个元素，这儿 i 的取值是 $n/2$, $n/3$, $\cdots$,n/n(Julstrom 1992)。首先，选择排序应用到数组的两个元素上，即第一个元素和中间元素，然后应用到三个元素上，这三个元素的间距为 $n/3$，以此类推，最后，应用到数组中的每一个元素。计算这个算法的复杂度。

17. 如果 b=31，bitRadixsort()就没法处理，为什么？

18. 如果说对于 bitRadixsort()，b=8 和 b=11 比较好，那为什么 b=9 和 b=10 就不太好呢？

19. 对于 b=31，我们已经知道 bitRadixsort() 和计数排序间的相似性，相似之处在什么地方？

20. 对于大量的数字，计数排序处理起来也可以很好，因为大量数字本身并不会有损计数排序的执行效率，但 data[] 中最大数和最小数之间如果差距太大，则会对计数排序有影响。修改 countingsort()，以便在处理这种差距小的数组时更有效率。

21. 实现在每步中使用计数排序的位基数排序。

9.8 编程练习

1. 在 9.3.3 小节的最后部分，提到了选择边界的两种技术：使用文件中一个随机挑选的元素以及使用数组第一个元素、中间元素和最后一个元素的中间值。分别实现这两个快速排序的版本，将它们应用于大数组的排序，并且比较它们的运行时间。

2. 教育公告板上有一个代课老师的数据库。如果某门课程暂时需要代课老师，就把一名可以胜任的老师派遣到需要他的学校。编写一个菜单驱动的程序来维护这个数据库。

substitutes 文件列出了代课老师的姓名、他们现在能否派遣的标志(Y(es) 或 N(o))，和代表他们可以教授的课程的编号列表。substitutes 文件的一个例子是：

```
Hilliard Roy        Y 0 4 5
Ennis John          N 2 3
Nelson William      Y 1 2 4 5
Baird Lyle          Y 1 3 4 5
Geiger Melissa      N 3 5
Kessel Warren       Y 3 4 5
Scherer Vincent     Y 4 5
Hester Gary         N 0 1 2 4
Linke Jerome        Y 0 1
Thornton Richard    N 2 3 5
```

创建一个类 teacher，它有三个数据成员：索引、左子节点和右子节点。声明一个数组 subjects，数组的元素数和课程的数目一样，数组的每一个元素都存储了一个指向类 teacher 的指针，这个指针指向教授指定课程的老师构成的二叉树的根。同时，声明一个数组 names，它的每个元素都存储来自文件的一个条目。

首先，准备数组 names，创建二叉搜索树。为此，将 substitutes 中的所有条目导入 names，并使用本章讨论的一个算法对 names 排序。接着，使用 6.7 节的 balance( ) 函数创建一棵二叉树：遍历数组 names，对每个与老师姓名相关的课程，在树中建立一个对应该课程的节点。这个节点的索引成员表示节点在讲授这门课程的老师数组 names 中的位置(注意，balance() 中的 insert() 应能定位到一棵合适的树)。图 9-18 显示了已排好序的数组 names，以及能从由 balance() 为示例文件创建的 subjects 访问到的树。

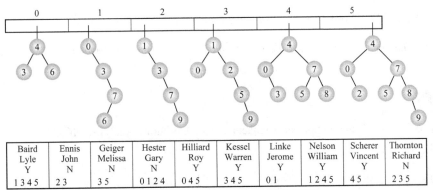

图 9-18　教育公告板为代课老师使用的数据结构

允许用户预定老师。如果程序完成，并选择了退出选项，将 names 中的所有条目加载回 substitutes，这一次使用已更新的可用信息。

3. 混合使用 h-排序、l-排序中的简单排序算法以及不同的增值数列，实现不同的希尔排序版本。使用下面的数列来运行每一个版本：

- $h_1 = 1$，$h_{i+1} = 3h_i + 1$，当 $h_{i+2} \geq n$ 时停止于 h_t(Knuth)
- $2^k - 1$ (Hibbard)
- $2^k + 1$ (Papernov 和 Stasevich)
- Fibonacci 数列
- $n/2$ 是第一个增量，然后 $h_i = .75h_{i+1}$(Dobosiewicz)

对至少 5 个数据集运行所有的这些版本，数据集分别包含 1000，5000，10 000，50 000 和 100 000 个数。在表中列出结果，并用公式表示这些版本的复杂度。

4. 扩展案例分析的程序，使它包含多项式乘法。

5. 扩展案例分析的程序，使它包含多项式微分。微分规则请看第 5 章的练习。

参考书目

排序算法

Flores, Ivan, *Computer Sorting*, Englewood Cliffs, NJ: Prentice Hall, 1969.

Knuth, Donald E., The *Art of Computer Programming, Vol. 3: Sorting and Searching*, Reading MA: Addison-Wesley, 1998.

Lorin, Harold, *Sorting and Sort Systems*, Reading, MA: Addison-Wesley, 1975.

Mahmoud, Hosam M., *Sorting: a Distribution Theory*, New York: Wiley 2000.

McLuckie, Keith, and Barber, Angus, *Sorting Routines for Microcomputers*, Basingstoke: United Kingdom Macmillan, 1986.

Mehlhorn, Kurt, *Data Structures and Algorithms, Vol. 1: Sorting and Searching*, Berlin: Springer,1984.

Reynolds, Carl W., "Sorts of Sorts," *Computer Language* (March 1988), 49-62.

Rich, R., *Internal Sorting Methods Illustrated with PL/1 Programs*, Englewood Cliffs, NJ: Prentice Hall, 1972.

冒泡排序

Astrachan, Owen, "Bubble Sort: an Archaeological Algorithmic Analysis," *ACM SIGCSE Bulletin* 35 (2003), No. 1, 1-5.

梳排序

Box, Richard, and Lacey, Stephen, "A Fast, Easy Sort," Byte 1991, no. 4,315-318; reprinted in J. Ranade, A. Nash (eds.), *Best of Byte,* New York: McGraw-Hill 1994, 123-126.

Drozdek, Adam, "Worst Case for Comb Sort," *Informatyka Teoretyczna i Stosowana* 5 (2005), no. 2, 23-27.

Dobosiewicz, Włodzimierz, "An Efficient Variation of Bubble Sort," *Information Processing Letters* 11 (1980), 5-6.

希尔排序

Gale, David, and Karp, Richard M., "A Phenomenon in the Theory of Sorting," *Journal of Computer and System Sciences* 6 (1972), 103-115.

Incerpi, Janet, and Sedgewick, Robert, "Practical Variations of Shellsort," *Information Processing Letters* 26 (1987/88), 37-43.

Poonen, Bjorn, "The Worst Case in Shellsort and Related Algorithms," *Journal of Algorithms* 15 (1993), 101-124.

Pratt, Vaughan R., *Shellsort and Sorting Networks*, New York: Garland, 1979.

Shell, Donald L., "A High-Speed Sorting Procedure," *Communications of the ACM* 2 (1959), 30-32.

Weiss, Mark A., and Sedgewick, Robert, "Tight Lower Bounds for Shellsort," *Journal of Algorithms* 11 (1990), 242-251.

堆排序

Carlsson, Svente, "Average-Case Results on Heapsort," *BIT* 27 (1987), 2-17.

Ding, Yuzheng, and Weiss, Mark A., "Best Case Lower Bounds for Heapsort," *Computing* 49(1992), 1-9.

Wegener, Ingo, "Bottom-up-Heap Sort, A New Variant of Heap Sort Beating on Average quick Sort," in Rovan, B. (ed.), *Mathematical Foundations of Computer Science*, Berlin: Springer (1990), 516-522.

Williams, John W. J., "Algorithm 232: Heapsort," Communications of the ACM 7 (1964), 347-348.

快速排序

Cook, Curtis R., and Kim, Do Jin, "Best Sorting Algorithm for Nearly Sorted Lists," *Communications of the ACM* 23 (1980), 620-624.

Dromey, R. Geoff, "Exploiting Partial Order with Quicksort," *Software Practice and Experience* 14 (1984), 509-518.

Frazer, William D., and McKellar, Archie C., "Samplesort: A Sampling Approach to Minimal Storage Tree Sorting," *Journal of the ACM* 17 (1970), 496-507.

Hoare, Charles A. R., "Algorithm 63: Quicksort," *Communications of the ACM* 4 (1961), 321.

Hoare, Charles A. R., "Quicksort," *Computer Journal* 2 (1962), 10-15.

Huang, Bing-Chao, and Knuth, Donald, "A One-Way, Stackless Quicksort Algorithm," *BIT* 26 (1986), 127-130.

Motzkin, Dalia, "Meansort," *Communications of the ACM* 26 (1983), 250-251.

Sedgewick, Robert, *Quicksort*, New York: Garland, 1980.

归并排序

Dvorak, S., and Durian, Bronislav, "Unstable Linear Time O(1) Space Merging," *The Computer Journal* 31 (1988), 279-283.

Huang, Bing-Chao, and Langston, Michael A., "Practical In-Place Merging," *Communications of the ACM* 31 (1988), 348-352.

Knuth, Donald, "Von Neumann's First Computer Program," *Computing Surveys* 2 (1970), 247-260.

基数排序

Rahman, Naila, and Raman, Rajeev, "Adapting Radix Sort to the Memory Hierarchy," *Journal of Experimental Algorithmics* 6 (2001), No. 7, 1-30.

慢排序

Julstrom, Bryant A., "Slow Sorting: A Whimsical Inquiry," *SIGCSE Bulletin* 24 (1992), No. 3, 11-13.

决策树

Moret, Bernard M. E., "Decision Trees and Algorithms," *Computing Surveys* 14 (1982), 593-623.

第**10**章

散　列

前面几章介绍的查找方法所使用的主要操作都是比较关键字。在顺序查找法中，连续查找存储元素的表以确定要检查表中的哪个单元，比较关键字以确定是否找到了一个元素。在二叉搜索法中，存储元素的表被相继划分为两部分以确定要检查表中的哪个单元，比较关键字以确定是否找到了一个元素。类似地，在二叉搜索树中，通过比较关键字，可以判断是否继续朝特定方向进行查找。

一种不同的查找方法是，以关键字的值为基础，计算关键字的位置。关键字的值是位置的唯一表示。知道了关键字，就可以直接访问它在表中的位置，而不用进行任何在二叉搜索或对树进行查找时所需要的预先检测。这就意味着查找时间由顺序查找法的 $O(n)$ 和二叉搜索法的 $O(\lg n)$ 减少为 1 或至少为 $O(1)$；不管要查找的元素数量有多少，运行时间都是一样的。但这只是一种理想的情况，在实际的应用中，只能近似地获得这样的结果。

我们需要找到一个函数 h，它能把特定的关键字 K(可能是一个串、数字或记录)转换成表的一个索引，该表用于存储与 K 同类型的项。这个函数 h 就称为散列函数。如果函数 h 能够把不同的关键字转换为不同的数字，它就称为理想散列函数。为了创建理想散列函数，散列表必须至少包含与散列的元素数目相同的位置数目。但是元素的数目并不总是能预先知道。例如，编译器把程序中使用的所有变量都保存在一个符号表中。程序实际只使用了这一大堆可能的变量名中的一小部分，所以对于程序实际使用的变量而言，一个大小为 1000 个单元的表通常就足够了。

但是，就算这个表能够容纳程序中的所有变量，又如何设计一个函数 h，使编译器迅速访问与每个变量相关联的位置呢？可以将变量名的所有字母相加，将其和用作一个索引。这样，这个表就需要 3782 个单元(对于一个有 31 个字母 z 的变量 K 而言，$h(K)=31\times122=3782$)。但是，即使有了这么多存储单元，函数 h 还是不能返回唯一值。比如，$h(\text{"abc"})=h(\text{"acb"})$。这种问题称为冲突，稍后再讨论这个问题。散列函数的好坏取决于其避免冲突发生的能力。我们可以完善函数以避免冲突，但这样会增加计算机的计算开销，从而影响计算速度，不太完善的方法或许会更快。

10.1　散列函数

可以在一个具有 m 个位置的表中对 n 个项目分配位置的散列函数的个数等于 $m^n(n\leq m)$。理想散列函数的个数与表中这些项目的不同位置数目相同，等于 $\frac{m!}{(m-n)!}$。例如，对于 50 个元素与包含 100

个单元的数组而言,存在 $100^{50}=10^{100}$ 个散列函数,其中只有 10^{94} 个(1 百万个散列函数中有一个是理想散列函数)是理想的。其中大部分函数对于实际的应用程序而言都很难处理,不能用简明的公式进行表示。然而,即便是在那些能够用公式表示的函数中,也存在大量的可能性。本节讨论一些特殊的散列函数类型。

10.1.1　除余法

散列函数必须保证它返回的数字是对一个表单元的有效索引。完成这项工作的最简单的方法是使用取模运算:$TSize=sizeof(table)$,而 $h(K)=K \bmod TSize$(其中 K 为数字)。$TSize$ 最好是一个素数,否则需要使用函数 $h(K)=(K \bmod p) \bmod TSize$($p$ 是一个大于 $TSize$ 的素数)。然而,如果非素数除数不存在小于 20 的素数因子,那么非素数除数和素数除数是没有什么区别的(Lum et al. 1971)。如果不知道关键字的值,那么散列函数通常会选择这种方法来进行构造。

10.1.2　折叠法

在这种方法中,把关键字分割为几个部分(这种方法反映了"散列"的真正意义)。这些部分组合或折叠在一起,并且通常以某种特定的方式进行变换,以产生目标地址。折叠法又分为两种类型:移位折叠(shift folding)和边界折叠(boundary folding)。

把关键字分割为几个部分,然后利用一种简单的操作对这几部分进行处理,比如以某种方式对它们求和。在移位折叠方法中,各部分依次堆叠在一起,然后进行处理。比如,社会安全号码(SSN)123-45-6789 可以分割成三部分——123、456、789,然后把这三部分相加,得到结果 1368,再对 $TSize$ 进行取模运算。另外,如果散列表的大小为 1000,1368 的前三位数字就可以用作地址。很显然,除法能够以多种不同的方式完成。另外一种可能性是把号码 123-45-6789 分割为 5 部分(12、34、56、78、9),对它们求和,然后将这个和对 $TSize$ 取模。

边界叠加法就是把关键字写在一张纸上,以关键字的各个部分作为边界折叠这张纸,然后将各个部分相加。在这种方法中,相邻的两部分中有一部分的顺序被颠倒。考虑 SSN 的三个部分:123、456 和 789。第一部分 123 的顺序不变,然后把这张纸条上写有关键字第二部分的区域折叠到它的下面,所以与 123 对齐的是 654,654 的顺序与第二部分 456 的顺序相反。继续进行折叠时,与前面两部分对齐的就是 789。结果是 123+654+789=1566。

在这两种方法中,关键字通常分割为固定大小的偶数部分和一个剩余部分,然后将它们相加。这种处理方法简单且快捷,在使用位模式而不是数值时尤其如此。移位折叠的按位运算是通过应用"异或"操作(^)实现的。

就字符串而言,只使用一种方法就可以处理字符串中所有的字符,这种方法就是:将这些字符一起进行"异或",然后获取地址结果。比如字符串 "abcd",h("abcd") ="a"^"b"^"c"^"d"。不过这种简单的方法所获取的地址是 0 到 127 之间的数字。把成块的字符(而不是单独的字符)一起进行"异或"可以获得更好的结果。这些块中的字符数与机器的整数表示所使用的字节数相等。对 IBM PC 计算机而言,由于 C++实现中的整数占两个字节,所以,h("abcd")= "ab"xor"cd"(很有可能对 TSize 取模)。在本章的学习中会用到这样的函数。

10.1.3　平方取中法

在平方取中法中，关键字被平方后，将平方结果的中间部分作为地址。如果关键字是字符串，就必须预先(比如，使用折叠的方法)进行处理以产生数字。在使用一个平方取中法的散列函数中，整个关键字都参与地址的生成，这样就为不同的关键字生成不同的地址创造了更好的机会。例如，如果关键字是 3121，那么 $3121^2 = 9\,740\,641$，对于有 1000 个单元的散列表来说，$h(3121) = 406$，它就是 3121^2 的中间部分。实际应用中，有一种方法会更加有效，即选择对散列表的单元数目进行平方，然后提取关键字平方的结果的二进制位表示的中间部分。如果假设这个散列表的大小是 1024，那么在这个例子中，3121^2 的二进制表示就是位串 1001010*0101000001*01100001，中间部分用斜体表示。这个中间部分就是二进制数 0101000010，等于十进制数 322。利用掩码和移位操作可以很容易地把这一部分提取出来。

10.1.4　提取法

在提取法中，只使用一部分关键字来计算地址。对于社会安全号码 123-45-6789，这种方法可能只使用前四个数字 1234，也可能只使用最后四个数字 6789，或者前两个和后两个数字的组合 1289，或其他一些组合。每次只用到关键字的一部分。如果这个部分是精心挑选出来的，假设省略的部分与关键字差别不大，那么它对于散列表来说就已经足够了。例如，在一些大学档案管理中，所有国际学生的 ID 号都是以 999 开头的。因此，在使用学生 ID 计算散列表位置的散列函数中，前三位数字完全可以忽略。类似地，对于由相同出版社出版的所有图书而言，它们的 ISBN 代码的开头几个数字也都是相同的(例如，1133 是圣智出版公司的代号)。因此，如果数据表只包含了同一个出版社的书，就可以在计算中排除 ISBN 代码的开头几个数字。

10.1.5　基数转换法

基数转换法将关键字 K 转换为另外一种数字基数；K 在数值系统中利用一个不同的基数进行表示。如果 K 是十进制数字 345，那么它以 9 为基数(九进制系统)的值就是 423。然后用这个值对 $TSize$ 取模，取模后的数值就可以用于对 K 散列到的位置进行定位。不过，冲突不能完全避免。例如，如果 $TSize = 100$，那么即使 345 和 245(十进制)没有散列到相同的位置，345 和 264 也可能散列到相同的位置，因为十进制的 264 用九进制系统表示为 323，而且当 423 和 323 对 100 取模时，它们都会返回 23。

10.1.6　全域散列法

如果对关键字了解不多，可以使用全域散列函数类：从一组仔细设计的函数中，随机地选择其中的一个作为散列函数，由此剩余的函数就可以保证发生碰撞的可能性比较低(Carter 和 Wegman 1979)。

根据一个 $Tsize$ 长度散列表的关键字给定一组散列函数 H。我们可以说 H 是全域的，如果对每一对不同的关键字 x 和 y，满足 $h(x) = h(y)$ 的散列函数 h 属于 H 的个数至多为 $|H|/TSize$。也就是说，H 是全域的，如果从 H 中随机选择一个散列函数 h，当两个不同的关键字的映射不相等时，可能性等

于 1/*TSize*。换句话说，应用随机选择的散列函数，这两个关键字的碰撞机会为 1/*TSize*。类似这种函数的定义如下所示。

质数 $p \geq |keys|$，随机选择数字 a 和 b

$$H = \{h_{a,b}(k): \ h_{a,b} = ((aK+b) \bmod p) \bmod TSize \ and \ 0 \leq a,b < p\}$$

另一个例子是对作为字节序列的关键字定义 H，$K = K_0 K_1 \cdots K_{r-1}$。对于一些质数 $p \geq 2^8 = 256$ 和序列 $a = a_0, a_1, \ldots, a_{r-1}$

$$H = \{h_a(K): h_a(k) = ((\sum_{i=0}^{r-1} a_i K_i) \bmod p) \bmod TSize \ and \ 0 \leq a_0, a_1, \ldots, a_{r-1} < p\}$$

10.2　冲突解决方法

注意，直接对关键字进行散列是存在问题的。几乎所有的散列函数都会出现多个关键字同时映射到同一个位置的情况。如果散列函数 h_1 应用于名字，返回该名字的第一个字符的 ASCII 值，其表达式可以写为 $h_1(name) = name[0]$，那么所有首字母相同的名字都将映射到同一个位置上。为了解决这种问题，可以找出一个散列函数，使名字在表中的分布更加均匀。比如函数 h_2 取名字的前两个字符之和，$h_2(name) = name[0] + name[1]$，就会比函数 h_1 的效果好。然而，即使把名字中所有的字符都考虑进去，比如函数 $h_3(name) = name[0] + \cdots + name[strlen(name)-1]$，不同的名字映射到同一个地址的冲突也依然存在。如果表的长度是可以增加的，那么以上所定义的三个函数中，h_3 可能是最好的，因为它能把名字更加均匀地散列到表中。如果表只有 26 个单元，那么函数 h_1 可能返回的值只有 26 个，此时用函数 h_3 来代替 h_1 并不会带来任何改善。所以，在避免关键字的散列值冲突时还应该考虑表的大小这个因素。虽然增加表的长度可以更好地实现散列，但并不总是这样。仔细选择散列函数和表的长度可以减少冲突，但是冲突是绝不可能完全消除的。冲突问题需要用某种方法来处理，从而保证冲突得到解决。

有很多避免将多个关键字散列到相同位置的方法。本章只讨论其中的一些。

10.2.1　开放定址法

在开放定址方法中，当一个关键字和另一个关键字发生冲突时，解决冲突的方法是在表中另找一个可用地址，而不是这个关键字原来散列到的位置。如果位置 $h(K)$ 已被占用，就按以下的顺序对表进行探查

$$norm(h(K) + p(1)), \ norm(h(K) + p(2)), \ldots, \ norm(h(K) + p(i)), \ldots$$

直到找到一个可用的位置，或者重复探查原来的位置，或者表是满的。函数 p 是探查函数，其中 i 是探查的指针，$norm$ 是一个规范化函数，通常用于对表的大小取模。

最简单的方法是线性探查，令 $p(i) = i$，那么第 i 次探查的位置是 $(h(K) + i) \bmod TSize$。使用线性探查找可以存储关键字的位置时，是从用散列函数计算得到的位置开始依次探查下去，直到找到一个空的位置为止。如果探查到表的结尾时还没有找到可用地址，探查会从表头继续进行，最终会在

开始探查位置的前一个位置结束——但这种探查整个表的情况很少发生。线性探查会在表中产生聚集。图 10-1 包含一个例子，关键字 K_i 散列到位置 i。在图 10-1(a)中，三个关键字 A_5、A_2 和 A_3 都散列到它们对应的位置上。在图 10-1(b)中要加入关键字 B_5，然而它的散列位置已经被 A_5 占用。由于下一个位置是可用的，所以将 B_5 放在那里。下一个关键字 A_9 的位置是没有什么问题的，但是关键字 B_2 却放在位置 4 上，和用散列函数得出的位置偏离了两个单元。这样在表中就形成了数据聚集块 (cluster)。下一次，要添加关键字 B_9。由于位置 9 已经不可用了，并且已经是表尾，这样，搜索将从表头开始进行，所以 B_9 放到表中的第一个位置上。下一个要放的关键字 C_2 会放到位置 7 上，离它的散列位置相差了 5 个单元。

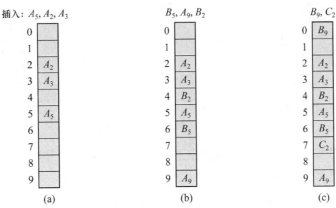

图 10-1　用线性探查法解决冲突，下标表示将关键字散列到的位置

在这个例子中，数据聚集块后的可用地址被占用的机会更大。这种概率等于(*sizeof (cluster)* + 1)/*TSize*。其他可用地址被占用的概率仅是 1/*TSize*。如果已经产生了一个数据聚集块，那么它往往会增大；而聚集块越大，它就越可能变得更大。这种情况会破坏散列表存储和检索数据的性能。目前的问题是如何避免数据聚集块的形成。这可以通过仔细地选择探查函数 p，找出解决的办法。

选择一个二次函数作为探查函数，其经验公式是：

$$P(i)=h(K)+(-1)^{i-1}((i+1)/2)^2 \quad i=1,2,...,TSize-1$$

这个很复杂的公式能够用比较简单的探查序列形式来表示：

$$h(K)+i^2, h(K)-i^2 \quad i=1,2,...,(TSize-1)/2$$

该序列包括第一次尝试对关键字 K 进行的散列，得出这样的一个探查序列：

$$h(K), h(K) + 1, h(K) - 1, h(K) + 4, h(K) - 4, \ldots, h(K) + (TSize - 1)^2/4,$$

$$h(K) - (TSize - 1)^2/4$$

所有的结果都要对 *TSize* 整除后取模。表的长度不应该取偶数，因为在这种情况下，根据函数 $h(K)$ 计算得到的结果，探查只会在表中的偶地址或奇地址进行。理想情况是，表的长度应该为素数 $4j + 3$，其中 j 为整数，这样能够保证在探查序列中包括了所有的地址(Radke 1970)。比如 $j = 4$，则表的长度 $TSize = 19$，对关键字 K，假定 $h(K) = 9$，那么探查的顺序将是[1]：

1　要特别注意负数，在实现这些公式时，运算符%表示整除后取模。但是，整个运算符通常实现为整除后取余数。例如，−6 % 23 等于−6，而不是期望的 17。因此，在使用运算符%实现整除后取模操作时，如果结果为负值，应把模(%的右操作数)加到结果上，这样，(−6 % 23)+23 就返回 17。

9, 10, 8, 13, 5, 18, 0, 6, 12, 15, 3, 7, 11, 1, 17, 16, 2, 14, 4

对于图 10-1 中的表，考虑对相同关键字的不同放置方式，结果如图 10-2 所示。对于 B_2，仍然需要两次探查，但是对于 C_2 来说，仅需要 4 次而不是 5 次探查就能找到它的散列地址。

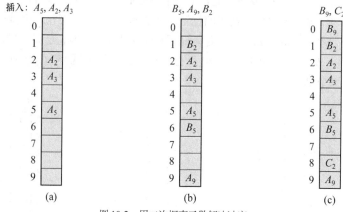

图 10-2　用二次探查函数解决冲突

注意，对于二次探查，确定探查序列的公式，不能只用 $h(K) + i^2$，其中 $i = 1, 2, …, TSize - 1$，因为用这个公式产生出来的序列

$$h(K) + 1, h(K) + 4, h(K) + 9, … , h(K) + (TSize - 1)^2$$

其前一半仅仅覆盖了表中的一半位置，而序列的后一半则以相反的顺序重复其前一半。如果 $TSize = 19$，且 $h(K) = 9$，那么得到的探查顺序是

9, 10, 13, 18, 6, 15, 7, 1, 16, 14, 14, 16, 1, 7, 15, 6, 18, 13, 10

这并不是偶然的。探查序列出现这种情况是由于

$$令\ i = TSize/2 + 1\ 且\ j = TSize/2 - 1$$

它们分别代表探查的指针

$$i^2 \bmod TSize = j^2 \bmod TSize$$

即

$$(i^2 - j^2) \bmod TSize$$

在此情况下，

$$
\begin{aligned}
(i^2 - j^2) &= (TSize/2 + 1)^2 - (TSize/2 - 1)^2 \\
&= (TSize^2/4 + TSize + 1 - TSize^2/4 + TSize - 1) \\
&= 2TSize
\end{aligned}
$$

容易看出 $2TSize \bmod TSize = 0$。

尽管用二次探查得到的结果比线性探查好得多，但是仍然不能避免聚集块的形成，因为对散列到相同地址的关键字，采用的都是一样的探查序列。这样的结果是造成"二次聚集"。二次聚集构成的危害要小一些。

另一种可能，是让探查函数 p 使用随机数发生器(Morris 1968)，这消除了对表长度的特别要求。

这种方法虽然防止了二次聚集的形成，但是会带来一个问题：对相同关键字重复生成相同的探查序列。如果随机数发生器在第一次调用时初始化，对同一个关键字 K 会产生出不同的探查序列。结果 K 会多次散列到表中，以至于在搜索该关键字时找不到它。所以在开始产生探查序列之前，相同关键字必须使用相同随机数种子来对随机数发生器进行初始化。在 C++中用函数 srand()能够实现，其参数取决于关键字；比如，$p(i) = \mathrm{srand}(sizeof(K)) \cdot i$ 或者 $\mathrm{srand}(K[0]) + i$。如果不想使用 srand ()函数，可以编写一个随机数发生器，保证每次调用产生的惟一数字在 0 到 $TSize - 1$ 之间。下面的随机数发生器算法，是由 Robert Morris 提出来的，它要求表的长度 $TSize = 2^n$，n 是整数。

```
generateNumber ()
    static int r = 1;
    r = 5*r;
    r = 屏蔽掉 r 的低(n + 2) 位;
    return r/4 ;
```

采用双散列函数探查法可以解决二次聚集问题。这种方法使用了两个散列函数，函数 h 访问关键字的散列位置，而第二个散列函数 h_p 则用来解决冲突。现在探查的序列变成

$$h(K), h(K) + h_p(K), \ldots, h(K) + i \cdot h_p(K), \ldots$$

所有的结果要对 $TSize$ 取模。表的长度应该取素数，这样探查序列才能包括表中的所有位置。试验显示双散列函数探查法能够消除二次聚集，因为探查序列是由散列函数 h_p 来产生的，h_p 又取决于关键字。所以，如果关键字 K_1 被散列到位置 j，则探查的顺序是

$$j, j + h_p(K_1), j + 2 \cdot h_p(K_1), \ldots$$

所有的结果要对 $TSize$ 取模。如果另一个关键字 K_2 被散列到 $j + h_p(K_1)$ 的位置，那么下一个探查的位置是 $j + h_p(K_1) + h_p(K_2)$ 而非 $j + 2 \cdot h_p(K_1)$，如果函数 h_p 选择恰当，就能避免产生二次聚集。即使关键字 K_1 和 K_2 的散列位置都是同一个地方，它们的探查顺序也不会相同。然而，这取决于所选用的第二个散列函数 h_p，该函数也可能对两个关键字生成相同的探查序列。例如，选择函数 $h_p(K) = \mathrm{strlen}(K)$，当关键字的长度相同时，就会出现这种情况。

使用双散列函数探查法可能会很耗时，散列函数比较复杂时尤其如此。所以第二个散列函数应该根据第一个来定义，比如 $h_p(K) = i \cdot h(K) + 1$。假设关键字 K_1 探查的序列是

$$j, 2j + 1, 5j + 2, \ldots$$

对 $TSize$ 取模。如果 K_2 被散列到位置 $2j + 1$，那么 K_2 的探查序列是

$$2j + 1, 4j + 3, 10j + 11, \ldots$$

这样就不会与前面的序列发生冲突。因此双散列函数探查法不会产生二次聚集问题。

这些方法的效率到底有多大呢？显然，这取决于表的长度以及表中所包含的元素个数。对于不成功的查找，例如查找一个表中不存在的元素，这些方法是毫无效率可言的。表中包含的元素越多，形成聚集(首次或二次聚集)的可能性就会越大，并且这些聚集变大的机会也越多。

考虑采用线性探查法来解决冲突。如果关键字 K 不在表中，那么从位置 $h(K)$ 开始，探查所有被连续占用的地址。表中的聚集块越大，确定 K 不在表中所需的时间就越长。一个极端的情况是，当表满的时候，必须从位置 $h(K)$ 开始一直查到 $(h(K) - 1)$ mod $TSize$。所以查找的时间会随着表中元素

的增加而增加。

有几个公式,可以计算出不同散列方法成功查找和非成功查找的近似次数。这些公式是由 Donald Knuth 提出的,被 Thomas Standish 认为是计算机科学中的最好方法之一。表 10-1 包括了这些公式。表 10-2 给出了在不同占用率情况下的查找次数。表 10-2 中的数据显示,表 10-1 给出的公式只提供了查找次数的近似结果,占用率越高,近似程度越差。比如有一个表的占用率是 90%,查找一个表中没有的元素,线性探查法需要进行 50 次探查。然而,对一个只有 10 个地址的表来讲,探查的次数是 10 而非 50。

表 10-1 不同散列方法查找成功及不成功的平均次数的近似公式(Knuth 1998)

	线性探查法	二次探查法*	双散列函数探查法
查找成功	$\frac{1}{2}(1+\frac{1}{1-LF})$	$1-\ln(1-LF)-\frac{LF}{2}$	$\frac{1}{LF}\ln\frac{1}{1-LF}$
查找失败	$\frac{1}{2}(1+\frac{1}{(1-LF)^2})$	$\frac{1}{1-LF}-LF-\ln(1-LF)$	$\frac{1}{1-LF}$

*此列给出的公式可以对任何会产生二次聚集的开放定址法进行估计,二次探查公式只是其中之一。

表 10-1 中的装填因子 LF=表中的元素个数/表的长度。

表 10-2 不同冲突解决方法的平均成功查找和不成功查找次数

LF	线 性 探 查 成 功	失 败	二 次 探 查 成 功	失 败	双 散 列 成 功	失 败
0.05	1.0	1.1	1.0	1.1	1.0	1.1
0.10	1.1	1.1	1.1	1.1	1.1	1.1
0.15	1.1	1.2	1.1	1.2	1.1	1.2
0.20	1.1	1.3	1.1	1.3	1.1	1.2
0.25	1.2	1.4	1.2	1.4	1.2	1.3
0.30	1.2	1.5	1.2	1.5	1.2	1.4
0.35	1.3	1.7	1.3	1.6	1.2	1.5
0.40	1.3	1.9	1.3	1.8	1.3	1.7
0.45	1.4	2.2	1.4	2.0	1.3	1.8
0.50	1.5	2.5	1.4	2.2	1.4	2.0
0.55	1.6	3.0	1.5	2.5	1.5	2.2
0.60	1.8	3.6	1.6	2.8	1.5	2.5
0.65	1.9	4.6	1.7	3.3	1.6	2.9
0.70	2.2	6.1	1.9	3.8	1.7	3.3
0.75	2.5	8.5	2.0	4.6	1.8	4.0
0.80	3.0	13.0	2.2	5.8	2.0	5.0
0.85	3.8	22.7	2.5	7.7	2.2	6.7
0.90	5.5	50.5	2.9	11.4	2.6	10.0
0.95	10.5	200.5	3.5	22.0	3.2	20.0

对于占用率较低的表,用这些公式计算出的次数比较接近真实的结果。从表 10-2 中可以看到,如果表的占用率是 65%,那么线性探查成功地在表中找到一个元素所需要的平均次数小于 2。对于

一个散列函数,这个数字通常是可以接受的。线性探查法要求表有 35% 的可用空间,才能保证良好的执行性能。对非常大的表或文件来说,这样做会被认为是一种浪费。在二次探查法中,表中可用地址的比例要求是 25%,在双散列函数探查法中是 20%,表的利用率仍然不高。双散列函数探查法要求 5 个单元中有 1 个单元是空的,这是一个相当高的比例。但是,如果允许多个项存储在一个给定的位置上,或者与它相关联的区域中,那么这些问题都可以得到解决。

10.2.2 链接法

其实关键字不必存放在表中。在链接法中,表中的每个地址都关联着一个链表或链结构,其中的 info 域用来保存关键字或者这个关键字的引用。这种方法称为分类链接,而引用(指针)表叫做分类表。在这种方法中,表永远都不会产生溢出的现象,因为链表会在加入新关键字时扩展,如图 10-3 所示。对于短链表,这是一种速度很快的方法,但是随着链表长度的增加,将会明显地降低检索时的性能。对列表中的内容进行排序能够提高执行的性能,这样对于一次非成功查找,在大多数情况下就不需要彻底地查找后才能得出结果,或者用自组织链表(Pagli 1985)的方式来提高执行的性能。

这种方法需要增加额外的空间来保存指针。表仅保存指针,但每一个节点都需要一个指针域。所以对 n 个关键字来说,就有 $n + TSize$ 个指针,在 n 特别大时,这是一个很大的系统开销。

插入: $A_5, A_2, A_3, B_5, A_9, B_2, B_9, C_2$

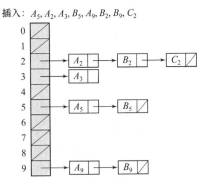

图 10-3 在链接方式中,冲突的关键字放到同一个链表中

有一种链接法称为聚结散列(聚结链接),把链接法和线性探查法组合在一起。在这种方法中,为发生冲突的一个关键字找到第一个可用的地址,并且把这个地址的索引与表中的关键字保存在一起。这样,可以直接访问链表中的下一个元素,从而避免对表进行顺序查找。表中的每个位置 pos 需要保存一个带两个成员的对象,一个成员是关键字的 info,一个成员是指向散列到位置 pos 的下一个关键字的索引 next。可用的地址在 next 域中标记为比如说 -2,而 next 域中的值为 -1 时,表示链的结束。这种方法除了存放关键字的空间,还需要在表中增加 $TSize \cdot sizeof$ (next) 个空间来存放 next 域。比起链接法来,这种方法需要的空间较少,但是表的长度限制了散列到表中的关键字个数。

可以为溢出分配一个存储区,用来保存不能放到表中的关键字。如果使用数组列表实现,这样的区域应该实现动态分配。

图 10-4 举例说明了聚结散列技术如何把一个发生冲突的关键字放到表中的最后位置。在图 10-4(a),没有冲突发生。在图 10-4(b)中,B_5 放到表的最后一个单元中,当加入 A_9 时发现这个位置已经被 B_5 所占。于是 A_9 就被放到了从位置 9 可以访问的列表中。在图 10-4(c)中,两个有冲突的新关键字加到了相应的列表中。

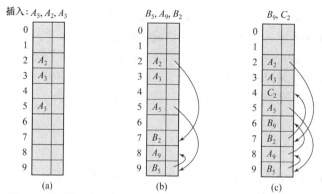

图 10-4　聚结散列法把发生冲突的关键字放在表中找到的最后一个可用地址

图 10-5 说明了使用溢出存储区的聚结散列技术。如图 10-5(a)所示，没有冲突的关键字存放在它们的散列位置上。发生冲突的关键字都放到溢出存储区里最后一个可用的位置，并建立与其散列位置的链接，如图 10-5(b)所示。在图 10-5(c)中，溢出存储区已满，当要添加关键字 C_2 时，只能从表中找一个可用的地址来放置 C_2。

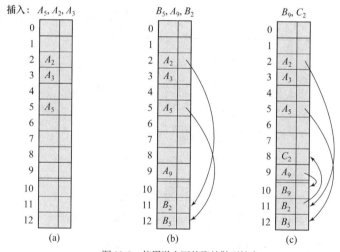

图 10-5　使用溢出区的聚结散列技术

10.2.3　桶定址

另一个解决冲突问题的方法是把冲突的元素放在表中的同一个位置。为此，可以为表中的每个地址关联一个桶。这里的桶是指一片足够大的存储空间，用来放置多个项。

使用桶定址并不能完全避免冲突问题。如果桶已经满了，那么散列到这个桶的项就必须放到其他地方。这个问题可以采用开放定址法来处理。当发生冲突时，如果使用线性探查法，则在下一个桶搜索可用地址，如图 10-6 所示；如果采用二次探查的方法，则把这个关键字放到其他的桶中。

另外，也可以把冲突项放到溢出区中。在这种情况下，每个桶要包括一个域，用来指示是否继续在这个区域内查找。它可以是一个简单的 yes/no 标志。当采用链接法时，这个标志可以是一个数字，用来指示与这个桶关联的链表头部在溢出区中的位置(图 10-7)。

插入：$A_5, A_2, A_3, B_5, A_9, B_2, B_9, C_2$

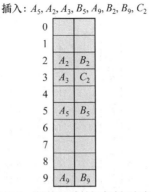

图 10-6　使用桶和线性探查法解决冲突

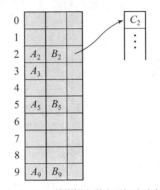

图 10-7　使用桶和溢出区解决冲突

10.3　删除

怎样从散列表中删除数据呢？如果使用链接法，删除一个元素，将导致从链表中删除保存该元素的节点。对于其他方法，删除操作需要更小心地对待冲突问题，除非在少数情况下使用的是理想散列函数。

考虑图 10-8(a)中的表，表中的关键字使用线性探查法保存。关键字按如下顺序输入：A_1, A_4, A_2, B_4, B_1。当 A_4 删除后，位置 4 成为自由单元(图 10-8(b))。如果要找 B_4，首先应检查位置 4，但是此时它是空的，因此 B_4 不在表中。删除 A_2，并将位置 2 标记为自由单元(图 10-8(c))会产生同样的结果，所以对 B_1 的搜索不成功，因为如果使用线性探查，搜索将在位置 2 中止。这种情况在其他开放寻址法中也是相同的。

如果将删除了的关键字留在表中，并用标记指示它们是无效的元素，那么后来的搜索就不会过早中止。当插入一个新的关键字时，它覆盖掉作为占位标记的无效关键字。然而，对于大量的删除和少量的插入，表会由于已删除的记录过多而超载，从而使搜索时间增加，因为开放寻址法要求测试已删除的记录。因此，表应该在删除的记录达到一定数量后进行清洗，将未删除的记录移入已删除记录占据的单元。没有被这个过程覆盖的单元则标记为自由单元。图 10-8(d)演示了这种情况。

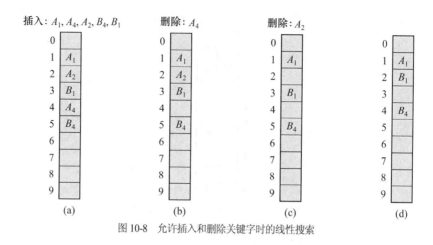

图 10-8　允许插入和删除关键字时的线性搜索

10.4　理想散列函数

前面讨论的所有情况都假设数据总体是不能预知的。因此，极少散列函数是理想的，即它将关键字直接散列到合适的位置，并避免任何冲突。在大多数情况下，必须使用某种冲突消解技术，因为迟早会有一个新进入的关键字和表中的另一个关键字发生冲突。同时，我们也很少事先知道关键字的数量，因此表必须足够大，以容纳所有进入的数据。此外，表的大小还影响冲突的次数：较大的表，冲突比较少(假设散列函数考虑到表的大小)。所有这些都是因为无法事先知道有哪些数据将散列到表中。因此，必须先构造一个散列函数，再处理数据。

但是，在许多情况下，数据总体是固定的，散列函数可以在知道有哪些数据之后再构造出来。这种函数可能成为真正的理想散列函数，即它对所有记录都能一次处理成功。另外，如果这种函数只要求表中单元的数量等于数据的数量，在散列处理完成后表中没有空的单元，就称之为最小理想散列函数。最小理想散列函数避免了处理冲突的时间浪费和未用单元的空间浪费。

数据总体固定的情况并不罕见。考虑如下的例子：汇编器或编译器使用的保留字表、只读光盘上的文件、字典以及词汇库等。

构造理想散列函数的算法通常要进行冗长的运算，因为理想散列函数很罕见。对于 50 个元素和 100 个单元的数组，只有百万分之一的散列函数是理想的。其他函数都会发生冲突。

10.4.1　Cichelli 方法

Richard J. Cichelli 开发了一种构造最小理想散列函数的算法。它用来散列数量相对较少的保留字。这个散列函数有如下形式：

$$h(word) = (length(word) + g(firstletter(word)) + g(lastletter(word))) \bmod TSize$$

这里 g 是要构造的函数。函数 g 对字母赋值，使散列函数 h 对预定义的保留字集合中的所有单词，都返回唯一的散列值。g 给特定字母赋的值可以不是唯一的。这个算法有三个部分：首先计算字母的出现次数，然后对单词进行排序，最后搜索可能的最小理想散列函数。最后一步是算法的核心，它使用了辅助函数 try( )。Cichelli 构造 g 和 h 的算法如下：

选择一个值赋给 Max;
对所有单词计算第一个和最后一个字母出现的次数;
按单词的第一个和最后一个字母的出现次数对单词进行排序;

```
search(wordList)
    if wordList 为空
       停止;
    word = wordList 的第一个单词;
    wordList = 删除第一个单词后的 wordList;
    if word 的第一个和最后一个字母有 g 值
            try(word, -1, -1);  // -1 表示已经赋了值
            if 成功
                search(wordList);
            将 word 放入 wordList 的开始位置并去除其散列值;
    else if word 的第一个和最后一个字母都没有 g 值
        for each n,m in {0,  ....  Max}
          try(word, n, m);
          if 成功
             search(wordList) ;
             将 word 放入 wordList 的开始位置并移除其散列值;
    else if 第一个或最后一个字母有 g 值
        for each n in {0,...,Max}
          try(word,-1,n) 或者 try(word,n,-1);
          if 成功
            search(wordList);
             将 word 放入 wordList 的开始位置并移除其散列值;

try(word, firstLetterValue, lastLetterValue )
    if h(word) 还没有被保留
        保留 h(word);
        if not -1 (即没有保留)
        将 firstLetterValue 和/或 lastLetterValue 作为 word 的第一个字母和/或最后一个字母的 g 值
        return 成功;
    return 失败;
```

可以使用这个算法构造一个散列函数来处理 nine Muses(译者注:宙斯和记忆女神的九个女儿)的名字:Calliope、Clio、Erato、Euterpe、Melpomene、Polyhymnia、Terpsichore、Thalia 和 Urania。通过计数很容易得出给定字母作为第一个和最后一个字母出现的次数(不区分大小写):E(6)、A(3)、C(2)、O(2)、T(2)、M(1)、P(1)以及 U(1)。根据这个数字,可以这样对单词排序:Euterpe(E 作为第一个和最后一个字母出现了 6 次)、Calliope、Erato、Terpsichore、Melpomene、Thalia、Clio、Polyhymnia 和 Urania。

假设现在 search()函数已经执行了。图 10-9 包含了运行结果,其中 Max=4。首先,尝试单词 Euterpe。E 被赋值为 0,从而 h(Euterpe) = 7,并将 7 放到保留散列值的列表中。这样一切都运行正常,直到尝试 Urania。此时 U 的所有 5 个 g 值都生成一个已经保留了的散列值。于是过程回溯到前一步,即尝试 Polyhymnia。把它的当前散列值从列表中移除,然后尝试将 g 值 1 赋给 P,这会失败;但是将 2 赋给 P,会得到散列值 3,因此算法能继续执行。Urania 再尝试 5 次,在第 5 次时成功。所有的名字都已赋予了唯一的散列值,于是搜索过程结束。如果各字母的 g 值分别为 A=C=E=O=M=T=0,P=2,U=4,则 h 就是一个 nine Muses 的最小理想散列函数。

				保留的散列值
Euterpe	E = 0	h = 7		{7}
Calliope	C = 0	h = 8		{7 8}
Erato	O = 0	h = 5		{5 7 8}
Terpsichore	T = 0	h = 2		{2 5 7 8}
Melpomene	M = 0	h = 0		{0 2 5 7 8}
Thalia	A = 0	h = 6		{0 2 5 6 7 8}
Clio		h = 4		{0 2 4 5 6 7 8}
Polyhymnia	P = 0	h = 1		{0 1 2 4 5 6 7 8}
Urania	U = 0	h = 6 *		{0 1 2 4 5 6 7 8}
Urania	U = 1	h = 7 *		{0 1 2 4 5 6 7 8}
Urania	U = 2	h = 8 *		{0 1 2 4 5 6 7 8}
Urania	U = 3	h = 0 *		{0 1 2 4 5 6 7 8}
Urania	U = 4	h = 1 *		{0 1 2 4 5 6 7 8}
Polyhymnia	P = 1	h = 2 *		{0 2 4 5 6 7 8}
Polyhymnia	P = 2	h = 3		{0 2 3 4 5 6 7 8}
Urania	U = 0	h = 6 *		{0 2 3 4 5 6 7 8}
Urania	U = 1	h = 7 *		{0 2 3 4 5 6 7 8}
Urania	U = 2	h = 8 *		{0 2 3 4 5 6 7 8}
Urania	U = 3	h = 0 *		{0 2 3 4 5 6 7 8}
Urania	U = 4	h = 1		{0 1 2 3 4 5 6 7 8}

图 10-9　在 Cichelli 算法中，搜索过程的后续调用(Max = 4)对字母和保留散列值列表的赋值。星号表示失败

Cichelli 算法的搜索过程是指数级的，因为它使用了穷举搜索。所以，对于数量很大的单词，它是不适用的。另外，它不能保证找到一个理想散列函数。但是，对于数量较小的单词，它一般可给出较好的结果。这个程序通常只需运行一次，产生的散列函数可以在其他程序中使用。Cichelli 将他的方法应用到 Pascal 保留字中，得到的散列函数使 Pascal 的交叉引用程序(以前使用的是二叉搜索)减少了 10%的运行时间。

有许多扩展 Cichelli 方法并克服其缺点的成功尝试。一种方法是修改散列函数定义中包含的项。例如，将其他项(如单词中倒数第二个字母在字母表中的位置)加入散列函数定义(Sebesta 和 Taylor 1986)，或者使用下面的定义(Haggard 和 Karplus 1986)：

$$h(word) = length(word) + g_1(firstletter(word)) + \cdots + g_{length(word)}(lastletter(word))$$

Cichelli 方法还可以修改为通过将数据分割到不同的桶中来寻找理想散列函数。这种分割是通过一个分组函数 *gr* 完成的，它指示每个单词属于哪个桶。然后，产生如下形式的散列函数(Lewis 和 Cook 1986)：

$$h(word) = bucket_{gr(word)} + h_{gr(word)}(word)$$

这种方法的问题在于，很难找到一个用于寻找最小理想散列函数的通用分组函数。

如果使用同一个 Cichelli 算法，这两种方法——修改散列函数和分割——都不是完全成功的。虽然 Cichelli 在他的论文结尾中引用了一句谚语："When all else fails，try brute force(如果其他方法都无效，那就用暴力)"，对其方法的改进包括发明更有效的搜索算法来绕过所需的"暴力"。在 FHCD 算法中结合了这样的一种方法。

10.4.2　FHCD 算法

Thomas Sager 提出了 Cichelli 算法的一种扩充方法。FHCD 算法是对 Sager 的方法的一种扩充，本节将讨论这种算法。FHCD 算法(Fox 等 1992)寻找的最小理想散列函数具有如下形式：

$$h(word) = h_0(word) + g(h_1(word)) + g(h_2(word))$$

(以 $TSize$ 为模)，这里 g 是需要由算法构造的函数。为了定义函数 h_i，需要使用三个随机数表 T_0、T_1 和 T_2，每个表对应一个 h_i。每个单词等于一个对应于三元组$(h_0(word), h_1(word), h_2(word))$的字符串 $c_1c_2\cdots c_m$，其中 $h_i(word)$的计算公式为

$$h_0 = (T_0(c_1) + \cdots + T_0(c_m)) \bmod n$$

$$h_1 = (T_1(c_1) + \cdots + T_1(c_m)) \bmod r$$

$$h_2 = ((T_2(c_1) + \cdots + T_2(c_m)) \bmod r) + r$$

这里 n 为数据体中的单词数，r 是一个参数(通常小于等于 $n/2$)，$T_i(c_j)$是表 T_i 为 c_j 产生的数字。为了获得函数 g，需要执行以下三个步骤：映射、排序、搜索。

在映射步骤中，创建 n 个三元组$(h_0(word), h_1(word), h_2(word))$。函数 h_i 的随机性通常能保证这些三元组是唯一的，否则就建立新的 T_i 表。然后，建立一个依赖图。这是一个双向图，其中一半顶点对应于 h_1 值，并标记为 0 到 $r-1$，另一半顶点对应于 h_2 的值，并标记为 r 到 $2r-1$。每个单词对应于图中的一条连接顶点 $h_1(word)$和 $h_2(word)$的边。映射所需的时间复杂度为 $O(n)$。

我们仍用 nine Muses 的名字集合举例说明。用标准随机函数 rand()产生三个表 T_i，并用这些表计算出 9 个三元组，如图 10-10(a)所示。图 10-10(b)包含了对应的依赖图，其中 $r = 3$。注意一些顶点不能连接到其他顶点，而有些顶点之间的边数超过了一条。

在排序步骤中，重新组织所有顶点，使它们能分割成一系列层次。给定一个顶点序列 $v_1, \cdots, v_i$，关键字的层次 $K(v_i)$定义为：所有连接顶点 v_i 和 $v_j(j \leq i)$的边的集合。序列从度最大的顶点开始构造。然后，对于这个序列的每个后续位置 i，从所有至少有一条边连接到 $v_1, \cdots, v_{i-1}$ 的顶点中选出度最大的顶点。如果找不到这种顶点，就从未选择的顶点中选择任一个度最大的顶点。图 10-10(c)显示了一个例子。

在最后一步(搜索)中，散列值被逐层赋给关键字。第一个顶点的 g 值从 $0, \cdots, n-1$ 中随机选择。对于其他顶点，根据它们的结构和顺序，有如下的关系：如果 $v_i < r$，那么 $v_i = h_1$。因此，$K(v_i)$中的每个单词都有相同的值 $g(h_1(word)) = g(v_i)$。另外，$g(h_2(word))$已经定义，因为它等于某个已处理过的 v_j。同理，可以推出，如果 $v_i > r$，那么 $v_i = h_2$。对于每个单词，$g(h_1(word))$和 $g(h_2(word))$中有一个是已知的。每个层次的第二个 g 值是随机的，所以最小理想散列函数 h 产生的散列值表示散列表中的可用位置。因为第一次选择的随机数不一定总是能将给定层次的所有单词无冲突地映射到散列表，可能需要尝试两个随机数。

nine Muses 的搜索从随机选择 $g(v_1)$ 开始。令 $g(2) = 2$，这里 $v_1 = 2$。下一个顶点是 $v_2 = 5$，从而 $K(v_2) = \{Erato\}$。根据图 10-10(a)，$h_0(Erato) = 3$，又因为边 Erato 连接 v_1 和 v_2，$h_1(Erato)$或者 $h_2(Erato)$必须等于 v_1。由于 $h_1(Erato) = 2 = v_1$；因此 $g(h_1(Erato)) = g(v_1) = 2$。$g(h_2(Erato)) = g(v_2) = 6$ 是随机选择的，所以 $h(Erato) = (h_0(Erato) + g(h_1(Erato)) + g(h_2(Erato)))$ mode $TSize = (3 + 2 + 6)$ mod $9 = 2$。这意味着散列表中的位置 2 已经不再可用了。新的 g 值 $g(5) = 6$ 可以在以后使用。

现在尝试 $v_3 = 1$，其中 $K(v_3) = \{Callipo, Melpomine\}$。从三元组表中取出这两个单词的 h_0 值。二者的 $g(h_2)$ 值都是 6，因为它们都有 $h_2 = v_2$。现在必须找出一个随机的 $g(h_1)$ 值，使散列函数 h 对这两个单词产生两个不同于 2 的值(因为位置 2 已被占据)。假设这个值是 4，所以 $h(Calliope) = 1$，

h(Melpomene) = 4。图 10-10(d)总结了所有的步骤。图 10-10(e)显示了函数 g 的值。通过这些值，函数 h 成为一个最小理想散列函数。然而，因为 g 是用表格形式给出的，而不是一个简洁的公式，它必须保存为一个表格，并在每次需要函数 h 时读取它，这可能不是一个麻烦的任务。函数 $g : \{0, \cdots, 2r-1\} \rightarrow \{0, \cdots, n-1\}$ 和定义域随 r 的增大而增大。参数 r 大约是 $n/2$，对于大的数据库，这意味着保存所有 g 值的表的大小不可忽略。这个表必须保存在主存中，以提高散列函数的效率。

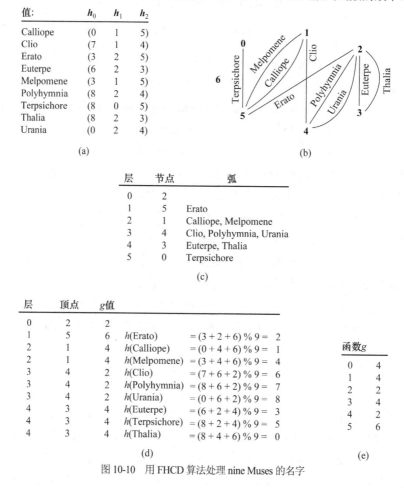

图 10-10 用 FHCD 算法处理 nine Muses 的名字

10.5 再散列

如果一个表满了，不可能再插入新的元素，或者如果表达到饱和状态，散列就会变慢，需要想各种办法来找到空槽放置元素。有一种解决办法就是再散列，也就是对于一个大表，修改散列函数(至少TSize)，将所有元素从旧表散列到新表中，丢弃旧表，利用新的散列函数对新表进行散列。新表的大小可以是旧表的两倍，可以是最接近当前表大小的两倍的一个素数，也可以是当前表的大小再加上预定义的值大小等。迄今为止所说的所有方法都可以使用再散列，再散列结束后，还可以接着使用先前的散列方法及冲突解决方案来处理数据。再散列有一种非常重要的方法是布谷鸟散列(cuckoo hashing，Pagh 和 Rodler 2004)。

布谷鸟散列

布谷鸟散列使用两个表 T_1 和 T_2，以及两个散列函数 h_1 和 h_2。为了插入关键字 K_1，使用 h_1 来检查表 T_1，如果位置 $T_1[h_1(K_1)]$ 是空的，就将关键字插入。如果位置被关键字 K_2 占了，就将 K_2 移出，以腾出地方给 K_1，然后用第二个散列函数在第二个表中找到位置 $T_2[h_2(K_2)]$，将 K_2 放入其中。如果该位置被关键字 K_3 占了，就要将 K_3 移出，给 K_2 腾出位置，用类似方法再将 K_3 放到位置 $T_1[h_1(K_3)]$ 中。因此正要被插入的关键字(初始关键字或者被推到另一个表的关键字)相对于已经占据前者位置的关键字来说，具有优先权。从理论上来讲，如果最开始的位置被一遍遍地试探，那会导致试探顺序无限循环。同样，两个表都满了后，这种试探顺序也不会成功。为了避免这个问题，对试探要做出限制，如果超出试探的限制次数，就要执行再散列，创建两个大的新表——定义两个新的散列函数并将关键字从旧表中再散列到新表中。因此，只要超出试探的限制次数，就会进行新的再散列，即会创建新的更大的表，定义新的散列函数。该算法如下所示：

```
insert(K)
    if K 已经在 T1[h1(K)] 或 T2[h2(K)]中
        什么也不做;
    for i = 0 到 maxLoop-1
        swap(K,T1[h1(K)]);
        if K 为空
            return;
        swap(K,T2[h2(K)]);
        if K 为空
            return;
    rehash();
    insert(K);
```

该算法的一个应用实例如图 10-11 所示。要插入关键字 2，对表 T_1 中的位置 $T_1[h_1(2)]$ 进行第一次试探(如图 10-11(a)所示)。因为 $h_1(2)=h_1(7)$，关键字 7 和关键字 2 有冲突，所以 2 就被驱逐，以腾出位置给 7，然后 2 被插入到位置 $T_2[h_2(2)]$ 中(如图 10-11(b)所示)。接下来，12 想插入到被 7 占据的位置，7 就被 12 代替(如图 10-11(c)所示)，7 被交换到表 T_2 中已分配给 2 的位置，7 就取代了 2(如图 10-11(d)所示)，而 2 就交换到它在 T_1 的初始位置中将 12 踢出(如图 10-11(e)所示)。如果 $h_2(12)$ 恰好等于 $h_2(7)$，则 12 就会将 7 踢出，占据 7 的位置(如图 10-11(f)所示)，7 就被散列到它原来所在的地方，即被 2 占据的位置 $T_1[h_1(7)]$，将 2 踢出(如图 10-11(g)所示)。关键字 2 又回到 T2 中它曾经所在过的位置，这样 12 就又出来了(如图 10-11(h)所示)。按照这种方式，会出现一个完整的循环，接下来的情形会同图 10-11(c)之后所发生的情况一样，这样就会导致无限循环。对 maxLoop 设定一个值，就可以打破这个循环，之后就进行再散列，即增加新表，创建新的散列函数，用这些新函数将所有关键字散列到新表中。如果这时候正好已经设定了 maxLoop，该循环就结束了，再散列会将 12 放到新表中(如图 10-11(i)所示)，插入 2 的操作会将 12 移到表 T_2 中，在第一次试探后将随后插入 7(如图 10-11(j)所示)。删除关键字 2 后(如图 10-11(k)所示)，插入关键字 13，踢走 7，7 取代 12，最后 12 放到先前 2 空出来的位置上(如图 10-11(l)所示)。

用这种模式搜索关键字 K 需要执行一次测试——检测位置 $T_1[h_1(K)]$，或者两次测试——再检测一下位置 $T_2[h_2(K)]$。注意，只创建新的散列函数，以及只在现有表中处理关键字，都会对再散列有所限制。但这也是个全局操作,需要对两个表都进行完整的遍历。

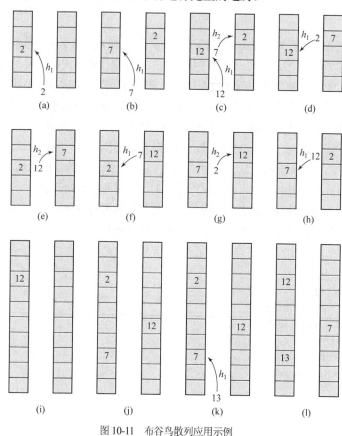

图 10-11 布谷鸟散列应用示例

10.6 可扩展文件的散列函数

再散列通过动态扩展散列表使得散列更具灵活性。不过要实现这个过程,首先需要创建新表,并将所有值从旧表散列到新表中。因此,再散列对散列表有全局影响,这就需要花费大量的时间,在某些情况下,时间会长得让人无法接受。另一种动态散列方法是还使用原来的表,但对旧表进行扩展,对散列表进行局部改变,局部再散列。注意,这种方法对数组不是都可行的:我们不能通过在表的底部添加更多的空槽来扩展现有的表。不过,如果数据还保留在文件中时是可行的。

现在已经发展出来一些新的技术,它们特别考虑了表或文件的大小变化问题。这些技术分为两类:目录的和非目录的。

在基于目录的方案中,关键字访问是通过间接地访问目录或结构中的关键字索引来完成的。有一些技术和对这些技术的改进属于基于目录的方案。这里只提及少数几个:可扩充散列(Knott 1971),动态散列(Larson1978),以及可扩展散列(Fagin 等 1979)。这三种方法都用类似的方式将关键字分散到桶中。它们的主要区别在于索引(目录)的结构。在可扩充散列和动态散列中,使用二叉树作为桶的索引;在可扩展散列中则使用一个表来保存目录。

一个非目录技术是虚拟散列,它定义为"能动态改变其散列函数的任何散列"(Litwin 1978)。

这种散列函数的改变充当了目录的角色。这种方法的一个例子是线性散列(Litwin 1980)。接下来,我们将就每类技术讨论一种方法。

10.6.1 可扩展散列

假设把散列技术应用到一个由桶组成的动态改变的文件,其中每个桶只能保存固定数量的记录。可扩展散列通过索引来间接访问保存在桶中的数据,并动态调整索引来反映文件的改变。可扩展散列的特征是将其索引组织为一个可以增长的表。

对一个特定关键字,散列函数将该关键字映射为其在索引中,而不是文件或关键字表中的位置。这种散列函数返回的值称为"伪关键字"。这样,当数据加入文件或从文件中删除时,文件不必重新组织,因为索引指示出了这些改变。这种方法只使用一个散列函数 h,并根据索引的大小,只使用地址 $h(K)$ 的一部分。获得这种效果的一个简单方法是将地址 $h(K)$ 看成一个位串,只使用其最左边的 i 位。i 称为目录的深度。在图 10-12(a)中,深度等于 2。

举一个例子,设散列函数 h 生成的 5 位模式。如果这个模式是串 01011,而深度为 2,那么最左边的两位 01 就是目录中的一个位置。该位置中保存的指针指向一个桶,在这个桶中可以找到关键字,或把关键字插入进去。在图 10-12 中,h 的值显示在桶中,但是这些值只代表真正保存在这些桶中的关键字。

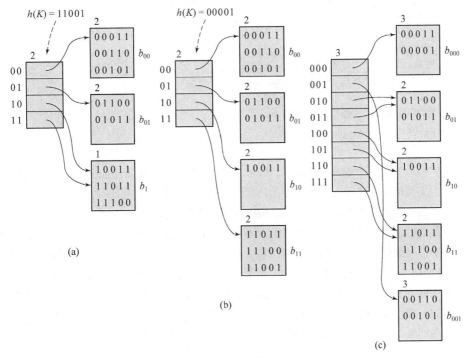

图 10-12　可扩展散列的一个示例

每个桶有一个和它相关的局部深度,表示使用了 $h(K)$ 最左边的位数。对同一个桶中的所有关键字,这个数目是相同的。在图 10-12 中,局部深度显示在每个桶的上方。例如,桶 b_{00} 保存 $h(K)$ 以 00 开始的所有关键字。更重要的是,局部深度表示桶是只能通过目录中的一个位置访问,还是至少可以从两个位置访问。第一种情况是局部深度等于目录深度。此时，如果桶因为溢出而分裂，则目录的大小必须改变。当局部深度小于目录深度时，桶的分裂只要求改变指向该桶的一半指针，使之指向新创建的桶。图 10-12(b)显示了这种情况。当一个 h 值为 11001 的关键字进入时，它的左边两位(因为深度=2)将它放入目录中的第 4 个位置，然后送入该位置指向的桶 b_1 (桶 b_1 中关键字的 h 值以 1 开始)。此时发生了溢出，桶 b_1 分裂为两个桶 b_{10} (它是桶 b_1 的新名称)和 b_{11} 。这两个桶的局部深度设置为 2。在位置 11 中的指针现在指向 b_{11} ，而桶 b_1 中的关键字重新分布到 b_{10} 和 b_{11} 中。

如果溢出发生时桶的局部深度和目录深度相同，情况就更加复杂。例如，考虑图 10-12(b)中的表的情况。当一个 h 值为 00001 的关键字进入时，它通过位置 00(其左边的两位)映射到桶 b_{00}。此时应发生分裂，但是目录已经没有空间保存指向新桶的指针了。结果，目录增长一倍，目录的深度变为 3，b_{00} 变成 b_{000}，局部深度也相应增加；新的桶是 b_{001}。b_{00} 中的所有关键字被分布到两个新桶中：h 值以 000 开始的成为 b_{000} 的元素；而其他关键字，即以 001 开始的则放入 b_{001}，如图 10-12(c)所示。此外，新目录(newdirectory)的所有位置都必须置入合适的值，即对原目录(olddirectory)中的所有位置 i(除指向刚被分裂的桶的位置)，设置 newdirectory $[2*i]$ = olddirectory $[i]$，newdirectory $[2*i+1]$ = olddirectory $[i]$。

下面的算法用可扩展散列向文件中插入一条记录：

```
extendibleHashingInsert(K)
    bitPattern = h(K);
    p = directory [bitPattern 左边的 depth(directory) 位];
    if p 指向的桶 b_d 中有可用空间
        将 K 放入桶中;
    else 将桶 b_d 分裂为 b_{d0} 和 b_{d1};
        将桶 b_{d0} 和 b_{d1} 的局部深度设置为 depth(b_d) + 1;
        把 b_d 的记录分布到 b_{d0} 和 b_{d1} 中
    if depth(b_d) < depth (directory)
        将指向桶 b_d 的一半指针更新为指向 b_{d1};
    else directory 增长一倍并增加其深度;
        在 directory 的各个位置中置入合适的指针;
```

使用可扩展散列的一个重要优点是当目录溢出时，它能够避免重新组织文件，只有目录受影响。因为目录在大多数情况下是保存在内存中的，其扩展和更新的代价都很小。然而，对于使用小桶的大文件而言，目录可能变得非常之大，需要放在虚拟内存中，或显式地放在一个文件中，而这将降低使用目录的处理速度。另外，目录的大小并不是均匀增长的，因为如果一个局部深度等于目录深度的桶分裂后，目录就要增长一倍。这意味着大目录中将有许多冗余的位置。为了矫正目录增长过大的问题，David Lomet 提出，在目录的大小超过主存容量之前可以一直使用可扩展散列。此后，倍增桶的大小而不是目录的大小，将位模式 $h(K)$ 中除左边 depth(深度)位后的所有位用来区分桶的不同部分。例如，假设 depth = 3，且桶 b_{10} 已扩展了 4 倍，则其不同的部分用位串 00，01，10 和 11 来区分。现在如果 $h(K) = 10101101$，则关键字 K 将在 b_{101} 的第二个部分 01 中搜索。

10.6.2 线性散列

可扩展散列允许扩展文件而不必对文件重新组织，但是它需要保存索引的存储空间。在 Witold Litwin 提出的方法中不需要索引，因为由已有的桶分裂而成的新桶总是以相同的线性方式加入，从而不必保持索引。为达到此目的，用一个指针 split 指示下一个将被分裂的桶。当 split 指向的桶分裂后，这个桶中的关键字被分布到它自己和新创建的桶中，新桶加在表的最后。图 10-13 包含了一个分裂序列，其中 TSize = 3。在初始状态下，split 为 0。当装填因子超过一定范围时，创建一个新桶，将桶 0 中的关键字分布到桶 0 和桶 3 中，同时 split 增加 1。但是，关键字的分布是怎样完成的呢？如果只使用一个散列函数，那么在分裂前后它都将桶 0 中的关键字散列到桶 0。这意味着一个函数是不够的。

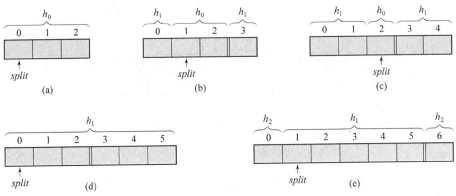

图 10-13　线性散列技术中的桶分裂

在分裂的每个层次上，线性散列都维护着两个散列函数 h_{level} 和 $h_{level+1}$，其中 $h_{level}(K) = K \bmod (TSize * 2^{level})$。第一个散列函数 h_{level} 将关键字散列到在当前层次上尚未分裂的桶。第二个散列函数 $h_{level+1}$ 用来将关键字散列到已经分裂的桶。线性散列的算法如下：

```
初始化: split = 0;  level = 0;

linearHashingInsert(K)
    if h_level(K) < split      // 桶 h_level(K) 已经分裂了
        hashAddress = h_level+1(K);
    else  hashAddress = h_level(K);
    将 K 插入一个对应的桶或者溢出区;
    while  装填因子很高或者 K 尚未插入
        建立一个编号为 split + TSize * 2^level 的新桶;
        将桶 split 中的关键字在桶 split 和 split + TSize * 2^level 之间重新分布;
        split ++;
        if split == TSize * 2^level     // 所有当前层次上的桶都已经分裂了
            level ++;                    // 进入到下一个层次
            split = 0;
        如果 K 尚未插入则尝试插入
```

何时分裂一个桶可能并不显而易见。正如上面的算法所示，很可能要使用装填因子的一个阈值来决定是否应该分裂一个桶。这个阈值必须事先知道，其取值由程序设计者选择。为了说明这一点，假设文件中的关键字能散列到桶中。如果一个桶已经满了，则溢出的关键字可以放入溢出区的链表中。考虑图 10-14(a)中的情况。图中 TSize = 3，$h_0(K) = K \bmod TSize$，$h_1(K) = K \bmod 2 * TSize$。令溢出区的大小 OSize = 3，可接受的最高装填因子(等于记录数除以文件和溢出区能容纳的记录数)为 80%。图 10-14(a)中的当前装填因子为 75%。当关键字 10 进入时，它散列到位置 1，但是装填因子增至 83%。此时第一个桶分裂，其关键字通过函数 h_1 重新分布，如图 10-14(b)所示。注意，虽然第一个桶在所有三个桶中负载最低，但它却是被分裂的桶。

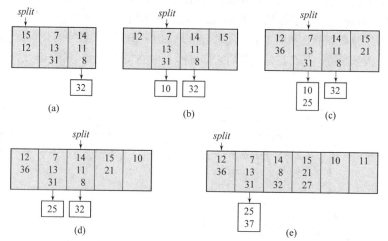

图 10-14　用线性散列技术将关键字插入桶和溢出区

假设 21 和 36 已经散列到表中(如图 10-14(c))，现在加入 25。这导致装填因子增至 87%，引起另一次分裂。这次分裂的是第二个桶，分裂的结果如图 10-14(d)所示。在散列 27 和 37 后，发生了另一次分裂，图 10-14(e)显示了新的状态。因为 split 到达当前层次允许的最大值，所以又复位为 0，在接下来的散列中将使用 h_1 作为散列函数(和前面相同)；新函数 h_2 定义为 K mod 4 * TSize。这些步骤如表 10-3 所示。

表 10-3　散列表

K	h(K)	记　录　数	单　元　数	装　填　因　子	Split	散　列　函　数	
		9	9 + 3	9 / 12 = 75 %	0	K mod 3	K mod 6
10	1	10	9 + 3	10 / 12 = 83 %	0	K mod 3	K mod 6
		10	9 + 3	10 / 15 = 67 %	1	K mod 3	K mod 6
21	3	11	12 + 3	11 / 15 = 73 %	1	K mod 3	K mod 6
36	0	12	12 + 3	12 / 15 = 80 %	1	K mod 3	K mod 6
25	1	13	12 + 3	13 / 15 = 87 %	1	K mod 3	K mod 6
		13	12 + 3	13 / 18 = 72 %	2	K mod 3	K mod 6
27	3	14	15 + 3	14 / 18 = 78 %	2	K mod 3	K mod 6
37	1	15	15 + 3	15 / 18 = 83 %	2	K mod 3	K mod 6
		15	18 + 3	15 / 21 = 71 %	0	K mod 6	K mod 12

注意线性散列要求使用一些溢出区，因为分裂的顺序是预先定好的。对于文件而言，这可能意味着超过一次的文件访问。这种区域可以是显式的，且和桶不同，但也可以使用类似于聚结散列的思想，用桶中的未用空间作为溢出区(Mullin 1981)。另一方面，在基于目录的方案中，虽然也可以使用溢出区，但并不必要。

和基于目录的方案一样，线性散列通过分裂桶来增加地址空间。它还将被分裂的桶中的关键字在新产生的桶中重新分布。由于线性散列不需要维护索引，所以这种方法比前面的方法更快，需要的空间更少。这就提高了效率，对大文件尤其明显。

10.7 案例分析：使用桶的散列

对使用散列函数来向底层数据中插入和检索记录的程序来说，要解决的最严重的问题就是冲突问题。根据所使用的技术，允许从表中删除记录会显著地增加程序的复杂性。在这个案例分析中，我们开发了一个程序，它允许用户交互式地对文件 names 插入和删除元素。该文件包含了名字和电话号码，在初始状态下已经按字母顺序排序。在会话结束时，文件包含了所有更新信息并被排序。为了达到这个目的，在程序的执行过程中使用 outfile。outfile 是一个桶初始化为空的文件。不能散列到这个文件中对应桶的元素保存到文件 overflow 中。会话结束后这两个文件被合并排序，然后替换原文件 names。

在这里，outfile 用作散列表。首先，它初始化为填入 tableSize * bucketSize 个空记录(一条记录也就是一定数量的字节)。然后，names 的所有位置都移入 outfile 中由散列函数指示的桶中。这种转移操作是由函数 insertion( )完成的。insertion( )将散列的记录放入散列函数指示的桶中，如果桶已经满了，则放入 overflow 中。在后一种情况中，将对 overflow 从头开始扫描，如果找到一个被已删除记录占据的位置，则用溢出的记录替换之。如果到达 overflow 的文件尾，则将记录添加到文件的最后。

在初始化 outfile 文件后，将显示一个菜单，用户可以选择插入新记录，删除一条记录，或者退出。插入操作将使用和前面相同的函数。不允许出现重复记录。当用户要删除一条记录时，就用散列函数来访问对应的桶，在桶中使用线性搜索，直到找到记录，然后将该记录的第一个字符改写为删除标记 "#"。然而，如果没有找到记录且已经搜索到桶的末尾，则在 overflow 中继续进行顺序搜索，直到找到记录并写入删除标记，或者因为搜索到达文件末尾而终止。

如果用户选择退出，则将 overflow 中没有删除的记录移入 outfile，并对 outfile 中所有未删除的记录进行外部排序。为了实现这个功能，对 outfile 和一个包含 outfile 中记录地址的数组 pointers[] 用快速排序算法进行排序。在比较时，可以访问 outfile 中的记录，但只移动 pointers[]中的元素，不移动 outfile 的记录。

在上述的间接排序完成后，outfile 中的数据必须按字母顺序保存。为此，将 outfile 中的记录按 pointers[]指示的顺序移动到 sorted，也就是扫描该数组，通过正在访问的数组元素中的地址检索 outfile 中的记录。然后，删除 names，并将 sorted 改名为 names。

下面是一个例子。如果原始文件的内容为：

```
Adam  123-4567      Brenda 345-5352      Brendon 983-7373
Charles 987-1122    Jeremiah 789-4563    Katherine 834-1573
Patrick 757-4532    Raymond 090-9383     Thorsten 929-6632
```

散列后产生的 outfile 为：

```
Katherine 823-1573  | ******************||
Adam 123-4567       | Brenda 345-5352  ||
Raymond 090-9383    | Thorsten 929-6632 ||
```

文件 overflow 的内容为：

```
Brendon 983-7373    | Charles 987-1122  ||
Jeremiah 789-4563   | Patrick 757-4532  ||
```

(竖线并没有包含在文件中,一条竖线分隔同一个桶中的记录,而两条竖线分隔两个不同的桶)。

插入记录 carol 654-6543,删除 Brenda 345-5352 和 Jeremiah 789-4563 后,文件 outfile 的内容为:

```
outfile:
Katherine 823-1573     | Carol 654-6543     ||
Adam 123-4567          | #renda 345-5352    ||
Raymond 090-9383       | Thorsten 929-6632  ||
```

文件 overflow 的内容为:

```
Brendon 983-7373       | Charles 987-1122   ||
#eremiah 789-4563      | Patrick 757-4532   ||
```

再插入记录 Maggie 733-0983,并删除 Brendon 983 -7373,这只改变 overflow:

```
#rendon 983-7373       | Charles 987-1122   ||
Maggie 733-0983        | Patrick 757-4532   ||
```

用户选择退出后,没有删除的记录将从 overflow 移入 outfile,现在 outfile 的内容为:

```
Katherine 823-1573     | Carol 654-6543     ||
Adam 123-4567          | #renda 345-5352    ||
Raymond 090-9383       | Thorsten 929-6632  ||
Charles 987-1122       | Maggie 733-0983    ||
Patrick 757-4532       |
```

排序后,文件的内容变为

```
Adam 123-4567          | Carol 654-6543     ||
Charles 987-1122       | Katherine 823-1573 ||
Maggie 733-0983        | Patrick 757-4532   ||
Raymond 090-9383       | Thorsten 929-6632  ||
```

程序清单 10-1 是这个程序的代码。

程序清单 10-1　使用桶的散列的实现

```cpp
#include <iostream>
#include <fstream>
#include <cstring>
#include <cctype>
#include <iomanip>
#include <cstdio> // remove(), rename();
using namespace std;
const int bucketSize = 2, tableSize = 3, strLen = 20;
const int recordLen = strLen;

class File {
public:
    File() : empty('*'), delMarker('#') {
    }
    void processFile(char*);
```

```
private:
    const char empty, delMarker;
    long *pointers;
    fstream outfile, overflow, sorted;
    int hash(char*);
    void swap(long& i, long& j) {
        long tmp = i; i = j; j = tmp;
    }
    void getName(char*);
    void insert(char line[]) {
        getName(line); insertion(line);
    }
    void insertion(char*);
    void excise(char*);
    void partition(int,int,int&);
    void QSort(int,int);
    void sortFile();
    void combineFiles();
};

unsigned long File::hash(char *s) {
    unsigned long xor = 0, pack;
    int i, j, slength; // exclude trailing blanks;
    for (slength = strlen(s); isspace(s[slength-1]); slength--);
    for (i = 0; i < slength; ) {
        for (pack = 0, j = 0; ; j++, i++) {
            pack |= (unsigned long) s[i];    // include s[i] in the
            if (j == 3 || i == slength - 1) { // rightmost byte of pack;
                i++;
                break;
            }
            pack <<= 8;
        }                   // xor at one time 8 bytes from s;
        xor ^= pack; //last iteration may put less
    }                       // than 8 bytes in pack;
    return (xor % tableSize) * bucketSize * recordLen;
}// return byte position of home bucket for s;

void File::getName(char line[]) {
    cout << "Enter a name: ";
    cin.getline(line,recordLen+1);
    for (int i = strlen(line); i < recordLen; i++)
        line[i] = ' ';
    line[recordLen] = '\0';
}

void File::insertion(char line[]) {
    int address = hash(line), counter = 0;
    char name[recordLen+1];
    bool done = false, inserted = false;
    outfile.clear();
```

```
            outfile.seekg(address,ios::beg);
            while (!done && outfile.get(name,recordLen+1)) {
                if (name[0] == empty || name[0] == delMarker) {
                    outfile.clear();
                    outfile.seekg(address+counter*recordLen,ios::beg);
                    outfile << line << setw(strlen(line)-recordLen);
                    done = inserted = true;
                }
                else if (!strcmp(name,line)) {
                    cout << line << " is already in the file\n";
                    return;
                }
                else counter++;
                if (counter == bucketSize)
                    done = true;
                else outfile.seekg(address+counter*recordLen,ios::beg);
            }
        if (!inserted) {
            done = false;
            counter = 0;
            overflow.clear();
            overflow.seekg(0,ios::beg);
            while (!done && overflow.get(name,recordLen+1)) {
                if (name[0] == delMarker)
                    done = true;
                else if (!strcmp(name,line)) {
                    cout << line << " is already in the file\n";
                    return;
                }
                else counter++;
            }
            overflow.clear();
            if (done)
                overflow.seekg(counter*recordLen,ios::beg);
            else overflow.seekg(0,ios::end);
            overflow << line << setw(strlen(line)-recordLen);
        }
    }

void File::excise(char line[]) {
    getName(line);
    int address = hash(line), counter = 0;
    bool done = false, removed = false;
    char name2[recordLen+1];
    outfile.clear();
    outfile.seekg(address,ios::beg);
    while (!done && outfile.get(name2,recordLen+1)) {
        if (!strcmp(line,name2)) {
            outfile.clear();
            outfile.seekg(address+counter*recordLen,ios::beg);
            outfile.put(delMarker);
```

```
                done = removed = true;
            }
            else counter++;
            if (counter == bucketSize)
                done = true;
            else outfile.seekg(address+counter*recordLen,ios::beg);
        }
    if (!removed) {
        done = false;
        counter = 0;
        overflow.clear();
        overflow.seekg(0,ios::beg);
        while (!done && overflow.get(name2,recordLen+1)) {
            if (!strcmp(line,name2)) {
                overflow.clear();
                overflow.seekg(counter*recordLen,ios::beg);
                overflow.put(delMarker);
                done = removed = true;
            }
            else counter++;
            overflow.seekg(counter*recordLen,ios::beg);
        }
    }
    if (!removed)
        cout << line << " is not in database\n";
}

void File::partition (int low, int high, int& pivotLoc) {
    char rec[recordLen+1], pivot[recordLen+1];
    register int i, lastSmall;
    swap(pointers[low],pointers[(low+high)/2]);
    outfile.seekg(pointers[low]*recordLen,ios::beg);
    outfile.clear();
    outfile.get(pivot,recordLen+1);
    for (lastSmall = low, i = low+1; i <= high; i++) {
        outfile.clear();
        outfile.seekg(pointers[i]*recordLen,ios::beg);
        outfile.get(rec,recordLen+1);
        if (strcmp(rec,pivot) < 0) {
            lastSmall++;
            swap(pointers[lastSmall],pointers[i]);
        }
    }
    swap(pointers[low],pointers[lastSmall]);
    pivotLoc = lastSmall;
}

void File::QSort(int low, int high) {
    int pivotLoc;
    if (low < high) {
        partition(low, high, pivotLoc);
```

```
                    QSort(low, pivotLoc-1);
                    QSort(pivotLoc+1, high);
            }
    }

    void File::sortFile() {
        char rec[recordLen+1];
        QSort(1,pointers[0]); // pointers[0] contains the # of elements;
        rec[recordLen] = '\0'; // put data from outfile in sorted order
        for (int i = 1; i <= pointers[0]; i++) { // in file sorted;
            outfile.clear();
            outfile.seekg(pointers[i]*recordLen,ios::beg);
            outfile.get(rec,recordLen+1);
            sorted << rec << setw(strlen(rec)-recordLen);
        }
    }

    // data from overflow file and outfile are all stored in outfile and
    // prepared for external sort by loading positions of the data to an array;
    void File::combineFiles() {
        int counter = bucketSize*tableSize;
        char rec[recordLen+1];
        outfile.clear();
        overflow.clear();
        outfile.seekg(0,ios::end);
        overflow.seekg(0,ios::beg);
        while (overflow.get(rec,recordLen+1)) { // transfer from
            if (rec[0] != delMarker) {        // overflow to outfile only
                counter++; // valid (non-removed) items;
                outfile << rec << setw(strlen(rec)-recordLen);
            }
        }
        pointers = new long[counter+1]; // load to array pointers positions
        int arrCnt = 1; // of valid data stored in output file;
        for (int i = 0; i < counter; i++) {
            outfile.clear();
            outfile.seekg(i*recordLen,ios::beg);
            outfile.get(rec,recordLen+1);
            if (rec[0] != empty && rec[0] != delMarker)
                pointers[arrCnt++] = i;
        }
        pointers[0] = --arrCnt; // store the number of data in position 0;
    }

    void File::processFile(char *fileName) {
        ifstream fIn(fileName);
        if (fIn.fail()) {
            cerr << "Cannot open " << fileName << endl;
            return;
        }
        char command[strLen+1] = " ";
```

```
        outfile.open("outfile",ios::in|ios::out|ios::trunc);
        sorted.open("sorted",ios::in|ios::out|ios::trunc);
        overflow.open("overflow",ios::in|ios::out|ios::trunc);
        for (int i = 1; i <= tableSize*bucketSize*recordLen; i++)
                                        // initialize
            outfile << empty;           // outfile;
        char line[recordLen+1];
        while (fIn.get(line,recordLen+1)) // load infile to outfile;
            insertion(line);
        while (strcmp(command,"exit")) {
            cout << "Enter a command (insert, remove, or exit): ";
            cin.getline(command,strLen+1);
            if (!strcmp(command,"insert"))
                insert(line);
            else if (!strcmp(command,"remove"))
                excise(line);
            else if (strcmp(command,"exit"))
                cout << "Wrong command entered, please retry.\n";
        }
        combineFiles();
        sortFile();
        outfile.close();
        sorted.close();
        overflow.close();
        fIn.close();
        remove(fileName);
        rename("sorted",fileName);

}
int main(int argc, char* argv[]) {
        char fileName[30];
        if (argc != 2) {
            cout << "Enter a file name: ";
            cin.getline(fileName,30);
        }
        else strcpy(fileName,argv[1]);
        File fClass;
        fClass.processFile(fileName);
        return 0;
}
```

　　这个程序中使用的散列函数显得极其复杂。函数 hash()将字符串以 4 个字符为一组进行异或操作。例如，字符串 "ABCDEFGHIJ" 对应的散列值为数值 "ABCD" ^ "EFGH" ^ "IJ"，用十六进制表示即 0x41424344 ^ 0x45464748 ^ 0x000000494a。下面的函数似乎能产生同样的结果。

```
unsigned long File :: hash2 (char * s) {
   unsigned long xor , remainder;
   for (xor = 0; strlen (s) >= 4; s += 4) {
        xor^ = *reinterpert_cast<unsigned long *>(s);
   if (strlen(s) != 0) {
        strcpy (reinterpret_cast <char*>(&remainder),s);
```

```
        xor ^= remainder;
    }
    return (xor % tableSize) * bucketSize * recordLen;
}
```

这个简单函数的问题在于，对同一个字符串它可能返回不同的值，计算结果将依赖于数字在系统中的保存方法，而这又依赖于系统支持的"endianness"(字节的存储顺序)。如果系统是 big-endian 的，则最高的字节存储在最低的地址，即"big-end-first"。而在 little-endian 系统中，最高的字节存储在最高的地址。例如，数字 0x12345678 在 big-endian 系统中存储为 0x12345678——先是最高字节的内容 12，然后是低字节的内容 34，等等。相反，在 little-endian 系统中，该数字存储为 0x78563412——先是最低字节的内容 78，然后是高字节的内容 56，等等。因此，在 big-endian 系统中，语句

```
xor ^= * reinterpret_cast <unsigned long *>(s);
```

用字符串"ABCDEFGHIJ"的子串"ABCD"和 xor 作异或操作，因为强制转换让系统将 s 的前 4 个字符作为一个 long 数字来处理，而不改变字符的顺序。但是，在 little-endian 系统中，同样的 4 个字符将以反序读出，先读取低字节的内容。因此，为了防止这种系统依赖性，在异或操作中每次只处理 s 的一个字符，包含在 xor 中，然后将 xor 的内容左移 8 位，以腾出下一个字符的空间。这种方法模拟了 big-endian 的读出顺序。

10.8 习题

1. 在线性探查技术中，散列到其原本位置的关键字最少有多少？用一个 5-元数组举一个例子。

2. 考虑下面的散列算法(Bell 和 Kaman 1970)。令 Q 和 R 为用 $TSzie$ 除 K 所得的商和余数，并通过下面的递归公式生成探查序列：

$$h_i(k) = \begin{cases} R & \text{如果 } i = 0 \\ (h_{i-1}(K) + Q) \mod TSize & \text{其他情况} \end{cases}$$

3. 在分离链接法中，用二叉搜索树代替链表有没有优势？

4. 在 Cichelli 方法中，为了构造最小散列函数，为什么所有单词要先根据其第一个和最后一个字母的出现次数排序？后面的搜索算法中并没有提到这种排序。

5. 跟踪 Cichelli 方法中搜索算法(其中 $Max - 3$)的执行(图 10-9 中演示了 $Max = 4$ 时的这种跟踪)。

6. 在什么情况下，Cichelli 方法不能保证可以产生最小理想散列函数？

7. 应用 FHCD 算法解决 nine Muses 问题，先令 $r = n/2 = 4$，然后令 $r = 2$。r 的值对该算法的执行有何影响？

8. 严格来说，可扩展散列中使用的散列函数也是动态改变的。怎样理解这种说法？

9. 考虑可扩展散列的一种实现，在该实现中，桶只允许有一个指针指向它。目录包含空指针，除空指针外，目录中的所有指针都是唯一的。这种桶中保存的是什么样的关键字？这种实现有何优点和缺点？

10. 在可扩展散列中，如果用 $h(K)$ 的最后(而不是最前)depth 个位作为目录的索引，那么在分裂后目录将怎样更新？

11. 列出可扩展散列和 B$^+$ 树的相似之处和不同之处。

12. 在可扩展散列中，将关键字均匀分布在桶中对分裂频率有何影响？

13. 给定一个初始为空的表，该表包含三个桶和一个包含三个单元的溢出区。用线性散列方法插入散列数据 12、24、36、48、60、72 和 84。您能发现什么问题？这个问题能使该算法停止吗？

14. 简述使用线性散列方法插入关键字时，从表中删除一个关键字的算法。

15. 在案例分析中，函数 hash() 使用了异或(xor)操作来叠加一个字符串中的所有字符。可以用按位与/或操作代替它吗？

10.9　编程练习

1. 如本章所述，用线性探查技术解决冲突时，当可用单元的比例相对较小时，性能下降得很快。这个问题可以使用另一种技术来解决，也可以通过寻找一个更好的散列函数或理想散列函数来解决。编写一个程序，评估用不同的散列函数结合线性探查技术的效率。程序操作类似于表 10-2，该表给出了在表中定位记录时成功和不成功的平均次数。用函数操作字符串和一个大的文本文件，将该文件中的单词散列到表中。下面是这种函数的一些例子(所有值都对 TSize 取模)：

  a. FirstLetter (s) + SecondLetter (s) + $\cdots$ + LastLetter (s)

  b. FirstLetter (s) + LastLetter (s) + length(s)(Cichelli)

  c. `for (i = 1, index = 0; i < strlen (s); i ++)`

    `index = (26 * index + s[i] - ' '); (Ramakrishna)`

2. 另一种提高散列性能的途径是允许在插入时重新组织散列表。写一个程序比较线性探查法和下面自组织散列方法的性能：

  a. "后来先服务散列法"将新记录放在其原本位置，当发生冲突时，占据该位置的记录通过一般的线性探查方法插入到另一个位置，以腾出空间来保存新的记录(Poblete 和 Munro 1989)。

  b. "罗宾汉散列法"检查冲突的两个关键字的位置和其原本位置的距离，并继续搜索一个离其原本位置更近的可用位置(Celis 等 1985)。

3. 写一个程序，用可扩展散列或线性散列技术向一个文件插入记录，并检索和删除记录。

4. 扩充案例分析中的程序，为中间文件 outfile 的每个桶创建一个链表来保存溢出记录。注意，如果桶没有空单元，要继续搜索溢出区。在极端情况下，桶中可能全部是已删除的记录，而新记录插入到溢出区。因此，使用一个清洗函数可能会带来好处，即在删除一定数量的记录后自动调用它，将记录从溢出区移入主文件，并散列到包含已删除记录的桶中。写出这个函数。

参考书目

Bell, James R., and Kaman, Charles H.,"The Linear Quotient Hash Code, "*Communications of the ACM* 13 (1970), 675-677.

Carter, J. Lawrence, and Wegman, Mark N.,"Universal Classes of Hash Functions,"*Journal of Computer and System Sciences* 18 (1979), 143-154.

Celis, P., Larson P., and Munro, J. I.,"Robin Hood Hashing,"*Proceedings of the 26th IEEE Symposium on the Foundations of Computer Science* (1985), 281-288.

Cichelli, Richard J., "Minimal Perfect Hash Function Made Simple,"*Communications of the ACM* 23 (1980), 17-19.

Czech, Zbigniew J., and Majewski, Bohdan S., "A Linear Time Algorithm for Finding Minimal Perfect Hash Functions,"*Computer Journal* 36 (1993), 579-587.

Enbody, Richard J., and Dy, David H. C., "Dynamic Hashing Schemes,"*Computing Surveys* 20(1988), 85-113.

Fagin, Ronald, Nievergelt, Jurg, Pippenger, Nicholas, and Strong, H. Raymond, "Extendible Hashing—A Fast Access Method for Dynamic Files," *ACM Transactions on Database Systems* 4 (1979), 315-344.

Fox, Edward A., Heath, Lenwood S., Chen, Qi F., and Daoud, Amjad M., "Practical Minimal Perfect Hash Functions for Large Databases,"*Communications of the ACM* 35 (1992),105-121.

Haggard, Gary, and Karplus, Kevin, "Finding Minimal Perfect Hash Functions,"*SIGCSE Bulletin* 18 (1986), No. 1, 191-193.

Knott, G. D., "Expandable Open Addressing Hash Table Storage and Retrieval,"*Proceedings of the ACM SIGFIDET Workshop on Data Description, Access, and Control* (1971), 186-206.

Knuth, Donald, *The Art of Computer Programming,* Vol. 3, Reading, MA: Addison-Wesley, 1998.

Konheim, Alan G., *Hashing in Computer Science,* Hoboken, NJ: Wiley, 2010.

Larson, Per A., "Dynamic Hashing, "*BIT* 18 (1978), 184-201.

Larson, Per A., "Dynamic Hash Tables, "*Communications of the ACM* 31 (1988), 446-457.

Lewis, Ted G., and Cook, Curtis R., "Hashing for Dynamic and Static Internal Tables,"*IEEE Computer* (October 1986), 45-56.

Litwin, Witold, "Virtual Hashing: A Dynamically Changing Hashing,"*Proceedings of the Fourth Conference of Very Large Databases* (1978), 517-523.

Litwin, Witold, "Linear Hashing: A New Tool for File and Table Addressing,"*Proceedings of the Sixth Conference of Very Large Databases* (1980), 212-223.

Lomet, David B., "Bounded Index Exponential Hashing," *ACM Transactions on Database Systems* 8 (1983), 136-165.

Lum, Vincent Y., Yuen, P. S. T., and Dood, M., "Key-to-Address Transformation Techniques: A Fundamental Performance Study on Large Existing Formatted Files,"*Communications of the ACM* 14 (1971), 228-239.

Morris, Robert, "Scatter Storage Techniques,"*Communications of the ACM* 11 (1968), 38-44.

Mullin, James K., "Tightly Controlled Linear Hashing Without Separate Overflow Storage," *BIT* 21 (1981), 390-400.

Pagh, Rasmus, and Rodler, Flemming F., "Cuckoo hashing,"*Journal of Algorithms* 51 (2004), 122-144.

Pagli, Linda, "Self-Adjusting Hash Tables,"*Information Processing Letters* 21 (1985), 23-25.

Poblete, Patricio V., and Munro, J. Ian, "Last-Come-First-Served Hashing,"*Journal of Algorithms* 10 (1989), 228-248.

Radke, Charles E., "The Use of the Quadratic Search Residue,"*Communications of the ACM* 13 (1970), 103-105.

Sager, Thomas J., "A Polynomial Time Generator for Minimal Perfect Hash Functions,"*Communications of the ACM* 28 (1985), 523-532.

Sebesta, Robert W., and Taylor, Mark A., "Fast Identification of Ada and Modula-2 Reserved Words," *Journal of Pascal, Ada, and Modula-2* (March/April 1986), 36-39.

Tharp, Alan L., *File Organization and Processing,* New York: Wiley, 1988.

Vitter, Jeffrey S., and Chen, Wen C., *Design and Analysis of Coalesced Hashing,* New York: Oxford University Press, 1987.

第11章

数据压缩

对于任何级别、任何类型的组织来说，信息的传输是组织结构正常发挥作用的重要一环。信息交换得越快，结构功能就发挥得越顺畅。提高传输率的方法有：改善传输数据的媒介，或改变数据本身，使相同的信息在较短的时间内传输出去。

信息可以用表达某种冗余性的方式来表示。例如，在数据库中，用 M 或 F 就足以表示某个人的性别，而不必拼写出完整的单词 male 或 female，也可以使用 1 和 2 来表示某个人的性别。数值 128可以存储为 80(十六进制)、128、1000000(二进制)、CXXVIII，ρκη(希腊语言把字母用作数字)或|||…|(128 个竖杠)。如果数值存储为表示它们的数字序列，则 80 是这些数字序列最短的一种形式。在计算机中，数值用二进制形式表示。

11.1 数据压缩的条件

在传输信息时，选择何种数据压缩方式决定了数据的传输速度。正确的选择可以提高某一传输通道的通过量，而不必改变通道本身。数据压缩有许多不同的方法，它们可以缩小数据表示的大小，而不会影响信息本身。

假定有 n 个不同的符号用于给消息编码。对于二进制码，$n=2$，对于摩尔斯式电码，$n=3$：点、短横线和把一系列点和表示字母的短横线分隔开的空白。再假定构成集合 M 的所有符号 m_i 可以单独选择，其出现的概率 $P(m_i)$ 是已知的，这些符号都用一串 0 和 1 来编码，则 $P(m_1)+\cdots+P(m_n)=1$。集合 M 的信息内容称为源 M 的熵，其定义如下所示：

$$L_{ave} = P(m_1)L(m_1) + \cdots + P(m_n)L(m_n) \tag{11.1}$$

其中 $L(m_i)=-\lg(P(m_i))$，表示符号 m_i 的编码字的最小长度。Claude E. Shannon 在 1948 年建立了等式 11.1，给出了当已知源符号和它们的使用概率时，一个编码字的最佳平均长度。其他数据压缩算法都不如 L_{ave} 的压缩效果好，而且越接近这个数值，压缩率就越高。

例如，如果有三个符号 m_1、m_2 和 m_3，其概率分别是 0.25、0.25 和 0.5，则赋予它们的编码字长度就是：

$$-\lg(P(m_1)) = -\lg(P(m_2)) = -\lg(.25) = \lg(\frac{1}{.25}) = \lg(4) = 2$$

$$-\lg(P(m_3)) = \lg(2) = 1$$

编码字的平均长度是:

$$L_{ave} = P(m_1) \cdot 2 + P(m_2) \cdot 2 + P(m_3) \cdot 1 = 1.5$$

各种数据压缩技术都希望设计出一个优化的编码(即把编码字赋予符号),以使编码字的平均长度最小,而这取决于符号使用的概率 P。如果符号使用得不是很频繁,就可以给它赋予一个较长的编码字。而对于频繁使用的编码字,就应赋予它们较短的编码字。

对于所使用的编码方式,需要添加一些限制:

(1) 每个编码字都只对应一个符号。

(2) 不需要事先考虑解码。在读取每个符号后,应能马上确定编码源消息的符号字符串是否到达了该字符串的末尾。满足这个要求的编码方式称为带有前缀属性的编码,这表示任一个编码字都不是其他编码字的前缀。因此在已编码的消息中,不需要使用任何标点符号来分隔两个编码字。

第二个要求可以用三个符号的三个不同编码来表示,如表 11-1 所示。

表 11-1 三个符号的不同编码

符　　号	编　码　1	编　码　2	编　码　3
A	1	1	11
B	2	22	12
C	12	12	21

只从第一个编码并不能区分出 AB 和 C,因为 AB 和 C 都编码为 12。第二个编码则可以区分出它们,但需要事先计划一下,例如在 1222 中,第一个 1 可以解码为 A,其后的 2 则表示把该字符串解码为 A 是错误的,12 应解码为 C。如果第三个符号是 2,则把该字符串解码为 A 就是正确的。因为第三个符号是 2,所以可以尝试把该字符串解码为 AB,但第 4 个符号又是 2,因此,前面的假设是错误的,即解码为 A 是错误的。正确的解码是 CB。产生这些问题的原因是编码 1 和编码 2 违背了前缀属性。只有编码 3 在读取时可以准确地解码。

对于优化编码,还要添加另外两个约束:

(3) 给定符号 m_j 的编码字长度不能超过概率较小的符号 m_i 的编码字长度,即如果 $P(m_i) \leqslant P(m_j)$,则 $L(m_i) \geqslant L(m_j)$,其中 $1 \leqslant i, j \leqslant n$。

(4) 在优化的编码系统中,不应把未使用过的短编码字作为独立的编码或较长编码字的前缀,因为不必创建较长的编码字。例如,表示一组 5 个符号的编码字序列 01,000,001,100,101 就没有优化,因为编码字 11 在任何地方都不会使用;这个编码可以转换为优化了的序列 01,10,11,000,001。

接下来的几节,将介绍几种数据压缩方法。为了比较这些方法在应用于相同的数据时的压缩效率,这里使用统一的量度单位来表示。这个量度单位就是压缩率(也称为数据减小的分数),压缩率定义如下:

$$\frac{\text{长度(输入)} - \text{长度(输出)}}{\text{长度(输入)}} \tag{11.2}$$

该压缩率表示为一个百分数，其含义是从输入中去除了的冗余量。

11.2 Huffman 编码

优化编码的构建方式是由 David Huffman 开发的，他在构建过程中利用了树结构：一棵二叉树就表示一个二进制码。其算法非常简单，如下所示：

```
Huffman()
    for 每个符号创建一棵树，其中只有一个根节点，并根据符号出现的概率对所有的树进行排序；
    While 剩下多棵树
    提取概率 p₁、p₂最低(p₁<=p₂)的两棵树 t₁、t₂，创建一棵树，把 t₁、t₂作为它的子树，新树中根节点的概率等
        于 p₁+p₂；
    把每个左子树与 0 关联起来，把每个右子树与 1 关联起来；
    把树从根传输到包含该符号对应的概率的叶上，把所有的 0 和 1 组合到一起，从而为每个符号创建唯一的编码字
```

在得到的树中，其根节点的概率是 1。

注意，该算法不能确定是否创建了唯一的树，对于那些在根节点上有相同概率的树，该算法不能在开始或运算过程中描述各个树相对于其他树的位置。如果概率为 p_1 的树 t_1 在树的序列中，新树 t_2 是用 $p_2=p_1$ 创建的，那么 t_2 应位于 t_1 的左边还是右边？而且，如果在整个序列中，有三棵最小概率相同的树 t_1、t_2 和 t_3，则应选择哪两棵树来创建新树？选择两棵树的方式共有三种。因此，根据概率相同的树在序列中相对于其他树的不同位置，可以得到不同的树。无论树的形状如何，编码字的平均长度都是相同的。

为了评价 Huffman 算法的压缩率，这里要使用加权路径长度，其定义与等式 11.1 相同，但 $L(m_i)$ 解释为由算法赋予符号 m_i 的编码字中的数字 0 和 1。

图 11-1 中的例子包含 5 个字母 A、B、C、D 和 E，其概率分别是 0.39、0.21、0.19、0.12 和 0.09。图 11-1(a)和图 11-1(b)中的树在选择概率为 0.21 的树和概率为 0.19 的树来创建概率为 0.40 的树的方式不同。无论如何选择，与 5 个字母 A～E 关联的编码字长度都是相同的，即 2、2、2、3 和 3。但是，赋予它们的编码字略有不同，如图 11-1(c)和图 11-1(d)所示，这两个图是在图 11-1(a)和图 11-1(b)中创建的树的简化版本(这种简化版本比较常用)。后两个树的平均长度是：

$$L_{Huf} = 0.39 \times 2 + 0.21 \times 2 + 0.19 \times 2 + 0.12 \times 3 + 0.09 \times 3 = 2.21$$

其结果非常接近于 2.09(只有 5% 的误差)。而平均长度 2.09 是根据等式 11.1 计算出来的：

$$L_{ave} = 0.39 \times 1.238 + 0.21 \times 2.252 + 0.19 \times 2.396 + 0.12 \times 3.059 + 0.09 \times 3.474 = 2.09$$

图 11-1(a)和图 11-1(b)中的对应字母被赋予了相同长度的编码字。显然，这两个树的平均长度是相同的。但每种建立 Huffman 树的方式在开始时的数据都是相同的，得到的也应该是相同的平均长度，而不管树的形状如何。图 11-2 是两个 Huffman 树，其中包含字母 P、Q、R、S 和 T，其概率分别是 0.1、0.1、0.1、0.2 和 0.5。根据选择最低概率的方式，给这些字母赋予长度不同的不同编码字，至少其中有一些编码字的长度不同。但是，平均长度仍保持不变，还等于 2.0。

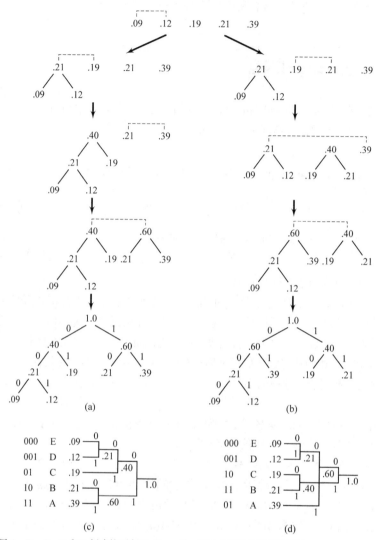

图 11-1　为字母 A、B、C、D 和 E 创建的两个 Huffman 树，这 5 个字母的概率分别是 0.39、0.21、0.19、0.12 和 0.09

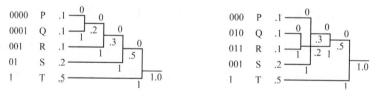

图 11-2　为字母 P、Q、R、S 和 T 创建的两个 Huffman 树，这 5 个字母的概率分别是 0.1、0.1、0.1、0.2 和 0.5

　　Huffman 算法可以用许多方法实现，实现的方法至少与实现优先队列的方法一样多。优先队列在 Huffman 算法中是自然数据结构，因为它要求去除两个最低的概率，并在合适的位置上插入新的概率。

　　实现该算法的一种方式是给树使用一个单链接的指针列表，该列表反映了图 11-1(a)所表达的内容。链表最初是根据存储在树中的概率来排序的，所有的树都只有一个根。于是，选择概率最小的两个树，用新创建的树代替概率较小的树，如果某一节点的指针指向概率较大的树，就从链表中删除它。在根节点概率相同的树中，选择第一个树。

在另一个实现方式中，首先对所有的概率节点排序，该顺序在整个操作中都保持不变。对于这种排序的列表，必须删除前两个树，并创建一个新树，其插入内存的位置靠近列表的末尾。为此，可以使用一个双重链接的指针列表，来直接访问该列表的开始和结尾。图 11-3 显示了对图 11-1 中的字母 A、B、C、D 和 E 执行该算法的情况。赋予这些字母的编码字也在图 11-3 中表示出来了，注意它们不同于图 11-1 中的编码字，但它们的长度是相同的。

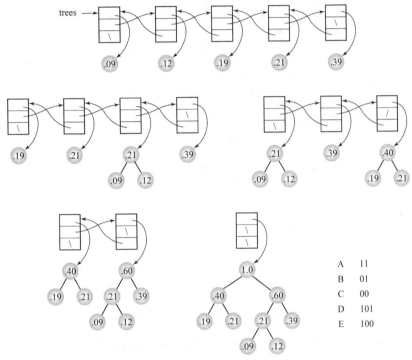

图 11-3　使用一个双链表，为图 11-1 中的字母 A、B、C、D 和 E 创建 Huffman 树

前面两个算法自底向上地建立 Huffman 树的过程是：首先有一个树的序列，把它们压缩为数量更少的树，最后压缩为一个树。但这个树可以自顶向下地建立，从概率最大的树开始建立，但只有叶节点上的概率是已知的。如果确定了根的子树上较小的概率，就知道了最大的概率，即根节点的概率。而要知道子树上较大的概率，就需要计算出较低的概率，以此类推。因此，创建非终端节点必须在找到存储在其中的概率之后才能进行。这就非常便于使用下面的递归算法来实现 Huffman 树：

```
createHuffmanTree(prob)
    声明概率 p₁,p₂ 和 Huffman 树 Htree;
    if 在 prob 上只剩下两个概率
        return 一个树，其叶节点的概率是 p₁,p₂，根的概率是 p₁+p₂;
    else 从 prob 上删除两个最小的概率，并把它们赋予 p₁ 和 p₂;
        给 prob 插入 p₁+p₂;
        Htree = createHuffmanTree(prob);
        在 Htree 中，使叶节点的概率是 p₁ 和 p₂，两个叶节点的父节点的概率是 p₁+p₂;
        return Htree;
```

图 11-4 总结了对图 11-1 中的字母 A、B、C、D 和 E 执行该算法的情况。缩进表示对 createHuffmanTree()

的连续调用。

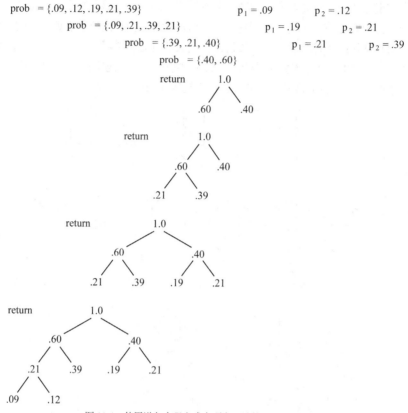

图 11-4　使用递归实现方式自顶向下地构造 Huffman 树

优先队列的一种实现方式是最小堆，它也可以用于实现 Huffman 算法。在这个堆中，每个非终端节点的概率都比其子节点的概率更小，而因为最小的概率是在根节点上，所以这个概率很容易去除。但在去除它之后，根节点就为空。因此，把最大的元素放在根节点上，恢复堆属性。接着从根节点上去除第二个元素，代之以一个新元素，它表示根节点的概率与以前删除的概率的总和。

之后必须再恢复堆属性。在这样的一系列操作完成后，堆就会少一个节点。以前堆上的两个概率就被去除，而添加了一个新概率。但这还不足以创建 Huffman 树：新概率是刚才去除的概率节点的父节点，这个信息必须保留下来。为此，可以使用三个数组，第一个数组是 indexes，包含了原概率的索引和在创建 Huffman 树的过程中创建的概率；第二个数组是 probabilities，这是原概率和新建概率的数组；第三个数组是 parents，其下标表示存储在 probabilities 中的元素的父元素的内存位置。parents 数组中的正数表示左子元素，负数表示右子元素。使用数组 parents(它用作一个指针数组)从叶节点向根节点移动时，把遇到的 0 和 1 组合起来，就创建出了编码字。特别要注意，在这个实现方式中，概率是间接存储的：堆实际上是由概率的下标构成的，所有的交换过程都是在 indexes 中进行的。

图 11-5 中的例子使用一个堆来实现 Huffman 算法。在图 11-5 中，步骤(a)、(e)、(i)和(m)中的堆已经准备好了，可以进行处理。首先，把最大的概率放在根节点中，如图 11-5 的步骤(b)、(f)、(j)和(n)所示。然后，恢复堆，如图 11-5 的步骤(c)、(g)、(k)和(o)所示。根的概率设置为两个最小概率之和，如图 11-5 的步骤(d)、(h)、(l)和(p)所示。当堆中只有一个节点时，处理就完成了。

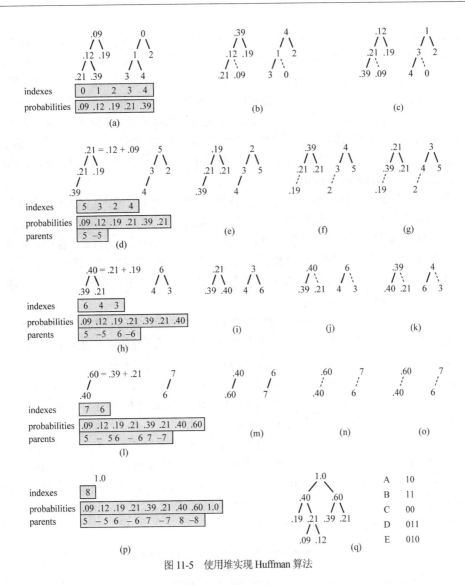

图 11-5 使用堆实现 Huffman 算法

使用 Huffman 树，可以构建一个表，以 1 和 0 的形式给出每个符号的对应值，这些对应值是顺序遍历树的每个叶节点时，把遇到的 0 和 1 组合起来而得到的。对于本例，使用图 11-3 中的树，则得到表 11-2。

表 11-2 通过图 11-3 中的树得到的值

A	11
B	01
C	00
D	101
E	100

编码过程把要发送的符号的编码值传输出去。例如，我们不发送 ABAAD，而是发送 11011111101，每个字母的平均位数等于 11/5＝2.2，与 2.09 非常接近，而 2.09 是 L_{ave} 的公式计算出

467

来的值。为了解码这个消息，消息的接收者必须知道这个转换表。使用这个表，Huffman 树就可以用与编码相同的路径来构建，但其叶节点(为了提高效率)存储的是符号，而不是它们的概率。这样，在得到一个叶节点时，就可以直接从中提取符号。使用这个树，每个符号都可以唯一地解码。例如，如果接收到 1001101，就使用 1 和 0 表示的路径来寻找树的一个叶节点，在本例中，1 表示向右，0 表示向左，下一个 0 表示再向左，最后到达的是一个包含 E 的叶节点。在到达这个叶节点后，解码继续从树的根开始，使用剩下的 0 和 1 来寻找叶节点。因为 100 已经处理过了，下面要解码的是 1101。现在 1 表示向右，下一个 1 表示再向右，得到了一个包含 A 的叶节点。再从根开始解码，则序列 01 解码为 B。现在整个消息解码为 EAB。

在这里，可以问如下一个问题：为什么发送 11011111101，而不发送 ABAAD？因为前者适合于数据压缩，但编码的消息要比原消息长出一倍。那么，其优点是什么？注意消息发送的方式。A、B、C、D 和 E 是单个字母，字母也是字符，需要一个字节(8 位)来发送，而且需要使用扩展的 ASCII 码。因此消息 ABAAD 需要 5 个字节(40 位)。而 0 和 1 是编码后的版本，可以按 1 位来发送。所以，如果不把 11011111101 看成是一系列 0 和 1 的字符，而是看成一系列位，则只需要 11 位就能发送该消息，约为以原格式 ABAAD 发送的 1/4。

这个例子提出了一个问题：编码器和解码器都必须使用相同的编码系统和相同的 Huffman 树。否则，解码就不会成功。编码器如何让解码器知道应使用什么编码系统呢？这至少有三种可能：

(1) 编码器和解码器事先同意使用某一 Huffman 树，且都使用它来发送消息。

(2) 每次发送新消息时，编码器都重新构建一个 Huffman 树，并把转换表和消息一起发送出去。解码器可以根据该表来解码消息，也可以重新构建相应的 Huffman 树，再进行转换。

(3) 解码器在传输和解码过程中构建 Huffman 树。

第二种方式的用途比较多。但其优点只有在编码和解码大文件时才能体现出来。而对于前面的简单例子 ABAAD，发送编码字表格和已编码的消息 11011111101 就几乎达不到数据压缩的效果。但是，如果一个文件包含的消息共有 10 000 个字符，且使用了 A～E 字符，则数据压缩所节省的空间就很大。如果使用前面这些字母的概率，则大约有 3 900 个 A，2 100 个 B，1 900 个 C，1 200 个 D，900 个 E。因此，编码此文件需要的位数如下：

$$3\,900\times2+2\,100\times2+1\,900\times2+1\,200\times3+900\times3=22\,100\ 位=2\,762.5\ 字节$$

这大约是发送原文件所需要的 10 000 个字节的 1/4。即使把转换表添加到文件中，这个比例受到的影响也非常小。

但是，即使是采用这种方法，也有可能提高数据压缩率。如前所述，理想的压缩算法应给出与等式 11.1 的计算结果相同的平均编码字长度。图 11-1 中的符号赋予了平均长度为 2.21 的编码字，2.21 这个数字与理想的 2.09 有 5%的误差。有时这个误差会比较大。例如，假定有三个符号 X、Y 和 Z，其概率分别是 0.1、0.1 和 0.8。图 11-6(a)显示了这些符号的 Huffman 树，并把编码字赋予它们。根据该树，平均长度是：

$$L_{Huf}=2\times0.1+2\times0.1+1\times0.8=1.2$$

而最佳的平均 L_{ave} 是 0.922。因此，还有可能把 Huffman 编码方式的压缩率提高大约 23.2%，但实际上，提高 23.2%是不可能的，因为平均长度小于 1。那么，该如何提高压缩率呢？如前所述，所有的 Huffman 树都会得到相同的平均加权路径长度。所以，除非把符号 X、Y 和 Z 用于构建 Huffman 树，否则是不可能提高压缩率的。

另一方面，如果把符号的所有可能组合都用于建立 Huffman 树，数据压缩率可能会降低。图 11-6(b) 说明了这一过程。在图中，除了三个符号 X、Y 和 Z 外，还创建了 9 个组合，其概率是把两个符号的概率相乘而计算出来的。例如，X 和 Y 的概率都是 0.1，所以 XY 的概率就是 0.01＝0.1*0.1。平均的 L_{Huf} 是 1.92，而期望的平均 L_{ave} 是 1.84(是前面 L_{ave} 的 2 倍)。这两个平均长度之间的误差是 4%。这表示压缩率有 19.2%的提高，但其代价是在要发送的消息中，包括一个较大的转换表(其中有 9 项，而不是 3 项)。如果消息较大，而在消息中使用的符号总数量相当小，转换表尺寸的增加就不是很明显。但如果符号数量较多，转换表的尺寸就会明显增大，甚至可能使压缩率得不到提高。对于 26 个英文字母，组合的数量有 676 个，是相当小的。但如果要区分出英文文本中所有的可打印字符，包括空白字符(ASCII 码为 32)、发音符号(ASCII 码 126)、回车换行符等，就将有(126-32+1)+1=96 个字符和 9 216 个字符对。其中的许多字符组合可能根本就不使用(例如 XQ 或 KZ)，但即使使用了其中的 50%，包含这些组合及其相关编码字的转换表也会非常大，这是很难接受的。

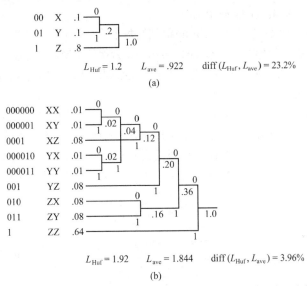

$L_{Huf} = 1.2$ $L_{ave} = .922$ diff $(L_{Huf}, L_{ave}) = 23.2\%$

(a)

$L_{Huf} = 1.92$ $L_{ave} = 1.844$ diff $(L_{Huf}, L_{ave}) = 3.96\%$

(b)

图 11-6 (a) 把 Huffman 算法应用于单个字母；(b) 把 Huffman 算法应用于字母的组合可以改善编码字的平均长度

即使符号的数量很大，使用符号的组合仍是一个好方法。例如，可以为所有的符号和至少出现 5 次的所有符号组合构建 Huffman 树。通过比较压缩文件的大小，就可以衡量各种 Huffman 编码系统的压缩率。曾对英文文本、PL/1 程序文件和数字化的照片图像进行了试验(Rubin 1976)。当仅使用字符时，这些文件的压缩率大约是 40%、60%和 50%。当使用了字符和 100 个最常用的组合(其长度多于两个字符)时，压缩率分别是 49%、73%和 52%。当使用了 512 个最常用的组合时，压缩率分别是 55%、71%和 62%。

自适应的 Huffman 编码方式

前面的讨论假定消息的概率事先是已知的。接下来的一个问题是如何确定这个概率。

一个解决方案是在某个相当大的文本范例(例如有 1 000 万个字符)中，计算每个符号在消息中出现的次数。对于自然语言(例如英语)中的消息，这种文本范例可以是文学著作、新闻报纸上的文章和百科全书的一部分。在确定了每个字符出现的频率后，就可以构建转换表，以用于发送和接收传输的数据了。这样就不需要在每次传输文件时包含这样一个转换表。

但是，对于发送某些专业文件来说，即使是用英语编写的文件，这种方法用处也不大。计算机科学论文包含的数字和括号比 Jane Austen 散文多得多，特别是在该论文包含用 LISP 或 C++编写的代码实例时，其中的数字和括号会更多。在这种情况下，使用要发送的文本来确定各符号的出现频率会更好一些，此时还需要把转换表和文件一起发送。在实际构建转换表之前，需要对这个文件进行预处理。但是，预处理的文件可能非常大，预处理会减缓整个传输过程。其次，在发送时可能根本不知道要发送什么文件，但仍需进行压缩。例如，将一个文本文件逐行输入并发送时，无法了解整个文件的内容是什么。在这种情况下，采用自适应的压缩方式就比较好。

自适应的 Huffman 编码技术最初是由 Robert G Gallager 开发，由 Donald Knuth 改进的。这个算法建立在如下同级属性的基础之上：如果每个节点有一个同级节点(除根节点之外)，用广度优先算法从右至左地遍历树，生成一个节点列表以及非增加的频率计数器，就可以证明有同级属性的树是一个 Huffman 树(Faller 1974；Gallager 1978)。

在自适应的 Huffman 编码技术中，Huffman 树给每个符号包含一个计数器，每次编码了一个对应的输入符号时，就更新计数器。检查一下同级属性是否保持不变，就可以确保所构建的 Huffman 树仍是一个 Huffman 树。如果同级属性发生了变化，就必须重新构建 Huffman 树，以恢复这个属性。这就是自适应的 Huffman 编码技术的实现方式。

首先，假定该算法有一个双链表 nodes，该列表包含了用广度优先算法按从右至左地遍历树而进行排序的节点。块 i 是列表中的一部分，其中每个节点的频率是 i，每个块中的第一个节点称为首节点。例如，图 11-7 显示了一个 Huffman 树，以及列表 nodes＝(**7** **4** **3** **2** **2** **2** **1** **1** **1** **1** 0)，其中有 6 个块：块 7、块 4、块 3、块 2、块 1 和块 0。其中带有计数器的首节点用粗体字显示。

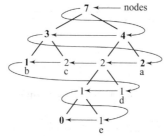

图 11-7　用广度优先算法按从右至左的顺序遍历树形成的双链表 nodes

所有未使用的符号都存储在一个频率为 0 的节点中，输入中遇到的每个符号在树中都有其自己的节点。最初，树只有一个包含所有符号的 0 节点。如果符号在输入中没有出现，0 节点就分解为 2 个节点，新的 0 节点包含除新出现的符号之外的所有符号，而对应于这个新符号的节点把其计数器设置为 1，这两个节点都是计数器设置为 1 的父节点的子节点。如果输入的符号在树中已经有一个节点 p，其计数器就会递增。但是，这种递增可能会危及同级属性，所以这个属性必须通过交换节点 p 和当前所属块的首节点来恢复，除非这个首节点是 p 的父节点。从 p 开始向这个列表的开始处遍历就可以找到这个节点。如果递增前 p 属于块 i，它就与这个块的首节点交换，并包含在块 i+1 中。接着给 p 可能的新父节点递增计数器的值，这也可能需要转换树，恢复同级属性。这个过程一直继续下去，直到到达根节点为止。这样，计数器的值在从 p 到根节点的新路径中更新，而不是在其旧路径上更新。对于每个符号来说，就是使用编码字，而编码字是在树中进行转换之前，通过对 Huffman 树进行从根到对应于该符号的节点的扫描而得到的。

在这个过程中，传输的编码字有两种不同的类型。如果所编码的符号已经出现，就应用常规的编码过程：对 Huffman 树进行从根到包含该符号的节点的扫描，来确定其编码字。如果符号是在输入中第一次出现，它就在 0 节点中，但仅传输 0 节点的 Huffman 编码字是不够的。因此，除了传送可以到达 0 节点的编码字之外，还要发送表示所出现的符号内存位置的编码字。为简单起见，假定内存位置 n 编码为 n 个 1 后跟一个 0。0 用于把 1 和属于下一个编码字的那些 1 分隔开来。例如，在第一次编码字母 c 时，它的编码字 001110 就是 0 节点的编码字 00 和编码字 1110 的组合，其中编码字 1110 表示 c 可以在与 0 节点相关的未使用的符号列表中的第三个内存位置找到。这两个编码字(或者说一个编码字的两个部分)在图 11-8 中分别用下划线标示出来了。把一个符号从 0 节点的列表中删除之后，它的内存位置就要通过这个列表的最后一个符号来提取。这也表示编码器和接收器必须使用相同的字母表及其顺序。该算法用伪代码表示如下：

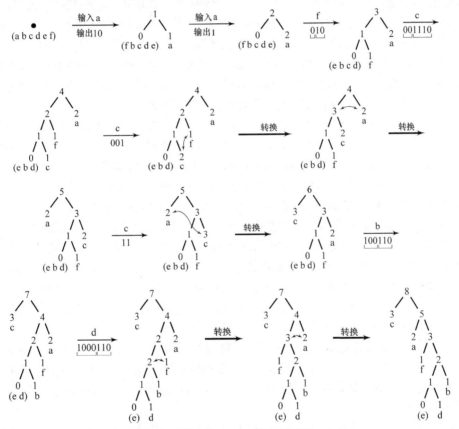

图 11-8　使用自适应的 Huffman 算法传输消息 aafcccbd

```
FGKDynamicHuffmanEncoding(symbol s)
    p = 包含符号 s 的叶节点;
    c = s 的 Huffman 编码字;
if  p 是 0 节点
    c =c 与表示 0 节点中 s 内存位置的 1 和 0 的链接;
    在这个节点中编写除 s 之外的 0 节点中的最后一个符号;
    为符号 s 创建一个新节点 q, 并把它的计数器设置为 1;
    p = 新节点, 这个节点成为 0 节点和节点 q 的父节点;
    counter(p) = 1;
```

```
        在 nodes 列表中包含两个新节点;
    else 递增 counter(p);
    while p 不是根节点
      if p 改变了同级属性
        if 仍包含 p 的块 i 的首节点不是 parent(p)
           p 与首节点交换;
      p = parent(p);
      递增 counter(p);
    return 编码字 c;
```

图 11-8 显示了字符串 aafcccbd 的传输步骤:

(1) 最初,树仅包含一个 0 节点,该节点包括所有的源字母(a,b,c,d,e,f)。第一个输入的字母是 a,之后就输出由 a 占据的内存位置的编码字。因为这个内存位置在最前面,所以输出一个 1,后跟一个 0。0 节点中的最后一个字母放在第一个内存位置上,并为字母 a 创建一个单独的节点。这个节点的频率计数器设置为 1,该节点成为另一个新节点的子节点,它同时也是 0 节点的父节点。

(2) 第二个输入的字母是 a,之后输出 1,这是包含 a 的叶节点的 Huffman 编码字。a 的频率计数器递增为 2,这改变了同级属性,但因为块的首节点是节点 p 的父节点(即节点 a 的父节点),所以不进行交换,仅把 p 更新为指向其父节点,再递增 p 的频率计数器。

(3) 输入第三个字母 f,这是第一次输出 f 字母,因此,首先生成 0 节点的 Huffman 编码字 0,其后是对应于 0 节点中 f 所在内存位置的 1,最后是一个 0,也就是 10。字母 e 放在 0 节点中字母 f 的内存位置上,为 f 创建一个新叶节点,新节点成为 0 节点和新建叶节点的父节点。节点 p 是叶节点 f 的父节点,它没有改变同级属性,所以更新 p,p=parent(p),成为递增了的根节点。

(4) 第 4 个输入的字母是 c,它在输入中是第一次出现。因此生成 0 节点的 Huffman 编码字,其后是三个 1 和一个 0,因为 c 在 0 节点中是第三个字母。之后,d 放在 0 节点中 c 的内存位置上,c 则放在一个新建叶节点中,p 更新两次,递增两个节点的计数器:根的左子节点和根节点本身。

(5) 下一个输入的字母还是 c,因此输出其叶节点的 Huffman 编码字 001。接着,因为改变了同级属性,所以节点 p(即叶节点 c)与仍包含这个叶节点的块 1 的首节点 f 交换,接着 p=parent(p),递增 c 节点的新父节点 p,这将再次改变同级属性,交换节点 p 和包含节点 a 的块 2 的首节点。然后 p=parent(p),递增节点 p,但因为它是根节点,所以更新树的过程就完成了。

(6) 第 6 个输入的字母是 c,它在树中有一个叶节点,所以首先生成叶节点的 Huffman 编码字 11,递增节点 c 的计数器。节点 p(这里是节点 c)改变了同级属性,所以 p 要与块 3 的首节点 a 交换。现在 p=parent(p),递增 p 的计数器,因为 p 是根节点,所以这个输入字母的树转换过程就完成了。剩余的步骤可参见图 11-8。

请读者对这个伪代码进行适当的修改,得到 FGKDynamicHuffmanDecoding(codeword c)算法。

可以设计一个 Huffman 编码方式,该过程不需要对编码器所使用的符号集合有任何初步的了解(Cormack 和 Horspool 1984)。Huffman 树初始化为一个特定的转义字符。如果要发送新的符号,就把该转义字符(或树中当前的编码字)放在该符号的前面,其后是该符号本身。接收器现在知道该符号,所以如果它的编码字在以后接收到,该符号也可以正确地解码。这个符号插入到树中,方法是把出现频率最低的叶节点 L 标示为非叶节点,这样 L 就有两个子节点,一个对应于 L 中以前的符号,另一个对应于新符号。

自适应的 Huffman 编码技术在两个方面改进了简单的 Huffman 编码技术:它只需要处理一次输入内容,它仅在输出中增加了一个字母。这两个版本的速度都相当快,更重要的是,它们可以应用于任何类型的文件，而不仅仅是文本文件，尤其是它们可以压缩对象或可执行文件。可执行文件的问题是它们通常使用比源代码文件更大的字符集合，这些文件字符的发布比文本文件更统一。因此，Huffman 树会比较大，编码字的长度相近，输出文件比源文件小不了多少，其压缩率仅 10%～20%。

11.3　Run-Length 编码方式

run 定义为一组相同的字符。例如，字符串 s＝"aaabba"有三个 run：第一个 run 是三个 a，第二个 run 是 2 个 b，而最后是一个 a。Run-Length 编码技术利用了 run 的长处，以一种简短的、压缩的方式表示它们。

如果 run 是一组相同的字符，例如字符串 s＝"nnnn***r%%%%%%%"，则不必传送这个字符串，而是传送 run 的信息。每个 run 都用(n,ch)对来编码，其中 ch 是一个字符，而 n 是一个整数，表示该 ch 在 run 中连续出现的次数。上述字符串 s 应编码为 4n3*1r7%。但是，如果传输的字符是一个数字，就会出现问题，例如 11111111111544444，应编码为 1111554(有 11 个 1，1 个 5，5 个 4)。因此，对于每个 run，字符不使用数字 n，而使用其 ASCII 值。例如，在 run 中有 43 个连续的字母 c，就应表示为+c(+的 ASCII 码是 43)，49 个 1 的 run 就编码为 11(1 的 ASCII 码是 49)。

这项技术仅在传输至少二字符 run 的情况下有效。因为对于单字符 run，编码字的长度是该字符的二倍。所以，该技术应仅应用于至少有两个字符的 run。这需要使用一个标志，表示要传送的内容是一个简化格式的 run，还是一个字符。表示一个 run 需要三个字符：一个压缩标志 cm，一个字面字符 ch 和一个计数器 n，它们构成了一个三元组<cm,ch,n>。选择压缩标志的问题特别微妙，因为该标志不应与要传输的字面字符混淆。如果传输一个常规的文本文件，可以选择使用字符 '～' +1。如果对传输的字符没有限制，则只要输入文件中出现了压缩标志，就要把压缩标志传送两次。如果在一行上接收到两个这样的标志，解码器就会去掉其中的一个，只保留一个，作为接收到的数据。例如，接收到\\，就只打印一个反斜杠。对于每个字面标志，都必须传送两个这样的标志，所以应选择不频繁使用的标志。另外，标志的 run 不以压缩格式传送。

因为压缩 run 会出现一组三个字符，这项技术最好应用于至少有 4 个字符的 run。在可以用<cm,ch,n>表示的 run 中，如果数字 n 表示 run 中字符的个数，则 run 的最大长度对于 8 位 ASCII 来说是 255。但由于编码有 4 个或更多字符的 run，n 可以表示 run 中实际字符的个数，其最小值是 4。例如，如果 n＝1，则在 run 中有 5 个字符。在这种情况下，可以用一个<cm,ch,n>表示的 run，其最长的长度是 259 个字符。

Run-Length 编码方式最适合于只有空白字符是重复的文本文件。在这种文件中，可以使用这项技术以前的版本 null suppression，它只压缩空白字符 run，不需要区分要压缩的字符。因此，<cm,n>对用于有三个或多个空白的 run。这项简单的技术在 IBM 3780 BISYNC 传输协议中使用，其通过量增加了 30%～50%。

Run-Length 编码方式在应用于至少有 4 个字符的 run 的文件中时，是非常有效的。一个例子是关系数据库。同一个关系数据库文件中的所有记录都必须有相同的长度，记录(行或元组)是字段的集合，其长度可能(常常)比存储在其中的信息长。因此，它们必须用某些字符填充，这样就会创建出一个很大的 run 集合，其唯一的目的是给每个记录的每个字段添加空格。

使用 Run-Length 编码方式进行压缩的另一个例子是传真图像，该图像是由黑白像素组成的，在较低的分辨率下，每一页上大约有 150 万个像素。

Run-Length 编码方式的一个严重缺陷是它完全依赖于 run。特别是这种方法本身不能判断频繁出现的某些需要短编码字的符号。例如,AAAABBBB 可以压缩,因为它由两个 run 组成,但 ABABABAB 就不能压缩,尽管这两个消息都由相同的字母组成。另一方面,用 Huffman 编码方式压缩时,ABABABAB 和 AAAABBBB 的编码字长度相等,不需要考虑是否有 run 出现。因此,应联合使用这两种方法,就像本章的案例分析一样。

11.4 Ziv-Lempel 编码方式

对于前面讨论的某些方法,一个问题是它们都需要在进行编码之前对数据有一定的了解。Huffman 编码器的一种"纯方式"是在把编码字赋予符号之前,必须知道符号的出现频率。自适应 Huffman 编码方式的一些版本可以解决这个问题,不依赖于事先对源数据特性的了解,而是在数据传输过程中建立这个信息。这种方法称为统一编码模式,Ziv-Lempel 编码方式就是统一数据压缩编码的一个例子。

在 Ziv-Lempel 编码方法的一个版本 LZ77 中,使用了一个符号的缓存。第一个 l_1 内存位置包含了输入中最近编码的符号 l_1,而剩下的 l_2 内存位置则包含了要编码的 l_2 符号。在每个循环中,都是从第一个 l_1 内存位置的一个符号开始,搜索缓存,查找一个子字符串,该子字符串应匹配于缓存第二部分中一个字符串的前缀。如果查找到这样的子字符串,就传输编码字,编码字由找到匹配的位置、匹配的长度和第一个不匹配的符号组成。接着,把缓存的所有内容向左移动匹配长度加 1 位。一些符号会因此而溢出。输入的一些新符号会被移动到缓存中。为了启动这个过程,第一个 l_1 内存位置要用输入内容中第一个符号的 l_1 个副本填满。

例如,当 $l_1=l_2=4$ 时,输入的字符串是 "aababacbaacbaadaaa…"。缓存中的内存位置用数字 0~7 来索引。开始的情形如表 11-3 上部所示。输入的第一个符号是 a,内存位置 0 到 3 都用 a 来填充。输入的前 4 个符号是 "aaba",它们放在剩余的内存位置上。我们要匹配以 0 和 3 之间任何内存位置开始的任意子字符串,得到的最长的前缀是 "aa",因此,生成的编码字是<2,2,b>,简写为 22b:即匹配从第二个内存位置开始,该子字符串的长度为 2,这个匹配后面的符号是 "b"。接着,向左移动,三个 "a" 溢出,移入字符串 "bac"。最长的匹配还是从第二个内存位置开始,这次的子字符串有 3 个符号,即 "aba",其后的字符是一个 "c"。得到的编码字是 23c。表 11-3 演示了其他步骤。

表 11-3 用 LZ77 编码字符串 "aababacbaacbaadaaa…"

输　入	缓　存	传输的编码
aababacbaacbaadaa …	aaaa	a
aababacbaacbaadaa…	aaaaaaba	22b
abacbaacbaadaaa …	aaababac	23c
baacbaacbaadaaa…	abacbaac	12a
cbaadaaa …	cbaacbaa	03a
daaa …	cbaadaaa	30d
aaa …	…	

在这个例子中,选择了数字 l_1 和 l_2,所以它们都只需要两位。因为每个符号需要一个字节(8 位),

一个编码字可以存储在 12 位中。因此，l_1 和 l_2 应是 2 的幂，且使用二进制数。如果 l_1 是 5，就需要用 3 位来编码所有 0 到 4 的内存位置，而不使用对应于数字 5、6 和 7 的三位组合。

应用更频繁的 Ziv-Lempel 算法 LZW 使用一个在数据传输过程中建立的编码字表。编码的一个简单算法如下所示(Miller 和 Wegman 1985；Welch 1984)：

```
LZWcompress()
    在表中输入所有的字母；
    把字符串 s 初始化为输入中的第一个字母；
    while 还要输入字母
        读取字符 c；
    if s + c 是在表中
        s = s + c;
    else 输出 codeword(s);
        在表中输入 s + c;
        s = c;
输出 codeword(s);
```

字符串至少有一个字符。在读取一个新字符后，就在表中检查是否有字符串 s 和字符 c 的组合。如果没有，就输出 s 的编码字，把组合 s+c 存储到表中，并把 s 初始化为 c。表 11-4 显示了把这个算法应用于输入 "aababacbaacbaadaaa…" 的执行过程。该表包含了生成的输出；包含在表中以源格式和压缩格式表示的字符串，其中压缩格式用一个数字和一个字符表示。

表 11-4　对字符串 "aababacbaacbaadaaa…" 应用 LZW

编 码 器		表		
输　　入	输　　出	索引(编码字)	完整字符串	缩略字符串
		1	a	a
		2	b	b
		3	c	c
a		4	d	d
a	1	5	aa	1a
b	1	6	ab	1b
ab	2	7	ba	2a
a	6	8	aba	6a
c	1	9	ac	1c
ba	3	10	cb	3b
ac	7	11	baa	7a
baa	9	12	acb	9b
d	11	13	baad	11d
aa	4	14	da	4a
a	5	15	aaa	5a
	…			

效率是表的组织需要考虑的一个重要因素。显然，在更真实的例子中，这个表中会有成百上千个项，所以必须使用高效的搜索方法。第二个问题是表的大小。当在其中输入较长的新字符串时，表的大小会显著增大。尺寸的问题可以通过在表中存储前缀的编码字和字符串的最后一个字符来解

决。例如，如果"ba"赋予了编码字 7，则"baa"在表中就存储为其前缀"ba"的一个数字 7 和最后一个字符"a"，也就是说"baa"存储为 7a。这样，表中所有的项都有相同的长度。搜索的问题可以使用散列函数来解决。

对于解码，要创建相同的表，应为除第一个编码之外的其余编码更新该表。对于每个编码字，应从表中提取对应的前缀和一个字符。因为前缀也是一个编码字(除了单字符之外)，所以需要在解码整个字符串时查询另一个表。这显然是一个递归过程，可以用一个显式的栈来实现。这是必要的，因为解码过程应用于前缀，会生成逆序的字符串。解码过程如下所示：

```
LZWdecompress()
    在表中输入所有的字母;
    读取 priorcodeword，输出对应于它的一个字符;
    while 还有编码字
        读取 codeword;
        if codeword 不在表中 //特殊情况: c+s+c+s+c，而且如果 s 是空;
            在表中输入字符串(priorcodeword) + 第一个字符(字符串(priorcodeword));
            输出字符串(priorcodeword) + 第一个字符(字符串(priorcodeword));
        else 在表中输入字符串(priorcodeword) + 第一个字符(字符串(priorcodeword));
            输出字符串(codeword);
        priorcodeword = codeword;
```

这个相对简单的算法必须考虑一种特殊情况：处理的编码字在表中没有对应项。当要解码的字符串包含子字符串"cScSc"时，其中 c 是一个字符，而 cS 在表中有对应的项时，就会出现这种情形。

前面讨论的所有压缩算法都被广泛应用。UNIX 有三个压缩程序：pack 使用 Huffman 算法，compact 建立在自适应的 Huffman 方法之上，compress 使用 LZW 编码方式。根据系统手册，pack 压缩文本文件的压缩率是 25%～40%，compact 是 40%，compress 是 40%～50%。Ziv-Lempel 编码方式的压缩率比较好，速度也比较快。

11.5 案例分析：Huffman 方法和 Run-Length 编码方式

在讨论 Run-Length 编码方式时提到，这种方法适合于文件中有许多至少 4 个符号的 run。否则，就得不到预想的压缩效果。另一方面，Huffman 算法可以应用于有任意 run 的文件，包括 1～3 个符号的 run。这种方法不但可以应用于一个符号，例如字母，还可以应用于两个符号、三个符号、长度可变的符号集合。把 Run-Length 编码方式和 Huffman 方法组合起来使用，既可以很好地处理有许多长 run 的文件，也适合于有少量的 run 和许多不同符号的文件。

对于没有 run 的文件，这个方法就变成普通的 Huffman 编码方式。在这种方法中，首先扫描要压缩的文件，确定出所有的 run，包括一个符号、两个符号和三个符号的 run。run 由相同的符号组成，但不同长度的 run 将按照不同的"超符号"来对待，以用于创建 Huffman 树。例如，如果要压缩的消息是 AAABAACCAABA，则包含在 Huffman 树中的超符号有 AAA、B、AA、CC 和 A，而不是符号 A、B 和 C。这样，要创建的编码字数量就从 3 个符号增长到 5 个超符号。转换表也会变大,但赋予 run 的编码字比直接使用 Run-Length 编码方式的情况短得多。在 Run-Length 编码方式中,这个编码字总是 3 个字节(24 位)。在 Huffman 编码方式中,编码字甚至可能只有 1 位。

首先,扫描输入文件,利用函数 garnerData()收集矢量 data 中的所有超符号,并根据各超符号的出现概率进行排序。图 11-9(a)演示了排序后矢量中数据的内存位置。接着,把排好序的数据存储在输出文件中,以便解码器使用它创建出与编码器所创建的相同的 Huffman 树。函数 createHuffmanTree()使用在 data 中收集的信息生成 Huffman 编码字树。为此,要先创建出单个节点树的双链表,如图 11-3 所示。然后把两个频率最低的树合并起来,创建一棵树,依次循环下去,最终得到一棵 Huffman 树,如图 11-9(b)所示。

在创建好树之后,所有节点的内存位置,特别是叶节点的内存位置,就可以确定下来,并生成叶节点中所有符号的编码字。这棵树中的每个节点都有 7 个数据成员,但只显示了其中的 5 个,它们都是叶节点的数据成员。编码字存储为数字,表示 0 和 1 的二进制序列。例如,CC 的编码字是 7,其二进制就是 111。但是,这些数字总是有相同的长度,7 存储为 3 位 1,前面加上 29 个 0,就是 0...0111。因此,不清楚包含在表示某一符号的编码字的序列中有多少超出了 32 位。它们是 111、0111、00111,还是其他序列? 单个 A 的编码字域是 0。A 的编码字是 0、00 或 000,还是更多的 0 呢? 为了避免出现模糊,codewordLen 域存储了包含在某一给定符号的编码字中的位数。A 的 codewordLen 域是 2,编码字是 0,所以表示 A 的编码字序列就是 00。

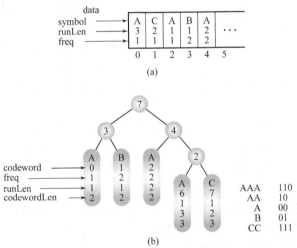

图 11-9 (a) 在处理完消息 AAABAACCAABA 后数组 data 的内容; (b) 从这些数据中生成的 Huffman 树

在生成 Huffman 树,并用相关信息填满叶节点后,就可以开始处理输入文件中的编码信息了。因为直接在树中搜索特定符号是很费时间的,所以创建了对应于每个 ASCII 符号的链表数组 chars[]。链表的节点就是通过指针链接的树的叶节点,每个列表的节点数与输入文件中给定符号的不同 run 长度的个数相同。这样就可以直接访问特定的链表,但如果给定符号有许多 run 长度,某些链表就会比较长。

接着,第二次扫描文件,查找出每个超符号以及它在 Huffman 树中对应的编码字,并把它们传输到输出文件中。由于序列是从树中搜索出来的,它们都紧密地排列为 4 字节的数字变量 pack。在输入文件中,第一个超符号是 AAA,其编码字是 110,它存储在 pack 中,所以该 pack 包含序列 0...0110。把 B 从文件中检索出来后,其编码 01 会附加到 pack 的末尾。结果,pack 的内容将向左移动两位,给 01 留出空间,然后用按位或运算符|把 01 存储到 pack 中。现在,pack 包含字符串

0…011001。在用编码字填满 pack 后，就把它作为 4 个字节的序列输出到输出文件中。

注意，必须在 pack 中放置 32 位。当 pack 中可用的空间少于编码字的位数时，只能把一部分编码字放在 pack 中。接着输出 pack，再把编码字的剩余部分放到 pack 中，之后才能编码其他符号。例如，如果 pack 目前包含 001…10011，则 pack 只能再提取 2 位。因为编码字 1101 有 4 位，pack 的内容应向左移动 2 位，即 1…1001100，编码字的前两位 11 将放在 pack 的末尾，这样，pack 的内容就变成 1…1001111。下一步，pack 输出为 4 个字节(字符)，编码字剩余的二位 01 再放到 pack 中，此时 pack 的内容是 0…001。

另一个问题是最后一个编码字。编码器用字节填满输出文件(在本例中，是填充 4 个字节)，每个字节包含 8 位。如果再也没有符号了，但 pack 仍有空间，会发生什么情况？解码器必须知道，文件最后的一些位不应解码。如果对它们进行了解码，就会在解码文件中添加一些奇怪的字符。在这个实现过程中，问题的解决方法是，从编码文件的开头传输要解码的字符数。解码器只解码这个数量的编码字。即使在编码文件中还遗留了一些位，它们也不会包含到解码过程中。在本例中也会出现这个问题。消息 AAABAACCAABA 编码为编码字序列 110, 01, 10, 111, 10, 01, 00，pack 的内容是 00000000000000001100110111100100。如果编码过程完成了，其内容就向左移动未使用的位数，这样 pack 的内容就变成 11001101111001000000000000000000，并输出为一个 4 字节的序列 11001101、11001000、00000000 和 00000000，用可读性较高的方式来表达，就是 205，208，0 和 0。最后 16 位不表示任何编码字，如果没有指出这一点，这 16 位就会解码为 8 个 A，其编码字是 00。为了避免这种情况，输出文件包含编码字符的总数，即 12：A，A，A，B，A，A，C，C，A，A，B 和 A。输出文件还包含 Huffman 树中所有符号的总数，对于这个例子，符号的总数是 5，因为在输出文件和 Huffman 树中有 5 个不同的超符号：AAA、B、AA、CC 和 A。因此，输出文件的结构如下所示：超符号的总数、dataSize、字符的总数、data 的内容(符号、run 的长度和频率)，以及输出文件中所有超符号的编码字。

解码器比编码器简单得多，因为它使用编码器在编码消息的开头提供的信息。解码器首先在 inputFrequencies()中重新创建数组 data[]，然后用相同的 createHuffmanTree()和 createCodewords()重新构建 Huffman 树，最后，在 decode()中，按照压缩文件中位流的顺序扫描树，查找叶节点中加密的符号。

用这种实现方式处理数据库文件的效果非常好，其压缩率是 60%。LISP 文件的压缩率是 50%(括号 run)，文本文件的压缩率是 40%，可执行文件的压缩率只有 13%。

程序清单 11-1 列出了编码器的完整代码。

程序清单 11-1　Huffman 方法和 Run-Length 编码方式的实现代码

```
//*************************  HuffmanCoding.h  *************************

#include <vector>
#include <algorithm>

class HuffmanNode {
public:
    char symbol;
    unsigned long codeword,freq;
    unsigned int runLen,codewordLen;
    HuffmanNode *left, *right;
    HuffmanNode() {
```

```
            Left = right = 0;
        }
    HuffmanNode(char s,unsigned long f,unsigned int r,
        HuffmanNode *lt = 0, HuffmanNode *rt = 0) {
        symbol = s; freq = f; runLen = r; left = lt; right = rt;
    }
};

class ListNode {
public:
    HuffmanNode *tree;
    ListNode *next,*prev;
    ListNode() {
        next = prev = o;
    }
    ListNode(ListNode *p,ListNode *n) {
        Prev = p; next = n;
    }
};

class DateRec {
public:
    char symbol;
    unsigned int runLen;
    unsigned long freq;
    DateRec() {
    }
    bool operator == (const DataRec& dr) const {  //used by find();
        return symbol == dr.symbol && runLen == dr.runLen;
    }
    bool operator< (const DataRec& dr) const { //used by sort();
        return freq < dr.freq;
    }
};

class HuffmanCoding {
public:
    HuffmanCoding() : mask(0xff), bytes(4), bits(8), ASCII(256) {
        chars = new HuffmanNode*[ASCII+1];
    }
    void compress(char*,ifstream&);
    void decompress(char*,ifstream&);
private:
    const unsigned int bytes,bits, ASCII;
    unsigned int dataSize;
    const unsigned long mask;
    unsigned long charCnt;
    ofstream fOut;
    HuffmanNode *HuffmanTree,**chars;
    vector<DataRec>data;
    void error(char *s) {
```

```
                cerr << s << endl; exit(1);
        }
        void output(unsigned long pack);
        void garnerData(ifstream&);
        void outputFrequencies(ifstream&);
        void read2ByteNum(unsigned int&,ifstream&);
        void read4ByteNum(unsigned long&,ifstream&);
        void inputFrequencies(ifstream&);
        void createHuffmanTree();
        void createCodewords(HuffmanNode*,unsigned long,int);
        void transformTreeToArrayOfLists(HuffmanNode*);
        void encode(ifstream&);
        void decode(ifstream&);
    };

    void HuffmanCoding::output(unsigned long pack) {
        char *s = new char[bytes];
        for (int i = bytes - 1; i >= 0; i--) {
            s[i] = pack & mask;
            pack >>= bits;
        }
        for (i = 0; i < bytes; i++)
            fOut.put(s[i]);
    }

    void HuffmanCoding::garnerData(ifstream& fIn) {
        char ch,ch2;
        DataRec r;
        vector<DataRec>::iterator i;
        r.freg = 1;
        for (fIn.get(ch); !fIn.eof(); ch = ch2) {
            for (r.runLen = 1, fIn.get(ch2); !fIn.eof() && ch2 == ch;
                 r.runLen++)
                fIn.get(ch2);
            r.symbol = ch;
            if ((i = find(data.begin(),data.end(),r)) == data.end())
                data.push_back(r);
            else i->freq++;
        }
        sort(data.begin(),data.end());
    }

    void HuffmanCoding::outputFrequencies(ifstream& fIn) {
        unsigned long temp4;
        char ch = data.size();
        unsigned int temp2 = data.size();
        temp2 >>= bits;
        fOut.put(char(temp2)).put(ch);
        fIn.clear();
        output((unsigned long)fIn.tellg());
        for (int j = 0; j < data.size(); j++) {
```

```
            fOut.put(data[j].symbol);
            ch = temp2 = data[j].runLen;
            temp2 >>= bits;
            fOut.put(char(temp2)).put(ch);
            temp4 = data[j].freq;
            output(temp4);
    }
}

void HuffmanCoding::read2ByteNum(unsigned int& num,ifstream& fIn) {
    num = fIn.get();
    num <<= bits;
    num |= fIn.get();
}

void HuffmanCoding::read4ByteNum(unsigned long& num,ifstream& fIn) {
    num = (unsigned long) fIn.get();
    for(int i = 1; i < 4; i++) {
        num <<= bits;
        num |= (unsigned long) fIn.get();
    }
}

void HuffmanCoding::inputFrequencies(ifstream& fIn) {
    DataRec r;
    read2ByteNum(dataSize,fIn);
    read4ByteNum(charCnt,fIn);
    data.reserve(dataSize);
    for (int j = 0; !fIn.eof() && j < dataSize; j++) {
        r.symbol = fIn.get();
        read2ByteNum(r.runLen,fIn);
        read4ByteNum(r,freq,fIn);
        data.push_back(r);
    }
}

void HuffmanCoding::createHuffmanTree() {
    ListNode *p,*newNode,*head,*tail;
    unsigned long newFreq;
    head = tail = new ListNode;               // initialize list pointers;
    head->tree = new
                HuffmanNode(data[0].symbol,data[0].freq,data[0].runLen);
    For (int i = 1; I < data.size(); i++) { // create the rest of the
                                            // list;
        tail->next = new ListNode(tail,0);
        tail = tail->next;
        tail->tree =
            new HuffmanNode(data[i].symbol,data[i].freq,data[i].runLen);
    }
    while (head != tail)    {                  // create one Huffman tree;
        newFreq = head->tree->freq+ head->next->tree->freq;  //two
                                            // lowest frequencies
```

```
                for (p = tail; p != 0 && p->tree->freq->newFreq; p = p->prev);
                newNode = new ListNode(p,p->next);
                p->next = newNode;
                if (p == tail)
                      tail = newNode;
                else newNode->next->prev = newNode;
                newNode->tree =
                      new HuffmanNode('\0',newFreq,0,head->tree,head->next->tree);
                head = head->next->next;
                delete head->prev->prev;
                delete head->prev;
                head->prev = 0;
        }
        HuffmanTree = head->tree;
        delete head;
}

void HuffmanCoding::createCodewords(HuffmanNode *p,unsigned long
codeword,int level) {
        if (p->left == 0 && p->right == 0) {      // if p is a leaf,
            p->codeword    = codeword;             // store codeword
            p->codewordLen = level;                // and its length,
        }
        else {                                     // otherwise add 0
            createCodewords(p->left,  codeword<<1, level+1);   // for left
                                                               // branch
            createCodewords(p->right,(codeword<<1)+1,level+1); // and 1 for
                                                               // right;
        }
}

void HuffmanCoding::transformTreeToArrayOfLists(HuffmanNode *p) {
        if (p->left == 0 && p->right == 0) {           // if p is a leaf,
            p->right = chars[(unsigned char)p->symbol]; // include it in
            chars[(unsigned char)p->symbol] = p;       // a list associated
        }                                              // with symbol found in p;
        else {
            transformTreeToArrayOfLists(p->left);
            transformTreeArrayToOfLists(p->right);
        }
}

void HuffmanCoding::encode(ifstream& fIn) {
        unsigned long packCnt = 0,hold,maxPack = bytes*bits, pack = 0;
        char ch,ch2;
        int bitsLeft,runLength;
        for (fIn.get(ch);!fIn.eof();) {
            for (runLength = 1, fIn.get(ch2); !fIn.eof() && ch2 == ch;
                 runLength++)
               fIn.get(ch2);
            for (HuffmanNode *p = chars[(unsigned cha) ch];
```

```
                 p != 0&&runLength != p->runLen; p = p->right)
                   ;
          if (p == 0)
               error("A problem in encode()");
          if(p->codewordLen<maxPack-packCnt) {          // if enough room in
              pack = (pack << p->codewordLen) | p->codeword; // pack to
                                                         // store new
              pack += p->codewordLen;                   // codeword,shift
          }                                             // its content to the
                                                        // left and attach
                                                        // new codeword;
          else {                                        // otherwise move
               bitsLeft = maxPack - packCnt;            // pack's content to
               pack <<= bitsLeft;                       // the left by the
               if (bitsLeft != p->codewordLen) {        // number of left
                   hold = p->codeword;                  // spaces and if new
                   hold >>= p->codewordLen-bitsLeft;    // codeword is
                                                        // longer than room
                   pack |= hold;                        // left,transfer
                   }                                    // only as many bits as
                                                        // can  fit in pack;
               else pack |= p->codeword;                // if new codeword
                                                        // exactly fits in
                                                        // pack,transfrer it;
               output(pack);                            // output pack as
                                                        // four chars;
               if (bitsLeft != p->codewordLen) {        // transfer
                   pack = p->codeword;                  // unprocessed bits
                   packCnt = maxPack - (p->codewordLen - bitsLeft);  // of
                   packCnt = p->codewordLen-bitsLeft;   // new codeword to
                                                        // pack;
               }
               else packCnt = 0;
          }
          ch = ch2;
      }
    if (packCnt != 0) {
        pack <<= maxPack - packCnt; // transfer leftover codewords and
                                    // some 0s
        output(pack);
    }
}

void HuffmanCoding::compress(char *inFileName,ifstream& fIn) {
    char outFileName[30];
    strcpy(outFileName,inFileName);
    if (strchr(outFileName,'.'))                 // if there is an extension
        strcpy(str(outFileName, '.') + 1, "z");// overwrite it with '.z';
    else strcat(strchr(outFileName,'.z');        // else and extension '.z';
    fOut.open(outFileName,ios::out|ios::binary);
    garnerData(fIn);
```

```
        outputFrequencies(fIn);
        createHuffmanTree();
        createCodeWords(HuffmanTree,0,0);
        for (int i = 0; i <= ASDCII; i++)
            chars[i] = 0;
        transformTreeToArrayOfLists(HuffmanTree);
        fIn.clear();        // clear especially the eof flag;
        fIn.seekg(0,ios::beg);
        encode(fIn);
        fIn.clear();
        cout.precision(2);
        cout <<"compression rate = " <<
                100.0*(fIn.tellg()-fOut.tellp())/fIn.tellg() << "%\n"
            << "compression rate without table = " <<
                100.0*(fIn.tellg()-
                    fOut.tellp()+data.size()*(2+4))/fIn.tellg();
        fOut.close();
    }

void HuffmanCoding::decode(ifstream& fIn)
    unsigned long chars;
    char ch, bitCnt = 1, mask = 1;
    mask <<= bits - 1;          // change 00000001 to 10000000;
    for (chars = 0, fIn.get(ch); !fIn.eof() && chars < charCnt; ) {
        for (HuffmanNode *p = HuffmanTree; ; ) {
            if (p->left == 0 && p->right == 0) {
                for (int j = 0; j < p -> runLen; j++)
                    fOut.put (p->symbol);
                chars += p->runLen;
                break;
            }
            else if ((ch&mask) == 0)
                p = p->left;
            else p = p->right;
            if (bitCnt++ == bits) { // read next character from fIn
                fIn.get(ch);         // if all bits in ch are checked
                bitCnt = 1;
            }                        // otherwise move all bits in ch
            else ch <<= 1;           // to the left by one position;
        }
    }
}

void HuffmanCoding::decompress(char *inFileName,ifstream& fIn) {
    char outFileName[30];
    strcpy(outFileName,inFileName);
    if (strchr(outFileName,'.'))              //if there is an extension
        strcpy(strchr(outFileName,'.')+1,"dec");//overwrite it with '.z'
    else strcat(strchr(outFileName,".dec"));  //else and extension '.z';
    fOut.open(outFileName,ios::out|ios::binary);
    inputFrequencies(fIn);
```

```
    createHuffmanTree();
    createCodewords(HuffmanTree,0,0);
    decode(fIn);
    fOut.close();
}

//************************  HuffmanEncoder.cpp  *****************

#include <iostream>
#include <fstream>
#include <cstring>
using namespace std;
#include "HuffmanCoding.h"

int main(int argc,char* argv[]) {
    char filename[30];
    HuffmanCoding Huffman;
    if (argc != 2) {
        cout << "Enter a file name: ";
        cin >> filename;
    }
    else strcpy(filename,argv[1]);
    ifstream fIn(filename,ios::binary);
    if (fIn.fail()) {
        cerr << "Cannot open " << filename << endl;
        return;
    }
    Huffman.decompress(filename,fIn);
    fIn.close();
    return 0;
}
```

11.6 习题

1. 在 n 个符号的概率 $P(m_i)$ 中，哪个概率会使平均长度最大，哪个概率会使平均长度最小？

2. 已知字母 X、Y 和 Z，它们的概率分别是 0.05、0.05 和 0.9。计算它们的 L_{ave} 并把它与为单个字符、两个字母而计算出来的 L_{Huf}(如图 11-6 所示)进行比较。L_{Huf} 是否非常接近 L_{ave}？如何补救？

3. 评价本章介绍的 Huffman 算法的各种实现方式的复杂度。

4. 对于出现概率最低的消息来说，Huffman 编码字的长度是多少？

5. 在自适应的 Huffman 算法中，首先要处理符号的编码字，再更新转换表。这个表能否先更新，然后再处理这个符号的新编码字？为什么？

6. 在案例分析中使用的函数 createCodewords() 和 transformTreeToArrayOfLists() 似乎有很高的价值，因为它们都是先访问节点 P 的指针 left，但如果 p 为空，是很危险的；因此，这两个函数体似乎都应以条件语句 if(p!=0) 来开头。解释为什么这是不必要的。

7. 在 Run-Length 编码方式中，如果使用 <cm,n,ch> 格式来代替 <cm,ch,n>，会出现什么问题？

8. 在图 11-9 中，$l_1=l_2=4=2^2$。选择 $l_1=l_2=16=2^4$ 在哪些方面会简化 LZ77 算法的实现过程？

9. 什么情况下最适宜采用 LZ77 算法？什么情况下最不适宜采用 LZ77 算法？

10. 描述使用 LZ77 解码的过程。什么字符串将按照如下编码字序列进行编码：b, 31a, 23b, 30c, 21a, 32b？

11. 使用 LZW 和用字母 a、b、c 初始化的表，对如下编码字符串进行解码：1 2 4 3 1 4 9 5 8 12 2。

11.7 编程练习

1. 在较长的消息序列中，有大量概率非常低的消息，需要非常长的编码字才能编码(Hankamer 1979)。相反，一个编码字可以赋予所有这些消息，如果需要，这个编码字可以和消息一起发送。编写一段程序，采用自适应的 Huffman 算法对这种方式进行编码和解码。

2. 编写一个使用 Run-Length 编码技术的编码程序和解码程序。

3. 编写一个使用 Run-Length 编码技术的编码程序和解码程序来传输声音，该声音用某个函数 f 来模拟。声音的生成是连续的，用 $t_0, t_1 \ldots$ 来表示，其中 $t_i - t_{i-1} = \delta$，表示时间间隔 δ。如果对于某一误差 $\in$，$|f(t_i) - f(t_{i-1})| < \in$，则数值 $f(t_i)$ 和 $f(t_{i-1})$ 就是相等的。因此，对于这种等值的 run，可以用 $<cm, f(t_i), n>$ 的格式来传输其压缩版本，其中 cm 是一个负数。在图 11-10 中，圆表示包含在 run 中的数字，该 run 用第一个前置项目符号来表示。在这个例子中，发送了两个 run。这种技术(也称为从 0 开始的前置符)的潜在危险性是什么？如何解决？对函数 $\frac{\sin n}{n}$ 和 $\ln n$ 试用这个程序。

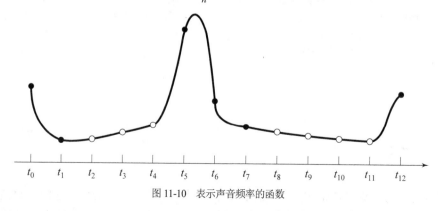

图 11-10 表示声音频率的函数

4. 静态字典技术的特点是，使用一个用唯一编码字编码的模式预定义字典。在建立了这样的一个字典后，频繁使用它会有一个问题。例如，对于字典={ability, ility, pec, re, res, spect, tab}，单词 respectability 可以按两种方式来分解：res、pec、tab、ility 和 re、spect、ability。第一种分解方式需要 4 个编码字，而第二种分解方式只需要三个编码字。算法分析单词，确定应选择第一种分解方式还是第二种分解方式。当然，对于较大的字典来说，对同一个单词或短语，可能有多于两种的分解方式。目前最常用的技术是 greedy 算法，它可以查找出字典中最长的匹配。对于本例，匹配 res 比 re 长；因此，单词 respectability 用 greedy 算法来分解，会得到 4 个部分。采用最短的路径算法，可以得到优化的分析结果。(Bell、Cleary 和 Witten 1990；Schuegraf 和 heaps 1974)。编写一个程序，采用一种字典模式压缩文本文件。对于每个字符串 s，创建一个包含 length(s)节点的有向图，边用字典模式来标示，它们的编码字长度是边的权值。如果字典包含模式 s[i]…s[j−1]，两个节点 i 和 j 用一条边来链接。最短的路径表示路径中最短模式的编码字序列。

参考书目

数据压缩方法

Bell, Timothy C., Cleary, J. G., and Witten, Ian H., *Text Compression*, Englewood Cliffs, NJ: Prentice Hall, 1990.

Drozdek, Adam, Elements of Data *Compression*, Pacific Grove, CA: Brooks/Cole, 2002.

Lelever, Debra A., and Hirschberg, Daniel S., "Data Compression," *ACM Computing Surveys* 19 (1987), 261-296.

Rubin, Frank, "Experiments in Text File Compression," *Communications of the ACM* 19(1976), 617-623.

Salomon, David, Data Compression: The *Complete Reference*, London: Springer, 2007.

Schuegraf, Ernst J., and Heaps, H. S., "A Comparison of Algorithms for Data-Base Compression by Use of Fragments as Language Elements," *Information Storage and Retrieval* 10 (1974), 309-319.

Huffman 编码

Cormack, Gordon V., and Horspool, R. Ingel, "Algorithms for Adaptive Huffman Codes," *Information Processing Letters* 18 (1984), 159-165.

Faller, Newton, "An Adaptive System for Data Compression," *Conference Record of the Seventh IEEE Asilomar Conference on Circuits, Systems, and Computers*, San Francisco: IEEE (1974), 593-597.

Gallager, Robert G., "Variations on a Theme of Huffman," *IEEE Transactions on Information Theory* IT-24 (1978), 668-674.

Hankamer, Michael, "A Modified Huffman Procedure with Reduced Memory Requirement," *IEEE Transactions on Communication* COM-27 (1979), 930-932.

Huffman, David A., "A Method for the Construction of Minimum-Redundancy Codes," *Proceedings of the Institute of Radio Engineers* 40 (1952), 1098-1101.

Knuth, Donald E., "Dynamic Huffman Coding," *Journal of Algorithms* 6 (1985), 163-180.

Run-Length 编码方式

Pountain, Dick, "Run-Length Encoding," *Byte* 12 (1987), No. 6, 317-320.

Ziv-Lempel 编码方式

Miller, Victor S., and Wegman, Mark N., "Variations on a Theme by Ziv and Lempel," in Apostolico, A., and Galil, Z. (eds.), *Combinatorial Algorithms on Words, Berlin*: Springer (1985), 131-140.

Welch, Terry A., "A Technique for High-Performance Data Compression," *Computer* 17(1984), 6, 8-19.

Ziv, Jacob, and Lempel, Abraham, "A Universal Algorithm for Sequential Data Compression," *IEEE Transactions on Information Theory* IT-23 (1977), 337-343.

第12章

内 存 管 理

前面的章节很少讨论程序如何执行，以及不同类型的变量如何存储。原因是本书重点论述数据结构，而不是计算机的内部工作情况。后者属于操作系统或汇编语言编程的范畴，而不属于数据结构的范畴。

但至少在一种情况下，必须考虑后者，即第 5 章讨论递归时要考虑计算机的内部工作情况。递归的使用是根据运行时栈和计算机工作原理来阐述的。我们还在讨论动态内存分配时，间接提到了这个问题。不论及计算机内存的结构，就很难论述动态内存分配，还要认识到，没有 new 命令，指针可能会指向未分配的内存位置。另外，delete 命令用来避免耗尽计算机的内存资源。在 C++中，由程序员负责管理内存，如果程序员不够仔细，内存就可能出现没有用 delete 命令释放的、不能使用的内存位置。如果分配了过多的内存，最高效、最优秀的程序结构也可能不会有很高的效率。

堆是主内存区域，其中的部分内存可以根据程序的请求进行动态分配(这个堆与 6.9 节中称为堆的特定树结构没有任何关系)。在诸如 FORTRAN、COBOL 或 BASIC 这样的语言中，编译器确定运行程序需要多少内存。在允许进行动态内存分配的语言中，需要的内存量不能总是在程序运行之前确定，因此，需要使用堆。像 C 程序通过调用 malloc()或 calloc()来请求内存那样，C++或 Pascal 程序通过调用 new 来请求内存，计算机就会从堆中分配一定数量的字节，并返回这部分内存中第一个字节的地址。另外，在这些语言中，未使用的内存必须由程序员专门通过 Pascal 的 dispose()、C 中的 free()、C++中的 delete 来释放。在一些语言中，不需要明确释放内存，未使用的内存仅是被放弃，并自动由操作系统重新声明。存储空间的自动重新声明会降低机器效率，并不是每种语言环境都提供这项功能。LISP 提供了这项功能，它是函数语言的一部分，而逻辑语言和大多数面向对象的语言也有存储空间的自动重新声明功能，例如 Smalltalk、Prolog、Modula-3、Eiffel 和 Java。

自由内存块的维护、在需要时把特定的内存块赋予用户程序、从不需要的块中清理内存，并把它们返回给内存池，这些都是由操作系统的一部分即内存管理器完成的任务。内存管理器还执行其他函数，例如安排对共享数据的访问，在主内存和辅存之间移动代码和数据，使一个进程与另一个进程互不干涉等。这在多编程系统中是非常重要的，在多编程系统中，许多不同的过程同时驻留在内存中，CPU 依次为每个过程服务一段较短的时间。这些过程放在内存的自由空间中，如果需要为其他过程提供空间或这些过程执行完后，这些过程就会被删除。

设计优秀的内存管理器必须解决的一个问题是可用内存的配置。在用 delete 命令返回内存时，程序员不能控制这个配置过程。特别是在多次内存分配和释放操作后，堆被分解为在内存块之间分散的许多小的可用内存块。如果请求分配 n 字节的内存，而堆中没有足够的连续内存，尽管可用的内存总数远远超过 n 字节，该请求也不能得到满足。这种现象称为外部碎片。改变内存配置，特别是要把可用内存放在堆中的一个部分，把已分配的内存放在另一个部分中，就可以解决这个问题。需要解决的另一个问题是内部碎片。在已分配的内存块比请求的内存块大时就会出现此问题。外部碎片就是已分配内存段之间浪费的空间。内部碎片则是段中未使用的内存空间。

12.1 sequential-fit 方法

简单的内存组织可能需要一个所有内存块的链表，在请求或返回一个块时，就会更新该链表。根据这种链表上的块的大小或块的地址，可以用许多方式来组织该列表。只要请求了一个块，就必须决定分配哪个块，如何处理超出请求内存大小的那部分内存块。

为了提高效率，块的双链表用位于块中的链接来维护。每个可用的内存块把自己的一部分用于这两个链接。另外，可用的块和已使用的块都有两个字段来表示它们的状态(可用或已使用)和大小。

在 sequential-fit 方法中，所有的可用内存块都链接在一起，搜索列表，查找出其尺寸大于等于请求的块尺寸的块，处理返回内存块的一种简单方式是把它们与临近的块接合起来，并在链表中调整链接，以反映这种接合操作。

根据列表中搜索这种块的顺序，把这些方法分成很多种类。first-fit 算法分配第一个大小足以满足请求的内存块。best-fit 算法分配大小最接近于请求的内存块。worst-fit 算法在列表中查找最大的块，并返回该块中等于请求大小的那部分内存，这样剩下的部分还可以用于以后的请求。next-fit 方法分配下一个足够大小的可用块。

图 12-1(a)包含了在几次请求和返回内存块后的内存配置。图 12-1(b)演示了采用各种 sequential-fit 方法分配内存，以满足 8KB 内存的请求。

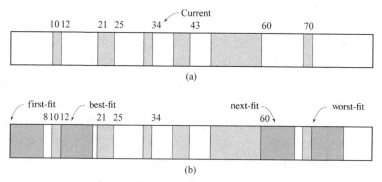

图 12-1　使用 sequential-fit 方法的内存分配

最高效的方法是 first-fit 过程。next-fit 方法虽然速度最高，但会产生比较大的外部碎片，因为它从当前内存位置开始扫描块列表，到达列表末尾的时间比 first-fit 方法早许多。但 best-fit 算法更糟糕，因为它搜索与请求大小最接近的内存块，在返回需要的大小后，剩余的内存块就比较小，实际上已不能使用了。worst-fit 算法试图避免这种类型的碎片，避免出现小内存块，或至少延迟出现小内存块的时间。

在列表上组织块的方式决定了成功搜索可用块的速度。例如，为了优化 best-fit 和 worst-fit 方法，块应按大小来组织，而对于其他方法，按地址来排序就足够了。

12.2　nonsequential-fit 方法

sequential-fit 方法对于大内存来说效率并不高，在大内存的情况下，不按顺序的搜索比较有效。一种策略是把内存分解为随意数量的列表，每个列表都包含相同尺寸的块(Ross 1967)。较大的块分解为较小的块，以满足请求，并可以创建新列表。因为这种列表的数量可以非常大，所以可以将它们组织为树。

另一个方法建立在如下事实的基础上：程序请求的块尺寸是有限的，但块的尺寸随程序的不同而不同。因此，如果能够确定最常用的那个尺寸，则不同尺寸的块列表就会比较短。这就是自适应的 exact-fit 技术，该技术可以动态创建和调整刚好满足请求的存储块列表(Oldehoeft 和 Allan 1985)。

在自适应的 exact-fit 技术中，在维护最后的 T 内存分配过程中，会给内存池返回一个特定大小的块列表的一个尺寸列表。如果某个块列表包含 b 尺寸的块，而且块 b 是从程序返回的，那么块 b 就会添加到这个块列表中。当请求 b 尺寸的块时，就从其块列表中分解一个块，以满足请求。否则，就要使用某种 sequential-fit 方法在内存中搜索一个块，这就比较费时了。

如果在最后的 T 内存分配中，没有请求这个列表中的块，exact-fit 方法就删除整个块列表。这样，就不用维护不常用的块尺寸列表，由块列表组成的列表也就比较小，以便顺序搜索这个由块列表组成的列表。exact-fit 方法不是对内存的顺序搜索，所以它不是 sequential-fit 方法。

图 12-2 中的例子有一个尺寸列表和一个堆，它们是用自适应的 exact-fit 方法创建的。内存被分解为小段，但如果请求大小为 7 的块，可以立即分配内存，因为尺寸列表有一项的尺寸为 7。因此，不必搜索内存。分配内存块的一个简单算法如下：

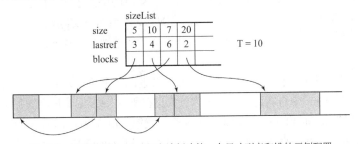

图 12-2　用自适应的 exact-fit 方法创建的一个尺寸列表和堆的示例配置

```
t = 0;
allocate(reqSize)
    t++;
    if 带有 reqSize 块的块列表 b1 在 sizeList 上
        lastref(b1) = t;
        b = 块首(b1);
        if b 是 b1 中唯一可访问的块
        把 b1 从 sizeList 删除;
    else b = 在内存中搜索尺寸为 reqSize 的块;
    在 sizeList 上搜索 t - lastref(b1) < T 的所有块尺寸;
    return b;
```

返回块的过程更简单。

这个算法出现了内存碎片的问题。该算法必须进行扩展，以成功解决这个问题。一种解决方法是编写一个函数，在进行一定数量的内存分配和释放后压缩内存。不压缩的方法需要清算尺寸列表，并在某个预定义的时间过后，重新建立尺寸列表。这个方法的作者声称，碎片问题"并不重要"，但可以归因于内存的配置。在 sequential-fit 方法和接下来要讨论的另一种 nonsequential-fit 方法中，这类问题肯定非常重要。

伙伴系统

非顺序内存管理方法也称为伙伴系统，它不是以顺序片段来分配内存，而是把内存分为两个部分，只要有可能，这两个部分就可以合并在一起。在伙伴系统中，两个部分从来不是自由的，程序可以使用伙伴系统中的一个部分，或者两个部分都不使用。

典型的伙伴系统是二进制伙伴系统(Knowlton 1965)。二进制伙伴系统假定存储空间有 2^m 个内存位置(m 是某个整数)，其地址分别是 $0, …, 2^m-1$，这些内存位置可以组织到块中，而该块的长度必须是 2 的幂。还有一个数组 avail[]，对于每个 $i=0, …, m$，其 avail[i] 是相同大小 2^i 的块双链表的首元素。

这个方法的名称来源于下述事实：每个内存块(除整个内存之外)都与相同大小的伙伴内存连接在一起，该内存和其伙伴内存块一起执行保留和返回内存块的操作。大小为 2^i 的块的伙伴内存地址按下述方式确定：在这个块的地址中补上 i+1 位，这与块的长度严格相关，也只能是 2 的幂。特别是，大小为 2^i 的所有块在最右边的 i 位内存地址上都是 0，仅在其他位上有区别。例如，如果内存只有 8 个内存位置，尺寸为 1 的块的地址可能是{000, 001, 010, 011, 100, 101, 110, 111}，尺寸为 2 的块的地址是{000,010,100,110}，尺寸为 4 的块的地址是{000,100}，尺寸为 8 的块的地址是{000}。注意在第二组地址中，最后一位是 0，这个地址表示尺寸为 2^1 的块。在第三组地址中有两个地址的最后一位是 0，因为该块的尺寸为 2^2。现在，对于第二组地址，有两对块及其伙伴块{(000,010),(100,110)}；对于第三组地址，只有一对(000,100)。因此，尺寸为 2^i 的块的地址及其伙伴块的地址仅在第 i+1 位上有区别。

如果请求分配大小为 s 的内存块，则伙伴系统就会返回一个尺寸大于等于 s 的内存块。这种块有许多个，所以要在 avail[] 中查找这种块的列表，找出在所有 k≥s 中 k 最小的那个内存块。这个块列表可以在内存位置 avail[k] 中找到。如果列表为空，就依次检查位于 k+1，k+2，…上的下一个块列表。搜索将一直进行下去，直到找到一个非空的列表(或到达 avail[] 的末尾)为止，之后从中分离一个块。

在二进制伙伴系统中的内存分配算法如下所示：

```
内存的大小 = 2ᵐ;
对于i=1,…, m-1, avail[i]=-1;
avail[m] = 内存中的第一个地址;
reserve(reqSize)
roundedSize =⌈lg(reqSize)⌉;
对于avail[availSize]>-1, 找出availSize=min(roundedSize,…, m)
    if 没有找到这样的availSize
       失败;
    block=avail[availSize];
    把block从列表avail[availSize]中分离出来;
    while(roundedSize < availSize);  // 有一个可用的块过大，就分离它
       availSize--;
       block=block的左半部分;
```

　　　　在列表 avail[availSize] 中插入 block 的伙伴块;
　　　return block;

　　伙伴系统的每个自由块都应包含 4 个字段，表示其状态、大小、列表中与该块临近的两个块。另一方面，保留的块只包含一个状态字段和一个大小字段。图 12-3(a)演示了伙伴系统中一个自由块的结构。这个块把状态字段设置为 0，标示为自由。大小指定为 2^5。没有指定前驱，所以这个块由 avail[5] 来指定。其后的块的大小也是 2^5。图 12-3(b)演示了状态字段设置为 1 的保留块。

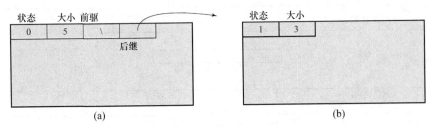

图 12-3　二进制伙伴系统中的块结构

　　图 12-4 中的例子有三个块，假定已使用的内存大小为 $2^7=128$。首先，整个内存是自由的(图 12-4(a))，接着，请求 18 个内存位置，所以 roundedSize=$\lceil \lg(18) \rceil$=5。但 availSize=7，所以内存被分为两个部分，每个部分的大小都是 2^6。第二个部分设置了状态字段，并把它包含在列表 avail[6]中，标示为可用(图 12-4(b))。availSize 仍比 roundedSize 大，所以执行 reserve() 的另一个 while 循环。第一个块分为两个小块，第二个伙伴块包含在列表 avail[5]中(图 12-4(c))。第一个伙伴块标示为保留，并返回给 reserve() 的调用者，以备使用。注意，实际上只需要返回的块的一部分。但是，整个块都标示为保留。

　　接着，请求大小为 14 的块。现在，roundedSize=$\lceil \lg(14) \rceil$=4，availSize=5，声明 avail[5]指定的块(图 12-4(d))。这个块太大，因为 roundedSize < availSize，所以该块分为两个伙伴块，第一个伙伴块标示为保留并返回，第二个伙伴块则包含在一个列表中(图 12-4(e))。最后，请求尺寸为 17 的块。它立即被允许，之后就会出现图 12-4(g)中的配置。

　　为了确保正确，内存块不仅要声明，还要返回，因此它们必须包含在可用块的池中。在把它们放到可用块的池中以前，必须检查每个块的伙伴块的状态。如果伙伴块是可用的，该块就与其伙伴块合并在一起，创建一个尺寸比合并前大一倍的新块。如果新块的伙伴块可用，它也会与其伙伴块合并在一起，得到一个更大的内存块。这个过程会一直继续下去，直到整个内存合并为一个块为止，或者伙伴块不可用为止。这种合并创建了尽可能大的内存块。在可用的内存块池中包含一个块的算法如下所示。

```
include(block)
   blockSize = size(block);
   buddy = address(block)，且其 blockSize+1 位设置为其补足块;
   while status(buddy) 是 0;                  // 伙伴块没有声明
         and size(block) = blockSize
   and blockSize != lg(内存的大小)            // 伙伴块存在
      把 buddy 从列表 avail[blockSize] 中分离出来;
      block = block + boddy;                  // 合并 block 及其伙伴块
      把 status(block) 设置为 0;
      blockSize++;
```

boddy = address(现在扩展的 block)，且其 blockSize+1 位设置为其补足块；
block 包含在列表 avail[blockSize]中；

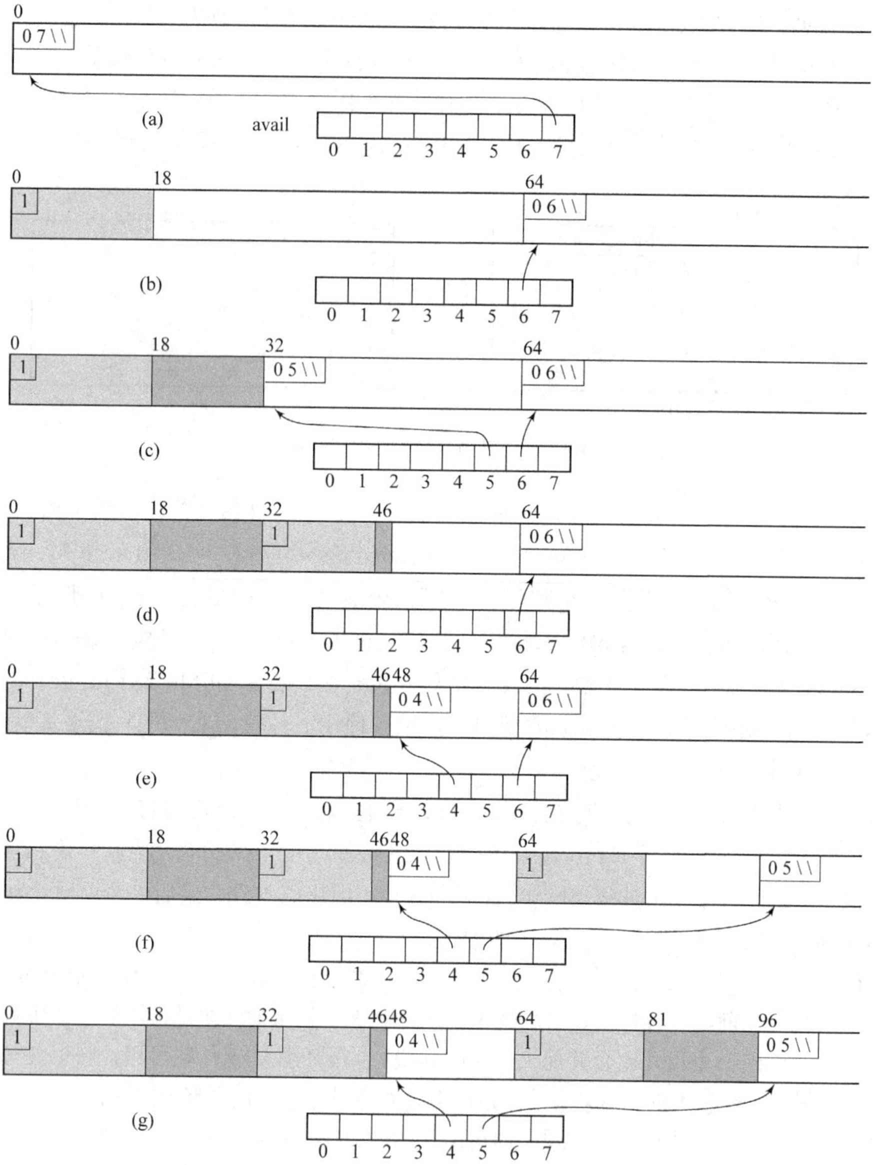

图 12-4　使用二进制伙伴系统保留三个内存块

在列表 avail[blockSize]中包含 block；

图 12-5 演示了这个过程。前面声明的块现在被释放了(图 12-5(a))，因为这个块的伙伴块是自由的，所以它与块合并起来，得到尺寸增加了一倍的块，该块包含在列表 avail[5]中(图 12-5(b))。释放另一个块允许内存管理器把这个块与其伙伴块合并起来，并把得到的块与其伙伴块合并起来(图 12-5(c))。注意最左边的块中的自由部分(用较深的颜色表示)没有参与这个合并过程，仍是被占用的。另外，在图 12-5(c)中，最右边的两个块尽管是相邻的，还是没有合并在一起，因为它们不是伙伴。二进制伙伴系统中的伙伴必须有相同的尺寸。

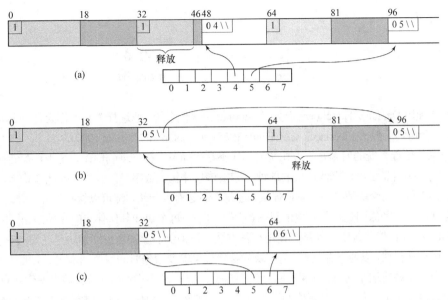

图 12-5 (a) 把块返回块池；(b) 把一个块与其伙伴块合并在一起；(c) 返回另一个块，将进行两次合并操作

二进制伙伴系统尽管有很高的速度，但在空间上的效率并不高。图 12-4(d)显示了最左边的两个块的尺寸为 48，但只使用了其中的 32 个内存位置，因为用户实际上只需要 18+14 个内存位置。这表示这两个块中的 1/3 被浪费了。如果请求的内存位置数总是略小于 2 的幂，这种情况会更严重。在这种情况下，大约有 50%的内存未被使用。这是因为需要把所有请求的内存量都四舍五入为最接近的 2 的幂，从而造成这个内部碎片问题。

另外，外部碎片也有一个问题。尽管可用空间量能满足请求，请求也可能被拒绝。例如，对于图 12-4(g)中的内存配置，对 50 个内存空间的请求会被拒绝，因为没有尺寸为 64 的可用块。对 33 个内存空间的请求也会被拒绝，原因同上，尽管其中有可用的 33 个连续内存空间。但这些内存空间中的一部分属于另一个块，而该块把它放在不能访问的内存位置上。

出现这些问题的原因是二进制伙伴系统仅是简单地把块分为两个相等的部分，这会导致内存的分隔不足以满足请求的情况。在这个系统中，块的尺寸依次是 1，2，4，8，16，…，2^m。如果这个序列用下面的递归等式来表示，就可以改进二进制伙伴系统：

$$s_i = \begin{cases} 1 & \text{如果}i=0 \\ s_{i-1} + s_{i-1} & \text{其他情况} \end{cases}$$

其中考虑了一个比较常见的情况：

$$s_i = \begin{cases} c_1 & \text{如果}i=0 \\ \vdots & \vdots \\ c_k & \text{如果}i=k-1 \\ s_{i-1} + s_{i-2} & \text{其他情况} \end{cases}$$

如果 $k=1$，这个等式就是二进制伙伴系统的等式。如果 $k=2$，得到的公式就是我们很熟悉的

Fibonacci 序列:

$$S_i = \begin{cases} 1 & \text{如果} i = 0, 1 \\ S_{i-1} + S_{i-1} & \text{其他情况} \end{cases}$$

这就会导出 Daniel S. Hirschberg 开发的 Fibonacci 伙伴系统。他选择 3 和 5 作为 s_0 和 s_1 的值。如果 $k>2$，就会得到一般的 Fibonacci 系统(Hinds 1975；Peterson 和 Norman 1977)。

Fibonacci 伙伴系统的问题是，查找块的伙伴不是很简单。在二进制伙伴系统中，存储在内存块的大小字段中的信息足以计算伙伴块的地址。如果该尺寸包含数字 k，伙伴块的地址就是在块的地址中补上 $k+1$ 位。无论块是在左边有伙伴块，还是在右边有伙伴块，都可以这样计算伙伴块的地址。之所以这样简单，其原因是，所有块的尺寸都是 2 的幂，每个块和其伙伴块的尺寸是相同的。

在 Fibonacci 伙伴系统中，就不能使用这种方法了，但仍需要知道返回的块是在左边有伙伴块，还是在右边有伙伴块，以便合并它们。查找块的伙伴块可能要根据时间或空间来定。因此，Hirschberg 使用了一个表来解决这个问题，如果内存允许至多有 17 717 个缓存空间，那么该表中就共有近 1000 项，如果在每个块中都包含一个正确的标志，他的方法就可以简化，但二进制的 Left/Right 标志可能不够。如果标示为 Left 的块 b_1 与其伙伴块 b_2 合并得到 b_3，则问题是：如何找出所得块 b_3 的伙伴块？一个比较好的解决方法是使用两个二进制标志，而不是一个二进制标志：即一个伙伴位和一个内存位(Cranston 和 Thomas 1975)。如果块 b_1 分解为块 b_{left} 和 b_{right}，则伙伴位(b_{left})=0，伙伴位(b_{right})=1，内存位(b_{left})=伙伴位(b_1)，内存位(b_{right})=内存位(b_1)(参见图12-6(a))。最后两个赋值保留了前驱的一些信息：内存位(b_{left})表示它的父块是左边的伙伴块，还是右边的伙伴块，内存位(b_{right})是一位信息，表示父块的一个前驱的相同状态。注意合并过程是分解的逆过程(参见图 12-6(b))。

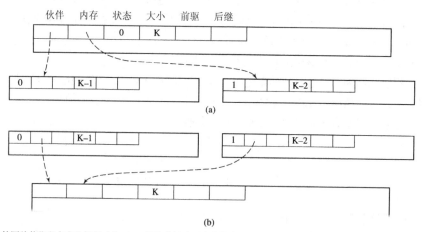

图12-6 (a) 使用伙伴位和内存位把尺寸为 Fib(k)的块分解为两个伙伴块；(b) 使用存储在伙伴位和内存位中的信息合并两个伙伴块

保留块并返回它们的算法在许多方面都类似于二进制伙伴系统使用的算法。保留块的算法如下所示：

```
对于 0=1,…m-1, avail[i]=-1;
avail[m]=内存中的第一个地址;

reserveFib(reqSize);
```

```
availSize = 对于 avail[availSize]>-1，第一个 Fibonacci 数字大于 reqSize 的内存位置;
if 没有找到这样的 availSize
    失败;
block = avail[availSize];
把 block 从列表 avail[availSize] 中分离出来;
while Fib(availSize-1> reqSize);        // 有一个可用的块过大，就分离它;
    if reqSize <= Fib(availSize-2)     // 如果该块足够大，就选择较小的伙伴块;
        在列表 avail[availSize-1] 中插入 block 的较大部分;
        block = block 的较小部分;
    else 在列表 avail[availSize-2] 中插入 block 的较小部分;
        block = block 的较大部分;
availSize = size(block);
设置 flags(block);
设置 flags(block 的伙伴块);
return block;
```

在加权的伙伴系统(Shen 和 Peterson 1974)中对二进制伙伴系统进行了另一个扩展。其目的与 Fibonacci 系统一样，允许使用比二进制系统更多的尺寸，以减少内部碎片的数量。在加权的伙伴系统中，在 2^m 一元内存块中，对于 $0 \leq k \leq m$，块的尺寸是 2^k；对于 $0 \leq k \leq m-2$，块的尺寸是 3×2^k；也就是说，块的尺寸可以是 1，2，3，4，6，8，12，16，24，32，…其尺寸的类型几乎是二进制方法中的 2 倍。如果需要，尺寸为 2^k 的块可以分解为 $3 \times 2^{k-2}$ 和 2^{k-2} 的块，尺寸为 3×2^k 的块可以分解为 2^{k+1} 和 2^k 的块。注意 2^k 块的伙伴块不能唯一地确定，因为它可以是尺寸为 2^{k+1} 或 3×2^k 的右边块，也可以是尺寸为 2^{k-1} 的左边块。为了区分这三种情况，要在每个块中添加一个 2 位标志 type。但是，仿真实验指出，加权伙伴系统的速度比二进制伙伴系统慢 3 倍，生成的外部碎片也较大。如上所述，在加权伙伴系统中，每个块需要两个额外的位，算法也比二进制伙伴系统复杂，因为它需要在合并块时考虑更多的情况。

在二进制系统和加权伙伴系统之间的一个伙伴系统是双重伙伴系统(Page 和 Hagins 1986)。这种方法维护两个独立的内存区域，其中一个内存区域的块尺寸是 1，2，4，8，16，…，2^i，…，另一个内存区域的块尺寸是 3，6，9，18，36…，3×2^i，…。这样，二进制伙伴系统就可以应用于这两个内存区域。双重方法的内部碎片量大约在二进制系统和加权伙伴系统之间，双重伙伴系统的外部碎片几乎与二进制伙伴系统相同。

为了结束这个讨论，观察一下可以发现，内部碎片常常与外部碎片成反比，因为如果分配的内存块在尺寸上尽可能接近于请求的内存块，就可以避免出现内部碎片。但这意味着会生成一些没有什么用处的小内存块。这些小内存块可以用 sequential-fit 方法压缩到一起，构成一个大内存块，但压缩操作与伙伴系统方法不能很好地组合使用。实际上，各种伙伴系统都试图压缩内存(这是加权伙伴系统的一个优点)，但算法的复杂性破坏了其使用性(Bromley 1980)。

12.3 垃圾回收

在本章开头提到，一些语言在它们的环境下可以自动重新声明存储空间，所以程序不必明确返回未使用的存储单元。程序可以用 new 函数来分配内存，但如果不再需要已分配的内存块，并不需要给操作系统返回内存块。该内存块只是被放弃，并由垃圾回收器来重新声明，该方法可以在程序空闲时或内存资源已用尽时自动调用，以回收未使用的存储单元。

垃圾回收器把堆看成是存储单元集合或节点集合，每个单元都由几个字段组成。根据垃圾回收器，字段可以是不同的。例如，在 LISP 中，除了没有指针的原子指针之外，一个单元包含两个指向其他单元的指针，即头指针和尾指针(在 LISP 术语中，是 car 和 cdr)。单元包含头指针，以及诸如原子/非原子标志和已标记/未标记的标志等元素。包含的数据可以存储在单元的另一个字段中，或存储在原子单元的一部分中，用作非原子单元中的指针。而且，如果使用尺寸可变的单元，头指针就在数据字段中包含字节数。也可以使用两个以上的指针字段。对于程序当前使用的所有链接结构，指向这些结构的指针存储在根集合中，它包含了所有的根指针。垃圾回收器的任务是确定可以从这些指针中访问的内存部分，以及当前没有使用、并可以返回自由内存池的内存部分。

垃圾回收方法通常包含两个阶段，它们可以单独执行，也可以合并执行：

(1) **标记阶段**：标识出所有当前使用的存储单元。

(2) **重新声明阶段**：当把所有未标记的存储单元返回给内存池时，这个阶段还可以包含堆的压缩过程。

12.3.1 标记和清除

回收垃圾的一个经典方法是标记-清除技术，它明确地区分这两个阶段(McCarthy 1960)。首先，遍历每个链接结构，标记出当前使用的存储单元，然后清除内存，回收未使用的单元(垃圾)，把它们都放在内存池中。

1. 标记

简单的标记过程看起来非常类似于前序树遍历过程。如果一个节点未标记，就标记它，如果该节点不是原子节点，就继续标记它的头指针和尾指针：

```
marking(node)
    if node 未标记
        标记节点;
        if 节点不是一个原子
            marking(head(node));
            marking(tail(node));
```

根集合中的每个元素都要调用这个过程。这个算法简洁而优秀，但有一个问题：它可能会导致运行时栈溢出，考虑到标记的列表可能非常长，就很有可能出现溢出。因此，可以使用显式的栈，这样，在从递归调用中返回后，继续执行程序时，就不需要在运行时栈中存储数据。下面是使用显式栈的一个算法实例：

```
markingWithStack(node)
    push(node);
    while 栈非空
        node = pop();
        while node 是一个未标记的非原子
            标记节点;
            push(tail(node));
            node = (head(node);
```

```
if 节点是一个未标记的原子
    标记节点;
```

总之，溢出的问题不可避免。如果栈实现为一个数组，该数组就可能非常小。如果栈实现为一个链表，就可能不能使用。因为栈需要内存资源，该内存资源可能被用尽，在恢复过程中，栈是要参与这个恢复过程的。有两种方式可以避免这种困境：使用尺寸有限的栈，执行某些操作，以避免栈溢出，或根本不使用栈。

不需要使用显式栈的一种有效算法是由 Schorr 和 Waite 开发的，其基本思路是：把栈组合到要处理的列表中。这个技术与不使用栈来遍历树的技术属于同一类，如 6.4.3 节所述。在 Schorr 和 Waite 的标记方法中，在遍历列表时临时保留一些链接，以记录返回的路径，在标记了所有可以从一个内存位置(在这个内存位置上执行逆过程)访问的存储单元后，就恢复它们的最初设置。当遇到一个已标记的节点或原子时，算法返回前一个节点。但是，算法也可以通过 head 字段或 tail 字段返回节点。在前一种情况下，必须找出 tail 路径，算法还必须使用一个标记符来指定是检查了 head 路径和 tail 路径，还是只检查了 head 路径。为此，算法使用一个额外的位，即标记位。如果访问存储单元的 head，该标记位就是 0，在返回这个存储单元时，就使用从 tail 获得的路径，此时标记位设置为 1，在返回时重新设置为 0。这个算法如下所示：

```
invertLink (p1, p2, p3)
    tmp = p3;
    p3 = p1;
    p1 = p2;
    p1 = tmp;

swmarking(curr)
    prev = null;
    while (true)
        标记 curr;
        if head(curr) 已标记或是原子
            if head(curr) 是未标记的原子
            标记 head(curr);
        while tail(curr) 已标记或是原子
            if tail(curr) 是未标记的原子
                标记 tail(curr);
        while prev 非空，且 tag(prev) 是 1 // 返回
            tag(prev) = 0;
            invertLink(curr,prev,tail(prev));
        if prev 非空
            invertLink(curr,prev,head(prev));
        else 结束;
    tag(curr) = 1;
    invertLink(prev,curr, tail(curr));
    else invertLink(prev,curr, head(curr));
```

图 12-7 演示了一个例子。图中的每一部分都显示了执行指定的操作后列表中的变化。注意原子节点不需要标记位。图 12-7(a)包含一个标记前的列表。每个非原子节点都有 4 个部分：一个标志位、一个标记位、head 字段和 tail 字段。标志位和标记位都初始化为 0，在这个图中还有一个位：原子/非原子标志。

下面描述了每个 while 循环的迭代情况与迭代之后列表结构所对应的图。

- **迭代 1**：执行 invertLink(prev,curr,head(curr))(图 12-7(b))；
- **迭代 2**：执行另一个 invertLink(prev,curr,head(curr))(图 12-7(c))；
- **迭代 3**：仍然执行另一个 invertLink(prev,curr,head(curr))(图 12-7(d))；
- **迭代 4**：标记 tail(curr)，执行 invertLink(prev,curr,head(prev))(图 12-7(e))，执行另一个 invertLink(prev, curr,head(prev)) (图 12-7(f))，把 tail(curr)设置为 1，执行 invertLink(prev,curr,tail(curr)) (图 12-7(g))；
- **迭代 5**：标记 tail(curr)为 1，设置 tag(prev)为 0，执行 invertLink(curr,prev,tail(curr)) (图 12-7(h))。执行 invertLink(curr,prev,head(curr))(图 12-7(i))。设置 tag(prev)为 1，执行 invertLink(prev,curr,tail (curr))(图 12-7(j))；
- **迭代 6**：设置 tag(prev)为 0，执行 invertLink(curr,prev,tail(curr))(图 12-7(k))。算法完成，prev 为 null。

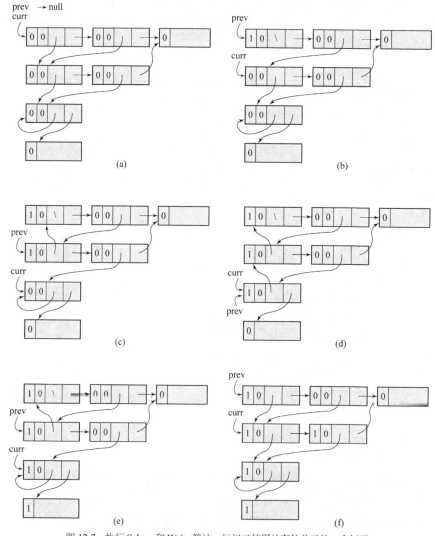

图 12-7   执行 Schorr 和 Waite 算法，标记已使用的存储单元的一个例子

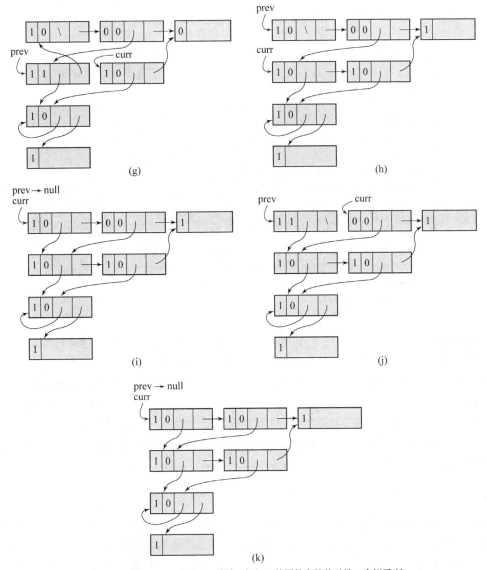

图 12-7 执行 Schorr 和 Waite 算法，标记已使用的存储单元的一个例子(续)

　　注意，算法在列表循环中没有问题。SWmarking()比 markingWithStack()慢，因为它需要对每个存储单元访问两次，维护指针和一个额外的位。所以，不使用栈似乎并不是最好的解决方法。其他方法试图实现在使用栈的同时解决溢出问题。比如 Schorr 和 Waite 提出了这样一种解决方法：如果固定长度的栈已满，就使用它们的链接倒置技术。其他技术则更多地考虑应把什么信息存储在栈上。例如，markingWithStack()不需要在栈中存储 tail 字段为空的节点，也不需要存储在完成 head 路径后就处理完的节点。

　　Wegbreit 提出的方法不需要标记位，但使用位栈而不是指针栈，为跟踪路径上的每个节点存储一位，这些节点的 head 和 tail 字段都引用了非原子节点。跟踪路径是指从当前节点到根指针的路径。但与 Schorr 和 Waite 算法一样，仍要使用链接倒置。这个方法的一个改进版本是快速标记算法(Kurokawa 1981)。与 Wegbreit 的方法一样，快速标记算法在栈上存储引用非原子的节点信息，但栈

501

存储了节点的指针，所以不需要使用链接倒置。

```
fastmark(node)
    if node 不是原子
        标记 node;
        while (true)
            if head(node)和 tail(node)都已标记或是原子
                if 栈为空
                    结束;
                else node = pop();
            else if 只有 tail(node)未标记，也不是原子
                标记 tail(node);
                node = tail(node);
            else if 只有 head(node)未标记，也不是原子
                标记 head(node);
                node = head(node);
            else if head(node)和 tail(node)都未标记，也不是原子
                标记 head(node)和 tail(node);
                push(tail(node));
                node = head(node);
```

请读者把这个算法应用于图 12-7(a)中的列表。但是，栈溢出的问题仍没有完全解决。尽管快速标记算法声称，在大多数情况下需要大约 30 个存储单元，但当需要在栈中有上千个存储单元时，可能会出现一些退化现象。因此，快速标记算法必须进行扩展，才能更完善。扩展后的 stacked-node-checking 算法的基本思路是从栈中删除那些已经标记的节点或已经跟踪到其 head 或 tail 路径的节点。但是，这个改进算法偶尔也会用尽空间，此时"它会放弃，并出现了一个致命的栈溢出错误"(Kurokawa 1981)。因此，Schorr 和 Waite 算法及其两个技术(栈和列表倒置)是比较可靠的，但速度较慢。

2. 空间的重新声明

在标记了当前使用的所有存储单元后，重新声明过程就会按顺序逐个单元地遍历堆，从最高的地址开始，在 avail 列表中插入所有未标记的存储单元，从而把内存中所有未标记的存储单元返回给堆池。在执行完这个过程后，avail 列表中的所有存储单元就按升序排列。在这个过程中，所有标记位都重新设置为 0，因此最后所有已使用和未使用的内存位置的标记位都是 0。这个简单的算法如下所示：

```
sweep()
    for 从后向前的每个 location
    if mark(location)是 0
        在 availList 的前面插入 location;
    else 把 mark(location)设置为 0;
```

sweep()算法遍历了整个内存。如果为了添加标记而增加一次遍历过程，则以后对包含存储单元的 availList 的维护将很少在整个堆上进行，这是非常不利的，需要进行改进。

3. 压缩

在完成内存的重新声明后，可用的内存位置就散布在程序使用的存储单元中。这就需要进行压

缩。如果所有的可用存储单元以连续的顺序排列，就不需要维护 availList 列表。另外，如果使用垃圾回收器重新声明可变的存储单元，就需要把所有的可用存储单元按顺序排列。当垃圾回收器处理虚拟内存时，也需要进行压缩。这样，对内存请求的响应就可用最少数量的访问来完成。使用压缩的另一个情形是同时使用了运行时栈和堆。C++就是以这种方式执行的一种语言。堆和栈是内存的两个相反的方面，它们将此消彼长。如果分配给堆的存储单元远离栈，栈就有较多的空间进行扩张。

堆压缩的一个简单的 2-指针算法使用类似于在快速排序中划分数组的方法：两个指针分别从内存的两端开始扫描堆。在第一个指针找到一个未标记的存储单元，而第二个指针找到一个已标记的存储单元时，已标记存储单元的内容就会移动到未标记的存储单元中，其新内存位置会记录到旧的内存位置上。在指针完成交换后，这个过程会继续下去。然后扫描被压缩的部分，重新调整 head 和 tail 指针。如果被复制的存储单元的指针指向的内存位置超出了压缩的区域，就访问旧的内存位置，检索出新地址，下面是其算法：

```
compact()
    lo = 堆的底;
    hi = 堆的顶;
    while (lo < hi)    // 扫描整个堆
        while *lo (由 lo 指向的存储单元) 已标记
            lo++;
        while * hi 未标记
            hi--;
        取消对存储单元 *hi 的标记;
        *lo = *hi;
        tail(*hi--)=lo++; //留下前置的地址;
    lo = 堆的底;
    while (lo <= hi) // 只扫描已压缩的区域;
    if *lo 不是原子，且 head(*lo) > hi
        head(*lo) = tail(head(*lo));
    if *lo 不是原子，且 tail(*lo) > hi
        tail(*lo) = tail(tail(*lo));
    lo++;
```

图 12-8 演示了这个过程，在这个例子中，两个可用的内存位置在存储单元 A 的前面，而存储单元 B 和 C 可以移动到这两个可用的内存位置上。图 12-8(a)演示了堆在压缩前的情形。在图 12-8(b)中，存储单元 B 和 C 已经移动到这些可用内存位置上了，旧存储单元的 tail 字段指向新内存位置。图 12-8(c)演示了检查所有存储单元的 head 和 tail 字段，并更新它们(以防它们指向超出压缩区域的内存位置)后，堆的压缩部分的内容。

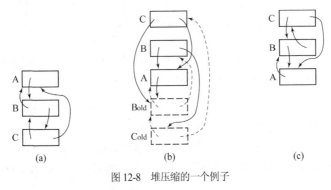

图 12-8　堆压缩的一个例子

这个简单的算法效率不高,因为它需要先遍历一次堆,来标记存储单元,再遍历一次堆,把已标记的存储单元移动到连续的内存位置上,之后又遍历一次压缩的区域,来更新指针,也就是说需要遍历两次半。减少遍历次数的一种方法是把标记和清除集成起来,这就引出了一种新的分类方法。

12.3.2 复制方法

复制算法比前面的方法简洁,因为它们不涉及垃圾回收。它们仅处理可以从根指针中访问的存储单元,并把它们放在一起,而未经处理的存储单元是可以使用的。复制方法的一个例子是stop-and-copy 算法,它把堆分为两个空间部分,其中一个空间部分仅用于分配内存(Fenichel 和 Yochelson 1969)。在分配指针到达该空间部分的末尾后,所有已使用的存储单元就会复制到第二个空间部分中,该空间部分成为激活的空间部分,程序重新开始执行(参见图 12-9)。

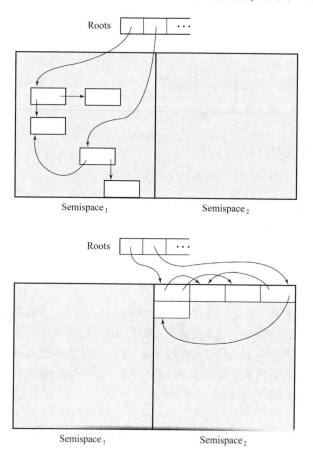

图 12-9 (a) 在把已使用的存储单元从一半空间中复制到另一半空间之前的堆的状态;(b) 在把已使用的存储单元从一半空间中复制到另一半空间部分之后的堆的状态。所有的存储单元都是连续存放的

使用广度优先遍历方法可以复制列表(Chency 1970)。如果列表仅是没有交叉引用的二进制树,该算法就与 6.4.1 节讨论的广度优先树遍历方法相同。但是,列表可以有环,一个列表上的存储单元可以指向另一个列表上的存储单元。在后一种情况下,这个算法会产生同一个存储单元的多个复制。在前一种情况下,该算法会陷入一个无限循环。这个问题很容易解决,因为在 compact()中,会在复

制的存储单元中存放一个前置地址。这将允许复制过程引用一个已经复制过的存储单元。这个算法不需要标记阶段和栈。广度优先遍历方法还允许把复制列表和更新指针这两个任务合并在一起。该算法只是间接处理垃圾，因为它并不真正访问不需要的存储单元。内存中的垃圾越多，该算法的速度就越快。

注意，垃圾回收的成本会降低堆(一半空间)的存储空间的增长速度。实际上，不仅回收的数量会降低堆空间的增长速度，而且每一个回收所用的时间也会降低该速度，这是我们不希望看到的。如果内存非常大，就不需要垃圾回收(Appel 1987)。这也说明，把释放内存位置的责任从程序员(如在 C++或 Pascal 中)移交给垃圾回收器，并不会减慢程序的执行速度。所有这些都是建立在有一个可用的大内存的基础之上的。

12.3.3　递增的垃圾回收

当可用的内存资源变得很少时，会自动调用垃圾回收器。如果这是在程序执行的过程中调用的，垃圾回收器就会暂停程序的执行，直到垃圾回收器完成它的任务。垃圾回收可能要花费几秒的时间，而在时间共享的系统中，垃圾回收就可能需要几分钟的时间。在实时系统中，程序的快速响应是至关重要的，所以这种情形是不能接受的。因此，最好创建递增的垃圾回收器，它是在程序的执行之间执行的。程序仅在很短的时间内暂停执行，让回收器对堆进行某种程度的清理，而把一些未处理的部分堆空间留到以后清理。但这也会产生问题。在回收器处理了部分列表后，程序可能会改变这些列表。因此，与递增垃圾回收器联合使用的程序称为变异器，在回收器重新恢复执行后，就要考虑这种变化，可能要重新处理一些存储单元或整个列表。这个额外的负担说明，该递增垃圾回收器需要执行的任务比一般的回收器多。实践已经证明，递增的回收器需要的处理能力比一般回收器多一倍(Wadler 1976)。

1. 复制方法

基于 stop-and-copy 技术的递增算法是由 Henry Baker(1978)提出的。与 stop-and-copy 算法一样，Baker 算法也使用两个空间部分，分别称为 fromspace 和 tospace，它们都是激活的，以确保在变异器和回收器之间进行正确的合作。其基本思路是在 tospace 中，从其顶端开始分配存储单元，且根据请求，总是从 fromspace 中把相同数量 k 的存储单元复制到 tospace 中。这样，回收器就可以执行其任务，而不会不适当地打扰变异器的工作。在把所有可用的存储单元都复制到 tospace 中后，就交换这两个空间部分的角色。

回收器维护两个指针。第一个指针是 scan，它指向一个存储单元，而该存储单元的 head 和 tail 列表都应复制到 tospace 中(如果它们仍在 fromspace 中)。这些列表都比 k 大，所以不能一次就处理完。广度优先遍历方法可访问的至多 k 个存储单元从 fromspace 中复制出来，且这些副本要放在队列的尾部。这个队列可以由第二个指针 bottom 访问，该指针指向 tospace 中自由空间的开头。回收器可以在相同的时间段中处理当前存储单元的 tail，但它也可能等到下一个时间段再处理。图 12-10 包含一个例子。如果请求分配一个存储单元，该存储单元的 head 指向 P，tail 指向 Q(在 LISP 中就是 cons(P,Q))，且 P 和 Q 都驻留在 tospace 中，就在 tospace 的上半部分中分配一个新的存储单元，并将其指针字段进行正确的初始化。假定 k＝2，就把两个存储单元从 scan 指向的存储单元的 head 列表中复制出来，而在进行下一个请求时才处理 tail。与 stop-and-copy 算法一样，Baker 的算法在 fromspace 的源存储单元中保留了一个前置地址，把它的副本放在 tospace 中，以防以后的内存分配指向这个源存储单元。

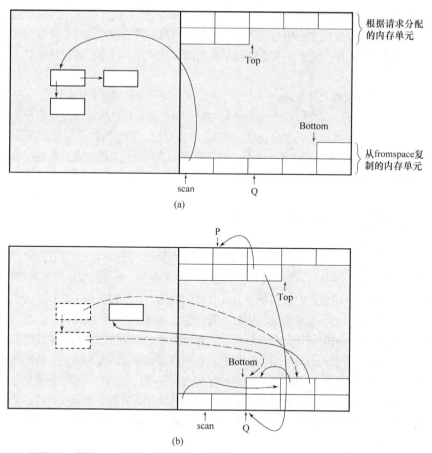

图 12-10 根据 Baker 算法, (a) 分配一个存储单元之前的情形; (b) 分配一个存储单元之后的情形, 其中,
该存储单元的 head 和 tail 指针指向 tospace 中的存储单元 P 和 Q

在已分配的存储单元的 head(和/或 tail)指向 fromspace 中已复制或仍在其中的存储单元时, 要特别注意。因为回收器没有处理 tospace 顶部的存储单元, 在 fromspace 变成 tospace 之后, 这些存储单元中指向 fromspace 存储单元的指针会导致致命的错误。因为 tospace 的存储单元现在已经可用, 且填充了新的内容。如果变异器在某个时间使用指针指向原存储单元, 而在以后的某个时间使用副本, 就会导致不一致。因此, 变异器的前面应加上一个读取界限, 该界限不允许在 fromspace 中使用对存储单元的引用。在引用 fromspace 时, 必须检查这个存储单元是否有一个前置地址, 其 tail 中的地址是否指向 tospace 中的某个内存位置。如果是, 就在内存分配时使用该前置地址。否则, 在当前内存分配中引用的存储单元就必须在实际进行内存分配之前复制。例如, 如果要分配的存储单元的 head 指向 P, 而 P 是 fromspace 中已经复制的存储单元(如图 12-11(a)所示), 则 P 的新地址就存储在 head 中(如图 12-11(b))。如果新存储单元的 tail 指向 Q, 而 Q 在 fromspace 中还未使用, 则 Q(及其子指针, 因为 k=2)就复制到 tospace 中, 之后, 新存储单元的 tail 才能初始化为 Q 的副本。

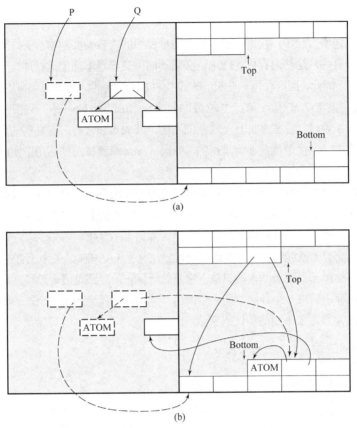

图 12-11　当地址 P 和 Q 指向 fromspace 中的存储单元(其中 P 指向已复制的存储单元，Q 指向仍在 fromspace 中的存储单元)时，Baker 算法所进行的改变

　　Baker的算法得到了一定程度的改进和提高。例如，为了避免在分配新存储单元时总是进行条件测试，可以在每个存储单元中包含一个间接字段。如果存储单元在 tospace 中，间接字段就指向它自己，否则，它就指向它在 tospace 中的副本(Brooks 1984)。这虽然避免了测试，但必须为每个存储单元维护间接指针。解决这个问题的另一个方法是使用可用的硬件设备。例如，内存保护设备可以防止变异器访问回收器未处理的存储单元。堆中带有未处理单元的所有页面都是读保护的(Ellis、Li 和 Appel，1988)。如果变异器试图访问这样的页面，访问就会被捕获，生成一个异常，迫使回收器处理该页面，以便变异器能继续执行。但这个方法会破坏递增回收，因为在空间部分改变其角色后，会频繁调用捕获程序，每个捕获程序都需要处理堆的一个完整页面。Baker 的算法可能还需要其他一些改进，例如在捕获错误时不需要扫描整个页面。另一方面，如果对堆的访问不是很频繁，这就不会成为一个问题。Baker 的算法的另一个改进是将内存分为大小不同的两块。fromspace(对象空间)存储对象，tospace(处理空间)只存储指向对象的引用，而不是整个对象的副本。这些引用都是在标记阶段创建的，因此指向它的引用会标记这些存活对象。在压缩阶段，存活对象在 fromspace 中被压缩，而死对象(即 tospace 中没有引用的对象)则被简单地重写。在最后的整理阶段，删除 tospace 中的引用，用指向对象的指针替代指向引用的指针，使对象返回到初始状态(Stanchina和Meyer 2007)。

2. 非复制方法

在基于复制的递增方法中，问题不仅与原存储单元中的内容及其副本有关，还与它们在内存中的内存位置或地址有关，这些内存位置或地址必须不同。变异器不能把这些地址看成是相同的，否则，程序就会崩溃。因此，需要使用一些机制来维护寻址的完整性，读取界限可用来解决这个问题。但我们还需要避免复制，毕竟，第一个垃圾回收方法 mark-and-sweep 不使用副本。但是因为 mark-and-sweep 方法要进行非常多、且无间断的遍历，其成本非常高，在真实的系统中，这是不能接受的。然而这个方法的简单性是非常难得的，Taiichi Yuasa 就试图把它用于实时约束，并取得了满意的结果。

Yuasa 算法也有两个阶段：一个阶段用于标记可用的存储单元，另一个阶段用于清理堆，把所有未使用(未标记)的存储单元包括在 avail 列表中。标记阶段类似于 mark-and-sweep 方法中的标记阶段，但它是递增的。每次调用标记过程时，它都是仅标记 k_1 个存储单元(k_1 是某个常量)。在标记了 k_1 个存储单元后，变异器就继续执行。在清理阶段使用常量 k_2，确定在把执行控制权返回给变异器之前要处理多少存储单元。垃圾回收器记录下它是处于标记阶段还是清理阶段，标记或清理过程总是在某个过程从内存中请求一个存储单元之后调用，该请求过程会创建一个新的根指针，并初始化其 head 字段和 tail 字段，如下面的伪代码所示：

```
createRootPtr(p,q,r)  // Lisp 的 cons
    if 回收器处于标记阶段
        标记至 k₁ 个存储单元;
    else if 回收器处于清理阶段
        标记至 k₂ 个存储单元;
    else if availList 上的存储单元数较低
        把所有的根指针都推入回收器的栈 st 中;
    p = availList 上的第一个存储单元;
    head(p) = q;
    tail(p) = r;
    如果这是堆上未清理的部分，就标记 p;
```

变异器可以搅乱能从根指针中访问的图，如果这是在标记阶段发生的，就非常重要，因为这会使某些存储单元在可以访问时仍处于未标记状态。图 12-12 包含了一个例子。在把所有的根都推入栈 st(图 12-12(a))中后，且根 r_3 和 r_2 已经处理完，而根 r_1 正在处理(图 12-12(b))，则变异器会进行两个赋值：head(r_3)赋予 tail(r_1)，tail(r_1)赋予 r_2(图 12-12(c))。如果现在重新启动标记过程，就不能把 head(r_3)标记为 c_5，因为假定整个图 r_3 都已经处理完。这就会在清理阶段把存储单元 head(r_3)放在 avail 列表中。为了避免这种情况，更新存储单元的 head 或 tail 的函数可以把正在更新的字段值推入垃圾回收器使用的栈中。例如：

```
updateTail(p,q) // Lisp 的 rplacd
    if 回收器处于标记阶段
        标记 tail(p);
        st.push(tail(p));
    tail(p) = q;
```

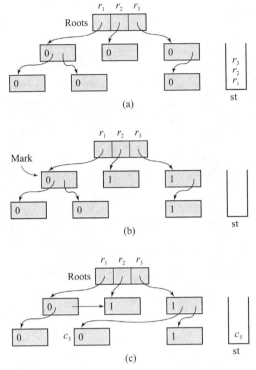

图 12-12　在 Yuasa 的非复制递增垃圾回收器中，如果没有使用栈来记录在标记阶段
可能没有处理的存储单元，就会出现不一致的结果

在标记阶段，栈 st 弹出 k_1 次，对于每个弹出的指针 p，都标记了其 head 和 tail。

清理阶段以递增方式遍历堆，把所有未标记的存储单元包含在 avail 列表中，并取消所有已标记的存储单元。为了保持一致性，如果分配一个新存储单元，且已经清理了堆的某个部分，该存储单元就仍是未标记的。否则，下一个标记循环就会导致错误的结果。图 12-13 演示了一个例子，指针 sweeper 已经到达了存储单元 c_3，现在变异器执行 createRootPtr(r_2,c_5,c_3)，请求一个新的存储单元，其中第一个存储单元从 avail 列表中分离出来，并建立一个新的根(图 12-13(b))。但新分配的存储单元没有标记，因为它在堆中先于 sweeper。

如果某个存储单元在已清理的区域中释放，它就会成为垃圾，但在内存的开始处重新启动清理过程之前，它不会被删除。例如，在把 tail(r_1)赋予 r_1 之后，存储单元 c_2 就不能访问了，现在把它添加到 avail 列表中，它仍不会重新声明(图 12-13(c))。地址比 sweeper 的当前值大的存储单元也会发生相同的情况，在图 12-13(d)中，在把 tail(r_2)赋予 tail(r_1)之后，存储单元 c_6 就不会重新声明。这称为浮动的垃圾，浮动的垃圾由下一个循环回收。

将 head 和 tail 的值(是被变异器用新值重写前的值)存储到标记过的栈中，Yuasa 算法实际上使用了写入屏障(write barrier)。写入屏障可以保证部分可访问的列表在被回收器处理之前不被修改。写入屏障有很多种形式。Yuasa 的算法可以保护堆内的所有路径不被损坏，还可以阻止堆中已被回收器处理过的部分的指针指向还未被处理过的部分(Dijkstra 等，1976)。屏障是个有效的工具，虽然会引起一些小的系统开销(Blackburn 和 Hosking 2004)。

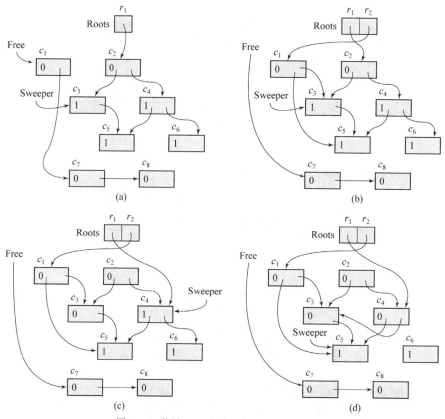

图 12-13   使用 Yuasa 方法，清理阶段的内存变化

在分代垃圾回收器中，会根据所分配对象的年龄，将堆分成不同的区域。不过，这并不是将对象进行分类并分堆的唯一评判标准。还有一个标准是所希望的剩余生命周期，也就是，问题在于决定对象有多长的存活时间，而不是已经存活了多长时间(Cannarozzi 等 2000)。另一个标准是对象的类型。对每个程序观察可知，大多数对象使用的也就是少数几个常用对象类型(prolific 类型)，而且 prolific 类型的对象死的时候比 nonprolific 类型的对象年轻，对象就被分配到堆的 prolific 区域或 nonprolific 区域。在进行处理时前者比后者更频繁。这种方法的好处是不必使用写入屏障。不过，问题在于要适当选择这些 prolific 类型(Shuf 等 2002)。

12.3.4   分代垃圾回收

另一种垃圾回收的办法基于这样一种情况：很多被分配单元所需要的时间非常短，其中有一些单元的使用时间稍长一点。这就出现了分代垃圾回收技术，该技术将所有被分配单元分成至少两个代龄区域，并主要关注会生成大量垃圾的年轻代，即在对整个堆偶尔进行主要回收之余，对年轻代进行大量的次要回收。通过这种方式，就不需要复制年轻单元，从而节省回收器的工作。而且，对生命周期长的单元每次都进行检查并复制是一种不必要的浪费，如果要将所有单元都检测一遍是否有垃圾产生，这种检测少量次数就可以了。

在经典版本的分代垃圾回收器中，地址空间被分成若干区域，不仅仅是 tospace 和 fromspace，还有每个区域 r_{gv}，这些区域中存放同样是 g 代 v 版本(即被 v 次回收后仍存活的 g 代)的单元(Lieberman

和 Hewitt 1983)。许多指针指向年老代中的单元，不过其中有些指针指向次数(例如，Lisp 语言的 rplaca)。在这个方法中，会通过分配给每个区域的项表来间接使用向前引用。$r_{i,k}$ 区域的指针不能指向区域 $r_{i+s,m}$ 中的单元 c，但指向位于分配给 $r_{i+s,m}$ 的项表中的单元 c'，c'中含有指向 c 的指针。如果区域 $r_{i,k}$ 满了，所有到达单元都被复制到另一个区域 $r_{i,k+1}$ 中，并访问所有比 $r_{i,k}$ 中单元代龄更年轻的区域，从而更新指向刚才被传送到另一个新区域中单元的指针。比 $r_{i,k}$ 中单元代龄更老的区域则不需要访问。假定 $r_{i,k}$ 的项表中仅有少量的引用需要更新(如图 12-14 所示)。在每个项表中存入指针所指向区域的唯一标识符，就可以清理项表了，标识符随同指针一起更新。有些指针被放弃了，如图 12-14(b)的 $r_{i+1,l}$ 区域中项表内的指针。在这个区域被放弃后就会接着清理这些指针。

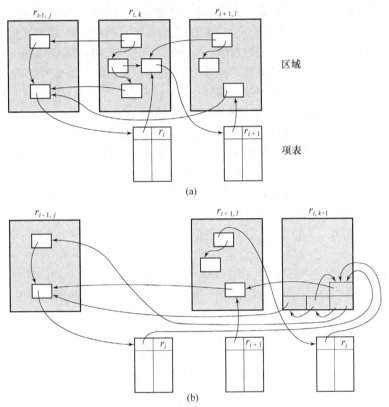

图 12-14　分代垃圾回收的 Lieberman-Hewitt 技术，将可到达单元从区域 $r_{i,k}$ 复制
到区域 $r_{i,k+1}$ 之前和之后的三个区域内的状态：(a) 之前；(b) 之后

何时确定年老代单元是个问题，即何时决定这些单元不再年轻。通常情况下，经过 n 次垃圾回收后还存活的单元就是年老代，其中 n 不是指从一个垃圾回收器到另一个垃圾回收器。最简单的解决方案是每次回收后就确定单元是否年老(Appel 1989)，但这可能会导致对各种单元类型有不同的年老标准。

所创建的向前指针非常少，因此可能期望项表比较小。对这项技术进行改进后，每对区域可以只用一个项表(Johnson 1991)。

纯分代垃圾回收器的一个问题是，主回收器使用的频率虽然远低于次回收器，但所花费的时间却比后者多，因此会中断变异器的处理过程，并且在实时环境中并不适用。为了避免这个问题，必须确保可以对整个堆使用增量收集。有一个解决方案是使用火车算法(Hudson 和 Moss 1992)。

　　火车算法针对的是驻留在成熟对象空间里的最老的那些对象。空间被划分成多个区域(车厢)，这些带有对象的区域通过图 12-15 所示的虚线形成链表，又用点划线把它们连接成一个圆形链表。一次只从特定链表收集一个区域。在下一个循环中收集区域的邻居，如果到达链表的末端，就会处理下个链表的第一块区域。在对区域的处理结束之后，该区域就可以重新使用，以存储从稍年轻些的代中上来的对象。下面是从某个区域中回收单元的规则。

　　如果链表中的对象没有任何外部引用，则释放该区域的空间。

　　如果对象被根指针访问，就可以将它复制到另一个链表中(现有的或新创建的)，所有驻留在同一区域的对象，以及通过刚被复制过来的对象来访问的所有对象，都复制到同一个链表中。例如，如图 12-15(a)中 P 所指向的对象就被复制到第二个列表的第三个区域，通过 P 引用的对象来访问的对象 B 的副本被放置到一个新创建的区域，成为 B'(我们假定一个区域内只能放置 4 个对象)，B'带有从父对象指向自己的链接，留下向前地址(图 12-15(b)，向前链接如虚线所示)。

　　如果对象被另一个区域访问，就将其复制到引用所在的列表的底部(如果列表中没空间了，就需要创建一个新的区域)。例如，对象 A 被驻留在同一个列表中另一个非 A 所在区域的对象 D 引用，A 就以 A'的形式存储到当前列表的底部，来自 D 的引用指向 A'。对象 C 被驻留在非 C 所在列表的另一个区域的对象 H 引用，C 就以 C'的形式存储到 H 所在列表的底部，来自 H 的引用指向 C'，来自 C'的引用指向 B'，这可以从留在 B 中的向前地址看出。利用记忆集合可以找出引用在当前区域而引用所指向的对象在其他区域的所有对象，通常包括对引用较年轻对象的年老对象的引用(Ungar 1984)。记忆集合取代了项表，并且允许直接引用，不管是从年轻对象到年老对象，还是从年老对象到年轻对象(项表的作用是通过表中的引用只允许年轻对象对年老对象进行间接引用)。在火车算法中，每个区域都有一个与其相关的记忆集合。图 12-15(a)在上部链表的第一个区域下显示了一个这样的记忆集合。

　　火车算法还可以用来处理不能在一个区域中放置的大型链接对象结构，甚至循环结构。如图 12-15(a)中的结构 F-G-J-H，在第一次回收时，不影响该结构。在第二次回收时(如图 12-15(b)所示)，对象 F 被复制到另一个列表的最后一个区域(在对象 D 和 E 都被处理后，如图 12-15(c)所示，向前链接没有显示)。在第三次回收后，情况就如图 12-15(d)所示。整个循环结构驻留在一个列表的区域中。在这个列表中，对单元仅有一个外部引用，即引用 P。如果将 P 修改成指向该表的外部对象，就会在列表中保留内部引用，因此可以回收整个列表以释放空间。

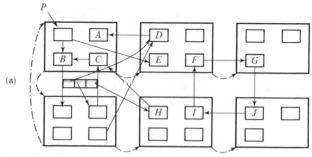

图 12-15　火车算法的执行实例：(a) 区域的两个链表；(b) 第一次回收后的情形，在处理完上部链表的第一个区域后，第一个区域从列表中删除，以便重新分配使用；(c) 第二次回收后的情形，对象 D、E、F 和一个垃圾单元所在的区域从列表中迁移至空闲区域的列表中；(d) 第三次回收后的情形，在释放了当前列表的最后一个区域后，列表消失了。在循环列表中仅剩下一个列表

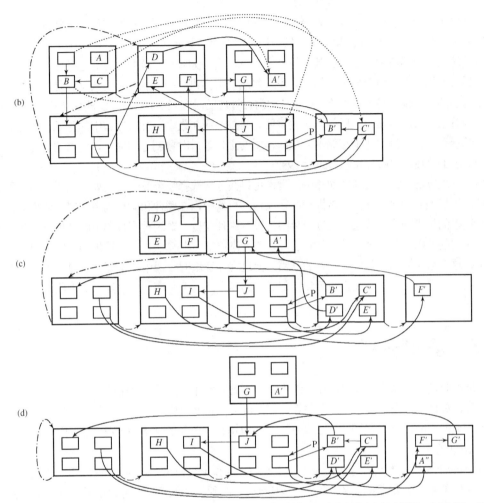

图 12-15 火车算法的执行实例：(a) 区域的两个链表；(b) 第一次回收后的情形，在处理完上部链表的第一个区域后，第一个区域从列表中删除，以便重新分配使用；(c) 第二次回收后的情形，对象 D、E、F 和一个垃圾单元所在的区域从列表中迁移至空闲区域的列表中；(d) 第三次回收后的情形，在释放了当前列表的最后一个区域后，列表消失了。在循环列表中仅剩下一个列表(续)

12.4　小结

　　在评价内存管理算法的效率时，特别是评价垃圾回收器时，必须小心避免 Paul Wilson 的苛责：标准教材过分强调算法复杂的不均衡性，而忽略了其要点：与各种算法相关的因素是一样的(Wilson 1992)。这在非递增的算法中特别明显，非递增算法的成本通常与栈的大小 n(mark-and-sweep)或可用存储单元的数量 m(stop-and-copy)成正比。在后一种技术中，可以立即看出其优势，特别是在剩下的存储单元数比堆的尺寸小时，其优势就更明显。但是，在考虑到清理成本与复制成本相比非常小时，效率之间的差异就不是很明显了。实际上，如前所述，mark-and-sweep 和 stop-and-copy 技术的实时性能是非常相近的(Zorn 1990)。

这个例子说明，有两个主要元素会影响算法的效率：程序的行为和底层硬件的特性。如果程序在长时间内分配内存，则 m 就接近 n，只扫描可用的存储单元接近于扫描整个堆(或其区域)。这对于阶段性垃圾回收器特别重要，其效率依赖于如下假定：大多数已分配的存储单元使用的时间都非常短。另一方面，如果清理一个存储单元不像复制它那样快，则复制技术的效率就是有限的。

不均衡的复杂性这种说法并不严密，有关内存管理的研究表明，计算算法的这个特性并不重要。"与各种算法相关的因素是一样的"比较重要。另外，应对效率进行粒度适中的测试，但并非所有的测试都容易进行，例如每个存储单元重新声明的工作量，对象创建的速度，对象的平均生命期或可访问对象的密度(Lieberman 和 Hewitt 1983)。

内存管理算法总是与硬件密切相关，硬件可以决定应选择哪个算法。例如，如果使用某种专用的硬件，垃圾回收的速度就会显著提高。在 LISP 机器中，在硬件和微代码中实现读取界限，这说明这些递增的垃圾回收器依赖于该读取界限。没有硬件支持，在这种回收器上的处理时间会占用程序运行时间的 50%。如果缺乏这种硬件支持，就应选择非复制算法。在计算机的响应有问题的真实系统中，这会给垃圾回收器增加额外的开销。而这在非递增回收器中就不那么明显，因为程序不会以可见的方式等待回收器完成它的工作。但是，递增方法的调节应与实时约束成正比。

12.5 案例分析

垃圾回收器的复制算法效率很高，因为它们不需要处理未使用的存储单元。未处理的存储单元就是垃圾，最后会被回收。但是，这些算法在把可用存储单元从一个空间部分复制到另一个空间部分时效率很低。in-place 垃圾回收器试图在不生成可用存储单元的副本的情况下，保留复制算法的优点(Baker 1992)。

这个 in-place 算法一直在维护两个双链表 freeCells 和 nonFreeCells。列表 freeCells 最初包含 heap[] 的所有存储单元，如果请求构建一个列表或构建一个新原子，就把一个存储单元从 freeCells 移动到另一个列表中。在 freeCells 为空后，就调用函数 collect()。这个函数首先把所有的根指针从 nonFreeCells 传送到一个中间列表 markDescendants 中，并把它们的 marked 字段设置为 true。然后，函数 collect()从 markDescendants 中逐个分离存储单元，把每个存储单元传送到另一个临时列表 markedCells 中。对于每个非原子存储单元，函数 collect()给它们附加上 markDescendants 未标记的 head 和 tail 指针，以便以后处理。在这个案例分析中，它们附加到 markDescendants 的开始处，因此要对列表结构进行深度优先遍历。对于广度优先遍历(与 Cheney 的算法相同)，它们必须附加到 markDescendants 的最后，这需要另一个指向列表末尾的指针。注意，尽管存储单元传送到 markedCells 中，它也进行了标记，以防在环结构中出现无限循环，以及在相互连接的无环结构中出现冗余处理。

在列表 markDescendants 为空后，heap[]的所有可用存储单元都已处理，collect()也已执行完毕。在从 collect()返回之前，nonFreeCells 中剩下的所有存储单元都将成为 freeCells 的成员，所有已标记的存储单元都把它们的 marked 字段设置为 false，然后放在 nonFreeCells 中。现在可以重新开始执行用户的程序了。

垃圾回收器是程序环境的一部分，在后台中执行，用户几乎不知道它。为了用例子来说明垃圾回收器的工作，在这个案例分析中要模拟程序背景的一些元素，特别是堆和符号表。

堆作为一个对象数组来实现，其中有两个标志字段：原子/非原子和已标记/未标记；还有两个指针，它们实际上是整数字段，表示前一个存储单元和后一个存储单元在 heap[]中的内存位置。除了这些之外，两个永久列表 freeCells 和 nonFreeCells、两个临时列表 markDescendants 和 markedCells 都是整数，表示 heap[] 的第一个存储单元在给定列表中的索引。

符号表是作为一个根指针的整数数组 roots[] 来实现的。其中没有使用明确的变量名，只使用了 heap[] 存储单元中的索引。例如，如果 roots 是 [3 2 4 0]，则 program() 当前只使用了 4 个变量 roots[0] 到 roots[3]。这些变量分别指向 heap[] 中的存储单元 3、2、4 和 0。数字 0～3 可以看成是变量名的下标，例如 var_0、var_1、var_2 和 var_3。

用户 program() 仅是一个粗糙的模拟器，它只需要分配和释放 heap[] 上的内存。这些请求是根据要求的类型随机生成和分类的：20% 是原子的分配/重新分配，20% 是列表的分配重新分配，20% 是 head 的更新，20% 是 tail 的更新，最后的 20% 是内存的释放。释放过程由函数 deallocate() 模拟，该函数确定是否应给已有的根变量赋予 empty(表示空指针)，还是在删除了所有的本地变量后退出本地块，这表示赋予它们的内存都被释放了。百分数可以不同，还可以调节已赋值的分布情况。在 program() 中只引入了一个改变，另外，heap[] 的大小和 roots[] 的大小也可以改变。

用户 program() 随机生成一个 0～99 之间的数字 rn，表示要执行的操作。接着，在 roots[] 中随机选择变量。例如，如果 rn 是 11，roots[] 是 [3 2 4 0]，p 是 2，则 heap[] 中变量 2 表示的存储单元 roots[p]=4 就成为一个原子，在它的 value 字段中存储了 val 的值，其 atom 字段设置为 true。如果 p 是 4，这就表示必须在 roots[] 的内存位置 4 处创建一个新变量(变量 4 或 var_4)，内存位置 roots[4] 在 freeCells 中赋予第一个值。

为了了解这个程序做了什么工作，要使用一个简单的函数 printList()，该函数显示出给定列表中的元素，输出运算符被重载为显示 heap[] 和 roots[] 中的内容，下面是把这个运算符应用于有 6 个存储单元的堆后，生成的输出结果：

```
roots: 1 5 3
(0: -1 2 0 0 0 0) (1: 5 4 0 0 1 4) (2: 0 -1 0 0 2 2)
(3: 4 -1 1 0 130 5) (4: 1 3 1 0 129 4) (5: -1 1 0 0 5 1)
freeCells: (0 0 0) (2 2 2)
nonFreeCells: (5 5 1) (1 1 4) (4 129 4) (3 130 5)
```

这个输出结果表示图 12-16 中的情形。图 12-16(a) 显示了一个堆中的内容、列表 freeCells 和 nonFreeCells 使用的 prev 和 next 链接，以及非原子存储单元的头链接 links[0] 和尾链接 links[1]。对于原子存储单元，在 links 中存储值，而不是在链接中存储。因为十字形链接的数量较多，在图 12-16(b) 中出现了相同的情形，其中存储单元按照它们的连接进行组织，而不是按照它们在堆中的内存位置来组织。

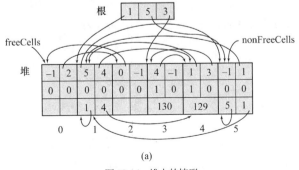

(a)

图 12-16　堆上的情形

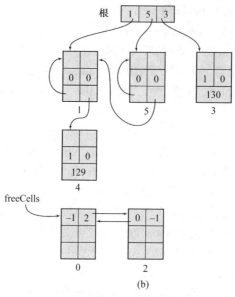

图 12-16　堆上的情形(续)

程序清单 12-1 显示了这个程序的清单。

程序清单 12-1　in-place 垃圾回收器的执行代码

```
//*********************    heap.h    *********************

#ifndef HEAP_CLASS
#define HEAP_CLASS
#include <fstream>

class Cell {
public:
    bool atom,marked;
    int prev,next;
    Cell() {
        Prev = next = info.links[0] = info.lind[1] = -1;
    }
    union {
        int value;      // value for atom,
        int links[2];   // head and tail for non-atom;
    }info;
};

class Heap {
public:
    int rootCnt;
    Heap();
    void updateHead(int p, int q) {          // Lisp's rplace;
        if (roots[p] != empty && !atom(roots[p]))
            Head(roots[p]) = roots[q];
    }
```

```
    void updateTail(int p, int q) {            // Lisp's rplace;
        if (roots[p] != empty && !atom(roots[p]))
            Tail(roots[p]) = roots[q];
    }
    void allocateAtom(int,int);
    void allocateList(int,int,int);
    void deallocate(int);
    void printList(int,char*);
private:
    const int empty,OK,head,tail,maxHeap,maxRoot;
    Cell *heap;
    int *roots,freeCells,nonFreeCells;
    int& Head(int p) {
        return heap[p].info.links[head];
    }
    int& Tail(int p) {
        return heap[p].info.links[tail];
    }
    int& value(int p) {
        return heap[p].info.value;
    }
    int& prev(int p) {
        return heap[p].prev;
    }
    int& next(int p) {
        return heap[p].next;
    }
    bool& atom(int p) {
        return heap[p].atom;
    }
    bool& marked(int p) {
        return heap[p].marked;
    }
    void insert(int,int&);
    void detach(int int&);
    void transfer(int cell,int& list1,int& list2) {
        detach(cell,list1); insert(cell,list2);
    }
    void collect();
    int allocateAux(int);
    friend ostream& operator<< (ostream&,Heap&);
};

Heap::Heap():empty(-1),OK(1),head(0),tail(1),maxHeap(6),
maxRoot(50) {
    freeCells = nonFreeCells = empty;
    rootCnt = 0;
    heap = new Cell[maxHeap];
    roots = new int[maxRoot];
    for (int i = maxRoot-1; i >= 0; i--) {
        roots[i] = empty;
```

```
        for (i = maxHeap-1; i >= 0; i--) {
            insert(i,freeCells);
            marked(i) = false;
        }
    }

    void Heap::detach(int cell,int& list) {
        if (next(cell) != empty)
            prev(next(cell)) = prev(cell);
        if (prev(cell) != empty)
            next(prev(cell)) = next(cell);
        if (cell == list)                    // head of the list;
            list = next(cell);
    }

    void Heap::insert(int cell,int& list) {
        prev (cell) = empty;
        if (cell == list)                    // don't create a circular list;
            next (cell) = empty;
        else next(cell) = list;
        if (list != empty)
            prev(list) = cell;
        list = cell;
    }

    void Heap::collect() {
        int markDescendants = empty, markedCells = empty;
        for (int p = 0; p < rootCnt; p++) {
            if (roots[p] != empty) {
                transfer(roots[p],nonFreeCells,markDescendants);
                marked(roots[p]) = true;
            }
        }
        printList(markDescendants, "markDescendants");
        for (p = markDescendants; p != empty; p = markDescendants) {
            transfer(p,markDescendants,markedCells);
            if (!atom(p) && !marked(Head(p))) {
                transfer(Head(p),nonFreeCells,markDescendants);
                marked(Head(p)) = true;
            }
            if (!atom(p) && !marked(Tail(p))) {
                transfer(Tail(p),nonFreeCells,markDescendants);
                marked(Tail(p)) = true;
            }
        }
        cout << *this;
        printList(markedCells, "markedCells");
        for (p = markedCells; p != empty; p = next(p))
            marked(p) = false;
        freeCells = nonFreeCells;
        nonFreeCells = markedCells;
```

518

```
}

int Heap::allocateAux(int p) {
    if (p == maxRoot) {
        cout << "No room for new roots\n";
        return !OK;
    }
    if (freeCells == empty)
        collect();
    if (freeCells == empty) {
        cout << "No room for new roots\n";
        return !OK;
    }
    if (p == rootCnt)
        roots[rootCnt++] = p;
    roots[p] = freeCells;
    transfer(freeCells,freeCells,nonFreeCells);
    return OK;
}

void Heap::allocateAtom(int p, int val) {//an instance of List's setf;
    if (allocateAux(p) == OK) {
        atom(roots[p]) = true;
        value(roots[p]) = val;
    }
}

void Heap::allocateList(int p,int q,int r) { //Lisp's cons;
    if (allocateAux(p) == OK) {
        atom(roots[p]) = false;
        Head(roots[p]) == roots[q];
        Tail(roots[p]) = roots[r];
    }
}

void Heap::deallocate(int p) {
    if (rootCnt > 0)
        if (rand() % 2 == 0)
            roots[p] = roots[--rootCnt];  // remove variable when existing
                                          // a block
        else roots[p] = empty;  // set variable to null;
}

void Heap::printList(int list,char *name) {
    cout << name << ";";
    for (int i = list; i = empty; i = next(i))
        cout << "(" << i << " " << Head(i) << " " << Tail(i) << ")";
    cout << endl;
}

ostream& operator<< (ostream& out, Heap& h) {
    cout << "roots: ";
```

```
            for (int i = 0; i < h.rootCnt; i++)
                cout << h.roots[i] << " ";
        cout << endl;
        for (i = 0; i < h.maxHeap; i++)
            cout << "(" << i << ":" << h.prev(i) << " " << h.next(i)
                    << h.atom(i) << " " << h.marked(i) << " "
                    << " " << h.Head(i) << " " << h.Tail(i) << ")"
        cout << endl;
        h.printList(h.freeCells, "freeCells");
        h.printList(h.nonfreeCells, "nonfreeCells");
        return out;
    }

    #endif

    //*********************  collector.cpp  ************

    #include <iostream.h>
    #include <stdlib.h>
    using namespace std;
    #include "heap.h"

    Heap heap;

    void program() {
        static int val = 123;
        int rn,p,q,r;
        if (heap.rootCnt == 0) {          // call heap.allocateAtom(0,val++);
            p = 0;
            rn = 1;
        }
        else {
            rn = rand() % 100 + 1;
            p = rand() % heap.rootCnt + 1;    // possibly new root;
            q = rand() % heap.rootCnt;
            r = rand() % heap.rootCnt;
        }
        if (rn <= 20)
            heap.allocateAtom(p,val++);
        else if (rn <= 40)
            heap.allocateList(p,q,r);
        else if (rn <= 60)
            heap.updateHead(q,r);
        else if (rn <= 80)
            heap.updateTail(q,r);
        else heap.deallocate(p);
        cout << heap;
    }

    int main() {
        for (int i = 0; i < 50; i++)
            program();
```

```
    return 0;
}
```

12.6　习题

1. 如果把 first-fit 方法应用于按块大小排序的列表，会发生什么情况？

2. 在 sequential-fit 方法中，按照列表中块的顺序来合并块，会出现什么结果？这些顺序所产生的问题如何解决？

3. optimal-fit 方法在决定分配哪个内存块时，要检查一个块实例，找出与请求最匹配的那个块，再找出第一个比该匹配大的块(Campbell 1971)。这个方法的效率取决于什么因素？这个算法与其他 sequential-fit 方法相比，效率如何？

4. 在什么情况下，自适应 exact-fit 方法中的尺寸列表为空(除了开始之外)？它的最大尺寸是多少？什么时候会达到这个尺寸？

5. 为什么在伙伴系统中块列表使用的是双链表，而不是单链表？

6. 要使用 Fibonacci 伙伴系统把块返回给内存池，给出一个算法。

7. 把 markingWithStack()应用于图 12-17 中左退化和右退化的列表结构。在这两种情况下，要执行多少次 pop()和 push()调用？它们都是必要的吗？如何优化代码，避免不必要的操作？

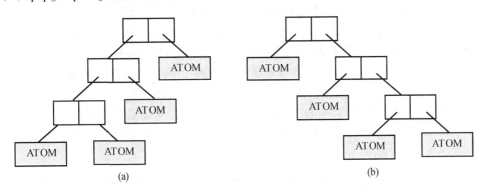

图 12-17　(a) 列表结构的左退化；(b) 列表结构的右退化

8. 在垃圾回收的引用计数法中，每个存储单元 c 都有一个 counter 字段，其值表示有多少其他存储单元引用(指向)了它。每次另一个存储单元引用 c 时，该计数器都会递增，而每次删除一个引用时，该计数器都会递减。垃圾回收器在清理堆时使用这个计数器。如果存储单元的计数是 0，该存储单元就可以重新声明，因为它不指向任何其他存储单元。讨论这个垃圾回收方法的优缺点。

9. 在 Baker 的算法中，回收器执行的扫描应在 bottom 到达 tospace 的顶部之前完成，以调换空间部分的角色。k 的值是多少才能确保这一情形？假定 n 是程序所需要的最大存储单元数，2m 是 fromspace 和 tospace 中的存储单元数。当 k 是整数时，将 k 的值增加一倍，会出现什么情况？如果 k 是小数呢(例如 k 是 0.5，则每两个请求要执行一次复制)？

10. 在一个改进的 Baker 算法中，当变异器的访问被捕获时，需要更新堆页面(Ellis、Li 和 Appel, 1988)，此时有一个问题：对象可能横跨页面的边界。提出一种解决方案。

11. 火车算法面临的问题是记忆集合的大小。这个问题什么时候会出现？又该如何解决它？

12.7　编程练习

1. 实现下述由 W. A. Wulf、C. B. Weinstock 和 C. B. Johnsson(Standish 1980)开发的内存分配方法，该方法称为 quick-fit 方法。对于所请求块的最常见的尺寸 n，这个方法使用一个有 n+1 个元素的数组 avail，其中每个元素 i 指向尺寸为 i 的块链表。最后一个元素(n+1)指向其他不常需要的尺寸的块。还有一个指向链表的指针，但因为这些块的数量可能很多，所以推荐使用另一个组织方式，例如二叉搜索树。编写函数来分配和释放内存块。如果返回了一个块，就把它与其临近的块合并起来。为了测试这个程序，可以随机生成不同尺寸的内存块，通过数组模拟给这些块分配大小是 2 的幂的空间。

2. 在双重伙伴系统中，二进制伙伴方法管理着两部分内存。但这些内存区域的数量可以更大(Page 和 Hagins 1986)。编写一个程序管理三个这样的区域，这三个内存块的大小分别是 2^i、3×2^j 和 5×2^k。如果请求的块尺寸是 s，把 s 四舍五入为可以通过这个方法生成的最接近的块尺寸。例如，尺寸 11 四舍五入为 12，该尺寸可以是第二个区域中的数字。如果这个请求在这个区域中容纳不下，就把 12 四舍五入为下一个可用的数字，即 15，这是第三个区域中的数字。如果在这个区域中没有这个块尺寸或更大的尺寸，就看看第一个区域。万一失败，就把请求保存在一个列表中，一旦合并的块有足够的尺寸，就处理该请求。运行该程序，改变三个参数：保留块的时间间隔，请求的个数，以及内存总量。

3. 实现阶段性垃圾回收器的一个简单版本，该版本只使用两个区域(Appel 1989)。堆分为两个相等的部分。上面的部分保存了已经从下面部分中复制的存储单元，作为可以从根指针中访问的存储单元。下面部分用于内存分配，仅保存较新的存储单元(如图 12-18(a)所示)。在这部分填满之后，垃圾回收器就把所有可访问的存储单元都复制到上面部分中，并清理下面的部分(图 12-18(b))。之后内存分配从下面部分的起始内存位置开始。在几个循环之后，上面的部分也被填满了，从下面部分中复制的存储单元实际上复制到下面部分中(图 12-18(c))。此时，开始上面部分的清理过程，把上面部分中所有可访问的存储单元复制到下面部分中(图 12-18(d))，再把所有可访问的存储单元复制到上面部分的起始内存位置处(图 12-18(e))。

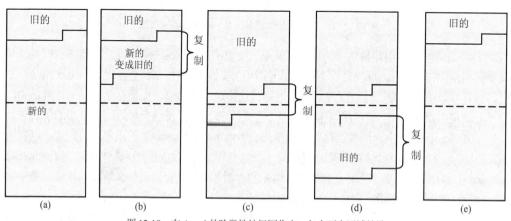

图 12-18　在 Appel 的阶段性垃圾回收中，包含两个区域的堆

4. 案例分析演示了 in-place 非递增垃圾回收器。改进并扩展它，使之成为一个递增的回收器。在这个例子中，program()变成 mutator()，允许函数 collect()处理 k 个存储单元。为了防止 mutator()在结构中引入完全不能由 collect()处理的不一致的内容，mutator()应把未标记的存储单元从 freeCells 传送到 markDescendants 中。

另一个非常好的改进是把环形列表中所有 4 个列表组合起来，创建 Henry Baker (1992)所谓的 treadmill(图 12-19(a))。如果请求一个新的存储单元，指针 free 就以顺时针方向移动，在变异器允许时，指针 toBeMarked 移动 k 次。对于 toBeMarked 当前扫描的每个非原子的存储单元，如果其 head 和 tail 未标记，将在 toBeMarked 之前传送。在 toBeMarked 遇到 endNonFree 时，所有的存储单元都未标记，在 free 遇到 nonFree 时，在自由存储单元列表中将不存在自由存储单元(图 12-19(b))。在这种情况下，nonFree 和 endNonFree(以前的 nonFreeCells)之间剩下的就是垃圾，因此可以由变异器利用。此时交换 nonFree 和 endNonFree 的角色，就好像 nonFreeCells 变成了 freeCells(图 12-19(c))。所有的根指针都传送到 toBeMarked 和 endFree 之间的部分 treadmill 上，创建以前 markDescendants 的种子，变异器可以重新开始执行了。

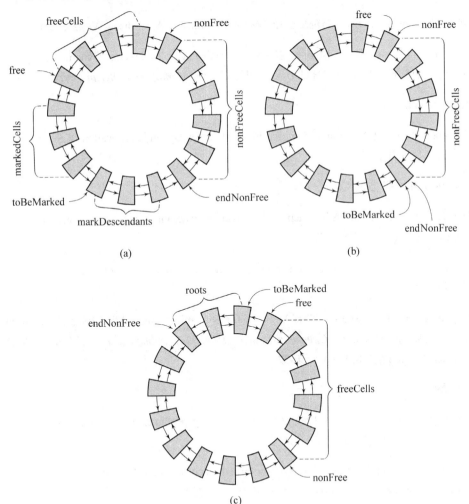

图 12-19　Baker 的 treadmill

参考书目

内存管理

Johnstone, Mark S., and Wilson, Paul R., "The Memory Fragmentation Problem: Solved?," *Proceedings of the First International Symposium on Memory Management ISMM' 98*, published as ACM SIGPLAN Notices 34 (1999), No. 3, 26-36.

Randell, Brian, "A Note on Storage Fragmentation and Program Segmentation,"*Communications of the ACM* 12 (1969), 365-372.

Smith, Hary F., Data Structures: *Form and Function*, San Diego, CA: Harcourt-Brace-Jovanovich, 1987, Ch. 11.

Standish, Thomas A., *Data Structure Techniques*, Reading, MA: Addison-Wesley, 1980,Chs. 5 and 6.

Wilson, Paul R., Johnstone, Mark S., Neely, Michael, and Boles, David, "Dynamic storage allocation: A survey and critical review," H.G. Baker (ed.), *Memory Management, Berlin*: Springer, 1995, 1-116.

sequential-fit 方法

Campbell, J. A., "A Note on an Optimal-Fit Method for Dynamic Allocation of Storage," *Computer Journal* 14 (1971), 7-9.

nonsequential-fit 方法

Oldehoeft, Rodney R., and Allan, Stephen J., "Adaptive Exact-Fit Storage Management,"*Communications of the ACM* 28 (1985), 506-511.

Ross, Douglas T., "The AED Free Storage Package," *Communications of the ACM* 10 (1967), 481-492.

Stephenson, C. J., "Fast Fits: New Methods for Dynamic Storage Allocation," *Proceedings of the Ninth ACM Symposium on Operating Systems Principles, published as ACM SIGOPS Operating Systems Review* 17 (1983), No. 5, 30-32.

伙伴系统

Bromley, Allan G., "Memory Fragmentation in Buddy Methods for Dynamic Storage Allocation," *Acta Informatica* 14 (1980), 107-117.

Cranston, Ben, and Thomas, Rick, "A Simplified Recombination Scheme for the Fibonacci Buddy System," *Communications of the ACM* 18 (1975), 331-332.

Hinds, James A., "An Algorithm for Locating Adjacent Storage Blocks in the Buddy System," *Communications of the ACM* 18 (1975), 221-222.

Hirschberg, Daniel S., "A Class of Dynamic Memory Allocation Algorithms," *Communications of the ACM* 16 (1973), 615-618.

Knowlton, Kenneth C., "A Fast Storage Allocator," *Communications of the ACM* 8 (1965),623-625.

Page, Ivor P., and Hagins, Jeff, "Improving Performance of Buddy Systems," *IEEE Transactions on Computers* C-35 (1986), 441-447.

Peterson, J. L., and Norman, T. A., "Buddy Systems," *Communications of the ACM* 20 (1977), 421-431.

Shen, Kenneth K., and Peterson, James L., "A Weighted Buddy Method for Dynamic Storage Allocation," *Communications of the ACM* 17 (1974), 558-562.

垃圾回收

Appel, Andrew W., "Garbage Collection Can Be Faster Than Stack Allocation," *Information Processing Letters* 25 (1987), 275-279.

Appel, Andrew W., "Simple Generational Garbage Collection and Fast Allocation," *Software—Practice and Experience* 19 (1989), 171-183.

Baker, Henry G., "List Processing in Real Time on a Serial Computer," *Communications of the ACM* 21 (1978), 280-294.

Baker, Henry G., "The Treadmill: Real-Time Garbage Collection Without Motion Sickness,"*ACM SIGPLAN Notices* 27 (1992), No. 3, 66-70.

Blackburn, Stephen M., and Hosking, Antony L., "Barriers: Friend or Foe?," *The 2004 International Symposium on Memory Management*, New York: ACM Press, 2004, 143-151.

Brooks, Rodney A., "Trading Data Space for Reduced Time and Code Space in Real-Time Collection on Stock Hardware," *Conference Record of the 1984 ACM Symposium on Lisp and Functional Programming*, Austin, TX (1984), 108-113.

Cannarozzi, Dante J., Plezbert, Michael P., and Cytron, Ron K., "Contaminated Garbage Collection," *ACM SIGPLAN Notices* 35 (2000), No. 5, 264-273.

Cheney, C. J., "A Nonrecursive List Compacting Algorithm," *Communications of the ACM* 13 (1970), 677-678.

Cohen, Jacques, "Garbage Collection of Linked Data Structures," *Computing Surveys* 13 (1981), 341-367.

Dijkstra, Edsger W., Lamport, Leslie, Martin, A. J., Scholten, C., and Steffens, E. F. M., "On-the-Fly Garbage Collection: An Exercise in Cooperation," *Communications of the ACM* 21(1978), 966-975.

Ellis, John R., Li, Kai, and Appel, Andrew W., "Real-Time Concurrent Collection on Stock Multiprocessors," *SIGPLAN Notices* 23 (1988), No. 7, 11-20.

Fenichel, Robert R., and Yochelson, Jerome C., "A Lisp Garbage-Collector for Virtual Memory Computer Systems," *Communications of the ACM* 12 (1969), 611-612.

Hudson, Richard L., and Moss, J. Eliot B., "Incremental Collection of Mature Objects," in Bekkers, Y., and Cohen, J. (eds.), *Memory Management, Berlin: Springer*, 1992, 388-403.

Johnson, Douglas, "The Case for a Read Barrier," *ACM SIGPLAN Notices*, 26 (1991), 279-287.

Jones, Richard, and Lins, Rafael, *Garbage Collection: Algorithms for Automatic Dynamic Memory Management*, Chichester, United Kingdom: Wiley, 1996.

Kurokawa, Toshiaki, "A New Fast and Safe Marking Algorithm," *Software—Practice and Experience* 11 (1981), 671-682.

Lieberman, Henry, and Hewitt, Carl, "A Real-Time Garbage Collector Based on the Lifetimes of Objects,"*Communications of the ACM* 26 (1983), 419-429.

Schorr, Herbert, and Waite, William M., "An Efficient Machine-Independent Procedure for Garbage Collection in Various List Structures," *Communications of the ACM* 10 (1967),501-506.

Shuf, Yefim, Gupta, Manish, Bordawekar, Rajesh, and Singh, Jaswinder Pal, "Exploiting Prolific Types for Memory Management and Optimizations,"*ACM SIGPLAN Notices* 37 (2002), No. 1, 295-306.

Stanchina, Sylvain, and Meyer, Matthias, "Mark-Sweep or Copying? A 'Best of Both Worlds' Algorithm and a Hardware-Supported Real-Time Implementation," Proceedings of the 2007 *International Symposium on Memory Management*, New York: ACM Press, 2007, 173-182.

Ungar, David, "Generation Scavenging: a Non-Disruptive High Performance Storage Reclamation Algorithm," *ACM SIGPLAN Notices* 19 (1984), No. 5, 157-167.

Wadler, Philip L., "Analysis of Algorithm for Real-Time Garbage Collection," *Communications of the ACM* 19 (1976), 491-500, 20 (1977), 120.

Wegbreit, Ben, "A Space-Efficient List Structure Tracing Algorithm," *IEEE Transactions on Computers* C-21 (1972), 1009-1010.

Wilson, Paul R., "Uniprocessor Garbage Collection Techniques," in Bekkers, Yves, and Cohen, Jacques (eds.), *Memory Management*, Berlin: Springer, 1992, 1-42.

Yuasa, Taiichi, "Real-Time Garbage Collection on General-Purpose Machine," Journal of *Systems and Software* 11 (1990), 181-198.

Zorn, Benjamin, "Comparing Mark-and-Sweep and Stop-and-Copy Garbage Collection," *Proceedings of the 1990 ACM Conference on Lisp and Functional Programming* (1990), 87-98.

第 13 章

字符串匹配

对于每个计算机用户来说，字符串匹配都非常重要。在编辑文本时，用户会处理它，把它组织为段落和节，重新排序，还常常通过在文本中搜索某个子文本或模式来定位模式，或用其他模式取代它。要搜索的文本越大，搜索算法的效率就越重要。该算法通常不能像字典那样依赖单词的字母顺序。例如，字符串搜索算法在分子生物学中越来越重要，人们使用该算法从 DNA 序列中提取信息，在其中定位某种模式，并比较序列，获得共有的子序列。假定不能找到精确的匹配，就需要经常进行这种处理。这类问题是通过所谓的"字符串学"来解决的，"字符串学"的主要目的是模式匹配。本章将讨论一些字符串学的问题。

本章使用下面的记号法：文本 T 是一系列符号、字符或字母，$|T|$ 表示 T 的长度，T_j 是 T 中位置 j 上的字符，$T(i...j)$ 是 T 中从位置 i 开始到位置 j 结束的子字符串。模式 P 和文本 T 中的第一个字符在位置 0 上。另外，正则表达式 a^n 表示字符串 $a...a$，其中包含 n 个 a。

13.1 字符串的精确匹配

字符串的精确匹配就是在文本 T 中找出模式 P 的精确副本。这是一个要么完全匹配、要么完全不匹配的方法。如果模式 P 和 T 的一个子字符串非常类似，但不相同，就拒绝部分匹配。

13.1.1 简单的算法

字符串匹配的一个简单方法是从文本 T 的第一个字母和模式 P 的第一个字母开始比较 P 和 T，如果不匹配，就从 T 的第二个字符开始匹配，以此类推，不保留在后续尝试中可能有用的信息。该算法的伪代码如下：

```
bruteForceStringMatching(模式 P, 文本 T)
    i = 0;
    while i ≤ |T| - |P|
        j = 0;
        while T_i == P_j 且 j < |P|
            i++;                        // 尝试匹配 P 中的所有字符;
```

```
            j++;
        if j == |P|
            return 在 i - |P|处匹配;        // 如果到达 P 的结尾，则成功;

        i = i - j + 1;                          // 如果不匹配，就把 P 向右移动一个位置;
    return 没有匹配;                            // 如果 T 中剩余的字符比|P|少，则失败;
```

在最坏的情况下，该算法的执行时间是 $O(|T||P|)$。例如，如果 $P = a^{m-1}b$，且 $T = a^n$，则算法进行 $(n - (m-1))m = nm - m^2 + m$ 次比较，近似于 nm 次比较(其中 n 较大，m 较小)。

平均性能取决于字符在模式和文本中的概率分布。例如，假定只使用了两个字符，这两个字符的使用概率都是 1/2。在这种情况下，对于某次扫描 i，只进行一次比较的概率等于 1/2，进行两次比较的概率等于 $1/2 \times 1/2 = 1/4$, …，进行 m 次比较的概率等于 $1/2 \times \ldots \times 1/2 = 2^{-|P|}$，所以对于给定的 i，平均比较次数等于

$$\sum_{k=1}^{|P|} \frac{k}{2^k} < 2$$

对于所有的扫描，平均比较次数等于 $2(|T|-(|P|-1)) < 2|T|$(其中$|T|$很大)。使用吸收 Markov 链的理论可以找到比较好的估计值 $2^{|P|+1} - 2$。更一般的情况是，对于字母 A，平均比较次数是$(|A|^{|P|+1} - |A|) / (|A| - 1)$ (Barth 1985)。

下面的例子对文本 $T = ababcdabbabababad$ 和模式 $P = abababa$ 执行强制算法：

```
     ababcdabbabababad
1    ababab a
2     abababa
3      abababa
4       abababa
5        abababa
6         abababa
7          abababa
8           abababa
9            abababa
10            abababa
```
(13-1)

比较 P 和 T 中的对应字符，如 P 中带有下划线的字符所示，从 P 与 T 对齐的位置开始。遇到一个不匹配的字符之后，P 和 T 的扫描失败，然后，把 P 向右移动一个位置，重新开始扫描。在第一次迭代中，匹配过程从 P 和 T 的第一个字符开始，在 T 的第 5 个字符($T_4 = c$)和 P 的第 5 个字符($P_4 = a$)处遇到不匹配的情形。下一次迭代从 P 的第一个字符开始，但从 T 的第二个字符开始，显然 P 的第 一个字符和T的第二个字符不匹配,第二次迭代从P的第二个字符u和T的第4个字符t开始,……整个模式 P 的匹配在第 10 次迭代时找到。

注意并没有进行实际的移位操作，该操作是通过更新索引 i 完成的。

Hancart(1992)提出的 not-so-naïve 算法对此进行了改进。该算法从 P 的第二个字符开始比较，直到 P 的结尾，最后比较第一个字符。所以比较过程中的字符顺序是 $P_1, P_2, \ldots, P_{|P|-1}, P_0$。

记录下 P 的前两个字符相等的信息，并在匹配过程中使用。要区分两种情况：$P_0 = P_1$ 和 $P_0 \neq P_1$。在第一种情况下，如果 $P_1 \neq T_{i+1}$，就给文本索引 i 递增 2，因为 $P_0 \neq T_{i+1}$；否则，i 就递增 1。这类似于第二种情况中的 $P_1 = T_{i+1}$。这样，就可以移动两个位置。下面是算法：

```
Hancart(模式 P, 文本 T)
    if P₀ == P₁
        sEqual = 1;
        sDiff = 2;
    else sEqual = 2;
        sDiff = 1;
    i = 0;
    while i ≤ |T| - |P|
        if T_{i+1} ≠ P₁
            i = i + sDiff;
        else j = 1;
            while j < |P| 且 T_{i+j} == P_j
                j++;
            if j == |P| 且 P₀ == T_i
                return 在 i 处匹配;
            i = i + sEqual;
    return 没有匹配;
```

匹配从第二个模式字符开始。如果在 P_1 和 T_{i+1} 之间有一个不匹配的字符，则只要 P 的前两个字符是相同的，P 就可以移动两个位置，然后开始下一次迭代，因为这种不匹配意味着 P_0 和 T_{i+1} 也是不同的：

```
  i
  ↓
  acaaca
1 aab
2   aab
```

但是，在内层 while 循环中出现不匹配之后，模式只移动一个位置：

```
    i
    ↓
  acaaca
2   aab
3    aab
```

另一方面，如果 P 的前两个字符不同，则注意在 if 语句中，P_1 和 T_{i+1} 不同，所以 P 只移动一个位置：

```
  i
  ↓
  aabaca
1 abb
2  aab
```

因此，该算法不会遗漏 P 的可能匹配。但是，在 P 的其他位置出现不匹配时，P 移动两个位置：

```
  i
  ↓
  aabaca
2 abb
```

```
3    aab
```

这么做是很安全的，因为前面已经确定了 P_1 和 T_{i+1} 是相等的，而 P_0 和 P_1 是不同的，P_0 和 T_{i+1} 也必然不同，所以不需要在第三次迭代中检查它们是否不同。下面是另一个例子：

```
  ababcdabbabababad
1 abababa
2  abababa
3   abababa
4    abababa
5     abababa
6       abababa
7        abababa
```

在最坏的情况下，算法执行的时间是 $O(|T||P|)$，但如 Hancart 所述，它的平均执行性能比后文中讨论的其他算法的性能要好。

13.1.2　Knuth-Morris-Pratt 算法

强制算法的效率很低，因为它在找到不匹配的字符后，要把模式 P 移动一个位置。为了加快算法的执行速度，Hancart 的算法允许移动两个字符。但是，我们需要一种方法，可以把 P 向右移动任意多个位置，同时不遗漏任何匹配。

强制算法效率不高的根源是进行了多余的比较。要避免这种冗余，应注意模式 P 在其开头到不匹配的字符之间包含相同的子字符串，利用这一事实，可以把 P 向右移动多个位置，之后开始下一次扫描。考虑下面的第 1 行：

```
    i
    ↓
  ababcdabbabababad
1 abababa
      ↑
      j
```

不匹配发生在第 5 个字符处，但在该字符之前，已经成功处理了 P 的前缀 ab 和子字符串 $P(2\ldots 3)$(它也是 ab)。P 现在可以向右移动，使其子字符串 ab 与子字符串 $T(2\ldots 3)$ 对齐，匹配过程从字符 P_2 和 T 中的不匹配字符 T_4 开始。$P(2\ldots 3)$ 前缀中的字符已经成功与 $T(2\ldots 3)$ 匹配，就好像前缀 $P(0\ldots 1)$ 中的字符与 $T(2\ldots 3)$ 匹配一样。这样，就可以省略第 2 行上的两个多余比较。在找出不匹配之后，匹配过程从下面的位置继续：

```
    i
    ↓
  ababcdabbabababad
2   abababa
      ↑
      j
```

跳过了 $ab = P(0\ldots 1)$。在这次移动中，两个相同的部分是 P 的前缀和目前已经成功匹配的部分 P 的后缀，即 P 的匹配部分 $P(0\ldots 3)$ 中的前缀 $P(0\ldots 1)$ 和后缀 $P(2\ldots 3)$。

一般情况下，要进行移位，首先需要匹配 P 的前缀和 $P(0\ldots j)$ 的后缀，其中 P_{j+1} 是不匹配的字符。这个匹配的前缀应是最长的子字符串，这样在移动 P 后，就不会遗漏可能的匹配。也就是说，如果匹配的长度是 len，当前扫描从 T 的位置 k 开始，则 P 不应从 k 和 $k+len$ 之间的任意位置开始，但可以从 $k+len$ 开始，所以 P 移动 len 个位置是安全的。

在匹配过程中，这个信息要使用多次。因此，P 应该进行预处理。重要的是，在这种方法中，只使用有关 P 的信息，T 中字符的配置无关紧要。

定义表 $next$：

$$next[j] = \begin{cases} -1 & j = 0 \\ \max\{k : 0 < k < j, P[0\ldots k-1] = P[j-k\ldots j-1]\} & \text{如果} k \text{存在} \\ 0 & \text{其他} \end{cases}$$

也就是说，数字 $next[j]$ 表示子字符串 $P(0\ldots j-1)$ 的最长后缀的长度等于相同子字符串的前缀。

```
      j - next[j]   j - 1
           ↓          ↓
a...bc...da...be...
↑      ↑
0    next[j]
```

条件 $k < j$ 表示前缀也是一个正确的后缀。没有这个条件，$P(0\ldots 2) = aab$ 的 $next[2]$ 应是 2，因为 aa 同时是 aa 的前缀和后缀，但有了这个条件，$next[2] = 1$ 而不是 2。

例如，对于 $P = abababa$

```
p      a b a b a b a
j        0 1 2 3 4 5 6
next[j] -1 0 0 1 2 3 4
```

注意，由于条件要求匹配的后缀最长，因此对于 $P(1\ldots 6) = ababab$，$next[5] = 3$。因为 aba 是匹配其前缀的 $ababa$ 的最长后缀('它们重叠了)，不是 1，尽管 a 同时是 $ababa$ 的前缀和后缀。

Knuth-Morris-Pratt 算法可以通过 bruteForceStringMatching() 相对容易地得到：

```
KnuthMorrisPratt(模式 P, 文本 T)
    findNext(P,next);
    i = j = 0;
    while i ≤ |T| - |P|
        while j == -1 or j < |P| and Tᵢ == Pⱼ
            i++;          // 只对匹配的字符递增 i
            j++;
        if j == |P|
            return 在 i - |P|处的匹配;
        j = next[j]       // 在不匹配的情况下，i 不变化
    return 没有匹配;
```

确定表 $next$ 的算法 findNext() 稍后定义。例如，对于 $P = abababa$，$next = [-1\ 0\ 0\ 1\ 2\ 3\ 4]$，且 $T = ababcdabbabababad$，则算法的执行如下：

```
ababcdabbabababad
1 abababa
```

```
2      ababa b a
3       ababa b a
4        ababa b a
5         ababa b a
6          ababa b a
7           ababa b a
```

该公式说明,*next* 中的–1 表示整个模式 *P* 应移动到不匹配的文本字符之后,参见第 4 行到第 5 行的移动和第 6 行到第 7 行的移动。bruteForceStringMatching()和 KnuthMorrisPratt()之间的一个主要区别是,在后一种算法中,*i* 从来不会递减。它在匹配的情况下递增,在不匹配的情况下,*i* 保持不变,因此在外层 while 循环的下一次迭代中,比较 *T* 中不匹配的字符和 *P* 中的另一个字符。*i* 在不匹配时递增的唯一情形是,*P* 中的第一个字符是不匹配的字符,为此,需要在内层循环中加上子条件 $j == -1$。在 *P* 的位置 $j \neq 0$ 处找到一个不匹配后,*P* 就移动 $j - next[j]$ 个位置,在 *P* 的第一个位置处发现不匹配时,模式移动一个位置。

为了评估 KnuthMorrisPratt()的计算复杂度,注意外层循环执行 $O(|T|)$次,内层循环至多执行$|T| - |P|$次,因为在循环的每次迭代中,*i* 都递增,而根据外层循环中的条件,$|T| - |P|$是 *i* 的最大值。但对于不匹配的字符 T_i,*j* 赋予新值的次数是 $k \leq |P|$。此时,*P* 中第一个不匹配的字符与字符 T_{i+k} 对齐。考虑 $P = aaab$ 和 $T = aaacaaadaaab$,在这种情况下,$next = [-1\ 0\ 1\ 2]$,算法的执行过程如下:

```
   aaacaaadaaab
1  aaab
2   aaab
3    aaab
4     aaab
5      aaab
6       aaab
7        aaab
8         aaab
9          aaab
```

在第 1 行到第 4 行中,*T* 中的不匹配字符 *c* 与 *P* 中的 4 个字符比较,因为 *b* 是 *P* 中的第 4 个字符,它是第一次出现不匹配的字符,且 *b* 与 *c* 对齐;也就是说,前面的字符都已经匹配成功。下一次出现不匹配的情形是第 5 行比较 *T* 中的字符 *d* 和 *P* 中的字符 *b*,此时 *P* 前面的三个字符都成功匹配。这意味着,对于 *i*,可以执行$|P|$次比较,但每个 *i* 不一定都会执行$|P|$次比较,只有第$|P|$个 *i* 才会如此。所以比较不成功的次数至多$|P|(|T|/|P|) = |T|$。给这个数字加上至多$|T| - |P|$次成功比较次数,就得到了运行时间 $O(|T|)$。

表 *next* 仍没有确定。我们可以使用强制算法来确定它,对于短模式而言,其效率不算低。还可以采用 Knuth-Morris-Pratt 算法提高确定 *next* 的效率。

next 包含 *P* 的匹配前缀中最长后缀的长度,即 *P* 的一些部分与 *P* 的其他部分匹配。但匹配问题已经用 Knuth-Morris-Pratt 算法解决了。在这种情况下,*P* 再次与其本身匹配。但是,Knuth-Morris-Pratt 算法使用目前仍未知的 *next*。所以,必须修改 Knuth-Morris-Pratt 算法,使之使用已找到的值确定表 *next* 的值。设 $next[0] = -1$,假定值 $next[0], \ldots, next[i-1]$ 已经确定,要确定值 $next[i]$,应考虑两种情况。

在第一种情况下,要找出匹配前缀的最长后缀,只需要把字符 P_{i-1} 与对应于位置 $next[i-1]$ 的后缀关联起来，当 $P_{i-1} = P_{next[i-1]}$ 时，它为真：

```
a...bc.............da...bc...
   ↑                   ↑
next[i－1]－1          i－1
```

$$\Downarrow \quad next[i] = next[i-1] + 1$$

```
a...bc.............da...bc...
   ↑                   ↑
next[i－1]              i
```

在这种情况下，当前的后缀比前面找到的后缀多一个字符，所以 $next[i] = next[i-1] + 1$。

在第二种情况下，$P_{i-1} \neq P_{next[i-1]}$。但这只是一个不匹配的字符，不匹配可以用表 next 处理，这就是要确定它的原因。因为 $P_{next[i-1]}$ 是一个不匹配的字符，所以需要检查 $next[next[i-1]]$，确定 P_{i-1} 是否匹配 $P_{next[next[i-1]]}$。如果它们匹配，就给 $next[i]$ 赋值 $next[next[i-1]] + 1$。

```
a...bc...da...be...........fa...bc...da...bc...
            ↑                          ↑
        next[i－1]                     i－1
```

$$\Downarrow \quad next[i] = next[next[i-1]] + 1$$

```
a...bc...da...be...........fa...bc...da...bc...
   ↑                                   ↑
next[next[i－1]]                        i
```

否则，就比较 P_{i-1} 和 $P_{next[next[next[i-1]]]}$，如果字符匹配，就使 $next[i] = next[next[next[i-1]]] + 1$，否则，继续搜索，直到找到一个匹配，或到达 P 的开头为止。

注意在前面的公式中，$P(0...i-1)$ 的第一个前缀 $a...bc...da...b$ 中，有一个前缀 $a...b$ 与其后缀相同。这不是巧合，当要查找的 $a...b$ 既是 $P(0...i-1)$ 最长的前缀，也是其最长的后缀时，$a...b$ 就是 $a...bc...da...b$ 的前缀，也是其后缀。其原因如下：前缀 $P(0...j-1) = P(0...i-1)$ 的 $a...bc...da...b$，由 $next[i-1]$ 表示，根据定义，该前缀等于后缀 $P(i-j-1...i-2)$，也就是说，后缀 $P(j-next[j]...j-1)$ $= a...b$ 也是 $P(i-j-1...i-2)$ 的一个后缀。所以，要确定 $next[i]$ 的值，应引用已定义的 $next[j]$ 值，$next[j]$ 指定了 $P(0...j-1)$ 的这个较短后缀的长度，其中 $P(0...j-1)$ 匹配 P 的一个前缀，所以也是匹配相同前缀的 $P(0...i-1)$ 的后缀 $a...b$ 的长度。

确定表 next 的算法如下：

```
findNext(模式 P, 表 next)
    next[0] = -1;
    i = 0;
    j = -1;
    while i < |P|
        while j == 0 或 i < |P| 且 Pi == Pj
            i++;
            j++;
            next[i] = j;
```

```
                j = next[j];
```

下面的例子确定模式 $P = ababacdd$ 的 $next$。在进入内层 while 循环之前，用箭头指示索引 i 和 j 的值(并说明 i 没有变化)，其他行表示在内层循环结束并比较之后的值。例如，第 2 行在把 i 递增为 1，j 递增为 0 之后，给 $next[1]$ 赋值 0，然后比较 P 的第一和第二个字符，这将退出循环。

```
       i  j          next[]            P
   →  0  -1     -1                  ababacdd
      1  0      -1 0                ababacdd
   →  1  -1     -1 0
      2  0      -1 0 0              ababacdd
      3  1      -1 0 0 1            ababacdd
      4  2      -1 0 0 1 2          ababacdd
   →  5  3      -1 0 0 1 2 3        ababacdd
   →  5  1      -1 0 0 1 2 3        ababacdd
   →  5  0      -1 0 0 1 2 3        ababacdd
   →  5  -1     -1 0 0 1 2 3
      6  0      -1 0 0 1 2 3 0      ababacdd
   →  6  -1     -1 0 0 1 2 3 0
      7  0      -1 0 0 1 2 3 0 0    ababacdd
   →  7  -1     -1 0 0 1 2 3 0 0
      8  0      -1 0 0 1 2 3 0 0
```

这个算法与 Knuth-Morris-Pratt 算法非常类似，所以，可以推出 $next$ 能在 $O(|P|)$ 时间内确定。

KnuthMorrisPratt()中外层 while 循环执行的时间是 $O(|T|)$，所以 Knuth-Morris-Pratt 算法，包括 findNext()在内，执行的时间是 $O(|T| + |P|)$。注意在分析这个算法的复杂度时，没有考虑文本 T 和模式 P 中的字母，也就是说，该复杂度独立于组成 P 和 T 的不同字符数。

算法没有要求回溯文本 T，即变量 i 在算法执行过程中不会递减。这意味着 T 可以一次处理一个字符，非常便于在线处理。

如果去除不必要的比较，就可以改进 Knuth-Morris-Pratt 算法。如果在字符 T_i 和 P_j 处出现不匹配，下一次就应尝试匹配字符 T_i 和 $P_{next[j]+1}$。但如果 $P_j = P_{next[j]+1}$，则还会发生不匹配，这意味着一次多余的比较。比较前面分析的 $P = abababa$ 和 $T = ababcdabbababababad$，其中 $next =[-1\ 0\ 0\ 1\ 2\ 3\ 4]$，则 Knuth-Morris-Pratt 算法一开始是

```
      ababcdabbababababad
1     ababababa
2       ababababa
```

第 一次不匹配发生在 P 的第 5 个字符 a 和 T 中的字符 c 处。表 $next$ 指出，在 P 的第 5 个位置出现不匹配，P 应向右移动两个位置，因为 $4 - next[4] = 2$；也就是说，P 的二字符前缀应与 $P(0 \ldots 3)$ 的二字符后缀对齐，如公式中的第 2 行所示。但是，这表示下一次应比较导致不匹配的 c 和 P 的第三个字符 a。而这个比较已经在第 1 行进行过了，第 1 行比较的也是 P 的第 5 个字符 a 和 T 中的 c。因此。如果知道 P 的前缀 ab 之后是 a，它也是 $P(0 \ldots 3)$ 的后缀 ab 之后的字符，就可以避免公式中第 2 行的比较。为此，表 $next$ 必须重新设计，去除这种多余的比较。方法是扩展 $next$ 的定义，再加上一个条件，得到 $next$ 更强健的定义：

$$nextS[j] = \begin{cases} -1 & j = 0 \\ \max\{k : 0 < k < j, P[0...k-1] = P[j-k...j-1], P_{k+1} \neq P_j\} & \text{如果}k\text{存在} \\ 0 & \text{其他} \end{cases}$$

为了计算 *nextS*，算法 findNext()需要略作修改，考虑新加的条件，如下所示：

```
findNextS(模式 P, 表 nextS)
    nextS[0] = -1;
    i = 0;
    j = -1;
    while i < |P|
        while j == -1 或 i < |P| 且 Pᵢ == Pⱼ
            i++;
            j++;
            if Pᵢ ≠ Pⱼ
                nextS[i] = j;
            else nextS[i] = nextS[j];
        j = nextS[j];
```

基本原理如下：如果 $P_i \neq P_j$，即满足定义 *nextS* 的新的子条件，则显然 *next*[*i*]和 *nextS*[*i*]相等，所以在 findNextS()中给 *nextS*[*i*]赋的值等于 findNext()中给 *next*[*i*]赋的值。如果字符 P_i 和 P_j 相等，

```
a...bc...da...be...fa...bc...da...be...
            ↑   ↑               ↑
            j  i-j              i
```

子条件就不满足，所以 *nextS*[*i*] < *next*[*i*]，这种情形如下所示：

```
a...bc...da...be...fa...bc...da...be...
        ↑     ↑                 ↑   ↑
    j-nextS[j]  j          i-nextS[i] i
```

加了下划线的子字符串是由 *nextS*[*i*]表示的 $P(0...i-1)$ 的正确前缀和后缀，它比 *next*[*i*]短(它们可以为空)。但由 *next*[*i*]表示的前缀是 $P(0...j-1) = P(0...i-1)$ 的 $a...bc...da...b$，按照定义，该前缀等于后缀 $P(i-j...i-1)$，也就是说，用斜体字显示的后缀 $P(j-nextS[j]...j-1) = a...b$ 也是 $P(i-j...i-1)$ 的后缀。因此，要确定 *nextS*[*i*]的值，引用已确定的 *nextS*[*j*]值，它指定了 $P(0...j-1)$ 的斜体字后缀的长度，$P(0...j-1)$ 匹配 P 的一个前缀，因此也是匹配同一前缀的 $P(0...i-1)$ 的后缀长度。如果前缀后跟字符 P_i，则 *nextS*[*j*]包含由同一过程确定的较短前缀的长度。例如，处理字符串 P 中位于位置 11 的字符，

```
P     = abcabdabcabdfabcabdabcabd
nextS = .....2.....2.............
```

把数字 2 从 *nextS*[5]复制到 *nextS*[11]，位置 11 的数字 2 从位置 5 复制到 *nextS*[24]。

```
P     = abcabdabcabdfabcabdabcabd
nextS = .....2.....2............2
```

用 findNextS()替代 findNext()，以修改 Knuth-Morris-Pratt 算法。对 $P = ababab a$ 执行这个算法，

会生成 $nextS = [-1\,0\,-1\,0\,-1\,0\,-1]$，再继续比较，如下所示：

```
  abababcdabbababababad
1 abababa
2       abababa
3        abababa
4         abababa
```

Knuth-Morris-Pratt 算法给出了 Fibonacci 单词的最差性能，Fibonacci 单词的递归定义如下：

$$\text{对于 } n > 2, F_1 = b, F_2 = a, F_n = F_{n-1}F_{n-2}$$

单词如下： $b, a, ab, aba, abaab, abaababa, \ldots$。

在不匹配的情况下，Fibonacci 单词 F_n 可以移动 $log_\varphi|F_n|$ 次，其中 $\varphi = (1 + \sqrt{5})/2$ 是黄金比例。如果 $P = F_7 = abaababaabaab$，Knuth-Morris-Pratt 算法的执行如下：

```
  abaababaabaca...
1 abaababaabaa
2    abaabab
3     abaa
4       ab
5       a
6        a...
```

13.1.3　Boyer-Moore 算法

在 Knuth-Morris-Pratt 算法中，前 $|T| - |P| + 1$ 个字符至少在不成功的查找中使用一次，这个算法比强制算法的效率高，其原因：是如果可能，在发现不匹配时，该算法的匹配过程不是从 P 的开头开始。Knuth-Morris-Pratt 算法从左到右遍历了几乎所有的字符，试图使匹配过程涉及 P 的字符数达到最少。它不能跳过 T 中的任何字符来避免不必要的比较。为了跳过 T 中的一些字符，Boyer-Moore 算法试图从右到左地比较 P 和 T，来匹配它们，而不是从左到右进行比较。在不匹配的情况下，Boyer-Moore 算法把 P 向右移动 T 中未涉及比较的字符数。因此，Boyer-Moore 算法可以跳过 T 中的字符来提高速度，而不是像 Knuth-Morris-Pratt 算法那样跳过 P 中的字符，这是比较谨慎的，因为 P 的长度与 T 的长度相比常常可以忽略不计。

基本思路非常简单。在字符 T_i 处发现不匹配时，P 就向右移动，使 T_i 与其后第一个等于 T_i 的字符对齐。例如，对于 $T = aaaaebdaabadbda$ 和 $P = dabacbd$，首先 $T_6 = d$，$P_6 = d$，则比较字符 $T_5 = b$ 和 $P_5 = b$，在 $T_4 = e$ 和 $P_4 = c$ 处找到第一个不匹配的字符。但 P 中没有 e，这表示 P 中没有与 T 中字符 e 对齐的字符，因此，没有字符能与 e 成功匹配，于是，P 向右移动到不匹配字符的后面：

```
  aaaaebdaabadbda
1 dabacbd
2     dabacbd
```

这样，后面就不需要比较文本的前 4 个字符了。现在匹配从 P 的尾部和位置 $11 = 4 + 7 = $ (不匹配字符的位置 T_4) $ + |P|$ 开始。在 $T_{10} = a$ 和 $P_5 = b$ 处找到不匹配的字符，于是把不匹配的字符 a 与不匹配字符 P_5 左边的第一个 a 对齐：

```
     aaaaebdaabadbda
2          dabacbd
3          dabacbd
```

也就是说，在第 3 行，匹配过程从 T 中的位置 $13 = 10 + 3 =$ (不匹配字符 $T_{10} = a$ 的位置) $+ (|P| - P$ 中最右端字符 a 的位置) 开始。在匹配字符 T_{13} 和 P_6，以及 T_{12} 和 P_5 之后，在 $T_{11} = d$ 和 $P_4 = c$ 处找到一个不匹配的字符。如果把文本中不匹配的字符 d 和 P 中最右端的字符 d 对齐，P 就要向相反的方向移动。因此，如果 P 中有一个字符等于 T 中不匹配的字符，该字符位于 P 中不匹配字符的左端，则模式 P 就向右移动一个位置。

```
     aaaaebdaabadbda
3          dabacbd
4          dabacbd
```

总之，字符出现规则有以下三条：

(1) 没有出现规则：如果不匹配的字符 T_i 在 P 中没有出现，就对齐 P_0 和 T_{i+1}。

(2) 右端出现规则：如果 T_i 和 P_j 不匹配，且 P_j 的右端有一个字符 ch 等于 T_i，P 就移动一个位置。

(3) 左端出现规则：如果 P_j 的左端有一个字符 ch 等于 T_i，T_i 就与最靠近 P_j 的 $P_k = ch$ 对齐。

为了实现这个算法，表 $delta1$ 为字母表中的每个字符指定了在检测到不匹配时 i 的递增量。该表用字符进行索引，其定义如下：

$$delta1[ch] \begin{cases} |P| & ch \text{ 不在 } P \text{ 中} \\ \min\{|P| - i - 1 : P_i = ch\} & \text{其他情形} \end{cases}$$

对于模式，$P = dabacbd$，$delta1['a'] = 3$，$delta1['b'] = 1$，$delta1['c'] = 2$，$delta1['d'] = 0$。对于其他字符，$delta1[ch] = 7$。

算法可以总结如下：

```
BoyerMooreSimple(模式 P, 文本 T)
     把 delta1 的所有单元都初始化为 |P|;
     for j = 0 到 |P| - 1
         delta1[Pj] = |P| - j - 1;
     i = |P| - 1;
     while i < |T|
         j - |P| - 1;
         while j ≥0 且 Pj == Ti
             i--;
             j--;
         if j == -1
             return 在 i+1 处匹配;
         i = i + max(delta1[Ti],|P|-j);
     return 没有匹配;
```

在这个算法中，如果导致不匹配的字符 T_i 等于 P 中导致这个不匹配的 P_j 左边的一个字符，且 P_j 的右边没有这样的字符，i 就递增 $delta1[T_i]$，这意味着把 P 向右移动 $delta1[T_i] - (|P| - j)$ 个位置；否则，i 就递增 $|P| - j$，这等价于把 P 向右移动一个位置。没有后一个条件，P 就会向相反的方向移动，来对齐两个字符。

在最坏的情况下，算法执行的时间是 $O(|T||P|)$。例如，如果 $P = ba^{m-1}$，$T = a^n$。注意在这种情况下，算法将再次检查 T 中已经检查过的字符。

如果考虑不匹配字符 P_j 后面的所有字符，就可以改进这个算法。考虑下面的移位：

```
  aaabcabcbabbaecabcab
1  abdabcabcab
2  abdabcabcab
```

根据左端出现规则，P 移动一个位置。但较长的移位可能使 T 的子字符串与已经匹配的后缀对齐，该后缀的后面就是不匹配的字符 $P_8 = b$，在 P 中，从 P_8 的左端开始有一个相等的子字符串。

```
  aaabcabcbabbaecabcab
1  abdabcabcab
2  abdabcabcab
```

但要注意，在移位后，T 中不匹配的字符 b 再次与 $c = P_5$ 对齐，这又会导致一次不匹配。因此，如果在从 P 的尾部重新开始后，匹配过程到达了 c，不匹配的情形肯定会再次发生。为了避免这种不匹配，最好对齐 P 中 $P_8 = c$ 前面的后缀 ab 和 P 中另一个字符(而不是 c)后面的相等子字符串。在这个例子中，在匹配过程从 P 的尾部重新开始后，P 中不匹配的字符 P_8 的前面是子字符串 ab，ab 应与 d 后面的 ab 对齐，因为 d 与 c 不同。

```
  aaabcabcbabbaecabccab
1 abdabcabcab
2    abdabcabcab
```

如果不匹配字符 P_j 的左边没有子字符串等于 P_j 前面的后缀，该如何移位？例如，在第 2 行找到一个不匹配字符之后，该如何移位？在这种情况下，对齐 P 中不匹配字符 P_j 前面的最长后缀和 P 的一个相等前缀：

```
  aaabcabcbabbaecabccab...
1  abdabcabcab
2            abdabcabcab
```

总之，有两种情况要考虑：

(1) 全后缀规则：如果不匹配字符 Pj 之后是等于 P 的一个子字符串的后缀，该后缀从 Pj 左端的任意位置开始，就把该后缀和子字符串对齐。

(2) 部分后缀规则：如果 P 的一个前缀等于不匹配字符 P_j 右端的最长后缀，就对齐该后缀和前缀。

为了完成这些移位操作，创建表 *delta2*，对于 P 中的每个位置，*delta2* 保存的数字是扫描 T 时索引 i 必须递增的量，以重新启动匹配过程。也就是说，如果不匹配的字符是 P_j，i 就递增 *delta2*[i](i 设置为 $|P|-1$)。*delta2* 的正式定义如下：

$$delta2[j] = \min\{s + |P| - j - 1 : 1 \leq s \text{ 且 } (j \leq s \text{ 或 } P_{j-s} \neq P_j) \text{ 且 } j < k < |P| : (k \leq s \text{ 且 } P_{k-s} = P_k)\}$$

如果 P 中的最后两个字符相同，则 *delta2*[$|P|-1$] = *delta2*[$|P|-2$]，如果它们不同，则 *delta2*[$|P|-1$] = 1，因为定义中的第三个子条件 "对于 $j < k < |P| : (k \leq s$ 或 $P_{k-s} = P_k)$" 是真。

如前所述，有两种情况。在第一种情况中，不匹配字符 P_j 前面的后缀在 P 有一个不匹配的子字符串，所以检测到不匹配之后，

```
                                   i
                                   ↓
            .................xb...cy...............y...
1    ...ab...cd..............eb...c
      ↑        ↑                  ↑
   |P|−delta2[j]  2|P|−delta2[j]−j−2      j
```

当后缀 $P(j+1\ldots|P|-1)$ 等于子字符串 $P(|P|-delta2[j]\ldots 2|P|-delta2[j]-j-2)$ 时，在重新启动匹配过程之前，情况就变成：

```
                                              i
                                              ↓
              ...............xb...cy.............y...
2..........................ab...cd.........eb...c
                                              ↑
                                              j
```

在第二种情况下，

```
                            i
                            ↓
            ..........  x...ea...b...........y...
1    a...bc...........  d...ea...b
       ↑                  ↑     ↑
  2|P|−delta2[j]−j−2     式     j    delta2[j]−|P|+j+1
```

当后缀 $P(delta2[j]-|P|+j+1\ldots|P|-1)$ 等于前缀 $P(0\ldots 2|P|-delta2[j]-j-2)$ 时，情形就变成

```
                                   i
                                   ↓
            ..........x...ea...b.............y...
2          a...bc.......d...ea...b
                                   ↑
                                   j
```

注意在 *delta2* 的定义中，or 子句中的不等号对于第二种情况是不可或缺的。

为了计算出 *delta2*，可以使用强制算法，如下：

```
computeDelta2ByBruteForce(模式 P, 表 delta2)
    for k = 0 to |P|-1
        delta2[k] = 2*|P|-k-1;
    // 部分后缀阶段:
    for k = 0 to |P|-2                      // k 是一个不匹配的位置;
        for (i = 0, s = j = k+1; j < |P|; s++, j = s, i = 0)
            while j < |P| and Pi == Pj
                i++;
                j++;
            if j == |P|                     // 检测到 k 右端的一个后缀
            delta2[k] = |P|-(k+1) + |P|-i;  // 它等于 P 的一个前缀,
            break;                          // P(0 ... i-1) 等于 P(|P|-i ... |P|-1);
    // 全后缀阶段:
    for k = |P|-2 downto 0                  // k 是一个不匹配的位置;
```

```
for (i = |P|-1, s = j = |P|-2; j ≥ |P|-k-2; s--, j = s, i = |P|-1)
    while i > k and Pᵢ == Pⱼ
        i--;
        j--;
    if j == -1 or i == k and Pᵢ ≠ Pⱼ        // 检测到 P 中的一个子字符串
        delta2[k] = |P|-j-1;                // 它等于 k 前面的后缀
        break;              // P(j+1 ... j+|P|-k-1) 等于 P(k+1 . . . |P|-1);
if P₍|P|-1₎ == P₍|P|-2₎
    delta2[|P|-1] = delta2[|P|-2];
else delta2[|P|-1] = 1;
```

算法有三个阶段：初始化阶段、部分后缀阶段和全后缀阶段。初始化阶段为最长的移位准备模式，该模式将一直移位到不匹配字符的后面。唯一的例外是在 P 的最后一个字符处出现不匹配，此时 P 只移动一个位置。部分后缀阶段在不匹配位置的后面通过匹配前缀来查找最长的后缀。全后缀阶段更新 $delta2$ 中对应于不匹配字符的值，这些不匹配字符的后面是一个后缀，它在 P 中有一个匹配的子字符串。对于 $P= abdabcabcab$，每个阶段完成后 $delta2$ 中的值如下：

```
        a  b  d  a  b  c  a  b  c  a  b
delta2 = 21 20 19 18 17 16 15 14 13 12 *   初始化之后
delta2 = 19 18 17 16 15 14 13 12 11 12 *   部分后缀阶段之后
delta2 = 19 18 17 16 15 8  13 12 8  12 1   全后缀阶段之后
```

该算法只能应用于短模式，因为它在最好情况下的执行时间是二次函数，在最坏情况下的执行时间是三次函数，对于 $P= a^m$，全后缀阶段执行的总比较次数是

$$\sum_{k=0}^{m-2}\sum_{j=m-k-2}^{m-2}(m-k)=\frac{(m-1)m(m+4)}{6}$$

因为在内层 for 循环的一次迭代中，while 循环要执行 $m-k-1$ 次比较，在 if 语句中要执行一次比较。对于部分后缀阶段，最坏情况的一个例子是 $P=a^{m-1}b$。显然，对于较长的匹配，需要一个更快的算法。

使用辅助表 f 可以大大改进这个算法，f 是 P 逆序时与 $next$ 对应的表。表 f 的定义如下：

$$f[j]=\begin{cases}|P| & 如果\ I=|P|-1\\ \min\{k:j<k<|P|-1\ 且\ P(j+1...j+|P|-k)=P(k+1...|P|-1)\} & 如果\ 0\leq j<|P|-1\end{cases}$$

也就是说，$f[j]$ 是 P 中最长后缀的开始位置之前的位置，最长后缀的长度为 $|P|-f[j]$，它等于 P 中从位置 $j+1$ 开始的子字符串。

```
          f[j]+1    |P|-1
            ↓        ↓
...a...bc... da...b
   ↑   ↑
  j+1  j+|P|-f[j]
```

例如，对于 $P=aaabaaaba$，$f[0]=4$，因为子字符串 $P(1...4)=aaba$ 与后缀 $P(5...8)$相同；$f[1]=5$，因为子字符串 $P(2...4)$等于后缀 $P(6...8)$；也就是说，$P=aa\underline{aba}aaba$ 中加了下划线的子字符串相

等。整个表 $f = [4\,5\,6\,7\,7\,7\,8\,8\,9]$。注意，与 P 中一个后缀相等的子字符串可以重叠，在 $P = baaabaaaba$ 中就是这样。

表 f 允许从 P 的某个子字符串开始，匹配 P 的后缀。但在执行 Boyer-Moore 算法时，匹配过程从右向左进行，因此在找到一个不匹配时，后缀就是已知的，我们需要知道 P 的一个匹配的子字符串，才能对齐子字符串和后缀。换言之，需要从后缀遍历到匹配的子字符串，其方向与 f 提供的信息相反。所以需要创建 *delta2*，以直接访问所需的信息。为此，可以使用下面的算法，它是从 computeDelta2ByBruteForce() 中获得的。

```
computeDelta2UsingNext(模式 P, 表 delta2)
    findNext2(逆序(P),next);
    for i = 0 to |P|-1
        f[i] = |P| - next[|P|-i-1] - 1;
        delta2[i] = 2*|P| - i - 1;
    // 全后缀阶段:
    for i = 0 to |P|-2
        j = f[i];
        while j < |P|-1 且 Pᵢ ≠ Pⱼ
            delta2[j] = |P| - i - 1;
            j = f[j];
    // 部分后缀阶段:
    for (i = 0; i < |P|-1 且 P0 == Pf[i]; i = f[i])
        for j = i to f[i]-1
            if delta2[j] == 2*|P| - j - 1 // 如果没有在全后缀阶段更新,
                delta2[j] = delta2[j] - (|P| - f[i]); // 现在更新它;
    if P|P|-1 == P|P|-2
        delta2[|P|-1] = delta2[|P|-2];
    else delta2[|P|-1] = 1;
```

首先，创建表 *next*，用于初始化表 f。另外，把表 *delta2* 初始化为表示 P 移动到 T 中不匹配字符的后面的值。对于 $P = dabcabeeeabcab$：

```
P     = a b c a b d a b c a b e e e a b c a b
f     = 14 15 16 17 18 13 14 15 16 17 18 18 18 16 17 18 18 18 19
delta2 = 37 36 35 34 33 32 31 30 29 28 27 26 25 24 23 22 21 20 19
```

与强制算法相同，当不匹配的字符 P_j 后紧跟等于 P 中一个子字符串的后缀时，该子字符串从 P_j 左边的任意位置开始，全后缀阶段解决了第一种情况。在这个阶段，处理了可以直接从 f 访问的位置。例如，在 for 循环的第 6 次迭代中，$i = 5$，$f[5] = 13$，这表示对于一个从位置 14 开始的后缀 *abcab*，有一个从位置 $|P| - f[5] = 6$ 开始的子字符串等于该后缀。而且 $P_5 \neq P_{13}$，所以可以给 *delta2*[13] 赋予正确的值：

```
         0           5                 13           18
P     = a b c a b d a b c a b e e e a b c a b
f     = 14 15 16 17 18 13 14 15 16 17 18 18 18 16 17 18 18 18 19
delta2 = 37 36 35 34 33 32 31 30 29 28 27 26 25 13 23 22 21 20 19
```

但子字符串 $P(6 \ldots 10) = abcab$ 有一个前缀 *ab* 与后缀 *abcab* 的一个后缀相同，前缀 *ab* 和后缀 *ab* 的前面有不同的字符。在这个较短前缀前面的位置只能从位置 $f[13] = f[f[5]] = 16$ 处直接访问，

因为 i 仍是 5。因此，在 while 循环的第二次迭代(仍在 for 循环的第 6 次迭代中)后，情形变成：

```
            0             5                    13        16    18
P     = a b c a b d a b c a b e e e a b c a b
f     = 14 15 16 17 18 13 14 15 16 17 18 18 16 17 18 18 18 19
delta2 = 37 36 35 34 33 32 31 30 29 28 27 26 25 13 23 22 13 20 19
```

数字 13 放在单元 *delta2*[16]中，这说明，在匹配过程停止于 P_{16} 时，扫描 T 的索引，i 递增 13，也就是说，在 P_{16} 处检测到不匹配时扫描停止，情形如下：

```
                i
                ↓
...abcabdabcabeeeabcab.......x...
abcabdabcabeeeabcab
```

在更新 i 后，扫描重新开始，如下：

```
                        i
                        ↓
...abcabdabcabeeeabcab.......x...
             abcabdabcabeeeabcab
```

注意对于 P_{14} 的不匹配字符，递增量是相同的。这是因为在两种情况下，字符 $T_{i+1} = a$(更新 i 之前)都与 P_6 对齐，而两个后缀 *ab* 和 *abcab* 都有一个从 P_6 开始的匹配。但是，如前文所示，如果 i 递增 13，就会遗漏一个匹配。而算法继续，对于 $i = 13$ 和 $j = f[13] = 16$，进入 while 循环，修改 *delta2*：

```
            0                      13        16    18
P     = a b c a b d a b c a b e e e a b c a b
f     = 14 15 16 17 18 13 14 15 16 17 18 18 16 17 18 18 18 19
delta2 = 37 36 35 34 33 32 31 30 29 28 27 26 25 13 23 22 5 20 19
```

这就会防止 i 遗漏匹配。

完成第一个外层 for 循环之后，执行第二个外层 for 循环，如果可能，减小 *delta2* 中的其他值。对于 $i = 0$，进入内层 for 循环，对于 j，从 $i = 0$ 执行到 $f[0] - 1 = 13$，因此 *delta2* 变成：

```
            0 1 2 3 4 5 6 7 8 9 10 11 12 13            18
P     = a b c a b d a b c a b e e e a b c a b
f     = 14 15 16 17 18 13 14 15 16 17 18 18 16 17 18 18 18 19
delta2 = 32 31 30 29 28 27 26 25 24 23 22 21 20 13 23 22 5 20 19
```

这样，*delta2* 中前 13 个值减小了 5，这对应于 P 中前 13 个字符中任一个出现不匹配时的情形。当出现这种情形时，后缀 *abcab* 与前缀 *abcab* 对齐，因为后缀在这些位置的右边。

在外层循环的第二次迭代中，当 $i = 14, f[14] - 1 = 16$ 时，内层循环更新 *delta2*[14]和 *delta2*[15]，把它们都递减 2，因为这是 P_{14} 和 P_{15} 右边后缀 *ab* 的长度，P_{14} 和 P_{15} 的右边都有一个匹配的前缀。

```
            0                              14 15 16    18
P     = a b c a b d a b c a b e e e a b c a b
f     = 14 15 16 17 18 13 14 15 16 17 18 18 16 17 18 18 18 19
delta2 = 32 31 30 29 28 27 26 25 24 23 22 21 20 13 21 20 5 20 19
```

在退出循环后，修改最后一个值，最后的情形如下：

```
           0                                              18
P     = a b c a b d a b c a b e e e a b c a b
f     = 14 15 16 17 18 13 14 15 16 17 18 18 16 17 18 18 18 19
delta2 = 32 31 30 29 28 27 26 25 24 23 22 21 20 13 21 20  5 20  1
```

为了确定该算法的复杂度，要求 while 循环至多执行 $|P| - 1$ 次，这是因为对于 i，进入 while 循环，执行 k 次迭代后，就不会在外层 for 循环的后面 $|P| - f[i] - 1$ 次迭代中进入 while 循环了，而 $|P| - f[i] - 1$ 是从 $P_{f[i]+1}$ 开始的匹配前缀的长度，该前缀匹配从 P_1 开始且 $k \leqslant |P| - f[i] - 1$ 的子字符串。这是因为对于子字符串 $P(i + 2 \dots i + |P| - f[i])$ 中的每个字符 P_r, P_r 和对应字符 $P_{r+f[i]}$ 的前面是相同的字符，所以 while 循环中的条件是假。考虑 $P =$ badaacadaa，$f = [5\ 6\ 7\ 8\ 9\ 8\ 9\ 8\ 9\ 10]$。对于 P_0 或满足 $f[s-1] > f[s]$ 的 s（例如对于 $s = 5$，$f[4] = 9$，$f[5] = 8$），可以激活 while 循环的迭代。f 中逐渐增大的数字表示子字符串（它是其后子字符串的扩展）和 P 中对应的后缀。例如，对于 $f[1] = 6$ 和 $f[2] = 7$，数字 1 和 6 表示子字符串 $P(2 \dots 4)$ 等于后缀 $P(7 \dots 9)$，数字 2 和 7 表示子字符串 $P(3 \dots 4)$ 等于后缀 $P(8 \dots 9)$；也就是说，$P(2 \dots 4)$ 是 $P(3 \dots 4)$ 的扩展，后缀 $P(7 \dots 9)$ 是后缀 $P(8 \dots 9)$ 向前的一个扩展。这表示 $P_2 = P_7$。对于 $j = 2$，不能进入 while 循环。

在最坏的情况下，P 的前一半要求 while 循环执行 $|P|/2$ 次迭代，然后外层 for 循环执行 $|P|/2$ 次迭代，但不进入 while 循环。接着，P 后一半的前半部分要求 while 循环执行 $|P|/4$ 次迭代，然后外层 for 循环执行相同次数的迭代，也不进入 while 循环。以此类推，得到 while 循环的总迭代次数：

$$\sum_{k=1}^{\lg|P|} \frac{|P|}{2^k} = |P| - 1$$

因为外层 for 循环可以迭代 $|P| - 1$ 次，这会把 $2(|P| - 1)$ 当成赋予 j 的最大值，因此外层 for 循环的复杂度为 $2(|P| - 1)$。

最后一个嵌套的 for 循环至多执行 $|P| - 1$ 次：对于每个 i，该循环给 j 从 i 执行到 $f[i] - 1$，然后 i 更新为 $f[i]$；因此，j 每次至多表示一个位置。可以推出，算法与 P 的长度是线性关系。

要使用 delta2，应修改算法 BoyerMooreSimple()，把更新 i 的一行

```
else i = i + max(delta1[T_i],|P|-j);
```

替换为

```
else i = i + max(delta1[T_i],delta2[j]);
```

在一个有关的证明中，Knuth 提出，如果文本不包含任何模式，Boyer-Moore 算法就利用表 delta1 和 delta2，执行至多 $7|T|$ 次比较（Knuth, Morris 和 Pratt, 1977）。Guibas 和 Odlyzko(1980) 把这个界限改进为 $4|T|$，Cole (1994) 把它提高为 $3|T|$。

Sunday 算法

Daniel Sunday(1990) 开始分析如下内容：在与文本字符 T_i 不匹配的情况下，模式向右至少移动一个位置，使字符 $T_{i+|P|}$ 包含在下一次迭代中。Boyer-Moore 算法根据 delta1 表中的值移动模式（目前不考虑表 delta2），这个表包含与不匹配的字符 T_i 相关的移位数。Sunday 认为，建立与字符 $T_{i+|P|}$ 相关的 delta1 是大有好处的，这样，delta1[ch] 就是字符 ch 在 P 中从左数的位置。它与 Boyer-Moore 的 delta1 紧密相关，因为给 Boyer-Moore 的 delta1 中的值递增 1，就得到了 Sunday 的 delta1。

这种方法的一个优点是，Boyer-Moore 算法中使用的三个规则都可以简化。没有出现规则稍作

修改：如果字符 $T_{i+|P|}$没有在 P 中出现，就对齐 P_0 和 $T_{i+|P|+1}$。右端出现规则不再需要，因为 P 中的所有字符都位于 $T_{i+|P|}$ 的左边。最后，左端出现规则可以简化为出现规则：如果 P 中出现的一个字符 ch 等于 $T_{i+|P|}$，就对齐 $T_{i+|P|}$ 和 P 中最靠近(最右端)的字符 ch。

尽管 delta1 的定义依赖于模式从右到左的扫描，但匹配过程可以以任何顺序执行，而不仅仅是从左到右或从右到左。Sunday 的 quickSearch()从左到右执行扫描。下面是其伪代码：

```
quickSearch(模式 P, 文本 T)
        把 delta1 的所有单元都初始化为|P| + 1;
        for i = 0 to |P|-1
            delta1[Pᵢ] = |P| + 1 - i;
            i = 0
            while i ≤ |T|-|P|
                j = 0;
                while j < |P| 且 i < |T|且 Pⱼ == Tᵢ
                    i++;
                    j++;
                if j > |P|
                    return 在 i-|P|处成功;
                i = i + delta1[Tᵢ₊|P|];
            return 失败;
```

例如，对于 P = cababa，delta1['a'] = 1，delta1['b'] = 2，delta1['c'] = 6，对于其他字符 ch，delta1[ch] = 7。下面是一个例子：

```
    ffffaabcfacababafa
1   cababa
2    cababa
3          cababa
4           cababa
```

第 1 行一开始就找到不匹配的字符，所以在第 2 行，字符 $T_{i+|P|} = T_{0+6} = b$ 与 P 中最右端的字符 b 对齐，i = 0 递增 delta1[$T_{i+|P|}$] = delta1['b'] = 2，所以 i = 2。因为在 P 的开始处有一个不匹配；i = 2 再递增 delta1[$T_{i+|P|}$] = delta1['f'] = 6，所以 i = 9，也就是说，P 实际上移动到字符 $T_{i+|P|} = f$ 的后面。第 4 次迭代是成功的。把这个执行过程与 BoyerMooreSimple()的执行过程相比较，在 BoyerMooreSimple() 的执行过程中，delta1['a'] = 0，delta1['b'] = 1，delta1['c'] = 5，对于其他字符 ch，delta1[ch] = 6。

```
    ffffaabcfacababafa
1   cababa
2    cababa
3    cababa
4          cababa
5           cababa
6           cababa
```

Sunday 引入了另外两个算法，它们都基于一般化的表 delta2。如果表 delta2 通过从左到右扫描 P 来初始化，Sunday 的 delta2 就可以与 Knuth-Morris-Pratt 的表 next 相同。如果扫描的顺序相反，delta2 就与 Boyer-Moore 的 delta2 相同。但是，匹配过程可以以任意顺序执行。Sunday 的第二个算法称为最大移位算法，它使用 delta2，使 delta2[0]与 P 中的一个字符相关，该字符下一次出现在 P 中左端的位置最大，delta2[1]与 P 中的另一个字符相关，该字符下一次出现在 P 中左端的位置不小于 delta2[0]，以此类推。在第三个算法中，字符按照出现的频率以升序排列，这是有根据的：在英文中，20%的单词以字母 e 结尾，使用率高达 10%的字母也是e。因此，使用 Boyer-Moore 的后向扫描方式测试的第一个匹配字符很可能就是e。先测试使用概率最低的字符会提高一开始就不匹配的可能性。但是，Sunday 自己的测试表明，尽管他的三个算法在搜索短英文单词方面比 Boyer-Moore 算法好得多，但这三个算法之间没有什么区别，对于所有的实践应用，quickSearch()就足够了。当考虑确定 delta2 的开销时，就更是如此(参见 Pirklbauer 1992)。如 Smith(1991)所述，为了解决字符出现频率的问题，可以使用一种合适的技术。

Sunday 指出，他的 delta1 表通常允许移动到一个位置，该位置大于基于 Boyer-Moore 的 delta1 的移位操作。但是，Smith (1991)指出并不总是这种情形，应使用两个值中的较大值。

13.1.4　多次搜索

前面几小节介绍的算法可以用于查找模式在文本中出现的位置。即使该模式出现了许多次，算法在找到它第一次出现的位置后，也不会继续查找。但是在许多情况下，我们都要找到该模式在文本中出现的所有位置。为此，一种方法是在检测到一次出现后，将模式移动一个位置，继续搜索。例如，可以修改 Boyer-Moore 算法，以如下方式包含多次搜索：

```
BoyerMooreAllOccurrences(模式 P, 文本 T)
    把delta1的所有单元都初始化为|P|;
    for i = 0 to |P| - 1
        delta1[Pᵢ] = |P| - i - 1;
    计算 delta2;
    i = |P| - 1;
    while i < |T|
        j = |P| - 1;
        while j ≥ 0 and Pⱼ == Tᵢ
            i--;
            j--;
        if j == -1
            输出:在 i+1 处匹配;
            i = i + |P| + 1; // P向右移动一个位置;
        else i = i + max(delta1[Tᵢ],delta2[j]);
```

但在 T = abababab … 中，要找出出现模式 P = abababa 的所有位置：

```
abababababa...
1 abababa
2  abababa
3   abababa
4    abababa
```

在每两次迭代中，都是在移动两个位置后，比较整个模式与文本。为此，算法需要执行|P|(|T| − |P| + 1)/2 步，更一般的情况是执行 O(|T‖P|)步。为了减少比较次数，应认识到模式包含连续重复的子字符串，这称为周期。在它们与文本中的子字符串匹配之后，就不应再次检查了。

在检测到模式第一次出现的位置之前，Boyer-Moore-Galil 算法(Galil 1979)的工作原理与 Boyer-

Moore 算法相同，之后，模式移动 P=|模式中的周期|个位置，模式中只有最后 p 个字符需要与文本中的对应字符比较，确定整个模式是否匹配文本中的子字符串。这样，与上一次出现重叠的部分就不必再次检查了。例如，对于 P=abababa，其周期是 ab，新算法的执行过程如下：

```
    abababababa...
1   abababa
2       abababa
3       abababa
```

但是，如果找到不匹配的字符，Boyer-Moore-Galil 算法就会以与 Boyer-Moore 算法相同的方式重新开始，该算法如下：

```
BoyerMooreGalil(模式 P, 文本 T)
    p = period(P);
    计算 delta1 和 delta2;
    skip = -1;
    i = |P|-1;
    while i < |T|
        j = |P|-1;
        while j > skip 且 Pⱼ == Tᵢ
            i--;
            j--;
        if j == skip
            输出: 在 i-skip 处匹配;
            if p == 0
                i = i + |P|+1;
            else if skip == -1
                    i = i + |P|+p;
                else i = i + 2*p;
                skip = |P|-p-1;
        else skip = -1;
            i = i + max(delta1[Tᵢ],delta2[j]);
```

显然，只有模式包含周期，而且文本必须包含模式非常多的重叠出现时，该算法才有较好的性能。对于没有周期的模式，这两个算法的工作方式相同。对于有周期但没有重叠出现的模式，Boyer-Moore-Galil 算法执行移位操作比 Boyer-Moore 算法好，但只有找到一个匹配时才比 Boyer-Moore 算法好。

13.1.6　面向位的方法

在这种方法中，搜索的每个状态都表示为一个数字，即一个位串，从一个状态转换为另一个状态是少量按位操作的结果。移位与算法使用面向位的方法进行字符串匹配，该算法由 Baeza-Yates 和 Gonnet (1992)提出(也可参见 Wu 和 Manber 1992)。

考虑位的$(|P|+1)\times(|T|+1)$表，定义如下：

$$state[j,i]=\begin{cases}0 & i=-1 \text{且 } j>-1\\1 & j=-1\\1 & state[j-1,i-1]=1 \text{且} P_j=T_i\\0 & \text{其他}\end{cases}$$

该表包含的信息涉及 P 的前缀和在文本的特定位置结束的子字符串之间的所有匹配。表中第 j 行上的数字 1 表示匹配前缀 $P(0\ldots j)$ 的子字符串 $T(i-j\ldots i)$ 在 T 中的结束位置。第 i 列上的数字 1 表示匹配 T 中在位置 i 结束的子字符串的 P 的前缀。对于 $P=ababac$ 和 $T=bbababacaaba$，$state[0,4]$ $=state[2,4]=1$，因为 T 的位置 4 是前缀 $P(0\ldots0)=a$ 和 $P(0\ldots2)=aba$ 的匹配的结束位置。最后一行中的数字 1 表示整个模式 P 在 T 中的一个出现。

算法根据上一个状态计算新状态，但不维护整个表 $state$，这么做非常有效。为此，可以使用二维位表，来表示字母表中的每个字符在模式中的位置：

$$charactersInP[j,ch]=\begin{cases}0 & ch=P_j\\0 & \text{其他}\end{cases}$$

例如，在模式 $P=ababac$ 中，字母 a 在位置 0、2 和 4 中出现，因此，$charactersInP[0,\text{'}a\text{'}]=$ $charactersInP[2,\text{'}a\text{'}]=charactersInP[4,\text{'}a\text{'}]=1$，$charactersInP[1,\text{'}a\text{'}]=charactersInP[3,\text{'}a\text{'}]=$ $charactersInP[5,\text{'}a\text{'}]=0$。实际上，$charactersInP$ 是数字的一维表，数字中位的位置隐含地用于行索引。另外，该表只能包含出现在 P 中的字符的信息。对于 $P=ababac$，$T=bbababacaaba$，表 $state$ 和 $charactersInP$ 如下：

```
            5 6 7
    b b a b a b a c a a b a       a b c
  1 1 1 1 1 1 1 1 1 1 1 1 1
a 0 0 0 0 1 0 1 0 1 0 1 1 0 1     1 0 0
b 0 0 0 0 0 1 0 1 0 0 0 0 1 0     0 1 0
a 0 0 0 0 0 0 1 0 1 0 0 0 0 1     1 0 0
b 0 0 0 0 0 0 0 1 0 0 0 0 0 0     0 1 0
a 0 0 0 0 0 0 0 0 1 0 0 0 0 0     1 0 0
c 0 0 0 0 0 0 0 0 0 1 0 0 0 0     0 0 1
```

使用 $charactersInP$，就很容易在文本中从对应于上一个位置的状态计算出对应于当前位置 i 的状态。为此，要执行 $shiftBits$ 操作，即把对应于状态 i-1 的位向下移动，使最低位溢出，把 1 当成一个新的最高位移入，$shiftBits$ 操作的结果再与 $charactersInP$ 中对应于字符 T_i 的位进行按位与操作。

$$state[i]=shiftBits(state[i-1])) \text{ 按位与 } charactersInP[T_i]$$

下面考虑从状态 5 到状态 6 的转换，即在处理完字符 T_5 之后处理字符 T_6，接着转换为状态 7。在这个过程中，会找到匹配子字符串 $T(2\ldots5)$ 和 $T(4\ldots5)$ 的 P 的前缀 $abab$ 和 ab。

```
    i =     5              6              7              7
    T = bbababacaaba   ababababacaaba  bbababacaaba   bbababacaaba
a   0                      a               a
b   1            ab                        ab
a   2                        aba
b   3         abab                       abac
a   4                      ababa
c   5                                   ababac         ababac
```

转换为状态 6,说明要试着匹配 P 和 T(1 ... 6),这也是扩展部分匹配的一种尝试。因此,不移位已经匹配的前缀,而是给该前缀扩展一个字符,并测试它,看看新增的字符是否与 T_6 相同。这需要比较 T_6 和 P 的每个部分匹配前缀的新增字符。但使用 charactersInP 中的信息,就可以同时检查所有这些部分匹配。为此,首先把表 state 中第 5 列上的位向下移动一个位置,这样,在给已有的部分匹配扩展一个字符后,它们就可能成功匹配。在列的顶部移入 1,P 的最短前缀也有可能成功匹配。用 charactersInP 来测试扩展的前缀是否匹配在位置 6 结束的子字符串。表 state 中第 j 行上的数字 1 表示 P 中有长度为 j 的匹配前缀。在向下移位后,就测试扩展的部分匹配,注意只测试新包含进来的、位于位置 j 上的字符。如果新字符与 T 中的当前字符相同,即 T_6= a,扩展的前缀就是一个匹配。因此,如果对于某一行 j,前缀的最后一个字符也是 a,那么对 state[j,6]上的 1 和 charactersInP[6,'a'] 中的 1 执行按位与操作,就会得到 1,这表示一个成功的匹配。例如,行 2 上的 aba 表示,前缀 ab 与在 T 的位置 5 结束的子字符串成功匹配。现在就可以检查较长的前缀 aba 是否匹配在 T 的位置 6 结束的子字符串。因为这个前缀的最后一个字母是 a,与 T_6 相同,所以匹配的试验是成功的。但考虑 T_7 的处理。前缀 a、aba 和 ababa 分别扩展为 ab、abab 和 ababac,接着最后一个字符与 T_7 = c 进行间接比较(使用按位与操作)。在这三个扩展的前缀中,只保留一个,因为这个前缀等于模式本身,所以报告出现了模式 P。

从状态 6 转换为状态 7 的过程如下:首先,执行移位操作:

```
                6
                b
                1        1
                0        1
shiftBits       1   ⇒    0
                0        1
                1        0
                0        1
```

接着,按位与操作生成状态 7:

```
                         7
                c        c
1               0        0
1               0        0
0   按位与        0   ⇒    0
1               0        0
0               0        0
⊥               ⊥        ⊥
```

算法的伪代码非常简单:

```
shiftAnd(模式 P, 文本 T)
    state = 0;
    matchBit = 1;
    // 初始化:
    for i = 1 to |P|-1
        matchBit <<= 1;
    for i = 0 to 255
```

```
                charactersInP[i] = 0;
        for (i = 0, j = 1; i < |P|; i++, j <<= 1)
                charactersInP[Pᵢ] |= j;
        // 匹配过程:
        for i = 0 to |T|-1
                state = ((state << 1) | 1) & charactersInP[Tᵢ];
                if ((matchBit & state) != 0)
                        输出:在i-|P|+1 处匹配;
```

二维表 charactersInP 实现为 long 整型的一维表, 第二维用整数中位的位置表示。函数 shiftBits 实现为向左移位, 之后把移位的结果和数字 1 进行按位与操作。这样, 数字 1 放在最不重要(最右端)的位置上。算法在匹配阶段执行|T|次迭代, 在每次迭代中执行 4 个按位操作、一个赋值操作和一个比较操作。

移位与算法不需要像 Boyer-Moore 算法那样缓存文本, 另外, 模式的长度不能超过整数的字节数。对于许多实际应用, 这就足够了。但是, 使用移位与算法的动态版本, 可以提升这个限制。下面是该版本的一种实现方式:

```
dynamicShiftAnd(模式 P, 文本 T)
    cellLen = long 型整数的位数;
        lastBit = 1;
        matchBit = 1;
        cellNum = (|P| % 8 == 0) ? (|P|/8) : (|P|/8 + 1);
        matchBit = 1;
        // 初始化:
        for i = 1 to |P| - cellLen*(cellNum-1)-1
         matchBit <<= 1;
        for k = 0 to cellNum-1
            for i = 0 255
                charactersInP[k,i] = 0;
            for (i = k*cellLen, j = 1; i < (k+1)*cellLen && i < |P|; i++, j <<= 1)
                charactersInP[k,Pᵢ] |= j;
        // 匹配过程:
        for j = cellNum-1 down to 0
            state[j] = 0;
        for i = 0 to |T|-1
            for (j = cellNum-1 down to 1
                firstBit = ((state[j-1] & lastBit) == 0) ? 0 : 1;
                state[j] = ((state[j] << 1) | firstBit) & charactersInP[j,Tᵢ];
            state[0] = ((state[0] << 1) | 1) & charactersInP[0,Tᵢ];
            if ((matchBit & state[cellNum-1]) != 0)
                输出: 在i-|P|+1 处匹配;
```

表 charactersInP 与以前一样, 记录模式中字符的出现位置, 但以逐段的方式记录。例如, 对于长度为 80 的模式 P 和 64 位 long 型整数, charactersInP[0]记录子模式 P(0...63)中字符的出现位置, charactersInP[1]则记录子模式 P(64...79)中字符的出现位置, 表 state 仍实现为匹配过程的一个状态。例如, state[0]表示 P(0...63)的状态, state[1]表示 P(64...79)的状态。移位操作包含向右边的相邻单元中移位, 以及在左边的相邻单元中移入位。例如, 从 state[0]中移出的最后一位放在 state[1]的第一位上。

动态算法不与长度成正比，但与 long 型整数的字节数所标记的间隔成正比。例如，对于 64 位的单词，长度为 1～64 的模式需要 O(|T|) 次操作，长度为 65～128 的模式需要 O(2|T|) 次操作，一般情况下，模式需要 O($\lceil$|P|/64$\rceil$|T|) 次操作。

13.1.6 单词集合的匹配

匹配单词集合的问题描述如下：对于字符串集合 keywords = {s_0, . . . ,s_{k-1}} 和文本 T，需要找出 T 中所有匹配 keywords 中字符串的子字符串。子字符串可能相互重叠。在强制方法中，要分别对集合 keywords 中的每个单词执行匹配过程。这种方法的运行时间是 O(|keywords||T|)。但是，在匹配过程中同时考虑所有相关的单词，可以显著减少运行时间。执行这种匹配的算法由 Aho 和 Corasick (1975) 提出。

Aho 和 Corasick 构建了一个字符串匹配的自动程序，它包含数字表示的状态集合、初始状态 0、字母表和两个函数：一个是 goto 函数 g，它对每个对(state, character)赋予一个状态或特定的标记 fail，另一个是失败函数 f，它把一个状态赋予另一个状态。另外，该算法还使用了一个输出函数 output，它把关键字集合与每个状态关联起来。如果关键字集合不为空，状态就可以接受值。在达到某个接受的状态时，就输出与该状态相关的关键字集合。

在算法的执行过程中，会进行从一个状态到另一个状态的两种转换：goto 转换和失败转换。如果对于当前的状态 state 和字符 T_i，有 g(state, T_i) = fail，则自动使转换失败，在这种情况下，使用失败函数 f 确定下一个当前状态 state = f(state)。如果 g(state, T_i) = state1 ≠ fail，state$_1$ 就变成当前状态，T_{i+1} 变成当前字符，并尝试从 state$_1$ 到 g(state$_1$, T_{i+1})的转换。

对于没有字符 ch 的情况，g(0, ch) = fail，即在初始状态下没有失败的转换。这样，T 中的一个字符就可以在算法的每次迭代中处理。算法如下所示：

```
AhoCorasick(集合 keywords, 文本 T)
    computeGotoFunction(keywords,g,output);  //计算 output 函数
    computeFailureFunction(g,output,f);      //在这两个函数中
    state = 0;
    for i = 0 to |T| - 1
        while g(state,Tᵢ) == fail
            state = f(state);
        state = g(state,Tᵢ);
        if output(state)不为空
            输出: 匹配在 i 处结束: output(state);
```

goto 函数以 trie 的形式构建，其中带有编号的节点表示状态，根节点表示初始状态 state$_n$。如 7.2 节所述，trie 是一种多叉树，它使用字符串的连续字符在树中指引搜索的方向。为了进行这样的搜索，trie 中的链接可以标记字符。在沿着某条路径向下时，把遇到的字符合并在一起，就构造出对应于该路径的单词。为此，插入过程必须构建这样的路径。考虑为集合 keywords = {inner, input, in, outer, output, out, put, outing, tint} (图 13-1)构造 trie。在插入单词 inner 后，trie 中只有一条路径(图 13-1(a))。在插入下一个单词 input 时，已有路径的一部分会用作前缀 in，接着从节点 2 伸出一条新路径，得到后缀 put (图 13-1(b))。对于单词 in，不创建新路径。

剩余的步骤如图 13-1(c)所示。对于单词 outer，创建一条新路径。单词 output 的路径与 outer 的路径的开头部分重叠，因为这两个单词有相同的前缀 out。

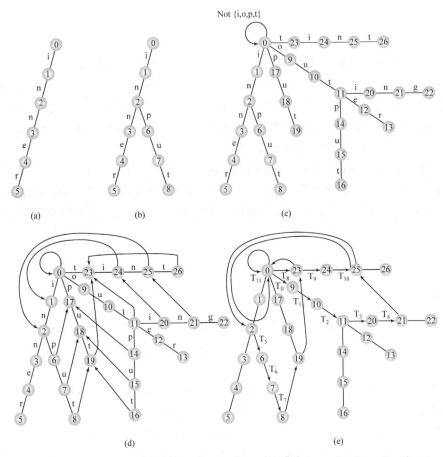

图 13-1　(a) 字符串 inner 的 trie；(b) 字符串 inner 和 input 的 trie；(c) 集合 keywords = {inner, input, in, outer, output, out, put, outing, tint} 的 trie；(d) 在(c)中有失败链接的 trie；(e) 扫描(d)中的 trie，查找文本 T = outinputting

最后一步是在根节点中添加一个环，即从根节点到根节点的、只有一个分支的路径，其中包含除了从根节点伸出来的分支上的字符(本例中是 i、o、p 和 t)之外的其他所有字符，构建 goto 函数的算法如下：

```
computeGotoFunction(集合 keywords, 函数 g, 函数 output)
    newstate = 0;
    for i = 0 to |keywords| - 1
        state = 0;
        j = 0;
        P = keyword[i];
        while g(state,Pⱼ) ≠ fail        // 沿着已有的路径向下;
            state = g(state,Pⱼ);
            j++;
        for p = j to |P| - 1            // 为后缀 P(j ...|P|)创建路径;
            newstate++;
            g(state,Pₚ) = newstate;
            state = newstate;
        把 P 加入集合 output(state);
    for 字母表中的所有字符 ch              // 在状态 0 上创建环;
```

```
        if g(0,ch) == fail
            g(0,ch) = 0;
```

注意现在不可能确定 trie 中包含哪些单词。单词 inn 在 trie 中吗？存在一条对应于它的路径，但该单词不是 trie 的一部分。为了解决单词的整条路径包含在其他路径(即该单词是其他单词的前缀)的问题，可以使用一个特定的符号作为某个单词的结束标记，并在可能出现模糊时包含在 trie 中。另一个方法是包含一个标志，作为每个节点的一部分，来表示单词的结束。Aho-Corasick 算法用输出函数解决这个问题，但这不是该函数的唯一作用。

构造输出函数的第一阶段包含在 computeGotoFunction()中。对于每个状态 s(trie 的节点)，输出函数都确定是否有路径从初始状态和 s 之间的某一位置开始，其中 s 对应于集合 keywords 中的单词。在 computeGotoFunction()执行完后，输出函数就建立状态和关键字之间的如下映射(没有指定的状态对应于空单词集合)：

2 {*in*}   5 {*inner*}   8 {*input*}
11 {*out*}   13 {*outer*}   16 {*output*}
19 {*put*}   22 {*outing*}   26 {*tint*}

在这个阶段，输出函数在 keywords 中为每个状态 s 找出一个单词，该单词对应于从初始位置开始、在 s 处结束的路径。此时，输出路径的作用是标记，为 trie 的每个节点指定它是否对应于一个关键字。

现在，使用 goto 函数在广度优先的 trie 遍历过程(即逐层遍历 trie)中构建失败函数。对于每个节点，该函数都记录如下事实：以某个节点结束的字符串的后缀也是一个从根节点开始的单词的前缀，在这里，失败函数是 Knuth-Morris-Pratt 算法使用的表 next 的一般化，它确定在发生不匹配的情况下，匹配过程从哪个状态中恢复执行。考虑在 Knuth-Morris-Pratt 算法中执行的匹配过程，并进行字符比较：

```
                i
                ↓
       ...outinput...
   1       outing
   2a           inner
   2b           input
   2c           tint
```

在位置 i 出现不匹配之后，匹配过程就应从相同的字符 T_i 中恢复执行，关键字中前缀后面的一个字符等于在模式的不匹配位置之前结束的子字符串中的任一后缀。在本例中，部分匹配模式 outin 的后缀 in 与两个关键字 inner 和 input 的前缀相同，outin 的后缀 tin 对应于 tint 的前缀。与 Knuth-Morris-Pratt 算法一样，我们不希望重复进行已完成的比较，所以匹配过程从不匹配的字符 T_i 和三个关键字中跟在匹配前缀后面的字符处恢复执行。但与 Knuth-Morris-Pratt 方法不同的是，三个模式(关键字)必须同时考虑。不匹配的字符 T_i 如何同时与三个待选关键字中的三个不同的字符 n、p 和 t 进行比较，来获得可能的匹配？它们根本不进行比较，而是比较文本和关键字中的字符，文本中的当前字符用于在 trie 中选择一个转换，从而去除一些待选关键字。匹配过程在第二次迭代中继续，就去除了三个关键字，情况如下所示：

```
                i
                ↓
        ...outinput...
   2b           input
```

但在下一次迭代中如何选择待选关键字？这是失败函数的任务。该函数在 trie 中添加失败的转换。如果匹配过程到达某个节点(状态)，而该节点没有伸出的分支对应于当前文本字符，就产生了一个失败的转换。换言之，在当前文本字符和可从当前节点访问的每个字符都不匹配时，就产生了失败的转换。图 13-1(d)显示了对应于失败函数的失败链接，即

state	1	2	3	4	5	6	7	8	9	10	11	12	13	14	15	16	17	18	19	20	21	22	23	24	25	26
f(state)	0	0	0	0	17	18	19	0	0	23	0	0	17	18	19	0	0	23	24	25	0	0	1	2	23

除了初始状态之外，其他状态都存在失败转换。到初始状态的转换没有显示出来。使用这个函数，在上两个公式(这两个公式分别尝试在第一次迭代中匹配 outing，在第二次迭代中匹配三个关键字) 中表示的一部分匹配过程对应于沿着图 13-1(e)中的路径扫描 trie。每个未失败的转换都表示沿着一条路径向下扫描 trie。在到达节点 21 之后，发生了一个不匹配(文本字符 p 不匹配可以从这个节点访问的唯一字符 g)，失败转换将移动到节点 25，间接(通过从节点 25 的失败转换)到达节点 2。这说明，与定位节点 25 和 2 的路径相关的单词可用于匹配。当前文本字母 p 不匹配可从节点 25 访问的字母 t；因此出现另一个从节点 25 到节点 2 的失败转换，这最终会得到一个成功匹配。

下面是构建失败函数的算法：

```
computeFailureFunction(函数 g, 函数 output,函数 f)
    for 字母表中的每个字母 ch
        if g(0,ch) ≠ 0
            enqueue(g(0,ch));
            f(g(0,ch)) = 0;
    while 队列非空
        dequeue state r;
        for 字母表中的每个字母 ch
            if g(r,ch) ≠ fail
                enqueue(g(r,ch));
                state = f(r);
                while g(state,ch) == fail  // 其后是失败链接
                    state = f(state);       // 字符 ch;
                f(g(r,ch)) = g(state,ch);
                在 output(s) 中包含 output(f(g(r,ch))) 的关键字;
```

对于每个从移出队列的状态 r 中通过字符 ch 访问的状态，算法都添加了一个失败链接。它为 ch 添加失败链接，直到找到未失败的(goto)转换为止。例如，在处理可从状态 r=11 中通过字母 e 访问的状态 12 时，e 有一个从 f(11)=23 到 0 的失败转换，和一个从 0 到 0 的未失败链接；因此，f(12) = 0 (图 13-1(d))。对于可从状态 11 中通过字母 i 访问的状态 20，字母 i 有一个从 f(11)=23 开始的未失败转换；因此，不进入内层 while 循环，且 f(20)=g(23,i)= 24。在为可从状态 r=21 中通过字母 g 访问的状态 22 确定失败转换时，while 循环迭代两次，g 的第一个失败链接从 f(21)=25 到 2，再从 2 到 0，其中 g 有一个到状态 0 的未失败链接，因此，f(22)=0。

该算法还完成了输出函数的构建。对于每个节点，输出函数都记录了以这个节点结束的单词，

但它们不一定从根节点开始。在广度优先遍历的过程中，创建输出函数的过程会在与当前节点关联的单词列表中，添加与可通过失败链接访问的节点关联的单词，以扩展该单词列表。以这种方式扩展的第一个列表是对应于第 4 层上节点 25 的空列表，它包含了对应于节点 2 的列表{in}中的单词，列表{in}在执行 computeGotoFunction()时创建。在这个过程中扩展的下一个列表是对应于第 6 层上节点 8 的列表{input}，它包含了与节点 19 关联的列表{put}，节点 19 可以通过失败链接从节点 8 中访问。实际上，增加了非空列表的数目，通过增加新关键字，扩展了一些已有的列表。

2 {in}	5 {inner}	8 {put, input}
11 {out}	13 {outer}	16 {put, output}
19 {put}	21 {in}	22 {outing}
25 {in}	26 {tint}	

这样，每次匹配过程到达 trie 中的一个与关键字的非空列表关联的节点时，所有的关键字都可以输出为匹配以当前文本位置 i 结束的文本子字符串。例如，对于文本 outinputting 和 keywords = {inner, input, in, outer, output, out, put, outing, tint}，AhoCorasick()的执行步骤如下：

```
outinputting   outinputting   outinputting   outinputting   outinputting
inner          out            out            outing         outing
input          outer          outer          outer          tint
in             outing         outing         output         in
outer          output         output         tint           inner
output                        tint           in             input
out                                          inner
put                                          input
outing
tint
0              9              10             11             20             21
```

```
outinputting   outinputting   outinputting   outinputting   outinputting
outing         input          input          tint           tint
 inner         put            put                           in
 input                        tint                          inner
 put                                                        input
       25 2 6          7              8      19 23 0 23            24
```

```
outinputting   outinputting
tint           tint
 in
 inner
 input
 25                  2 0 0
```

数字表示状态，例如，初始值 0 从状态 0 开始到状态 9，字母 p 从状态 21 开始，通过一个失败链接到达状态 25，再通过一个失败链接到达状态 2，之后到达状态 6。单词中加了下划线的字母位于算法选择的路径上，或者在从当前状态分支出来的链接上。没有加下划线的单词可以通过输出函数或失败链接间接到达。

算法会生成如下结果：

```
a match ending at 2: out
A match ending at 4: in
a match ending at 7: put input
```

```
a match ending at 10: in
```

goto 函数实现为大小为状态数×字符数的二维数组。这种实现方式允许立即访问对应于(state,ch)对的值，但是，数组中的未失败转换非常稀少，所以可以使用一维向量数组或链表来代替：用状态号来索引的字符链表(向量)数组，或者用字符链表(向量)来索引的状态(或状态号)数组(参见 3.6 节)。

失败函数可以实现为用状态号索引的一维数组。输出函数可以实现为单词链表(向量)数组。

对于集合 keywords = $\{s_0,\dots,s_{k-1}\}$，关键字的总长度是 $m = |s_0| + \dots + |s_{k-1}|$，computeGotoFunction()算法的执行时间是 O(m)，computeFailureFunction()算法的执行时间与它相同。

为了确定 AhoCorasick()的复杂度，注意在对 l 层上的状态执行 for 循环的一次迭代中，while 循环至多执行 $l-1$ 次，也就是说，对于对应于 l 层上一个节点的状态，至多会生成 $l-1$ 个失败转换，因为这些转换总是会沿着 trie 向上至少移动一层。因此，失败转换的总数至多是|T| – 1，另外，因为 goto 转换会沿着 trie 向下移动一层，goto 转换的总数是|T|，所以在整个匹配过程中，状态转换数为 O(2|T|)。因此，包括失败函数和 goto 函数的创建在内，Aho-Corasick 算法的复杂度是 O(|T| + m)。

注意，UNIX 系统的命令 fgrep 就是用 Aho-Corasick 算法实现的。

13.1.7　正则表达式的匹配

本节将在文本中查找不用一个或多个模式指定的匹配，而是用正则表达式指定的匹配。

正则表达式定义如下：

(1) 字母表中的所有字母都是正则表达式。

(2) 如果 r 和 s 是正则表达式，则 r|s、(r)、r*和 rs 都是正则表达式。

　　a. 正则表达式 r|s 表示 r 与 s 的或操作。

　　b. 正则表达式 r*(其中的星号称为 Kleene 关闭)表示 rs 的任意有限序列：r, rr, rrr, ..

　　c. 正则表达式 rs 表示 rs 的连接。

　　d. (r)表示正则表达式 r。

Ken Thompson 创建的一个算法构建了对应于正则表达式的非确定性有限自动机 (NonDeterministic Finite Automaton，NDFA)。NDFA 是一个有向图，其中的每个节点都表示一个状态，每条边都用一个字母或表示空字符串的符号ε标记。自动机有一个初始状态，可以有多个终结或接受状态，但在本节中它只有一个接受状态。NDFA 在匹配过程中使用。如果在 NDFA 中有一条其边上带有字母的路径，它从初始状态到接受状态都匹配文本的一个子字符串，就找到了文本中的一个匹配。

构造 NDFA 采用如下递归过程：

(1) 表示一个字母的自动机有一个初始状态 i、一个接受状态 a 和从初始状态到接受状态的一条边，该边上标记了字母(图 13-2(a))。

(2) 表示正则表达式 r|s 的自动机是表示 r 和 s 的自动机的连接，连接的构建方式如下：

　　a. 用两条ε边创建初始状态 i，其中一条边是表示 r 的自动机的初始状态 i_1，另一条边是表示 s 的自动机的初始状态 i_2。

　　b. 从两个自动机的接受状态 a_1 和 a_2 中，用两条ε边创建接受状态(图 13-2(b))。

(3) 表示正则表达式 rs 的自动机是表示 r 和 s 的两个自动机的连接。连接的构建方式如下：从表示 r 的自动机的接受状态 a_1 到表示 s 的自动机的初始状态 i_2 之间创建一条ε边；这样，初始状态 i_1

就成为连接后的自动机的初始状态，a_2 就成为其接受状态(图 13-2(c))。

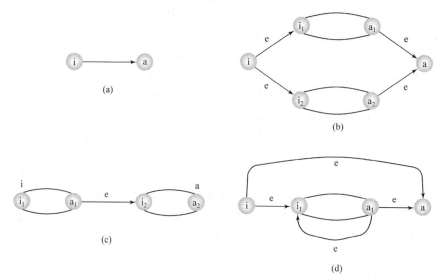

图 13-2 (a) 表示一个字母 c 的自动机；(b) 表示正则表达式 r|s 的自动机；
(c) 表示正则表达式 rs 的自动机；(d) 表示正则表达式 r* 的自动机

(4) 表示正则表达式 r* 的自动机的构造过程如下：

    a. 用一条 ε 边创建新的初始状态 i，该边连接表示 r 的自动机的初始状态 i_1。

    b. 从状态 a_1 出发，用一条 ε 边添加一个新的接受状态 a。

    c. 在初始状态 i 到接受状态 a 之间添加一条 ε 边。

    d. 在状态 a_1 到状态 i_1 之间添加一条 ε 边(图 13-2(d))。

(5) 表示正则表达式(r)的自动机与表示 r 的自动机相同。

构造过程指定，对应于一个正则表达式的自动机：

    a. 有一个初始状态和一个接受状态。

    b. 每个状态都有一条标记了字母的输出边、一条 ε 边或两条 ε 边。

    c. 在每一步中，可以创建两个新节点(或者不创建新节点)，所以自动机中的状态数至多两倍
       于它对应的正则表达式的长度，边数至多是该长度的 4 倍。

自动机可以使用下面的过程创建：

```
component()
    if regExpri 是一个字母
        p = 字符自动机，如图 13-2(a)所示;
        i++;
    else if regExpri == '('
        i++;
        p = regularExpr();
        if regExpri / ')'
            失败;
        i++;
    if regExpri == '*'
        while regExpr++i == '*';
        p = 星号自动机，如图 13-2(d)所示;
```

```
        return p;
    concatenation()
        p1 = component();
        while regExpr_i 是一个字母或 '('
            p2 = component();
            p1 = 自动机的连接，如图 13-2(c) 所示;
        return p1;

    regularExpr() {
        p1 = concatenation();
        while i < |T| and regExpri == '|'
            i++;
            p2 = concatenation();
            p1 = 自动机的合并，如图 13-2(b) 所示;
        return p1;
```

该过程首先调用 regularExpr()。注意该过程的工作方式非常类似于 5.11 节中的解释器，其中 regularExpr() 对应于 expression()，concatenation() 对应于 term()，component() 对应于 factor()。

需要两个集合才能正确处理正则表达式。epsilon(S) 集合是可从 S 的状态中通过 ε-路径访问的状态集合。集合 goto(S,ch) 是从 S 的一个状态引出一条标记了字符 ch 的边的状态集合。这两个集合可以用下面的算法创建：

```
gotoFunction(states, ch)
    for states 中的每个 state
        if 从 state 到状态 s 有一个 ch 转换
            如果还未包含，就把 s 包含在 states2 中;
    return states2;

epsilon(states)
    for states 中的每个 state
        在 states 中删除 state
        for 对于从状态到 s 有一条 ε 边的每个状态 s
            如果还未包含，就把 s 包含在 states 和 states2 中;
    return states2;
```

构建好的自动机和集合现在就可以用于处理文本，检测出文本中匹配的最长正则表达式，并输出它们在文本中的位置。算法如下：

```
Thompson(regExpr, 文本 T)
    initState = parse();
    from = 1;
    states = epsilon({initState});
    for i = 0 to |T|-1
        states = gotoFunction(states,T_i);
        if states 为空
            states = gotoFunction({initState});
            from = i;
        if 接受状态在 states 中
            输出: " match from " from "to" i;
        states = epsilon(states);
        if 接受状态在 states 中
```

```
输出: "match from" from "to" i;
if states 为空
    states = epsilon({initState});
    from = i+1;
```

表 13-1 显示了处理字符串 T = aabbcdeffaefc 和正则表达式 regExpr = a(b|cd)*ef 的步骤,其初始状态为 states = epsilon({initState})= {}。表达式的自动机如图 13-3 所示,其中的数字表示生成状态的顺序。表 13-1 的第 2 列中加粗显示的子字符串表示程序在匹配 regExpr 时检测到子字符串,它们是子字符串 T(0...6) = abbcdef 和 T(8...10) = aef。

表 13-1   字符串 T 和正则表达式 regExpr 的处理步骤

i	ch	goto(states,ch)	if-stmt 之后的 states	epsilon(states,ch)	if-stmt 之后的 states
0	a	{}	{1}	{2 4 8 10 11 12}	{2 4 8 10 11 12}
1	**a**	{}	{1}	{2 4 8 10 11 12}	{2 4 8 10 11 12}
2	**b**	{3}	{3}	{2 4 8 911 12}	{2 4 8 9 11 12}
3	**b**	{3}	{3}	{2 4 8 911 12}	{2 4 8 9 11 12}
4	**c**	{5}	{5}	{6}	{6}
5	**d**	{7}	{7}	{2 4 8 9 11 12}	{2 4 8 9 11 12}
6	**e**	{13}	{13}	{14}	{14}
7	**f**	{15}	{15}	{}	{1}
8	f	{}	{1}	{2 4 8 10 11 12}	{2 4 8 10 11 12}
9	**a**	{}	{1}	{2 4 8 10 11 12}	{2 4 8 10 11 12}
10	**e**	{13}	{13}	{14}	{14}
11	**f**	{15}	{15}	{}	{1}
12	c	{}	{}	{}	{1}

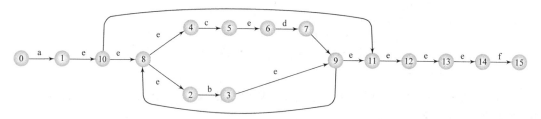

图 13-3   正则表达式 a(b|cd)*ef 的 Thompson 自动机

13.1.8 后缀 trie 和树

在许多情况下,最好预先处理字符串,创建一个结构,以更高效地执行进一步的处理工作。这样的结构是后缀 trie 及其一般化结构,即后缀树。

文本 T 的后缀 trie 是一个树结构,其中每条边都标记了一个 T 的字母,T 的每个后缀都在 trie 中表示为从根节点到 trie 中某个节点的边标记的连接。在后缀 trie 中,head(i)是字符串 T(i . . . |T| – 1) 的最长前缀,它匹配已在树中的后缀 T(j . . . |T| – 1)的一个前缀。单词 caracas 的 trie 如图 13-4(a)所示,显然,在最坏的情况下,所有的字母都不相同,trie 需要为根提供一个节点,为每个后缀提供|T| – i 个节点,其中 i 是其起始位置,即一共需要(|T| + 1)|T|/2 个节点。这说明,后缀 trie 的空间需求是一

个二次函数。

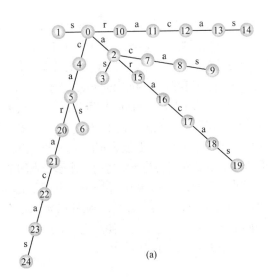

(a)

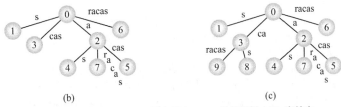

图 13-4　(a) 字符串 caracas 的后缀 trie；(b) 子字符串 caraca 的后缀树；(c) 字符串 caracas 的后缀树

为文本 T 创建后缀 trie 的一个简单算法，每次检查一个后缀，在需要时扩展对应于后缀的路径：

```
bruteForceSuffixTrie(文本 T) {
    // 处理后缀的顺序并不重要，可以从最大的后缀到最小的后缀：
    // for i = 0 to |T|-1
    // 或从最小的后缀到最大的后缀
    for i = |T|-1 downto 0
        node = root;
        j = i; // 表示后缀 T(i...|T|-1);
        while 从 node 引出的 T_j-边存在
            node = 可从 node 中通过 T_j 边访问的节点;
            j++;
    // 在 trie 中存储后缀 T(i...|T|-1) 的后缀 T(j...|T|-1)
    for k = j to |T|-1
        创建 newNode;
        创建 边 (node,newNode,T_k);
        node = newNode;
```

图 13-4(a)中的 trie 是用这个算法创建的，这反映在节点号上，该节点号表示节点包含在 trie 中的顺序。

算法的运行时间是二次函数，因为对于外层循环的每次迭代 i，两个内层循环共进行|T| − i + 1

次比较。

后缀 trie 的一个压缩版本是后缀树,其中不存在只有一个子节点的内部节点。后缀树可以从后缀 trie 中得到,方法是:用 T 中的子字符串标记每条边,该子字符串对应于 trie 中子路径上的字符连接,在该路径上,只使用有一个子节点的节点。换言之,把子路径上只有一个子节点的节点合并为一个节点,该子路径上的边合并为一条边。转换图 13-4(a)中的 trie,就会创建出图 13-4(c)中的后缀树。后缀树至多可以有|T|个叶节点,所以至多有|T| – 1 个非叶节点。如果后缀树有|T|个叶节点,它就有|T| – 1 个非叶节点,每个非叶节点都有两个子节点,不用以非叶节点结束的路径表示后缀(参见 6.1 节和图 6-5)。这样,后缀树的空间需求就与文本的长度成正比。

在后缀树中,大多数节点都是隐含的,它们都是对应 trie 中有一个子节点的节点。处理后缀树的问题是确定隐含节点何时变成显式节点。下面在图 13-4(b)的树中插入后缀 caracas,以举例说明。这需要把标记 cas 的边分解为两条边,分别标记为 ca 和 s,再插入一条标记为 racas 的边,如图 13-4(c)所示。在实际应用中,在后缀树中用两个索引来标记边比较方便,这两个索引表示 T 中一个子字符串的开始位置和结束位置,T 的子字符串是边的单词标记。

下面是算法:

```
bruteForceSuffixTree(文本 T)
    for T 中的每个后缀 s
            确定 s 的头(找出 s 中最长前缀的最长匹配和从根开始的一条路径);
            if 头的后缀匹配以叶节点结束的边的整个标记
                    通过 s 的未匹配部分扩展标记;
            else if 头的标记匹配以非叶节点结束的边的整个标记
                    创建一个叶节点,通过 s 的未匹配部分用带标记的边连接该非叶节点;
            else 用头的后缀把部分匹配的边 edge(u,v)分解为 edge(u,w)和 edge(w,v)
                    edge(u,w)用当前标记中与头的最长后缀匹配的部分标记
                    edge(w,v)用 s 的未匹配部分标记;
```

这种处理至少可以用两种方式完成:从左到右和从右到左。图 13-4(c)中的后缀树在创建时是从右到左地处理 caracas 的后缀,即从最小的后缀到最大的后缀,这反映在创建节点的顺序上。

算法的执行时间是 $O(|T|^2)$,因为采用了一种确定头的简单策略:搜索总是从根节点开始,这需要在每次迭代中执行|head(i)|步,在最坏的情况下是|T| – i 步,即后缀的长度-1。为了说明这一点,考虑字符串a^kb。设计确定后缀的头的更快方式,就可以改进复杂度。为此,应在后缀树中维护其他链接。一种这样的后缀树是用 Esko Ukkonen 提出的算法构建的。

在概念上,后缀树是压缩的后缀 trie,所以在从后缀 trie 的算法(Ukkonen 和 Wood 1993)开始讨论,Ukkonen 算法表示的后缀树(Ukkonen 1995)较容易理解。

Ukkonen 的后缀 trie 和后缀树在构建时使用了后缀链接(这些链接与 Aho-Corasick 算法中的失败转换相同)。

要从已有的后缀 trie 中获得新的后缀 trie,需要添加对应于字符 T_i 的新转换,从而扩展对应于子文本 T(0...i – 1)的所有后缀的路径。这样,新的 trie 就有对应于子文本 T(0...i)的所有后缀的路径。新增转换的状态可以使用后缀链接来获得,该后缀链接构成了一条从最深的节点到根节点的路径。该路径称为边界路径。遍历该路径,对于每个遇到的节点 p,如果没有从 p 出发的 ch 边,就用边 edge(p,q,ch)(例如从 p 到 q、且标记了 ch 的边)创建一个新的叶节点 q。在遇到已有 ch 边的第一个节点后,停止路径遍历。

另外，创建新的后缀链接，构成一条路径，把新增节点都连接起来。新的后缀链接是更新的 trie 中边界路径的一部分。

算法如下：

```
UkkonenSuffixTrie(文本 T)
    创建 newNode;
    root = deepestNode = oldNewNode = newNode;
    后缀链接(root) = null;
    for i = 0 to |T|-1
        node = deepestNode;
        while node 非空，且不存在从 node 出发的 T_i-边
            创建 newNode;
            创建 边(node,newNode,T_i);
            if node ≠ deepestNode
                后缀链接(oldNewNode) = newNode;
            oldNewNode = newNode;
            node = 后缀链接 (node);
        if node 为空
            后缀链接 (newNode) = root;
        else 后缀链接 (newNode) = node 中通过 T_i-边到达的子节点;
        deepestNode = deepestNode 中通过 T_i-边到达的子节点;
```

该算法的执行时间与文本 T 中不同子字符串的个数成正比。对于所有字符都不同的文本来说，它可以是二次函数。

例如，考虑为单词 pepper 建立一个后缀 trie，trie 初始化为单节点树(图 13-5(a))。在 for 循环的第一次迭代中，在根节点和新节点之间用对应于字母 p 的一条边创建一个新节点，同时创建从新节点到根节点的后缀链接(图 13-5(b))。在 for 循环的第二次迭代中，处理字母 e。在 while 循环的第一次迭代中，创建一个新节点(图 13-5(c))，在 while 循环的第二次迭代中，再创建一个新节点(图 13-5(d))，接着建立一个后缀链接(图 13-5(e))。在退出 while 循环后，创建另一个后缀链接(图 13-5(f))。图 13-5(g)～图 13-5(j)显示了为单词 pepper 中后面的字母扩展出来的 trie。节点中的数字表示创建节点的顺序。

为了提高后缀 trie 的空间需求，可以使用后缀树，其中只包含 trie 中至少有两个子节点的节点。这样，图 13-5(b)和图 13-5(f)～图 13-5(j)中的后缀 trie 就可以转换为图 13-6(a)～图 13-5(f)中的后缀树。注意只有从非叶节点出发的后缀链接才表示出来，因为如后面的 13.3 节所述，对于正确处理后缀树来说，叶节点和从叶节点出发的后缀链接不是不可或缺的。

现在的问题是，为了把图 13-6(c)中的树扩展为图 13-6(d)中的树，应处理字母 p，子字符串 p 和 ep 之间的隐含节点必须变成显式的，接着用一个标记为 p 的边把一个新的叶节点与它关联起来。保留旧的叶节点，把它也与新建的显式节点关联起来，用一个标记修改(扩展)为 epp 的边连接起来。要为后缀树开发一个算法，应再次考虑 trie 的处理。

边界路径上的一个非叶节点称为活动点。在处理 trie 时，为边界路径上的每个叶节点创建一个新的 ch 边和一个新的叶节点，也就是说，为活动点前面的每个节点创建新的边和节点。接着，子路径上活动点之间的每个节点和所谓的"终点"也会得到一条指向新叶节点的新 ch 边。因此，终点是 ch 边已存在的节点。所以边界路径上的所有节点都存在一条从该终点到根节点的 ch 边。如果根节点也需要获得一条新的 ch 边，终点就可以是根节点的虚拟父节点(假设在这个虚拟父节点和根节点之间，每个字符都有一条 ch 边)。例如，在图 13-5(i)中，边界路径 9 10 11 2 3 0 -1 上的节点 2 是活动

点，节点-1 是根节点的虚拟父节点，也是对应于插入这个 trie 中的字符 r 的终点。如果 p 插入这个 trie 中，活动点就是相同的，但节点 2 既是活动点，也是终点。

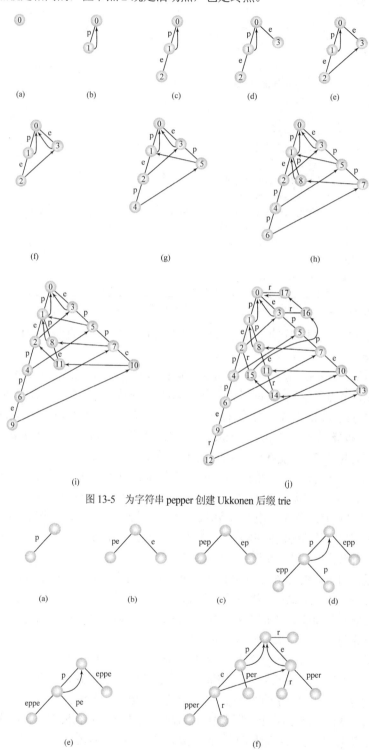

图 13-5　为字符串 pepper 创建 Ukkonen 后缀 trie

图 13-6　为字符串 pepper 创建 Ukkonen 后缀树

在处理树时，更新包含所有叶节点的边界路径，只需更新连接叶节点和其父节点的边上的标记。但是，边界路径上的每个非叶节点一直到终点之前的节点，都可能需要在树中变成显式节点，这样叶节点才能与它关联。下面是算法：

```
UkkonenSuffixTree(文本 T)
        把根节点和活动点初始化为对应于 T 的新节点;
        for i = 0 to |T|-1
                for 边界路径上的每个叶节点(例如从活动点之前的节点开始)
                        更新叶节点及其父节点之间的边上的标记
                for 边界路径上从活动点到终点之前的节点 node
                        创建 newNode;
                        if node 不是显式的
                                把 node 插入其父节点 p 和节点 q 之间, 使之变成显式的;
                                更新 node 和 P 之间的边;
                                在 node 和 q 之间创建一条边;
                        创建 边(node,newNode,Ti);
```

该算法的一个实现方式在本章最后的案例分析中。

13.1.9　后缀数组

有时后缀树需要太多的空间，它的一个非常简单的替代品是后缀数组(Manber 和 Myers 1993)。

后缀数组是以字典顺序提取的、位置从 0 到|T| – 1 的后缀数组。显然，后缀数组需要|T|个单元。例如，文本 T = proposition 的后缀按如下方式排序：

8 *ion*
6 *ition*
10 *n*
9 *on*
2 *oposition*
4 *osition*
3 *position*
0 *proposition*
1 *roposition*
5 *sition*
7 *tion*

它们在文本中的位置放在左边，这些位置构成了一个后缀数组 pos = [8 6 10 9 2 4 3 0 1 5 7]，它对应于后缀的顺序。

通过对初始化为[0 1 ... |T| – 1]的数组排序，后缀数组可以在 O(|T| lg |T|)时间内创建。排序过程比较后缀，在由位置表示的后缀不符合顺序时，就移动 pos 中的数字。

后缀数组可以从已有的后缀树中创建，在该后缀树上执行深度优先遍历，对于树中的每个节点，根据输出边的单词标记顺序(也就是这些标记中前几个字母的顺序)遍历其子树，遍历过程在后缀数组中，按照到达叶节点的顺序插入叶节点号，边可以在 O(|A| lg |A|)时间内排序，所以遍历执行的时间是 O(|T||A| lg |A|)。后缀树过程可以按照排序的顺序维护链表上的边，维护这样的链表需要 O(|A|²)的时间，因此维护树的时间是 O(|T||A|²)。之后的遍历只需要 O(|T|)的时间。

有了后缀数组，使用二叉树搜索可以非常迅速地在文本 T 中找出模式 P(参见 2.7 节)，然后把包含前缀 P 的所有后缀都组合在一起。为了确定这种后缀群集的开头位置，可以使用下面的二叉树搜索方法：

```
binarySearch(模式 P, 文本 T, 后缀数组 pos)
    left = 0;
    right = |T|; // 即 |pos|;
    while left < right
        middle = (left+right)/2;
        if P ( T(pos[middle]...|T|-1)
            right = middle;
        else left = middle+1;
    if P = T(pos[left]...pos[left]+|P|)
        return left;
    else return -1; // 失败
```

为了确定这种后缀群集的结尾，if 语句中的不等式≤应改为≥，循环后面的 if 语句中的 left 用 right 代替。模式 P 在 T 中刚才确定的群集中的位置找到，确定群集需要的时间是 $O(|P| \lg |T|)$，其中 $\lg |T|$ 表示 binarySearch()中 while 循环的迭代次数，$|P|$ 表示在循环的一次迭代中，P 和 T 的后缀之间的字符比较次数。

13.2　字符串的模糊匹配

在前面几小节中，分析了精确匹配的算法，这是一个要么完全相同，要么不相同的方法：在文本 T 中搜索模式 P，如果 T 中至少有一个子字符等于 P，则搜索成功。只要有一个字符不同，子字符串就不匹配 P。但在许多情况下，可以降低精确匹配的要求：P 和 T(或其子字符串)之间只要有一定程度的近似，就认为匹配成功。

两个字符串的近似程度一般使用把一个字符串转换为另一个字符串所需的基本编辑操作的次数来衡量。字符串上的三个基本操作是：插入 I、删除 D 和替代 S。两个字符串之间的区别根据这些操作来确定。表示这些区别至少有三种方式：跟踪、对齐(匹配)和列举(导出)。例如：

```
对齐:
-app-le          源
capital-         目标

列举:
apple            源
capple    (I)
capile    (S)
capitle   (I)
capitale  (I)
capital   (D)    目标

跟踪:
apple            源
```

↓↓↓ ↘
capital　　　　　　　　目标

跟踪中的行不能相互交义，只有一行可以连接源字符和目标字母。源中没有线的字母表示一次删除，目标中没有线的字母表示一次插入。线连接一个源字母和目标中相同的字母或用于替代另一个字母的字母。

对齐方式是指，对齐两个可能包含用短横线表示的空字符的字符串。源中的短横线表示一次插入，目标中的短横线表示一次删除。

列举直接对应于特定算法处理字符串的方式，对齐和跟踪方式对工作过程解释得比较简洁明了。

衡量两个字符串之间差别的最常见方式是 Levenshtein 距离。实际上，Levenshtein (1965)引入了两个字符串 Q 和 R 之间的距离 d(Q,R)的两个概念，一个是把 Q 转换为 R 的插入、删除和替代的最小操作次数，另一个距离只考虑删除和插入操作。

从方法上看，距离是满足下述条件的函数 d：

对于任意 Q、R 和 U：

```
d(Q,R) ⩾ 0
d(Q,R) = 0 if Q = R
d(Q,R) = d(R,Q) (对称)
d(Q,R) + d(Q,U) ⩾ d(Q,U) (三角不等式)
```

用于字符串处理的大多数距离函数都满足这些条件，包括 Levenshtein 距离，但也可能有例外。另外，距离还可能包含权值。例如，在微生物应用中，一次删除两个临近的字符串元素，要比分两次删除单个元素的情况普遍得多。在这种情况下，两个连续的删除操作使用的权值就大于两个不连续的删除操作。

13.2.1　字符串的近似性

对于两个字符串 Q 和 R，当它们之间的距离 d(Q,R)需要确定时，就产生了字符串的近似问题。

设 $D(i,j) = d(Q(0 \ldots i-1), R(0 \ldots j-1))$是前缀 $Q(0 \ldots i-1)$和 $R(0 \ldots j-1)$之间的编辑距离。要解决字符串的近似问题，可以把给 i 和 j 确定最小距离的问题还原为给不大于 i 和 j 的值确定最小距离。如果解决了子问题，观察在字符 Q_i 和 R_j 之间需要找到什么对应关系，该解决方案就可以扩展到 i 和 j。这有 4 种可能性：

- **删除**：当从 $Q(0 \ldots i)$中删除 Qi 时，$D(i-1, j-1) = D(i-2, j-1)+1$，即 $Q(0 \ldots i)$和 $R(0 \ldots j)$之间的最小距离等于 $Q(0 \ldots i-1)$和 $R(0 \ldots j)$之间的最小距离+1，其中 1 表示从 $Q(0 \ldots i)$的尾部删除 Qi。

- **插入**：把 Rj 插入 $R(0 \ldots j-1)$中时，$D(i-1, j-1) = D(i-1, j-2)+1$，即 $Q(0 \ldots i)$和 $R(0 \ldots j)$之间的最小距离等于 $Q(0 \ldots i)$和 $R(0 \ldots j-1)$之间的最小距离+1，其中 1 表示在 $R(0 \ldots j-1)$的尾部插入 Rj。

- **替代**：用 $R(0 \ldots j)$中的 Rj 替代 $Q(0 \ldots i)$中的 $Qi \neq Rj$，则 $D(i-1, j-1) = D(i-2, j-2)+1$，即 $Q(0 \ldots i)$和 $R(0 \ldots j)$之间的最小距离等于 $Q(0 \ldots i-1)$和 $R(0 \ldots j-1)$之间的最小距离+1，其中 1 表示替代操作。

- **匹配**：在 $Q_i = R_j$ 时，不需要执行额外操作，且 $D(i-1, j-1) = D(i-2, j-2)$，即 $Q(0 \ldots i)$ 和 $R(0 \ldots j)$ 之间的最小距离等于 $Q(0 \ldots i-1)$ 和 $R(0 \ldots j-1)$ 之间的最小距离。

这些条件可以合并为一个递归关系：

$$D(i, j) = \min(D(i-1, j) + 1, D(i, j-1) + 1, D(i-1, j-1) + c(i, j))$$

其中，如果 $Q_i = R_j$，则 $c(i,j) = 0$，否则 $c(i,j) = 1$。

而且，为了把非空字符串转换为空字符串，必须删除它的所有字符，所以

$$D(i, 0) = i$$

为了把空字符串转换为非空字符串，将插入它的所有字符，所以

$$D(0, j) = j$$

直接使用等式可以递归地解决这个问题。但是使用这种方式，较大的问题就还原为三个略小的问题，结果在一层递归上需要的时间是原来的三倍。小问题必须分别解决，所需的时间就是原来每个小问题的三倍，这表示所需的时间是上一层递归的 9 倍。最后，原来的问题需要指数级的时间来解决。为了避免过度使用递归，应采用其他方式解决这个问题。

一种解决方案是使用 2D 编辑表，在该表中，记录了从最小到最大、重复解决子问题的结果。对于 dist[i,j] = D(i,j)，我们使用大小为 (|R| + 1)×(|Q| + 1) 的编辑表 dist[0 . . . |R|, 0 . . . |Q|]，其中的行对应 R 中的字符，列对应 Q 中的字符。第一行对应值 D(0,j)，因此初始化为数字 0, 1, . . . , |R|。同样，第一列对应值 D(i,0)，所以初始化为数字 0, 1, . . . , |Q|。之后，对于表的每个单元，存储在单元中的值根据 D(i,j) 的递归关系确定，这意味着它引用了三个单元：其上的单元、其左的单元和其对角线上的单元。下面是 Wagner 和 Fischer (1974)提出的算法：

```
WagnerFischer(编辑表 dist, 字符串 Q, 字符串 R)
    for i = 0 to |Q|
        dist[i,0] = i;
    for j = 0 to |R|
        dist[0,j] = j;
    for i = 1 to |Q|
        for j = 1 to |R|
            x= dist[i-1,j]+1; // 上面
            y = dist[i,j-1]+1; // 左边
            z = dist[i-1,j-1]; // 对角线
            if Q_{i-1} ≠ R_{j-1}
                z++;
            dist[i,j] = min(x,y,z);
```

从使用嵌套的 for 循环可以看出，算法运行的时间和空间是 $O(|Q||R|)$。

考虑字符串 Q= capital 和 R= apple，为它们创建的编辑表 dist 如下：

```
    a p p l e
  0 1 2 3 4 5
c 1 1 2 3 4 5
a 2 1 2 3 4 5
p 3 2 1 2 3 4
```

```
i 4 3 2 2 3 4
t 5 4 3 3 3 4
a 6 5 4 4 4 4
l 7 6 5 5 4 5
```

在初始化第一行和第一列之后，每个单元的值都使用三个前面提及的临近单元的值来确定。例如，要确定值 D(6,3)(即值 dist[6,3] = 4)，应考虑加粗显示的三个临近单元。包含最小值的两个单元是 dist[5,2]和 dist[5,3]，它们的值都是 3。如果选择了第一个单元，就应选择替代操作，因为 capital 中的第 6 个字符 a 与 apple 中的第 3 个字符 p 不同。这样，D[6,3] = d(capita,app) = d(capit,ap) + 1 = 4。如果选择了第二个单元，就应选择在子字符串 capit 中插入 a，得到子字符串 capita，于是 D[6,3] = d(capita,app) = d(capit,app) + 1 = 4。

dist 右下角的数字 5 是字符串 capital 和 apple 之间的最小距离。该表可以用于生成一个队列，这样不仅 d(capital,apple)是已知的，而且列举也是已知的。如果只对一种列举感兴趣，就可以使用下面的算法生成该列举：

```
WagnerFisherPrint(编辑表 dist, 字符串 Q, 字符串 R)
    i = |Q|;
    j = |R|;
    while i ≠ 0 or j ≠ 0
        输出对(i, j);
        if i > 0 and dist[i-1,j] < dist[i,j]        // 上面
            sQ.push(Q_{i-1});
            sR.push('-');
            i--;
        else if j > 0 and dist[i,j-1] < dist[i,j]   // 左边
            sQ.push('-');
            sR.push(R_{j-1});
            j--;
        else   // if i > 0 and j > 0 and              // 对角线
            //   (dist[i-1,j-1] == dist[i,j] and Q_{i-1} == R_{j-1} or
            //    dist[i-1,j-1] < dist[i,j] and Q_{i-1} ≠ R_{j-1})
            sQ.push(Q_{i-1});
            sR.push(R_{j-1});
            i--;
            j--;
        打印栈sQ;
        打印栈sR;
```

在 while 循环的每次迭代中，索引 i 和 j 中至少有一个要递减，所以算法的运行时间是 $O(\max(|Q|,|R|))$。

两个栈用于生成队列中的元素。这里使用栈非常合适，因为队列的源和目标都是逆序生成的。处理过程从右下角开始，对于每个单元 c，它进入三个临近单元中的一个，使用它的值确定 c 中存储的值，即根据临近的单元，存储字符串中的一个字符或一个短横线，目标中的短横线表示一次删除，源中的短横线表示一次插入。算法 WagnerFisherPrint()生成了如下的结果：

```
path: [7 5] [6 5] [5 4] [4 3] [3 2] [2 1] [1 0]
capital
-apple-
```

另外，也生成了从右下角到左上角的路径。算法中 if 语句的顺序确定了生成哪个队列。如果第一个 if 语句与第二个语句交换位置，结果如下：

```
path: [7 5] [7 4] [6 3] [5 3] [4 3] [3 2] [2 1] [1 0]
capital-
-app--le
```

也可以生成所有的队列，在去掉重复的部分后输出它们。

Wagner-Fisher 算法可以用许多方式改进，一种方式是把空间从 $O(|Q||R|)$ 减少到 $O(|R|)$ (Drozdek 2002)，另一种方式是当序列距离比较远时减少运行时间(Hunt 和 Szymanski 1977)。

对于两个字符串 Q 和 R，常见的子序列是两个字符串中都有的字符序列，但它们不一定挨在一起。例如 es、ece 和 ee 是 Predecessor 和 descendant 中的共有子序列。最长的共有子序列问题就是确定两个字符串 Q 和 R 中最长的子序列。在最长的共有子序列和编辑距离之间存在很紧密的连接关系。

显然，最长的共有子序列 lcs(Q, R) 的长度是队列中相同字符 Q_i 和 R_j 对齐的对(i, j)的最大个数。考虑这样一个队列。定义一个新的编辑距离 d_2，其中插入和删除的成本都是 1，但是替换不相等字符的成本是 2，如果字符相等，则替换成本为 0。这是 Levenshtein 编辑距离的更严格的概念，其中只包含删除和插入操作，因为替换操作用一个删除操作后跟一个插入操作替代了。在这种情况下，

$$d_2(Q, R) = |Q| + |R| - 2lcs(Q, R)$$

因为

$$d_2(Q, R) = \#deletions + \#insertions + 2 \times \#substitutions$$

$d_2(Q, R) = |Q| - \#substitutions - lcs(Q, R) + |R| - \#substitutions - lcs(Q, R) + 2 \times \#substitutions$

使用下面的算法可以确定最长的共有子序列：

```
HuntSzymanski(Q, R)
    for i = 0 to |Q|-1
        matchlist[i] = 给满足 Qi == Rj 的位置 j 按降序排列的列表;
    for i = 1 to |Q|
        threshold[k] = |R|+1;
    threshold[0] = -1;
    for i = 0 to |Q|-1
        for matchlist[i]中的每个 j
            找出位置 k，使 threshold[k] < j ≤ threshold[k+1];
            if j < threshold[k+1]
            threshold[k+1] = j;
            link[k] = new node(i,j,link[k-1]);
    k = max{t: threshold[t] < |R|+1};
    for (p = link[k]; p ≠空; p = prev(p)) // 以逆序打印对
        输出节点 P 中的对(i, j);
```

matchlist 是以降序排列的位置列表，matchlist[i]列表包含满足 $Q_i = R_j$ 的所有位置 j。列表可以在 $O(|R|lg|R| + |Q|lg|R|)$ 时间内创建，在 $O(|R|lg|R|)$ 的时间内给 R 的一个副本排序，同时记录其字符的原始位置。接着对于每个位置 i，使用二叉树搜索方法扫描列表，从列表中提取对应于字符 Q_i 的位置。例如，对应字符串 Q= rapidity 和 R= paradox，列表如下所示：

```
r: matchlist[0] = (2)
a: matchlist[1] = (3 1)
p: matchlist[2] = (0)
i: matchlist[3] = ()
d: matchlist[4] = (4)
i: matchlist[5] = ()
t: matchlist[6] = ()
y: matchlist[7] = ()
```

即 matchlist[0]列表对应于 rapidity 中的字符 r，它有一个数字 2，它是 r 在 paradox 中的位置；matchlist[1]对应于字符 a，它有两个数字 3 和 1，分别是 a 在 paradox 中的位置。表示下述表的列表如下：

```
    p a r a d o x
    0 1 2 3 4 5 6
r 0       x
a 1     x   x
p 2 x
I 3
D 4             x
I 5
T 6
Y 7
```

其中 x 表示两个字符串中匹配的字符。

为了找出最长的共有序列(用加粗的 x 表示)，使用了表 threshold。用 x 标记的位置在 threshold 中用位置 k 和这个位置中的数字表示，在执行算法的过程中，这是可以修改的。threshold 中的数字按升序排列，所以使用二叉树搜索方法可以在 lg|R|时间内找到所需的位置 k。用 r 表示满足 $Q_i = R_j$ 的对(i, j)的个数。因为内层 for 循环要迭代 r 次，即给 matchlist 中的每个数字迭代一次，所以这个过程的执行时间为 O(rlg|R|)，在这个过程中，至多可以在 link 中创建 r 个节点。

下面在处理字符串 Q= rapidity 和 R= paradox 的过程中修改 threshold、link 和一些变量：

```
    p a r a d o x    i j k        threshold             link
    0 1 2 3 4 5 7              0 1 2 3 4 5 6 7 8
r 0       x         0 2 0    -1 2 8 8 8 8 8 8 8   link[0] = (0,2)
a 1           x     1 3 1    -1 2 3 8 8 8 8 8 8   link[0] = (0,2)
                                                  link[1] = (1,3)↗

a 1   x             1 1 0    -1 1 3 8 8 8 8 8 8   link[0] = (1,1)
                                                  link[1] = (1,3)→(0,2)

p 2 x               2 0 0    -1 0 3 8 8 8 8 8 8   link[0] = (2,0)
                                                  link[1] = (1,3)→(0,2)

i 3                 3        -1 0 3 8 8 8 8 8 8
d 4           x     4 4 2    -1 0 3 4 8 8 8 8 8   link[0] = (2,0)
                                                  link[1] = (1,3)→(0,2)
                                                  link[2] = (4,4)↗

i 5                 5        -1 0 3 4 8 8 8 8 8
t 6                 6        -1 0 3 4 8 8 8 8 8
y 7                 7        -1 0 3 4 8 8 8 8 8
```

threshold 的位置 0 总是等于–1。在迭代 i 的最后，threshold[k + 1]是位置 j，在该位置上，Q(0…i) 和 R(0…j)的共有子序列的长度是 k + 1。

在外层 for 循环的第一次迭代中，rapidity 中第一个字符 r 的匹配(此时 i = 0)从 matchlist[0]中获得，它是 paradox 的位置 j = 2，再把 2 赋予 threshold[0]，表示 Q(0…0) = r 和 R(0…2) = par 有一个长度为 1 的共有子序列。子序列本身在 link[0]上存储为一个索引对(0,2)，因为 link[k]定义了 k + 1 个对(i,j)的列表，它们记录了长度为 k + 1 的共有子序列。

在外层 for 循环的第二次迭代中，当 i = 1 时，内层 for 循环为 matchlist[i = 1] = (3 1)中的两个数字激活两次。首先，数字 j = 3 存储在 threshold[k = 1]中，表示子字符串 Q(0…1) = ra 和 R(0…3) = para 有一个长度为 k + 1 = 2 的共有子序列。在内层 for 循环的第二次迭代中，数字 j = 1 覆盖了 threshold[0]中的 2，表示子字符串 Q(0…1) = ra 和 R(0…1) = pa 有一个长度为 1 的共有子序列。子序列在 link 中记录。注意更新了 link[0]，但 link[1]中的第二个节点保持不变。这个节点现在只能从 link[1]列表的第一个节点中访问。而在更新 link[0]之前，它还可以从 link[0]中访问。

在其最后一个阶段中，算法以逆序输出(i, j)对：

```
[4 4] [1 3] [0 2]
```

算法的运行时间是 $O((|Q| + |R| + r)\lg|R|)$，占用的空间是 $O(r + |Q| + |R|)$。当序列的距离很远时，算法非常高效，也就是说，一个字符串的大多数位置只匹配另一个字符串中的几个位置，此时与两个字符串的长度相比，r 较小，因此算法的运行时间是 $O((|Q| + |R|)\lg|R|)$。但是，在最坏的情况下，对于字符串 aaa…和 aaa…，$r = |Q||R|$，算法运行的时间是 $O(|Q||R|\lg|R|)$。

注意 Hunt-Szymanski 算法在 UNIX 中实现为 diff 命令。

13.2.2　有 k 个错误的字符串匹配

现在的任务是确定尾部 T 中 Levenshtein 距离不超过 k 的所有子字符串，即执行字符串匹配时至多有 k 个错误(或 k 个不同之处)。

在 13.1.5 小节中讨论了精确匹配的 shiftAnd()算法。该算法依赖于按位操作，Wu 和 Manber (1992)提出了 shiftAnd()的一般算法，可以用于模糊匹配。该算法在 UNIX 中实现为 agrep，即近似的 grep 命令。

考虑编辑操作只有插入、且 k = 2 的情况。对于 P 的每个前缀和在字符 T_i 处结束的子字符串，现在有一个精确匹配、带有一次插入操作的匹配和带有两次插入操作的匹配。为了处理这三个匹配，使用三个表 $state_0$、$state_1$ 和 $state_2$，其中 $state_0$ = shiftAnd()中使用的 state，$state_k$ 表示带有 k 次插入操作的所有匹配。$state_k$ 中的值根据 $state_{k-1}$ 中的对应值以及要比较的字符 P_j 和 T_i 来确定。

如果在 P(0…j–1)、T(i–j…i–1)和 $P_j = T_i$ 之间有一个精确匹配，则 P(0…j)和 T(i–j…i)仍有精确匹配，这个事实必须反映在所有三个表 $state_0$、$state_1$ 和 $state_2$ 中。如果在 P(0…j–1)、T(i–j…i–1)和 $P_j \neq T_i$ 之间有一个精确匹配，就在 $state_1$ 和 $state_2$ 中标记一个插入 T_i 的模糊匹配。实际上，$P_0P_1…P_{j-1}$–(注意有短横线)是 $T_{i-j}T_{i-j+1}…T_i$ 的模糊匹配。最后，如果在 P(0…j–1)、T(i–j…i–1)和 $P_j \neq T_i$ 之间有一个带一次插入的模糊匹配，则对于 0≤s≤j–1，在 $state_2$ 中给 T_{i-j+s} 和 T_i 标记一个带两次插入的模糊匹配。这表示，$P_0P_1…P_s$–$P_{s+1}…P_{j-1}$–(注意有两个短横线)是 $T_{i-j}T_{i-j+1}…T_i$ 的模糊匹配。但是，如果 $P_j = T_i$，则仍有带一次插入的模糊匹配，且必须反映在 $state_1$ 和 $state_2$ 中。因此，对于 e<s≤k，$state_e$ 中表示的所有匹配也可以在 $state_s$ 中找到，即信息量随着 $state_e$ 中下标 e 的增长而增长，因为匹配的条件越来越

宽松。考虑模式 P＝abc 和文本 T＝abaccabc，表 state$_0$ 就变成：

```
 i = 0          1          2          3          4          5          6          7
 T = abaccabc abaccabc abaccabc abaccabc abaccabc abaccabc abaccabc abaccabc
a 0   a                     a                                a
b 1              ab                                                      ab
c 2                                                                          abc
```

对于 i＝0，子字符串 P(0...0)和 T(0...0)匹配，对于 i＝1，子字符串 P(0....1)和 T(0...1)仍旧匹配，但对于 i＝2，$P_2 \neq T_2$，所以 P(0...1)和 T(0...1)的匹配就必须中断。但是 P(0...0)和 T(2...2)有一个匹配，只是后一个匹配在 i＝3 时也会中断。i＝7 时有一个精确匹配。

表 state$_1$ 中的信息比较丰富：

```
 i = 0          1          2          3          4          5          6          7
 T = abaccabc abaccabc abaccabc abaccabc abaccabc abaccabc abaccabc abaccabc
a 0   a         a-         a          a-                     a          a-
b 1              ab         ab-                                          ab         ab-
c 2                                    ab-c                                          abc
```

与前面一样，对于 i＝0，子字符串 P(0...0)和 T(0...0)匹配，对于 i＝1，子字符串 P(0...1)和 T(0...1)仍旧匹配，P(0...0)–(一个短横线)和 T(0...1)还有一个带一次插入操作的匹配。在 i＝2 时，$P_2 \neq T_2$，所以这个模糊匹配没有继续，但 P(0...1)–(一个短横线)和 T(0...2)有一个模糊匹配，这样在 i＝3 时，整个模式和子字符串 T(0...3)就有一个成功的模糊匹配。注意 state$_0$ 中的子字符串显示在 state$_1$ 中，从而在 state$_1$ 中反映了 P 和 T(5...7)之间的精确匹配。

最后，表 state$_2$ 如下：

```
 i = 0          1          2          3          4          5          6          7
 T = abaccabc abaccabc abaccabc abaccabc abaccabc abaccabc abaccabc abaccabc
a 0   a         a-         a          a-         a--        a          a-         a--
                           a--
b 1              ab         ab-        ab--                             ab         ab-
c 2                                    ab-c       ab--c                             abc
```

子字符串的匹配和扩展与 state$_0$ 和 state$_1$ 中的项类似。注意对于 i＝2，P(0...0)和 T(0...2)有两个带两次插入的匹配，P(0...0)和 T(2...2)有一个精确匹配。对于 i＝4，P 和 T(0...4)之间有一个带两次插入的匹配，这个匹配在前面的表中没有。

在前面使用的表中，只分析了精确匹配和带插入操作的匹配。对另外两种编辑操作(删除和替换)的分析与此相同。我们需要考虑匹配中有 k 个错误的一般情况。

匹配 P(0...j)和 T 中在位置 i 结束的子字符串，但带 e≤k 个错误的所有情形如下：

- **匹配**：$P_j = T_i$，P(0...j−1)和以 T_{i-1} 结束的子字符串之间的匹配有 e 个错误。
- **替换**：P(0...j−1)和以 T_{i-1} 结束的子字符串之间的匹配有 e−1 个错误。
- **插入**：P(0...j)和以 T_{i-1} 结束的子字符串之间的匹配有 e−1 个错误。
- **删除**：P(0...j−1)和以 T_i 结束的子字符串之间的匹配有 e−1 个错误。

把 shiftAnd()实现代码中使用的公式一般化，就可以用非常简单的方式从前面 state$_{e-1}$ 中推导出

state$_e$。

$$\text{state}_{e,i+1} = 11 \ldots 1100 \ldots 00 \ \text{带 e 个 1}$$

$$\text{state}_{e,i+1} = (\text{shiftBits}(\text{state}_{e,i}) \ \text{AND} \ \text{charactersInP}[T_i]) \ \text{OR} \ \text{shiftBits}(\text{state}_{e-1,i})$$
$$\text{OR} \ \text{shiftBits}(\text{state}_{e-1,i+1}) \ \text{OR} \ \text{state}_{e-1,i}$$

其中 AND 和 OR 是按位运算符。AND 用于移出信息，OR 用于包含信息。使用按位或操作，包含在以前状态中的信息就也包含在当前状态中。下面是该算法的一种实现方式：

```
WuManber(模式 P, 文本 T, int k)
    matchBit = 1;
    for i = 1 to |P|-1
        matchBit <<= 1;
        初始化 charactersInP;
        oldState[0] = 0;
        for e = 1 to k
            oldState[e] = (oldState[e-1] << 1) | 1;
        for i = 0 to |T|-1
        state[0] = ((state[0] << 1) | 1) & charactersInP[Ti]; // 匹配
            for e = 1 to k
                state[e] = ((oldState[e]   << 1) | 1) & charactersInP[Ti] |
                                                    // 插入/替换
                                                    // 删除/匹配
                            ((oldState[e-1] << 1) | 1) |    // 替换
                            ((state[e-1] << 1) | 1) |       // 删除
                             oldState[e-1];                 // 插入
            for e = 0 to k
                oldState[e] = state[e];
            if matchBit & state[k] ≠ 0
                输出 "a match ending at" i;
```

创建 CharactersInP 需要的时间是 O(|P||A|)；状态数组需要 k 个存储空间和 k 个初始化步骤。匹配过程执行 O(|T|k)步。

k 比|P|小时，使用部分匹配可以加快该算法。在这种情况下，模式 P 分解为 k + 1 或 k + 2 个块，前面 k + 1 块的大小都是 r = |P|/(k + 1)。如果 P 在 T 中有一个至多带 k 个错误的匹配，则前面 k + 1 块中至少有一个块是没有错误的匹配。因此，如果一个块精确匹配，则在该精确匹配附近的|P|范围内可以找到一个模糊匹配。

为了定位前面 k + 1 块中的精确匹配，可以使用一个算法，同时搜索所有的块。为此，可以使用 Aho-Corasick 算法(Baeza-Yates 和 Perleberg 1992)，但是 Wu 和 Manber 对 shiftAnd()算法提出了一个小的改动。考虑下面的例子。对于 P = abcdefghi 和 k = 3，模式分解为 5 个块 ab, cd, ef, gh 和 i，只考虑前面 4 个块。对这 4 个块交叉扫描，构成一个新的模式 acegbdfh，给它应用 WuManber()，但有一个区别：在主循环的每次迭代中，state 不是移动一位，而是移动 4 位。在移位步骤中，还要移入 4 个 1。如果最后 4 位中的任何一位是 1，就检测到一个匹配。考虑文本 T = aibcdiefgabb....。修改后的 shiftAnd()会在 state 中显示下面的位变化：

```
      1  2 3 4 5 6 7 8 9 10                characters In P
      a  i b c d i e f g a b b             a b c d e f g h
   1  1  1 1 1 1 1 1 1 1 1 1
a  0  1  0 0 0 0 0 0 0 0 1 0 0           1 0 0 0 0 0 0 0
c  0  0  0 1 0 0 0 0 0 0 0 0 0           0 0 1 0 0 0 0 0
e  0  0  0 0 0 0 1 0 0 0 0 0 0           0 0 0 0 1 0 0 0
g  0  0  0 0 0 0 0 0 1 0 0 0 0           0 0 0 0 0 0 1 0
b  0  0  0 0 0 0 0 0 0 1 0 0 0           0 1 0 0 0 0 0 0
d  0  0  0 0 1 0 0 0 0 0 0 0 0           0 0 1 0 1 0 0 0
f  0  0  0 0 0 0 0 1 0 0 0 0 0           0 0 0 0 0 1 0 0
h  0  0  0 0 0 0 0 0 0 0 0 0 0           0 0 0 0 0 0 0 1
```

在第 4 步，当 $T_3 = c$ 时，P_1 也是 c，这都反映在第三行上，即把行 2 上的位设置为 1。之后，state 移动 4 位，结果使用按位与操作与 charactersInP[T_4 = 'd'] 匹配，在行 6 上得到一个 1，行 6 是最后 4 行中的一行。这表示在 T 中检测到一个块，即块 cd，所以在与它临近的块中搜索模糊匹配。这个搜索使 P 匹配 T(0 . . . 9) = aibcdiefga。接着，继续在 T 中查找块的另一个出现，在 T_7 处出现了块 ef，然后在 T_7 的附近查找块 ab。

13.3　案例分析：最长的共有子字符串

查找两个字符串 Q 和 R 中最长的共有子字符串是处理字符串的一个经典问题。人们曾一度推测，不可能在线性时间内解决这个问题(Knuth，Morris 和 Pratt，1977)，实际上，使用后缀树就可以做到。因此，在讨论这个问题之前，先复习一下 13.1.8 节中构造后缀树的 Ukkonen 算法。

后缀树中的节点实现为一个对象，该对象包含子节点的一个引用数组；该数组根据要处理的文本 T 来构建，用字母表中的字母进行索引。另外，节点包含 T 中字母的右索引和左索引数组，表示指向子节点的边的标记。例如，对于 T = abaabaac 和图 13-7(i)中的节点 1，left['a'-offset] = right['a'- offset] = 3，表示标记 a；left['b'-offset] = 1, right['b'- offset] = 3，表示标记 baa；最后，left['c'-offset] = right['c'-offset] = 7，表示标记 c。另外，对于节点 1，descendants['a'-offset] =节点 4，descendants['b'-offset] =节点 2，descendants['c'-offset] = null。使用边的标记和引出该边的节点，就可以唯一地标识每条边，在后缀树中这是非常重要的，因为后缀树中的一些节点可能不是显式的。为此，使用记号 node(显式节点，边的标记) = node(显式节点，右，左)。该记号称为规范引用，其中使用的显式节点在距离使用引用的隐含节点最近时，称为规范节点。例如，在图 13-7(h)中，node(node 1, ba) = node(node1, 1, 2)表示在节点 1 和节点 2 之间的边上，ba 和 a 之间的隐含节点。node(node 1, null string) = node(node1, 2, 1)表示节点 1。

如 13.1.8 节所示，只需更新对应于 trie 中边界路径上的节点。该路径的第一部分只包含叶节点，但是，不必处理边界路径上的叶节点，因为在处理完文本 T 之后，所有的叶节点都通过边(这些边是 T 的后缀)连接到它们的父节点上，所以在一开始假定每条边用这样的后缀来标记。因此，指向叶节点的边不需要更新，于是，在 UkkonenSuffixTree()中(参见 13.1.8 节)，第一个 for 循环可以省略。而且，为了节省空间，叶节点也可以省略，只保留指向它们的边。对于所有字符都不相同的 T 来说，trie 的最坏情况是需要 1 + (1 + 2 + . . . + |T|)个节点，经过这样的处理，trie 就变成只有一个根节点的树，这是树的最好情况。

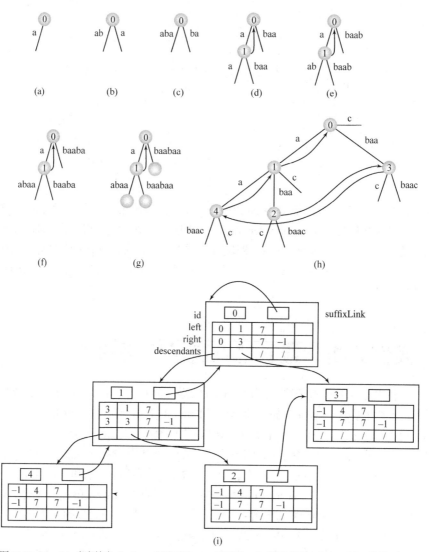

图 13-7　(a)~(h) 为字符串 abaabaac 创建 Ukkonen 后缀树；(i) 用于实现 Ukkonen 树(h)的数据结构

边界路径的第二部分从第一个非叶节点开始，经过活动点，终止于终点之前的右节点。后缀树的处理主要考虑这些节点。

为了给节点创建一条新边，如果节点是隐含的，就必须先把它转变为显式的。为此，必须分解从节点的显式父节点到节点本身的边。为了进行分解，要先找到规范父节点。这是 findCanonicalNode() 函数的任务。对于 implicitNode = node(explicitNode, left, right)，该函数可以确定 explicitNode 是否为规范节点。如果是，就结束搜索，否则，就查找规范节点。例如，对于图 13-7(g)中的树，q = node(node 0, 5, 6) = node(node 0, aa)，规范节点就是节点 1，q 变成显式节点 4，也是节点 1 的一个子节点。在隐含节点 r 变成显式之后，就更新 r 与其父节点之间的边以及 r 与其子节点之间的边。然后，无论节点是显式的还是隐含的，都得到一条新的 T_i-边。

要修改树，应使用函数 update()处理从活动点到终点之间的节点。testAndSplit()确定当前节点是否是终点。

字母 T_i 的处理从活动点开始。该活动点很容易确定，因为它是处理完字母 T_{i-1} 后得到的终点。

为了说明这一点，考虑处理 trie 中的字母 T_{i-1}。在 trie 的边界路径上，每个节点都得到了一个可通过 T_{i-1}-边从其父节点中访问的新叶节点。处理过程在已有 T_{i-1}-边的终点处结束。因此，所有新加的叶节点都在一条包含终点的新边界路径上连接起来。这个终点是路径中的第一个非叶节点，因此成为开始处理字母 T_i 之前的活动点，处理过程就从这个活动点开始。

在默认情况下，每个节点都带有三个包含 128 个单元的数组，每个文本字母都是数组的一个索引。如果已知字符的范围，范围中的第一个和最后一个字符就可以作为参数提供给构造函数，构造函数会把变量 offset 设置为第一个字符，对于每个文本字符，索引可以通过减去变量 offset 来获得。

后缀树的代码非常类似于 Ukkonen(1995)给出的伪代码，如程序清单 13-1 所示。

程序清单 13-1　查找最长的共有子字符串

```cpp
#include <iostream>
#include <string>

using namespace std;

class SuffixTreeNode {
public:
    SuffixTreeNode **descendants;
    int *left, *right;
    SuffixTreeNode *suffixLink;
    int id;        // for printing only;
    SuffixTreeNode() {
        SuffixTreeNode(128);
    }
    SuffixTreeNode(int sz) {
        id = cnt++;
        descendants = new SuffixTreeNode*[sz];
        suffixLink = 0;
        left = new int[sz];
        right = new int[sz];
        for (int i = 0; i < sz; i++) {
            descendants[i] = 0;
            left[i] = -1;
        }
    }
private:
    static int cnt; // for printing only;
};

int SuffixTreeNode::cnt;

class UkkonenSuffixTree {
public:
    UkkonenSuffixTree() {
        UkkonenSuffixTree(0,127);
    }
    UkkonenSuffixTree(int from, int to) {
        size = to - from + 1;
        offset = from;
```

```
                root = new SuffixTreeNode(size);
                root->suffixLink = root;
        }
        void printTree(int pos) {
                cout << endl;
                printTree(root,0,0,0,pos);
        }
        void createTree(string text) {
                T = text;
                int Lt = 1;
                bool endPoint;
                const int n = T.length(), pos = T[0]-offset;
                SuffixTreeNode *canonicalNodeAP = root, *canonicalNodeEP;
                root->left [pos] = 0;
                root->right[pos] = n-1;
                for (int i = 1; i < n; i++) {
                        canonicalNodeEP = update(canonicalNodeAP,i,Lt);
                        // and thus, endpoint = node(canonicalNodeEP,Lt,i);
                        canonicalNodeAP = findCanonicalNode(canonicalNodeEP,i,Lt);
                        // and so, active point = node(canonicalNodeAP,Lt,i);
                        printTree(i);
                }
        }
protected:
        SuffixTreeNode *root;
        int size, offset;
        string T;
private:
        void printTree(SuffixTreeNode *p, int lvl, int lt, int rt, int pos) {
            for (int i = 1; i <= lvl; i++)
                    cout << " ";
            if (p != 0) { // if a nonleaf;
                if (p == root)
                        cout << p->id << endl;
                else if (p->suffixLink != 0) // to print in the middle
                        cout << T.substr(lt,lt-rt+1) // of update;
                                << " " << p->id << " " << p->suffixLink->id
                                << " [" << lt << " " << rt << "]\n";
                else cout << T.substr(lt,pos-lt+1) << " " << p->id;
                for (char i = 0; i < size; i++)
                        if (p->left[i] != -1) // if a tree node,
                                printTree(p->descendants[i],lvl+1,p->left[i],p->right[i],pos);
            }
            else cout << T.substr(lt,pos-lt+1) <<" [" << lt << " " << rt << "]\n";
        }
        SuffixTreeNode* testAndSplit(SuffixTreeNode *p, int i, int& Lt, bool&
endPoint) {

                int Rt = i-1;
                if (Lt <= Rt) {
                        int pos = T[Lt]-offset;
```

```
                SuffixTreeNode *pp = p->descendants[pos];
                int lt = p->left[pos];
                int rt = p->right[pos];
                if (T[i] == T[lt+Rt-Lt+1]) { // if T(lt...rt) is
                    endPoint = true;          // and extension of
                    return p;                 // T(Lt...i);
                }
                else{// insert a new node r between s and ss by splitting
                    // edge(p,pp) = T(lt...rt) into
                    // edge(p,r) = T(lt...lt+Rt-Lt) and
                    // edge(r,pp) = T(lt+Rt-Lt+1...rt);
                    pos = T[lt]-offset;
                    SuffixTreeNode *r = p->descendants[pos] = new SuffixTreeNode(size);
                    p->right[pos] = lt+Rt-Lt;
                    pos = T[lt+Rt-Lt+1]-offset;
                    r->descendants[pos] = pp;
                    r->left [pos] = lt+Rt-Lt+1;
                    r->right[pos] = rt;
                    endPoint = false;
                    return r;
                }
            }
        else if (p->left[T[i]-offset] == -1)
                endPoint = false;
        else endPoint = true;
        return p;
    }
    SuffixTreeNode* findCanonicalNode(SuffixTreeNode *p, int Rt, int& Lt) {
        if (Rt >= Lt) {
            int pos = T[Lt]-offset;
            SuffixTreeNode *pp = p->descendants[pos];
            int lt = p->left[pos];
            int rt = p->right[pos];
            while (rt - lt <= Rt - Lt) {
                Lt = Lt + rt - lt + 1;
                p = pp;
                if (Lt <= Rt) {
                    pos = T[Lt]-offset;
                    pp = p->descendants[pos];
                    lt = p->left[pos];
                    rt = p->right[pos];
                        if (p == root)
                        pp = root;
                }
            }
        }
    }
    return p;
}
SuffixTreeNode* update(SuffixTreeNode *p, int i, int& Lt) {
    bool endPoint;
```

```
            SuffixTreeNode *prev = 0, *r = testAndSplit(p,i,Lt,endPoint);
            while (!endPoint) {
                int pos = T[i]-offset;
                r->left [pos] = i; // add a T(i)-edge to r;
                r->right[pos] = T.length()-1;
                if (prev != 0)
                    prev->suffixLink = r;
                prev = r;
                if (p == root)
                    Lt++;
                else p = p->suffixLink;
                p = findCanonicalNode(p,i-1,Lt);
                r = testAndSplit(p,i,Lt,endPoint); // check if not the endpoint;
            }
            if (prev != 0)
                prev->suffixLink = p;
            return p;
        }
};

class LongestCommonSubstring : public UkkonenSuffixTree {
public:
    LongestCommonSubstring(int from, int to) : UkkonenSuffixTree(from,to+2) {
    }
    void run(string s1, string s2) {
        createTree(s1 + char(size+offset-2) + s2 + char(size+offset-1));
        findLongest(s1,s2);
    }
private:
    int s1length, position, length;
    void findLongest(string s1, string s2) {
        bool dummy[] = {false, false};
        position = length = 0;
        s1length = s1.length();
        traverseTree(root,0,0,dummy);
        if (length == 0)
            cout << "Strings \"" << s1 << "\" and \"" << s2
                 << "\" have no common substring\n";
        else cout << "A longest common substring for \""
                  << s1 << "\" and \"" << s2 << "\" is " << "\""
                  << T.substr(position-length,length) << "\" of length "
                  << length << endl;
    }
    void traverseTree(SuffixTreeNode *p, int lt, int len, bool *whichEdges) {
        bool edges[] = {false, false};
        for (char i = 0; i < size; i++)
            if (p->left[i] != -1) {
                if (p->descendants[i] == 0) // if it is an edge to
                    if (p->left[i] <= s1length)   // a leaf corresponding
                        whichEdges[0] = edges[0] = true; // to s1
                    else whichEdges[1] = edges[1] = true; // to s2
```

```
                    else {
                        traverseTree(p->descendants[i],p->left[i],
                                len+(p->right[i]-p->left[i]+1),edges);
                        if (edges[0])
                            whichEdges[0] = true;
                        if (edges[1])
                            whichEdges[1] = true;
                    }
                    if (edges[0] && edges[1] && len > length) {
                        position = p->left[i];
                        length = len;
                    }
                }
            }
        }
    };

    int main(int argc, string argv[]) {
        string s1 = "abcabc";
        string s2 = "cabaca";
        if (argc == 3) {
            s1 = argv[1];
            s2 = argv[2];
        }
        (new LongestCommonSubstring('a','z'))->run(s1,s2);
    return 0;
    }
```

有了后缀树，找出字符串 Q 和 R 中最长的共有子字符串就很简单了。首先需要为字符串 T = Q$R#创建一个后缀树，其中$和#表示没有在两个字符串中使用的字符。在这棵树中，后缀没有在内部(隐含或显式)节点中结束。对应于 Q 的叶节点用标记包含$ (和 #)的边连接其父节点，对应于 R 的叶节点用标记包含# (但不包含$)的边连接其父节点。现在遍历树，查找满足两个条件的节点。该节点是一个子树的根节点，其边标记对应于两个字符串。而且，该节点应对应于连接从根节点到这个节点的所有标记而得到的最长的字符串。这个连接的字符串就是为 Q 和 R 查找的最长子字符串。

在程序清单 13-1 提供的实现代码中，符号$和#是用户指定的范围后面的字符，而且自动与两个字符串关联。例如，如果范围是从 a 到 z，且字符串是 abccab 和 daababca，则为字符串 T = abccab{daababca|构建后缀树，因为在 ASCII 字符集中，z 的后面是字符"{"和"|"。

为了在遍历树的过程中确定某个子树是否包含对应于两个字符串的边(只有指向叶节点的边才能提供这类信息)，给每个节点关联一个 2-单元布尔数组。当检测到指向叶节点(叶节点是隐含节点)的边时，就检测其标记的左索引。如果索引不大于 Q 的长度，这个叶节点就对应于 Q 的一个后缀，否则，就对应于 R 的一个后缀。程序维护共有子字符串的最大长度，在检测到一个节点具有较长的共有子字符串，且其子树中包含两个字符串的后缀时，就更新最大长度和子字符串结束的位置。

显然，因为后缀树可以在线性时间内创建，树遍历也可以在线性时间内完成，所以找出字符串 Q 和 R 中最长的共有子字符串就可以在线性时间 O(|Q| + |R|)内完成。

13.4   习题

1. 对 $P = bacbaaa$ 和 $T = bacbacabcbacbbbacabacbabcbbba$ 应用 Knuth-Morris-Pratt 算法，先使用 *next*，再使用 *nextS*。

2. 确定三个位置 i、j 和 k，使 findNextS() 对字符串 $abcabdabcabdfabcabdabcabd$ 先执行 $nextS[i] = nextS[j]$，再执行 $nextS[j] = nextS[k]$。

3. 如 13.3 节所述，对于 computeDelta2ByBruteForce()，$P = a^{m-1}b$ 是部分后缀阶段的最坏情况，这个阶段的总比较次数是多少？

4. 考虑在文本中搜索一个不在文本中的模式，在这种情况下，下面的算法进行字符比较的最小次数是多少？

     a. Knuth-Morris-Pratt 算法

     b. Boyer-Moore 算法

5. bruteForceStringMatching() 的一个最坏情况是字符串 $P = a^{m-1}b$ 和 $T = a^n$，BoyerMooreSimple() 的一个最坏情况是字符串 $P = ba^{m-1}$ 和 $T = a^n$。解释这种对称性。

6. 如果不匹配的文本字符也出现在 P 中不匹配模式字符的右边，BoyerMooreSimple() 就把 P 移动一个位置。例如：

```
  abbaabac...
1 aabbcbac
2  aabbcbac
```

其中不匹配的文本字符 a 也出现在 P 中不匹配模式字符 c 的右边。但是，对齐不匹配的文本字符和 P 中最靠近不匹配模式字符左边的相同字符，是比较高效的，如下：

```
  abbaabac...
1 aabbcbac
2    aabbcbac
```

其中不匹配的文本字符 a 与不匹配模式字符 c 的右边、最靠近 c 的 a 对齐。使这个规则一般化，并为新规则提供 *delta1* 的实现。

7. Horspool 提供了 Boyer-Moore 算法的一个版本，它只使用一个表 *delta12*，它与 *delta1* 相同，但对于 P 的最后一个字符，*delta12* 中的项是 $|P|$，不像 *delta1* 那样是一个小于 $|P|$ 的值。

```
BoyerMooreHorspool(模式 P, 文本 T)
    把 delta12 中的所有单元初始化为|P|;
    for j = 0 to |P|-2 // |P|-2, 不像 delta1 那样是|P|-1,
        delta12[Pj] = |P| - j - 1;
    i = |P| - 1;
    while i < |T|
        j = |T| - 1;
        if Ti == P|P|-1
            if T(i-|P|+1 ...i) = P
                return 在 i+|P|+1 处匹配;
        i = i + delta12[Ti];
    return 没有匹配;
```

给 *T*= *abababbabababba* 和 *P*= *aacaab* 应用 BoyerMooreHorspool() 和 BoyerMooreSimple()。

8. 实现 BoyerMooreGalil() 算法使用的 period() 函数。

9. BoyerMooreGalil() 不像 BoyerMoore() 那么高效，因为对于没有周期的模式，BoyerMooreGalil() 在外层 while 循环的每次迭代中都检查 if 语句中的条件。修改该算法，用一个驱动函数预先处理模式，先检查模式中是否有周期，如果有，就调用 BoyerMoore()，否则，就调用没有 if 语句的 BoyerMooreGalil()。

10. 修改 quickSearch()，使它从右到左地进行匹配。

11. BoyerMooreSimple() 的移位操作比 Sunday 的 quickSearch() 更好，给出一个例子。

12. shiftAnd() 算法在最后一个 for 循环的每次迭代中都执行 4 个按位操作。如果反转位的作用，这个数字就可以减为 3，最初这是由 Baeza-Yates 和 Gonnet (1992) 提出的。例如，在 charactersInP 中，0 表示一个字符出现在模式中的位置。反转位的作用，赋值

```
state = ((state << 1) | 1) & charactersInP[T[i]];
```

就可以修改为

```
state = (state << 1) | charactersInP[T[i]];
```

编写 shiftOr() 算法，在 shiftAnd() 中进行必要的修改，包含前面提出的改变。

13. 对于 state，集合 output(state) 中最多有多少个关键字？

14. 为下面的字符串绘制 Ukkonen 后缀 trie：

```
a. aaaa
b. aabb
c. abba
d. abcd
e. baaa
f. abaa
g. aaba
h. aaab
```

15. 如何使用文本 *T* 的后缀树确定模式 *P* 在 *T* 中的出现次数？

16. 如何使用后缀树确定 *Q* 中不是 *R* 的子字符串的所有子字符串？

17. 简单地修改 Wagner-Fischer 算法，就可以解决带有 *k* 个区别的字符串匹配问题。为此，使编辑距离表中的项表示前缀 *Q*(0 . . . *i*) 和 *R* 的任一后缀 *R*(0 . . . *j*) 之间的最小距离 (Sellers 1980)。所以，应在矩阵中定义这些项，递归关系是 $D(i,j) = min\,(D(i-1,j)+1, D(i,j-1)+1, D(i-1,j-1+c(i,j)))$，列 0 的边界条件是 $D(i,0)=i$，但行 0 有一个不同的条件 $D(0,j)=0$，这表示出现位置可以从 *R* 的任意位置开始。在得到的编辑表中，最后一行上不大于 *k* 的数字表示 *R* 中至多与 *Q* 有 *k* 个区别的子字符串的尾部在 *R* 中的位置。为字符串 *Q*= *abcabb* 和 *R*= *acbdcbbcdd* 建立这样一个编辑表。

13.5 编程练习

1. 编写一个程序，实现和测试强制算法，创建一个后缀树。

2. 扩展案例分析的程序，使之可以查找出两个字符串中所有长度大于 *k* 的共有子字符串。

3. 编写一个程序，使用后缀树查找字符串 s 中最长的重复子字符串。在创建树后，执行树的遍历，找出子节点只是叶节点的节点，找出由从根节点到该节点的路径确定的最长的子字符串。考虑用下面三种方式扩展程序：

    a. 只查找不重叠的子字符串。

    b. 找出至少重复 k 次的最长的子字符串。

    c. 找出所有长于 m 个字符的重复子字符串。

4. UkkonenSuffixTree 类的一个构造函数可以使用一个范围内的字符，为每个节点中使用的三个数组节省空间。但有时文本中只使用几个不连续的字符，例如 DNA 序列中只使用字母 A、C、G 和 T。在这种情况下，可以使用构造函数 UkkonenSuffixTree('A', 'T')，它会创建三个数组，它们的单元数都是 'T'–'A' + 1 = 20，但在每个数组中只使用 4 个单元。修改程序，使之接受要使用的字符集合，本例中就是字符串 "ACGT"，操作大小等于集合中使用的字符数的数组。

参考书目

Aho, Alfred V., and Corasick, Margaret J., "Efficient String Matching: An Aid to BibliographicSearch," *Communications of the ACM* 18 (1975), 333-340.

Baeza-Yates, Ricardo A., and Perleberg, Chris H., "Fast and Practical Approximate String Matching," in A. Apostolico, M. Crochemore, Z. Galil, U. Manber (eds.), *Combinatorial Pattern Matching,* Berlin: Springer (1992), 185-192.

Baeza-Yates, Ricardo, and Gonnet, Gaston H., "A New Approach to Text Searching," *Communications of the ACM* 35 (1992), No. 10, 74-82.

Barth, Gerhard, "Relating the Average-Case Costs of the Brute-Force and Knuth-Morris-Pratt Matching Algorithm," in A. Apostolico and Z. Galil (eds.), *Combinatorial Algorithms on Words*, Berlin: Springer (1985), 45-58.

Boyer, Robert S., and Moore, J. Strother, "A Fast Searching Algorithm," *Communications of the ACM* 20 (1977), 762-772.

Cole, Richard, "Right Bounds on the Complexity of the Boyer-Moore String Matching Algorithm," *SIAM Journal on Computing* 23 (1994), 1075-1091.

Drozdek, Adam, "Hirschberg's Algorithm for Approximate Matching," *Computer Science* 4 (2002), 91-100.

Galil, Zvi, "On Improving the Worst Case Running Time of the Boyer-Moore String Matching," *Communications of the ACM* 22 (1979), 505-508.

Guibas, Leo J., and Odlyzko, Andrew M., "A New Proof of the Linearity of the Boyer-MooreString Searching Algorithm," *SIAM Journal on Computing* 9 (1980), 672-682.

Hancart, Christophe, "Un Analyse en Moyenne de l' Algorithm de Morris et Pratt et ses Raffinements," in D. Krob (ed.), *Actes des Deuxièmes Journées Franco-Belges*, Rouen: Université de Rouen (1992), 99-110.

Horspool, R. Nigel, "Practical Fast Searching in Strings," *Software—Practice and Experience* 10 (1980), 501-506.

Hunt, James W., and Szymanski, Thomas G., "A Fast Algorithm for Computing Longest Common Subsequences," *Communications of the ACM* 20 (1977), 350-353.

Knuth, Donald E., Morris, James H., and Pratt, Vaughan R., "Fast Pattern Matching in Strings," *SIAM Journal on Computing* 6 (1977), 323-350.

Levenshtein, Vladimir I., "Binary Codes Capable of Correcting Deletions, Insertions, and Reversals," *Cybernetics and Control Theory* 10 (1966), 707-710, translation of a paper from *Doklady Akademii Nauk SSSR* 163 (1965), 845-848.

Manber, Udi, and Myers, Gene, "Suffix Arrays: A New Method for On-line String Searches,"*SIAM Journal on Computing* 22 (1993), 935-948.

Pirklbauer, Klaus, "A Study of Pattern-Matching Algorithms," *Structured Programming* 13 (1992), 89-98.

Sellers, Peter H., "The Theory and Computation of Evolutionary Distances: Pattern Recognition," *Journal of Algorithms* 1 (1980), 359-373.

Smith, P. D., "Experiments with a Very Fast Substring Search Algorithm," *Software—Practice and Experience* 21 (1991), 1065-1074.

Sunday, Daniel M., "A Very Fast Substring Searching Algorithm," *Communications of the ACM* 33 (1990), 132-142.

Thompson, Ken, "Regular Expression Search Algorithm," *Communications of the ACM* 6(1968), 419-422.

Ukkonen, Esko, "On-line Construction of Suffix Trees," *Algoritmica* 14 (1995), 249-260.

Ukkonen, Esko, and Wood, Derick, "Approximate String Matching with Suffix Automata," *Algoritmica* 10 (1993), 353-364.

Wagner, Richard A., and Fischer, M. J., "The String-to-String Correction Problem," *Journal of the ACM* 21 (1974), 168-173.

Wu, Sun, and Manber, Udi, "Fast Text Searching Allowing Errors," *Communications of the ACM* 35 (1992), No. 10, 83-91.

附录 **A**

计 算 大 O

A.1 调和数序列

在本书的一些计算中，转换 H_n 用于调和数。调和数 H_n 定义为调和数列的和，其公式是 $\sum_{i=1}^{n}\frac{1}{i}$。对于分析搜索和排序算法来说，这是非常重要的，其结果如下：

$$H_n = \ln n + \gamma + \frac{1}{2n} - \frac{1}{12n^2} + \frac{1}{120n^4} - \varepsilon$$

其中，$n \geq 1$，$0 < \varepsilon < \frac{1}{256n^6}$，欧拉常数 $\gamma \approx 0.5772$。但这个近似值很难处理，当然在我们的分析中，它不一定使用这种形式。H_n 的最大项几乎总是 $\ln n$，也是 H_n 中唯一增长的项，因此 H_n 可以表示为 $O(\ln n)$。

A.2 函数 lg(n!)的近似值

计算函数 lg(n!)最粗略的近似值，首先可以看出，乘积 $n!=1\cdot 2\cdots(n-1)\cdot n$ 中的每个数都小于等于 n。因此此 $n! \leq n^n$（只有 $n=1$ 时，$n!=n^n$）。这表示 $\lg(n!) < \lg(n^n) = n\lg n$，其中 $n\lg n$ 是 $\lg(n!)$ 的上限，所以，$\lg(n!)=O(n\lg n)$。

还可以看出 $\lg(n!)$ 的下限。如果乘积 $n!$ 中的元素进行适当的组合，如下所示：

$$p_{n!} = (1\cdot n)(2\cdot(n-1))(3\cdot(n-2))\cdots(i\cdot(n-i+1))\cdots,\ 1\leq i\leq \frac{n}{2}$$

则对于偶数 n，有 $n/2$ 项，而 $n!=P_{n!}$；对于奇数 n，有 $(n+1)/2$ 个项，$n! = P_{n!\frac{n+1}{2}}$。因此，$P_{n!}$ 的每一项都不小于 n，即

$$1 \leqslant i \leqslant \frac{n}{2} \Rightarrow i(n-i+1) \geqslant n$$

实际上，这是因为

$$\frac{n}{2} \geqslant i = \frac{j(i-1)}{i-1} \Rightarrow i(n-2i+2) \geqslant n$$

得到

$$i \geqslant 1 \Rightarrow (n-2i+2) \leqslant (n-i+1)$$

上述表明，$n! = P_{n!} \geqslant n^{\frac{n}{2}}$，这表示 $\lg(n!) \geqslant (n/2)\lg n$。这其中假定 n 是偶数。如果 n 是奇数，幂的指数就应是 $(n+1)/2$，这不会带来实质性的变化。

数字 $\lg(n!)$ 必须使用这个函数的上限和下限来估计，结果是 $(n/2)\lg n \leqslant \lg(n!) \leqslant n \lg n$。为了大致计算 $\lg(n!)$，前面使用了上限和下限，这两个值随 $n\lg n$ 的增大而增大。这表示 $\lg(n!)$ 的增大速度与 $n \lg n$ 相同，或 $\lg(n!)$ 不仅是 $O(n \lg n)$，而且是 $\Theta(n \lg n)$。换言之，在最坏的情况下，使用比较数组大小 n 的任何排序算法都至少要比较 $O(n\lg n)$ 次。因此，在最坏的情况下，函数 $n \lg n$ 近似于最理想的比较次数。

但是，这个结果似乎不能令人满意，因为它只考虑了最坏的情况，这种情况发生的几率很小。大多数情况下，应考虑数据排序的平均情况。在这些情况下，考虑比较次数比较好，假定平均情况下比较次数比 $O(n\lg n)$ 更好是否合理呢？实际上这个猜想是不对的。下面的计算可以证明这一点。

我们的猜想是：在任意二叉树中，有 m 个叶节点，每个非终极节点有两个子节点，从根至叶子的弧的平均数大于等于 $\lg m$。

对于 $m=2$，$\lg m=1$，如果一个根节点只有两个叶子，则它们每个只有一个弧。假定下面的命题包含了 $m \geqslant 2$ 的情况：

$$\text{Ave}_m = \frac{p_1 + \cdots + p_m}{m} \geqslant \lg m$$

其中每个 p_i 是一个从根到节点 i 的路径(弧的数量)。现在考虑随机选择一个叶节点，要给它附加两个子节点。这个转换为非终极节点的叶节点的索引是 m(选择这个索引是为了简化符号)，从根到节点 m 的路径是 p_m。在添加两个新叶节点后，叶节点的总数就增加 1，这两个新增叶节点的路径是 $P_{m+1}=P_m+1$。下面的式子是正确的：

$$\text{Ave}_{m+1} = \frac{p_1 + \cdots + p_{m-1} + 2p_m + 2}{m+1} \geqslant \lg(m+1)$$

从 Ave_m 和 Ave_{m+1} 的定义，以及 $P_m = \text{Ave}_m$ (因为叶节点 m 是随机选择的)来看，

$$(m+1)\text{Ave}_{m+1} = m\text{Ave}_m + p_m + 2 = (m+1)\text{Ave}_m + 2$$

下面的式子是正确的:

$$(m+1)\text{Ave}_{m+1} \geq (m+1)\lg(m+1)$$

或者

$$(m+1)\text{Ave}_{m+1} = (m+1)\text{Ave}_m + 2 \geq (m+1)\lg m + 2 \geq (m+1)\lg(m+1)$$

这个式子转换为:

$$2 \geq \lg(\frac{m+1}{m})^{m+1} = \lg(1+\frac{1}{m}) + \lg(1+\frac{1}{m})^m \to \lg 1 + \lg e \approx 1.44$$

对于任何 $m \geq 1$,这个式子都成立。这就完成了猜想的证明。

这证明了对于在有 m 个叶节点的决策树中随机选择的叶节点来说,合理的推断是从根到叶节点的路径不小于 $\lg m$。这棵树上的叶节点数量不小于 $n!$,这是 n 元素数组中所有可能的排序总数。如果 $m \geq n!$,则 $\lg m \geq \lg(n!)$,这是我们不希望看到的结果,它表示平均情况和最坏的情况一样,也要求 $\lg(n!)$ 次比较(路径的长度=比较的次数),前面已经估计过,$\lg(n!) = O(n\lg n)$。这也是平均情况下可以期望的最佳结果了。

A.3　快速排序中平均情况的大 O

令 $C(n)$ 是给 n 元素数组排序所需要的比较次数。因为大小为 1 和 0 的数组不需要排序,所以 $C(0) = C(1) = 0$。假定在 n 元素数组的一个随机排序中,可以选择任何元素作为界限;对于所有的元素来说,任何元素成为界限的概率都是相同的。$C(i-1)$ 和 $C(n-i)$ 表示给两个子数组排序所需要的比较次数,则对于 n ≥ 2:

$$C(n) = n - 1 + \frac{1}{n}\sum_{i=1}^{n}(C(i-1) + C(n-i))$$

其中 n-1 是大小为 n 的数组排序时的比较次数。首先,进行一些简化:

$$C(n) = n - 1 + \frac{1}{n}\left(\sum_{i=1}^{n}C(i-1) + \sum_{i=1}^{n}C(n-i)\right)$$

$$= n - 1 + \frac{1}{n}\left(\sum_{i=1}^{n}C(i-1) + \sum_{j=1}^{n}C(j-1)\right)$$

$$= n - 1 + \frac{2}{n}\sum_{i=0}^{n-1}C(i)$$

或者

$$nC(n) = n(n-1) = 2\sum_{i=0}^{n-1}C(i)$$

为了计算出这个等式，首先删除求和运算符，因此，从得到的等式中减去上一个等式

$$(n+1)C(n+1) = (n+1)n + 2\sum_{i=0}^{n}C(i)$$

得到

$$(n+1)C(n+1) - nC(n) = (n+1)n - n(n-1) + 2\left(\sum_{i=0}^{n}C(i) - \sum_{i=0}^{n-1}C(i)\right) = 2C(n) + 2n$$

其中

$$\frac{C(n+1)}{n+2} = \frac{C(n)}{n+1} + \frac{2n}{(n+1)(n+2)} = \frac{C(n)}{n+1} + \frac{4}{n+2} - \frac{2}{n+1}$$

这个等式可以扩展

$$\frac{C(2)}{3} = \frac{C(1)}{2} + \frac{4}{3} - \frac{2}{2} = \frac{4}{3} - \frac{2}{2}$$

$$\frac{C(3)}{4} = \frac{C(2)}{3} + \frac{4}{4} - \frac{2}{3}$$

$$\frac{C(4)}{5} = \frac{C(3)}{4} + \frac{4}{5} - \frac{2}{4}$$

$$\vdots$$

$$\frac{C(n)}{n+1} = \frac{C(n-1)}{n} + \frac{4}{n+1} - \frac{2}{n}$$

$$\frac{C(n+1)}{n+2} = \frac{C(n)}{n+1} + \frac{4}{n+2} - \frac{2}{n+1}$$

其中

$$\frac{C(n+1)}{n+2} = \left(\frac{4}{3} - \frac{2}{2}\right) + \left(\frac{4}{4} - \frac{2}{3}\right) + \left(\frac{4}{5} - \frac{2}{4}\right) + \cdots + \left(\frac{4}{n+1} - \frac{2}{n}\right) + \left(\frac{4}{n+2} - \frac{2}{n+1}\right)$$

$$= -\frac{2}{2} + \frac{2}{3} + \frac{2}{4} + \frac{2}{5} + \cdots + \frac{2}{n} + \frac{2}{n+1} + \frac{4}{n+2}$$

$$= -4 + 2H_{n+2} + \frac{2}{n+2}$$

注意，H_{n+2} 是一个调和数，使用这个数组的近似值(参见附录 A.1)。

$$C(n) = (n+1)\left(-4 + 2H_{n+1} + \frac{2}{n+1}\right)$$

$$= (n+1)\left(-4 + 2O(\ln n) + \frac{2}{n+1}\right)$$

$$= O(n\ln n)$$

A.4   随机二叉树中的平均路径长度

在第 6 章中，在随机创建的二叉搜索树中，平均路径长度使用了一个近似值。假定

$$p_n(i) = \frac{(i-1)(p_{i-1}+1) + (n-i)(p_{n-i}+1)}{n}$$

这个近似值由如下递归关系给出

$$p_1 = 0$$

$$p_n = \frac{1}{n}\sum_{i=1}^{n} p_n(i) = \frac{1}{n^2}\sum_{i=1}^{n}((i-1)(p_{i-1}+1) + (n-i)(p_{n-i}+1))$$

$$p_n = \frac{2}{n^2}\sum_{i=1}^{n-1} i(p_i+1) \tag{1}$$

由此，还可以有

$$p_{n-1} = \frac{2}{(n-1)^2}\sum_{i=1}^{n-2} i(p_i+1) \tag{2}$$

将此等式乘以 $\dfrac{(n-1)^2}{n^2}$，并且减去由(1)得到的等式，可以得到

$$p_n = p_{n-1}\frac{(n-1)^2}{n^2} + \frac{2(n-1)(p_{n-1}+1)}{n^2} = \frac{(n-1)}{n^2}((n+1)p_{n-1}+2)$$

对每个 p_{n-i} 逐次应用这个公式，得到

$$p_n = \frac{n-1}{n^2}\left((n+1)\frac{(n-2)}{(n-1)^2}\left(n\frac{(n-3)}{(n-2)^2}\left((n-1)\frac{(n-4)}{(n-3)^2}\left(\cdots\frac{1}{2^2}(3p_1+2)\cdots\right)+2\right)+2\right)+2\right)$$

$$p_n = 2\left(\frac{n-1}{n^2} + \frac{(n+1)(n-2)}{(n-1)n^2} + \frac{(n+1)(n-3)}{n(n-1)(n-2)} + \frac{(n+1)(n-4)}{n(n-2)(n-3)} + \cdots + \frac{n+1}{2\cdot 3n}\right)$$

$$p_n = 2\left(\frac{n+1}{n}\right)\sum_{i=1}^{n-1}\frac{n-i}{(n-i+1)(n-i+2)} = 2\left(\frac{n+1}{n}\right)\sum_{i=1}^{n-1}\left(\frac{2}{n-i+2} + \frac{1}{n-i+1}\right)$$

$$p_n = 2\left(\frac{n+1}{n}\right)\frac{2}{n+1} + 2\left(\frac{n+1}{n}\right)\left(\sum_{i=1}^{n}\frac{1}{i} - 2\right) = 2\left(\frac{n+1}{n}\right)H_n - 4$$

所以 $p_n = O(2\ln n)$。

A.5   AVL 树中的节点数

在 AVL 树中，最小的节点数可以用下面的递归等式确定：

$$AVL_h = AVL_{h-1} + AVL_{h-2} + 1$$

其中$AVL_0 = 0$，$AVL_1 = 1$。比较这个等式和Fibonacci数列(5.8节)的定义，得到$AVL_h = F_{h+2} - 1$，即使用de Moivre公式：

$$F_h = \frac{1}{\sqrt{5}}\left(\frac{1+\sqrt{5}}{2}\right)^h - \frac{1}{\sqrt{5}}\left(\frac{1-\sqrt{5}}{2}\right)^h$$

得到

$$AVL_h = \frac{1}{\sqrt{5}}\left(\frac{1+\sqrt{5}}{2}\right)^{h+2} - \frac{1}{\sqrt{5}}\left(\frac{1-\sqrt{5}}{2}\right)^{h+2} - 1$$

因为$|\frac{1}{2}(1-\sqrt{5})| \approx 0.618034$，随着$h$的增大，这个等式中的第二项会很快衰减，对于$h=0$，其最大值是0.17082，因此

$$AVL_h \geqslant \frac{1}{\sqrt{5}}\left(\frac{1+\sqrt{5}}{2}\right)^{h+2} - 0.17082 - 1 \geqslant \frac{1}{\sqrt{5}}\left(\frac{1+\sqrt{5}}{2}\right)^{h+2} - 2$$

或者

$$AVL_h + 2 \geqslant \frac{1}{\sqrt{5}}\left(\frac{1+\sqrt{5}}{2}\right)^{h+2}$$

对两端取对数，

$$\lg(AVL_h + 2) \geqslant \lg\frac{1}{\sqrt{5}} + 2\lg\left(\frac{1+\sqrt{5}}{2}\right) + h\lg\left(\frac{1+\sqrt{5}}{2}\right) \approx 0.22787 + 0.69424h$$

得到h的上限

$$h \leqslant 1.44042\lg(AVL_h + 2) - 0.32824 \leqslant 1.44042\lg(AVL_h + 2)$$

因此

$$\lg(AVL_h + 1) \leqslant 0.44042\lg(AVL_h + 2) - 0.32824$$

标准模板库中的算法

要访问这些算法，程序必须包含语句：

```
#include <algorithm>
```

在下面的两个表(表 B-1 和表 B-2)中，短语"在[first, last)范围中的元素"是"在[first, last)范围中由迭代器指定的元素"或"由迭代器引用的、从 first 开始，但不包括 last 的元素"的简化说法。

表 B-1　标准模板库的成员函数及含义

成 员 函 数	操　　作
iterator adjacent_find(first, last)	在[first, last)范围中查找重复的第一对，返回一个迭代器，表示第一个重复元素的位置，如果没有找到重复的元素，就返回 last
iterator adjacent_find(first, last, f())	在[first, last)范围中查找重复的第一对，返回一个迭代器，表示第一个重复元素的位置，使用一个二参数布尔函数 f()比较元素，如果没有找到重复元素，就返回 last
bool binary_search(first, last, value)	如果折半查找在[first, last)范围中查找到 value，就返回 true，否则返回 false
bool binary_search(first, last, value, f())	如果折半查找使用一个二参数布尔函数 f()比较元素，在[first, last)范围中查找到 value，就返回 true，否则返回 false
iterator copy(first, last, result)	把[first, last)范围中的所有元素复制到 result 中，返回一个迭代器，表示复制元素的下限
iterator copy_backward(first, last, result)	把[first, last)范围中的所有元素复制到由 result 指定的范围中，返回一个迭代器，表示该范围的上限
size-type cout (frist, last, value)	返回[first, last)范围中等于 value 的元素个数
size_type count_if(first, last, f())	在[first, last)范围中，使用单参数布尔函数 f()比较元素，返回比较结果等于 true 的元素个数
bool equal(first1, last1, first2)	比较[first1, last1)范围和长度相同、其起始点由迭代器 first2 指定的范围，如果这两个范围包含相同的元素，就返回 true，否则返回 false
bool equal(first1, last1, first2, f())	比较[first1, last1)范围和长度相同、其起始点由迭代器 first2 指定的范围，如果这两个范围包含相似的元素(该类似性由一个二参数布尔函数 f()来确定)，就返回 true，否则返回 false

(续表)

成 员 函 数	操 作
pair <iterator, iterator> equal_range(first, last, value)	返回一对迭代器表示[first, last)范围内的子范围，其中的元素按升序排列，所有的元素都等于 value；如果没有找到这样的子范围，返回对就包含两个等于 first 的迭代器
pair<iterator, iterator> equal_range(first, last, value, f())	返回一对迭代器，表示[first, last)范围中的子范围，其中元素排列的顺序由函数 f()(f()中的所有元素都等于 value)决定；如果没有找到这样的子范围，返回对就包含两个等于 first 的迭代器
void fill(first, last, value)	把 value 赋予[first, last)范围中的所有元素
void fill_n(first, n, value)	把 value 赋予[first, first +n)范围中的所有元素
iterator find(first, last, value)	如果在[first, last)范围中找到 value，就返回找到的第一个 value 的迭代器，如果没有找到 value，就返回 last
iterator find_end(first1, last1, first2, last2)	返回[first1, last1)范围中表示一个子范围开头的最后一个迭代器，在该子范围中的元素等于[first2, last2)范围中的元素，如果没有找到，就返回 last1
iterator find_end(first1, last1, first2, last2, f())	返回[first1, last1)范围中表示一个子范围开头的最后一个迭代器，该子范围中的元素与[first2, last2)范围中的元素有 f()的关系，如果没有找到，就返回 last1
iterator find_first_of(first1, last1, first2, last2)	返回[first1, last1)范围中一个元素的位置，该元素也存在于[first2, last2)范围中，如果没有找到，就返回 last1
iterator find_first_of(first1, last1, first2, last2, f())	返回[first1, last1)范围中一个元素的位置，该元素与[first2, last2)范围中的元素有 f()的关系，如果没有找到，就返回 last1
iterator find_if(first, last, f())	返回[first, last)范围中某元素的第一次出现时的位置，对该元素执行单参数的布尔函数 f()时返回 true，如果没有找到，就返回 last
function for_each(first, last, f())	把函数 f()应用于[first, last)范围中的所有元素，并返回这个函数
void generate(first, last, f())	用不带参数的 f()生成的连续值填充[first, last)范围中的元素
void generate_n(first, n, f())	用不带参数的 f()生成的连续值填充[first, first+n)范围中的元素
bool includes(first1, last1, first2, last2)	如果排序范围[first1, last1)中的元素都包含在排序范围[first2, last2]中，就返回 true，否则返回 false，这两个范围都按升序排列
bool includes(first1, last1, first2, last2, f())	如果排序范围[first1, last1)中的元素都包含在排序范围[first2, last2)中，就返回 true，否则返回 false，这两个范围都按关系 f()排列
void inplace_merge(first, middle, last)	把合并范围[first, middle)和[middle, last)的结果放入 first，该范围按升序排列
void inplace_merge(first, middle, last, f())	把合并范围[first, middle)和[middle, last)的结果放入 first，该范围按关系 f()排列
void iter_swap(i1, i2)	交换元素*i1 和*i2
bool lexicographical_compare(first1, last1, first2, last2)	如果[first1, last1)范围按照词典编撰的顺序小于[first2, last2)范围，就返回 true
bool lexicographical_compare(first1, last1, first2, last2, f())	如果[first1, last1)范围按照词典编撰的顺序小于[first2, last2)范围，且它们有 f()的关系，就返回 true

成　员　函　数	操　　作
iterator lower_bound(first, last, value)	返回一个迭代器，它引用了[first, last)范围中最低的位置，该[first, last)范围是按升序排列的，此时，插入 value 不会破坏该顺序。如果 value 大于所有的元素，就返回 last
iterator lower_bound(first, last, value, f())	返回一个迭代器，它引用了[first, last)范围中最低的位置，该[first, last)范围是按关系 f()排列的，此时，插入 value 不会破坏该顺序。如果 value 大于所有的元素，就返回 last
void make_heap(first, last)	重新安排[first, last)范围中的元素，构成一个堆
void make_heap(first, last, f())	使用关系 f()比较元素，重新安排[first, last)范围中的元素，构成一个堆
const T& max(x, y)	返回元素 x 和 y 中较大的值
const T& max(x, y, f())	根据关系 f()，返回元素 x 和 y 中较大的值
iterator max_element(first, last)	返回一个迭代器，表示[first, last)范围中最大元素的位置
iterator max_element(first, last, f())	根据关系 f()，返回一个迭代器，表示[first, last)范围中最大元素的位置
void merge(first1, last1, first2, last2, result)	把合并范围[first1, last1)和[first2, last2)的结果放入 result，该范围按升序排列
void merge(first1, last1, first2, last2, f())	把合并范围[first1, last1)和[first2, last2)的结果放入 result，该范围按关系 f()排列
const T& min(x, y)	返回元素 x 和 y 中较小的值
const T& min(x, y, f())	根据关系 f()，返回元素 x 和 y 中较小的值
iterator min_element(first, last)	返回一个迭代器，表示[first, last)范围中最小元素的位置
iterator min_element(first, last, f())	根据关系 f()，返回一个迭代器，表示[first, last)范围中最小元素的位置
pair<iterator, iterator> mismatch(first1, last1, first2)	比较[first1, last1)范围和[first2, first2+(last1-first1))范围中的元素，返回一对迭代器，引用范围中第一次出现不匹配时的位置
pair<iterator, iterator> mismatch(first1, last1, first2, f())	比较[first1, last1)范围和[first2, first2+(last1-first1))范围中的元素，返回一对迭代器，引用范围中第一次出现不匹配时的位置，使用关系 f()比较对应的元素
bool next_permutation(first, last)	生成一组元素，它们按照词典编撰的置换顺序大于[first, last)范围中的元素，如果存在这种置换，就返回 true，否则返回 false
bool next_permutation(first, last, f())	生成一组元素，它们按照词典编撰的置换顺序大于[first, last)范围中的元素，如果存在这种置换，就返回 true，否则返回 false，使用关系 f()进行词典顺序的比较
void nth_element(first, nth, last)	在[first, last)范围中，在(nth-first)位置放置第(nth-first)个元素，重新安排其他元素，使*nth 之前的元素不大于*nth，其后的元素不小于*nth
void nth_element(first, nth, last, f())	在[first, last)范围中，在(nth-first)位置放置第(nth-first)个元素，重新安排其他元素，使*nth 之前的元素与*nth 不是 f()关系，其后的元素与*nth 是 f()关系或等于*nth

(续表)

成 员 函 数	操 作
void partial_sort(first, middle, last)	在[first, middle)范围中放置[first, last)范围中最小的 middle-first 元素，并按升序排列，[middle, last)范围中的其他元素可按任意顺序排列
void partial_sort(first, middle, last, f())	在[first, middle)范围中放置[first, last)范围中最小的 middle-first 元素，其顺序由关系 f()确定，[middle, last)范围中的其他元素可按任意顺序排列
iterator partial_sort_copy(first1, last1, first2, last2)	在[first2, last2)范围中复制[first1, last1)范围中最小的[last1-first1, last2-first2)元素，并按升序排列，返回一个迭代器，表示超过最后一个复制元素的位置
iterator partial_sort_copy(first1, last1, first2, last2, f())	在[first2, last2)范围中复制[first1, last1)范围中最小的[last1-first1, last2-first2)元素，其顺序由关系f()确定，返回一个迭代器，表示超过最后一个复制元素的位置
iterator partition(first, last, f())	重新安排[first, last)范围中的元素，使所有满足条件 f()的元素放在不满足该条件的元素前面，返回一个迭代器，表示第二个范围的开始
void pop_heap(first, last)	交换堆[first, last)的根和最后一个元素，给[first, last-1)范围恢复堆
void pop_heap(first, last, f())	交换堆[first, last)的根和最后一个元素，给[first, last-1)范围恢复堆，使用关系 f()组织堆
bool prev_permutation(first, last)	生成一组元素，它们按照词典编撰的置换顺序小于[first, last)范围中的元素，如果存在这种置换，就返回 true，否则返回 false
bool prev_permutation(first, last, f())	生成一组元素，它们按照词典编撰的置换顺序小于[first, last)范围中的元素，如果存在这种置换，就返回 true，否则返回 false，使用关系 f()进行词典顺序的比较
void push_heap(first, last)	利用堆[first, last-1)和一个元素*(last-1)构建一个堆
void push_heap(first, last, f())	利用堆[first, last-1)和一个元素*(last-1)构建一个堆,使用关系 f()组织堆
void random_shuffle(first, last)	使用内部随机数字生成器，随机安排[first, last)范围中的元素
void random_shuffle(first, last, f())	使用随机数字生成器 f()，随机安排[first, last)范围中的元素
iterator remove(first, last, value)	从[first, last)范围中删除所有等于 value 的元素；返回一个迭代器，表示新范围的末尾
iterator remove_copy(first, last, result, value)	把[first, last)范围中所有不等于 value 的元素复制到从 result 开始的一个新范围中；返回一个迭代器，表示新复制范围的末尾
iterator remove_copy_if(first, last, result, f())	把[first, last)范围中的一些元素复制到从 result 开始的一个新范围中，这些元素执行单参数布尔函数 f()后的结果为 false，返回一个迭代器，表示新复制范围的末尾
iterator remove_if(first, last, f())	从[first, last)范围中删除一些元素，这些元素执行单参数布尔函数 f()后的结果为 true；返回一个迭代器，表示新范围的末尾
void replace(first, last, oldValue, newValue)	在[first, last)范围中，用 newValue 替换所有的 oldValue

(续表)

成 员 函 数	操　　作
iterator replace_copy(first, last, result, oldValue, newValue)	把[first, last))范围中的元素复制到从 result 开始的范围中，在新范围中用 newValue 替换所有的 oldValue，返回一个迭代器，表示新范围的末尾
iterator replace_copy_if(first, last, result, f(), value)	把[first, last)范围中的元素复制到从 result 开始的范围中，在新范围中把执行函数 f()后结果为 true 的所有元素用 value 替换，返回一个迭代器，表示新范围的末尾
void replace_if(first, last, result, f(), value)	在[first, last)范围中，把执行函数 f()后结果为 true 的所有元素用 value 替换
void reverse(first, last)	倒置[first, last)范围中的元素顺序
iterator reverse_copy(first, last, result)	把 [first, last)范围中的元素逆序复制到从 result 开始的范围中，返回一个迭代器，表示复制范围的末尾
void rotate(first, middle, last)	把[first, last)范围中所有元素向左旋转 middle-first 个位置
iterator rotate_copy(first, middle, last, result)	把[first, last)范围中所有元素向左旋转 middle-first 个位置，并把旋转后的序列放在从 result 开始的范围中
iterator search(first1, last1, first2, last2)	在[first1, last1)范围中搜索[first2, last2)子范围，返回一个迭代器，表示子范围的开始，如果没有找到子范围，就返回 last1
iterator search(first1, last1, first2, last2, f())	在[first1, last1)范围中搜索[first2, last2)子范围，返回一个迭代器，表示子范围的开始，如果没有找到子范围，就返回 last1，使用一个二参数布尔函数 f()比较元素
iterator search_n(first, last, n, value)	在[first, last)范围中搜索有 n 个元素等于 value 的子范围，返回一个迭代器，表示子范围的开始，如果没有找到子范围，就返回 last1
iterator search_n(first, last, n, value, f())	在[first, last)范围中搜索有 n 个元素等于 value 的子范围,返回一个迭代器，表示子范围的开始，如果没有找到子范围，就返回 last1，使用一个二参数布尔函数 f()比较元素
iterator set_difference(first1, last1, first2, last2, result)	在位置 result 开始，按照升序，放置存于[first1, last1)范围、但不存在于[first2, last2)范围中的所有元素，返回一个迭代器，表示所得范围的开始
iterator set_difference(first1, last1, first2, last2, result, f())	在位置 result 开始，放置存于[first1, last1)范围、但不存在于[first2, last2)范围中的所有元素，其顺序由关系 f()确定，返回一个迭代器，表示所得范围的开始
iterator set_intersection(first1, last1, first2, last2, result)	在位置 result 开始，按照升序，放置既存在于[first1, last1)范围、又存在于[first2, last2)范围中的所有元素，返回一个迭代器，表示所得范围的开始
iterator set_intersection(first1, last1, first2, last2, result, f())	在位置 result 开始，放置既存在于[first1, last1)范围、又存在于[first2, last2)范围中的所有元素，其顺序由关系 f()确定，返回一个迭代器，表示所得范围的开始
iterator set_symmetric_difference(first1, last1, first2, last2, result)	在位置 result 开始，按照升序，放置存于[first1, last1)范围、或者存在于[first2, last2)范围中、但不存在于两者中的所有元素，返回一个迭代器，表示所得范围的开始

(续表)

成 员 函 数	操　作
iterator set_symmetric_difference(first1, last1, first2, last2, result, f())	在位置 result 开始，放置存在于[first1, last1)范围、或者存在于[first2, last2)范围中、但不存在于两者中的所有元素，其顺序由关系 f()确定，返回一个迭代器，表示所得范围的开始
iterator set_union(first1, last1, first2, last2, result)	在位置 result 开始，按照升序，放置至少存在于[first1, last1)范围或 [first2, last2)范围中的所有元素，返回一个迭代器，表示所得范围的开始
iterator set_union(first1, last1, first2, last2, result, f())	在位置 result 开始，放置至少存在于[first1, last1)范围或[first2, last2)范围中的所有元素，其顺序由关系 f()确定，返回一个迭代器，表示所得范围的开始
void sort(first, last)	按照升序排列[first, last)范围中的元素
void sort(first, last, f())	使用关系 f()排列[first, last)范围中的元素
void sort_heap(first, last)	按照升序排列堆[first, last)中的元素
void sort_heap(first, last, f())	使用关系 f()排列堆[first, last)中的元素
iterator stable_partition(first, last, f())	重新安排[first, last)范围中的元素，使所有满足条件 f()的元素放在不满足该条件的元素前面
void stable_sort(first, last)	按照升序排列[first, last)范围中的元素，且不改变相等元素的相对顺序
void stable_sort(first, last, f())	按照由关系 f()确定的顺序排列[first, last)范围中的元素，且不改变相等元素的相对顺序
void swap(x, y)	交换元素 x 和 y
iterator swap_ranges(first1, last1, first2)	交换[first1, last1)范围中和[first2, first2+(last1-first1))范围中的对应元素，返回迭代器 first2+ (last1-first1)
iterator transform(first, last, result, f())	转换[first, last)范围中的元素，对它们执行函数 f()，把转换后的元素放在以 result 开始的范围中，返回一个迭代器，表示所得范围的结尾
iterator transform(first, last1, first2, result, f())	对[first1, last1)范围和[first2, first2+(last1-first1))范围中的对应元素执行带有两个参数的函数 f()，把得到的元素放在以 result 开始的范围中，返回一个迭代器，表示所得范围的结尾
iterator unique(first, last)	在按升序排列的[first, last)范围中删除所有重复的元素，返回一个迭代器，表示缩短后范围的结尾
iterator unique(first, last, f())	在按关系 f()指定的顺序排列的[first, last)范围中删除所有重复的元素，返回一个迭代器，表示缩短后范围的结尾
iterator unique_copy(first, last, result)	把升序排列的[first, last)范围复制到以 result 开始的范围中，在复制过程中删除所有重复的元素，返回一个迭代器，表示复制元素范围的结尾
iterator unique_copy(first, last, result, f())	把按关系 f()指定的顺序排列的[first, last)范围复制到以 result 开始的范围中，在复制过程中删除所有重复的元素，返回一个迭代器，表示复制元素范围的结尾

（续表）

成 员 函 数	操 　作
iterator upper_bound(first, last, value)	返回一个迭代器，表示按升序排列的[first, last)范围中的最高位置，之后就可以插入 value，而不破坏这种顺序，如果 value 大于所有的元素，就返回 last
iterator upper_bound(first, last, value, f())	返回一个迭代器，表示按关系 f()指定的顺序排列的[first, last)范围中的最高位置，之后就可以插入 value，而不破坏这种顺序，如果 value 大于所有的元素，就返回 last

要访问这些算法，程序必须包含下述语句，见表 B-2：

```
#include <numeric>
```

表 B-2　标准模板库的成员函数及含义

成 员 函 数	操 　作
T accumulate(first, last, value)	返回 value 和[first, last)范围中的所有值的总和
T accumulate(first, last, op(), value)	返回对 value 和[first, last)范围中的所有值执行带有两个参数的操作 op()的结果
iterator adjacent_difference(first, last, result)	计算[first, last)范围中每对元素的差异，把结果存储在由迭代器 result 引用的一个容器中，返回 result+(last-first)；因为差异值小于 first 和 last 之间的元素个数，所以在所得容器的开始加上 0，这样它拥有的元素个数就与[first, last)范围相同
iterator adjacent_difference(first, last, result, op())	同上，但使用带有两个参数的操作符 op()，而不是减法
T inner_product(first1, last1, first2, value)	返回 value 加上[first1, last1)范围中与[first2, first2+ (last1-first1))范围中对应元素的乘积和，即返回 value+$\sum_i(x_iy_i)$
T inner_product(first1, last1, first2, value, op1(), op2())	对 value 应用 op1()，再把 op2()应用到[first1, last1)范围和[first2, first2+(last1-first1))范围中的对应元素上，替换 value last1-first1 次，返回 value
iterator partial_sum(first, last, result)	给[result, result+(last-first))范围赋予序列[first, last)中前面的对应元素的累积和，即*(result+i)=*(first+0)+*(first+1) +…+*(first+i)；返回一个迭代器 result+(last-first)
iterator partial_sum(first, last, result, f())	给[result, result+(last-first))范围赋予对序列[first, last)中前面的对应元素应用函数 f()后的累积结果，即 *(result+i)=f(f(…, f(*first, *(first+1)), …), *(first+i))

NP 完 整 性

C.1 Cook 的理论

图灵机可以读取和操作无限长的磁带上的单元符号。它使用可以向两个方向移动的磁头处理符号。更正式的说法是，图灵机 M 可以定义为一个元组：

$$M = (Q, \Sigma, \Gamma, \delta,\ q_0, F)$$

其中

$Q = \{q_0, q_1, \ldots, q_n\}$ 是状态的有限集合。

$\Sigma \subset \Gamma - \{\#\}$ 是有限的输入字母表。

$\Gamma = \{a_0, a_1, \ldots, a_m\}$，$a_0 = \text{blank } \#$，是有限的带字母表。

$\delta: Q \times \Gamma \to Q \times \Gamma \times \{-1, +1\}$ 是一个转换函数。

q_0 是起始状态。

$F \subseteq Q$ 是最终状态的集合。

该机器接受或拒绝从字母表 Σ 中构建的任意符号串。这样，图灵机定义了一种语言，它包含该机器能接受的所有字符串。

下面是一个图灵机，它对二进制整数(可能开头有多余的 0)计算函数 sign：

$$\text{sgn}(n) = \begin{cases} 0 & n = 0 \\ 1 & n > 0 \end{cases}$$

对于这个机器，$Q = \{q_0,\ q_1,\ q_2,\ q_3\ \}$，$\Sigma = \{0, 1, \#\}$，$\Gamma = \{0, 1\}$，$F = \{q_3\}$，转换函数 δ 由下表给出：

δ	0	1	#
q_0	$(q_0,0,+1)$	$(q_1,1,+1)$	$(q_2,0,-1)$
q_1	$(q_1,0,+1)$	$(q_1,1,+1)$	$(q_2,1,-1)$
q_2	$(q_3,\#,+1)$	$(q_3,\#,+1)$	

把数 2 表示为二进制,且带有一个多余的 0,就是 010。对于 010,状态的改变由下面磁带的变化表示。

初始情况:

0 步:因为 $\delta(q_0,0)=(q_0,0,+1)$,表示在状态 q_0 和当前单元的 0 中,把 0 留在这个单元中,进入它右边的单元和状态 q_0 中,下一个情况是:

1 步:因为 $\delta(q_0,1)=(q_1,1,+1)$,则:

$$\downarrow$$

0	1	0	#	#	...

2 步:因为 $\delta(q_1,0)=(q_1,0,+1)$,有:

$$\downarrow$$

0	1	0	#	#	...

3 步:从 $\delta(q_1,\#)=(q_2,1,-1)$ 中得到下一个配置是:

$$\downarrow$$

0	1	0	1	#	...

4 步:转换 $\delta(q_2,0)=(q_3,\#,+1)$,得到

$$\downarrow$$

0	1	#	1	#	...

在这个例子中,磁头在单元中遇到 0 或 1 时,就会向右移动。当它遇到一个空格时,就用 1 覆盖空格,向左移动,用一个空格覆盖左边的单元,然后机器停止执行。如果输入都是 0,磁头就移动到这些 0 的右边,忽略这些 0,直到找到一个空格为止。接着用 0 覆盖该空格,向左移动,用一

个空格覆盖左边的单元，然后停止执行。

非决定性的图灵机在下一次移动时有有限次的选择机会。它不确定朝哪个方向移动。

定理(Cook)：满意问题是 NP 完整性问题。

证明：

假定非决定性图灵机 M 的界限是多项式时间，即在输入 I 上执行有效的计算序列需要 $N = p(|I|)$ 步，其中 $p(|I|)$ 是输入 I 的长度 $|I|$ 的多项式函数，并可以至多使用 N 个带单元。M 有一个只向一个方向扩展的无限带，其单元是 $0, 1, \ldots$

为了说明每个 NP 问题都可以通过多项式转换为满意问题，需要在任意非决定性图灵机 M 的任意输入 I 和满意问题的实例 $r(I)$ 之间建立一个映射。建立映射 r 时，应满足如下条件：如果 M 接受 I，则布尔公式 $r(I)$ 就是令人满意的。因此，在 M 上为输入 I 的计算建立(模拟)还原 $r(I)$ 的模型。

函数 r 在构造 $r(I)$ 时使用了三类逻辑(布尔)变量(建议使用的符号)：

- 如果在步骤 t，带单元 s 包含符号 a_i，则 $P(i,s,t)$[1] 为真。
- 如果在步骤 t，M 处于状态 q_j 下，则 $Q(j,t)$ 为真。
- 如果在步骤 t，用 M 的磁头扫描单元 s，则 $S(s,t)$ 为真。

其中 $0 \leqslant i \leqslant m, 0 \leqslant j \leqslant n, 0 \leqslant s, t \leqslant N$。有了这些定义，M 在 I 上的计算就可以表示为给布尔变量序列赋予真值。使用这些变量，就可以编写布尔子句，描述 M 在 I 上计算时的各种情况。连接这些表示 M 在 I 上执行计算的子句，就得到了公式 $r(I)$。

语句 $r(I)$ 连接了 8 组语句，每一组都用于表示一个要求，即 $r(I)$ 建立在 M 上计算的模型。

令 $\wedge_{0 \leqslant i \leqslant m} Q(i,t) = Q(0,t) \wedge Q(1,t) \wedge \ldots \wedge Q(m,t)$，其他也是如此。

1. 在每一步 t，每个带单元都包含一个符号

$$\wedge_{0 \leqslant s, t \leqslant N} (\vee_{0 \leqslant i \leqslant m} p(i,s,t) \wedge \wedge_{0 \leqslant i \leqslant i' \leqslant N} (\neg p(i,s,t)))$$

这个条件说明，在每一步 t，每个单元 s 都至少包含一个符号 a_o。但同时 $P(i,s,t)$ 不再是一个符号，即 $\neg(P(i,s',t) \wedge P(i,s,t))$。或者按照 Morgan 的理论，对于两个不同的符号 a_i 和 $a_{i'}$，$\neg P(i,s,t) \vee \neg P(i',s,t)$。

2. 在每一步 t，M 处于一种状态 q_j

$$\wedge_{0 \leqslant t \leqslant N} (\vee_{0 \leqslant j \leqslant n} Q(j,t) \wedge \wedge_{0 \leqslant j \leqslant j' \leqslant n} (\neg Q(j,t) \vee \neg Q(j',t)))$$

3. 在每一步 t，M 扫描一个带单元 s

$$\wedge_{0 \leqslant t \leqslant N} (\vee_{0 \leqslant s \leqslant N} S(s,t) \wedge \wedge_{0 \leqslant s < s' \leqslant N} (\neg S(s,t) \vee \neg S(s',t)))$$

4. 计算过程开始于状态 q_0，输入符号 $I = a_{s_1} a_{s_2} \ldots a_{s_{|I|}}$ 占据了带最左边的 $0, \ldots, |I| - 1$ 单元，剩余的单元用空格符号#填充。初始情况如下面的公式所示：

$$Q(0,0) \wedge S(0,0) \wedge P(a_{s_1},0,0) \wedge \ldots \wedge P(a_{s_{|I|}},|I|-1,0) \wedge P(\#,|I|,0) \wedge \ldots \wedge P(\#,N,0)$$

---

1 也可以使用符号 $P_{i,s,t}$

5. 在计算过程中允许进行的转换由转换函数$\delta(q_i,a) = (q_j,a_i,d\in\{-1,+1\})$给出。现在使用这个函数就必须说明,在每一步,函数 P、Q 和 S 的值都进行正确的更新。例如,对于每个单元 s 和每一步 t,如果 M 在 q_i 状态下扫描符号 a_i,则在下一步它就处于状态 q_j 下,如函数 δ 所示:

$$\wedge_{0\leqslant t\leqslant N}\ \wedge_{0\leqslant s\leqslant N}\ (P(i,s,t)\wedge Q(j,t)\wedge S(s,t))\Rightarrow Q(j',t+1)$$

也就是说,按照隐含的定义$(\alpha\Rightarrow\beta=\neg\alpha\vee\beta)$和 Morgan 的理论:

$$\wedge_{0\leqslant t\leqslant N}\ \wedge_{0\leqslant s\leqslant N}\ (\neg P(i,s,t)\vee\neg Q(j,t)\vee\neg S(s,t)\vee Q(j',t+1))$$

在对所有的步骤和所有的单元一般化上式后,得到如下需求:

$$\wedge_{0\leqslant t\leqslant N}\ \wedge_{0\leqslant s\leqslant N}\ \wedge_{0\leqslant i\leqslant m}\ \wedge_{0\leqslant j\leqslant n}\ (\neg P(i,s,t)\vee\neg Q(j,t)\vee\neg S(s,t)\vee Q(j',t+1))$$

其中,"所有"是指定义$\delta(q_i,a)$的 i 和 j。如果 M 处于暂停状态,则在下一步,它仍会处于暂停状态,在同一个单元中,该单元中的符号保持不变。如果 M 在单元 0 中,下一步需要向左移动,因此会滑出磁带,于是 M 暂停,也就是说,M 仍处于相同的状态下,在相同的单元中,该单元中的符号不变。

6. 同样,P 得到允许的更新:

$$\wedge_{0\leqslant t\leqslant N}\ \wedge_{0\leqslant s\leqslant N}\ \wedge_{0\leqslant i\leqslant m}\ \wedge_{0\leqslant j\leqslant n}\ (\neg P(i,s,t)\vee\neg Q(j,t)\vee\neg S(s,t)\vee P(i',s,t+1))$$

7. S 也是一样:

$$\wedge_{0\leqslant t\leqslant N}\ \wedge_{0\leqslant s\leqslant N}\ \wedge_{0\leqslant i\leqslant m}\ \wedge_{0\leqslant j\leqslant n}\ (\neg P(i,s,t)\vee\neg Q(j,t)\vee\neg S(s,t)\vee S(s+d,t+1))$$

8. 机器最后到达一个接受状态,如下面简单的公式所示:

$$\vee_{\{j:q_j\in F\}}Q(j,N)$$

如果输入 I 采用了构造 M 的语言,则 M 在处理 I 时会到达接受状态。这个处理过程给满足从组 1 到组 8 的所有子句赋予了真值。另外,给满足它们的语句 1~语句 8 赋予了真值,描述了在接受状态结束的计算过程。因此,如果输入 I 是 M 可识别的一个语言元素,$r(I)$ 就是令人满意的。

$r(I)$ 的构造过程表示,$r(I)$ 可以在多项式时间内构造。

对于前面定义的图灵机 M,令 $N=4$,$m=2$,$n=3$,语句 $r(010)$ 就是下面各子句的连接:

$(P(0,0,0)\vee P(1,0,0)\vee P(2,0,0))\wedge(\neg P(0,0,0)\vee\neg P(1,0,0))\wedge(\neg P(0,0,0)\vee\neg P(2,0,0))\wedge(\neg P(1,0,0)\vee\neg P(2,0,0))\wedge$
$(P(0,0,1)\vee P(1,0,1)\vee P(2,0,1))\wedge(\neg P(0,0,1)\vee\neg P(1,0,1))\wedge(\neg P(0,0,1)\vee\neg P(2,0,1))\wedge(\neg P(1,0,1)\vee\neg P(2,0,1))\wedge$
$(P(0,0,2)\vee P(1,0,2)\vee P(2,0,2))\wedge(\neg P(0,0,2)\vee\neg P(1,0,2))\wedge(\neg P(0,0,2)\vee\neg P(2,0,2))\wedge(\neg P(1,0,2)\vee\neg P(2,0,2))\wedge$
$(P(0,0,3)\vee P(1,0,3)\vee P(2,0,3))\wedge(\neg P(0,0,3)\vee\neg P(1,0,3))\wedge(\neg P(0,0,3)\vee\neg P(2,0,3))\wedge(\neg P(1,0,3)\vee\neg P(2,0,3))\wedge$
$(P(0,0,4)\vee P(1,0,4)\vee P(2,0,4))\wedge(\neg P(0,0,4)\vee\neg P(1,0,4))\wedge(\neg P(0,0,4)\vee\neg P(2,0,4))\wedge(\neg P(1,0,4)\vee(P(2,0,4))\wedge$
$(P(0,1,0)\vee P(1,1,0)\vee P(2,1,0))\wedge(\neg P(0,1,0)\vee\neg P(1,1,0))\wedge(\neg P(0,1,0)\vee\neg P(2,1,0))\wedge(\neg P(1,1,0)\vee\neg P(2,1,0))\wedge$
$(P(0,1,1)\vee P(1,1,1)\vee P(2,1,1))\wedge(\neg P(0,1,1)\vee\neg P(1,1,1))\wedge(\neg P(0,1,1)\vee\neg P(2,1,1))\wedge(\neg P(1,1,1)\vee\neg P(2,1,1))\wedge$
$(P(0,1,2)\vee P(1,1,2)\vee P(2,1,2))\wedge(\neg P(0,1,2)\vee\neg P(1,1,2))\wedge(\neg P(0,1,2)\vee\neg P(2,1,2))\wedge(\neg P(1,1,2)\vee\neg P(2,1,2))\wedge$
$(P(0,1,3)\vee P(1,1,3)\vee P(2,1,3))\wedge(\neg P(0,1,3)\vee\neg P(1,1,3))\wedge(\neg P(0,1,3)\vee\neg P(2,1,3))\wedge(\neg P(1,1,3)\vee\neg P(2,1,3))\wedge$
$(P(0,1,4)\vee P(1,1,4)\vee P(2,1,4))\wedge(\neg P(0,1,4)\vee\neg P(1,1,4))\wedge(\neg P(0,1,4)\vee\neg P(2,1,4))\wedge(\neg P(1,1,4)\vee\neg P(2,1,4))\wedge$
$(P(0,2,0)\vee P(1,2,0)\vee P(2,2,0))\wedge(\neg P(0,2,0)\vee\neg P(1,2,0))\wedge(\neg P(0,2,0)\vee\neg P(2,2,0))\wedge(\neg P(1,2,0)\vee\neg P(2,2,0))\wedge$
$(P(0,2,1)\vee P(1,2,1)\vee P(2,2,1))\wedge(\neg P(0,2,1)\vee\neg P(1,2,1))\wedge(\neg P(0,2,1)\vee\neg P(2,2,1))\wedge(\neg P(1,2,1)\vee\neg P(2,2,1))\wedge$

$(P(0,2,2) \lor P(1,2,2) \lor P(2,2,2)) \land (\neg P(0,2,2) \lor \neg P(1,2,2)) \land (\neg P(0,2,2) \lor \neg P(2,2,2)) \land (\neg P(1,2,2) \lor \neg P(2,2,2)) \land$
$(P(0,2,3) \lor P(1,2,3) \lor P(2,2,3)) \land (\neg P(0,2,3) \lor \neg P(1,2,3)) \land (\neg P(0,2,3) \lor \neg P(2,2,3)) \land (\neg P(1,2,3) \lor \neg P(2,2,3)) \land$
$(P(0,2,4) \lor P(1,2,4) \lor P(2,2,4)) \land (\neg P(0,2,4) \lor \neg P(1,2,4)) \land (\neg P(0,2,4) \lor \neg P(2,2,4)) \land (\neg P(1,2,4) \lor \neg P(2,2,4)) \land$
$(P(0,3,0) \lor P(1,3,0) \lor P(2,3,0)) \land (\neg P(0,3,0) \lor \neg P(1,3,0)) \land (\neg P(0,3,0) \lor \neg P(2,3,0)) \land (\neg P(1,3,0) \lor \neg P(2,3,0)) \land$
$(P(0,3,1) \lor P(1,3,1) \lor P(2,3,1)) \land (\neg P(0,3,1) \lor \neg P(1,3,1)) \land (\neg P(0,3,1) \lor \neg P(2,3,1)) \land (\neg P(1,3,1) \lor \neg P(2,3,1)) \land$
$(P(0,3,2) \lor P(1,3,2) \lor P(2,3,2)) \land (\neg P(0,3,2) \lor \neg P(1,3,2)) \land (\neg P(0,3,2) \lor \neg P(2,3,2)) \land (\neg P(1,3,2) \lor \neg P(2,3,2)) \land$
$(P(0,3,3) \lor P(1,3,3) \lor P(2,3,3)) \land (\neg P(0,3,3) \lor \neg P(1,3,3)) \land (\neg P(0,3,3) \lor \neg P(2,3,3)) \land (\neg P(1,3,3) \lor \neg P(2,3,3)) \land$
$(P(0,3,4) \lor P(1,3,4) \lor P(2,3,4)) \land (\neg P(0,3,4) \lor \neg P(1,3,4)) \land (\neg P(0,3,4) \lor \neg P(2,3,4)) \land (\neg P(1,3,4) \lor \neg P(2,3,4)) \land$
$(P(0,4,0) \lor P(1,4,0) \lor P(2,4,0)) \land (\neg P(0,4,0) \lor \neg P(1,4,0)) \land (\neg P(0,4,0) \lor \neg P(2,4,0)) \land (\neg P(1,4,0) \lor \neg P(2,4,0)) \land$
$(P(0,4,1) \lor P(1,4,1) \lor P(2,4,1)) \land (\neg P(0,4,1) \lor \neg P(1,4,1)) \land (\neg P(0,4,1) \lor \neg P(2,4,1)) \land (\neg P(1,4,1) \lor \neg P(2,4,1)) \land$
$(P(0,4,2) \lor P(1,4,2) \lor P(2,4,2)) \land (\neg P(0,4,2) \lor \neg P(1,4,2)) \land (\neg P(0,4,2) \lor \neg P(2,4,2)) \land (\neg P(1,4,2) \lor \neg P(2,4,2)) \land$
$(P(0,4,3) \lor P(1,4,3) \lor P(2,4,3)) \land (\neg P(0,4,3) \lor \neg P(1,4,3)) \land (\neg P(0,4,3) \lor \neg P(2,4,3)) \land (\neg P(1,4,3) \lor \neg P(2,4,3)) \land$
$(P(0,4,4) \lor P(1,4,4) \lor P(2,4,4)) \land (\neg P(0,4,4) \lor \neg P(1,4,4)) \land (\neg P(0,4,4) \lor \neg P(2,4,4)) \land (\neg P(1,4,4) \lor \neg P(2,4,4)) \land$

// group 2

$(Q(0,0) \lor Q(1,0) \lor Q(2,0) \lor Q(3,0)) \land$
$(\neg Q(0,0) \lor \neg Q(1,0)) \land (\neg Q(0,0) \lor \neg Q(2,0)) \land (\neg Q(0,0) \lor \neg Q(3,0)) \land$
$(\neg Q(1,0) \lor \neg Q(2,0)) \land (\neg Q(1,0) \lor \neg Q(3,0)) \land$
$(\neg Q(2,0) \lor \neg Q(3,0)) \land$
$(Q(0,1) \lor Q(1,1) \lor Q(2,1) \lor Q(3,1)) \land$
$(\neg Q(0,1) \lor \neg Q(1,1)) \land (\neg Q(0,1) \lor \neg Q(2,1)) \land (\neg Q(0,1) \lor \neg Q(3,1)) \land$
$(\neg Q(1,1) \lor \neg Q(2,1)) \land (\neg Q(1,1) \lor \neg Q(3,1)) \land$
$(\neg Q(2,1) \lor \neg Q(3,1)) \land$
$(Q(0,2) \lor Q(1,2) \lor Q(2,2) \lor Q(3,2)) \land$
$(\neg Q(0,2) \lor \neg Q(1,2)) \land (\neg Q(0,2) \lor \neg Q(2,2)) \land (\neg Q(0,2) \lor \neg Q(3,2)) \land$
$(\neg Q(1,2) \lor \neg Q(2,2)) \land (\neg Q(1,2) \lor \neg Q(3,2)) \land$
$(\neg Q(2,2) \lor \neg Q(3,2)) \land$
$(Q(0,3) \lor Q(1,3) \lor Q(2,3) \lor Q(3,3)) \land$
$(\neg Q(0,3) \lor \neg Q(1,3)) \land (\neg Q(0,3) \lor \neg Q(2,3)) \land (\neg Q(0,3) \lor \neg Q(3,3)) \land$
$(\neg Q(1,3) \lor \neg Q(2,3)) \land (\neg Q(1,3) \lor \neg Q(3,3)) \land$
$(\neg Q(2,3) \lor \neg Q(3,3)) \land$
$(Q(0,4) \lor Q(1,4) \lor Q(2,4) \lor Q(3,4)) \land$
$(\neg Q(0,4) \lor \neg Q(1,4)) \land (\neg Q(0,4) \lor \neg Q(2,4)) \land (\neg Q(0,4) \lor \neg Q(3,4)) \land$
$(\neg Q(1,4) \lor \neg Q(2,4)) \land (\neg Q(1,4) \lor \neg Q(3,4)) \land$
$(\neg Q(2,4) \lor \neg Q(3,4)) \land$

// group 3

$(S(0,0) \lor S(1,0) \lor S(2,0) \lor S(3,0) \lor S(4,0)) \land$
$(\neg S(0,0) \lor \neg S(1,0)) \land (\neg S(0,0) \lor \neg S(2,0)) \land (\neg S(0,0) \lor \neg S(3,0)) \land (\neg S(0,0) \lor \neg S(4,0))$
$(\neg S(1,0) \lor \neg S(2,0)) \land (\neg S(1,0) \lor \neg S(3,0)) \land (\neg S(1,0) \lor \neg S(4,0)) \land$
$(\neg S(2,0) \lor \neg S(3,0)) \land (\neg S(2,0) \lor \neg S(4,0)) \land$
$(\neg S(3,0) \lor \neg S(4,0)) \land$
$(S(0,1) \lor S(1,1) \lor S(2,1) \lor S(3,1) \lor S(4,1)) \land$
$(\neg S(0,1) \lor \neg S(1,1)) \land (\neg S(0,1) \lor \neg S(2,1)) \land (\neg S(0,1) \lor \neg S(3,1)) \land (\neg S(0,1) \lor \neg S(4,1)) \land$
$(\neg S(1,1) \lor \neg S(2,1)) \land (\neg S(1,1) \lor \neg S(3,1)) \land (\neg S(1,1) \lor \neg S(4,1)) \land$
$(\neg S(2,1) \lor \neg S(3,1)) \land (\neg S(2,1) \lor \neg S(4,1)) \land$
$(\neg S(3,1) \lor \neg S(4,1)) \land$
$(S(0,2) \lor S(1,2) \lor S(2,2) \lor S(3,2) \lor S(4,2)) \land$
$(\neg S(0,2) \lor \neg S(1,2)) \land (\neg S(0,2) \lor \neg S(2,2)) \land (\neg S(0,2) \lor \neg S(3,2)) \land (\neg S(0,2) \lor \neg S(4,2)) \land$
$(\neg S(1,2) \lor \neg S(2,2)) \land (\neg S(1,2) \lor \neg S(3,2)) \land (\neg S(1,2) \lor \neg S(4,2)) \land$
$(\neg S(2,2) \lor \neg S(3,2)) \land (\neg S(2,2) \lor \neg S(4,2)) \land$
$(\neg S(3,2) \lor \neg S(4,2)) \land$
$(S(0,3) \lor S(1,3) \lor S(2,3) \lor S(3,3) \lor S(4,3)) \land$
$(\neg S(0,3) \lor \neg S(1,3)) \land (\neg S(0,3) \lor \neg S(2,3)) \land (\neg S(0,3) \lor \neg S(3,3)) \land (\neg S(0,3) \lor \neg S(4,3)) \land$
$(\neg S(1,3) \lor \neg S(2,3)) \land (\neg S(1,3) \lor \neg S(3,3)) \land (\neg S(1,3) \lor \neg S(4,3)) \land$
$(\neg S(2,3) \lor \neg S(3,3)) \land (\neg S(2,3) \lor \neg S(4,3)) \land$
$(\neg S(3,3) \lor \neg S(4,3)) \land$
$(S(0,4) \lor S(1,4) \lor S(2,4) \lor S(3,4) \lor S(4,4)) \land$

$(\neg S(0,4) \vee \neg S(1,4)) \wedge (\neg S(0,4) \vee \neg S(2,4)) \wedge (\neg S(0,4) \vee \neg S(3,4)) \wedge (\neg S(0,4) \vee \neg S(4,4)) \wedge$
$(\neg S(1,4) \vee \neg S(2,4)) \wedge (\neg S(1,4) \vee \neg S(3,4)) \wedge (\neg S(1,4) \vee \neg S(4,4)) \wedge$
$(\neg S(2,4) \vee \neg S(3,4)) \wedge (\neg S(2,4) \vee \neg S(4,4)) \wedge$
$(\neg S(3,4) \vee \neg S(4,4)) \wedge$

$Q(0,0) \wedge S(0,0) \wedge P(0,0,0) \wedge P(1,1,0) \wedge P(0,2,0) \wedge P(\#,3,0) \wedge P(\#,4,0) \wedge$ // group 4
$(\neg P(0,0,0) \vee \neg Q(0,0) \vee \neg S(0,0) \vee Q(0,1)) \wedge (\neg P(0,0,1) \vee \neg Q(0,1) \vee \neg S(0,1) \vee Q(0,2)) \wedge$ // group 5
$(\neg P(0,0,2) \vee \neg Q(0,2) \vee \neg S(0,2) \vee Q(0,3)) \wedge (\neg P(0,0,3) \vee \neg Q(0,3) \vee \neg S(0,3) \vee Q(0,4)) \wedge$
$(\neg P(1,0,0) \vee \neg Q(0,0) \vee \neg S(0,0) \vee Q(1,1)) \wedge (\neg P(1,0,1) \vee \neg Q(0,1) \vee \neg S(0,1) \vee Q(1,2)) \wedge$
$(\neg P(1,0,2) \vee \neg Q(0,2) \vee \neg S(0,2) \vee Q(1,3)) \wedge (\neg P(1,0,3) \vee \neg Q(0,3) \vee \neg S(0,3) \vee Q(1,4)) \wedge$

// A blank # in cell 0 in state 0 causes M to halt to prevent it from sliding off the tape:
$(\neg P(\#,0,0) \vee \neg Q(0,0) \vee \neg S(0,0) \vee Q(3,1)) \wedge (\neg P(\#,0,1) \vee \neg Q(0,1) \vee \neg S(0,1) \vee Q(3,2)) \wedge$
$(\neg P(\#,0,2) \vee \neg Q(0,2) \vee \neg S(0,2) \vee Q(3,3)) \wedge (\neg P(\#,0,3) \vee \neg Q(0,3) \vee \neg S(0,3) \vee Q(3,4)) \wedge$
$(\neg P(0,1,0) \vee \neg Q(0,0) \vee \neg S(1,0) \vee Q(0,1)) \wedge (\neg P(0,1,1) \vee \neg Q(0,1) \vee \neg S(1,1) \vee Q(0,2)) \wedge$
$(\neg P(0,1,2) \vee \neg Q(0,2) \vee \neg S(1,2) \vee Q(0,3)) \wedge (\neg P(0,1,3) \vee \neg Q(0,3) \vee \neg S(1,3) \vee Q(0,4)) \wedge$
$(\neg P(1,1,0) \vee \neg Q(0,0) \vee \neg S(1,0) \vee Q(1,1)) \wedge (\neg P(1,1,1) \vee \neg Q(0,1) \vee \neg S(1,1) \vee Q(1,2)) \wedge$
$(\neg P(1,1,2) \vee \neg Q(0,2) \vee \neg S(1,2) \vee Q(1,3)) \wedge (\neg P(1,1,3) \vee \neg Q(0,3) \vee \neg S(1,3) \vee Q(1,4)) \wedge$
$(\neg P(\#,1,0) \vee \neg Q(0,0) \vee \neg S(1,0) \vee Q(2,1)) \wedge (\neg P(\#,1,1) \vee \neg Q(0,1) \vee \neg S(1,1) \vee Q(2,2)) \wedge$
$(\neg P(\#,1,2) \vee \neg Q(0,2) \vee \neg S(1,2) \vee Q(2,3)) \wedge (\neg P(\#,1,3) \vee \neg Q(0,3) \vee \neg S(1,3) \vee Q(2,4)) \wedge$
$(\neg P(0,2,0) \vee \neg Q(0,0) \vee \neg S(2,0) \vee Q(0,1)) \wedge (\neg P(0,2,1) \vee \neg Q(0,1) \vee \neg S(2,1) \vee Q(0,2)) \wedge$
$(\neg P(0,2,2) \vee \neg Q(0,2) \vee \neg S(2,2) \vee Q(0,3)) \wedge (\neg P(0,2,3) \vee \neg Q(0,3) \vee \neg S(2,3) \vee Q(0,4)) \wedge$
$(\neg P(1,2,0) \vee \neg Q(0,0) \vee \neg S(2,0) \vee Q(1,1)) \wedge (\neg P(1,2,1) \vee \neg Q(0,1) \vee \neg S(2,1) \vee Q(1,2)) \wedge$
$(\neg P(1,2,2) \vee \neg Q(0,2) \vee \neg S(2,2) \vee Q(1,3)) \wedge (\neg P(1,2,3) \vee \neg Q(0,3) \vee \neg S(2,3) \vee Q(1,4)) \wedge$
$(\neg P(\#,2,0) \vee \neg Q(0,0) \vee \neg S(2,0) \vee Q(2,1)) \wedge (\neg P(\#,2,1) \vee \neg Q(0,1) \vee \neg S(2,1) \vee Q(2,2)) \wedge$
$(\neg P(\#,2,2) \vee \neg Q(0,2) \vee \neg S(2,2) \vee Q(2,3)) \wedge (\neg P(\#,2,3) \vee \neg Q(0,3) \vee \neg S(2,3) \vee Q(2,4)) \wedge$
$(\neg P(0,3,0) \vee \neg Q(0,0) \vee \neg S(3,0) \vee Q(0,1)) \wedge (\neg P(0,3,1) \vee \neg Q(0,1) \vee \neg S(3,1) \vee Q(0,2)) \wedge$
$(\neg P(0,3,2) \vee \neg Q(0,2) \vee \neg S(3,2) \vee Q(0,3)) \wedge (\neg P(0,3,3) \vee \neg Q(0,3) \vee \neg S(3,3) \vee Q(0,4)) \wedge$
$(\neg P(1,3,0) \vee \neg Q(0,0) \vee \neg S(3,0) \vee Q(1,1)) \wedge (\neg P(1,3,1) \vee \neg Q(0,1) \vee \neg S(3,1) \vee Q(1,2)) \wedge$
$(\neg P(1,3,2) \vee \neg Q(0,2) \vee \neg S(3,2) \vee Q(1,3)) \wedge (\neg P(1,3,3) \vee \neg Q(0,3) \vee \neg S(3,3) \vee Q(1,4)) \wedge$
$(\neg P(\#,3,0) \vee \neg Q(0,0) \vee \neg S(3,0) \vee Q(2,1)) \wedge (\neg P(\#,3,1) \vee \neg Q(0,1) \vee \neg S(3,1) \vee Q(2,2)) \wedge$
$(\neg P(\#,3,2) \vee \neg Q(0,2) \vee \neg S(3,2) \vee Q(2,3)) \wedge (\neg P(\#,3,3) \vee \neg Q(0,3) \vee \neg S(3,3) \vee Q(2,4)) \wedge$
$(\neg P(0,4,0) \vee \neg Q(0,0) \vee \neg S(4,0) \vee Q(0,1)) \wedge (\neg P(0,4,1) \vee \neg Q(0,1) \vee \neg S(4,1) \vee Q(0,2)) \wedge$
$(\neg P(0,4,2) \vee \neg Q(0,2) \vee \neg S(4,2) \vee Q(0,3)) \wedge (\neg P(0,4,3) \vee \neg Q(0,3) \vee \neg S(4,3) \vee Q(0,4)) \wedge$
$(\neg P(1,4,0) \vee \neg Q(0,0) \vee \neg S(4,0) \vee Q(1,1)) \wedge (\neg P(1,4,1) \vee \neg Q(0,1) \vee \neg S(4,1) \vee Q(1,2)) \wedge$
$(\neg P(1,4,2) \vee \neg Q(0,2) \vee \neg S(4,2) \vee Q(1,3)) \wedge (\neg P(1,4,3) \vee \neg Q(0,3) \vee \neg S(4,3) \vee Q(1,4)) \wedge$
$(\neg P(\#,4,0) \vee \neg Q(0,0) \vee \neg S(4,0) \vee Q(2,1)) \wedge (\neg P(\#,4,1) \vee \neg Q(0,1) \vee \neg S(4,1) \vee Q(2,2)) \wedge$
$(\neg P(\#,4,2) \vee \neg Q(0,2) \vee \neg S(4,2) \vee Q(2,3)) \wedge (\neg P(\#,4,3) \vee \neg Q(0,3) \vee \neg S(4,3) \vee Q(2,4)) \wedge$

$(\neg P(0,0,0) \vee \neg Q(1,0) \vee \neg S(0,0) \vee Q(1,1)) \wedge (\neg P(0,0,1) \vee \neg Q(1,1) \vee \neg S(0,1) \vee Q(1,2)) \wedge$ //can't be in state 1
$(\neg P(0,0,2) \vee \neg Q(1,2) \vee \neg S(0,2) \vee Q(1,3)) \wedge (\neg P(0,0,3) \vee \neg Q(1,3) \vee \neg S(0,3) \vee Q(1,4)) \wedge$ //in step 0
$(\neg P(1,0,0) \vee \neg Q(1,0) \vee \neg S(0,0) \vee Q(1,1)) \wedge (\neg P(1,0,1) \vee \neg Q(1,1) \vee \neg S(0,1) \vee Q(1,2)) \wedge$
$(\neg P(1,0,2) \vee \neg Q(1,2) \vee \neg S(0,2) \vee Q(1,3)) \wedge (\neg P(1,0,3) \vee \neg Q(1,3) \vee \neg S(0,3) \vee Q(1,4)) \wedge$

// A blank # in cell 0 in state 1 causes M to halt:
$(\neg P(\#,0,0) \vee \neg Q(1,0) \vee \neg S(0,0) \vee Q(3,1)) \wedge (\neg P(\#,0,1) \vee \neg Q(1,1) \vee \neg S(0,1) \vee Q(3,2)) \wedge$
$(\neg P(\#,0,2) \vee \neg Q(1,2) \vee \neg S(0,2) \vee Q(3,3)) \wedge (\neg P(\#,0,3) \vee \neg Q(1,3) \vee \neg S(0,3) \vee Q(3,4)) \wedge$
$(\neg P(0,1,0) \vee \neg Q(1,0) \vee \neg S(1,0) \vee Q(1,1)) \wedge (\neg P(0,1,1) \vee \neg Q(1,1) \vee \neg S(1,1) \vee Q(1,2)) \wedge$
$(\neg P(0,1,2) \vee \neg Q(1,2) \vee \neg S(1,2) \vee Q(1,3)) \wedge (\neg P(0,1,3) \vee \neg Q(1,3) \vee \neg S(1,3) \vee Q(1,4)) \wedge$
$(\neg P(1,1,0) \vee \neg Q(1,0) \vee \neg S(1,0) \vee Q(1,1)) \wedge (\neg P(1,1,1) \vee \neg Q(1,1) \vee \neg S(1,1) \vee Q(1,2)) \wedge$
$(\neg P(1,1,2) \vee \neg Q(1,2) \vee \neg S(1,2) \vee Q(1,3)) \wedge (\neg P(1,1,3) \vee \neg Q(1,3) \vee \neg S(1,3) \vee Q(1,4)) \wedge$
$(\neg P(\#,1,0) \vee \neg Q(1,0) \vee \neg S(1,0) \vee Q(2,1)) \wedge (\neg P(\#,1,1) \vee \neg Q(1,1) \vee \neg S(1,1) \vee Q(2,2)) \wedge$
$(\neg P(\#,1,2) \vee \neg Q(1,2) \vee \neg S(1,2) \vee Q(2,3)) \wedge (\neg P(\#,1,3) \vee \neg Q(1,3) \vee \neg S(1,3) \vee Q(2,4)) \wedge$
$(\neg P(0,2,0) \vee \neg Q(1,0) \vee \neg S(2,0) \vee Q(1,1)) \wedge (\neg P(0,2,1) \vee \neg Q(1,1) \vee \neg S(2,1) \vee Q(1,2)) \wedge$
$(\neg P(0,2,2) \vee \neg Q(1,2) \vee \neg S(2,2) \vee Q(1,3)) \wedge (\neg P(0,2,3) \vee \neg Q(1,3) \vee \neg S(2,3) \vee Q(1,4)) \wedge$
$(\neg P(1,2,0) \vee \neg Q(1,0) \vee \neg S(2,0) \vee Q(1,1)) \wedge (\neg P(1,2,1) \vee \neg Q(1,1) \vee \neg S(2,1) \vee Q(1,2)) \wedge$
$(\neg P(1,2,2) \vee \neg Q(1,2) \vee \neg S(2,2) \vee Q(1,3)) \wedge (\neg P(1,2,3) \vee \neg Q(1,3) \vee \neg S(2,3) \vee Q(1,4)) \wedge$
$(\neg P(\#,2,0) \vee \neg Q(1,0) \vee \neg S(2,0) \vee Q(2,1)) \wedge (\neg P(\#,2,1) \vee \neg Q(1,1) \vee \neg S(2,1) \vee Q(2,2)) \wedge$
$(\neg P(\#,2,2) \vee \neg Q(1,2) \vee \neg S(2,2) \vee Q(2,3)) \wedge (\neg P(\#,2,3) \vee \neg Q(1,3) \vee \neg S(2,3) \vee Q(2,4)) \wedge$

$(\neg P(0,3,0) \vee \neg Q(1,0) \vee \neg S(3,0) \vee Q(1,1)) \wedge (\neg P(0,3,1) \vee \neg Q(1,1) \vee \neg S(3,1) \vee Q(1,2)) \wedge$
$(\neg P(0,3,2) \vee \neg Q(1,2) \vee \neg S(3,2) \vee Q(1,3)) \wedge (\neg P(0,3,3) \vee \neg Q(1,3) \vee \neg S(3,3) \vee Q(1,4)) \wedge$
$(\neg P(1,3,0) \vee \neg Q(1,0) \vee \neg S(3,0) \vee Q(1,1)) \wedge (\neg P(1,3,1) \vee \neg Q(1,1) \vee \neg S(3,1) \vee Q(1,2)) \wedge$
$(\neg P(1,3,2) \vee \neg Q(1,2) \vee \neg S(3,2) \vee Q(1,3)) \wedge (\neg P(1,3,3) \vee \neg Q(1,3) \vee \neg S(3,3) \vee Q(1,4)) \wedge$
$(\neg P(\#,3,0) \vee \neg Q(1,0) \vee \neg S(3,0) \vee Q(2,1)) \wedge (\neg P(\#,3,1) \vee \neg Q(1,1) \vee \neg S(3,1) \vee Q(2,2)) \wedge$
$(\neg P(\#,3,2) \vee \neg Q(1,2) \vee \neg S(3,2) \vee Q(2,3)) \wedge (\neg P(\#,3,3) \vee \neg Q(1,3) \vee \neg S(3,3) \vee Q(2,4)) \wedge$
$(\neg P(0,4,0) \vee \neg Q(1,0) \vee \neg S(4,0) \vee Q(1,1)) \wedge (\neg P(0,4,1) \vee \neg Q(1,1) \vee \neg S(4,1) \vee Q(1,2)) \wedge$
$(\neg P(0,4,2) \vee \neg Q(1,2) \vee \neg S(4,2) \vee Q(1,3)) \wedge (\neg P(0,4,3) \vee \neg Q(1,3) \vee \neg S(4,3) \vee Q(1,4)) \wedge$
$(\neg P(1,4,0) \vee \neg Q(1,0) \vee \neg S(4,0) \vee Q(1,1)) \wedge (\neg P(1,4,1) \vee \neg Q(1,1) \vee \neg S(4,1) \vee Q(1,2)) \wedge$
$(\neg P(1,4,2) \vee \neg Q(1,2) \vee \neg S(4,2) \vee Q(1,3)) \wedge (\neg P(1,4,3) \vee \neg Q(1,3) \vee \neg S(4,3) \vee Q(1,4)) \wedge$
$(\neg P(\#,4,0) \vee \neg Q(1,0) \vee \neg S(4,0) \vee Q(2,1)) \wedge (\neg P(\#,4,1) \vee \neg Q(1,1) \vee \neg S(4,1) \vee Q(2,2)) \wedge$
$(\neg P(\#,4,2) \vee \neg Q(1,2) \vee \neg S(4,2) \vee Q(2,3)) \wedge (\neg P(\#,4,3) \vee \neg Q(1,3) \vee \neg S(4,3) \vee Q(2,4)) \wedge$
$(\neg P(0,0,0) \vee \neg Q(2,0) \vee \neg S(0,0) \vee Q(3,1)) \wedge (\neg P(0,0,1) \vee \neg Q(2,1) \vee \neg S(0,1) \vee Q(3,2)) \wedge$
$(\neg P(0,0,2) \vee \neg Q(2,2) \vee \neg S(0,2) \vee Q(3,3)) \wedge (\neg P(0,0,3) \vee \neg Q(2,3) \vee \neg S(0,3) \vee Q(3,4)) \wedge$
$(\neg P(1,0,0) \vee \neg Q(2,0) \vee \neg S(0,0) \vee Q(3,1)) \wedge (\neg P(1,0,1) \vee \neg Q(2,1) \vee \neg S(0,1) \vee Q(3,2)) \wedge$
$(\neg P(1,0,2) \vee \neg Q(2,2) \vee \neg S(0,2) \vee Q(3,3)) \wedge (\neg P(1,0,3) \vee \neg Q(2,3) \vee \neg S(0,3) \vee Q(3,4)) \wedge$
$(\neg P(0,1,0) \vee \neg Q(2,0) \vee \neg S(1,0) \vee Q(3,1)) \wedge (\neg P(0,1,1) \vee \neg Q(2,1) \vee \neg S(1,1) \vee Q(3,2)) \wedge$
$(\neg P(0,1,2) \vee \neg Q(2,2) \vee \neg S(1,2) \vee Q(3,3)) \wedge (\neg P(0,1,3) \vee \neg Q(2,3) \vee \neg S(1,3) \vee Q(3,4)) \wedge$
$(\neg P(1,1,0) \vee \neg Q(2,0) \vee \neg S(1,0) \vee Q(3,1)) \wedge (\neg P(1,1,1) \vee \neg Q(2,1) \vee \neg S(1,1) \vee Q(3,2)) \wedge$
$(\neg P(1,1,2) \vee \neg Q(2,2) \vee \neg S(1,2) \vee Q(3,3)) \wedge (\neg P(1,1,3) \vee \neg Q(2,3) \vee \neg S(1,3) \vee Q(3,4)) \wedge$
$(\neg P(0,2,0) \vee \neg Q(2,0) \vee \neg S(2,0) \vee Q(3,1)) \wedge (\neg P(0,2,1) \vee \neg Q(2,1) \vee \neg S(2,1) \vee Q(3,2)) \wedge$
$(\neg P(0,2,2) \vee \neg Q(2,2) \vee \neg S(2,2) \vee Q(3,3)) \wedge (\neg P(0,2,3) \vee \neg Q(2,3) \vee \neg S(2,3) \vee Q(3,4)) \wedge$
$(\neg P(1,2,0) \vee \neg Q(2,0) \vee \neg S(2,0) \vee Q(3,1)) \wedge (\neg P(1,2,1) \vee \neg Q(2,1) \vee \neg S(2,1) \vee Q(3,2)) \wedge$
$(\neg P(1,2,2) \vee \neg Q(2,2) \vee \neg S(2,2) \vee Q(3,3)) \wedge (\neg P(1,2,3) \vee \neg Q(2,3) \vee \neg S(2,3) \vee Q(3,4)) \wedge$
$(\neg P(0,3,0) \vee \neg Q(2,0) \vee \neg S(3,0) \vee Q(3,1)) \wedge (\neg P(0,3,1) \vee \neg Q(2,1) \vee \neg S(3,1) \vee Q(3,2)) \wedge$
$(\neg P(0,3,2) \vee \neg Q(2,2) \vee \neg S(3,2) \vee Q(3,3)) \wedge (\neg P(0,3,3) \vee \neg Q(2,3) \vee \neg S(3,3) \vee Q(3,4)) \wedge$
$(\neg P(1,3,0) \vee \neg Q(2,0) \vee \neg S(3,0) \vee Q(3,1)) \wedge (\neg P(1,3,1) \vee \neg Q(2,1) \vee \neg S(3,1) \vee Q(3,2)) \wedge$
$(\neg P(1,3,2) \vee \neg Q(2,2) \vee \neg S(3,2) \vee Q(3,3)) \wedge (\neg P(1,3,3) \vee \neg Q(2,3) \vee \neg S(3,3) \vee Q(3,4)) \wedge$
$(\neg P(0,4,0) \vee \neg Q(2,0) \vee \neg S(4,0) \vee Q(3,1)) \wedge (\neg P(0,4,1) \vee \neg Q(2,1) \vee \neg S(4,1) \vee Q(3,2)) \wedge$
$(\neg P(0,4,2) \vee \neg Q(2,2) \vee \neg S(4,2) \vee Q(3,3)) \wedge (\neg P(0,4,3) \vee \neg Q(2,3) \vee \neg S(4,3) \vee Q(3,4)) \wedge$
$(\neg P(1,4,0) \vee \neg Q(2,0) \vee \neg S(4,0) \vee Q(3,1)) \wedge (\neg P(1,4,1) \vee \neg Q(2,1) \vee \neg S(4,1) \vee Q(3,2)) \wedge$
$(\neg P(1,4,2) \vee \neg Q(2,2) \vee \neg S(4,2) \vee Q(3,3)) \wedge (\neg P(1,4,3) \vee \neg Q(2,3) \vee \neg S(4,3) \vee Q(3,4)) \wedge$
$(\neg P(0,0,0) \vee \neg Q(3,0) \vee \neg S(0,0) \vee Q(3,1)) \wedge (\neg P(0,0,1) \vee \neg Q(3,1) \vee \neg S(0,1) \vee Q(3,2)) \wedge$
$(\neg P(0,0,2) \vee \neg Q(3,2) \vee \neg S(0,2) \vee Q(3,3)) \wedge (\neg P(0,0,3) \vee \neg Q(3,3) \vee \neg S(0,3) \vee Q(3,4)) \wedge$
$(\neg P(1,0,0) \vee \neg Q(3,0) \vee \neg S(0,0) \vee Q(3,1)) \wedge (\neg P(1,0,1) \vee \neg Q(3,1) \vee \neg S(0,1) \vee Q(3,2)) \wedge$
$(\neg P(1,0,2) \vee \neg Q(3,2) \vee \neg S(0,2) \vee Q(3,3)) \wedge (\neg P(1,0,3) \vee \neg Q(3,3) \vee \neg S(0,3) \vee Q(3,4)) \wedge$
$(\neg P(\#,0,0) \vee \neg Q(3,0) \vee \neg S(0,0) \vee Q(3,1)) \wedge (\neg P(\#,0,1) \vee \neg Q(3,1) \vee \neg S(0,1) \vee Q(3,2)) \wedge$
$(\neg P(\#,0,2) \vee \neg Q(3,2) \vee \neg S(0,2) \vee Q(3,3)) \wedge (\neg P(\#,0,3) \vee \neg Q(3,3) \vee \neg S(0,3) \vee Q(3,4)) \wedge$
$(\neg P(0,1,0) \vee \neg Q(3,0) \vee \neg S(1,0) \vee Q(3,1)) \wedge (\neg P(0,1,1) \vee \neg Q(3,1) \vee \neg S(1,1) \vee Q(3,2)) \wedge$
$(\neg P(0,1,2) \vee \neg Q(3,2) \vee \neg S(1,2) \vee Q(3,3)) \wedge (\neg P(0,1,3) \vee \neg Q(3,3) \vee \neg S(1,3) \vee Q(3,4)) \wedge$
$(\neg P(1,1,0) \vee \neg Q(3,0) \vee \neg S(1,0) \vee Q(3,1)) \wedge (\neg P(1,1,1) \vee \neg Q(3,1) \vee \neg S(1,1) \vee Q(3,2)) \wedge$
$(\neg P(1,1,2) \vee \neg Q(3,2) \vee \neg S(1,2) \vee Q(3,3)) \wedge (\neg P(1,1,3) \vee \neg Q(3,3) \vee \neg S(1,3) \vee Q(3,4)) \wedge$
$(\neg P(\#,1,0) \vee \neg Q(3,0) \vee \neg S(1,0) \vee Q(3,1)) \wedge (\neg P(\#,1,1) \vee \neg Q(3,1) \vee \neg S(1,1) \vee Q(3,2)) \wedge$
$(\neg P(\#,1,2) \vee \neg Q(3,2) \vee \neg S(1,2) \vee Q(3,3)) \wedge (\neg P(\#,1,3) \vee \neg Q(3,3) \vee \neg S(1,3) \vee Q(3,4)) \wedge$
$(\neg P(0,2,0) \vee \neg Q(3,0) \vee \neg S(2,0) \vee Q(3,1)) \wedge (\neg P(0,2,1) \vee \neg Q(3,1) \vee \neg S(2,1) \vee Q(3,2)) \wedge$
$(\neg P(0,2,2) \vee \neg Q(3,2) \vee \neg S(2,2) \vee Q(3,3)) \wedge (\neg P(0,2,3) \vee \neg Q(3,3) \vee \neg S(2,3) \vee Q(3,4)) \wedge$
$(\neg P(1,2,0) \vee \neg Q(3,0) \vee \neg S(2,0) \vee Q(3,1)) \wedge (\neg P(1,2,1) \vee \neg Q(3,1) \vee \neg S(2,1) \vee Q(3,2)) \wedge$
$(\neg P(1,2,2) \vee \neg Q(3,2) \vee \neg S(2,2) \vee Q(3,3)) \wedge (\neg P(1,2,3) \vee \neg Q(3,3) \vee \neg S(2,3) \vee Q(3,4)) \wedge$
$(\neg P(\#,2,0) \vee \neg Q(3,0) \vee \neg S(2,0) \vee Q(3,1)) \wedge (\neg P(\#,2,1) \vee \neg Q(3,1) \vee \neg S(2,1) \vee Q(3,2)) \wedge$
$(\neg P(\#,2,2) \vee \neg Q(3,2) \vee \neg S(2,2) \vee Q(3,3)) \wedge (\neg P(\#,2,3) \vee \neg Q(3,3) \vee \neg S(2,3) \vee Q(3,4)) \wedge$
$(\neg P(0,3,0) \vee \neg Q(3,0) \vee \neg S(3,0) \vee Q(3,1)) \wedge (\neg P(0,3,1) \vee \neg Q(3,1) \vee \neg S(3,1) \vee Q(3,2)) \wedge$
$(\neg P(0,3,2) \vee \neg Q(3,2) \vee \neg S(3,2) \vee Q(3,3)) \wedge (\neg P(0,3,3) \vee \neg Q(3,3) \vee \neg S(3,3) \vee Q(3,4)) \wedge$
$(\neg P(1,3,0) \vee \neg Q(3,0) \vee \neg S(3,0) \vee Q(3,1)) \wedge (\neg P(1,3,1) \vee \neg Q(3,1) \vee \neg S(3,1) \vee Q(3,2)) \wedge$
$(\neg P(1,3,2) \vee \neg Q(3,2) \vee \neg S(3,2) \vee Q(3,3)) \wedge (\neg P(1,3,3) \vee \neg Q(3,3) \vee \neg S(3,3) \vee Q(3,4)) \wedge$
$(\neg P(\#,3,0) \vee \neg Q(3,0) \vee \neg S(3,0) \vee Q(3,1)) \wedge (\neg P(\#,3,1) \vee \neg Q(3,1) \vee \neg S(3,1) \vee Q(3,2)) \wedge$
$(\neg P(\#,3,2) \vee \neg Q(3,2) \vee \neg S(3,2) \vee Q(3,3)) \wedge (\neg P(\#,3,3) \vee \neg Q(3,3) \vee \neg S(3,3) \vee Q(3,4)) \wedge$

$(\neg P(0,4,0) \lor \neg Q(3,0) \lor \neg S(4,0) \lor Q(3,1)) \land (\neg P(0,4,1) \lor \neg Q(3,1) \lor \neg S(4,1) \lor Q(3,2)) \land$
$(\neg P(0,4,2) \lor \neg Q(3,2) \lor \neg S(4,2) \lor Q(3,3)) \land (\neg P(0,4,3) \lor \neg Q(3,3) \lor \neg S(4,3) \lor Q(3,4)) \land$
$(\neg P(1,4,0) \lor \neg Q(3,0) \lor \neg S(4,0) \lor Q(3,1)) \land (\neg P(1,4,1) \lor \neg Q(3,1) \lor \neg S(4,1) \lor Q(3,2)) \land$
$(\neg P(1,4,2) \lor \neg Q(3,2) \lor \neg S(4,2) \lor Q(3,3)) \land (\neg P(1,4,3) \lor \neg Q(3,3) \lor \neg S(4,3) \lor Q(3,4)) \land$
$(\neg P(\#,4,0) \lor \neg Q(3,0) \lor \neg S(4,0) \lor Q(3,1)) \land (\neg P(\#,4,1) \lor \neg Q(3,1) \lor \neg S(4,1) \lor Q(3,2)) \land$
$(\neg P(\#,4,2) \lor \neg Q(3,2) \lor \neg S(4,2) \lor Q(3,3)) \land (\neg P(\#,4,3) \lor \neg Q(3,3) \lor \neg S(4,3) \lor Q(3,4)) \land$
$(\neg P(0,0,0) \lor \neg Q(0,0) \lor \neg S(0,0) \lor P(0,0,1)) \land (\neg P(0,0,1) \lor \neg Q(0,1) \lor \neg S(0,1) \lor P(0,0,2)) \land$ // group 6
$(\neg P(0,0,2) \lor \neg Q(0,2) \lor \neg S(0,2) \lor P(0,0,3)) \land (\neg P(0,0,3) \lor \neg Q(0,3) \lor \neg S(0,3) \lor P(0,0,4)) \land$
$(\neg P(1,0,0) \lor \neg Q(0,0) \lor \neg S(0,0) \lor P(1,0,1)) \land (\neg P(1,0,1) \lor \neg Q(0,1) \lor \neg S(0,1) \lor P(1,0,2)) \land$
$(\neg P(1,0,2) \lor \neg Q(0,2) \lor \neg S(0,2) \lor P(1,0,3)) \land (\neg P(1,0,3) \lor \neg Q(0,3) \lor \neg S(0,3) \lor P(1,0,4)) \land$
// A blank # in cell 0 in state 0 causes M to halt and retain the blank in cell 0:
$(\neg P(\#,0,0) \lor \neg Q(0,0) \lor \neg S(0,0) \lor P(\#,0,1)) \land (\neg P(\#,0,1) \lor \neg Q(0,1) \lor \neg S(0,1) \lor P(\#,0,2)) \land$
$(\neg P(\#,0,2) \lor \neg Q(0,2) \lor \neg S(0,2) \lor P(\#,0,3)) \land (\neg P(\#,0,3) \lor \neg Q(0,3) \lor \neg S(0,3) \lor P(\#,0,4)) \land$
$(\neg P(0,1,0) \lor \neg Q(0,0) \lor \neg S(1,0) \lor P(0,1,1)) \land (\neg P(0,1,1) \lor \neg Q(0,1) \lor \neg S(1,1) \lor P(0,1,2)) \land$
$(\neg P(0,1,2) \lor \neg Q(0,2) \lor \neg S(1,2) \lor P(0,1,3)) \land (\neg P(0,1,3) \lor \neg Q(0,3) \lor \neg S(1,3) \lor P(0,1,4)) \land$
$(\neg P(1,1,0) \lor \neg Q(0,0) \lor \neg S(1,0) \lor P(1,1,1)) \land (\neg P(1,1,1) \lor \neg Q(0,1) \lor \neg S(1,1) \lor P(1,1,2)) \land$
$(\neg P(1,1,2) \lor \neg Q(0,2) \lor \neg S(1,2) \lor P(1,1,3)) \land (\neg P(1,1,3) \lor \neg Q(0,3) \lor \neg S(1,3) \lor P(1,1,4)) \land$
$(\neg P(\#,1,0) \lor \neg Q(0,0) \lor \neg S(1,0) \lor P(0,1,1)) \land (\neg P(\#,1,1) \lor \neg Q(0,1) \lor \neg S(1,1) \lor P(0,1,2)) \land$
$(\neg P(\#,1,2) \lor \neg Q(0,2) \lor \neg S(1,2) \lor P(0,1,3)) \land (\neg P(\#,1,3) \lor \neg Q(0,3) \lor \neg S(1,3) \lor P(0,1,4)) \land$
$(\neg P(0,2,0) \lor \neg Q(0,0) \lor \neg S(2,0) \lor P(0,2,1)) \land (\neg P(0,2,1) \lor \neg Q(0,1) \lor \neg S(2,1) \lor P(0,2,2)) \land$
$(\neg P(0,2,2) \lor \neg Q(0,2) \lor \neg S(2,2) \lor P(0,2,3)) \land (\neg P(0,2,3) \lor \neg Q(0,3) \lor \neg S(2,3) \lor P(0,2,4)) \land$
$(\neg P(1,2,0) \lor \neg Q(0,0) \lor \neg S(2,0) \lor P(1,2,1)) \land (\neg P(1,2,1) \lor \neg Q(0,1) \lor \neg S(2,1) \lor P(1,2,2)) \land$
$(\neg P(1,2,2) \lor \neg Q(0,2) \lor \neg S(2,2) \lor P(1,2,3)) \land (\neg P(1,2,3) \lor \neg Q(0,3) \lor \neg S(2,3) \lor P(1,2,4)) \land$
$(\neg P(\#,2,0) \lor \neg Q(0,0) \lor \neg S(2,0) \lor P(0,2,1)) \land (\neg P(\#,2,1) \lor \neg Q(0,1) \lor \neg S(2,1) \lor P(0,2,2)) \land$
$(\neg P(\#,2,2) \lor \neg Q(0,2) \lor \neg S(2,2) \lor P(0,2,3)) \land (\neg P(\#,2,3) \lor \neg Q(0,3) \lor \neg S(2,3) \lor P(0,2,4)) \land$
$(\neg P(0,3,0) \lor \neg Q(0,0) \lor \neg S(3,0) \lor P(0,3,1)) \land (\neg P(0,3,1) \lor \neg Q(0,1) \lor \neg S(3,1) \lor P(0,3,2)) \land$
$(\neg P(0,3,2) \lor \neg Q(0,2) \lor \neg S(3,2) \lor P(0,3,3)) \land (\neg P(0,3,3) \lor \neg Q(0,3) \lor \neg S(3,3) \lor P(0,3,4)) \land$
$(\neg P(1,3,0) \lor \neg Q(0,0) \lor \neg S(3,0) \lor P(1,3,1)) \land (\neg P(1,3,1) \lor \neg Q(0,1) \lor \neg S(3,1) \lor P(1,3,2)) \land$
$(\neg P(1,3,2) \lor \neg Q(0,2) \lor \neg S(3,2) \lor P(1,3,3)) \land (\neg P(1,3,3) \lor \neg Q(0,3) \lor \neg S(3,3) \lor P(1,3,4)) \land$
$(\neg P(\#,3,0) \lor \neg Q(0,0) \lor \neg S(3,0) \lor P(0,3,1)) \land (\neg P(\#,3,1) \lor \neg Q(0,1) \lor \neg S(3,1) \lor P(0,3,2)) \land$
$(\neg P(\#,3,2) \lor \neg Q(0,2) \lor \neg S(3,2) \lor P(0,3,3)) \land (\neg P(\#,3,3) \lor \neg Q(0,3) \lor \neg S(3,3) \lor P(0,3,4)) \land$
$(\neg P(0,4,0) \lor \neg Q(0,0) \lor \neg S(4,0) \lor P(0,4,1)) \land (\neg P(0,4,1) \lor \neg Q(0,1) \lor \neg S(4,1) \lor P(0,4,2)) \land$
$(\neg P(0,4,2) \lor \neg Q(0,2) \lor \neg S(4,2) \lor P(0,4,3)) \land (\neg P(0,4,3) \lor \neg Q(0,3) \lor \neg S(4,3) \lor P(0,4,4)) \land$
$(\neg P(1,4,0) \lor \neg Q(0,0) \lor \neg S(4,0) \lor P(1,4,1)) \land (\neg P(1,4,1) \lor \neg Q(0,1) \lor \neg S(4,1) \lor P(1,4,2)) \land$
$(\neg P(1,4,2) \lor \neg Q(0,2) \lor \neg S(4,2) \lor P(1,4,3)) \land (\neg P(1,4,3) \lor \neg Q(0,3) \lor \neg S(4,3) \lor P(1,4,4)) \land$
$(\neg P(\#,4,0) \lor \neg Q(0,0) \lor \neg S(4,0) \lor P(0,4,1)) \land (\neg P(\#,4,1) \lor \neg Q(0,1) \lor \neg S(4,1) \lor P(0,4,2)) \land$
$(\neg P(\#,4,2) \lor \neg Q(0,2) \lor \neg S(4,2) \lor P(0,4,3)) \land (\neg P(\#,4,3) \lor \neg Q(0,3) \lor \neg S(4,3) \lor P(0,4,4)) \land$
$(\neg P(0,0,0) \lor \neg Q(1,0) \lor \neg S(0,0) \lor P(0,0,1)) \land (\neg P(0,0,1) \lor \neg Q(1,1) \lor \neg S(0,1) \lor P(0,0,2)) \land$
$(\neg P(0,0,2) \lor \neg Q(1,2) \lor \neg S(0,2) \lor P(0,0,3)) \land (\neg P(0,0,3) \lor \neg Q(1,3) \lor \neg S(0,3) \lor P(0,0,4)) \land$
$(\neg P(1,0,0) \lor \neg Q(1,0) \lor \neg S(0,0) \lor P(1,0,1)) \land (\neg P(1,0,1) \lor \neg Q(1,1) \lor \neg S(0,1) \lor P(1,0,2)) \land$
$(\neg P(1,0,2) \lor \neg Q(1,2) \lor \neg S(0,2) \lor P(1,0,3)) \land (\neg P(1,0,3) \lor \neg Q(1,3) \lor \neg S(0,3) \lor P(1,0,4)) \land$
// A blank # in cell 0 in state 1 causes M to halt and retain the blank in cell 0:
$(\neg P(\#,0,0) \lor \neg Q(1,0) \lor \neg S(0,0) \lor P(\#,0,1)) \land (\neg P(\#,0,1) \lor \neg Q(1,1) \lor \neg S(0,1) \lor P(\#,0,2)) \land$
$(\neg P(\#,0,2) \lor \neg Q(1,2) \lor \neg S(0,2) \lor P(\#,0,3)) \land (\neg P(\#,0,3) \lor \neg Q(1,3) \lor \neg S(0,3) \lor P(\#,0,4)) \land$
$(\neg P(0,1,0) \lor \neg Q(1,0) \lor \neg S(1,0) \lor P(0,1,1)) \land (\neg P(0,1,1) \lor \neg Q(1,1) \lor \neg S(1,1) \lor P(0,1,2)) \land$
$(\neg P(0,1,2) \lor \neg Q(1,2) \lor \neg S(1,2) \lor P(0,1,3)) \land (\neg P(0,1,3) \lor \neg Q(1,3) \lor \neg S(1,3) \lor P(0,1,4)) \land$
$(\neg P(1,1,0) \lor \neg Q(1,0) \lor \neg S(1,0) \lor P(1,1,1)) \land (\neg P(1,1,1) \lor \neg Q(1,1) \lor \neg S(1,1) \lor P(1,1,2)) \land$
$(\neg P(1,1,2) \lor \neg Q(1,2) \lor \neg S(1,2) \lor P(1,1,3)) \land (\neg P(1,1,3) \lor \neg Q(1,3) \lor \neg S(1,3) \lor P(1,1,4)) \land$
$(\neg P(\#,1,0) \lor \neg Q(1,0) \lor \neg S(1,0) \lor P(1,1,1)) \land (\neg P(\#,1,1) \lor \neg Q(1,1) \lor \neg S(1,1) \lor P(1,1,2)) \land$
$(\neg P(\#,1,2) \lor \neg Q(1,2) \lor \neg S(1,2) \lor P(1,1,3)) \land (\neg P(\#,1,3) \lor \neg Q(1,3) \lor \neg S(1,3) \lor P(1,1,4)) \land$
$(\neg P(0,2,0) \lor \neg Q(1,0) \lor \neg S(2,0) \lor P(0,2,1)) \land (\neg P(0,2,1) \lor \neg Q(1,1) \lor \neg S(2,1) \lor P(0,2,2)) \land$
$(\neg P(0,2,2) \lor \neg Q(1,2) \lor \neg S(2,2) \lor P(0,2,3)) \land (\neg P(0,2,3) \lor \neg Q(1,3) \lor \neg S(2,3) \lor P(0,2,4)) \land$
$(\neg P(1,2,0) \lor \neg Q(1,0) \lor \neg S(2,0) \lor P(1,2,1)) \land (\neg P(1,2,1) \lor \neg Q(1,1) \lor \neg S(2,1) \lor P(1,2,2)) \land$
$(\neg P(1,2,2) \lor \neg Q(1,2) \lor \neg S(2,2) \lor P(1,2,3)) \land (\neg P(1,2,3) \lor \neg Q(1,3) \lor \neg S(2,3) \lor P(1,2,4)) \land$
$(\neg P(\#,2,0) \lor \neg Q(1,0) \lor \neg S(2,0) \lor P(1,2,1)) \land (\neg P(\#,2,1) \lor \neg Q(1,1) \lor \neg S(2,1) \lor P(1,2,2)) \land$
$(\neg P(\#,2,2) \lor \neg Q(1,2) \lor \neg S(2,2) \lor P(1,2,3)) \land (\neg P(\#,2,3) \lor \neg Q(1,3) \lor \neg S(2,3) \lor P(1,2,4)) \land$

$(\neg P(0,3,0) \lor \neg Q(1,0) \lor \neg S(3,0) \lor P(0,3,1)) \land (\neg P(0,3,1) \lor \neg Q(1,1) \lor \neg S(3,1) \lor P(0,3,2)) \land$
$(\neg P(0,3,2) \lor \neg Q(1,2) \lor \neg S(3,2) \lor P(0,3,3)) \land (\neg P(0,3,3) \lor \neg Q(1,3) \lor \neg S(3,3) \lor P(0,3,4)) \land$
$(\neg P(1,3,0) \lor \neg Q(1,0) \lor \neg S(3,0) \lor P(1,3,1)) \land (\neg P(1,3,1) \lor \neg Q(1,1) \lor \neg S(3,1) \lor P(1,3,2)) \land$
$(\neg P(1,3,2) \lor \neg Q(1,2) \lor \neg S(3,2) \lor P(1,3,3)) \land (\neg P(1,3,3) \lor \neg Q(1,3) \lor \neg S(3,3) \lor P(1,3,4)) \land$
$(\neg P(\#,3,0) \lor \neg Q(1,0) \lor \neg S(3,0) \lor P(1,3,1)) \land (\neg P(\#,3,1) \lor \neg Q(1,1) \lor \neg S(3,1) \lor P(1,3,2)) \land$
$(\neg P(\#,3,2) \lor \neg Q(1,2) \lor \neg S(3,2) \lor P(1,3,3)) \land (\neg P(\#,3,3) \lor \neg Q(1,3) \lor \neg S(3,3) \lor P(1,3,4)) \land$
$(\neg P(0,4,0) \lor \neg Q(1,0) \lor \neg S(4,0) \lor P(0,4,1)) \land (\neg P(0,4,1) \lor \neg Q(1,1) \lor \neg S(4,1) \lor P(0,4,2)) \land$
$(\neg P(0,4,2) \lor \neg Q(1,2) \lor \neg S(4,2) \lor P(0,4,3)) \land (\neg P(0,4,3) \lor \neg Q(1,3) \lor \neg S(4,3) \lor P(0,4,4)) \land$
$(\neg P(1,4,0) \lor \neg Q(1,0) \lor \neg S(4,0) \lor P(1,4,1)) \land (\neg P(1,4,1) \lor \neg Q(1,1) \lor \neg S(4,1) \lor P(1,4,2)) \land$
$(\neg P(1,4,2) \lor \neg Q(1,2) \lor \neg S(4,2) \lor P(1,4,3)) \land (\neg P(1,4,3) \lor \neg Q(1,3) \lor \neg S(4,3) \lor P(1,4,4)) \land$
$(\neg P(\#,4,0) \lor \neg Q(1,0) \lor \neg S(4,0) \lor P(1,4,1)) \land (\neg P(\#,4,1) \lor \neg Q(1,1) \lor \neg S(4,1) \lor P(1,4,2)) \land$
$(\neg P(\#,4,2) \lor \neg Q(1,2) \lor \neg S(4,2) \lor P(1,4,3)) \land (\neg P(\#,4,3) \lor \neg Q(1,3) \lor \neg S(4,3) \lor P(1,4,4)) \land$
$(\neg P(0,0,0) \lor \neg Q(2,0) \lor \neg S(0,0) \lor P(\#,0,1)) \land (\neg P(0,0,1) \lor \neg Q(2,1) \lor \neg S(0,1) \lor P(\#,0,2)) \land$
$(\neg P(0,0,2) \lor \neg Q(2,2) \lor \neg S(0,2) \lor P(\#,0,3)) \land (\neg P(0,0,3) \lor \neg Q(2,3) \lor \neg S(0,3) \lor P(\#,0,4)) \land$
$(\neg P(1,0,0) \lor \neg Q(2,0) \lor \neg S(0,0) \lor P(\#,0,1)) \land (\neg P(1,0,1) \lor \neg Q(2,1) \lor \neg S(0,1) \lor P(\#,0,2)) \land$
$(\neg P(1,0,2) \lor \neg Q(2,2) \lor \neg S(0,2) \lor P(\#,0,3)) \land (\neg P(1,0,3) \lor \neg Q(2,3) \lor \neg S(0,3) \lor P(\#,0,4)) \land$
$(\neg P(0,1,0) \lor \neg Q(2,0) \lor \neg S(1,0) \lor P(\#,1,1)) \land (\neg P(0,1,1) \lor \neg Q(2,1) \lor \neg S(1,1) \lor P(\#,1,2)) \land$
$(\neg P(0,1,2) \lor \neg Q(2,2) \lor \neg S(1,2) \lor P(\#,1,3)) \land (\neg P(0,1,3) \lor \neg Q(2,3) \lor \neg S(1,3) \lor P(\#,1,4)) \land$
$(\neg P(1,1,0) \lor \neg Q(2,0) \lor \neg S(1,0) \lor P(\#,1,1)) \land (\neg P(1,1,1) \lor \neg Q(2,1) \lor \neg S(1,1) \lor P(\#,1,2)) \land$
$(\neg P(1,1,2) \lor \neg Q(2,2) \lor \neg S(1,2) \lor P(\#,1,3)) \land (\neg P(1,1,3) \lor \neg Q(2,3) \lor \neg S(1,3) \lor P(\#,1,4)) \land$
$(\neg P(0,2,0) \lor \neg Q(2,0) \lor \neg S(2,0) \lor P(\#,2,1)) \land (\neg P(0,2,1) \lor \neg Q(2,1) \lor \neg S(2,1) \lor P(\#,2,2)) \land$
$(\neg P(0,2,2) \lor \neg Q(2,2) \lor \neg S(2,2) \lor P(\#,2,3)) \land (\neg P(0,2,3) \lor \neg Q(2,3) \lor \neg S(2,3) \lor P(\#,2,4)) \land$
$(\neg P(1,2,0) \lor \neg Q(2,0) \lor \neg S(2,0) \lor P(\#,2,1)) \land (\neg P(1,2,1) \lor \neg Q(2,1) \lor \neg S(2,1) \lor P(\#,2,2)) \land$
$(\neg P(1,2,2) \lor \neg Q(2,2) \lor \neg S(2,2) \lor P(\#,2,3)) \land (\neg P(1,2,3) \lor \neg Q(2,3) \lor \neg S(2,3) \lor P(\#,2,4)) \land$
$(\neg P(0,3,0) \lor \neg Q(2,0) \lor \neg S(3,0) \lor P(\#,3,1)) \land (\neg P(0,3,1) \lor \neg Q(2,1) \lor \neg S(3,1) \lor P(\#,3,2)) \land$
$(\neg P(0,3,2) \lor \neg Q(2,2) \lor \neg S(3,2) \lor P(\#,3,3)) \land (\neg P(0,3,3) \lor \neg Q(2,3) \lor \neg S(3,3) \lor P(\#,3,4)) \land$
$(\neg P(1,3,0) \lor \neg Q(2,0) \lor \neg S(3,0) \lor P(\#,3,1)) \land (\neg P(1,3,1) \lor \neg Q(2,1) \lor \neg S(3,1) \lor P(\#,3,2)) \land$
$(\neg P(1,3,2) \lor \neg Q(2,2) \lor \neg S(3,2) \lor P(\#,3,3)) \land (\neg P(1,3,3) \lor \neg Q(2,3) \lor \neg S(3,3) \lor P(\#,3,4)) \land$
$(\neg P(0,4,0) \lor \neg Q(2,0) \lor \neg S(4,0) \lor P(\#,4,1)) \land (\neg P(0,4,1) \lor \neg Q(2,1) \lor \neg S(4,1) \lor P(\#,4,2)) \land$
$(\neg P(0,4,2) \lor \neg Q(2,2) \lor \neg S(4,2) \lor P(\#,4,3)) \land (\neg P(0,4,3) \lor \neg Q(2,3) \lor \neg S(4,3) \lor P(\#,4,4)) \land$
$(\neg P(1,4,0) \lor \neg Q(2,0) \lor \neg S(4,0) \lor P(\#,4,1)) \land (\neg P(1,4,1) \lor \neg Q(2,1) \lor \neg S(4,1) \lor P(\#,4,2)) \land$
$(\neg P(1,4,2) \lor \neg Q(2,2) \lor \neg S(4,2) \lor P(\#,4,3)) \land (\neg P(1,4,3) \lor \neg Q(2,3) \lor \neg S(4,3) \lor P(\#,4,4)) \land$
$(\neg P(0,0,0) \lor \neg Q(3,0) \lor \neg S(0,0) \lor P(0,0,1)) \land (\neg P(0,0,1) \lor \neg Q(3,1) \lor \neg S(0,1) \lor P(0,0,2)) \land$
$(\neg P(0,0,2) \lor \neg Q(3,2) \lor \neg S(0,2) \lor P(0,0,3)) \land (\neg P(0,0,3) \lor \neg Q(3,3) \lor \neg S(0,3) \lor P(0,0,4)) \land$
$(\neg P(1,0,0) \lor \neg Q(3,0) \lor \neg S(0,0) \lor P(1,0,1)) \land (\neg P(1,0,1) \lor \neg Q(3,1) \lor \neg S(0,1) \lor P(1,0,2)) \land$
$(\neg P(1,0,2) \lor \neg Q(3,2) \lor \neg S(0,2) \lor P(1,0,3)) \land (\neg P(1,0,3) \lor \neg Q(3,3) \lor \neg S(0,3) \lor P(1,0,4)) \land$
$(\neg P(\#,0,0) \lor \neg Q(3,0) \lor \neg S(0,0) \lor P(\#,0,1)) \land (\neg P(\#,0,1) \lor \neg Q(3,1) \lor \neg S(0,1) \lor P(\#,0,2)) \land$
$(\neg P(\#,0,2) \lor \neg Q(3,2) \lor \neg S(0,2) \lor P(\#,0,3)) \land (\neg P(\#,0,3) \lor \neg Q(3,3) \lor \neg S(0,3) \lor P(\#,0,4)) \land$
$(\neg P(0,1,0) \lor \neg Q(3,0) \lor \neg S(1,0) \lor P(0,1,1)) \land (\neg P(0,1,1) \lor \neg Q(3,1) \lor \neg S(1,1) \lor P(0,1,2)) \land$
$(\neg P(0,1,2) \lor \neg Q(3,2) \lor \neg S(1,2) \lor P(0,1,3)) \land (\neg P(0,1,3) \lor \neg Q(3,3) \lor \neg S(1,3) \lor P(0,1,4)) \land$
$(\neg P(1,1,0) \lor \neg Q(3,0) \lor \neg S(1,0) \lor P(1,1,1)) \land (\neg P(1,1,1) \lor \neg Q(3,1) \lor \neg S(1,1) \lor P(1,1,2)) \land$
$(\neg P(1,1,2) \lor \neg Q(3,2) \lor \neg S(1,2) \lor P(1,1,3)) \land (\neg P(1,1,3) \lor \neg Q(3,3) \lor \neg S(1,3) \lor P(1,1,4)) \land$
$(\neg P(\#,1,0) \lor \neg Q(3,0) \lor \neg S(1,0) \lor P(\#,1,1)) \land (\neg P(\#,1,1) \lor \neg Q(3,1) \lor \neg S(1,1) \lor P(\#,1,2)) \land$
$(\neg P(\#,1,2) \lor \neg Q(3,2) \lor \neg S(1,2) \lor P(\#,1,3)) \land (\neg P(\#,1,3) \lor \neg Q(3,3) \lor \neg S(1,3) \lor P(\#,1,4)) \land$
$(\neg P(0,2,0) \lor \neg Q(3,0) \lor \neg S(2,0) \lor P(0,2,1)) \land (\neg P(0,2,1) \lor \neg Q(3,1) \lor \neg S(2,1) \lor P(0,2,2)) \land$
$(\neg P(0,2,2) \lor \neg Q(3,2) \lor \neg S(2,2) \lor P(0,2,3)) \land (\neg P(0,2,3) \lor \neg Q(3,3) \lor \neg S(2,3) \lor P(0,2,4)) \land$
$(\neg P(1,2,0) \lor \neg Q(3,0) \lor \neg S(2,0) \lor P(1,2,1)) \land (\neg P(1,2,1) \lor \neg Q(3,1) \lor \neg S(2,1) \lor P(1,2,2)) \land$
$(\neg P(1,2,2) \lor \neg Q(3,2) \lor \neg S(2,2) \lor P(1,2,3)) \land (\neg P(1,2,3) \lor \neg Q(3,3) \lor \neg S(2,3) \lor P(1,2,4)) \land$
$(\neg P(\#,2,0) \lor \neg Q(3,0) \lor \neg S(2,0) \lor P(\#,2,1)) \land (\neg P(\#,2,1) \lor \neg Q(3,1) \lor \neg S(2,1) \lor P(\#,2,2)) \land$
$(\neg P(\#,2,2) \lor \neg Q(3,2) \lor \neg S(2,2) \lor P(\#,2,3)) \land (\neg P(\#,2,3) \lor \neg Q(3,3) \lor \neg S(2,3) \lor P(\#,2,4)) \land$
$(\neg P(0,3,0) \lor \neg Q(3,0) \lor \neg S(3,0) \lor P(0,3,1)) \land (\neg P(0,3,1) \lor \neg Q(3,1) \lor \neg S(3,1) \lor P(0,3,2)) \land$
$(\neg P(0,3,2) \lor \neg Q(3,2) \lor \neg S(3,2) \lor P(0,3,3)) \land (\neg P(0,3,3) \lor \neg Q(3,3) \lor \neg S(3,3) \lor P(0,3,4)) \land$
$(\neg P(1,3,0) \lor \neg Q(3,0) \lor \neg S(3,0) \lor P(1,3,1)) \land (\neg P(1,3,1) \lor \neg Q(3,1) \lor \neg S(3,1) \lor P(1,3,2)) \land$
$(\neg P(1,3,2) \lor \neg Q(3,2) \lor \neg S(3,2) \lor P(1,3,3)) \land (\neg P(1,3,3) \lor \neg Q(3,3) \lor \neg S(3,3) \lor P(1,3,4)) \land$
$(\neg P(\#,3,0) \lor \neg Q(3,0) \lor \neg S(3,0) \lor P(\#,3,1)) \land (\neg P(\#,3,1) \lor \neg Q(3,1) \lor \neg S(3,1) \lor P(\#,3,2)) \land$
$(\neg P(\#,3,2) \lor \neg Q(3,2) \lor \neg S(3,2) \lor P(\#,3,3)) \land (\neg P(\#,3,3) \lor \neg Q(3,3) \lor \neg S(3,3) \lor P(\#,3,4)) \land$

$(\neg P(0,4,0) \vee \neg Q(3,0) \vee \neg S(4,0) \vee P(0,4,1)) \wedge (\neg P(0,4,1) \vee \neg Q(3,1) \vee \neg S(4,1) \vee P(0,4,2)) \wedge$
$(\neg P(0,4,2) \vee \neg Q(3,2) \vee \neg S(4,2) \vee P(0,4,3)) \wedge (\neg P(0,4,3) \vee \neg Q(3,3) \vee \neg S(4,3) \vee P(0,4,4)) \wedge$
$(\neg P(1,4,0) \vee \neg Q(3,0) \vee \neg S(4,0) \vee P(1,4,1)) \wedge (\neg P(1,4,1) \vee \neg Q(3,1) \vee \neg S(4,1) \vee P(1,4,2)) \wedge$
$(\neg P(1,4,2) \vee \neg Q(3,2) \vee \neg S(4,2) \vee P(1,4,3)) \wedge (\neg P(1,4,3) \vee \neg Q(3,3) \vee \neg S(4,3) \vee P(1,4,4)) \wedge$
$(\neg P(\#,4,0) \vee \neg Q(3,0) \vee \neg S(4,0) \vee P(\#,4,1)) \wedge (\neg P(\#,4,1) \vee \neg Q(3,1) \vee \neg S(4,1) \vee P(\#,4,2)) \wedge$
$(\neg P(\#,4,2) \vee \neg Q(3,2) \vee \neg S(4,2) \vee P(\#,4,3)) \wedge (\neg P(\#,4,3) \vee \neg Q(3,3) \vee \neg S(4,3) \vee P(\#,4,4)) \wedge$
$(\neg P(0,0,0) \vee \neg Q(0,0) \vee \neg S(0,0) \vee S(1,1)) \wedge (\neg P(0,0,1) \vee \neg Q(0,1) \vee \neg S(0,1) \vee S(1,2)) \wedge$ // group 7
$(\neg P(0,0,2) \vee \neg Q(0,2) \vee \neg S(0,2) \vee S(1,3)) \wedge (\neg P(0,0,3) \vee \neg Q(0,3) \vee \neg S(0,3) \vee S(1,4)) \wedge$
$(\neg P(1,0,0) \vee \neg Q(0,0) \vee \neg S(0,0) \vee S(1,1)) \wedge (\neg P(1,0,1) \vee \neg Q(0,1) \vee \neg S(0,1) \vee S(1,2)) \wedge$
$(\neg P(1,0,2) \vee \neg Q(0,2) \vee \neg S(0,2) \vee S(1,3)) \wedge (\neg P(1,0,3) \vee \neg Q(0,3) \vee \neg S(0,3) \vee S(1,4)) \wedge$

// passing from $S(0,0)$ to $S(-1,1)$ means sliding off the tape, that is, halting execution; M remains in cell 0:

$(\neg P(\#,0,0) \vee \neg Q(0,0) \vee \neg S(0,0) \vee S(0,1)) \wedge (\neg P(\#,0,1) \vee \neg Q(0,1) \vee \neg S(0,1) \vee S(0,2)) \wedge$
$(\neg P(\#,0,2) \vee \neg Q(0,2) \vee \neg S(0,2) \vee S(0,3)) \wedge (\neg P(\#,0,3) \vee \neg Q(0,3) \vee \neg S(0,3) \vee S(0,4)) \wedge$
$(\neg P(0,1,0) \vee \neg Q(0,0) \vee \neg S(1,0) \vee S(2,1)) \wedge (\neg P(0,1,1) \vee \neg Q(0,1) \vee \neg S(1,1) \vee S(2,2)) \wedge$
$(\neg P(0,1,2) \vee \neg Q(0,2) \vee \neg S(1,2) \vee S(2,3)) \wedge (\neg P(0,1,3) \vee \neg Q(0,3) \vee \neg S(1,3) \vee S(2,4)) \wedge$
$(\neg P(1,1,0) \vee \neg Q(0,0) \vee \neg S(1,0) \vee S(2,1)) \wedge (\neg P(1,1,1) \vee \neg Q(0,1) \vee \neg S(1,1) \vee S(2,2)) \wedge$
$(\neg P(1,1,2) \vee \neg Q(0,2) \vee \neg S(1,2) \vee S(2,3)) \wedge (\neg P(1,1,3) \vee \neg Q(0,3) \vee \neg S(1,3) \vee S(2,4)) \wedge$
$(\neg P(\#,1,0) \vee \neg Q(0,0) \vee \neg S(1,0) \vee S(0,1)) \wedge (\neg P(\#,1,1) \vee \neg Q(0,1) \vee \neg S(1,1) \vee S(0,2)) \wedge$
$(\neg P(\#,1,2) \vee \neg Q(0,2) \vee \neg S(1,2) \vee S(0,3)) \wedge (\neg P(\#,1,3) \vee \neg Q(0,3) \vee \neg S(1,3) \vee S(0,4)) \wedge$
$(\neg P(0,2,0) \vee \neg Q(0,0) \vee \neg S(2,0) \vee S(3,1)) \wedge (\neg P(0,2,1) \vee \neg Q(0,1) \vee \neg S(2,1) \vee S(3,2)) \wedge$
$(\neg P(0,2,2) \vee \neg Q(0,2) \vee \neg S(2,2) \vee S(3,3)) \wedge (\neg P(0,2,3) \vee \neg Q(0,3) \vee \neg S(2,3) \vee S(3,4)) \wedge$
$(\neg P(1,2,0) \vee \neg Q(0,0) \vee \neg S(2,0) \vee S(3,1)) \wedge (\neg P(1,2,1) \vee \neg Q(0,1) \vee \neg S(2,1) \vee S(3,2)) \wedge$
$(\neg P(1,2,2) \vee \neg Q(0,2) \vee \neg S(2,2) \vee S(3,3)) \wedge (\neg P(1,2,3) \vee \neg Q(0,3) \vee \neg S(2,3) \vee S(3,4)) \wedge$
$(\neg P(\#,2,0) \vee \neg Q(0,0) \vee \neg S(2,0) \vee S(1,1)) \wedge (\neg P(\#,2,1) \vee \neg Q(0,1) \vee \neg S(2,1) \vee S(1,2)) \wedge$
$(\neg P(\#,2,2) \vee \neg Q(0,2) \vee \neg S(2,2) \vee S(1,3)) \wedge (\neg P(\#,2,3) \vee \neg Q(0,3) \vee \neg S(2,3) \vee S(1,4)) \wedge$
$(\neg P(0,3,0) \vee \neg Q(0,0) \vee \neg S(3,0) \vee S(4,1)) \wedge (\neg P(0,3,1) \vee \neg Q(0,1) \vee \neg S(3,1) \vee S(4,2)) \wedge$
$(\neg P(0,3,2) \vee \neg Q(0,2) \vee \neg S(3,2) \vee S(4,3)) \wedge (\neg P(0,3,3) \vee \neg Q(0,3) \vee \neg S(3,3) \vee S(4,4)) \wedge$
$(\neg P(1,3,0) \vee \neg Q(0,0) \vee \neg S(3,0) \vee S(4,1)) \wedge (\neg P(1,3,1) \vee \neg Q(0,1) \vee \neg S(3,1) \vee S(4,2)) \wedge$
$(\neg P(1,3,2) \vee \neg Q(0,2) \vee \neg S(3,2) \vee S(4,3)) \wedge (\neg P(1,3,3) \vee \neg Q(0,3) \vee \neg S(3,3) \vee S(4,4)) \wedge$
$(\neg P(\#,3,0) \vee \neg Q(0,0) \vee \neg S(3,0) \vee S(2,1)) \wedge (\neg P(\#,3,1) \vee \neg Q(0,1) \vee \neg S(3,1) \vee S(2,2)) \wedge$
$(\neg P(\#,3,2) \vee \neg Q(0,2) \vee \neg S(3,2) \vee S(2,3)) \wedge (\neg P(\#,3,3) \vee \neg Q(0,3) \vee \neg S(3,3) \vee S(2,4)) \wedge$
$(\neg P(0,4,0) \vee \neg Q(0,0) \vee \neg S(4,0) \vee S(5,1)) \wedge (\neg P(0,4,1) \vee \neg Q(0,1) \vee \neg S(4,1) \vee S(5,2)) \wedge$
$(\neg P(0,4,2) \vee \neg Q(0,2) \vee \neg S(4,2) \vee S(5,3)) \wedge (\neg P(0,4,3) \vee \neg Q(0,3) \vee \neg S(4,3) \vee S(5,4)) \wedge$
$(\neg P(1,4,0) \vee \neg Q(0,0) \vee \neg S(4,0) \vee S(5,1)) \wedge (\neg P(1,4,1) \vee \neg Q(0,1) \vee \neg S(4,1) \vee S(5,2)) \wedge$
$(\neg P(1,4,2) \vee \neg Q(0,2) \vee \neg S(4,2) \vee S(5,3)) \wedge (\neg P(1,4,3) \vee \neg Q(0,3) \vee \neg S(4,3) \vee S(5,4)) \wedge$
$(\neg P(\#,4,0) \vee \neg Q(0,0) \vee \neg S(4,0) \vee S(3,1)) \wedge (\neg P(\#,4,1) \vee \neg Q(0,1) \vee \neg S(4,1) \vee S(3,2)) \wedge$
$(\neg P(\#,4,2) \vee \neg Q(0,2) \vee \neg S(4,2) \vee S(3,3)) \wedge (\neg P(\#,4,3) \vee \neg Q(0,3) \vee \neg S(4,3) \vee S(3,4)) \wedge$
$(\neg P(0,0,0) \vee \neg Q(1,0) \vee \neg S(0,0) \vee S(1,1)) \wedge (\neg P(0,0,1) \vee \neg Q(1,1) \vee \neg S(0,1) \vee S(1,2)) \wedge$
$(\neg P(0,0,2) \vee \neg Q(1,2) \vee \neg S(0,2) \vee S(1,3)) \wedge (\neg P(0,0,3) \vee \neg Q(1,3) \vee \neg S(0,3) \vee S(1,4)) \wedge$
$(\neg P(1,0,0) \vee \neg Q(1,0) \vee \neg S(0,0) \vee S(1,1)) \wedge (\neg P(1,0,1) \vee \neg Q(1,1) \vee \neg S(0,1) \vee S(1,2)) \wedge$
$(\neg P(1,0,2) \vee \neg Q(1,2) \vee \neg S(0,2) \vee S(1,3)) \wedge (\neg P(1,0,3) \vee \neg Q(1,3) \vee \neg S(0,3) \vee S(1,4)) \wedge$

// an attempt to slide off the tape; M halts and remains in cell 0:

$(\neg P(\#,0,0) \vee \neg Q(1,0) \vee \neg S(0,0) \vee S(0,1)) \wedge (\neg P(\#,0,1) \vee \neg Q(1,1) \vee \neg S(0,1) \vee S(0,2)) \wedge$
$(\neg P(\#,0,2) \vee \neg Q(1,2) \vee \neg S(0,2) \vee S(0,3)) \wedge (\neg P(\#,0,3) \vee \neg Q(1,3) \vee \neg S(0,3) \vee S(0,4)) \wedge$ //can't be in state 1
$(\neg P(0,1,0) \vee \neg Q(1,0) \vee \neg S(1,0) \vee S(2,1)) \wedge (\neg P(0,1,1) \vee \neg Q(1,1) \vee \neg S(1,1) \vee S(2,2)) \wedge$
$(\neg P(0,1,2) \vee \neg Q(1,2) \vee \neg S(1,2) \vee S(2,3)) \wedge (\neg P(0,1,3) \vee \neg Q(1,3) \vee \neg S(1,3) \vee S(2,4)) \wedge$
$(\neg P(1,1,0) \vee \neg Q(1,0) \vee \neg S(1,0) \vee S(2,1)) \wedge (\neg P(1,1,1) \vee \neg Q(1,1) \vee \neg S(1,1) \vee S(2,2)) \wedge$
$(\neg P(1,1,2) \vee \neg Q(1,2) \vee \neg S(1,2) \vee S(2,3)) \wedge (\neg P(1,1,3) \vee \neg Q(1,3) \vee \neg S(1,3) \vee S(2,4)) \wedge$
$(\neg P(\#,1,0) \vee \neg Q(1,0) \vee \neg S(1,0) \vee S(0,1)) \wedge (\neg P(\#,1,1) \vee \neg Q(1,1) \vee \neg S(1,1) \vee S(0,2)) \wedge$
$(\neg P(\#,1,2) \vee \neg Q(1,2) \vee \neg S(1,2) \vee S(0,3)) \wedge (\neg P(\#,1,3) \vee \neg Q(1,3) \vee \neg S(1,3) \vee S(0,4)) \wedge$
$(\neg P(0,2,0) \vee \neg Q(1,0) \vee \neg S(2,0) \vee S(3,1)) \wedge (\neg P(0,2,1) \vee \neg Q(1,1) \vee \neg S(2,1) \vee S(3,2)) \wedge$
$(\neg P(0,2,2) \vee \neg Q(1,2) \vee \neg S(2,2) \vee S(3,3)) \wedge (\neg P(0,2,3) \vee \neg Q(1,3) \vee \neg S(2,3) \vee S(3,4)) \wedge$
$(\neg P(1,2,0) \vee \neg Q(1,0) \vee \neg S(2,0) \vee S(3,1)) \wedge (\neg P(1,2,1) \vee \neg Q(1,1) \vee \neg S(2,1) \vee S(3,2)) \wedge$
$(\neg P(1,2,2) \vee \neg Q(1,2) \vee \neg S(2,2) \vee S(3,3)) \wedge (\neg P(1,2,3) \vee \neg Q(1,3) \vee \neg S(2,3) \vee S(3,4)) \wedge$
$(\neg P(\#,2,0) \vee \neg Q(1,0) \vee \neg S(2,0) \vee S(1,1)) \wedge (\neg P(\#,2,1) \vee \neg Q(1,1) \vee \neg S(2,1) \vee S(1,2)) \wedge$
$(\neg P(\#,2,2) \vee \neg Q(1,2) \vee \neg S(2,2) \vee S(1,3)) \wedge (\neg P(\#,2,3) \vee \neg Q(1,3) \vee \neg S(2,3) \vee S(1,4)) \wedge$

$(\neg P(0,3,0) \lor \neg Q(1,0) \lor \neg S(3,0) \lor S(4,1)) \land (\neg P(0,3,1) \lor \neg Q(1,1) \lor \neg S(3,1) \lor S(4,2)) \land$
$(\neg P(0,3,2) \lor \neg Q(1,2) \lor \neg S(3,2) \lor S(4,3)) \land (\neg P(0,3,3) \lor \neg Q(1,3) \lor \neg S(3,3) \lor S(4,4)) \land$
$(\neg P(1,3,0) \lor \neg Q(1,0) \lor \neg S(3,0) \lor S(4,1)) \land (\neg P(1,3,1) \lor \neg Q(1,1) \lor \neg S(3,1) \lor S(4,2)) \land$
$(\neg P(1,3,2) \lor \neg Q(1,2) \lor \neg S(3,2) \lor S(4,3)) \land (\neg P(1,3,3) \lor \neg Q(1,3) \lor \neg S(3,3) \lor S(4,4)) \land$
$(\neg P(\#,3,0) \lor \neg Q(1,0) \lor \neg S(3,0) \lor S(2,1)) \land (\neg P(\#,3,1) \lor \neg Q(1,1) \lor \neg S(3,1) \lor S(2,2)) \land$
$(\neg P(\#,3,2) \lor \neg Q(1,2) \lor \neg S(3,2) \lor S(2,3)) \land (\neg P(\#,3,3) \lor \neg Q(1,3) \lor \neg S(3,3) \lor S(2,4)) \land$
$(\neg P(0,4,0) \lor \neg Q(1,0) \lor \neg S(4,0) \lor S(5,1)) \land (\neg P(0,4,1) \lor \neg Q(1,1) \lor \neg S(4,1) \lor S(5,2)) \land$
$(\neg P(0,4,2) \lor \neg Q(1,2) \lor \neg S(4,2) \lor S(5,3)) \land (\neg P(0,4,3) \lor \neg Q(1,3) \lor \neg S(4,3) \lor S(5,4)) \land$
$(\neg P(1,4,0) \lor \neg Q(1,0) \lor \neg S(4,0) \lor S(5,1)) \land (\neg P(1,4,1) \lor \neg Q(1,1) \lor \neg S(4,1) \lor S(5,2)) \land$
$(\neg P(1,4,2) \lor \neg Q(1,2) \lor \neg S(4,2) \lor S(5,3)) \land (\neg P(1,4,3) \lor \neg Q(1,3) \lor \neg S(4,3) \lor S(5,4)) \land$
$(\neg P(\#,4,0) \lor \neg Q(1,0) \lor \neg S(4,0) \lor S(3,1)) \land (\neg P(\#,4,1) \lor \neg Q(1,1) \lor \neg S(4,1) \lor S(3,2)) \land$
$(\neg P(\#,4,2) \lor \neg Q(1,2) \lor \neg S(4,2) \lor S(3,3)) \land (\neg P(\#,4,3) \lor \neg Q(1,3) \lor \neg S(4,3) \lor S(3,4)) \land$
$(\neg P(0,0,0) \lor \neg Q(2,0) \lor \neg S(0,0) \lor S(1,1)) \land (\neg P(0,0,1) \lor \neg Q(2,1) \lor \neg S(0,1) \lor S(1,2)) \land$
$(\neg P(0,0,2) \lor \neg Q(2,2) \lor \neg S(0,2) \lor S(1,3)) \land (\neg P(0,0,3) \lor \neg Q(2,3) \lor \neg S(0,3) \lor S(1,4)) \land$
$(\neg P(1,0,0) \lor \neg Q(2,0) \lor \neg S(0,0) \lor S(1,1)) \land (\neg P(1,0,1) \lor \neg Q(2,1) \lor \neg S(0,1) \lor S(1,2)) \land$
$(\neg P(1,0,2) \lor \neg Q(2,2) \lor \neg S(0,2) \lor S(1,3)) \land (\neg P(1,0,3) \lor \neg Q(2,3) \lor \neg S(0,3) \lor S(1,4)) \land$
$(\neg P(\#,0,0) \lor \neg Q(2,0) \lor \neg S(0,0) \lor S(1,1)) \land (\neg P(\#,0,1) \lor \neg Q(2,1) \lor \neg S(0,1) \lor S(1,2)) \land$
$(\neg P(\#,0,2) \lor \neg Q(2,2) \lor \neg S(0,2) \lor S(1,3)) \land (\neg P(\#,0,3) \lor \neg Q(2,3) \lor \neg S(0,3) \lor S(1,4)) \land$
$(\neg P(0,1,0) \lor \neg Q(2,0) \lor \neg S(1,0) \lor S(2,1)) \land (\neg P(0,1,1) \lor \neg Q(2,1) \lor \neg S(1,1) \lor S(2,2)) \land$
$(\neg P(0,1,2) \lor \neg Q(2,2) \lor \neg S(1,2) \lor S(2,3)) \land (\neg P(0,1,3) \lor \neg Q(2,3) \lor \neg S(1,3) \lor S(2,4)) \land$
$(\neg P(1,1,0) \lor \neg Q(2,0) \lor \neg S(1,0) \lor S(2,1)) \land (\neg P(1,1,1) \lor \neg Q(2,1) \lor \neg S(1,1) \lor S(2,2)) \land$
$(\neg P(1,1,2) \lor \neg Q(2,2) \lor \neg S(1,2) \lor S(2,3)) \land (\neg P(1,1,3) \lor \neg Q(2,3) \lor \neg S(1,3) \lor S(2,4)) \land$
$(\neg P(\#,1,0) \lor \neg Q(2,0) \lor \neg S(1,0) \lor S(2,1)) \land (\neg P(\#,1,1) \lor \neg Q(2,1) \lor \neg S(1,1) \lor S(2,2)) \land$
$(\neg P(\#,1,2) \lor \neg Q(2,2) \lor \neg S(1,2) \lor S(2,3)) \land (\neg P(\#,1,3) \lor \neg Q(2,3) \lor \neg S(1,3) \lor S(2,4)) \land$
$(\neg P(0,2,0) \lor \neg Q(2,0) \lor \neg S(2,0) \lor S(3,1)) \land (\neg P(0,2,1) \lor \neg Q(2,1) \lor \neg S(2,1) \lor S(3,2)) \land$
$(\neg P(0,2,2) \lor \neg Q(2,2) \lor \neg S(2,2) \lor S(3,3)) \land (\neg P(0,2,3) \lor \neg Q(2,3) \lor \neg S(2,3) \lor S(3,4)) \land$
$(\neg P(1,2,0) \lor \neg Q(2,0) \lor \neg S(2,0) \lor S(3,1)) \land (\neg P(1,2,1) \lor \neg Q(2,1) \lor \neg S(2,1) \lor S(3,2)) \land$
$(\neg P(1,2,2) \lor \neg Q(2,2) \lor \neg S(2,2) \lor S(3,3)) \land (\neg P(1,2,3) \lor \neg Q(2,3) \lor \neg S(2,3) \lor S(3,4)) \land$
$(\neg P(\#,2,0) \lor \neg Q(2,0) \lor \neg S(2,0) \lor S(3,1)) \land (\neg P(\#,2,1) \lor \neg Q(2,1) \lor \neg S(2,1) \lor S(3,2)) \land$
$(\neg P(\#,2,2) \lor \neg Q(2,2) \lor \neg S(2,2) \lor S(3,3)) \land (\neg P(\#,2,3) \lor \neg Q(2,3) \lor \neg S(2,3) \lor S(3,4)) \land$
$(\neg P(0,3,0) \lor \neg Q(2,0) \lor \neg S(3,0) \lor S(4,1)) \land (\neg P(0,3,1) \lor \neg Q(2,1) \lor \neg S(3,1) \lor S(4,2)) \land$
$(\neg P(0,3,2) \lor \neg Q(2,2) \lor \neg S(3,2) \lor S(4,3)) \land (\neg P(0,3,3) \lor \neg Q(2,3) \lor \neg S(3,3) \lor S(4,4)) \land$
$(\neg P(1,3,0) \lor \neg Q(2,0) \lor \neg S(3,0) \lor S(4,1)) \land (\neg P(1,3,1) \lor \neg Q(2,1) \lor \neg S(3,1) \lor S(4,2)) \land$
$(\neg P(1,3,2) \lor \neg Q(2,2) \lor \neg S(3,2) \lor S(4,3)) \land (\neg P(1,3,3) \lor \neg Q(2,3) \lor \neg S(3,3) \lor S(4,4)) \land$
$(\neg P(\#,3,0) \lor \neg Q(2,0) \lor \neg S(3,0) \lor S(4,1)) \land (\neg P(\#,3,1) \lor \neg Q(2,1) \lor \neg S(3,1) \lor S(4,2)) \land$
$(\neg P(\#,3,2) \lor \neg Q(2,2) \lor \neg S(3,2) \lor S(4,3)) \land (\neg P(\#,3,3) \lor \neg Q(2,3) \lor \neg S(3,3) \lor S(4,4)) \land$
$(\neg P(0,4,0) \lor \neg Q(2,0) \lor \neg S(4,0) \lor S(5,1)) \land (\neg P(0,4,1) \lor \neg Q(2,1) \lor \neg S(4,1) \lor S(5,2)) \land$
$(\neg P(0,4,2) \lor \neg Q(2,2) \lor \neg S(4,2) \lor S(5,3)) \land (\neg P(0,4,3) \lor \neg Q(2,3) \lor \neg S(4,3) \lor S(5,4)) \land$
$(\neg P(1,4,0) \lor \neg Q(2,0) \lor \neg S(4,0) \lor S(5,1)) \land (\neg P(1,4,1) \lor \neg Q(2,1) \lor \neg S(4,1) \lor S(5,2)) \land$
$(\neg P(1,4,2) \lor \neg Q(2,2) \lor \neg S(4,2) \lor S(5,3)) \land (\neg P(1,4,3) \lor \neg Q(2,3) \lor \neg S(4,3) \lor S(5,4)) \land$
$(\neg P(\#,4,0) \lor \neg Q(2,0) \lor \neg S(4,0) \lor S(5,1)) \land (\neg P(\#,4,1) \lor \neg Q(2,1) \lor \neg S(4,1) \lor S(5,2)) \land$
$(\neg P(\#,4,2) \lor \neg Q(2,2) \lor \neg S(4,2) \lor S(5,3)) \land (\neg P(\#,4,3) \lor \neg Q(2,3) \lor \neg S(4,3) \lor S(5,4)) \land$
$(\neg P(0,0,0) \lor \neg Q(3,0) \lor \neg S(0,0) \lor S(0,1)) \land (\neg P(0,0,1) \lor \neg Q(3,1) \lor \neg S(0,1) \lor S(0,2)) \land$
$(\neg P(0,0,2) \lor \neg Q(3,2) \lor \neg S(0,2) \lor S(0,3)) \land (\neg P(0,0,3) \lor \neg Q(3,3) \lor \neg S(0,3) \lor S(0,4)) \land$
$(\neg P(1,0,0) \lor \neg Q(3,0) \lor \neg S(0,0) \lor S(0,1)) \land (\neg P(1,0,1) \lor \neg Q(3,1) \lor \neg S(0,1) \lor S(0,2)) \land$
$(\neg P(1,0,2) \lor \neg Q(3,2) \lor \neg S(0,2) \lor S(0,3)) \land (\neg P(1,0,3) \lor \neg Q(3,3) \lor \neg S(0,3) \lor S(0,4)) \land$
$(\neg P(\#,0,0) \lor \neg Q(3,0) \lor \neg S(0,0) \lor S(0,1)) \land (\neg P(\#,0,1) \lor \neg Q(3,1) \lor \neg S(0,1) \lor S(0,2)) \land$
$(\neg P(\#,0,2) \lor \neg Q(3,2) \lor \neg S(0,2) \lor S(0,3)) \land (\neg P(\#,0,3) \lor \neg Q(3,3) \lor \neg S(0,3) \lor S(0,4)) \land$
$(\neg P(0,1,0) \lor \neg Q(3,0) \lor \neg S(1,0) \lor S(1,1)) \land (\neg P(0,1,1) \lor \neg Q(3,1) \lor \neg S(1,1) \lor S(1,2)) \land$
$(\neg P(0,1,2) \lor \neg Q(3,2) \lor \neg S(1,2) \lor S(1,3)) \land (\neg P(0,1,3) \lor \neg Q(3,3) \lor \neg S(1,3) \lor S(1,4)) \land$
$(\neg P(1,1,0) \lor \neg Q(3,0) \lor \neg S(1,0) \lor S(1,1)) \land (\neg P(1,1,1) \lor \neg Q(3,1) \lor \neg S(1,1) \lor S(1,2)) \land$
$(\neg P(1,1,2) \lor \neg Q(3,2) \lor \neg S(1,2) \lor S(1,3)) \land (\neg P(1,1,3) \lor \neg Q(3,3) \lor \neg S(1,3) \lor S(1,4)) \land$
$(\neg P(\#,1,0) \lor \neg Q(3,0) \lor \neg S(1,0) \lor S(1,1)) \land (\neg P(\#,1,1) \lor \neg Q(3,1) \lor \neg S(1,1) \lor S(1,2)) \land$
$(\neg P(\#,1,2) \lor \neg Q(3,2) \lor \neg S(1,2) \lor S(1,3)) \land (\neg P(\#,1,3) \lor \neg Q(3,3) \lor \neg S(1,3) \lor S(1,4)) \land$
$(\neg P(0,2,0) \lor \neg Q(3,0) \lor \neg S(2,0) \lor S(2,1)) \land (\neg P(0,2,1) \lor \neg Q(3,1) \lor \neg S(2,1) \lor S(2,2)) \land$
$(\neg P(0,2,2) \lor \neg Q(3,2) \lor \neg S(2,2) \lor S(2,3)) \land (\neg P(0,2,3) \lor \neg Q(3,3) \lor \neg S(2,3) \lor S(2,4)) \land$

$(\neg P(1,2,0) \lor \neg Q(3,0) \lor \neg S(2,0) \lor S(2,1)) \land (\neg P(1,2,1) \lor \neg Q(3,1) \lor \neg S(2,1) \lor S(2,2)) \land$
$(\neg P(1,2,2) \lor \neg Q(3,2) \lor \neg S(2,2) \lor S(2,3)) \land (\neg P(1,2,3) \lor \neg Q(3,3) \lor \neg S(2,3) \lor S(2,4)) \land$
$(\neg P(\#,2,0) \lor \neg Q(3,0) \lor \neg S(2,0) \lor S(2,1)) \land (\neg P(\#,2,1) \lor \neg Q(3,1) \lor \neg S(2,1) \lor S(2,2)) \land$
$(\neg P(\#,2,2) \lor \neg Q(3,2) \lor \neg S(2,2) \lor S(2,3)) \land (\neg P(\#,2,3) \lor \neg Q(3,3) \lor \neg S(2,3) \lor S(2,4)) \land$
$(\neg P(0,3,0) \lor \neg Q(3,0) \lor \neg S(3,0) \lor S(3,1)) \land (\neg P(0,3,1) \lor \neg Q(3,1) \lor \neg S(3,1) \lor S(3,2)) \land$
$(\neg P(0,3,2) \lor \neg Q(3,2) \lor \neg S(3,2) \lor S(3,3)) \land (\neg P(0,3,3) \lor \neg Q(3,3) \lor \neg S(3,3) \lor S(3,4)) \land$
$(\neg P(1,3,0) \lor \neg Q(3,0) \lor \neg S(3,0) \lor S(3,1)) \land (\neg P(1,3,1) \lor \neg Q(3,1) \lor \neg S(3,1) \lor S(3,2)) \land$
$(\neg P(1,3,2) \lor \neg Q(3,2) \lor \neg S(3,2) \lor S(3,3)) \land (\neg P(1,3,3) \lor \neg Q(3,3) \lor \neg S(3,3) \lor S(3,4)) \land$
$(\neg P(\#,3,0) \lor \neg Q(3,0) \lor \neg S(3,0) \lor S(3,1)) \land (\neg P(\#,3,1) \lor \neg Q(3,1) \lor \neg S(3,1) \lor S(3,2)) \land$
$(\neg P(\#,3,2) \lor \neg Q(3,2) \lor \neg S(3,2) \lor S(3,3)) \land (\neg P(\#,3,3) \lor \neg Q(3,3) \lor \neg S(3,3) \lor S(3,4)) \land$
$(\neg P(0,4,0) \lor \neg Q(3,0) \lor \neg S(4,0) \lor S(4,1)) \land (\neg P(0,4,1) \lor \neg Q(3,1) \lor \neg S(4,1) \lor S(4,2)) \land$
$(\neg P(0,4,2) \lor \neg Q(3,2) \lor \neg S(4,2) \lor S(4,3)) \land (\neg P(0,4,3) \lor \neg Q(3,3) \lor \neg S(4,3) \lor S(4,4)) \land$
$(\neg P(1,4,0) \lor \neg Q(3,0) \lor \neg S(4,0) \lor S(4,1)) \land (\neg P(1,4,1) \lor \neg Q(3,1) \lor \neg S(4,1) \lor S(4,2)) \land$
$(\neg P(1,4,2) \lor \neg Q(3,2) \lor \neg S(4,2) \lor S(4,3)) \land (\neg P(1,4,3) \lor \neg Q(3,3) \lor \neg S(4,3) \lor S(4,4)) \land$
$(\neg P(\#,4,0) \lor \neg Q(3,0) \lor \neg S(4,0) \lor S(4,1)) \land (\neg P(\#,4,1) \lor \neg Q(3,1) \lor \neg S(4,1) \lor S(4,2)) \land$
$(\neg P(\#,4,2) \lor \neg Q(3,2) \lor \neg S(4,2) \lor S(4,3)) \land (\neg P(\#,4,3) \lor \neg Q(3,3) \lor \neg S(4,3) \lor S(4,4)) \land$
$Q(3,4)$ // group 8